Prüfungs= und Übungsaufgaben aus der Mechanik des Punktes und des starren Körpers

Von

Karl Federhofer

o. Professor an der Technischen Hochschule Graz

' In drei Teilen

427 Aufgaben nebst Lösungen

Mit 539 Textabbildungen

Springer-Verlag Wien GmbH 1953

ISBN 978-3-7091-2105-4   ISBN 978-3-7091-2104-7 (eBook)
DOI 10.1007/978-3-7091-2104-7
Softcover reprint of the hardcover 1st edition 1953

Vorwort

Die Anwendung der Lehren der Mechanik auf konkrete Aufgaben bereitet den Studierenden erfahrungsgemäß zumeist beträchtliche Schwierigkeiten, die nur durch die selbständige Bearbeitung von Beispielen an Hand einer Aufgabensammlung überwunden werden können.

Das hiefür besonders geeignete Aufgabenwerk meines Lehrers und Vorgängers im Lehramte für Mechanik an der Technischen Hochschule Graz, F. Wittenbauer, das 1907 erschienen und nach dem Tode des Verfassers von Th. Pöschl in vollständig umgearbeiteter 6. Auflage 1929 herausgegeben worden ist, ist schon seit langem vergriffen.

Da das Fehlen dieses Übungsbehelfes von den Studierenden als große Erschwerung beim Studium für die vorgeschriebenen Prüfungen empfunden wird, so glaube ich die immer wieder gewünschte Herausgabe meiner im Laufe von drei Jahrzehnten entstandenen Beispielsammlung, die auch einen Teil meiner Prüfungsaufgaben umfaßt, nicht länger hinausschieben zu dürfen.

Diese Sammlung enthält vorwiegend einfache Aufgaben aus der Mechanik des Punktes und starrer Systeme nebst den Lösungen und gliedert sich in drei Teile: I. Statik, II. Kinematik und Kinetik des Massenpunktes, III. Kinematik und Kinetik starrer Systeme.

Zum Zwecke der bequemeren Benutzung der Sammlung sind diese drei Teile, die bei der ersten vor drei Jahren veröffentlichten Ausgabe in Einzelheften erschienen sind, in einem einzigen Bande zusammengefaßt. Von sämtlichen Beispielen sind die Endergebnisse angeführt, viele Beispiele sind aber auch je nach dem Schwierigkeitsgrade mit mehr oder minder ausführlichen Erläuterungen zum einzuschlagenden Lösungswege versehen.

Der erste Teil umfaßt das Stoffgebiet der analytischen und graphischen Statik mit Ausschluß von Spannungs- und Formänderungsbetrachtungen. Wenngleich die Begriffe Biegungsmoment, Quer- und Längskraft eines geraden oder gekrümmten Balkens erst in der Festigkeitslehre bei der Querschnittsbemessung ihre Bedeutung erlangen, sind eine Reihe von Beispielen aufgenommen, die zur Einübung in die Berechnung dieser Größen und in die Darstellung ihrer Schaulinien dienen.

Zur Erleichterung beim Entwerfen von Kräfteplänen ebener Fachwerke ist dem betreffenden Lösungsabschnitte eine knappe Zusammenstellung der dabei zweckmäßig zu beachtenden Regeln vorangestellt nebst einem Hinweis auf jene Verfahren, die bei zusammengesetzten Fachwerken und bei besonderen Lastangriffen zur Verfügung stehen; auch die kinematische Methode ist dabei erläutert.

Zur Beurteilung der statischen Stabilität eines auf einer festen Fläche ruhenden schweren Körpers wird ein kinematisches Kriterium benutzt.

Den Lösungsabschnitten über den Ausnahmefall des ebenen Fachwerkes und über das Raumkraftsystem ist ebenfalls eine die Lösungsmethoden zusammenfassende Einleitung beigefügt.

Der Abschnitt Seilkurven enthält u. a. auch Aufgaben über die Formbestimmung von Zylinderschalen gleicher Festigkeit und über das weitgespannte Kabel.

Von den Hilfsmitteln der Vektorrechnung, der Elemente der projektiven Geometrie, der Mayor-v. Misesschen Abbildung ist stets dort Gebrauch gemacht, wo sie der Aufgabe besonders angemessen erscheinen.

Die Lösung der meisten Aufgaben des zweiten Teiles über die Bewegung eines einzelnen freien oder geführten Massenpunktes erfordert die Kenntnis der Elemente der Differential- und Integralrechnung. An einigen charakteristischen Beispielen ist die Zweckmäßigkeit der vektoriellen Lösungsmethode gezeigt.

Graphische Lösungen konnten u. a. bei den Wurfbewegungen durch Ausnutzung der Eigenschaften eines Hilfskreises vom Halbmesser $h = \dfrac{v_0{}^2}{2\,g}$ (h-Kreis) gewonnen werden. Im Abschnitte Zentralbewegungen werden gelegentlich auch neue Eigenschaften der Sinusspiralen nachgewiesen.

Die Lösungen zum Abschnitte Schwingungen des Massenpunktes sind so ausführlich behandelt, daß dem Leser das Aufsuchen der dabei benötigten Formeln in Lehrbüchern erspart bleibt.

Teilweise lehrbuchartigen Charakter haben die Lösungen erhalten im dritten Teile, der u. a. auch die Kinematik und Kinetostatik ebener Systeme behandelt, und zwar deshalb, weil jene Lehrbücher, die diese für den Ingenieur wichtigen Gebiete in der anschaulichen und bequemen zeichnerischen Darstellung behandeln, meist vergriffen sind.

In den Abschnitten Kleine Schwingungen und Bewegung veränderlicher Massen wurden bei einigen schwierigeren Aufgaben die Lösungen ausführlich erläutert. Reichlicher Gebrauch wurde auch in diesem Teile von den Elementen der Vektorrechnung gemacht. Zur Lösung räumlicher Aufgaben wurde dort, wo es besonders zweckmäßig erschien, wieder das Mayor-v. Misessche Abbildungsverfahren benutzt.

Eine ansehnliche Zahl der Aufgaben in diesem Aufgabenwerke gehört zu jenen, denen der entwerfende Ingenieur sehr häufig begegnet. Da deren Lösungen stets hinzugefügt sind, so wird dieses Übungsbuch auch als kleines Nachschlagebuch dienen können. Ich hoffe, daß aber auch Lehrende aus dem Buche manche Anregung für den Unterricht empfangen werden.

Möge den Studierenden bei den ersten Gehversuchen in der Mechanik der Zugang zu ihren vielfältigen Anwendungen durch diese Aufgabensammlung erleichtert und die Freude an der weiteren Beschäftigung mit diesem Gegenstande erschlossen werden!

Meinen Mitarbeitern, den Herren Hans Egger und Gaston Reyl, habe ich zu danken für ihre Unterstützung bei der Ausarbeitung der Lösungen; beide haben mir viel Rechenarbeit erspart und einen großen Teil der Reinzeichnungen nach meinen Skizzen angefertigt. Ersterer hat auch alle Korrekturen mit mir gelesen.

Dem Springer-Verlag in Wien gebührt mein aufrichtiger Dank für seine Bereitwilligkeit, das Aufgabenwerk, das bei seinem Erscheinen durchwegs zustimmende Beurteilung gefunden hat, nunmehr in einem einzigen Bande herausgebracht zu haben.

Graz, im Sommer 1953.

K. Federhofer

Inhaltsverzeichnis

Erster Teil

Statik

Inhaltsverzeichnis

Aufgaben

I. Ebene Kraftsysteme und deren Gleichgewicht

1. Es soll zu vier der Größe und Richtung nach gegebenen Kräften, deren Wirkungslinien einen Kreis vom Halbmesser ϱ berühren, ein Kräftepaar M hinzugefügt werden, so daß die Mittelkraft der vier Kräfte durch den Mittelpunkt des Kreises geht. Man bestimme M graphisch.

2. In den Eckpunkten eines schiefwinkligen Dreieckes wirken drei gegebene Kräfte. Dieses Kraftsystem soll durch ein gleichwertiges ersetzt werden, dessen drei Kräfte in den Ecken angreifen und deren Wirkungslinien parallel zu den den Ecken gegenüberliegenden Dreieckseiten sind. (Lösung graphisch.)

3. In den Seiten eines schiefwinkligen Dreieckes wirken drei Kräfte vom gegebenen Verhältnisse $1 : 2 : 3$. Wie groß sind diese Kräfte, wenn das Hinzutreten eines Kraftpaares M zur Folge hat, daß die Mittelkraft der drei Kräfte durch den Mittelpunkt des Umkreises des Dreieckes geht?

4. Eine Kraft $\mathfrak{P}$ und ein Kraftpaar $M = Q\,q$ sind durch drei Kräfte zu ersetzen, deren Wirkungslinien in die Seiten des gleichseitigen Dreieckes $A\,B\,C$ fallen. (Abb. 1).

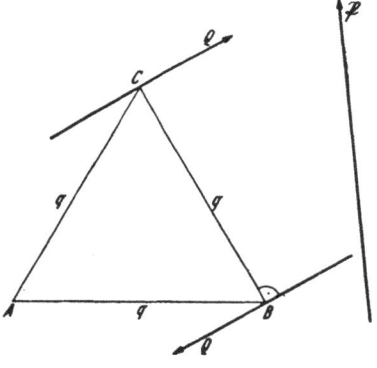

Abb. 1

5. Vier ungleich große Kräfte, die in den Seiten eines Quadrates wirken, sind zu ersetzen durch vier Kräfte, deren Wirkungslinien in die Seiten des eingeschriebenen Quadrates fallen; zwei davon sollen das Verhältnis $1 : 3$ haben. (Abb. 2).

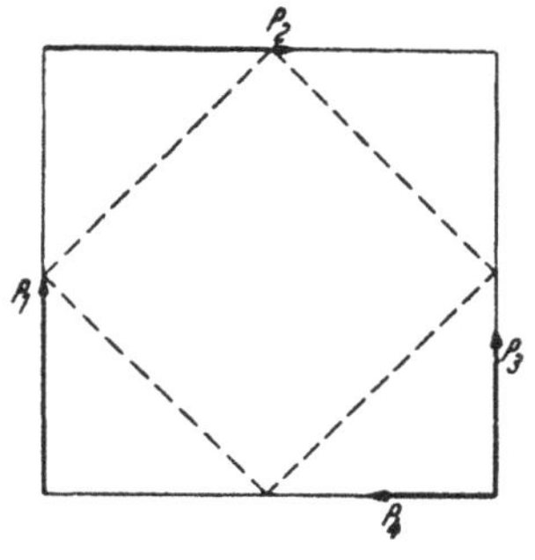

6. In den ·Seiten eines allgemeinen ·Viereckes $A\,B\,C\,D$ wirken

Abb. 2

1*

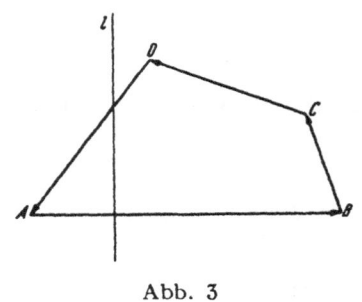

Abb. 3

vier Kräfte, in dem aus Abb. 3 ersichtlichen Richtungssinne, deren Größen den Seitenlängen gleich sind. Welche Kraft muß in der beliebig gewählten Geraden l wirken, damit dieses Kraftsystem gleichwertig ist mit zwei in den Diagonalen des Vierecks wirkenden Kräften? Wie groß sind letztere?

7. Ein ebenes Kraftsystem bestehe aus sechs Kräften; drei davon wirken in den Seiten des Dreieckes ABC, ihre Größen sind gleich den Seitenlängen. Die übrigen drei Kräfte greifen in den Dreiecksecken an, ihre Wirkungslinien stehen senkrecht auf den von den Ecken ausgehenden Schwerlinien, ihre Größen sind durch die Längen der Schwerlinien dargestellt.

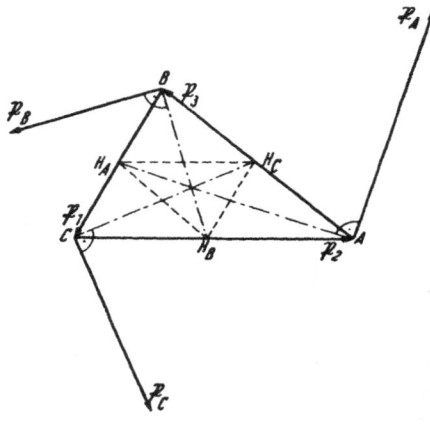

Abb. 4

Man bestimme Größe und Richtungssinn der in den Seiten des Dreieckes H_A, H_B, H_C wirkenden Kräfte, die dem gegebenen Kraftsystem Gleichgewicht halten. (Abb. 4).

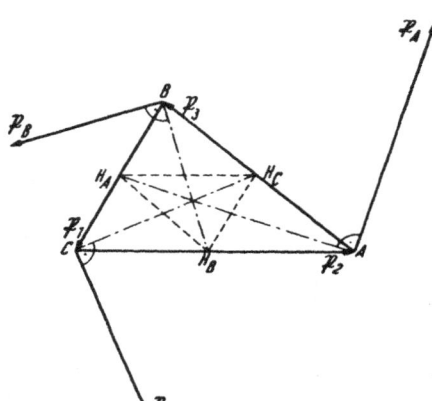

Abb. 5

8. Ein gerader Balken ist in A und B an drei Seilen aufgehängt und mit den beiden um e entfernten Gewichten Q und $2Q$ belastet. Wie groß muß x gemacht werden, damit das Verhältnis der Spannkräfte in AC und BD einen gegebenen Wert n habe? (Abb. 5).

9. Entlang eines Kreisbogens vom Halbmesser r und Zentriwinkel α wirken gleichmäßig verteilte tangentiale Kräfte q je Längeneinheit des Bogens. Man bestimme Größe, Richtung und Wirkungslinie ihrer Mittelkraft. (Abb. 6).

10. Eine von zwei Kreisbogen begrenzte Scheibe sei durch gleichmäßig verteilte Kräfte q je Längeneinheit ihres Umfanges beansprucht; sie ist in A in einem festen Gelenk, in B in einem waagrecht verschieblichen Gleitlager gelagert. Wie groß sind die Auflagerreaktionen? (Abb. 7).

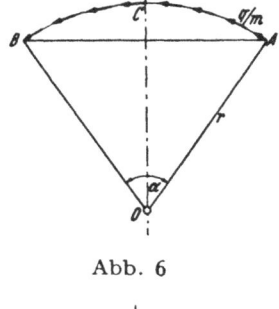

Abb. 6

11. Ein vollkommen biegsames Seil, dessen Eigengewicht zu vernachlässigen ist, ist in A befestigt, läuft über die feste Rolle bei D und ist am freien Ende mit Q_1 belastet. (Abb. 8).

Ein starrer Stab $\overline{BC} = l$ mit kleinen Rollen an den Enden ist in B mit Q_1, in C mit $Q_2 = \dfrac{Q_1}{2}$ belastet.

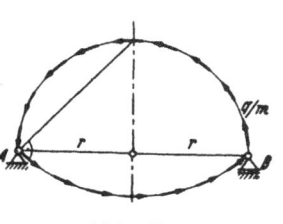

Abb. 7

Bei Vernachlässigung sämtlicher Reibungen ist die Gleichgewichtslage dieses Systems zu konstruieren und die im Stabe BC geweckte Längskraft K zu ermitteln.

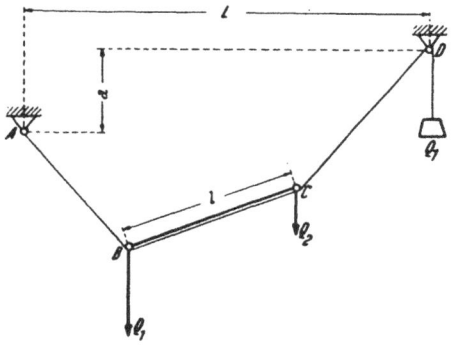

$Q_1 = 100$ kg, $L = 3,6$ m,
$l = 1,6$ m, $a = 0,8$ m.

12. Ein homogener Stab vom Gewichte G und der Länge l stütze sich an eine parabolisch gekrümmte glatte Wand und an einen rauhen Boden (Reibungszahl f). Welcher Bedingungsgleichung genügt der Stellungswinkel φ für Gleichgewicht? Welchen Normaldruck erfährt der Boden? (Abb. 9).

Abb. 8

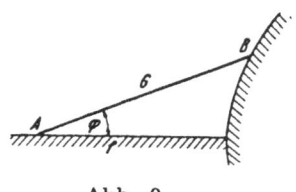

Abb. 9

13. Ein homogener Stab vom Gewichte G und der Länge l stütze sich in A an die Innenwand eines glatten Hohlzylinders vom Halbmesser r und in B an einen rauhen waagrechten Boden. Wie groß muß dort die Reibungsziffer f sein, wenn in der Gleichgewichtsstellung des

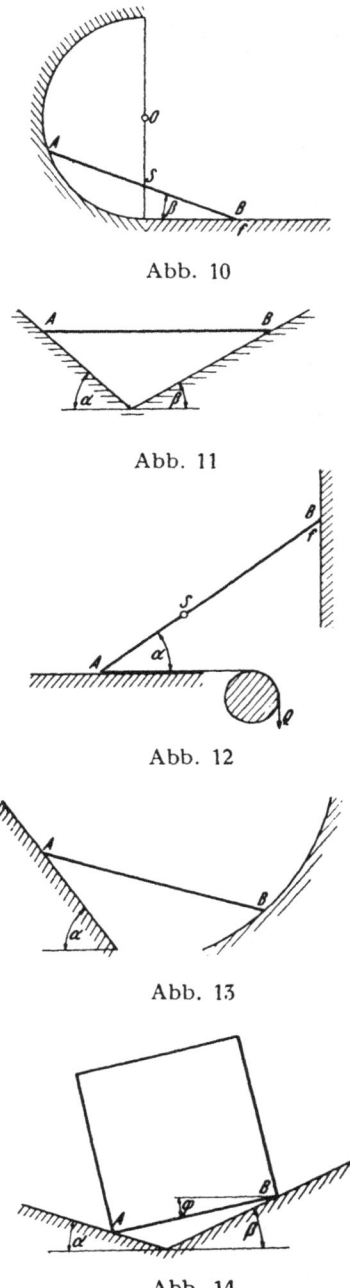

Abb. 10

Abb. 11

Abb. 12

Abb. 13

Abb. 14

Stabes sein Schwerpunkt gerade lotrecht unter dem Punkte 0 liegt? Wie groß ist dann der Stellungswinkel β? (Abb. 10).

14. Ein homogener Stab $A\,B$ ruhe in horizontaler Lage auf zwei unter den Winkeln α, β gegen die Waagrechte geneigten rauhen schiefen Ebenen; man beweise auf rein geometrischem Wege, daß für Gleichgewicht der Reibungswinkel ϱ der beiden schiefen Ebenen den Wert $\dfrac{\alpha - \beta}{2}$ haben muß. (Abb. 11).

15. Ein Stab $A\,B$ von der Länge l und dem Gewichte G, dessen Schwerpunkt S die Entfernung d von A hat, stützt sich mit dem oberen Ende an eine rauhe vertikale Ebene (Reibungszahl f), mit dem unteren Ende an eine glatte waagrechte Ebene. Im Punkte A ist ein Seil befestigt, das über eine feste rauhe Scheibe (Reibungszahl f_1) läuft und am Ende mit dem Gewichte Q gespannt ist (Abb. 12).

Zwischen welchen Grenzen kann der Winkel α bei Gleichgewicht schwanken?

16. Ein homogener Stab $\overline{A\,B} = 2\,l$ stützt sich in A an eine glatte, unter dem Winkel α gegen die Waagrechte geneigte Ebene, in B an eine glatte Zylinderfläche. Bei welcher Form der Leitlinie des Zylinders ist der Stab in jeder Lage im Gleichgewicht? (Abb. 13).

17. Eine homogene quadratische Platte stütze sich in den Ecken $A\,B$ an zwei unter α, β gegen die Waagrechte geneigte glatte Ebenen. Bei welchem Winkel φ herrscht Gleichgewicht? (Abb. 14).

18. Ein rechteckiger Klotz vom Gewichte G ruhe auf rauhem Boden (Reibungszahl f). Wie stark darf das über den Klotz gelegte, in O und O_1 befestigte Seil gespannt werden, ohne das Gleichgewicht zu stören? (Abb. 15). (Lösung ist rechnerisch und graphisch zu geben).

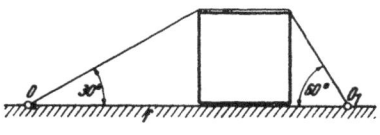

Abb. 15

19. Ein homogener Stab stützt sich in A an einen rauhen Hohlzylinder, in B an eine rauhe waagrechte Ebene. (Abb. 16). Man berechne die Stellungswinkel φ und ψ für Gleichgewicht, wenn $\overline{A\,B} = l = 2\,r$.

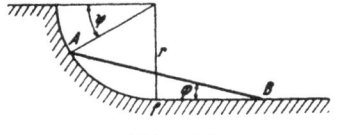

Abb. 16

20. Ein durch die glatten Ringe bei A und B gesteckter lotrechter Stab vom Gewichte G stützt sich in H auf eine glatte schiefe Ebene mit der Neigung α gegen die Waagrechte. (Abb. 17). Man bestimme Größe und Richtung der Drücke in A, B, H graphisch und rechnerisch.

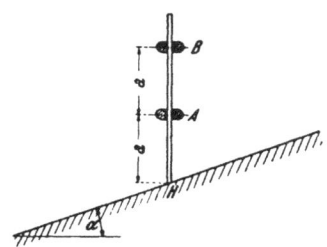

Abb. 17

21. Zwei schwere Hülsen P und Q, die auf einer in lotrechter Ebene liegenden parabolischen Führung mit waagrechter Achse reibungslos gleiten können, sind durch einen undehnbaren Faden von der Länge l verbunden, der über eine kleine Rolle im Brennpunkt läuft. (Abb. 18). In welcher Lage herrscht Gleichgewicht?

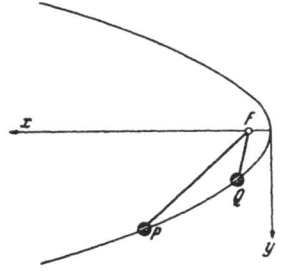

Abb. 18

22. Zwei schwere Massenpunkte G_1 und G gleiten reibungsfrei auf einer in lotrechter Ebene liegenden halbkreisförmigen Führung vom Halbmesser a und sind durch einen undehnbaren Faden von der Länge $2\,a$ verbunden, der über die kleine Rolle C läuft. (Abb. 19). Man stelle die Gleichung zur Berechnung des Stellungswinkels φ für Gleichgewicht auf.

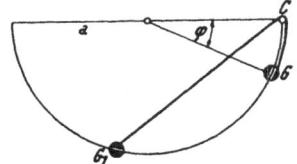

Abb. 19

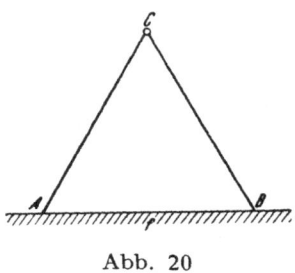

Abb. 20

23. Zwei gleichlange und gleich-schwere Stäbe $A\,C$, $B\,C$ sind in C durch ein Gelenk verbunden und stützen sich in A und B an einen rauhen Boden. (Abb. 20). Wie groß ist dessen Reibungsziffer, wenn für Gleichgewicht das Dreieck $A\,B\,C$ gleichseitig ist?

Welcher Gelenkdruck entsteht in C?

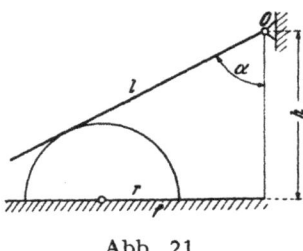

Abb. 21

24. Ein schwerer Halbzylinder (Halbmesser r, Gewicht G_1) ruhe auf rauher waagrechter Ebene (Rei-bungszahl f). An seinen glatten Mantel stützt sich ein homogener, in O befestigter Stab (Länge l, Ge-wicht G). (Abb. 21).

Wie groß muß f sein, damit bei der durch α, h, l und r gegebenen Lage beider Systeme Gleichgewicht bestehe?

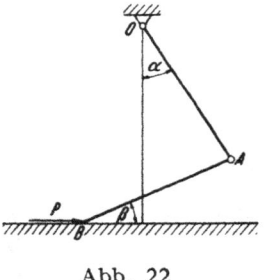

Abb. 22

25. Zwei gleichlange Stäbe von gleichem Gewichte seien in A ge-lenkig verbunden; der obere Stab sei im Gelenke O befestigt, der untere stütze sich auf eine waag-rechte glatte Ebene (Abb. 22). Welche Kraft P hält das System in der gezeichneten Lage, die durch die Winkel α, β und die Stablänge l gegeben ist, im Gleichgewicht?

Wie groß ist der Gelenkdruck in A?

Welche Bodenrauhigkeit müßte bei Fortfall der Kraft P zur Er-haltung des Gleichgewichtes vorhanden sein?

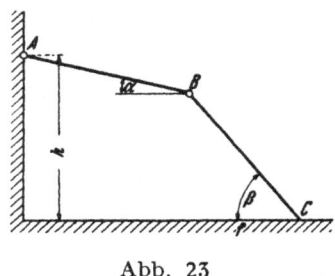

Abb. 23

26. Die beiden gleichschweren homogenen Stäbe $\overline{A\,B} = \overline{B\,C} = l$ sind in B gelenkig verbunden. Der obere Stab ist um das Gelenk A drehbar befestigt, der andere am rauhen Boden (Reibungsziffer f) waagrecht verschieblich. (Abb. 23). Man stelle die beiden Gleichungen zur Berechnung der Stellungswinkel α, β für Gleichgewicht auf.

27. Zwei schwere Stäbe $\overline{AB} =$ $= 2\,l$, $\overline{CD} = 2\,l_1$ stützen sich in A und D an den waagrechten glatten Boden, sind in C gelenkig und an den unteren Enden durch einen undehnbaren Faden verbunden. (Abb. 24). Wenn der Winkel α gegeben ist, soll die Zugkraft im Faden berechnet werden.

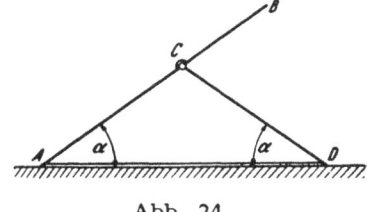

Abb. 24

28. Zwei Stäbe von gleicher Länge $2\,l$ und gleichem Gewichte G seien miteinander in A gelenkig verbunden und in der gezeichneten Art gestützt. (Abb. 25). Sie sollen in der durch die Winkel α und β gekennzeichneten Lage im Gleichgewicht sein; welche lotrechte Kraft P muß am Stabende B wirken?

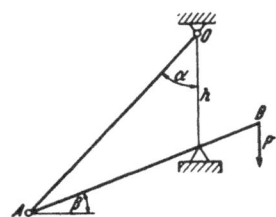

Abb. 25

29. Über eine auf waagrechter Ebene ruhende glatte Walze vom Halbmesser r wird ein gelenkig verbundenes Stäbepaar vom Gewichte G und der Stablänge $\overline{AB} = l$ symmetrisch gelegt. (Abb. 26). Für Gleichgewicht sollen die beiden Stabenden dicht beim Boden liegen, ohne diesen zu berühren. Bei welchem Werte r/l ist dies möglich? Wie groß ist der Gelenkdruck?

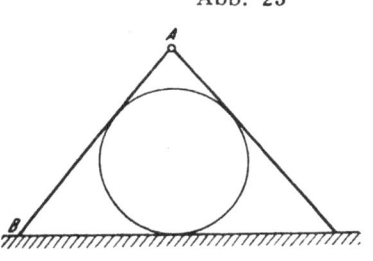

Abb. 26

30. Von zwei homogenen gelenkig verbundenen Stäben $\overline{OA} = l$ und $\overline{AB} = l/2$ und gleichem Gewichte je Längeneinheit ist der eine in O drehbar befestigt, der andere stützt sich an eine lotrechte glatte Wand. (Abb. 27). Man berechne die Stellungswinkel φ und ψ für Gleichgewicht.

31. Ein homogener Stab $\overline{OA}$ vom Gewichte G und der Länge $2\,l$ ist in dem Gelenk O drehbar befestigt und stützt sich in B an einen um seine Mitte O_1 drehbaren gleichlangen und gleichschweren Stab, der an seinem Ende C eine Last $Q = 2\,G$ trägt. (Abb. 28).

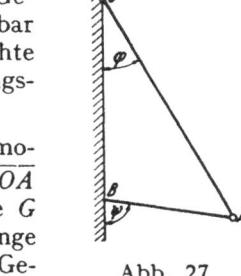

Abb. 27

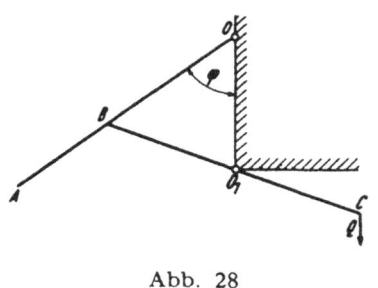

Abb. 28

Man berechne den Gleichgewichtswinkel φ, wenn $\overline{O\,O_1} = l$.
Welche Größe und Richtung hat der Gelenkdruck in O?

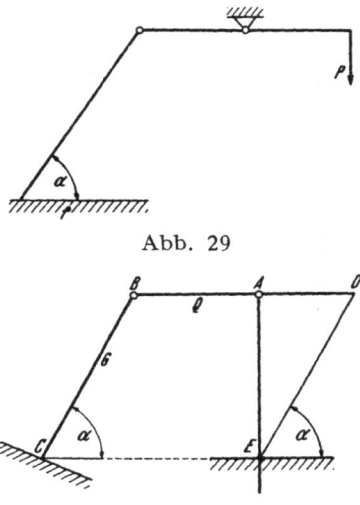

Abb. 29

32. Von zwei gelenkig verbundenen gleichlangen Stäben (Gewicht G, Länge $2\,a$) ist der eine in der Mitte drehbar gelagert, der andere stützt sich unter dem Winkel α an eine rauhe waagrechte Ebene. Man berechne die Kraft P für Gleichgewicht der Stabverbindung. (Abb. 29).

33. Von zwei in B gelenkig verbundenen Stäben mit den Gewichten G und Q stützt sich der eine in C an eine glatte schiefe Ebene, der andere ist im Gelenke A drehbar und soll durch ein Seil $D\,E$ in waagrechter Lage im Gleichgewichte erhalten werden.(Abb. 30). Man konstruiere bei gegebenem Winkel α die Gelenkdrücke in A und B sowie den Seilzug.

Abb. 30

34. Ein Massenpunkt M vom Gewichte G bewegt sich in lotrechter Ebene auf einem Kreise vom Halbmesser r (Abb. 31) und wird von zwei auf dem waagrechten Durchmesser symmetrisch zu O liegenden Punkten A und B mit Kräften angezogen, die direkt proportional der Entfernung sind, und zwar $\mathfrak{P}_A =$ $= \lambda\,\overrightarrow{M\,A}$, $\mathfrak{P}_B = \mu\,\overrightarrow{M\,B}$, wo λ und μ Konstante sind. Für welche Lage φ ist der Massenpunkt M im Gleichgewichte? Man zeichne die

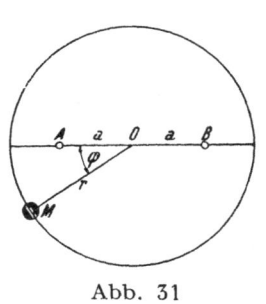

Abb. 31

Gleichgewichtslage für $\mu = \dfrac{\lambda}{2} = \dfrac{G}{r}$.

35. Zwei homogene Stäbe von gleicher Länge $2\,l$ und gleichem Gewichte G (Abb. 32) sind im reibungsfreien Gelenke C miteinander verbunden und stützen sich in A und B auf eine unter dem Winkel β gegen die Waagrechte geneigte rauhe schiefe Ebene ($f > \mathrm{tg}\,\beta$).

Innerhalb welcher Grenzen muß der Öffnungswinkel $2\,\alpha$ des Stabpaares bei Gleichgewicht liegen? Welche Beziehung besteht zwischen α und β, wenn das Gleichgewicht der beiden Stäbe ohne Ausnutzung der Reibung bei A bestehen soll?

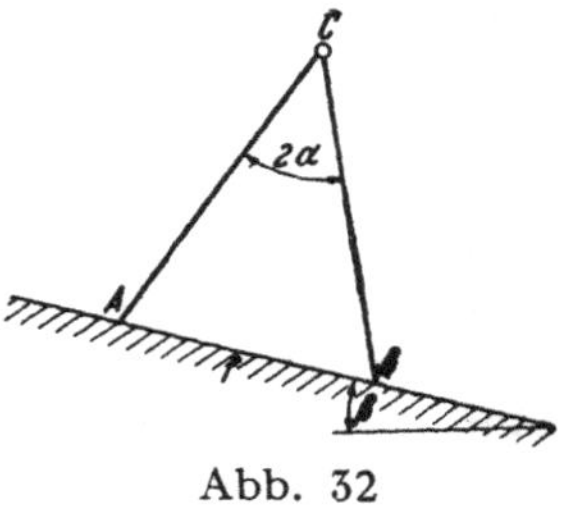

Abb. 32

36. Zwei homogene Stäbe mit den Längen $\overline{A\,B} = 3\,r$ und $\overline{B\,C} = 3\,r/2$ stützen sich in B aneinander und an die Innenwand eines glatten Kreiszylinders. (Abb. 33). Das Gewicht G_1 des längeren Stabes und der Winkel α (= 60⁰) sind gegeben. Man konstruiere die für Gleichgewicht notwendige Größe des Gewichtes G_2 des kürzeren Stabes.

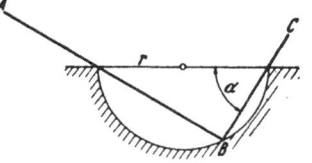

Abb. 33

37. Zwei gelenkig verbundene gleichförmige Stäbe von der Länge l stützen sich in A und B an einen Klotz von der Breite $a = l/4$. (Abb. 34). Wie groß muß der Reibungswinkel ϱ bei A und B gewählt werden, damit die beiden Stäbe in der Stellung $\alpha = 60⁰$ im Gleichgewicht sind? Welchen Wert hat der Normaldruck bei A?

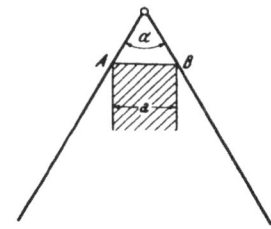

Abb. 34

38. Das in O drehbar gelagerte Gelenkparallelogramm $A\,B\,C\,D$ wird in waagrechter Ebene durch die beiden aufeinander senkrechten Kräfte P und Q, angreifend in C und D, belastet. (Abb. 35).
Wie groß sind die Winkel α und β für Gleichgewicht?
Welche Größe und Richtung hat der Gelenkdruck in O?

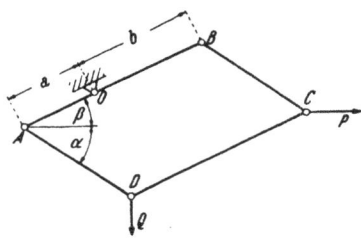

Abb. 35

39. Auf zwei gleich großen glatten Walzen, die durch einen Stab $\overline{O_1 O_2} = 2\,a$ verbunden sind, (Abb. 36), liegen zwei Stäbe von gleicher Länge l, die in C gelenkig verbunden sind. An den Enden A, B der beiden gewichtslos gedachten Stäbe wirken zwei gleiche Lasten Q.
Wie groß ist der Winkel α für Gleichgewicht und welche Kraft wirkt im Haltestab $O_1 O_2$? Wie groß ist der Gelenkdruck in C?
Es sei $l = 2\,a$ und $r = 0,6\,a$.

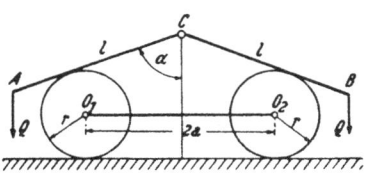

Abb. 36

40. Drei gelenkig verbundene homogene Stäbe von gleicher Länge l und gleichem Gewichte G sind über einen rechteckigen Klotz von der Breite a gelegt. (Abb. 37). Berechne den Winkel φ und die Gelenkdrücke für Gleich-

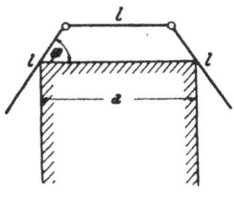

Abb. 37

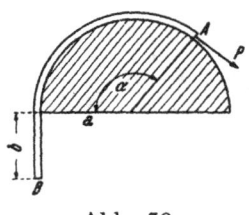

Abb. 38

gewicht und beweise, daß $\dfrac{a}{l} < \dfrac{5}{3}$ sein muß.

Man werte die allgemeinen Ergebnisse mit der Angabe $\dfrac{a}{l} = \dfrac{13}{12}$ aus.

41. Auf einem glatten Kreiszylinder liege eine Kette, die links über die Höhe b bis B frei herabhängt und am Ende A durch eine Kraft P in der gezeichneten Lage (Abb. 38) im Gleichgewicht gehalten werden soll. Wie groß ist P, wenn q das Gewicht der Kette je Längeneinheit ist?

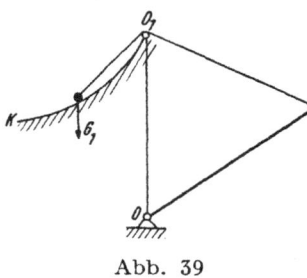

Abb. 39

42. Ein um das feste Gelenk O drehbarer homogener Stab $\overline{O\,A} = l$ vom Gewichte G hängt am Ende A an einem Seil, das über eine kleine, horizontal gelagerte Rolle führt und ein längs der Führungskurve k reibungslos gleitendes Gegengewicht G_1 trägt. (Abb. 39). Man entwickle die Polargleichung der Gleitbahn, wenn in jeder Lage Gleichgewicht herrschen soll. Die Länge des Seiles $A\,O_1\,G_1 = s$. Wie groß ist der Normaldruck der Führungskurve?

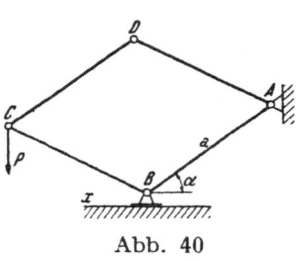

Abb. 40

43. Ein gelenkiger Rahmen (Abb. 40) von der Form eines Rhombus mit der Seitenlänge a sei in einer waagrechten Ebene im festen Gelenk A und im waagrecht verschieblichen Gelenk B befestigt. Es wirke im Gelenke C senkrecht zur X-Achse eine Kraft P. Welche Kraft Q muß im Gelenke D senkrecht zu P wirken, damit die Gleichgewichtsfigur des Rahmens ein Quadrat sei? Wie groß sind dann die vier Stabkräfte?

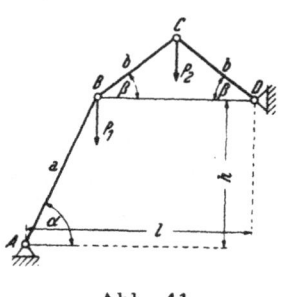

Abb. 41

44. Von dem in Abb. 41 dargestellten gelenkigen Stabverbande sind gegeben die Abmessungen l, h, a und das Verhältnis P_1/P_2 der in den beiden beweglichen Gelenken wirkenden Gewichte.

Man berechne die Neigungswinkel α, β und die Stablänge b, wenn gefordert wird, daß bei Gleichgewicht das Gelenk B in einer Waagrechten durch D liegen soll?
$l = 3\,\mathrm{m}$, $h = 2\,\mathrm{m}$, $a = 2{,}5\,\mathrm{m}$, $P_1/P_2 = 1$ und $P_1/P_2 = 2$.

45. Das in O und O_1 aufgehängte Gelenksystem soll in der gezeichneten Lage
(Abb. 42) durch eine Kraft P im Gleichgewicht gehalten werden. Wie groß ist P,
wenn q das Gewicht je Längeneinheit
der beiden homogenen Stäbe ist? Welche
Größe hat der Gelenkdruck in B?

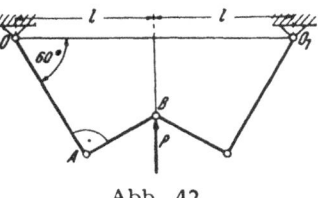

Abb. 42

46. Von drei miteinander in O_1 und
O_2 verbundenen, gleichlangen und gleichschweren Stäben ruht der mittlere auf
rauhem waagrechten Boden, die seitlichen
stützen sich in A und B (Abb. 43) an glatte
lotrechte Wände. Man stelle die zur Berechnung der Stellungswinkel α, β für Gleichgewicht notwendigen beiden Gleichungen auf.

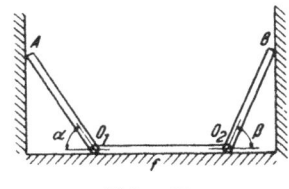

Abb. 43

47. Zwei gleichlange und gleich-
schwere Stäbe $\overline{A\,C} = \overline{B\,C} = 2\,l$
vom Gewichte G sind in C miteinan-
der gelenkig verbunden und an Rollen vom Gewicht G_1 und Halbmesser r angeschlossen, die sich
auf einer rauhen waagrechten Ebene
(Ziffer der rollenden Reibung q) bewegen können. Die Wirkung einer
Last Q wird durch das Gelenksystem
$D\,F\,E$ auf beide Stäbe übertragen.
(Abb. 44). Bei welchem Winkel $2\,\varphi$
herrscht Gleichgewicht? Wie groß
ist der Gelenkdruck in C?

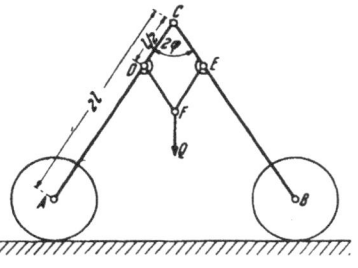

Abb. 44

48. Das in Abb. 45 dargestellte
ebene Fachwerk ist in den festen
Gelenken A und B sowie im waagrecht verschieblichen Lager C gelagert. Man ermittle auf zeichnerischem Wege den Lagerdruck bei
C (s. III b, 3).

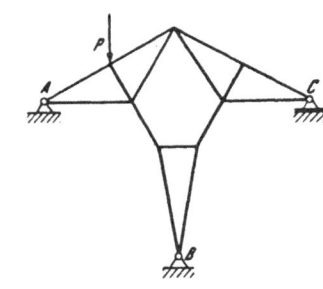

Abb. 45

II. Schwerpunkte ebener Flächen

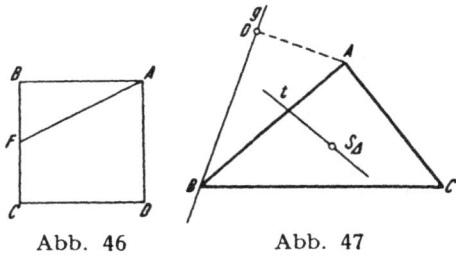

Abb. 46   Abb. 47

1. Von einem Quadrate wird durch die Gerade $A\,F$ das Dreieck $A\,B\,F$ abgeschnitten. Man bestimme den geometrischen Ort des Schwerpunktes des restlichen Viereckes $A\,F\,C\,D$ (Abb. 46) für alle Lagen des Punktes F zwischen B und C.

2. Es ist ein Punkt D auf der durch den Eckpunkt B des gegebenen Dreieckes $A\,B\,C$ (Abb. 47) gezogenen Geraden g so zu bestimmen, daß der Schwerpunkt des entstehenden Viereckes $A\,C\,B\,D$ auf einer durch den Schwerpunkt S_A des Dreieckes $A\,B\,C$ gehenden Geraden t liege.

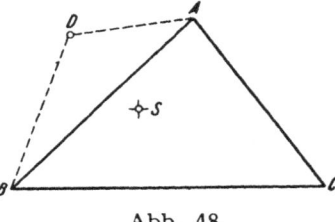

Abb. 48

3. Gegeben sei das Dreieck $A\,B\,C$; man bestimme einen Punkt D als Eckpunkt des Viereckes $A\,C\,B\,D$ so, daß diesem eine innerhalb des Dreieckes gegebene Schwerpunktslage S entspricht. (Abb. 48).

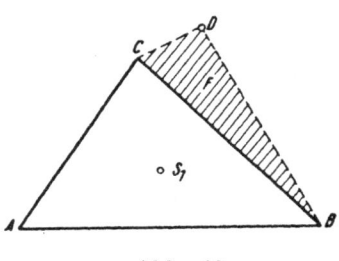

Abb. 49

4. An die Seite $B\,C$ des Dreieckes $A\,B\,C$ soll ein Dreieck $B\,C\,D$ von gegebener Fläche F so angefügt werden, daß der Schwerpunkt S des entstehenden Viereckes $A\,B\,D\,C$ die kleinstmögliche Entfernung vom Schwerpunkte S_1 des Ausgangsdreieckes $A\,B\,C$ hat. (Abb. 49).

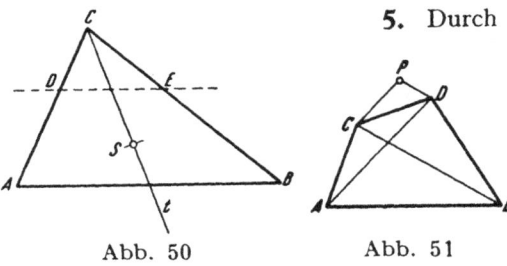

Abb. 50   Abb. 51

5. Durch einen parallel zur Grundlinie $A\,B$ des Dreieckes $A\,B\,C$ geführten Schnitt $D\,E$ (Abb. 50) soll ein Trapez abgeschnitten werden, dessen Schwerpunkt S eine vorgegebene Lage auf der Dreiecksschwerlinie t besitzt.

6. Man beweise folgenden Satz von $E.\ Henry$: Ist P der Schnittpunkt der durch die Ecken $C,\,D$ des allgemeinen Viereckes $A\,B\,D\,C$ (Abb. 51) zu den gegenüberliegenden Diagonalen AD und BC gezogenen Parallelen, so fällt der Schwerpunkt S des Viereckes mit jenem des Dreieckes ABP zusammen.

7. Von einem beliebigen Dreiecke ABC ist ein Teil so abzuschneiden, daß der Schwerpunkt des entstehenden Viereckes $ABVU$ (Abb. 52) eine vorgegebene Lage S erhält. Man ermittle die Eckpunkte U und V.

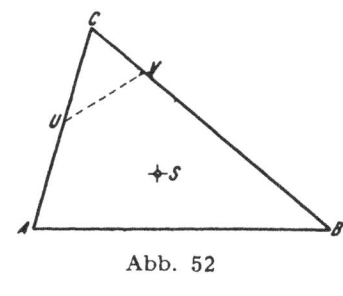

Abb. 52

8. Von einem Dreiecke ABC (Fläche F_Δ) ist ein Teil ADE mit gegebener Fläche $F = (1/n)\,F_\Delta$ so abzuschneiden, daß der Schwerpunkt S_1 des verbleibenden Viereckes $BCED$ (Abb. 53) möglichst weit vom Schwerpunkte S des gegebenen Dreieckes abrücke. Es sind die Ecken D und E zu ermitteln.

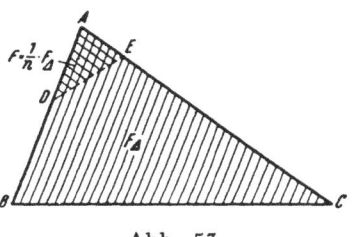

Abb. 53

9. bis 14. Man bestimme die Schwerpunktskoordinaten $(\xi,\ \eta)$ für folgende gleichförmig mit Masse belegten Flächen in bezug auf die angegebenen Achsen:

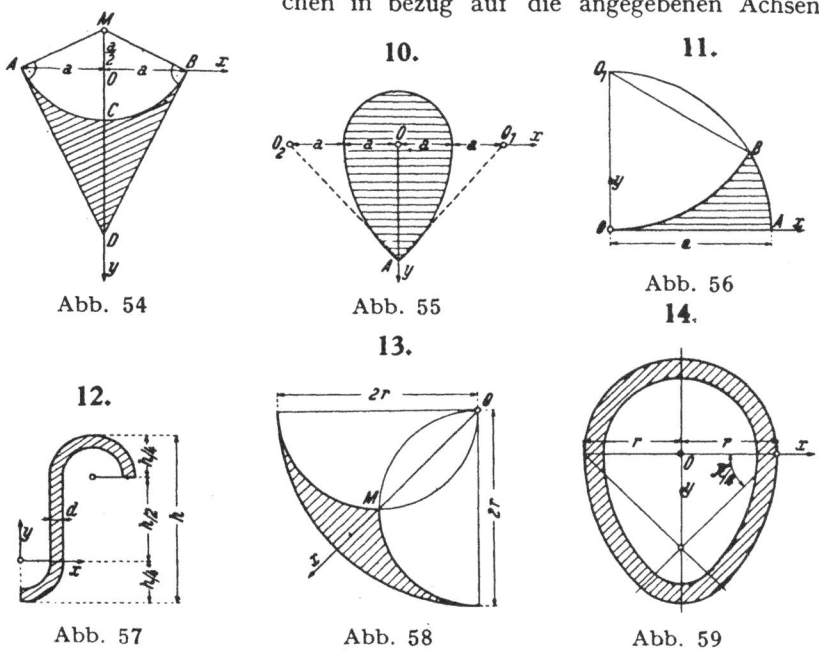

9.

Abb. 54

10.

Abb. 55

11.

Abb. 56

12.

Abb. 57

13.

Abb. 58

14.

Abb. 59

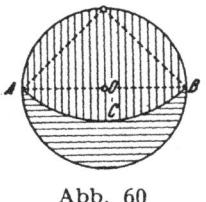

Abb. 60

15. Bestimme das Verhältnis der von O aus gemessenen Entfernungen der Schwerpunkte der beiden Teilflächen, in die ein Kreis (Abb. 60) durch den Bogen $A\,C\,B$ zerlegt wird.

16. Bestimme den Schwerpunkt der schraffierten Fläche und berechne den Inhalt des durch ihre Drehung um die Achse $O\,O_1$ entstehenden Rotationskörpers (Intze-Behälter). (Abb. 61).

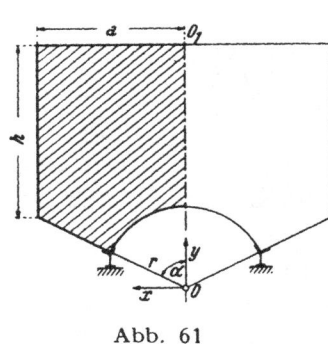

Abb. 61

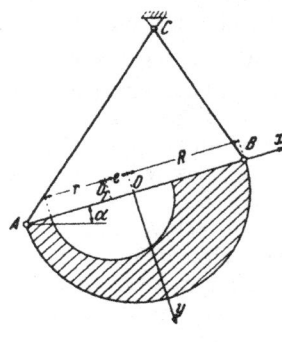

Abb. 62

17. Eine homogene, von zwei exzentrischen Halbkreisen berandete Platte vom Gewichte G sei an einem in A, B befestigten, durch einen glatten Ring bei C laufenden Seil von der Länge l in C aufgehängt (Abb. 62).

Wie groß ist die Exzentrizität $e = \overline{O\,O_1}$ der beiden Randkreise, wenn im Gleichgewichtsfalle der Durchmesser $A\,B$ unter α gegen die Waagrechte geneigt sein soll?

Man ermittle die Seilspannung und das Verhältnis der beiden Seilstücke $A\,C$ und $B\,C$.

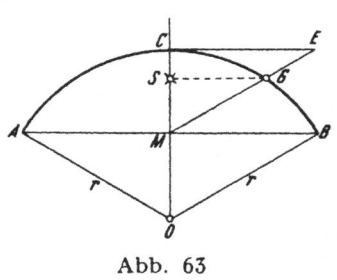

Abb. 63

18. Der Schwerpunkt eines gleichförmig mit Masse belegten Kreisbogens $A\,C\,B$ kann durch folgende einfache Näherungskonstruktion (Abb. 63) gefunden werden: Trage auf der Tangente im Scheitel C die Strecke $\overline{C\,E} = {} = 6/7\,\overline{C\,B}$ auf und ziehe die Gerade $E\,M$, die den Bogen in G schneidet. Dann gibt die Projektion von G auf die Bogensymmetrale mit großer Genauigkeit die Lage des Schwerpunktes S.

Man beweise, daß nach diesem Verfahren der Schwerpunkt eines *Halbkreisbogens* auf 0,04% genau (also weit über die erreichbare Zeichengenauigkeit) festgelegt ist.

19. Man beweise die Richtigkeit folgender Konstruktion (Abb. 64) für den Inhalt eines Kreisabschnittes $A\,C\,B\,A$:
Lege durch ·den Schwerpunkt S des Bogens $A\,C\,B$ die Parallele zur Sehne $A\,B$ bis zum Schnitte G mit dem Bogen und bringe die in G auf $O\,G$ errichtete Senkrechte mit der Bogensymmetralen $O\,C$ in H zum Schnitte. Dann ist das Rechteck $H\,N\,B\,M$ flächengleich dem Segmente $A\,C\,B\,A$.

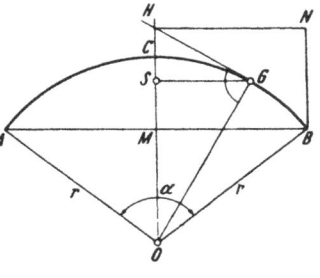

Abb. 64

III. Ebene Fachwerke

a) Kräftepläne

Man zeichne für die folgenden Fachwerke die den angegebenen Belastungen entsprechenden Kraftpläne.

1.

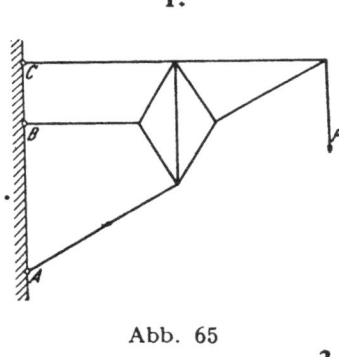

Abb. 65

2.

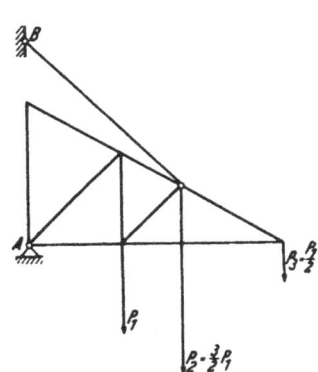

Abb. 66

3.

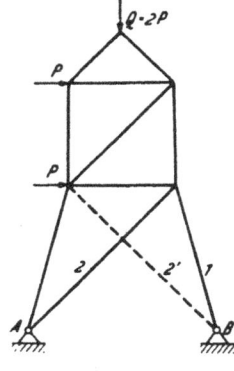

Abb. 67

3. Welche Änderung erfährt die Stabkraft im Stützstabe 1, wenn der Stab 2 durch den symmetrisch liegenden Stab 2′ ersetzt wird?

4.

5.

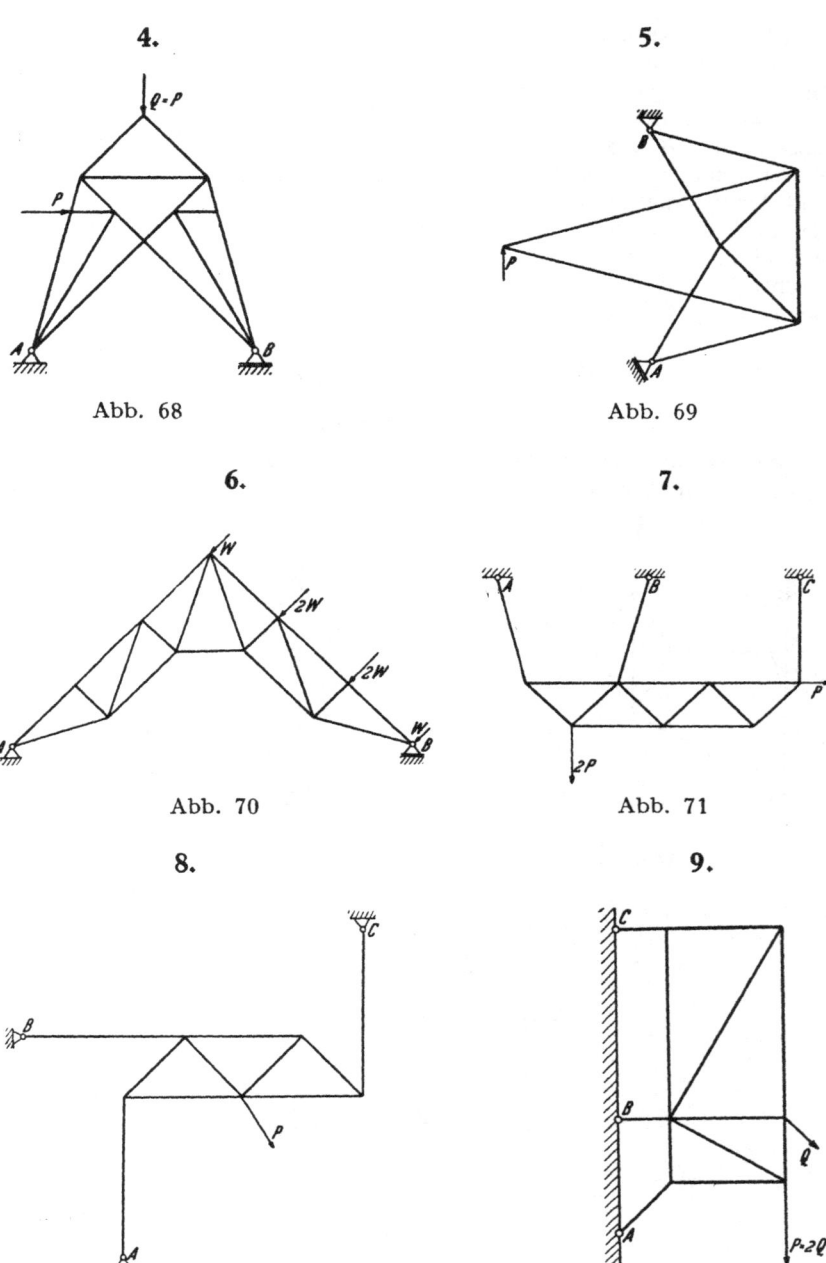

Abb. 68

Abb. 69

6.

7.

Abb. 70

Abb. 71

8.

9.

Abb. 72

Abb. 73

10.

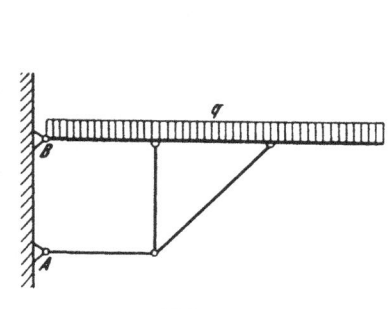

Abb. 74

11.

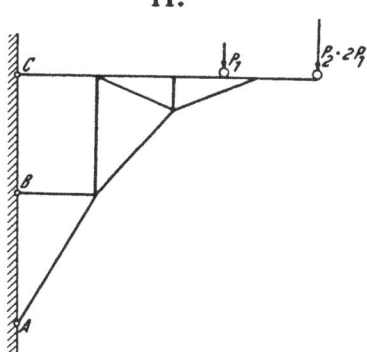

Abb. 75

12.

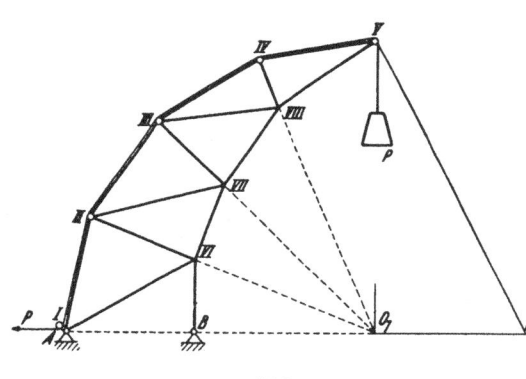

Abb. 76

12. In den Obergurtknoten eines Fachwerkkranes sitzen reibungsfreie Rollen, über die ein vollkommen biegsames Kabel führt, das zum Hochziehen der am rechten Ende angehängten Last P dient. Man ermittle die von den Rollen auf die Obergurtknoten I, II, III, IV, V übertragenen Knotenkräfte und zeichne den reziproken Kraftplan für das Fachwerk. Die Obergurtknoten liegen auf einem Viertelkreise vom Halbmesser $R = \overline{O_1 V}$ (Mittelpunkt O_1), die Untergurtknoten $VI, VII, VIII, V$ auf dem Kreise vom Halbmesser $\overline{O_2 V}$, wo $\overline{O_2 O_1} = R/2$.

13.

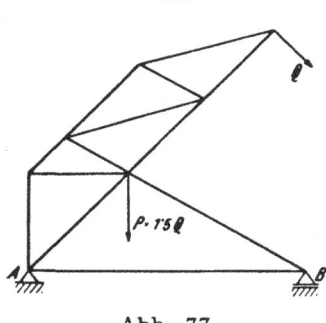

Abb. 77

14.

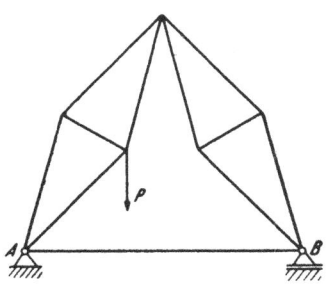

Abb. 78

2*

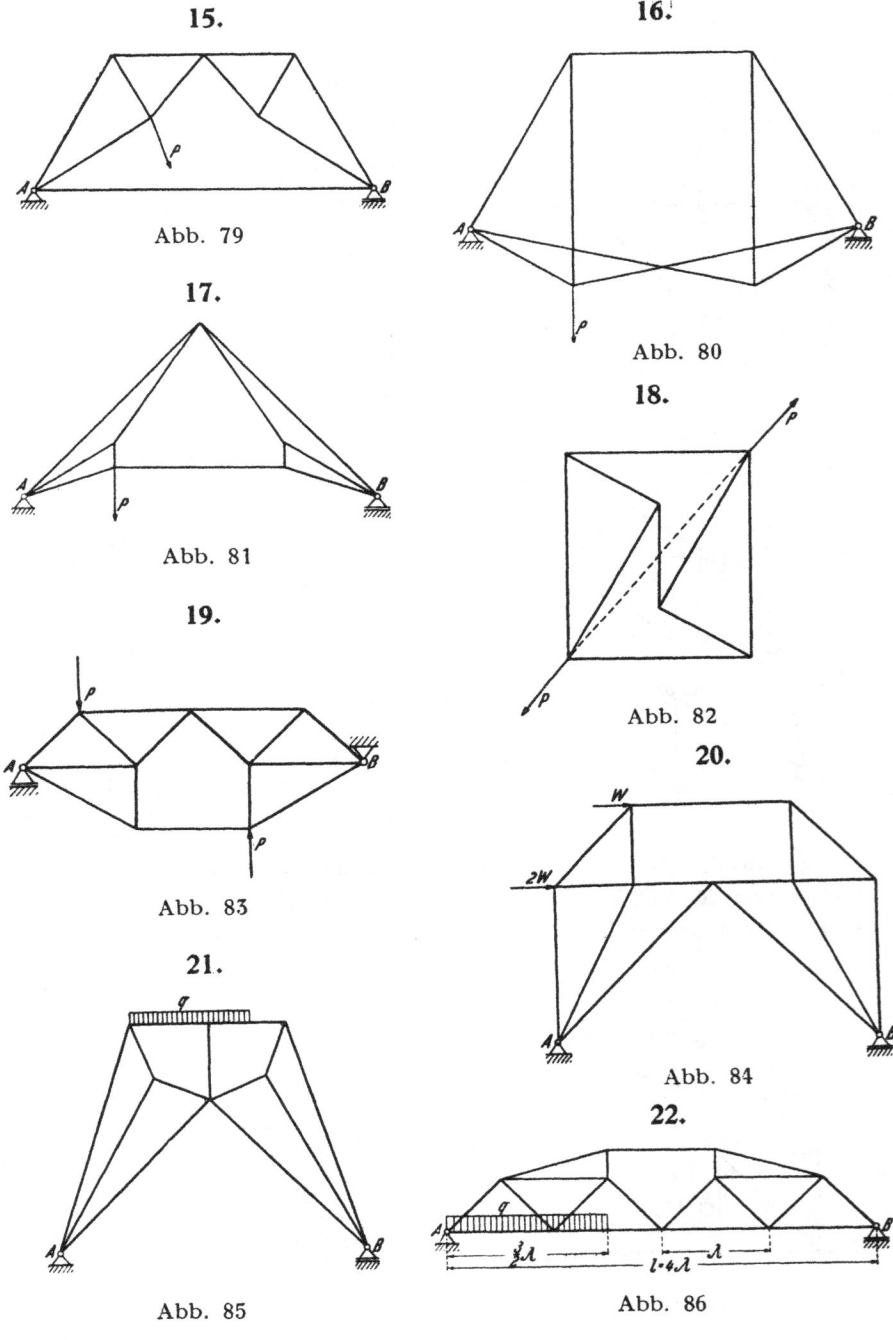

15.

Abb. 79

16.

Abb. 80

17.

Abb. 81

18.

Abb. 82

19.

Abb. 83

20.

Abb. 84

21.

Abb. 85

22.

Abb. 86

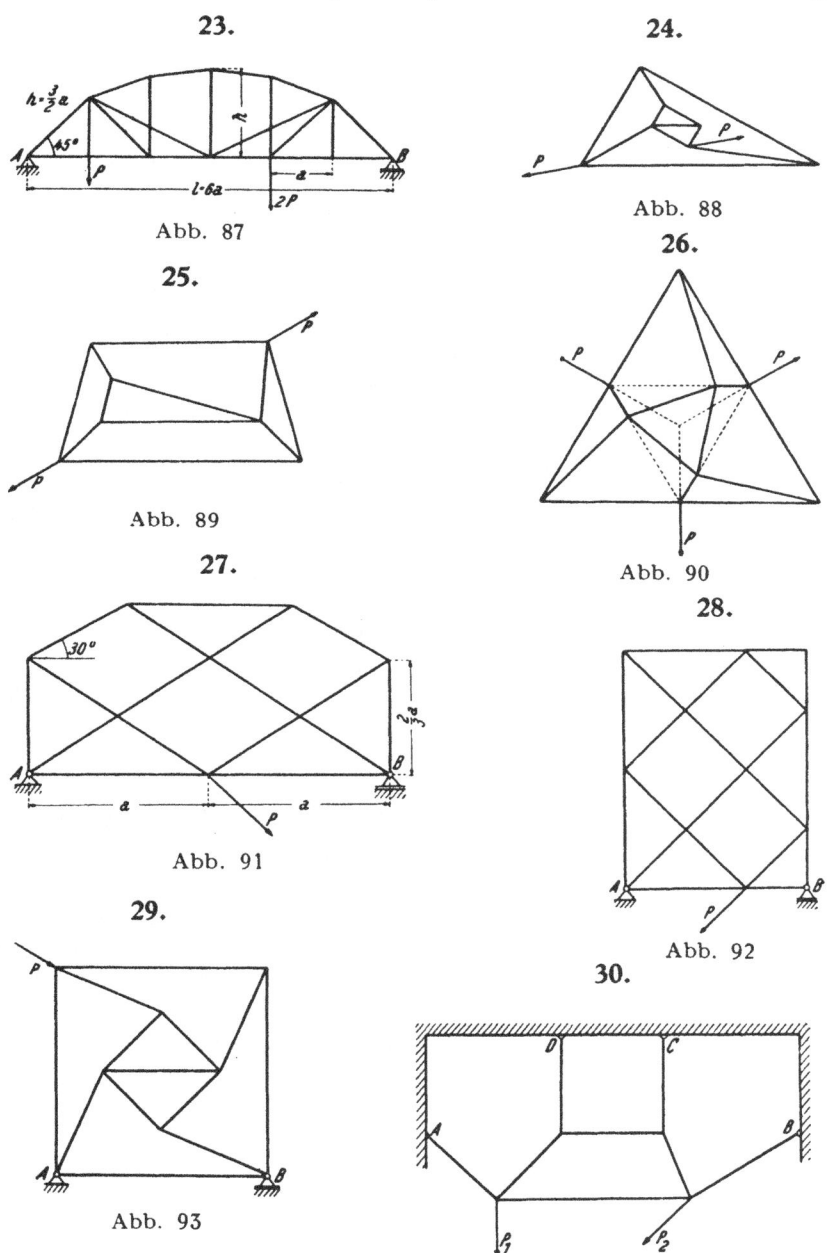

23.

Abb. 87

24.

Abb. 88

25.

Abb. 89

26.

Abb. 90

27.

Abb. 91

28.

Abb. 92

29.

Abb. 93

30.

Abb. 94

30. Man zeichne den reziproken
Kraftplan für das mit P_1, P_2 belastete Hängegerüst (s. Aufg. III b, 5).

31.   **32.**

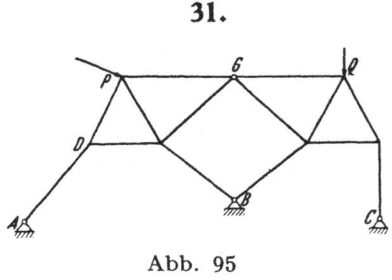

Abb. 95

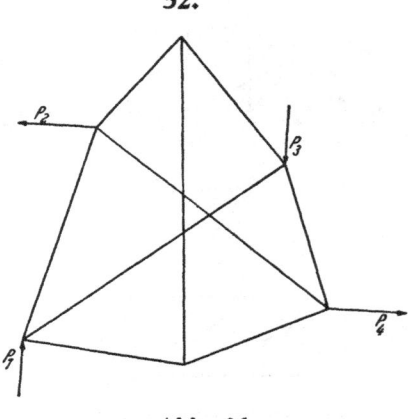

31. Man ermittle für das in den festen Gelenken *A*, *B*, *C* gestützte, mit den Kräften *P* und *Q* belastete Fachwerk die Spannkräfte in den vier Stützstäben (s. Aufg. III b, 4).

Abb. 96

32. Man zeichne für das durch vier Kräfte belastete, unregelmäßige Sechseck den zugehörigen Kraftplan (s. Aufg. III b, 6).

b) Der Ausnahmefall

1. Welche Möglichkeiten bestehen, um das Vorliegen des Ausnahmefalles bei einem ebenen statisch bestimmten Fachwerke zu entscheiden?

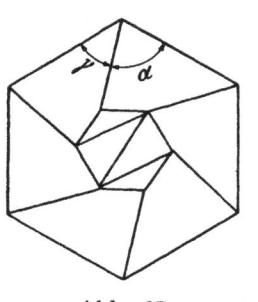

2. Man beweise, daß das Fachwerk in Abb. 97 wackelig ist, wenn $\gamma = \alpha$ ist.

3. Bei welcher Verschiebungsrichtung des Gleitlagers *C* wird das Fachwerk in Aufg. I, 48 wackelig?

4. Welche Richtung des Stützstabes *D A* muß bei dem Fachwerke der Aufg. III, a, 31 vermieden werden, damit es nicht wackelig werde?

Abb. 97

5. Bei welcher Form des Stabwerkes in Aufg. III, a, 30 wird es beweglich?

6. Zeige, daß beim Fachwerk der Aufg. III, a, 32 der Ausnahmefall vorliegt, wenn das Sechseck ein Pascalsches ist.

IV. Biegungsmomente, Quer- und Längskräfte gerader Träger

1. Mit dem Träger $\overline{A\,B} =$ $= 3\,a$ (Abb. 98) ist das Stabsystem $C\,D\,E$ gelenkig verbunden. Man konstruiere für den Träger die Schaulinien für Biegungsmoment, Quer- und Längskraft bei Wirkung der lotrechten Kraft P ($a =$ $= 1\,\text{m}$, $P = 500\,\text{kg}$).

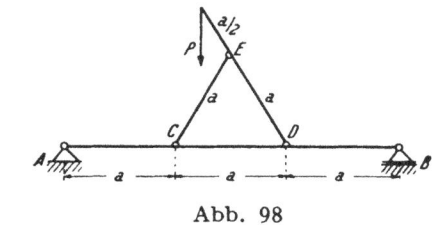

Abb. 98

2. Auf dem Träger $A\,B$ (Abb. 99) ist im festen Lager C und im Gleitlager D ein Kran gelagert. Man konstruiere die Schaulinie für die Biegungsmomente des Trägers $A\,B$ und zeichne den Kraftplan des Kranes für die Auslegerlast P.

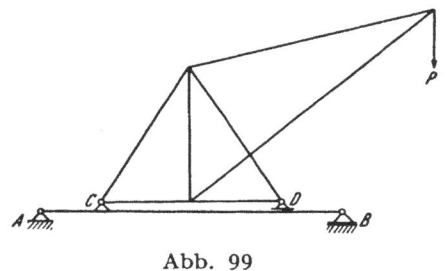

Abb. 99

3. Ein in A und B frei aufliegender Träger mit überhängendem Felde $\overline{B\,C} = a$ ist über seine ganze Länge $\overline{A\,C} = l$ mit q kg/m gleichförmig belastet. (Abb. 100).

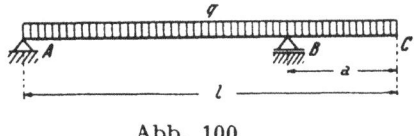

Abb. 100

Wie groß muß a/l gemacht werden, wenn das größte Moment im Felde $A\,B$ dem Betrage nach gleich sein soll dem Auflagermoment in B? Man zeichne die Schaulinie der Biegungsmomente.

Es ist $l = 10\,\text{m}$ und $q = 500\,\text{kg/m}$.

4. Ein in A und B frei aufliegender Träger (Abb. 101) ist am Ende C des überhängenden Feldes $\overline{B\,C} = a$ mit P und im Felde $A\,B$ mit q gleichförmig belastet, wobei $P = q\,a$

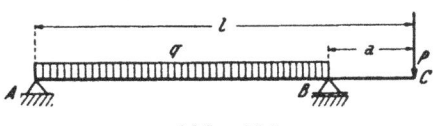

Abb. 101

ist. Wenn l die ganze Länge des Trägers $A\,C$ bezeichnet, soll a/l so bestimmt werden, daß das größte Moment im Felde $A\,B$ dem absoluten Werte nach übereinstimme mit dem Momente am Auflager B; zeichne die Schaulinie der Biegungsmomente.

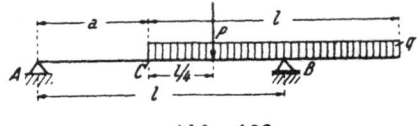

5. Wie groß muß bei dem in Abb. 102 dargestellten Träger a/l gemacht werden, damit die Absolutwerte der Biegungsmomente in C und B einander gleich sind; zeichne

Abb. 102

die zugehörige Schaulinie der Biegungsmomente und Querkräfte. $P = \frac{2}{3} q l$.

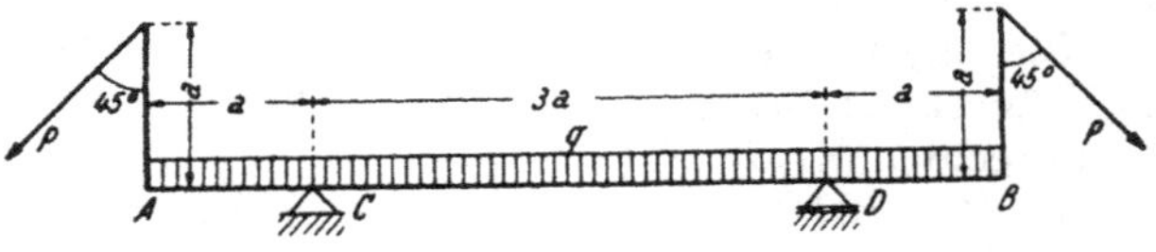

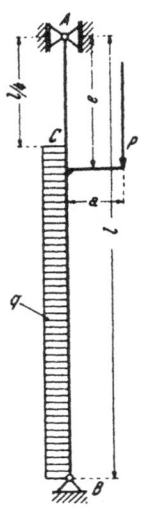

Abb. 103

6. Ein in C und D frei gelagerter steifer Halbrahmen (Abb. 103) ist an den Rahmenenden mit P symmetrisch belastet und trägt die gleichförmige Last q kg/m entlang des Trägers $A\,B$. Bei welchem Werte $P/q\,a$ sind die Biegungsmomente an den Trägerenden A, B und in Trägermitte gleich groß? Zeichne die Schaulinie der Biegungsmomente für den Halbrahmen mit $a = 0,8$ m, $q = 400$ kg/m.

7. Zeichne für einen exzentrisch mit der lotrechten Last P belasteten Träger $\overline{A\,B} = l$ (Abb. 104), der im Fußgelenk B und im Gleitlager A gelagert und waagrecht auf drei Viertel seiner Länge gleichförmig

Abb. 104

mit q kg/m belastet ist, die Schaulinie der Biegungsmomente. $l = 4$ m, $a = 0,5$ m, $e = 1,2$ m, $P = 600$ kg, $q = 200$ kg/m.

8. Ein mit einem Fortsatze F versehener Reibungsring von kreisrundem Querschnitte mit

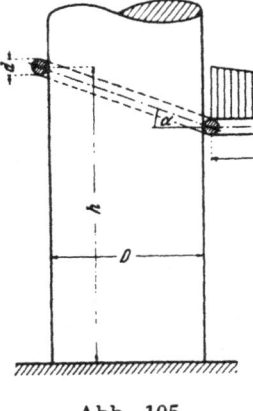

dem Durchmesser d ist längs einer lotrechten, unten eingespannten Säule (Durchmesser D) von der Oberflächenrauhigkeit f mit kleinem Spiel verschieblich und soll die auf dem Fortsatze aufgebrachte dreieckförmig verteilte Last Q tragen. (Abb. 105). Welche Mindestlänge x muß der Fortsatz F erhalten, wenn f, d, D, α gegeben sind?

Abb. 105

Zeichne nach Bestimmung von x die Schaulinie der Biegungsmomente für die Säule und für den Fortsatz F, dessen Eigengewicht zu vernachlässigen ist.

Zahlenangaben: $D = 50$ cm, $d = D/8$, $a = 20^0$, $f = 0,15$, $Q = 80$ kg.

9. Ein steifer Halbrahmen $A B C$ (Abb. 106) ist im festen Gelenk A und im Gleitlager C gelagert. In den Punkten D, E des Riegels $A B$ ist ein absolut biegsames Kabel von gegebener Länge l aufgehängt. Entlang des Kabels kann eine kleine Rolle, die eine lotrechte Last Q trägt, reibungsfrei gleiten.

Man berechne für die Gleichgewichtslage von Q die waagrechte Entfernung x der Lastwirkungslinie von E und zeichne das Kabel in der Gleichgewichtslage.

Für diese Lage ist die Schaulinie der Biegungsmomente des Riegels $A B$ zu zeichnen und Ort und Größe des größten Biegungsmomentes zu bestimmen.

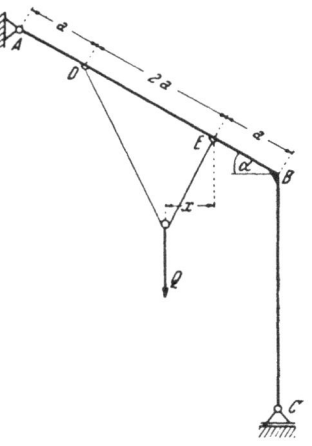

Abb. 106

$Q = 800$ kg, $a = 1$ m, $l = 4a$, $a = 30^0$.

10. Ein bei A eingespannter, bei B waagrecht verschieblich gelagerter Gerberträger (Abb. 107), dessen Gelenk C in Trägermitte liegt, ist im Bereiche $A C$ mit q kg/m und

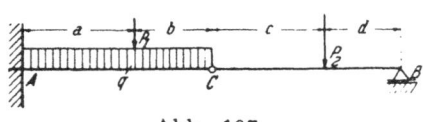

Abb. 107

mit P_1, im Felde $C B$ mit P_2 belastet. Man zeichne die Schaulinie der Biegungsmomente und entnehme daraus Ort und Betrag des $\pm M_{max}$.

$a = c = 3$ m, $b = d = 2$ m, $q = 200$ kg/m, $P_2 = 2 P_1 = 1600$ kg.

11. Ein Gerberträger $A G B$ (Abb. 108) trägt in C und D ein rechteckiges Stabgerüst, das in den oberen Ecken mit den unter β a, gegen die Lotrechte geneigten Kräften P_1, P_2 belastet ist.

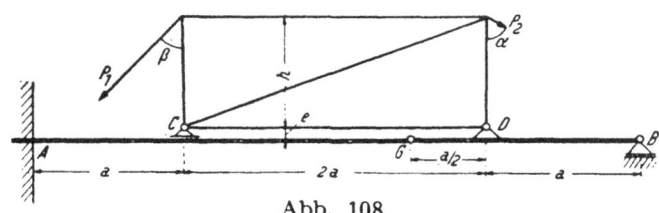

Abb. 108

Man ermittle durch Zeichnung der Momenten- und Querkraftschaulinie die Größtwerte von M und Q.

$P_1 = 10 P_2 = 500$ kg, $a = 2$ m, $h = 1,5$ m, $a = 60^0$, $\beta = 45^0$.

12. Ein auf vier Stützen gelagerter Gerberträger (Abb. 109) ist über seine ganze Länge $L = 2l + l_1$ mit q kg/m gleichförmig und in der Mitte des Einhängträgers $G_1 G_2$ mit $P = q l$ belastet. In welcher Entfernung z von den Auflagern B und C müssen die Gelenke G angeordnet werden, wenn die absoluten Werte der Biegungsmomente in B und in der Mitte des Einhängträgers gleich groß sein sollen?

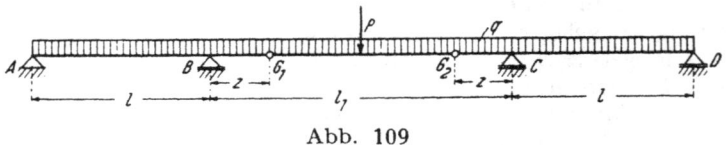

Abb. 109

Zeichne die Schaulinie für die Biegungsmomente und bestimme daraus $\pm M_{max}$ sowie die Größe der Gelenk- und Auflagerdrücke.
$l_1 = 8$ m, $l = 4{,}8$ m, $q = 500$ kg/m.

13. In welcher Entfernung a von den Auflagern B und C müssen bei einem auf vier Stützen gelagerten Gerberträger (Abb. 110) die

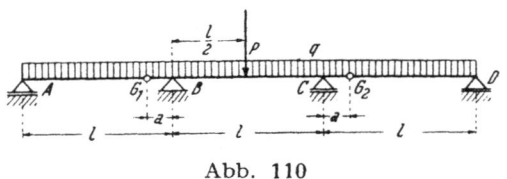

Abb. 110

beiden Gelenke G_1, G_2 in den Außenfeldern angeordnet werden, damit das Stützenmoment bei B dem Absolutbetrage nach gleich dem größten Momente im Schleppträger $A G_1$ werde? Der Gerberträger ist über seine ganze Länge $3 l$ gleichförmig mit q kg/m und in der Mitte mit P belastet.

Zeichne die Schaulinie für die Biegungsmomente und bestimme daraus den Wert des Biegungsmomentes an der Laststelle P sowie die Größe der Auflager- und Gelenkdrücke. $l = 4$ m, $P = \dfrac{q l}{2}$, $q = 500$ kg/m.

14. Ein über vier Stützen durchlaufender Gerberträger mit drei gleichen Feldern l (Abb. 111) ist in den beiden Einhängträgern mit P_1

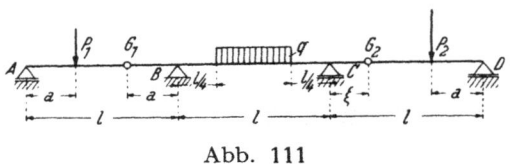

Abb. 111

und $P_2 = 3/2\, P_1$ und im Mittelfelde gleichförmig mit q kg/m auf eine Länge $l/2$ belastet. Die Lage des Gelenkes G_1 ist durch $a = l/3$ gegeben. In welcher Entfernung ξ von C muß das Gelenk G_2 in der dritten Öffnung angeordnet werden, wenn die Auflagermomente bei B und C einander gleich sein sollen? Man löse die Aufgabe zeichnerisch und gebe die Werte für $\pm M_{max}$ an, wenn $P = 4^t$, $q = 400$ kg/m, $l = 9$ m.

15. Ein biegungsfester Träger $A\,B$ (Abb. 112) ist in O_1, O_2 durch die Stäbe 1, 2 nach M_1, M_2 abgestützt und am linken Ende A mit der lotrechten Last P, im Bereiche $C\,D$ gleichförmig mit q kg/m belastet. Welche Kraft K muß in der gegebenen Wirkungslinie l am rechten Ende B zur Herstellung des Gleichgewichtes wirken? Man zeichne die Schaulinien der Biegungsmomente und Längskräfte des Trägers $A\,B$ und bestimme daraus Ort und Größe ihrer maximalen Werte. $a = 0,6$ m, $P = 200$ kg, $q = 300$ kg/m.

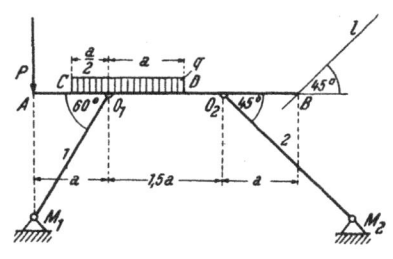

Abb. 112

16. Ein in A, B, C gestützter Gerberträger (Abb. 113) ist in M mit $-P$ und am freien Ende N mit $+P$ belastet. Die Walzenstütze C ruht auf einem in E, F frei aufliegenden Hilfsträger.

Man zeichne die Schaulinien der Biegungsmomente des Trägers $A\,N$ und des Hilfsträgers und gebe an, welche Last der Hilfsträger in C aufzunehmen hat. Das Eigengewicht ist zu vernachlässigen. $a = 4$ m, $P = 1000$ kg.

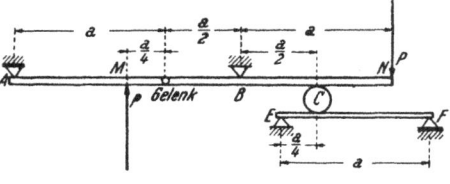

Abb. 113

17. Ein starres Stabsystem (Abb. 114) ist im festen Gelenk A und in den waagrecht verschieblichen Gelenken B, C gelagert und besitzt im Scheitel D der rechten Bogenöffnung ein Gelenk. Es ist mit einer lotrechten Last P und einer waagrechten Kraft W und mit einer gleichförmigen waagrechten Belastung $W_1 = P$ belastet. Man konstruiere die Gelenkdrücke in A und D und das Biegungsmoment im Scheitel des linken Bogens.

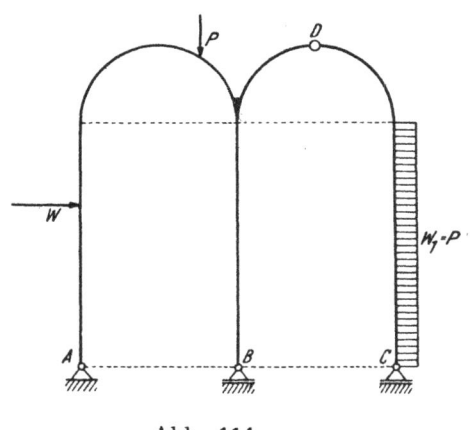

Abb. 114

18. Der Holm AB eines Flugzeugflügels (Abb. 115) ist in A gelenkig an den Rumpf angeschlossen und durch die Strebe CD abge-

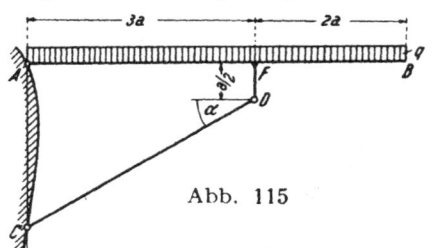

stützt, die im Gelenke D mit dem starren Arme FD verbunden ist. Die Luftkräfte wirken mit q kg/m gleichförmig nach aufwärts.

Man zeichne die Schaulinien für die Biegungsmomente, Quer- und Längskräfte des Holmes und bestimme

Abb. 115

Ort und Betrag von $\pm M_{max}$ mit den Angaben $q = 200$ kg/m, $a = 1$ m, $\alpha = 30^0$.

V. Dreigelenkbogen

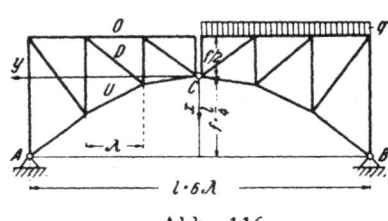

Abb. 116

1. Man berechne die Spannkräfte in den Stäben ODU des Dreigelenkbogens ABC (Abb. 116) mit der Pfeilhöhe $f = l/4$ bei halbseitiger gleichmäßig verteilter Belastung q t/m. Die Untergurtknoten liegen auf einer Parabel.

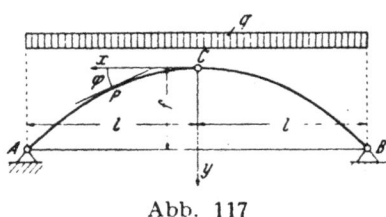

Abb. 117

2. Man beweise, daß für den parabolischen Dreigelenkbogen (Abb. 117) bei gleichmäßig verteilter Vollbelastung das Biegungsmoment an jeder Bogenstelle verschwindet. Wie groß sind die Gelenkdrücke sowie Quer- und Normalkraft an beliebiger Bogenstelle?

3. Man ermittle Ort und Größe des größten Biegungsmomentes des halbseitig mit q gleichmäßig belasteten symmetrischen Dreigelenkbogens.
$$2l = 6\,\text{m}, \quad f = 1\,\text{m}, \quad q = 200\,\text{kg/m}.$$
Wie groß ist der Gelenkdruck im linken Kämpfergelenk?

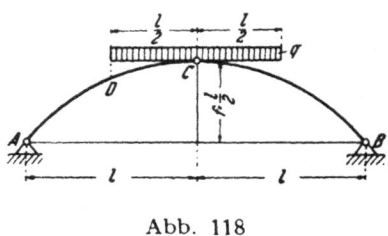

Abb. 118

4. Man berechne für den nach Abb. 118 belasteten parabolischen Dreigelenkbogen das Biegungsmoment an der Stelle D sowie Größe und Richtung der Gelenkdrücke bei B und C.

5. Man konstruiere für das Trag-
werk in Abb. 119 mit den drei Gelenken *A B C* die dort infolge der
Belastung *P* und *Q* entstehenden
Gelenkdrücke, ferner das Biegungsmoment an der steifen Ecke *D* und
die Stabkräfte in dem als Fachwerk ausgebildeten Ständer *A C.*

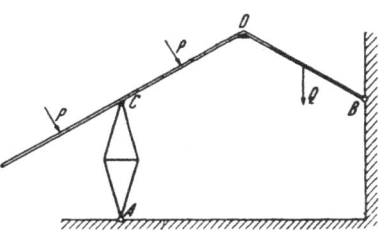

Abb. 119

6. Man entwerfe den reziproken
Kraftplan für den mit den vier
Kräften 2 *W*, *W*, 2 *P*, *P* be-
lasteten symmetrischen Drei-
gelenk-Fachwerkbogen   mit
W = *P*. (Abb. 120).

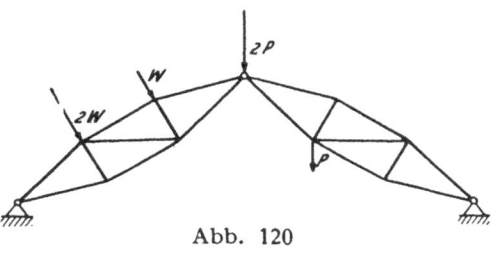

Abb. 120

7. Es ist der reziproke
Kraftplan für den mit 3 *P* und
— *P* belasteten Dreigelenk-
Fachwerkbogen mit Zugband
zu konstruieren. (Abb. 121).

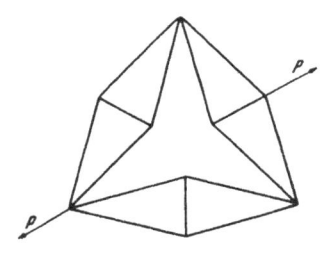

Abb. 121   Abb. 122

8. Drei Fachwerkscheiben (Abb. 122) sind in drei Gelenken miteinander verbunden und mit + *P*, — *P* belastet; konstruiere den
reziproken Kraftplan.

9. Das durch eine Walze vom
Gewichte *Q* belastete Bockgerüst
ruht auf waagrechtem, glattem
Boden; ein Ausweichen der Punkte
A und *B* ist durch ein sie verbin-
dendes Seil verhindert. (Abb. 123).

Man zeichne die Schaulinien der
Biegungsmomente, Quer- und
Längskräfte des Balkens *B C* und
ermittle die Seilkraft.

$Q = 80$ kg, $2l = 70$ cm, $a = 25$ cm,
$b = 55$ cm.

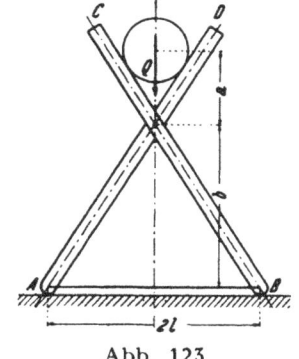

Abb. 123

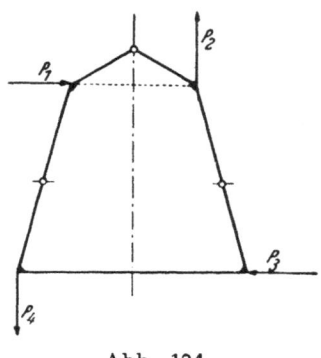

Abb. 124

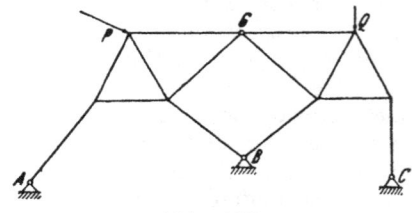

Abb. 125

10. Ein Dreigelenkrahmen (Abb. 124) sei durch vier in den steifen Ecken angreifende Kräfte belastet, die eine Gleichgewichtsgruppe bilden. Man konstruiere die Gelenkdrücke und die Schaulinien der Biegungsmomente, Quer- und Längskräfte.

11. Man konstruiere für das in den festen Gelenken A, B, C gestützte, mit den Kräften P und Q belastete Stabsystem (Abb. 125) die Gelenkdrücke in A, B, C und G.

VI. Raumkraftsystem

1. Wie bestimmt man die Dyname eines gegebenen Raumkraftsystems?

2. Für ein gegebenes Raumkraftsystem soll ein ihm äquivalentes Kraftkreuz (Kraftdyade) ermittelt werden.

3. Gegeben sei die Dyname $\Re$, $\mathfrak{M}$ und eine durch den Punkt A_1 $(\overrightarrow{O A_1} = \mathfrak{a}_1)$ gelegte Gerade g_1 (Abb. 126), welche die Wirkungslinie von $\Re$ nicht schneidet. Man ermittle die zu g_1 konjugierte Gerade g_2.

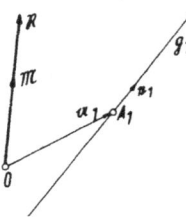

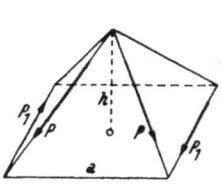

Abb. 126   Abb. 127

4. In vier Seiten einer Pyramide mit quadratischer Grundfläche a^2 und der Höhe h (Abb. 127) wirken vier Kräfte P und P_1, die den entsprechenden Seitenlängen proportional und zu je zweien gleich groß sind. Man ermittle deren Dyname und die Zentralachse.

5. Es ist die Dyname und Zentralachse der drei nach Abb. **128** gegebenen Kräfte $\mathfrak{P}_1 \mathfrak{P}_2 \mathfrak{P}_3$ zu bestimmen.

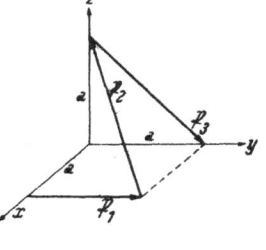

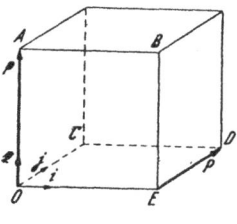

Abb. 128   Abb. 129

6. Welche Kräfte Q hat man dem in den Kanten $O\,A$ und $E\,D$ eines Würfels von der Seitenlänge a wirkenden orthogonalen Kraftkreuze in $A\,B$ und $C\,D$ (Abb. **129**) hinzuzufügen, damit sich die Gesamtwirkung auf eine Einzelkraft reduziere?

Welche Größe, Richtung und Wirkungslinie besitzt sie?

7. Drei gleichlange Stäbe von der Länge l stützen sich in $A\,B\,C$ auf eine glatte waagrechte Ebene und sind in D durch ein Gewicht Q belastet (Abb. 130). Ein Ausweichen der Stützpunkte, die in den Ecken eines gleichseitigen Dreieckes mit den Seiten l liegen, sei durch eine sie knapp oberhalb der Stützpunkte verbindende Schnur verhindert. Wie stark

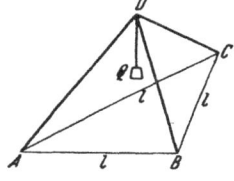

Abb. 130

wird die Schnur gespannt? Welche Kräfte entstehen in den drei Stäben?

8. Ein im Kugelgelenk O drehbarer Stab $\overline{O\,A} = l$ vom Gewichte G stützt sich in A an eine von O um c entfernte glatte lotrechte Wand ε. (Abb. 131). Er wird durch ein in A angeknüpftes, durch den Ring R laufendes und mit Q gespanntes undehnbares Seil im Gleichgewicht gehalten. Man berechne für Gleichgewicht den Winkel φ von $O_1\,A$ gegen die Lotrechte sowie Größe und Richtung des Gelenkdruckes in O.

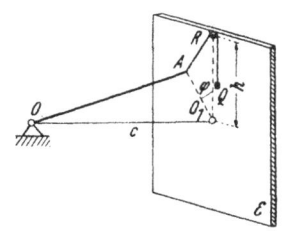

Abb. 131

9. Ein räumliches Kraftsystem sei durch den im Ursprung O angesetzten Vektor $\mathfrak{P}$ und durch $\mathfrak{M}_0$ gegeben, wobei $\mathfrak{M}_0$ und $\mathfrak{P}$ nicht zusammenfallen. Durch Hinzufügen einer ihrer Größe und Richtung nach gegebenen Kraft $\mathfrak{Q}$ soll erreicht werden, daß die Zentralachse der resultierenden Dyname aus $\mathfrak{P}$, $\mathfrak{Q}$ und $\mathfrak{M}_0$ durch einen gegebenen Punkt D gehe $(\overrightarrow{O\,D} = \mathfrak{d})$.

Man berechne die Bestimmungsstücke der Dyname mit den Angaben

$$\text{(kg)}\ \mathfrak{P} = \begin{Bmatrix} 0 \\ 2, \\ 1 \end{Bmatrix} \quad \text{(kg cm)}\ \mathfrak{M}_0 = \begin{Bmatrix} -4 \\ 4, \\ 4 \end{Bmatrix} \quad \text{(kg)}\ \mathfrak{Q} = \begin{Bmatrix} 3 \\ 0, \\ 3 \end{Bmatrix} \quad \text{(cm)}\ \mathfrak{d} = \begin{Bmatrix} 0 \\ 3 \\ 2 \end{Bmatrix}.$$

10. Ein rechteckiger homogener schwerer Deckel ($G = 18$ kg) wird nach Abb. 132 durch einen bei C angesetzten Stab in E abgestützt.
Wie groß ist die Stabkraft?
Welche Drücke treten in A und B auf?
$\overline{A\,B} = 100$ cm, $\overline{A\,C} = \overline{A\,E} = 60$ cm.

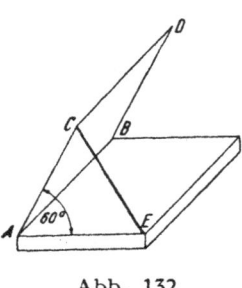

Abb. 132

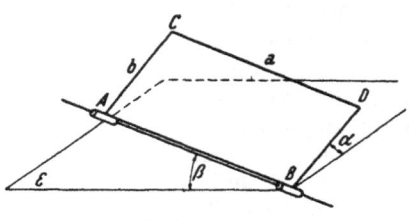

Abb. 133

11. Eine homogene rechteckige Platte $a \cdot b$ vom Gewichte G kann in den kreisrunden Hülsen A, B an einer glatten Stange gleiten, die unter β gegen die Waagrechte geneigt ist (Abb. 133). In der durch $C\,D$ gelegten Normalebene zur Platte wirke im Punkte D eine Kraft $\mathfrak{P}$, welche die Platte mit der Neigung α gegen die waagrechte Ebene ε im Gleichgewicht halten soll.

Man bestimme $\mathfrak{P}$ nach Größe und Richtung und ermittle die Hülsendrücke in A und B.

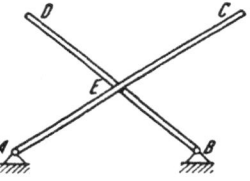

Abb. 134

12. Zwei in den Kugelgelenken A und B (Abb. 134) gelagerte dünne Stangen stützen sich in E aneinander und sind in C und D mit zwei Kräften $\mathfrak{P}$ und $\mathfrak{Q}$ belastet, die einer gegebenen Ebene ε parallel sein sollen. Von $\mathfrak{P}$ ist der Betrag P gegeben. Man konstruiere die Richtung von $\mathfrak{P}$, ferner Größe und Richtung von $\mathfrak{Q}$ sowie die Gelenkdrücke in A und B.

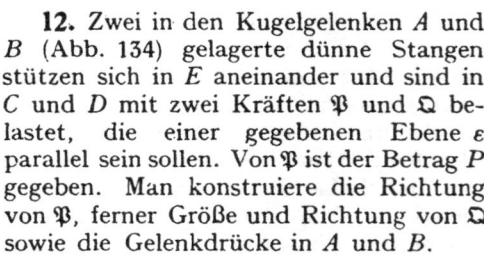

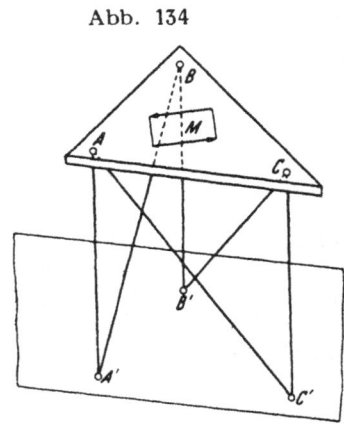

Abb. 135

13. Eine homogene waagrechte Platte vom Gewichte G ist durch sechs Stäbe gestützt, von denen drei lotrecht sind; in der Plattenebene wirke ein Kraftpaar M (Abb. 135).

Welchen Wert hat M, wenn die lotrechten Stützstäbe spannungslos bleiben? Wie groß sind dann die Spannkräfte in den schrägen Stützstäben? Die Stützpunkte $A'\,B'\,C'$ bilden ein gleichseitiges Dreieck mit der Seitenlänge a, die Länge der lotrechten Stäbe sei gleich l. (Timoshenko).

VII. Seil- und Kettenlinien

1. Ein vollkommen biegsames in
A und B befestigtes Kabel (Abb. 136)
sei der Wirkung einer über die
Horizontalprojektion des Kabels
gleichmäßig verteilten Belastung
q kg/m unterworfen; man bestimme
die Form des Kabels, Ort und Betrag des größten Durchhanges f und
den Horizontalzug H.

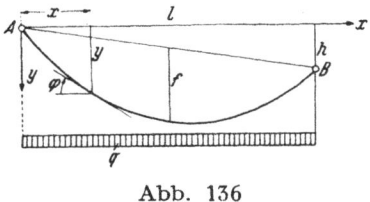

Abb. 136

Wie groß ist die Bogenlänge s der Seilkurve im Falle $h = 0$?

Um wieviel ändert sich der Durchhang f, wenn die Kabellänge s
infolge einer Temperaturänderung um Δs zunimmt?

2. Ein vollkommen biegsames, in gleich hoch liegenden Punkten A, B
festgehaltenes Kabel (Abb. 137) habe den Durchhang f_q unter der Wirkung einer gleichförmigen Belastung
q kg/m, die das Eigengewicht beträcht-
lich überwiege, so daß letzteres vernachlässigt werden kann. Nun werde
symmetrisch zur Kabelmitte eine gleichförmig verteilte Nutzlast $p = n\,q$ auf
der Belastungslänge $2\,a$ aufgebracht.
Wie groß ist dann der Durchhang f und
der Horizontalzug H? Die Verlängerung

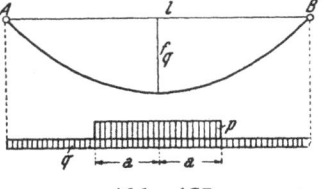

Abb. 137

des Kabels infolge Aufbringens der Nutzlast p bleibe unberücksichtigt.

Bei welchem Werte $\dfrac{2\,a}{l}$ erreicht f seinen Größtwert?

3. Das ursprünglich nur der Wirkung
einer gleichmäßigen Belastung q kg/m
unterworfene Kabel werde im tiefsten
Punkte mit einer lotrechten Einzellast P
belastet; man berechne die eintretende
Änderung des Durchhanges und des Horizontalzuges. (Abb. 138).

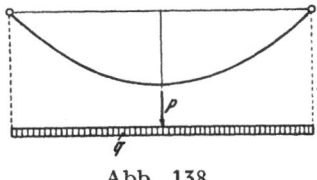

Abb. 138

4. Ein dünnwandiger vollkommen bieg-
samer Blechzylinder mit waagrechter Achse
sei in den Randerzeugenden bei A und B
aufgehängt und mit Flüssigkeit vom Ein-
heitsgewichte γ gefüllt. (Abb. 139).

Damit die dünne Blechwand überall
mit der konstanten Spannkraft S gezogen
werde, muß die Leitlinie l des Zylinders
der Bedingung $y\,\varrho = S/\gamma$ genügen, wo ϱ
den Krümmungshalbmesser $\overline{P\,\Omega}$ bedeutet.

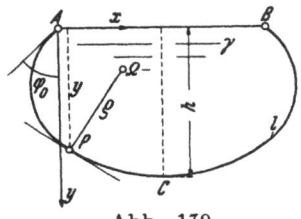

Abb. 139

a) Man beweise diese Bedingung und die Beziehung

$$h = \sqrt{2\frac{S}{\gamma}(1 + \sin\varphi_0)}$$

zwischen der größten Tiefe h und der Neigung φ_0 der Randtangente gegen die Lotrechte.

(Der Flüssigkeitsdruck p in der Tiefe y ist $p = \gamma\,y$ und steht senkrecht auf dem gedrückten Flächenelement).

Man bestimme die Resultierende R aller auf die Blechwand $\overset{\frown}{A\,C}$ wirkenden Flüssigkeitsdrücke nach Größe, Lage und Richtung.

b) Beweise ferner, daß die Leitlinie l durch ein Seileck angenähert werden kann, das zu jenem Kraftecke gehört, dessen Seiten die in einem Kreise vom Halbmesser $\dfrac{S}{\gamma\,\Delta\,s}$ aufgetragenen Druckhöhen y sind.

(Die Leitlinie ist hiebei durch ein Polygon mit der konstanten Seitenlänge $\Delta\,s$ ersetzt gedacht).

5. Ein zylindrisches Gewölbe (Abb. 140) sei nur durch lotrechte Kräfte p je m² der gekrümmten Oberfläche belastet. Die Gewölbestärke im Scheitel sei δ_0. Wenn in allen Querschnitten die konstante Druckspannung σ herrschen soll, so muß die Gewölbeachse entsprechend der Gleichung

$$\frac{1}{\varrho} = \frac{p\cos^2\varphi}{\sigma\,\delta_0}$$

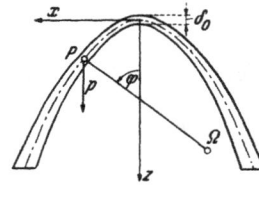

Abb. 140

geformt sein und es muß sich die Gewölbestärke δ nach dem Gesetze $\delta\cos\varphi = \delta_0$ ändern.

a) Man beweise dies!

b) Wenn in obiger Bedingung die mit φ veränderliche Belastung dem Ansatze $p = \dfrac{p_0}{\cos^n\varphi}$ genügt, so wird $\varrho = \varrho_0 \cos^{n-2}\varphi$ mit $\varrho_0 = = \dfrac{\sigma\,\delta_0}{p_0}$. Die Gewölbeachse nimmt dann die Form einer Ribaucourschen Kurve an; welche Gewölbeformen ergeben sich für die Sonderwerte $n = -1$, Null, 2 und 3?

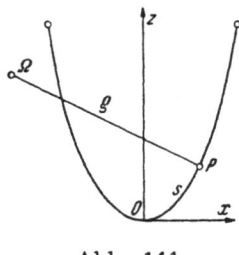

Abb. 141

6. Eine biegsame Kette (Abb. 141) sei der alleinigen Wirkung der Schwere unterworfen (Einheitsgewicht γ).

Man beweise, daß sie nur dann in allen Querschnitten gleiche Zugspannungen σ erfährt, wenn ihre Dicke δ nach dem Gesetze $\delta = \delta_0\,e^{\frac{\gamma z}{\sigma}}$ von ihrem Werte δ_0 im Scheitel zunimmt und wenn sie die durch $a \varrho = \mathrm{Cos}\,(a\,s)$ gegebene Form besitzt, wo ϱ und s Krümmungshalbmesser und Bogenlänge bedeuten und $a = \gamma/\sigma$ ist.

7. a) Man entwickle die Differentialgleichung der Gleichgewichtskurve eines vollkommen biegsamen, undehnbaren Fadens, der der Wirkung von Zentralkräften unterliegt, die nur von der Länge r des vom Kraftzentrum O aus gezogenen Polstrahles abhängen; berechne die Fadenspannung an beliebiger Stelle.

b) Man beweise, daß die dem Zentralkraftgesetze $P(r) = k\,r^n$ entsprechenden Seilkurven mit Ausnahme des Falles $n = -1$ Sinusspiralen vom Index $-(n+2)$ sind und daß die Seilspannung proportional mit r^{n+1} ist.

8. Es ist die Form jenes Seiles von veränderlicher Dicke δ zu bestimmen, das bei Annahme des Zentralkraftgesetzes $P(r) = c/r$ überall gleich gespannt ist (Seil gleicher Festigkeit).

9. Man bestimme die Gleichgewichtsform eines in zwei gleich hohen Punkten A, $B\,(\overline{A\,B} = 2\,b)$ aufgehängten gleichförmigen *dehnbaren* Seiles von der Länge $2\,l$; wie groß ist dessen Durchhang und die gedehnte Länge $2\,L$? (Clebsch, Minchin, Skrobanek).

VIII. Stabilität des Gleichgewichts

a) Der auf einer festen Fläche ruhende schwere Körper

1. Mit einer Halbkugel, die auf waagrechter Ebene ruht, ist ein Kegel aus gleichem Material verbunden. Welche Höhe darf er erhalten, wenn das Gleichgewicht indifferent sein soll? (Abb. 142).

2. Ein Kreiskegel ruht mit seiner Basis auf dem Scheitel eines Rotationsparaboloides. (Abb. 143). Ist h die Höhe des Kegels und p der Parameter des Paraboloides, so muß für stabiles Gleichgewicht

$$h < 4\,p$$

sein; man beweise dies.

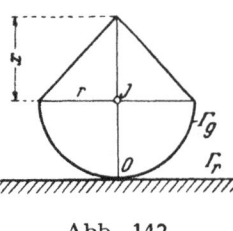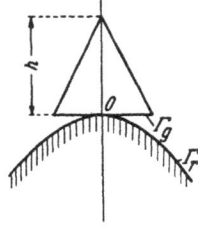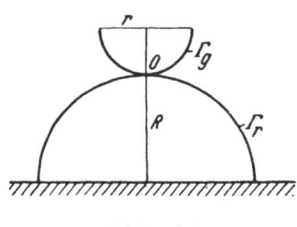

Abb. 142	Abb. 143	Abb. 144

3. Eine Halbkugel vom Halbmesser r ruht auf dem höchsten Punkte einer Halbkugel vom Halbmesser R. (Abb. 144). Beweise, daß für stabiles Gleichgewicht $r < 3/5\,R$ sein muß.

4. Ein Zylinder, dessen Basis die Form eines Kreisabschnittes (Halbmesser r) hat, ruhe mit waagrechter Erzeugender auf kreiszylinderisch gewölbter Unterlage (Halbmesser R). Wie groß muß R/r gewählt werden, damit das Gleichgewicht indifferent sei? (Abb. 145).

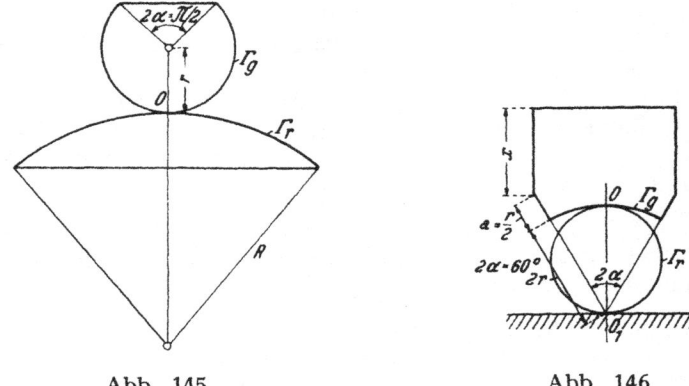

Abb. 145   Abb. 146

5. Eine ebene schwere Platte (Abb. 146) ruhe in der dargestellten Weise auf einem Kreiszylinder; wie groß darf x äußersten Falles sein, ohne das sichere Gleichgewicht zu stören?

b) Der beliebig gestützte Körper

1. Zeige, daß das Gleichgewicht der beiden Gewichte P, Q in Aufg. I, 21 stabil ist.

2. Zeige, daß das Gleichgewicht in Aufg. I, 25 stabil ist, wenn $\frac{\pi}{2} - a > \beta$.

3. Es ist die Art des Gleichgewichtes in Aufg. I, 31 festzustellen.

4. Untersuche die Art des Gleichgewichtes des Massenpunktes M in Aufg. I, 34.

Lösungen

I. Ebene Kraftsysteme und deren Gleichgewicht

1. Konstruiere mit Kraft- und Seileck die Mittelkraft $\Re$ der vier Kräfte, deren Wirkungslinie den Hebelarm r bezüglich des Kreismittelpunktes O habe; fügt man in O zwei sich tilgende Kräfte $\pm\,\Re$ hinzu, so verbleibt die nun in O wirkende Kraft $\Re$ und ein rechtsdrehendes Kraftpaar vom Betrage Rr. Das hinzuzufügende Kraftpaar M muß daher links drehend sein mit gleichem Betrage (Abb. 147).

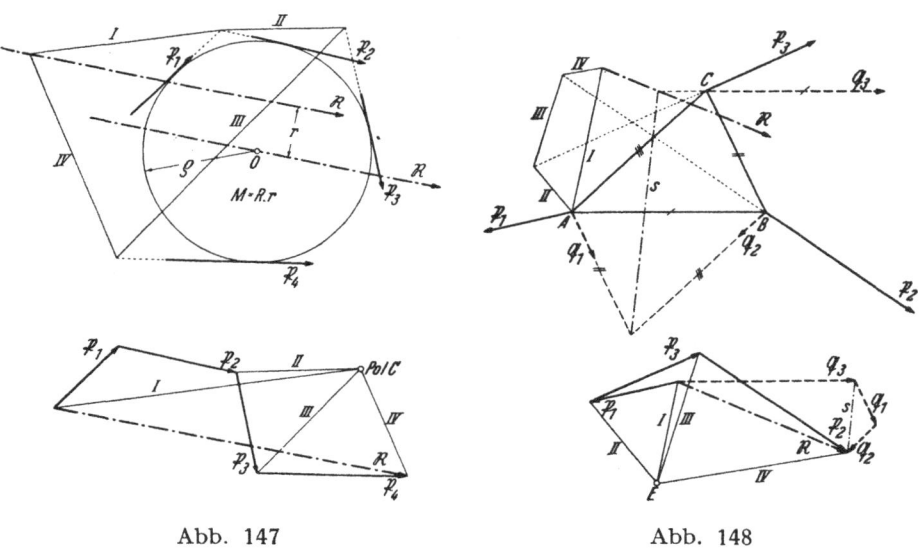

Abb. 147   Abb. 148

2. Konstruiere mit Kraft- und Seileck (Abb. 148) die Mittelkraft $\Re$ der drei Kräfte $\mathfrak{P}_1$, $\mathfrak{P}_2$, $\mathfrak{P}_3$ und wende die Culmannsche Methode der Zerlegung von $\Re$ nach drei gegebenen Richtungen $\mathfrak{Q}_1$, $\mathfrak{Q}_2$, $\mathfrak{Q}_3$ an. (Hilfsgerade s.)

3. Das gegebene Kraftpaar sei $M = Q\,q$. (Abb. 149). Konstruiere mit der Fehlannahme $P_1{}'$ und den mit dieser Annahme durch das vorgeschriebene Verhältnis $1:2:3$ bestimmten Kräften $P_2{}'$, $P_3{}'$ ihre Mittelkraft R' mit Kraft- und Seileck, die in Bezug auf den Mittelpunkt O

des Umkreises den Hebelarm r habe. Dann ist die richtige Größe R der Mittelkraft durch $R\,r = Q\,q$ bestimmt. (Zeichnung zweier ähnlicher Dreiecke im Lageplane.) Wird das Krafteck der Kräfte P_1', P_2', P_3' im Verhältnisse R/R' ähnlich verändert mit dem Ähnlichkeitszentrum im Kraftpol E, so ergeben sich die gesuchten Kräfte P_1, P_2, P_3.

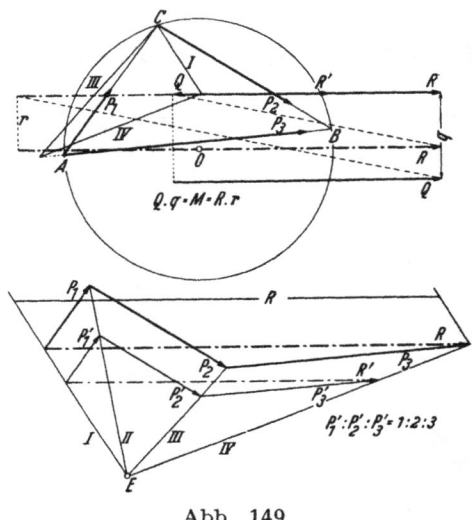

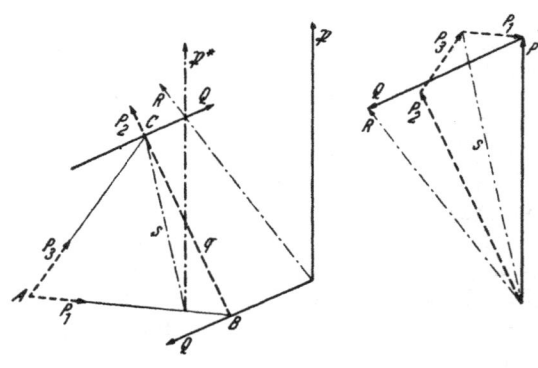

Abb. 149

4. Vereinigt man in Abb. 150 $\mathfrak{P}$ mit einer der beiden Kräfte des Paares $Q\,q$ zu R und setzt diese wieder mit der zweiten Kraft Q zu-

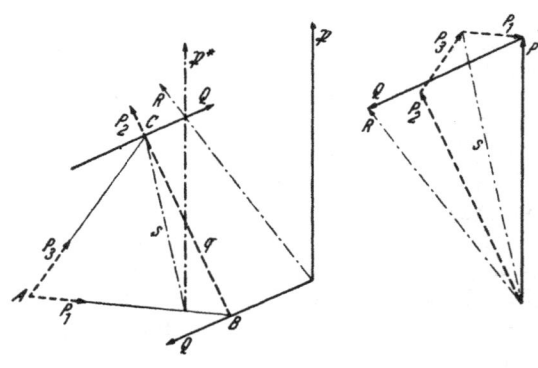

Abb. 150

sammen, so ergibt sich die gegenüber $\mathfrak{P}$ parallel verschobene Mittelkraft $\mathfrak{P}^*$ gleich $\mathfrak{P}$, die nach der Methode von Culmann in die Seiten des gleichseitigen Dreieckes zu zerlegen ist.

5. Seien Q_1 und Q_2 die in den Seiten $E\,F$ und $F\,G$ (Abb. 151) des eingeschriebenen Quadrates wirkenden Kräfte von vorgeschriebenem Verhältnisse 1 : 3, so ist hiedurch die Wirkungslinie ihrer Mittelkraft gegeben. Man zerlege daher die Resultierende $\mathfrak{R} = \overset{4}{\underset{1}{\Sigma}}\,\mathfrak{P}_\varkappa$ der gegebenen Kräfte in die drei Kräfte Q_3, Q_4 und $Q_1 \,\hat{+}\, Q_2$ nach der Culmannschen Methode; damit sind schließlich auch Q_1 und Q_2 selbst bestimmt.

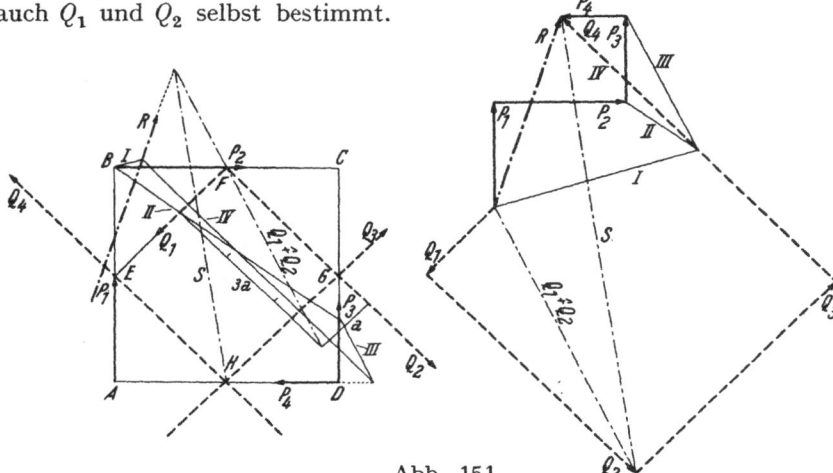

Abb. 151

6. Die vier gegebenen Kräfte bilden, da deren Krafteck (Abb. 152) geschlossen ist, ein Kraftpaar M gleich der doppelten Fläche des Viereckes $A\,B\,C\,D$, daher $M = {}$ $= \overline{A\,C}\,h$. Sei P die zu bestimmende Kraft mit der vorgegebenen Wirkungslinie l und $P\,p$ deren Moment um den Schnittpunkt T der Viereckdiagonalen, so muß dieses durch das Kraftpaar M getilgt werden, demnach ist

$$P\,p = \overline{A\,C}\,.\,h = Q\,q \text{ mit } Q = {}$$
$$= \overline{A\,C} \text{ und } q = \overline{E\,F} = h.$$

Die Parallele durch G zu $E\,L$ schneidet l im Punkte M und

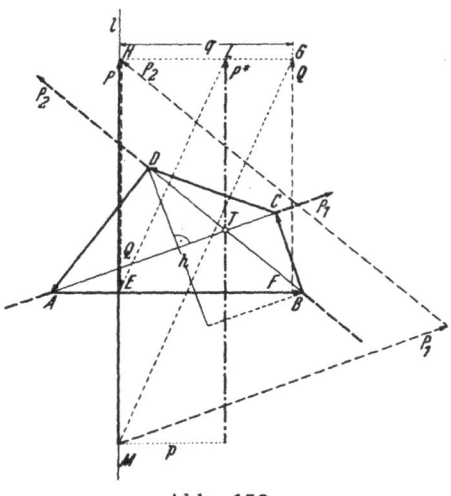

Abb. 152

es ist $\overline{M\,H} = P$, da die Dreiecke $H\,G\,M$ und $H\,L\,E$ ähnlich sind.

Die Zerlegung dieser in T wirkenden Kraft P^* nach den Richtungen der Diagonalen ergibt die gesuchten Kräfte P_1 und P_2.

7. Da $\mathfrak{P}_1 + \mathfrak{P}_2 + \mathfrak{P}_3 = 0$, so besteht die Wirkung dieser sich in einem Punkte schneidenden drei Kräfte in einem links drehenden Kraftpaar vom Betrage $2\,F$ mit F als Dreiecksfläche $A\,B\,C$. (Abb. 153).

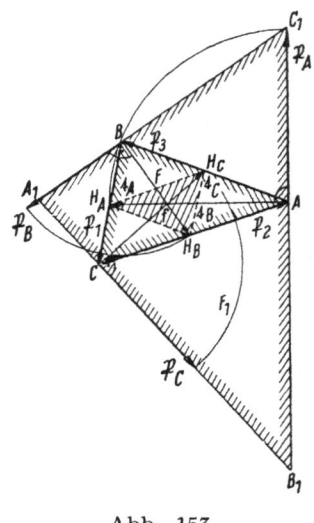

Bezeichnen t_A, t_B, t_C die gerichteten Schwerlinien, so ist

$$t_A + t_B + t_C = \frac{3}{2}(\mathfrak{P}_1 + \mathfrak{P}_2 + \mathfrak{P}_3) = 0;$$

daher ist auch die Kraftsumme der gegenüber den Schwerlinien um 90^0 im gleichen Sinne gedrehten Kräfte $\mathfrak{P}_A$, $\mathfrak{P}_B$, $\mathfrak{P}_C$ gleich Null und da sie sich nicht in einem Punkte schneiden, liefern sie ein Moment vom Betrage $2\,F_1\,(P_c/\overline{A_1\,B_1})$, wenn F_1 die Fläche des von ihren Wirkungslinien eingeschlossenen Dreieckes $A_1\,B_1\,C_1$ bedeutet. Somit ist dieses ebene Kraftsystem gleichwertig einem links drehenden Momente M vom Betrage $2\,[F + F_1\,(P_c/\overline{A_1B_1})]$. Diesem wird Gleichgewicht gehalten durch drei in den Seiten des Dreieckes $H_A\,H_B\,H_C$ wirkende Kräfte, die proportional den Seiten dieses Dreieckes sind mit dem

Abb. 153

Proportionalitätsfaktor $\dfrac{F + F_1\,(P_c/\overline{A_1\,B_1})}{f}$, wo f die Fläche dieses Dreieckes angibt; der Umlaufsinn dieser Kräfte ist entgegengesetzt jenem von M.

8. Die Spannkräfte D und E in den Seilen $D\,B$ und $E\,B$ sind einander gleich. Mit einer Fehlannahme $D' = E'$ für $D = E$ ist die zugehörige Spannkraft A' durch $n\,D'$ gegeben. Das zu den Kräften $A'\,D'\,E'$

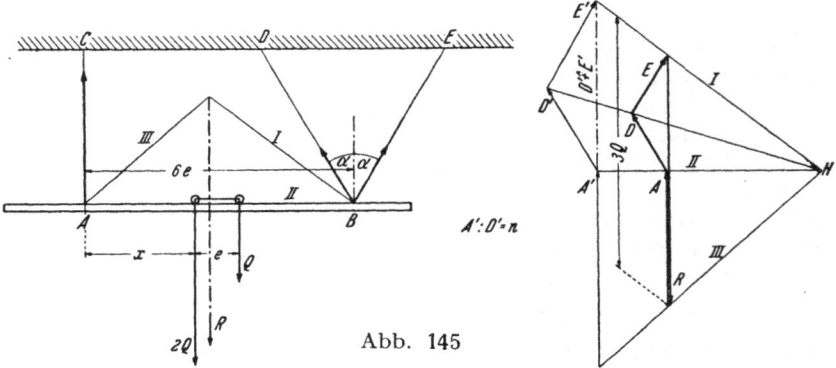

Abb. 145

gezeichnete Seileck I II III liefert die Wirkungslinie ihrer durch den Schnittpunkt von I und III führenden Mittelkraft R' und damit auch x. Da R' aber die Größe $3\,Q$ haben soll, so ist der Kraftplan im Verhältnisse $\dfrac{3\,Q}{R'}$ ähnlich zu verändern mit dem Ähnlichkeitszentrum in H. Hiemit sind die endgültigen Seilkräfte bestimmt. (Abb. 154).

Rechnerische Lösung: Die Gleichgewichtsgleichungen für den freigemachten Träger $A\,B$ sind

$$2\,Q\,x + Q\,(x + e) = (2\,D \cos a)\,6\,e,$$
$$A + 2\,D \cos a = 3\,Q,$$

woraus mit $A = n\,D$ folgt

$$x = \left(\frac{12 \cos a}{2 \cos a + n} - \frac{1}{3}\right) e.$$

9. Ist $d\mathfrak{s}$ das gerichtete Bogenelement an beliebiger Stelle, so liefert die geometrische Summe aller $q\,d\mathfrak{s}$ die Mittelkraft $\mathfrak{R} = q\,c$, wo $c = \overrightarrow{A\,B}$. Der Normalabstand ξ der Mittelkraft von O folgt aus der Momentengleichung um O:

$$R\,\xi = \int_{\varphi=0}^{a} q\,r^2\,d\varphi = q\,r^2\,a$$

zu $\xi = \dfrac{q\,r^2\,a}{R}$ oder mit $R = q\,c$

$$\xi = \frac{r^2\,a}{c}. \tag{a}$$

Die Fläche F des Kreissegmentes $A\,C\,B\,A$ beträgt

$$F = \frac{1}{2}\,r^2\,a - \frac{1}{2} \cdot c\,r \cos \frac{a}{2},$$

woraus wegen (a) folgt:

$$\frac{2\,F}{c} = \xi - r \cos \frac{a}{2} = \eta,$$

wenn η den Abstand der Wirkungslinie R von der Sehne $A\,B$ angibt. Verwandelt man die Segmentfläche F in ein flächengleiches Rechteck, dessen eine Seite gleich der Sehne c ist, so ergibt die zweite Seite den Wert $\eta/2$. Eine einfache, sehr genaue graphische Näherungslösung dieser Flächenverwandlung ist in Aufg. II, 18 und 19 angegeben.

10. Nach Aufg. I, 9 besteht die Gesamtwirkung der tangentialen Kräfte q in einem Kraftpaare $M =$ $= R\,(\eta_1 + \eta_2) = q\,2\,r\,F/r = 2\,q\,F$, wo F die Scheibenfläche bedeutet.

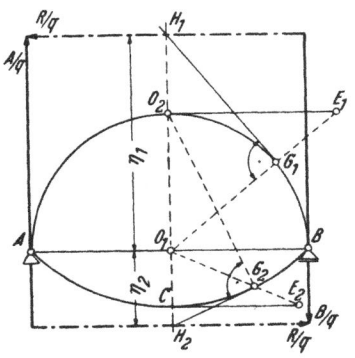

Abb. 155

Für die Auflagerdrücke ergibt sich daher

$$A = - B = \frac{M}{2\,r} = \frac{q\,F}{r}.$$

Die zweimalige Anwendung der Näherungslösung von Aufg. II, 18 und 19 ermöglicht nach Abb. 155 die rein graphische Ermittlung von A und B.

11. Die Figur $A\,B\,C\,D$ muß übereinstimmen mit jenem Seileck zu den gegebenen Lasten Q_1 und Q_2, dessen Seilkräfte gleich dem in D wirkenden Gewichte Q_1 sind. Dadurch ist der Pol O des zugehörigen Krafteckes bestimmt und durch die Geraden $O\,M$, $O\,N$ und $O\,T$ die

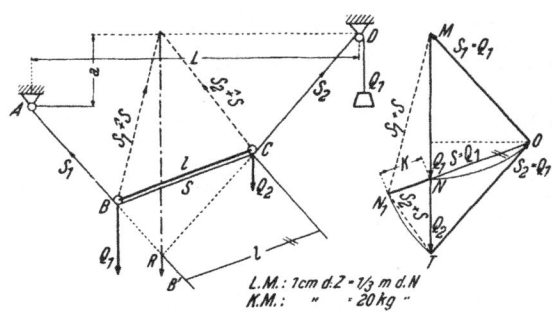

Abb. 156

Richtungen der Seilstücke $A\,B$, $B\,C$ und $C\,D$ für Gleichgewicht. Da $\overline{B\,C} = l$ gegeben, so kann die Gleichgewichtslage von $B\,C$ mit Benutzung eines auf $A\,B$ beliebig angenommenen Punktes B' eingezeichnet werden. Die Längskraft K im Stabe $B\,C$ ist gleich $\overline{N\,N_1}$. Als Kontrolle dient, daß sich die Wirkungslinien von $S_1 \stackrel{\wedge}{+} S$ und $S_2 \stackrel{\wedge}{+} S$ auf jener von R schneiden müssen. (Abb. 156).

12. Mit p als Parameter der Parabel mit waagrechter Achse ist der Neigungswinkel der Tangente im Stützpunkte

$$\operatorname{tg} \alpha = \frac{p}{y} = \frac{p}{l \sin \varphi}.$$

Aus den drei Gleichgewichtsgleichungen des freigemachten Stabes folgt nach Beseitigung der Drucke A und B

$$f \frac{l}{p} \sin \varphi + 2 f \operatorname{tg} \varphi = 1.$$

Der Normaldruck bei A beträgt

$$A = \frac{G}{2\,(1 - f \operatorname{tg} \varphi)}.$$

13. Da sich die Wirkungslinien des Stützdruckes B und des Gewichtes G in O schneiden, so gibt OA die Wirkungslinie des Gesamtdruckes in A, die unter dem Reibungswinkel ϱ gegen die Bodennormale geneigt ist. Daraus folgt

$$\operatorname{tg} \varrho = f = \frac{l \cos \beta}{2\,r}.$$

Da aber $r \cos \alpha = l/2 \cdot \cos \beta$, so wird $f = \cos \alpha$.
Weiters ist $r \sin \alpha + l \sin \beta = r$, woraus mit $(l/2\,r) = \lambda$ der Winkel β bestimmt ist durch

$$\cos \beta = \frac{2}{3\,\lambda} \sqrt{3\,\lambda^2 - 2 + \sqrt{4 - 3\,\lambda^2}};$$

damit wird

$$f = \cos \alpha = \frac{2}{3} \sqrt{3\,\lambda^2 - 2 + \sqrt{4 - 3\,\lambda^2}}.$$

14. Für Gleichgewicht müssen sich die Widerstände $\mathfrak{W}_A$, $\mathfrak{W}_B$ an den Enden des Stabes, die gegen die Normalen N_A, N_B der schiefen Ebenen unter ϱ geneigt sind, auf der Lotrechten durch den Schwerpunkt S schneiden. Ist C dieser Schnittpunkt und D jener der beiden Normalen N_A und N_B, so muß der Punkt C wegen der Gleichheit der Peripheriewinkel ϱ über dem gemeinsamen Bogen CD auf dem Umkreise des Dreieckes ABD liegen. Hiedurch ist der Reibungswinkel ϱ zeichnerisch bestimmt.
Da

$$\sphericalangle\, C\,A\,B = \frac{\pi}{2} - \alpha + \varrho,$$

$$\sphericalangle\, C\,B\,A = \frac{\pi}{2} - \beta - \varrho,$$

so folgt aus der Gleichheit dieser Basiswinkel im gleichschenkligen Dreiecke $C\,A\,B$ unmittelbar $\varrho = \dfrac{\alpha - \beta}{2}$.

15. Sind A und B die Normaldrücke an den beiden Stützstellen, so bestehen für das Gleichgewicht des Stabes die drei Gleichungen

$$B - Q\,e^{f_1 \frac{\pi}{2}} = 0,$$

$$A + f\,B - G = 0,$$

$$Q\,e^{f_1 \frac{\pi}{2}}\,l \sin \alpha + G\,(l - d) \cos \alpha - A\,l \cos \alpha = 0,$$

woraus mit $\lambda = \dfrac{d}{l}$ folgt: $\operatorname{tg} \alpha = \dfrac{G}{Q}\,\lambda\,e^{\mp f_1 \frac{\pi}{2}} \mp f$.

16. Der Schwerpunkt muß sich auf einer Waagrechten bewegen. Der Punkt B beschreibt dann eine Ellipse.
Die Koordinaten des Punktes B in Bezug auf das eingetragene

Achsenkreuz $x\,y$ sind

$$x = 2\,l\cos\varphi - y\,\mathrm{ctg}\,\alpha,$$
$$y = l\sin\varphi.$$

Die Eliminierung von φ liefert die Gl. der Ellipse

$$x^2 + (4 + \mathrm{ctg}^2\,\alpha)\,y^2 + 2\,x\,y\,\mathrm{ctg}\,\alpha = 4\,l^2,$$

wodurch die Lage der Hauptachsen und die Längen der Halbachsen bestimmt sind.

17.
$$\mathrm{tg}\,\varphi = \frac{\mathrm{ctg}\,\alpha - \mathrm{ctg}\,\beta}{2 + \mathrm{ctg}\,\alpha + \mathrm{ctg}\,\beta}.$$

18. Rechnerisch: Aus

$$S\,(\cos 30^0 - \cos 60^0) = f\,[G + S\,(\sin 60^0 + \sin 30^0)]$$

folgt

$$S = \frac{2\,G\,f}{\sqrt{3} - 1 - f\,(\sqrt{3} + 1)}.$$

Zeichnerisch: Fügt man an $G = \overrightarrow{o\,a}$ die beiden gleichen und aufeinander senkrechten Seilkräfte S an, so liegt der Endpunkt dieses Kraftecks auf einer durch a gelegten Geraden, die gegen S unter 45^0 geneigt ist. Die Richtung der durch O zu ziehenden Wirkungslinie des Bodendruckes schließt mit der Lotrechten den Reibungswinkel ϱ ein. Damit ist auch die Kraft S bestimmt.

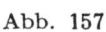
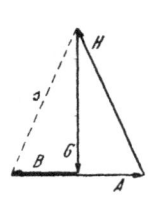

Abb. 157

19. Die Winkel φ und ψ sind bestimmt durch

$$(1 - f\,\mathrm{tg}\,\psi)\,(1 - f\,\mathrm{tg}\,\varphi) =$$
$$= \frac{1 + f^2}{2},$$
$$\sin\psi + 2\sin\varphi = 1.$$

20. $A = 2\,B = 2\,G\,\mathrm{tg}\,\alpha;$

$$H = \frac{G}{\cos\alpha}\ \text{Vgl. Abb. 157.}$$

21. Sind y, y_1 die Tiefenlagen der Gewichte P und Q, x, x_1 die zugehörigen Abszissen, so ist bei Vornahme einer virtuellen Verschiebung entlang der Parabel

$$P\,\delta y + Q\,\delta y_1 = 0. \tag{a}$$

Aus $y^2 = 2\,p\,x$ folgt $y\,\delta y = p\,\delta x$, womit (a) übergeht in

$$\frac{P}{y}\,\delta x + \frac{Q}{y_1}\,\delta x_1 = 0. \tag{b}$$

Da $\overline{F\,P} = x + \dfrac{p}{2}$, $\overline{F\,Q} = x_1 + \dfrac{p}{2}$, somit $l = \overline{F\,P} + \overline{F\,Q} = x + x_1 + p$,

so wird wegen $\delta l = 0$:

$$\delta x + \delta x_1 = 0,$$

daher aus (b):

$$\frac{y}{y_1} = \frac{P}{Q} = c \qquad \text{(c)}$$

und $\dfrac{y^2}{y_1{}^2} = c^2 = \dfrac{x}{x_1}$, woraus sich wegen $x = l - x_1 - p$ die Abszisse

x_1 zu $x_1 = \dfrac{l-p}{1+c^2}$ ergibt.

22. Bei Vornahme einer virtuellen Verschiebung ist

$$G \cos \varphi\, \delta \varphi + G_1 \cos \varphi_1\, \delta \varphi_1 = 0.$$

Wegen der Konstanz der Fadenlänge $2\,a = a\,\varphi + 2\,a \sin \varphi_1/2$ besteht zwischen $\delta \varphi$ und $\delta \varphi_1$ der Zusammenhang $\delta \varphi + \cos \varphi_1/2\; \delta \varphi_1 = 0$, so daß sich für den Stellungswinkel φ die Gl.

$$\frac{G}{G_1} \cos \varphi = \sqrt{4\varphi - \varphi^2} - \frac{2}{\sqrt{4\varphi - \varphi^2}}$$

ergibt. Diese liefert, wenn $G/G_1 = 1/2$: $\varphi \doteq 46^0$, $\varphi_1 \doteq 74^0$.

23. $\qquad\qquad f = \dfrac{1}{2\sqrt{3}}, \quad C = \dfrac{G}{2\sqrt{3}}$ (waagrecht).

24. $\qquad\qquad f = \dfrac{\cos \alpha}{\sin \alpha + \dfrac{2\,G_1}{G}\left(\dfrac{2\,h}{l \sin 2\,\alpha} - \dfrac{r}{\cos \alpha}\right)}.$

25. Man schreibe für jeden freigemachten Stab die drei Gleichgewichtsgleichungen an und eliminiere daraus die Komponenten der beiden Gelenkdrücke und den Stützdruck in B; dies liefert

$$P = \frac{G}{\operatorname{ctg} \alpha + \operatorname{tg} \beta}.$$

Der Gelenkdruck in A hat eine waagrechte Komponente $H_A = P$ und eine lotrechte Komponente

$$V_A = \frac{G}{2} \frac{\cos (\alpha + \beta)}{\cos (\alpha - \beta)}.$$

Da sich der Stützdruck in B zu

$$B = \frac{G}{2} \frac{1 + 3 \operatorname{tg} \alpha \operatorname{tg} \beta}{1 + \operatorname{tg} \alpha \operatorname{tg} \beta}$$

errechnet, so müßte die Kraft P ersetzt werden durch die Reibungskraft $P = f\,B$, wonach $f = \dfrac{2}{\operatorname{ctg} \alpha + 3 \operatorname{tg} \beta}$ sein müßte.

26. $\qquad 2 \operatorname{tg} \beta - \operatorname{tg} \alpha = \dfrac{2}{f}, \quad \sin \alpha + \sin \beta = \dfrac{h}{l}.$

27. Sind G_1, G_2 die Gewichte der beiden Stäbe und bezeichnet S die Zugkraft im Faden, dann liefert das Prinzip der virtuellen Verschiebungen

$$S = \frac{G\,l + G_1\,l_1}{4\,l_1\,\mathrm{tg}\,\alpha}.$$

28. Sind z_1, z_2, z_3 die Tiefenlagen der Schwerpunkte der Stäbe $O\,A$, $A\,B$ und des Punktes B unter dem festen Gelenke O, dann ist für eine virtuelle Verschiebung bei Erhaltung der Stützbedingung in O und C

$$G\,\delta z_1 + G\,\delta z_2 + P\,\delta z_3 = 0$$

oder wegen $z_1 = l\cos\alpha$, $z_2 = 2\,l\cos\alpha - l\sin\beta$, $z_3 = 2\,l\,(\cos\alpha - \sin\beta)$

$$(3\,G + 2\,P)\sin\alpha\,\delta\alpha + (G + 2\,P)\cos\beta\,\delta\beta = 0. \tag{1}$$

Die geometrische Bedingung $2\,l\sin\alpha = \overline{A\,C}\cos\beta$, worin mit $\dfrac{h}{2\,l} = \nu$

die Strecke $\overline{A\,C} = 2\,l\sqrt{1 + \nu^2 - 2\,\nu\cos\alpha}$ (vgl. $\varDelta\,O\,A\,C$) oder mit der Abkürzung

$$w \equiv \sqrt{1 + \nu^2 - 2\,\nu\cos\alpha} \tag{2}$$

$\overline{A\,C} = 2\,l\,w$ ist, ergibt den zwischen α, β bestehenden Zusammenhang

$$w\cos\beta = \sin\alpha, \tag{3}$$

daher

$$-\sin\beta\,\delta\beta = \frac{(\cos\alpha - \nu)\,(1 - \nu\cos\alpha)}{w^3}\,\delta\alpha.$$

Hiemit berechnet sich P aus (1) zu

$$P = \frac{G}{2}\,\frac{3\,w^3 - (1 - \nu\cos\alpha)}{(1 - \nu\cos\alpha) - w^3}. \tag{4}$$

Eine einfache Kontrolle dieses Ergebnisses liefert der Sonderfall der waagrechten Lage des Stabes $A\,B$; aus dem dann rechtwinkligen Dreiecke $O\,C\,A$ ist der Stellungswinkel α_1 bestimmt durch $\cos\alpha_1 = \dfrac{h}{2\,l} = \nu$,

damit wird aus (2)

$$w = \sqrt{1 - \nu^2} = \sin\alpha_1$$

und aus (4)

$$P = \frac{G}{2}\,\frac{3\sin\alpha_1 - 1}{1 - \sin\alpha_1}.$$

Dieses Ergebnis folgt aber auch unmittelbar aus dem Momentengleichgewichte des Stabes $A\,B$ um C, wenn beachtet wird, daß der Gelenkdruck in A bei waagrechter Stablage lotrecht gerichtet und gleich $G/2$ sein muß.

29. Da keine Stützung am Boden stattfindet, wirken auf einen freigemachten Stab nur das Gewicht, der Normaldruck von der Walze und der waagrechte Gelenkdruck, die sich in einem Punkte schneiden müssen. Hiernach bestehen die geometrischen Beziehungen

$$\overline{BC} = l \sin \alpha = \overline{BD} = l - r \operatorname{ctg} \alpha$$

und

$$\frac{l}{2} \sin \alpha = (l \cos \alpha - r) \operatorname{ctg} \alpha.$$

Die Eliminierung von l/r liefert

$$\sin^2 \alpha + 2 \sin \alpha - 2 = 0,$$

somit

$$\sin \alpha = \sqrt{3} - 1,$$

woraus

$$\frac{r}{l} = \frac{3\sqrt{3} - 5}{\sqrt{2\sqrt{3} - 3}} = 0{,}288.$$

Die Kräfteprojektion auf die Stabrichtung ergibt für den Gelenkdruck

$$A = G \operatorname{ctg} \alpha = G \frac{\sqrt{2\sqrt{3} - 3}}{\sqrt{3} - 1} = 0{,}931\,G.$$

30.

$$\cos^2 \varphi = \frac{4}{5}; \quad \sin \psi = 2 \sin \varphi, \text{ hieraus } \varphi = 26^0\,35', \psi = 63^0\,25'.$$

31.

$$\cos \varphi = \frac{1}{8}, \quad \varphi = 82^0\,50'.$$

Der Gelenkdruck in O hat die waagrechte Komponente $\frac{\sqrt{63}}{16} G$ und

die lotrechte Komponente $-\frac{47}{16} G$. Somit ist der Gelenkdruck gleich

$2{,}23\,G.$

32. Um die dargestellte Gleichgewichtslage zu erhalten, ist eine Kraft

$$P = \frac{G}{2} \frac{1 - 2f \operatorname{tg} \alpha}{1 - f \operatorname{tg} \alpha}$$

erforderlich.

Eine Bewegung des Punktes A nach rechts hin wird durch eine Kraft

$$(P) = \frac{G}{2} \frac{1 + 2f \operatorname{tg} \alpha}{1 + f \operatorname{tg} \alpha}$$

bewirkt.

33. Lösung nach Abb. 158.

34. Seien i, j, e Einheitsvektoren in waagrechter und
lotrechter Richtung und in
Richtung $O M$, so ist mit
$\overline{OA} = \overline{OB} = a$

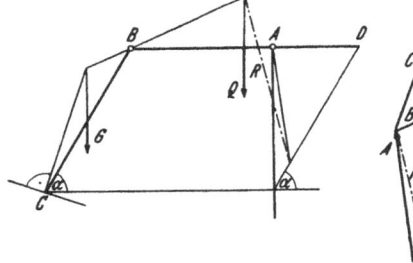

Abb. 158

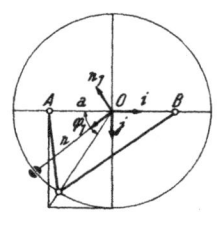

Abb. 159

$$\mathfrak{r}_A = \overrightarrow{MA} = -r\,\mathfrak{e} - a\,\mathfrak{i},$$

$$\mathfrak{r}_B = \overrightarrow{MB} = -r\,\mathfrak{e} + a\,\mathfrak{i},$$

somit lautet die vektorische Gleichgewichtsbedingung mit $\mathfrak{P}_A = \lambda\,\mathfrak{r}_A$ und $\mathfrak{P}_B = \mu\,\mathfrak{r}_B$:

$$\lambda\,\mathfrak{r}_A + \mu\,\mathfrak{r}_B + D\,\mathfrak{e} + G\,\mathfrak{j} = 0, \qquad (a)$$

wo D den Normaldruck in M angibt. Durch skalare Produktbildung der Gl. (a) mit dem zu $\mathfrak{e}$ normalen Einheitsvektor $\mathfrak{e}_1$ fällt wegen $\mathfrak{e} \cdot \mathfrak{e}_1 = 0$ der Druck D heraus und es ergibt sich, da $\mathfrak{i} \cdot \mathfrak{e}_1 = -\sin\varphi$, $\mathfrak{j} \cdot \mathfrak{e}_1 = -\cos\varphi$:

$$\operatorname{tg}\varphi = \frac{G}{a\,(\lambda - \mu)}. \qquad (b)$$

Mit der Annahme $\lambda = 2\,\mu = 2\,G/r$ folgt für die Gleichgewichtslage φ_1 aus (b): $\operatorname{tg}\varphi_1 = r/a$ (vgl. Abb. 159).

35. a) Bei kleinem Winkel $2\,a$ besteht die Möglichkeit des Kippens des Stabsystems um den Stützpunkt B. Aus dem Vergleiche der Momente der beiden Stabgewichte um B folgt für Kippstabilität die Ungleichung

$$G\,l\,[\sin(\beta + a) - 2\sin(\beta - a)] > G\,l\sin(\beta - a),$$

wonach

$$\operatorname{tg}a > \frac{1}{2}\operatorname{tg}\beta$$

sein muß, so daß a_{min} bestimmt ist durch

$$\operatorname{tg}a_{min} = \frac{1}{2}\operatorname{tg}\beta. \qquad (a)$$

Werden die Stützkräfte in A und B zerlegt in ihre zur schiefen Ebene parallelen und normalen Komponenten A_t, B_t, bezw. A_n, B_n, so ergeben sich die letzteren aus den Momentengleichungen um B und A zu

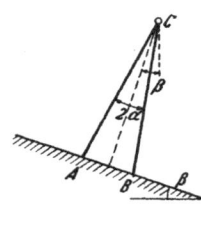

Abb. 160

$$A_n = G\left(\cos\beta - \frac{1}{2}\sin\beta\operatorname{ctg}a\right).$$

$$B_n = G\left(\cos\beta + \frac{1}{2}\sin\beta\operatorname{ctg}a\right),$$

während das Momentengleichgewicht jedes einzelnen Stabes bezüglich des Gelenkes C die Werte

$$A_t = G\left(\frac{1}{2}\cos\beta\operatorname{tg}a - \sin\beta\right).$$

$$B_t = G\left(\frac{1}{2}\cos\beta\operatorname{tg}a + \sin\beta\right)$$

liefert.

Da
$$A_t \leqq f A_n,$$
$$B_t \leqq f B_n$$
sein muß, so ergeben sich mit $\operatorname{tg} \alpha = x$ die beiden Forderungen

$$x^2 - 2\,x\,(f + \operatorname{tg} \beta) + f \operatorname{tg} \beta \leqq 0 \tag{1}$$

und

$$x^2 - 2\,x\,(f - \operatorname{tg} \beta) - f \operatorname{tg} \beta \leqq 0. \tag{2}$$

Sind x_1, x_2 die Wurzeln der Gl. (1), also

$$x_{1,\,2} = f + \operatorname{tg} \beta \pm \sqrt{(f + \operatorname{tg} \beta)^2 - f \operatorname{tg} \beta},$$

so fordert die Ungleichung (1)

$$(x - x_1)\,(x - x_2) < 0;$$

daher wegen

$$x_1 > x_2 : x_1 > \operatorname{tg} \alpha > x_2.$$

Mit x_3, x_4 als Wurzeln der Gl. (2), also

$$x_{3,\,4} = f - \operatorname{tg} \beta \pm \sqrt{(f - \operatorname{tg} \beta)^2 + f \operatorname{tg} \beta},$$

lautet die zweite Ungleichung

$$(x - x_3)\,(x - x_4) < 0.$$

Da aber $x_4 < 0$, so folgt die Bedingung $\operatorname{tg} \alpha_{max} < x_3$.

Nun ist $f > \operatorname{tg} \beta$, so daß im Falle des Gleichgewichtes der Winkel α bei Beachtung von (a) an die Grenzen

$$\frac{1}{2} \operatorname{tg} \beta \leqq \operatorname{tg} \alpha \leqq f - \operatorname{tg} \beta + \sqrt{(f - \operatorname{tg} \beta)^2 + f \operatorname{tg} \beta} \tag{b}$$

gebunden ist.

b) Bei Eintritt des Kippens ist nach (a) $\operatorname{tg} \alpha = 1/2 \operatorname{tg} \beta$; eine zweite Lösung liefert die Forderung $A_t = 0$, nämlich $\operatorname{tg} \alpha = 2 \operatorname{tg} \beta$, sofern hiebei die durch (b) gezogene Grenze für $\operatorname{tg} \alpha$ nicht überschritten wird.

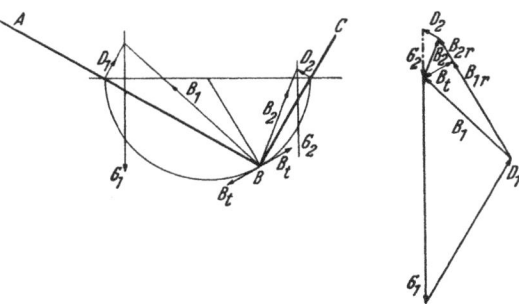

Abb. 161

36. Beachte bei Zeichnung des Kraftplanes, daß die tangentialen Komponenten B_t der Stützdrücke B_1, B_2 der beiden Stäbe gleich groß und entgegengesetzt gerichtet sind. (Abb. 161).

37. $f = \operatorname{tg}\varrho = \dfrac{1}{\sqrt{3}}$; $\varrho = 30^0$. $A = \dfrac{2}{\sqrt{3}}G$.

38. Schneide die beiden Stäbe BC und AC durch; dann folgt aus dem Gleichgewicht der entstehenden beiden Teilsysteme, daß der Gelenkdruck in O entgegengesetzt gleich der Resultierenden $R = \sqrt{P^2 + Q^2}$ ist und daß $\operatorname{tg}\alpha = Q/P$ sein muß.

Das Momentengleichgewicht des ganzen Systems um O liefert, wenn $\overline{AD} = \overline{BC} = c$ gesetzt wird,

$$Q\,(c\cos\alpha - a\cos\beta) = P\,(c\sin\alpha - b\sin\beta),$$

woraus wegen $\operatorname{tg}\alpha = \dfrac{Q}{P}$ folgt: $\operatorname{tg}\beta = \dfrac{Q}{P}\dfrac{a}{b}$.

39. Nach Freimachen des Stabes AC wirken auf diesen die Kräfte Q, D und der Gelenkdruck C, dessen Wirkungslinie aus Symmetriegründen waagrecht sein muß. Die drei Gleichgewichtsgleichungen

$$C - D\cos\alpha = 0,$$
$$D\sin\alpha - Q = 0,$$
$$D\,p - Q\,l\sin\alpha = 0$$

liefern, da $p\sin\alpha = a + r\cos\alpha$,

$$D = Q\,\frac{l\sin^2\alpha}{a + r\cos\alpha},$$

$$C = D\cos\alpha = Q\operatorname{ctg}\alpha \quad \text{und}$$

$$l\sin^3\alpha = a + r\cos\alpha.$$

Mit den Angaben $l = 2a$, $r = 0{,}6a$ wird hieraus $\alpha \cong 60^0$.

Aus dem Gleichgewichte der an einer frei gemachten Walze wirkenden Kräfte nach der Waagrechten folgt für die im Stabe $O_1 O_2$ wirkende Kraft $S = C$.

40. Bezeichnen H, V die horizontale und vertikale Komponente des Gelenkdruckes in A des Stabes AB, so folgt $V = G/2$.

Die Gleichgewichtsgleichungen des linken Stabes AD lauten

$$H - D\sin\varphi = 0,$$
$$-V + D\cos\varphi - G = 0,$$
$$G\,\frac{l}{2}\cos\varphi - D\,p = 0,$$

wobei zwischen p und φ die geometrische Beziehung $2\,p\cos\varphi + l = a$ besteht.

Hieraus folgt

$$D = \frac{3}{2}\,\frac{G}{\cos\varphi}, \quad H = \frac{3}{2}\,G\operatorname{tg}\varphi \quad \text{und} \quad \cos^3\varphi = \frac{3}{2}\left(\frac{a}{l} - 1\right).$$

Mit $\dfrac{a}{l} = \dfrac{13}{12}$ ergibt sich $\varphi = 60^0$.

41. Für eine virtuelle Verschiebung δs der Kette entlang des Zylinderrückens muß die Summe der virtuellen Arbeiten des Kettengewichtes und der Kraft P gleich Null sein; die Normaldrucke leisten keine Arbeit.   Die Arbeit der Elementargewichte $q\, a\, d\varphi$ bei Verschiebung um δs beträgt

$$q\, a\, \delta s \int\limits_{\varphi=0}^{a} \cos\varphi\, d\varphi = q\, a \sin a\, \delta s,$$

demnach ist

$$q\, b\, \delta s + q\, a \sin a\, \delta s - P\, \delta s = 0,$$

woraus

$$P = q\, b + q\, a \sin a = q\, h,$$

wenn h den Höhenunterschied der Kettenenden bedeutet.

42. Aus $G\,\delta z + Q\,\delta z_1 = 0$ folgt $G z + Q z_1 =$ konst. oder wegen

$$z = l\left(1 - \frac{1}{2}\sin\varphi\right) \text{ und } z_1 = r \sin \psi$$

$$Q\, r \sin \psi - G\frac{l}{2}\sin\varphi = c. \tag{a}$$

Mit s als Seillänge ist

$$s = r + l\sqrt{2\,(1-\sin\varphi)}, \tag{b}$$

so daß sich durch Beseitigung von φ aus (a) und (b) die gesuchte Polargleichung zu

$$(s-r)^2 = 2\,l^2 + 4\frac{Q}{G}l\,(c - r \sin \psi) \quad \text{(Kardioide)}$$

ergibt.

Liegt der Punkt $O_1\ (r = 0)$ auf der gesuchten Kurve, dann vereinfacht sich das Ergebnis in

$$r = 2\,s - \frac{4Ql}{G}\sin\psi.$$

Für den Normaldruck D der Führungskurve ergibt sich dann

$$D = \frac{G}{4\,l}\sqrt{k^2 - 4\,s\,(s-r)} \quad \text{mit} \quad k = \frac{4Ql}{G}.$$

43. Da der Gelenkdruck $B \parallel P$, so ist jener in $A \parallel Q$ und es folgt aus dem Momentengleichgewicht unmittelbar $Q = P \operatorname{tg} a$.

Die Stabkräfte betragen im Stabe

$$A\, B: \; -P \sin a,$$
$$B\, C: \; -P \cos a,$$
$$C\, D: \; +P \sin a,$$
$$D\, A: \; -P \frac{\sin^2 a}{\cos a}.$$

44. Das Gleichgewicht des Gelenkes B liefert

$$A \cos \alpha = C \cos \beta,$$
$$A \sin \alpha = P_1 + C \sin \beta,$$

jenes des Gelenkes C: $2 C \sin \beta = P_2$, woraus folgt

$$\operatorname{tg} \alpha = \left(2 \frac{P_1}{P_2} + 1\right) \operatorname{tg} \beta. \tag{1}$$

Hiezu treten noch die geometrischen Beziehungen $\sin \alpha = h/a$ (gegeben),

$$2 b \cos \beta = l - a \cos \alpha.$$

Mit den Zahlenangaben der Aufgabe ergibt sich $\alpha = 53^0$

und für $\dfrac{P_1}{P} = 1$: $\beta \doteq 24^0$, $b = 0,821$ m,

für $\dfrac{P_1}{P} = 2$: $\beta \doteq 15^0$, $b = 0,776$ m.

Bei Entwicklung der Gl. (1) mit Hilfe des Prinzips der virtuellen Verschiebungen ist zu beachten, daß die beiden gleichen Basiswinkel β des Dreieckes $B C D$ verschiedene virtuelle Drehungen ausführen.

45.
$$P = \frac{q l}{4}\left(1 + \frac{5}{\sqrt{3}}\right) = 0,972 \, q \, l.$$

Die Länge l_1 des Stabes $A B$ beträgt $l_1 = \dfrac{l}{\sqrt{3}}$.

Der Gelenkdruck B hat die Komponenten

$$B_h = \frac{q l}{8}\left(1 + \sqrt{3}\right) \quad \text{(waagrecht)},$$

$$B_v = \frac{q l}{8}\left(1 + \frac{5}{\sqrt{3}}\right) \quad \text{(lotrecht)},$$

so daß

$$B = \frac{q l}{4} \sqrt{\frac{10 + 4 \sqrt{3}}{3}} = 0,594 \, q \, l.$$

46. $\operatorname{ctg} \alpha - \operatorname{ctg} \beta = 6 f$ (mit f als Reibungszahl),

$$\cos \alpha + \cos \beta = \frac{a}{l} - 1.$$

47. Mit q als Ziffer der rollenden Reibung wird die waagrechte Komponente H des Gelenkdruckes in A:

$$H = \frac{q}{r}\left(G + G_1 + \frac{Q}{2}\right).$$

Der Gelenkdruck in C hat aus Symmetriegründen waagrechte Wirkungslinie, er ergibt sich aus der Momentengleichung um den Punkt D zu

$$C = 3\left(G + \frac{Q}{2}\right)\text{tg}\,\varphi - \frac{3\,q}{h}\left(G + G_1 + \frac{Q}{2}\right).$$

Da die waagrechte Komponente des Gelenkdruckes D gleich $(Q/2)\,\text{tg}\,\varphi$ ist, so liefert das Kräftegleichgewicht des Stabes $A\,C$ in der Waagrechten

$$\text{tg}\,\varphi = 4\frac{q}{r}\,\frac{G + G_1 + \dfrac{Q}{2}}{3\,G + Q}.$$

48. Zur Lösung der Aufgabe bediene man sich der kinematischen Methode. Man zeichnet für die durch Wegnahme des Lagers C entstehende zwangläufige kinematische Kette einen Plan der senkrechten Geschwindigkeiten mit dem Nullpunkt o, in den auch die Punkte a, b fallen, denn die Geschwindigkeiten von A und B sind Null; sodann wählt man die gedrehte Geschwindigkeit $\overline{a\,e}$ des Punktes E beliebig und erhält durch Ziehen der Parallelen zu den einzelnen Stäben die den

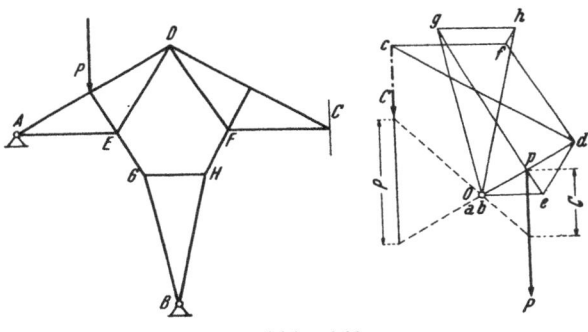

Abb. 162

einzelnen Knoten des Fachwerkes entsprechenden Geschwindigkeitspunkte d, h, g, f und schließlich c. Das Prinzip der virtuellen Leistungen, angewendet auf die durch $\mathfrak{P}$ und $\mathfrak{C}$ belastete kinematische Kette ergibt

$$\mathfrak{P} \cdot v_P + \mathfrak{C} \cdot v_C = 0.$$

Die virtuellen Leistungen sind aber zu deuten als statische Momente der in den Geschwindigkeitspunkten p und c angesetzten Kräfte $\mathfrak{P}$ und $\mathfrak{C}$ um den Nullpunkt o, d. h. der Plan der gedrehten Geschwindigkeiten darf sich bei Wirkung der Kräfte $\mathfrak{P}$ und $\mathfrak{C}$ nicht um den festen Punkt o drehen (Gleichgewicht am sog. Joukowsky-Hebel). Hiemit kann C einfach konstruiert werden. (Abb. 162).

II. Schwerpunkte ebener Flächen

1. Ist a die Quadratseite und $\overline{BF} = x$, sind ferner e_1, e_2 Einheitsvektoren in den Richtungen $A\,B$ und $A\,D$ (Abb. 163), dann ist der Ortsvektor des Schwerpunktes σ des Dreieckes $A\,B\,F$

$$\overrightarrow{A\,\sigma} = \frac{2}{3}\left(a\,e_1 + \frac{x}{2}\,e_2\right),$$

und jener des Schwerpunktes S des Quadrates

$$\overrightarrow{A\,S} = \frac{a}{2}\,(e_1 + e_2);$$

da $\overrightarrow{\sigma S} = \overrightarrow{A\,S} - \overrightarrow{A\,\sigma}$, so wird

$$\overrightarrow{\sigma S} = -\frac{a}{6}\,e_1 + \frac{3\,a - 2\,x}{6}\,e_2.$$

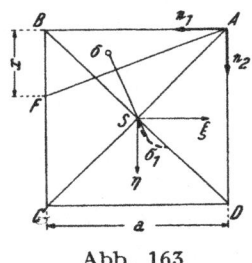

Der auf der Geraden $\sigma\,S$ liegende Schwerpunkt σ_1 des Restviereckes ist festgelegt durch die Beziehung

$$\frac{a\,x}{2}\,\overrightarrow{\sigma S} = \left(a^2 - \frac{a\,x}{2}\right)\overrightarrow{S\,\sigma_1},$$

so daß der Schwerpunkt σ_1 durch den von S aus gemessenen Ortsvektor

$$\overrightarrow{S\,\sigma_1} = -\frac{a\,x}{6\,(2\,a - x)}\,e_1 + \frac{(3\,a - 2\,x)\,x}{6\,(2\,a - x)}\,e_2$$

Abb. 163

bestimmt ist. Sind ξ, η die Koordinaten von σ_1 bezüglich des durch S gelegten Achsenkreuzes, so ist nach Vorstehendem

$$\xi = \frac{a\,x}{6\,(2\,a - x)}, \qquad \eta = \frac{(3\,a - 2\,x)\,x}{6\,(2\,a - x)}.$$

Die Beseitigung von x liefert als Gl. des Ortes von σ_1

$$\xi^2 + \xi\,\eta - \frac{a}{2}\,\xi + \frac{a}{6}\,\eta = 0,$$

also eine Ellipse, die den Punkt S enthält und dort von der Geraden mit der Richtung tg $\alpha = 3$ tangiert wird. Rückt F nach C, dann liegt der entsprechende Ellipsenpunkt σ_1 auf der Quadratdiagonalen $B\,D$ und hat die Koordinaten $\xi_1 = \eta_1 = a/6$ und eine mit e_1 parallele Tangente.

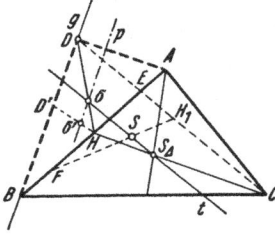

2. Für eine Fehlannahme D' des zu suchenden Punktes D auf g (Abb. 164) liegt der Schwerpunkt σ' des zusätzlichen Dreieckes $A\,B\,D'$ auf der Schwerlinie $H\,D'$, wobei

Abb. 164

$$\overline{H\,\sigma'} = \frac{1}{3}\,\overline{H\,D'}.$$

Wandert D' auf g, dann liegen die zugehörigen σ' auf der Parallelen p zu g, deren Schnitt mit t die richtige Lage von σ liefert. Die Geraden $H\,\sigma$ und g schneiden sich im gesuchten Punkte D. Der Schwerpunkt S des Viereckes $A\,C\,B\,D$ liegt im Schnitte der Geraden t mit $F\,H_1$, wobei $\overline{B\,F} = \overline{A\,E}$ ist und H_1 den Halbierungspunkt der Strecke $C\,D$ bedeutet.

3. Der Schwerpunkt σ des Ergänzungsdreieckes $A\,B\,D$ muß auf der Geraden $S_A\,S$ (gleich t) liegen, wo S_A den Schwerpunkt des Dreieckes $A\,B\,C$ bedeutet. Nimmt man σ zunächst in der beliebigen Lage σ' auf t an, dann ist $H\,\sigma'$ Schwerlinie des Dreieckes $A\,B\,D'$, wobei $\overline{H\,D'} = 3\,\overline{H\,\sigma'}$; wandert σ' auf der Geraden t, so bewegt sich D' auf der dazu parallelen Geraden d. Es genügt also, noch die Höhe h des Ergänzungsdreieckes zu bestimmen, um die richtige Lage von D auf d zu finden. (Abb. 165).
Mit $\overline{A\,B} = c$, $\overline{S\,S_A} = s$ liefert der Momentensatz für S:
$$F_{ABC}\,s = F_{ABD}\,\overline{S\,\sigma} \qquad \text{oder} \qquad h_c\,s = h\,\overline{S\,\sigma}. \qquad \text{(a)}$$
Ist m die senkrechte Entfernung des Schwerpunktes S von $A\,B$ und δ der Winkel zwischen $A\,B$ und t, so gilt
$$\overline{S\,\sigma}\sin\delta = \frac{h}{3} + m,$$
somit wegen (a)
$$h_c\,s\sin\delta = \frac{h^2}{3} + h\,m$$
oder mit $s\sin\delta = e$:
$$h^2 + 3\,h\,m - 3\,h_c\,e = 0,$$
woraus sich die Höhe h des Dreieckes $A\,B\,D$ ergibt zu

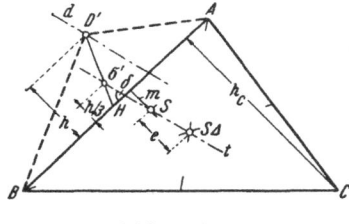

Abb. 165

$$h = -\frac{3}{2}\,m + \sqrt{\frac{9}{4}\,m^2 + 3\,h_c\,e}\,.$$

4. Mit F ist die Höhe h der zur Auswahl zugelassenen Dreiecke $B\,C\,D$ bekannt, deren Ecken auf der zu $B\,C$ in der Entfernung h gezogenen Parallelen g liegen. (Abb. 166).
Für eine willkürliche Annahme D' von D auf g liegt der Schwerpunkt des Viereckes $A\,B\,D\,C$ bekanntlich im Schnitte von $F'\,H$ mit der durch S_1 zur Diagonalen $A\,D'$ gezogenen Parallelen, wobei $\overline{A\,F'} = \overline{E'\,D'}$ und H die Mitte der zweiten Diagonalen $B\,C$ ist.
Wandert nun D' auf der Geraden g, d. h. ist

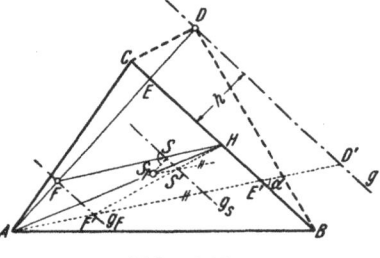

Abb. 166

$$\overline{E'\,D'}\sin\alpha = h$$

und demnach auch

$$\overline{A\,F'}\sin\alpha = h,$$

so bewegt sich F' auf einer zu g parallelen Geraden g_F.

Und da $\overline{S_1\,S'} = 1/3\,\overline{A\,F'}$ sein muß, so wandert S' auf der zu g parallelen Geraden g_s.

Der Fußpunkt der Senkrechten aus S_1 zu g_s entspricht der Forderung kleinstmöglicher Entfernung von S_1. Da demnach $A\,F \perp g_F$ sein muß und der Punkt D auf der Geraden g liegt, so ist die gesuchte Lage des vierten Eckpunktes D durch den Schnitt der durch A gelegten Normalen zu $B\,C$ mit der Geraden g bestimmt.

5. Mit den Bezeichnungen der (Abb. 167) besteht die Momentengleichung

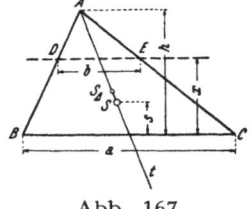

Abb. 167

$$\frac{a+b}{2}\,x\,s = \frac{a\,h}{2}\,\frac{h}{3} - \frac{b\,(h-x)}{2}\left(x + \frac{h-x}{3}\right);$$

da $\dfrac{b}{a} = \dfrac{h-x}{h}$, so ergibt sich für x mit Ausscheidung der Wurzel $x = 0$ die Gleichung

$$2\,x^2 - 3\,(h+s)\,x + 6\,h\,s = 0,$$

woraus

$$x_{1,\,2} = \frac{3}{4}\left[h+s \pm \sqrt{(h+s)^2 - \frac{16}{3}\,h\,s}\,\right].$$

Wegen $s < h/3$ kommt nur x_2 als Lösung in Betracht.

6. Die Richtigkeit des Satzes kann abweichend von der durch Henry gegebenen Begründung einfach durch Ausnutzung der bekannten Eigenschaft eines Dreieckes bewiesen werden, daß sein Schwerpunkt identisch ist mit jenem von drei gleichen, in den Dreiecksecken liegenden Massenpunkten. Wird das Viereck $A\,B\,D\,C$ durch die Diagonale $A\,D$ in die Teilflächen F_1 und F_2 geteilt, so ist hienach sein Schwerpunkt S identisch mit jenem von vier Massenpunkten, und zwar $\dfrac{F_1 + F_2}{3}$ in A und in D sowie $F_1/3$ in B und $F_2/3$ in C. Wählt man bei der Bestimmung der Mittelkraft (Schwerlinie) der diesen vier Massenpunkten entsprechenden Gewichte die Richtung $B\,C$ als Kraftrichtung der vier Parallelkräfte, so kann man $F_2/3$ und $F_1/3$ im Punkte B vereinigen zu $\dfrac{F_1 + F_2}{3}$ und die gleiche im Punkte D sitzende Masse kann auf der Parallelen zu $B\,C$ noch beliebig verschoben werden, ohne an der Lage der Mittelkraft etwas zu ändern. Teilt man andererseits das Viereck durch die Diagonale $B\,C$ in die Teilflächen φ_1 und φ_2, so ist der Viereckschwerpunkt S identisch mit dem Schwerpunkte von vier Massenpunkten, und zwar je $\dfrac{\varphi_1 + \varphi_2}{3}$

in B und C, $\varphi_1/3$ in A und $\varphi_2/3$ in D. Wählt man nun bei Ermittlung ihrer Mittelkraft (Schwerlinie) $A\,D$ als Kraftrichtung, so können die beiden letztgenannten Massen im Punkte A zu $\dfrac{\varphi_1 + \varphi_2}{3}$ vereinigt werden und es kann die gleiche, im Punkte C sitzende Masse auf der Parallelen zu $A\,D$ noch beliebig verschoben werden. Verlegt man sie in den Schnittpunkt P der zu den Diagonalen gezogenen Parallelen, so sitzen demnach in den Punkten $A\,B\,P$ die beidemale gleichen Massen $\dfrac{F_1 + F_2}{3}$ $\left(\text{gleich } \dfrac{\varphi_1 + \varphi_2}{3}\right)$, d. h. der Schwerpunkt des Dreieckes $A\,B\,P$ ist identisch mit jenem des Viereckes $A\,B\,D\,C$.

7. a) Zeichnerische Lösung. Nach dem in Aufg. 6 bewiesenen Satze von Henry ist der gegebene Schwerpunkt S des Viereckes $A\,B\,V\,U$ auch Schwerpunkt des Dreieckes $A\,B\,P$, wodurch der Punkt P bereits bestimmt ist; er liegt auf der Geraden $O\,S$, wobei $\overline{P\,S} = 2\,\overline{O\,S}$. (Abb. 168 a).

Einer willkürlichen Annahme V_1 des Eckpunktes V 'auf $B\,C$ entspricht ein Punkt U_1 im Schnitte von $P\,U_1 \parallel A\,V_1$ und $B\,U_1 \parallel P\,V_1$.

Bestimmt man den geometrischen Ort aller Lagen $U_1\,U_2 \ldots$, wenn V_1 auf der Geraden $B\,C$ wandert, so liegt der gesuchte Eckpunkt U im Schnitte dieser Kurve mit der Geraden $A\,C$, wodurch dann auch der zweite Eckpunkt V bestimmt ist.

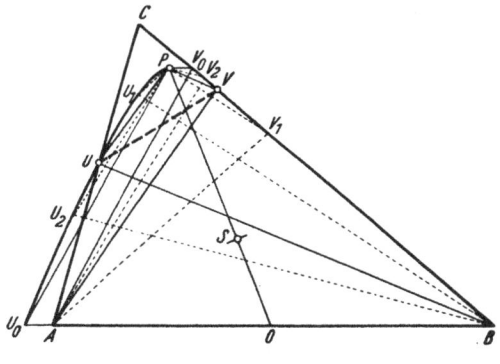

Abb. 168 a

Die Strahlenbüschel $A\,(V_1\,V_2 \ldots)$ und $P\,(V_1\,V_2 \ldots)$ sind perspektiv und die ihnen entsprechenden beiden parallelen Strahlenbüschel mit den Mittelpunkten P und B sind zueinander projektiv; sie erzeugen daher als Ort der Punkte U einen Kegelschnitt, der die beiden Büschelmittelpunkte P und B enthält. Da in beiden Büscheln zwei Paare homologer und paralleler Strahlen vorhanden sind, so ist der Kegelschnitt eine Hyperbel, deren Asymptoten parallel sind zu den Richtungen $B\,C$ und $A\,P$.

Konstruiert man also noch einen dritten Hyperbelpunkt, — etwa U_0 auf $A\,B$, entsprechend jener Lage V_0 auf $B\,C$, für die $P\,V_0 \parallel A\,B$, —

so ist durch die drei Punkte B, P, U_0 und die beiden Asymptotenrichtungen die Hyperbel vollständig bestimmt.

Zur zeichnerischen Lösung dieser Aufgabe genügt es, einige Hyperbelpunkte in der Nachbarschaft des zu suchenden Punktes U zu konstruieren und den Schnittpunkt des dadurch festgelegten Hyperbelstückes mit der Geraden $A C$ zu bestimmen.

Auf Grund einer analogen Beweisführung kann gefolgert werden, daß der Ort aller Punkte V, die den auf der Geraden $A C$ wandernden Punkten U entsprechen, eine die Punkte A, P enthaltende Hyperbel mit den Asymptotenrichtungen $A C$ und $B P$ ist.

b) Analytische Lösung. Sei S_Δ der Schwerpunkt des gegebenen Dreieckes $A B C$, so liegt der Schwerpunkt σ des abzuschneidenden Dreieckes $C U V$ auf der Geraden $S S_\Delta$ ($\equiv t$). (Abb. 168 b).

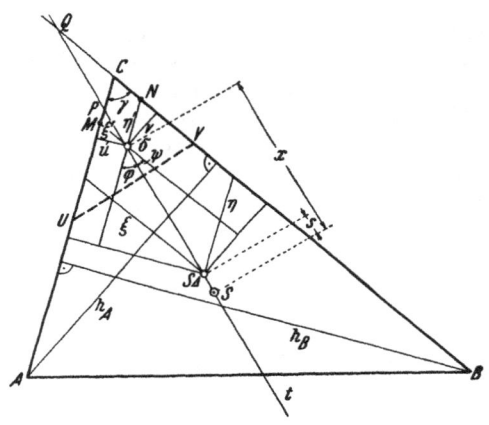

Abb. 168 b

Da
$$\overline{C U} = 3\,\overline{C M}, \qquad \overline{C V} = 3\,\overline{C N},$$
wobei die Punkte M, N dem Parallelogramm $C M \sigma N$ mit den Seitenlängen $\overline{\sigma M} = \xi'$, $\overline{\sigma N} = \eta'$ angehören, so ist die Aufgabe mit der Kenntnis der Lage des Schwerpunktes σ gelöst.

Mit den Bezeichnungen $x = \overline{S \sigma}$, $s = \overline{S S_\Delta}$ (gegeben), liefert die Momentengleichung für den Viereckschwerpunkt
$$F_\Delta s = F_\sigma x, \tag{a}$$
worin
$$F_\Delta = F\,(C A B) = \frac{9}{2}\,\xi\,\eta \sin \gamma,$$
$$F_\sigma = F\,(C U V) = \frac{9}{2}\,\xi'\,\eta' \sin \gamma,$$

womit Gl. (a) übergeht in

$$\xi \eta s = \xi' \eta' x.$$ (b)

Aus der Abb. 168 b entnimmt man

$$u = \xi' \sin \gamma, \qquad \xi \sin \gamma = \frac{h_B}{3},$$

$$v = \eta' \sin \gamma, \qquad \eta \sin \gamma = \frac{h_A}{3},$$

$$u = \frac{h_B}{3} - (x - s) \sin \varphi,$$

$$v = \frac{h_A}{3} - (x - s) \sin \psi;$$

hiemit liefert Gl. (b):

$$\frac{h_A h_B}{9} s = x \left[\frac{h_B}{3} - (x - s) \sin \varphi \right] \left[\frac{h_A}{3} - (x - s) \sin \psi \right].$$

In dieser für x kubischen Gleichung ist die Wurzel $x_1 = s$ unbrauchbar, da hiefür σ und S zusammenfallen würden. Es verbleibt demnach die quadratische Gleichung

$$x^2 - x \left(\frac{h_B}{3 \sin \varphi} + \frac{h_A}{3 \sin \psi} + s \right) + \frac{h_B}{3 \sin \varphi} \frac{h_A}{3 \sin \psi} = 0.$$ (c)

Sind P, Q die Schnittpunkte der Geraden t mit den Dreieckseiten CA und CB, so sind deren Entfernungen von S_A gegeben durch

$$p = \frac{h_B}{3 \sin \varphi}, \qquad q = \frac{h_A}{3 \sin \psi},$$

womit sich Gl. (c) vereinfacht in

$$x^2 - x (p + q + s) + p q = 0$$ (d)

mit den Wurzeln

$$x_{2, 3} = \frac{1}{2} \left[p + q + s \pm \sqrt{(p + q + s)^2 - 4 p q} \right].$$

Da σ im Innern des ursprünglichen Dreieckes liegen muß, demnach x kleiner als die kleinere der Strecken p und q sein muß, so ist nur die Wurzel x_3 brauchbar.

Für $\varphi = 0$ wird die Gerade $t \parallel CA$ und es folgt aus Gl. (c)

$$x = \frac{h_A}{3 \sin \psi} = q, \qquad \text{das heißt:} \quad \overline{P \sigma} = s.$$

Der Eckpunkt V des Viereckes fällt in den Punkt B, das Viereck artet aus in das Dreieck ABU, wobei $\overline{CU} = 3 s$.

Im Falle $\psi = 0$ wird $x = p$, der Eckpunkt U rückt nach A, aus dem Viereck $ABVU$ wird das Dreieck ABV, wobei $\overline{CV} = 3 s$. (Lösung nach W. Richter, ehemalig in Aussig.)

8. Ist σ der Schwerpunkt des abzuschneidenden Dreieckes $A\,D\,E$, G der vierte Eckpunkt des Parallelogrammes $A\,D\,E\,G$, so ist $\overline{A\,\sigma} = 1/3\,\overline{A\,G}$. Mit $F_v = F\,(n-1)$ als Fläche des Viereckes gilt nach Abb. 169

$$F_v\,\overline{S\,S_1} = F\,\overline{\sigma\,S} \quad \text{oder} \quad \overline{S\,S_1} = \frac{1}{n-1}\,\overline{\sigma\,S}.$$

Die Forderung möglichst großer Entfernung $S\,S_1$ ist daher gleichwertig mit der Bedingung $\overline{\sigma\,S} = \text{maximum}$.

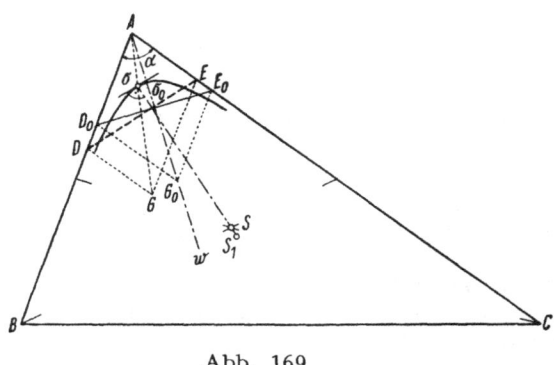

Abb. 169

Sind $u = \overline{A\,D}$, $v = \overline{A\,E}$ die schiefwinkligen Koordinaten des Punktes G, so folgt aus der Konstanz von F

$$u\,v = \frac{2\,F}{\sin\alpha} = c^2,$$

wonach die möglichen Lagen der Punkte G einer Hyperbel mit dem Mittelpunkte A und den Asymptoten $A\,B$ und $A\,C$ angehören; ihr Scheitel G_0 ist als Eckpunkt des Rhombus $A\,D_0\,G_0\,E_0$ auf der Symmetralen w des Winkels α bestimmt, wobei $\overline{A\,D_0} = \overline{A\,E_0} = c$ ist.

Wegen $\overline{A\,\sigma} = 1/3\,\overline{A\,G}$ liegen auch die Schwerpunkte aller Teildreiecke von gleicher Fläche F auf einer Hyperbel mit den Asymptoten $A\,B$ und $A\,C$; für ihren Scheitel σ_0 gilt $\overline{A\,\sigma_0} = 1/3\,\overline{A\,G_0}$.

Damit die Entfernung $\overline{S\,\sigma}$ möglichst groß werde, ist durch S jener Strahl zu legen, der diese σ-Hyperbel *senkrecht* schneidet.

9. Der Schwerpunkt eines Kreisabschnittes mit der Sehnenlänge $\overline{A\,B} = c$ hat vom Mittelpunkt M die Entfernung $\dfrac{c^3}{12\,f}$, wo f die Fläche des Abschnittes bedeutet. Die Höhe des Dreieckes $A\,B\,D$ ergibt sich zu $2\,a$, sein Inhalt ist gleich $2\,a^2$, daher besteht für die von O aus gemessene Schwerpunktsentfernung η der schraffierten Fläche die Gl.

$$(2\,a^2 - f)\,\eta = \frac{4\,a^3}{3} - f\left(\frac{8\,a^3}{12\,f} - \frac{a}{2}\right),$$

woraus wegen $f = (a^2/4)(5a-2)$

$$\eta = \frac{a}{6}\frac{2+3a}{2-a}.$$

a bedeutet hierin den halben Öffnungswinkel des Bogens $A\,C\,B$, der sich aus $\operatorname{tg} a = 2$ zu $a = 1{,}10715$ ergibt, so daß

$$\eta = 1{,}007\,a.$$

10. Der Schwerpunkt eines Kreissektors vom Halbmesser r und dem Öffnungswinkel a liegt auf der Symmetralen in der Entfernung $\dfrac{2}{3}\dfrac{c}{a}$ vom Mittelpunkt, wo c die Sehnenlänge angibt.

Ermittle hiemit die Schwerpunkte des Halbkreises und der beiden Kreissektoren; die Dreieckfläche $O_1\,O_2\,A$ ist in die Schwerpunktsgleichung mit negativem Zeichen einzuführen. Hiemit wird

$$\left(\frac{a^2\,\pi}{2} + 9\,a^2\,a - 6\,a^2\sin a\right)\eta = -\frac{2}{3}\,a^3 + 36\,a^3\sin^2\frac{a}{2} - 6\,a^3\sin^2 a,$$

oder wegen $\cos a = 2/3$

$$\eta = \frac{2\,a}{\dfrac{\pi}{2} + 9\,a - 2\sqrt{5}}.$$

Da $a = 0{,}841$, so wird $\eta = 0{,}428\,a$.

11. Bezeichnet $F_1 = \dfrac{a^2 a_1}{2} = \dfrac{a^2\pi}{12}$ die Fläche des Kreissektors $O\,A\,B$, (Abb. 170) und

$$F_2 = \frac{1}{2}\,a^2\,2\,a_1 - \frac{a^2}{4}\sqrt{3} = a^2\left(\frac{\pi}{6} - \frac{\sqrt{3}}{4}\right)$$

jene des zum Bogen $O\,B$ gehörigen Segmentes, so ist die Fläche F, deren Schwerpunkt zu bestimmen ist, durch $F = F_1 - F_2 = \dfrac{a^2}{4}\left(\sqrt{3} - \dfrac{\pi}{3}\right)$ gegeben.

Ferner ist

$$\overline{O\,\sigma_1} = \frac{2}{3}\frac{\overline{A\,B}}{a_1} = \frac{4\,a}{3}\frac{\sin\frac{a_1}{2}}{a_1},$$

$$\overline{O_1\,\sigma_2} = \frac{a^3}{12\,F_2}.$$

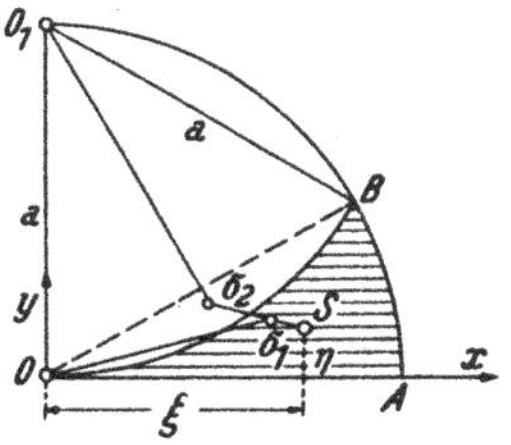

Abb. 170

Hiemit ergeben sich für $\xi,\ \eta$ die Gleichungen

$$F\,\xi = F_1\,\overline{O\,\sigma_1}\cos\frac{a_1}{2} - F_2\,\overline{O_1\,\sigma_2}\sin a_1,$$

$$F\,\eta = F_1\,\overline{O\,\sigma_1}\sin\frac{a_1}{2} - F_2\left(a - \overline{O_1\,\sigma_2}\cos a_1\right)$$

und daraus mit $a_1 = \pi/6$:

$$\xi = a \frac{3}{2\,(3\,\sqrt{3} - \pi)} = 0{,}73\,a,$$

$$\eta = a \frac{8 + 3\,\sqrt{3} - 4\,\pi}{2\,(3\,\sqrt{3} - \pi)} = 0{,}153\,a.$$

12. Sei $\dfrac{h}{4\,d} = v$, so ergibt sich

$$\xi = \frac{2\,d}{3} \frac{6\,v^2\,(2\,\pi + 3) - 12\,v\,(\pi + 1) + 3\,\pi + 2}{2\,v\,(3\,\pi + 4) - 3\,\pi},$$

$$\eta = \frac{4\,d}{3} \frac{3\,v^2\,(2\,\pi + 3) - 3\,v\,(\pi + 1) + 1}{2\,v\,(3\,\pi + 4) - 3\,\pi}.$$

13. Die Fläche F des rechtwinkligen Bogendreieckes ergibt sich aus jener des Viertelkreises vom Halbmesser $2\,r$ durch Wegnahme zweier Viertelkreise vom Halbmesser r und des Quadrates mit der Seitenlänge r. Hienach ist

$$F = r^2 \left(\frac{\pi}{2} - 1\right)$$

und es lautet die Momentengleichung für den Eckpunkt M mit $\overline{M\,S} = \xi$

$$F\,\xi = -r^2\pi \left(r\,\sqrt{2} - \frac{8\,r}{3\,\pi}\sqrt{2}\right) + 2\,\frac{r^2\,\pi}{4}\left(\frac{r}{2}\sqrt{2} - \frac{4\,r}{3\,\pi}\sqrt{2}\right) + r^2\,\frac{r}{2}\sqrt{2},$$

woraus

$$\xi = r\,\sqrt{2}\,\frac{10 - 3\,\pi}{2\,(\pi - 2)} = 0{,}356\,r.$$

14. Der Halbmesser ϱ des Viertelkreises an der Kanalsohle beträgt $\varrho = r\,(2 - \sqrt{2})$. Aus $\eta = \dfrac{\Sigma\,F\,y}{\Sigma\,F}$ folgt mit Benutzung der Formeln für Halbkreis, Viertelkreis, Kreissektor und Dreieck

$$\eta = \frac{r}{2\,\pi}\,\frac{-\pi\,d + 2\,r\,[4\,(\sqrt{2} - 1) + \pi\,(2 - \sqrt{2})]}{r\,(6 - \sqrt{2}) - 2\,d}$$

und mit $v = d/r$:

$$\eta = r\,\frac{1{,}1132 - \dfrac{v}{2}}{4{,}5858 - 2\,v}.$$

15. $\dfrac{\eta_1}{\eta_2} = \dfrac{1}{\pi - 1}$. (Der Zeiger 1 bezieht sich auf die größere der beiden Teilflächen.)

16. Mit $F = \dfrac{a}{2}\,(2\,h + a\,\text{ctg}\,\alpha) - \dfrac{r^2\,a}{2}$ als Querschnittsfläche ergibt sich

$$\xi = \frac{1}{6\,F}\,[a^2\,(3\,h + a\,\text{ctg}\,\alpha) - 2\,r^3\,(1 - \cos\alpha)],$$

$$\eta = \frac{1}{6\,F}\,[3\,a\,h\,(h + 2\,a\,\text{ctg}\,\alpha) + 2\,a^3\,\text{ctg}^2\,\alpha - 2\,r^3\sin\alpha].$$

Die G u l d i n sche Regel liefert für das Volumen V des I n t z e -Behälters

$$V = 2\,\pi\,\xi\,F = \frac{\pi}{3}\,[a^2\,(3\,h + a\,\text{ctg}\,\alpha) - 2\,r^3\,(1 - \cos\alpha)].$$

17. Da die Spannungen S in beiden Seilstücken gleich sind, müssen $A\,C$ und $B\,C$ mit der Lotrechten den gleichen Winkel ψ einschließen und es ist

$$S = \frac{G}{2\cos\psi}. \tag{a}$$

Die Koordinaten ξ, η des Schwerpunktes der Platte in bezug auf die durch O gelegten x-, y-Achsen sind

$$\xi = \frac{r^2}{R^2 - r^2}\,e, \qquad \eta = \frac{4}{3\,\pi}\,\frac{R^3 - r^3}{R^2 - r^2}. \tag{b}$$

Das Momentengleichgewicht für Punkt A fordert

$$S\,2\,R\cos(\psi - \alpha) = G\,[(R + \xi)\cos\alpha + \eta\sin\alpha]$$

oder wegen (a):

$$R\cos(\psi - \alpha) = \cos\psi\,[(R + \xi)\cos\alpha + \eta\sin\alpha],$$

woraus sich ergibt

$$R\,\text{tg}\,\psi = \xi\,\text{ctg}\,\alpha + \eta. \tag{c}$$

Hiezu tritt die aus dem Dreiecke $A\,B\,C$ folgende geometrische Beziehung

$$l\sin\psi = 2\,R\cos\alpha, \tag{d}$$

durch die bei gegebener Neigung α der Winkel ψ bestimmt ist, so daß man aus (c) mit den in (b) angegebenen Werten die gesuchte Exzentrizität e berechnen kann; es ergibt sich

$$e = \left(\frac{R^2}{r^2} - 1\right)\text{tg}\,\alpha\left[\frac{2\,R\cos\alpha}{\sqrt{l^2 - 4\,R^2\cos^2\alpha}} - \frac{4}{3\,\pi}\,\frac{R^3 - r^3}{R^2 - r^2}\right].$$

Aus (a) berechnet sich die Seilspannung zu

$$S = \frac{G\,l}{2\,\sqrt{l^2 - 4\,R^2\cos^2\alpha}}.$$

Das Verhältnis der Seilstücke $A\,C$ und $B\,C$ beträgt

$$\frac{R+\xi+\eta\,\mathrm{tg}\,\alpha}{R-\xi-\eta\,\mathrm{tg}\,\alpha}.$$

18. Es ist zufolge der Konstruktion $\dfrac{\overline{O\,S}}{\overline{O\,C}} = \dfrac{\overline{O\,G}}{\overline{O\,E}}$, oder $\overline{O\,S} = \dfrac{r^2}{\overline{O\,E}}$.

Nun ist $\overline{O\,E} = \sqrt{r^2 + \left(\dfrac{6}{7}\,r\sqrt{2}\right)^2} = \dfrac{11}{7}\,r$, womit $\overline{O\,S} = \dfrac{7}{11}\,r = 0,636363\,r$

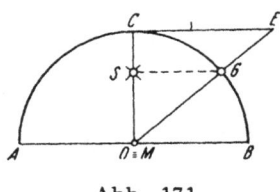

Abb. 171

wird.

Gegenüber dem genauen Werte

$$x_s = \frac{2\,r}{\pi} = 0,636620\,r \text{ ergibt sich}$$

eine Abweichung von $-0,04\%$.

Für flachere Bogen wird die Abweichung noch kleiner.

19. Mit der Sehnenlänge $\overline{A\,B} = c$ ist $\overline{O\,S} = x_s = c/\alpha$ oder mit $b = r\,\alpha$ als Bogenlänge:

$$x_s = \frac{r\,c}{b}. \tag{a}$$

Die Fläche des Segmentes $A\,C\,B\,A$ beträgt

$$F = \frac{b\,r}{2} - \frac{c}{2}\,\overline{O\,M}$$

oder wegen (a)

$$F = \frac{c}{2}\left(\frac{r^2}{x_s} - \overline{O\,M}\right).$$

Da aber nach Konstruktion $\overline{O\,H} = r^2/x_s$, so wird

$$F = \frac{c}{2}\,(\overline{O\,H} - \overline{O\,M}) = \frac{c}{2}\,\overline{M\,H},$$

also gleich der Rechteckfläche $H\,N\,B\,M$.

III. Ebene Fachwerke

a) Kräftepläne

In den folgenden Zeichnungen sind die Fachwerkstäbe im Lageplane und ihre Spannkräfte im Kraftplane mit Ziffern bezeichnet.

Doppellinien oder gestrichelte Linien bedeuten Druckkräfte, einfache Linien Zugkräfte. Die gegebenen Lasten sind ebenso wie die Auflagerkräfte stark ausgezogen.

Die gegebenen Lasten setze man ins Gleichgewicht mit den Lager- oder Stützkräften, wodurch letztere bei statisch bestimmter Lagerung bestimmt sind. Beim Entwerfen von reziproken Kraftplänen einfacher ebener Fachwerke leisten folgende Regeln von Cremona und Bow gute Dienste:

a) Man reihe im Kraftplane die äußeren Kräfte (Lasten und Stützkräfte) so aneinander, wie sie bei der Umfahrung der Gurtungen in beliebig gewähltem Umlaufsinne aufeinanderfolgen.

b) Die Kräfte des dem Gleichgewichte eines Knotenpunktes des Fachwerkes entsprechenden geschlossenen Krafteckes müssen in dem gleichen Sinne aneinander gereiht werden, wie er vorher in (a) als Umlaufsinn für das ganze Fachwerk gewählt war.

c) Man bezeichne die durch Dreiecke oder Vielecke gebildeten Innenfächer des Fachwerkes, die in ihrer Aufeinanderfolge jeweils nur *einen* Fachwerkstab gemeinsam haben dürfen, mit Buchstaben, ebenso die von den Wirkungslinien der äußeren Kräfte und den Gurtungen gebildeten Außenfächer. Dann entspricht jedem Fache des Lageplanes ein mit gleichem Buchstaben zu bezeichnender Punkt im Kraftplane; von ihm gehen die Kräfte jener Stäbe aus, welche das ihm entsprechende Fach beranden.

d) Für die Fächereinteilung sind die Wirkungslinien der an Umfangsknoten angreifenden Kräfte nur mit ihrem vom Knoten nach außen weisenden Teil einzutragen, so daß solche Kräfte immer Außenfelder begrenzen. Bei überkreuzenden Stäben denke man sich zwecks Ermöglichung der Anwendung der Regel (c) an der Schnittstelle ein Gelenk eingeschaltet; die Stabkräfte zweier sich überkreuzenden Stäbe kommen dann im Kraftplan doppelt vor, der dann freilich nicht mehr die Eigenschaft der Reziprozität mit dem Lageplan des Fachwerkes besitzt.

Bei Fachwerken mit einem *belasteten Innenknoten* wird dieser durch einen in Richtung der Knotenlast eingezogenen idealen Stab mit der nächstliegenden Gurtung in einem idealen Knoten verbunden, an dem die lediglich in ihrer Wirkungslinie verschobene Innenknotenlast nun als Außenknotenlast wirkt. Die Stabkraft im idealen Stabe ist dann gleich der Knotenlast; die Spannkraft des Gurtstabes mit dem idealen Knoten erscheint im Kraftplane zweimal in gleicher Größe (Aufg. III a, 13, 14, 15, 24).

5*

Erfolgt der Lastangriff nicht unmittelbar an einem Knotenpunkt, so verteile man eine solche Last nach statischen Gesetzen auf die beiden nächstliegenden Knoten (Aufg. III a, 10, 11, 21, 22).

Ist das Fachwerk in drei Stützstäben gelenkig gelagert, die sich nicht in einem Punkte schneiden dürfen, dann sind deren Stabkräfte durch ihr Gleichgewicht mit der Mittelkraft aller äußeren Kräfte nach der Methode von Culmann graphisch zu bestimmen (Aufg. III a, 7, 8, 9, 11).

Besitzt ein Fachwerk nur drei- und mehrstäbige Knoten, so reichen die Regeln (a) bis (d) zur Zeichnung eines reziproken Kraftplanes nicht hin. In solchen Fällen ist es häufig möglich, einen Durchschnitt durch das Fachwerk so zu führen, daß nur drei Stäbe geschnitten werden, die sich nicht in einem Punkte schneiden (Ritterschnitt). Dann ergeben sich die drei Stabkräfte aus ihrem Gleichgewicht mit den am abgeschnittenen Fachwerkteil wirkenden äußeren Kräfte. (Graphisch benutze man hiefür die Methode von Culmann, analytisch setze man drei Momentengleichungen um die Schnittpunkte je zweier der geschnittenen Stäbe an.) (Aufg. III a, 14 bis 22.) Zuweilen läßt sich ein nur drei Stäbe schneidender Ringschnitt führen (Aufg. III a, 24). Eine Erweiterung der Ritterschen Schnittmethode besteht in der *Zweischnittmethode*; sie ist möglich, wenn *zwei* Durchschnitte so gelegt werden können, daß jeder nur vier Stäbe trifft, wobei aber zwei der geschnittenen Stäbe beiden Schnitten angehören müssen. Zur rechnerischen Ermittlung der Spannungen in diesen beiden Stäben setze man die Momente um die Schnittpunkte des übrigbleibenden Stabpaares in beiden Schnitten gleich Null.

Die graphische Ausnutzung dieses Verfahrens ist in Aufg. III a, 32 erläutert.

Bei Fachwerken, die keinen Ritterschnitt oder Ringschnitt zulassen, führt stets das Ersatzstabverfahren von Henneberg zum Ziele.

Die Methode der Fehlannahme von Saviotti ist immer dann brauchbar, wenn die Zeichnung des Kraftplanes möglich wird, sobald *eine* Stabkraft bekannt ist. — (Beide Verfahren sind erläutert an der Aufg. III a, 29.)

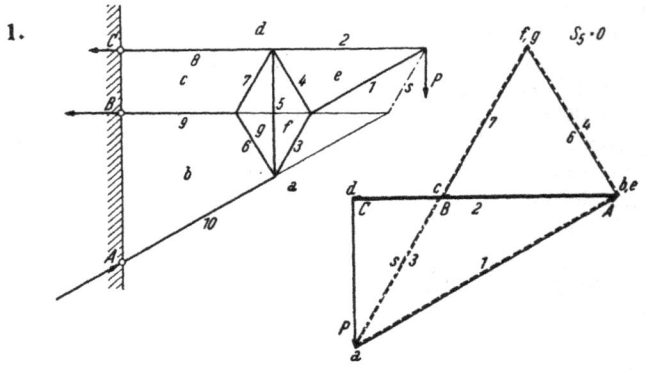

Abb. 172

2.

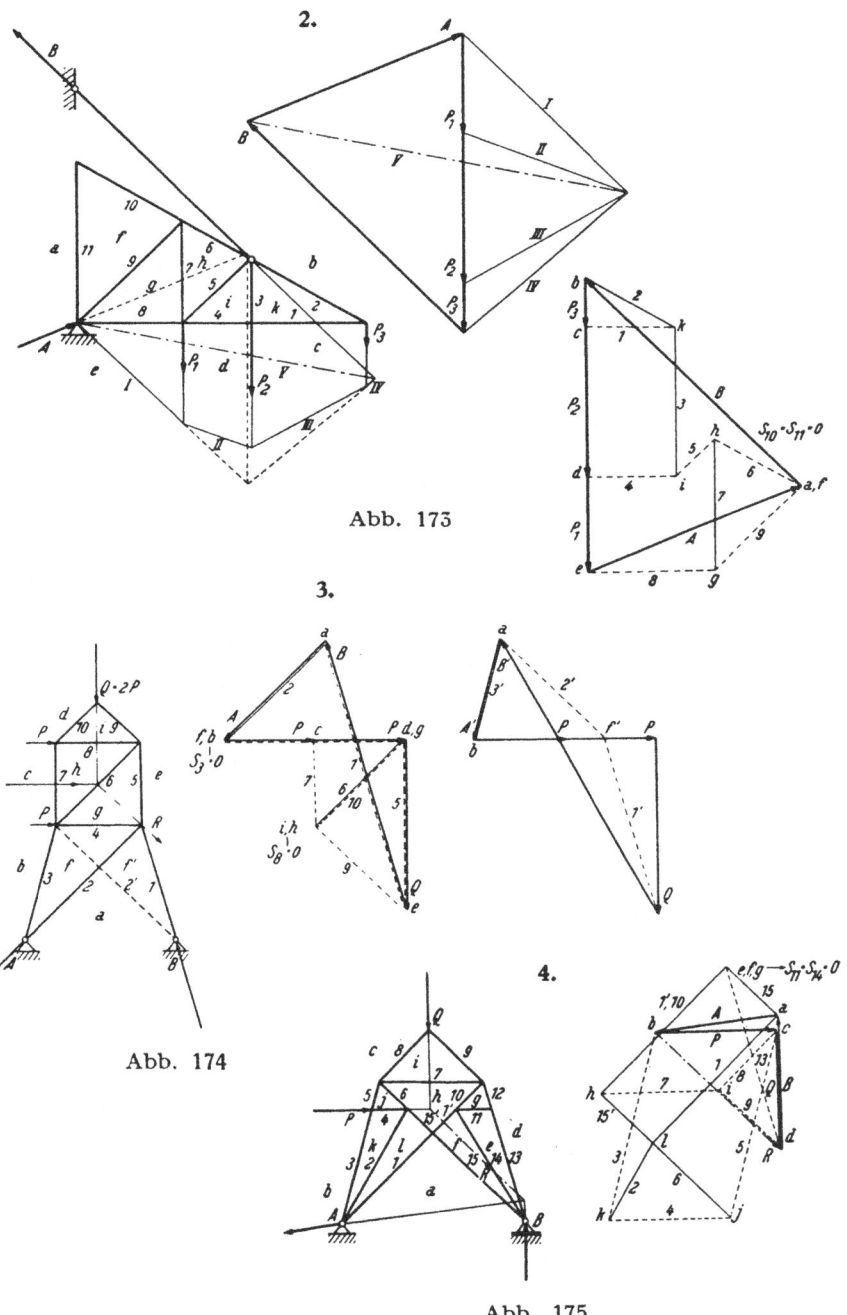

Abb. 173

3.

Abb. 174

4.

Abb. 175

5.

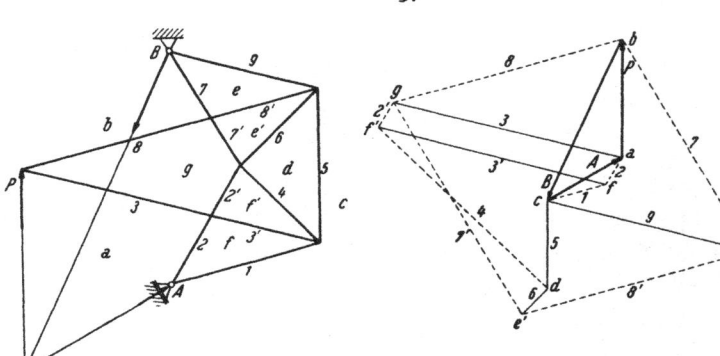

Abb. 176

6.

Abb. 177

7.

Abb. 178

8.

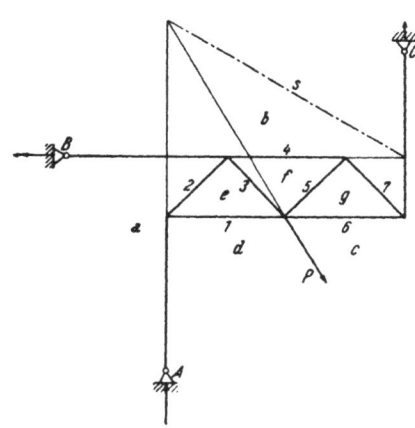 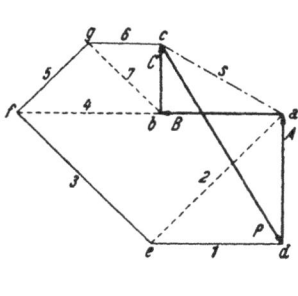

Abb. 179

9.

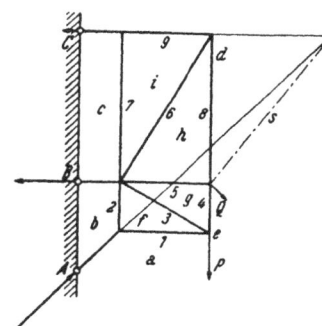 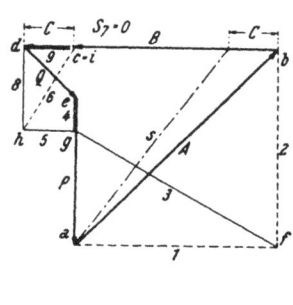

Abb. 180

10.

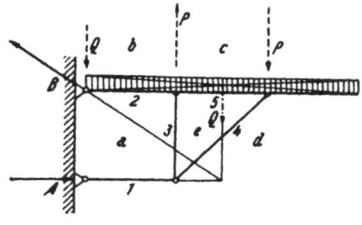 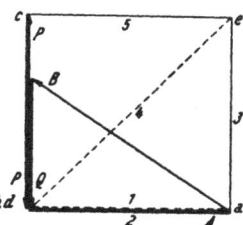

Abb. 181

11.

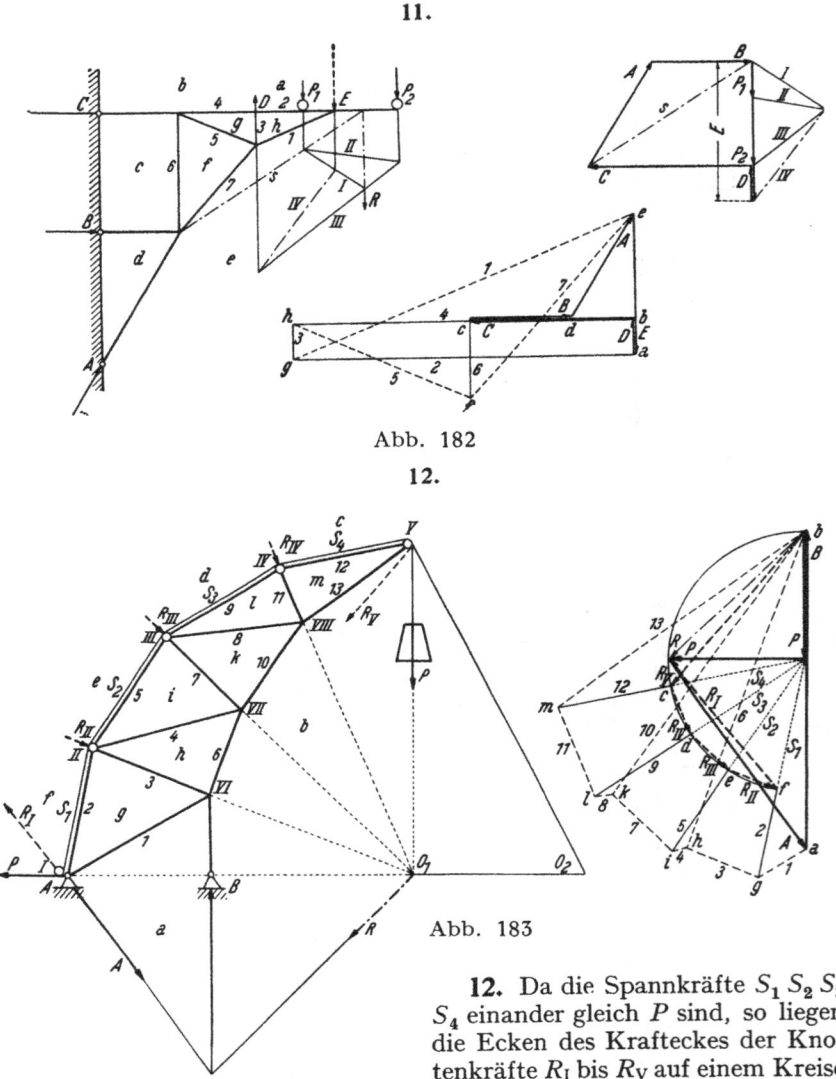

Abb. 182

12.

Abb. 183

12. Da die Spannkräfte $S_1 S_2 S_3$ S_4 einander gleich P sind, so liegen die Ecken des Krafteckes der Knotenkräfte R_I bis R_V auf einem Kreise vom Halbmesser P. Ihre geometrische Summe ist gleich der durch O_1 gehenden Mittelkraft R der beiden zueinander senkrechten und gleich großen Kräfte P.

Damit sind die Knotenkräfte bestimmt.

Aus dem Gleichgewichte der drei Kräfte R, A und B, von denen die Größe und Lage von R sowie die Wirkungslinie von B bekannt sind, ergeben sich A und B vollständig, so daß der Kraftplan gezeichnet werden kann.

13.

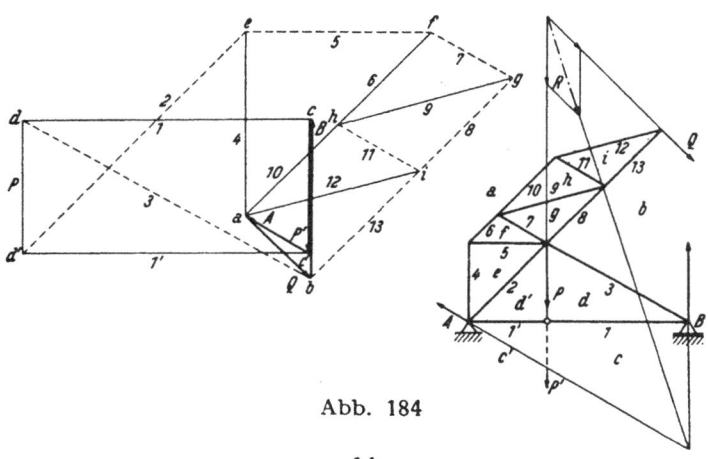

Abb. 184

14.

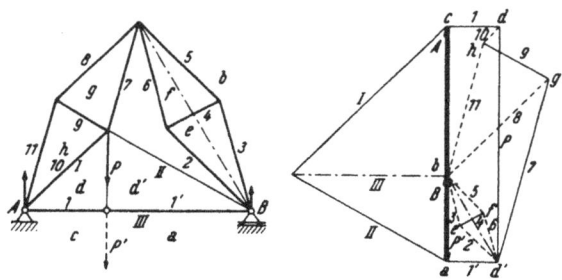

Abb. 185

15.

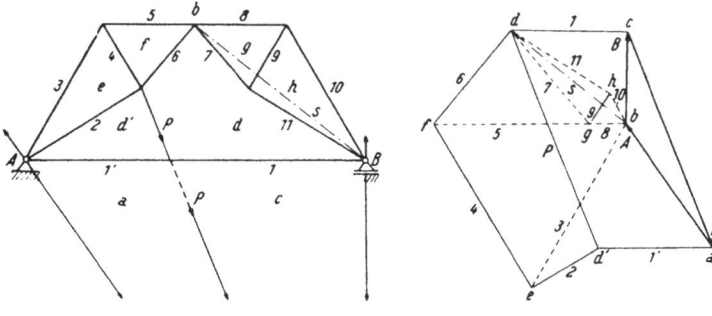

Abb. 186

16.

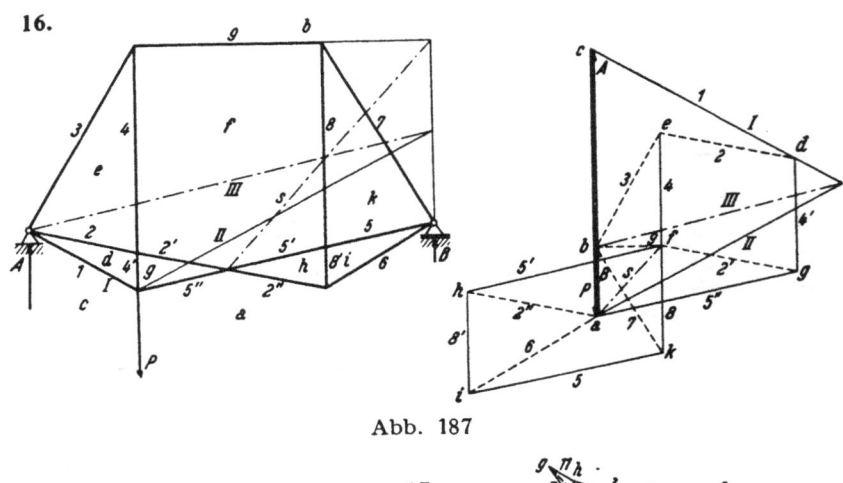

Abb. 187

17.

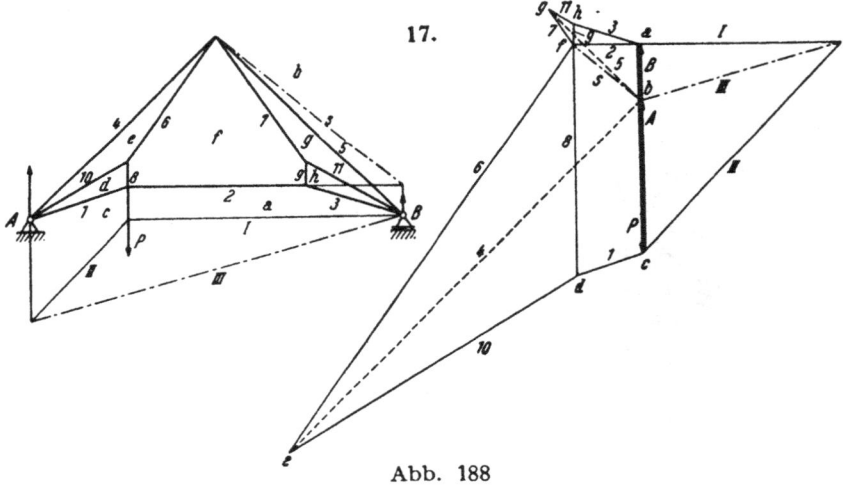

Abb. 188

18.

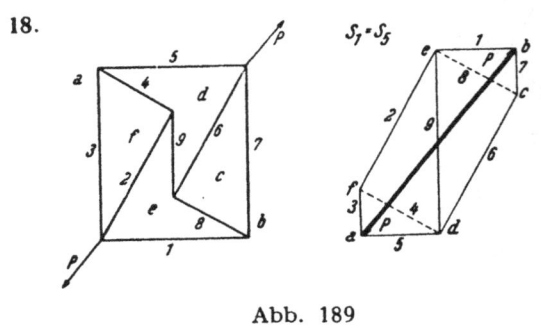

Abb. 189

19.

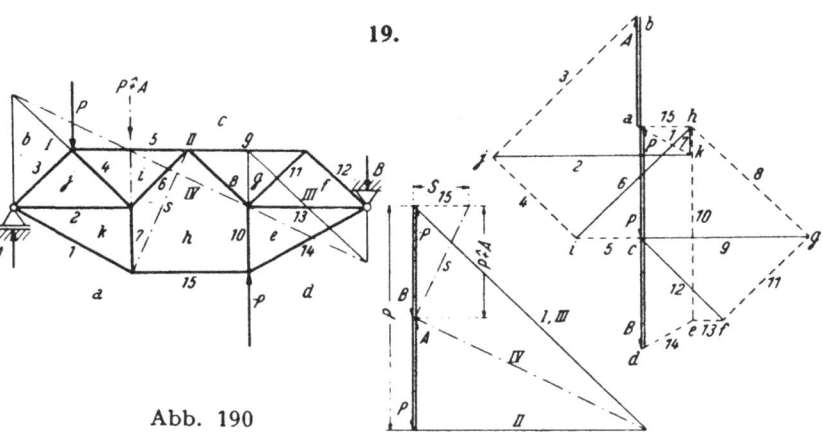

Abb. 190

20.

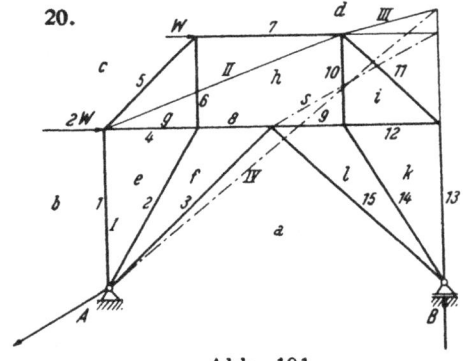
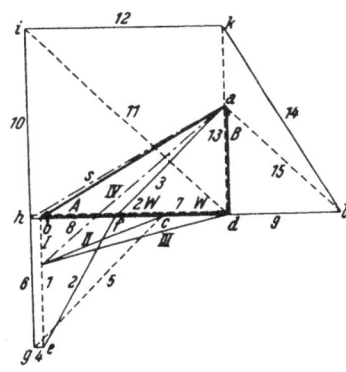

Abb. 191

21.

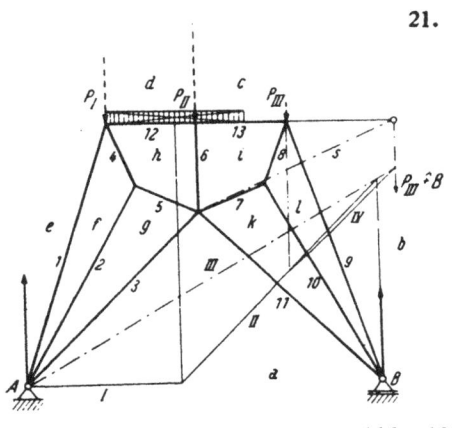
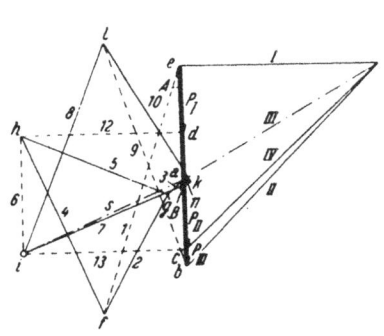

Abb. 192

22.

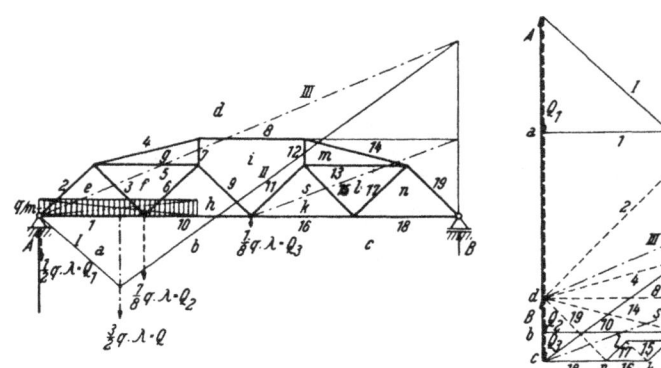
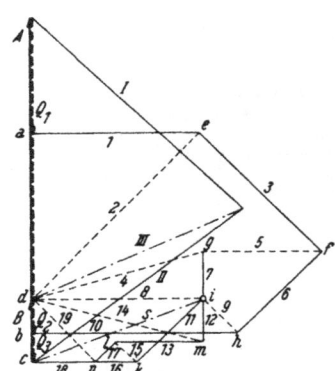

Abb. 193

23.

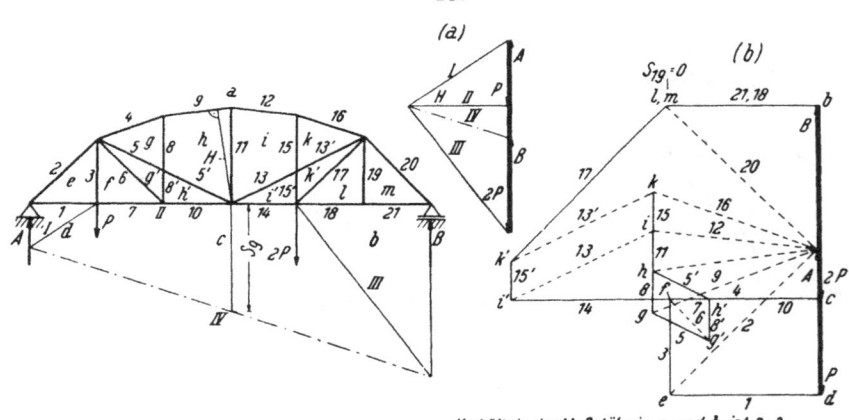

Verhältnis der Maßstäbe in a und b ist 2:3

Abb. 194

24.

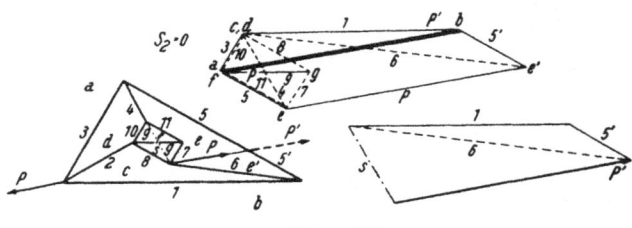

Abb. 195

25.

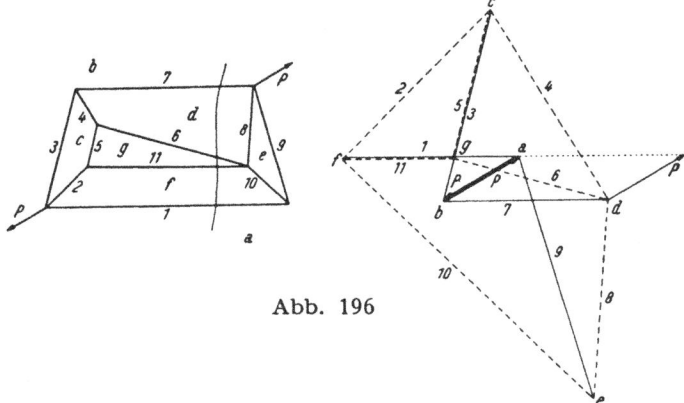

Abb. 196

26. aus Symmetriegründen:
$S_4 = S_6$; $S_{13} = S_{15}$

Abb. 197

27.

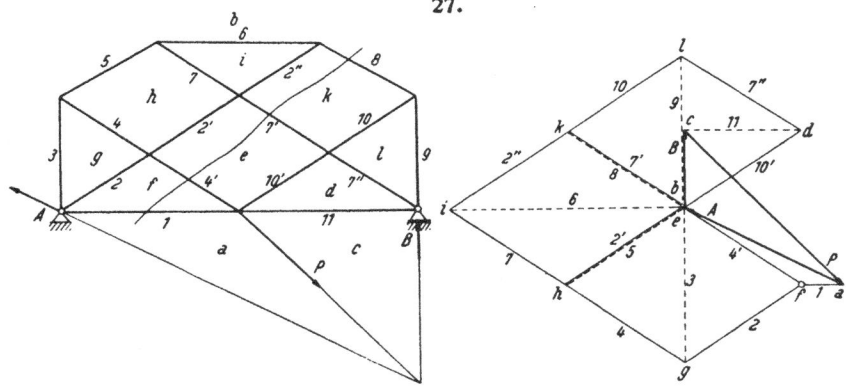

Abb. 198

28.

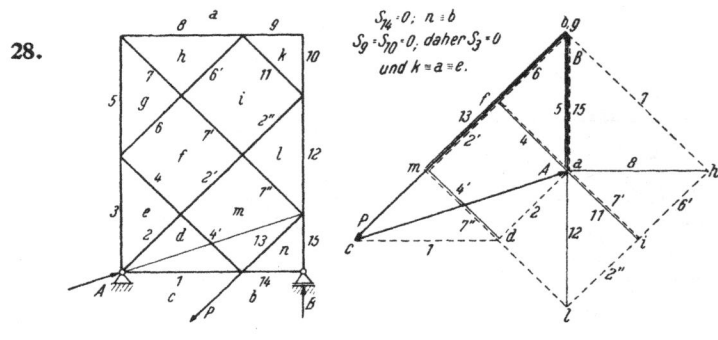

Abb. 199

29. a) Das Fachwerk besitzt an den Gurtungen lauter dreistäbige Knoten; da ein Ritterschnitt nicht möglich ist, so wird die Methode des Ersatzstabes von Henneberg benutzt. Stab 3 wird entfernt und der Ersatzstab q eingezogen. In diesem entsteht unter der Wirkung der äußeren Kräfte die Spannkraft S_q' (Kraftplan a_1). Der Kraftplan a_2 für das nur mit den beliebig gewählten Knotenkräften $\pm S_3''$ belastete Fachwerk ergibt im Stabe q die Spannkraft S_q''.

Ist $X S_3''$ die im ursprünglichen Fachwerke entstehende Spannkraft des Stabes 3, so ergibt sich jene im Ersatzstabe bei Überlagerung beider Belastungsfälle mit

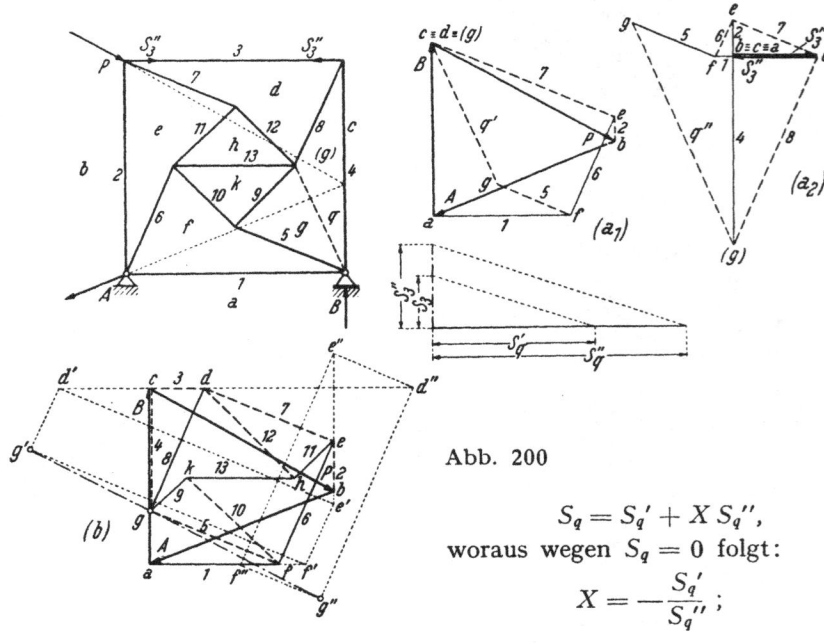

Abb. 200

$$S_q = S_q' + X S_q'',$$

woraus wegen $S_q = 0$ folgt:

$$X = -\frac{S_q'}{S_q''};$$

somit beträgt die wirkliche Spannkraft

$$S_3 = X\,S_3{''} = -\frac{S_q{'}}{S_q{''}}\,S_3{''}.$$

(Konstruktion mit zwei ähnlichen Dreiecken).

Mit der Kenntnis von S_3 läßt sich der endgültige Kraftplan b zeichnen, der im Zusammenhange mit der folgenden zweiten Lösung dieser Aufgabe dargestellt ist.

b) Methode der Fehlannahme von Saviotti. (Kraftplan b).

Die den Außenfeldern a, b, c entsprechenden Punkte des Kraftplanes sind bekannt. Eine Fortsetzung der Konstruktion scheitert daran, daß von den Innenfeldern keine entsprechenden Punkte im Kraftplane angegeben werden können. Wählt man zunächst willkürlich den dem Innenfache d entsprechenden Punkt d', der auf dem durch c zu 3 gezogenen Parallelstrahl liegen muß, dann bekommt man e' im Schnitte von $d'\,e' \parallel 7$ mit $b\,e' \parallel 2$, ferner f' im Schnitte von $e'\,f' \parallel 6$ mit $a\,f' \parallel 1$, schließlich g' im Schnitte von $d'\,g' \parallel 8$ mit $f'\,g' \parallel 5$.

Bei richtiger Annahme von d' müßte g' auch auf der Parallelen zu 4 durch c liegen, denn 4 gehört dem Fache g an.

Die Wiederholung der vorstehenden Konstruktion mit einer zweiten Fehlannahme d'' auf $c\,d'$ liefert die Punkte $e''\,f''\,g''$.

Es ändert demnach das Viereck $d'\,e'\,f'\,g'$ seine Gestalt so, daß drei seiner Ecken auf vorgegebenen Geraden wandern. Nun gilt der Satz von Steiner: „Ändert ein n-Eck seine Form in der Art, daß sämtliche Seiten durch Punkte ein und derselben Geraden gehen (die bei den hier zu machenden Anwendungen des Satzes die unendlich ferne Gerade ist), während $n - 1$ Punkte gerade Linien beschreiben, so bewegt sich auch der n-te Eckpunkt auf einer Geraden.

Hienach liegt der Punkt g auf der Geraden $g'\,g''$, und zwar in ihrem Schnitte mit der durch c zu 4 gezogenen Parallelen.

Durch g sind auch die endgültigen Lagen der Punkte $f\,e\,d$ bestimmt, so daß der Kraftplan vollständig gezeichnet werden kann.

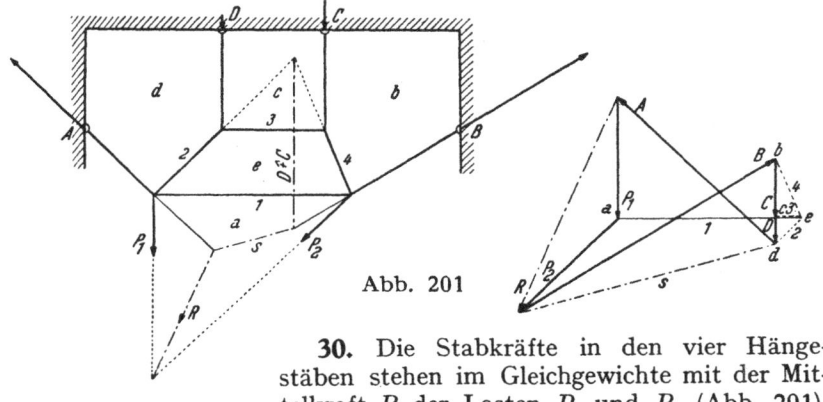

Abb. 201

30. Die Stabkräfte in den vier Hänge-stäben stehen im Gleichgewichte mit der Mittelkraft R der Lasten P_1 und P_2 (Abb. 201).

Ein Schnitt durch die beiden Stäbe 2, 4 zeigt, daß die Mittelkraft $D \updownarrow C$ der beiden lotrechten Stabkräfte durch den Schnittpunkt von 2 mit 4 führt. Es ist demnach R zu zerlegen in die drei Kräfte A, B und $D \updownarrow C$, deren Wirkungslinien bekannt sind.

(Culmannsche Methode mit der Hilfsgeraden s.) Sodann kann der Kraftplan durch Eintragung von 1, 2, 3, 4 ergänzt werden.

31. Die Lösung mit Benutzung imaginärer Gelenke ist in Aufg. V, 11 angegeben. Bei Anwendung der kinematischen Methode zeichnet man für die durch Wegnahme des Stützstabes $A\,D$ entstehende zwangläufige kinematische Kette einen Plan der senkrechten Geschwindigkeiten mit dem Nullpunkt o, beginnend mit der ihrer Größe nach beliebig gewählten gedrehten Geschwindigkeit $\overline{o\,k}$ des Knotens K, wobei $o\,k \parallel C\,K$.

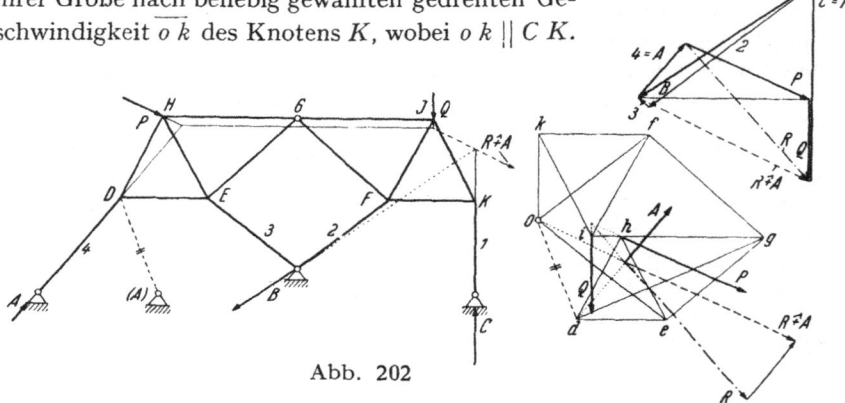

Abb. 202

Da $v_F = v_K + v_{FK}$, so ergibt sich der Geschwindigkeitspunkt f im Schnitte von $o\,f \parallel B\,F$ mit $k\,f \parallel K\,F$. In analoger Weise gewinnt man die Geschwindigkeitspunkte $i\ g\ e\ h\ d$.

Das Prinzip der virtuellen Leistungen ergibt für die mit $\mathfrak{P}$, $\mathfrak{Q}$ und $\mathfrak{A}$ belastete kinematische Kette

$$\mathfrak{P} \cdot v_H + \mathfrak{Q} \cdot v_J + \mathfrak{A} \cdot v_D = 0.$$

Da die virtuellen Leistungen die Bedeutung von statischen Momenten der in den Geschwindigkeitspunkten h, i und d angesetzten Kräfte P, Q, A um den Nullpunkt o haben, so ist die Stützkraft A aus dem Momentengleichgewicht dieser drei Kräfte um den Punkt o zu bestimmen. Ist R die Mittelkraft aus P und Q, so muß demnach $R \updownarrow A$ durch o gehen, so daß nun A konstruiert werden kann.

Mit A sind die Spannkräfte in den übrigen drei Stützstäben durch Zeichnung eines Kraftplanes bestimmt.

32. Da lauter dreistäbige Außenknoten vorhanden sind, so kann der Kraftplan nach der Methode der Stabvertauschung von Henneberg oder jener der Fehlannahme von Saviotti konstruiert werden. Im vorliegenden Falle führt auch die im folgenden verwendete *Zweischnittmethode* in rein zeichnerischer Durchführung einfach zum Ziele.

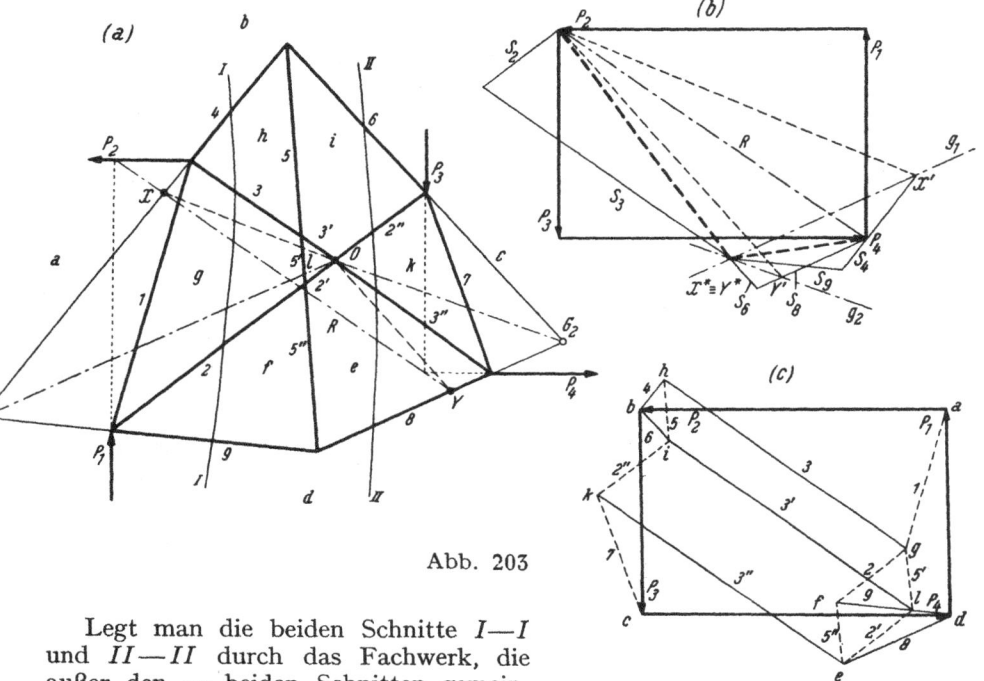

Abb. 203

Legt man die beiden Schnitte $I-I$ und $II-II$ durch das Fachwerk, die außer den — beiden Schnitten gemeinsamen — Stäben 2, 3 noch die Stäbe 4, 9 und 6, 8 schneiden, so muß einerseits die Mittelkraft $R = P_1 \widehat{+} P_2$ mit den Stabkräften 2, 3, 4, 9 Gleichgewicht halten, anderseits die Mittelkraft $-R = P_3 \widehat{+} P_4$ mit den Stabkräften 2, 3, 6, 8.

Da die Wirkungslinie von $2 \widehat{+} 3$ durch den Punkt O und jene von $4 \widehat{+} 9$ durch den Punkt G_1 geht, so ist R ins Gleichgewicht zu setzen mit zwei Kräften, deren Wirkungslinien durch die gegebenen Punkte O und G_1 gehen und sich auf R schneiden.

Einer willkürlichen Annahme X dieses Schnittpunktes auf R entspricht dann im zugehörigen Kraftecke (Abb. b) der Punkt X'; bewegt sich X auf R, so beschreibt der Punkt X' die Gerade $g_1 \| O G_1$.

Faßt man in analoger Art die Kräfte in den vom Schnitte II getroffenen Stäben zu $2 \widehat{+} 3$ und $6 \widehat{+} 8$ zusammen, so ist $-R$ ins Gleichgewicht zu setzen mit zwei Kräften, deren Wirkungslinien durch die gegebenen Punkte O und G_2 gehen und sich auf R schneiden. Mit der Annahme Y dieses Schnittpunktes auf R ergibt sich im entsprechenden Kraftecke der Punkt Y' und es ist der geometrische Ort aller Punkte Y' bei auf R wanderndem Y die Gerade $g_2 \| O G_2$.

Der Schnittpunkt $X^* \equiv Y^*$ der beiden Geraden $g_1 g_2$ ergibt daher die richtige Lage von X' und Y'; damit sind aber auch die Stabkräfte in den geschnittenen Stäben bestimmt und es ist nun die Zeichnung des Kraftplanes (Abb. c) möglich.

b) Der Ausnahmefall

1. Bei einem ebenen Fachwerke mit s Stäben und k Knoten, das der Bedingung $s = 2\,k - 3$ entspricht, liegt der Ausnahmefall (unendlich kleine Beweglichkeit) vor, wenn die Länge eines Stabes als Funktion der Längen der übrigen Stäbe betrachtet einen extremen Wert hat. Dann ist die Determinante D jener $2\,k - 3$ Gleichungen, welche die Konstanz der Stablängen bei einer kleinen Bewegung zum Ausdruck bringen, gleich Null, d. h. diese Gleichungen sind nicht voneinander unabhängig. Die Berechnung dieser durch die Gliederung des Fachwerkes und durch die Richtungen aller Stäbe bestimmten Determinante D ist im allgemeinen sehr umständlich. Ein einfacheres Kriterium für den Ausnahmefall besteht darin, daß dann im unbelasteten Fachwerke *Selbstspannungen* möglich sind, was beim stabilen, statisch bestimmten Fachwerke nicht zutreffen kann.

2. Nimmt man im Knoten A des Stabes 1 eine Selbstspannung S_1 beliebig an (Abb. 204), so liefert das Gleichgewicht dieses Knotens

$$S_1 - S_2 \cos \beta + S_8 \cos \alpha = 0,$$
$$S_2 \sin \beta + S_8 \sin \alpha = 0,$$

woraus folgt:

$$S_2 = S_1 \frac{\sin \alpha}{\sin \gamma} = n\,S_1;$$

analog wird $S_3 = n\,S_2 = n^2 S_1, \ldots$ und $S = n\,S_6 = n^6\,S_1$.
Da aber im Ausnahmefall $S = S_1$ sein soll, so folgt $n^6 = 1$ oder

$$\frac{\sin \alpha}{\sin \gamma} = 1, \quad \text{d. h.} \quad \alpha = \gamma;$$

damit der Ausnahmefall vorliege, muß demnach der äußere Ring mit dem inneren durch radial angeordnete Stäbe verbunden sein.

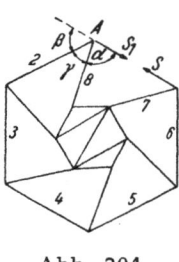

Abb. 204

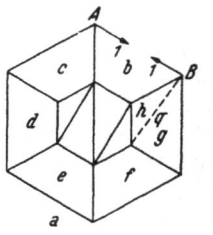

Abb. 205

Wendet man zur Ermittlung der Stabkräfte die Methode der Stabvertauschung von Henneberg an, das heißt, beseitigt man den Stab 1 und setzt zwecks Erhaltung der Stäbezahl den Ersatzstab q ein (Abb. 205), so ergibt sich für dieses nun in den Knoten A und B des beseitigten Stabes mit ± 1 belastete Fachwerk die Spannkraft im Ersatzstabe q

zu Null, da im zugehörigen Kraftplan $g \equiv h$ ist, das heißt die Stabspannungen werden unendlich groß; dies ist ebenfalls ein Kennzeichen der Beweglichkeit des Fachwerkes.

Bei Anwendung der kinematischen Methode der Stabkraftermittlung ist der Ausnahmefall dadurch gekennzeichnet, daß die Verbindungslinie der Endpunkte der gedrehten Geschwindigkeiten der Knoten E, D des beseitigten Stabes (Abb. 206) parallel zu diesem wird. Ist zum Beispiel das Fachwerk durch die im Gleichgewichte befindlichen Kräfte $+ P$, $- P$, $+ Q$, $- Q$ belastet und zeichnet man nach der Methode der Fehlannahme (Saviotti) den Kraftplan, so erkennt man das Vorliegen des Ausnahmefalles daran, daß der einem

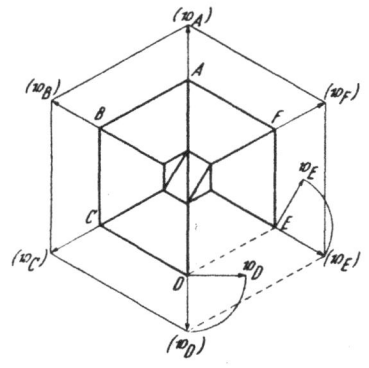

Abb. 206

Felde (in Abb. 207 ist es das Feld f) des Fachwerkes entsprechende Punkt f des Kraftplanes ins Unendliche rückt: Die Stabkräfte werden unendlich groß.

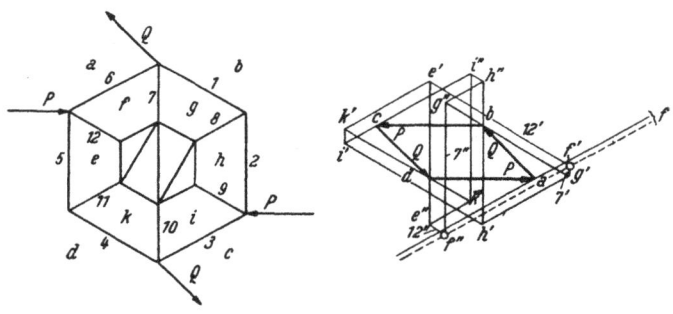

Abb. 207

3. Wenn die Verschiebungsrichtung des Gleitlagers C senkrecht zur Strecke $o\,c$ des Planes der gedrehten Geschwindigkeiten ist, dann ist das Fachwerk trotz Anordnung des Lagers C beweglich.

4. Wenn dem Stützstab die Lage $D\,(A)\,\|\,o\,d$ im Plane der gedrehten Geschwindigkeiten gegeben wird, dann ist das Momentengleichgewicht der Kräfte P, Q, A um den Nullpunkt o nicht möglich, das Stabsystem befindet sich dann im Ausnahmefall.

Bei der in V 11 angegebenen Lösung dieser Aufgabe mit Benutzung der imaginären Gelenke $G_1\,G_2$ erkennt man das Vorliegen des Ausnahmefalles (unendlich kleine Beweglichkeit) daran, daß dann die drei Gelenke $G_1\,G_2\,G$ auf einer Geraden liegen müssen.

Bringt man $G_2 G$ mit Stab 3 zum Schnitte in H, so gibt die Gerade $H D$ jene Lage D (A) des Stützstabes 4, für welche das System wackelig wird.

5. Die Zerlegung von R in die Kräfte A, B und $D \stackrel{\frown}{+} C$ ist dann nicht möglich, wenn sich deren Wirkungslinien in einem Punkte schneiden, das heißt, wenn das Hängegerüst eine lotrechte Symmetrieachse hat.

Dann sind im *unbelasteten* Hängegerüst Selbstspannungen möglich, was aus den Gleichgewichtsgleichungen zweier benachbarter Knoten unmittelbar hervorgeht.

6. Fallen die Punkte $G_1 G_2 O$ in eine Gerade, dann werden die Geraden g_1 und g_2 im Kraftplane parallel; demnach wird R unendlich groß und es ergeben sich unendlich große Stabspannungen als Kennzeichen des Ausnahmefalles. Die Gerade $G_1 G_2 O$ ist aber eine Pascalsche Gerade des Sechseckes, das heißt, seine Ecken liegen auf einem Kegelschnitte.

IV. Biegungsmomente, Quer- und Längskräfte gerader Träger

1. Die Zerlegung der Kraft P nach den Richtungen I (parallel $C E$) und II (parallel $F D$) ergibt die vom Stabsystem auf den Träger $A B$ übertragenen Kräfte C und D, deren lotrechte Komponenten für die Er-

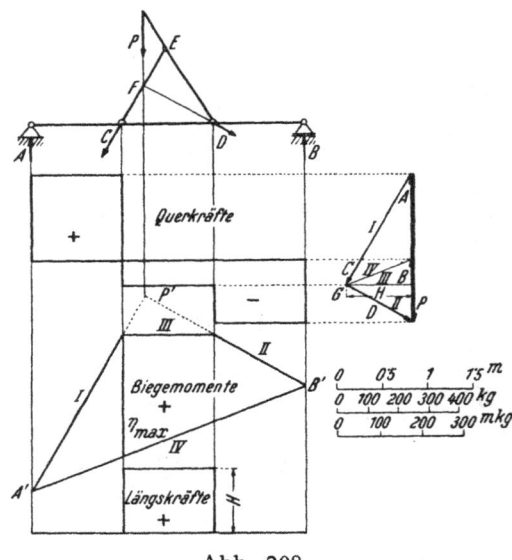

Abb. 208

mittlung der Biegungsmomente und Querkräfte in Betracht kommen und deren waagrechte Komponenten als Längskräfte im Träger $A B$ wirken. Die Polweite H, das ist die Entfernung des Poles G von P, ist durch das Krafteck $P\,I\,II$ bereits festgelegt. Beginnend bei dem willkürlich auf der Wirkungslinie von A gewählten Punkt A' zeichne man das Seileck $I\,III\,II$ zu den lotrechten Komponenten von C und D; die durch G gezogene Parallele zur Schlußlinie $A'\,B'$ schneidet auf P die beiden Auflagerdrücke A, B ab. (Abb. 208).

Bei der Betrachtung des Gleichgewichts des Gesamtsystems (Träger + + Stabwerk) treten die in den Gelenken C und D je paarweise entgegengesetzt gleichen Gelenkreaktionen als innere Kräfte in Erscheinung, daher lassen sich die Auflagerdrücke A, B auch aus der Kraft P allein bestimmen, indem P ins Gleichgewicht gesetzt wird mit zwei Parallelkräften durch die Stützpunkte A und B; demnach liegt der Schnittpunkt P' der Seilstrahlen $I\,II$ auf der Wirkungslinie von P.

Die η-Ordinaten des Seileckes liefern die Biegungsmomente des Trägers $A\,B$, denn es ist $M = \eta\,H$.

Durch den bei der Zeichnung der Systemskizze gewählten Längenmaßstab und den für das Krafteck benutzten Kraftmaßstab ist der Momentenmaßstab für die Messung der Ordinaten η bereits bestimmt.

Da die Polweite $H = 220$ kg, so entsprechen der Einheit des Längenmaßstabes 220 kgm Moment, wodurch der Momentenmaßstab festgelegt ist; mit diesem wird $M_{max} = 290$ kgm.

Die Bezugslinie für das Querkraftdiagramm wird zweckmäßig waagrecht durch jenen Punkt im Krafteck gelegt, der den Auflagerdrücken A,B gemeinsam ist.

Bei der Zeichnung der Schaulinie für die Längskräfte trage man diese am Orte ihrer Wirkung senkrecht zur Trägerachse im Kraftmaßstabe auf.

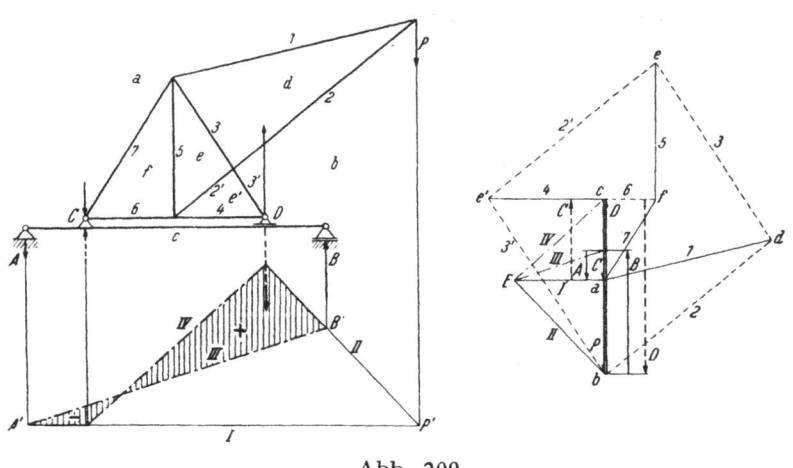

Abb. 209

2. Für die Ermittlung der Auflagerreaktionen A und B hat man die Auslegerlast P ins Gleichgewicht zu setzen mit zwei Parallelkräften durch die Auflagerpunkte A, B; die Kraftwirkungen in C und D tilgen sich als innere Kräfte des Gesamtsystems. (Abb. 209).

Nach Auftragung von $P (= \overline{a\,b})$ wird der Pol E auf der Waagrechten durch Punkt a willkürlich gewählt; das geschlossene Seileck $A'\,P'\,B'$ (wo P' beliebig auf der Wirkungslinie von P angenommen ist) stellt zusammen mit dem in eine Strecke ausartenden Kraftecke $P\,B\,A$ das Gleichgewicht dieser drei Kräfte dar. Dabei wird A negativ, weshalb dort ein abhebsicheres Lager anzuordnen ist.

Die durch E zur Geraden IV gezogene Parallele ergibt im Kraftplan die vom Kran auf den Träger übertragenen Lasten C und D, so daß das zugehörige Seileck und damit die Schaulinie für die Biegungsmomente bestimmt sind. Beachte, daß C nach aufwärts, D mit P gleichgerichtet sein muß.

3. Aus dem Momentengleichgewicht für den Punkt B folgt

$$A = q\,\frac{l}{2}\,\frac{l-2\,a}{l-a}\,;\qquad\qquad\text{(a)}$$

für einen Querschnitt in der Entfernung x vom linken Auflager ist

$$Q_x = A - q\,x,\qquad M_x = A\,x - \frac{q\,x^2}{2}\,.$$

Der Ort x_1 des größten positiven Biegungsmomentes im Felde $A\,B$ ist durch $Q_x = 0$ mit $x_1 = \dfrac{A}{q}$ bestimmt, womit

$$M_{x,1} = \frac{A^2}{2\,q}$$

wird. Da ferner $M_B = -\dfrac{q\,a^2}{2}$, so folgt aus $M_{x,1} = |M_B|$

$$\frac{q\,a^2}{2} = \frac{A^2}{2\,q}\quad\text{oder}\quad A = \pm\,q\,a.$$

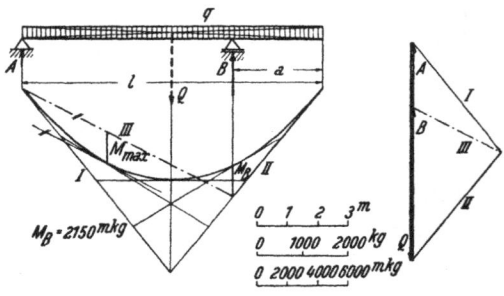

Abb. 210

Ist das Lager A nicht abhebsicher, so kommt nur das positive Vorzeichen in Frage und es ergibt sich wegen (a) die Gleichung

$$l^2 - 4\,a\,l + 2\,a^2 = 0$$

mit den Lösungen

$$\frac{a}{l} = 1 \pm \frac{1}{\sqrt{2}},$$

von denen, da $a < l$ sein muß, nur $\frac{a}{l} = 1 - \frac{1}{\sqrt{2}} = 0,293$ brauchbar ist.

Ist hingegen das Lager A abhebsicher, dann führt $A = -q\,a$ zur Gleichung $\qquad l^2 = 2\,a^2$
mit dem Ergebnis

$$\frac{a}{l} = \frac{1}{\sqrt{2}} = 0,707.$$

In diesem Falle entsteht das größte Biegungsmoment im Felde $A\,B$ an der Stelle B, wo es den Wert $\frac{q\,a^2}{2}$ hat (kein analytisches Maximum,

denn $\frac{dM}{dx}$ ist an der Stelle B nicht gleich Null).

4. Aus der Momentengleichung für Punkt B

$$A\,(l-a) - \frac{q\,(l-a)^2}{2} + q\,a^2 = 0$$

ergibt sich

$$A = \frac{q}{2}\,\frac{l^2 - 2\,a\,l - a^2}{l-a}. \qquad \text{(a)}$$

Im Felde $A\,B$ ist das M_{max}

gleich $\frac{A^2}{2\,q}$, das Auflagermo-

ment M_B beträgt $M_B =$
$= -\,P\,a = -\,q\,a^2$; daher
führt die Forderung

$$M_{max} = |M_B|$$

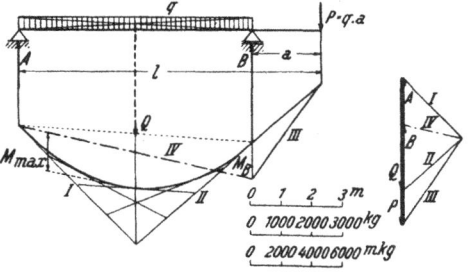

Abb. 211

zu $A = \pm\,q\,a\,\sqrt{2}$; für nicht abhebsicheres Auflager A kommt nur das positive Vorzeichen in Betracht und es ergibt sich wegen (a) die Gleichung

$$a^2\,(2\,\sqrt{2} - 1) - 2\,a\,l\,(1 + \sqrt{2}) + l^2 = 0,$$

von deren beiden Wurzeln nur

$$\frac{a}{l} = \frac{\sqrt{2} - 1}{2\,\sqrt{2} - 1}$$

brauchbar ist.

Mit $l = 10$ m wird $a = 2,265$ m und mit $q = 500$ kg/m: $A = 1\,602$ kg, $M_B = 2\,566$ mkg.

5. Das Momentengleichgewicht für Punkt B liefert

$$A\,l - P\left(\frac{3}{4}\,l - a\right) - q\,l\left(\frac{l}{2} - a\right) = 0,$$

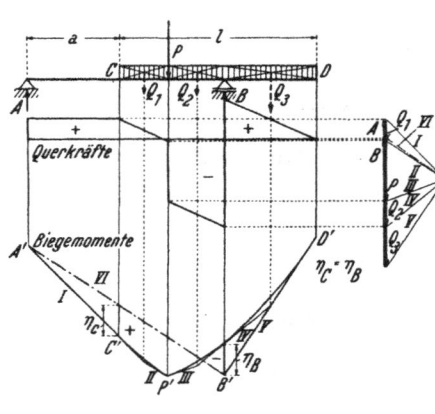

Abb. 212

so daß mit $P = (2/3)\,q\,l$

$$A = q\left(l - \frac{5}{3}\,a\right)$$

wird.

Die Forderung $M_C = |M_B|$ ergibt wegen $M_C = A\,a$, $M_B =$

$$= -\frac{q\,a^2}{2}:$$

$$q\,a\left(l - \frac{5}{3}\,a\right) = \frac{q\,a^2}{2},$$

woraus sich ergibt

$$a = \frac{6}{13}\,l.$$

6. Infolge der zur Trägermitte symmetrischen Lagerung und Belastung ist

$$C = D = \frac{5\,a\,q}{2} + \frac{P}{\sqrt{2}}.$$

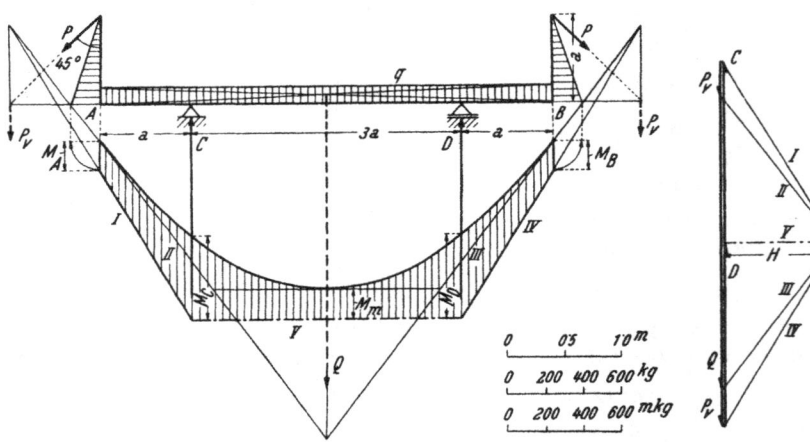

Abb. 213·

In Trägermitte ist

$$M_m = C\,\frac{3\,a}{2} - q\,\frac{5\,a}{2}\,\frac{5\,a}{4} - \frac{P\sqrt{2}}{2}\left(a + \frac{5}{2}\,a\right) = \frac{a}{2}\left(\frac{5}{4}\,a\,q - 2\,P\,\sqrt{2}\right),$$

am Ende A:

$$M_A = -\frac{P\sqrt{2}}{2}\,a,$$

— 88 —

womit die Forderung $M_m = M_A$ zu $\dfrac{P}{a\,q} = \dfrac{5}{8} \sqrt{2}$ führt.

Mit $q = 400$ kg/m, $a = 0,8$ m wird $M_A = M_m = -160$ mkg und
$M_C = M_{max} = -448$ mkg.

7. Konstruiere die Mittelkraft R der Belastungen P und $q\,\dfrac{3\,l}{4}$, deren Wirkungslinie jene des Gelenkdruckes A in F schneidet. Die Zerlegung von R in die Richtungen $F\,A$ und $F\,B$ ergibt im Kraftplane die Auflagerdrücke A und B. Zeichne mit dem Pole G (Polweite H zweckmäßig

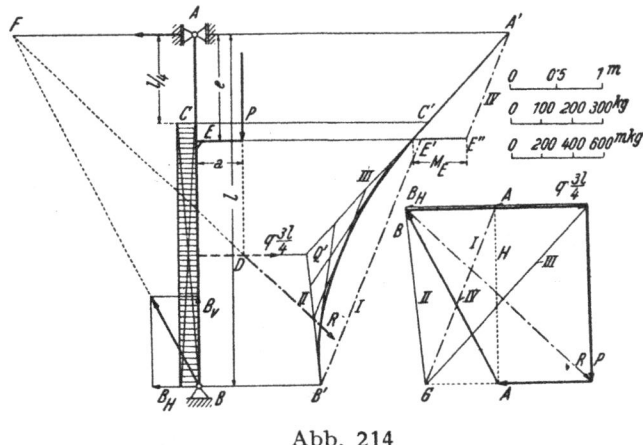

Abb. 214

gleich P gewählt) das Seileck zu den waagrechten Kräften B_H, $q\,\dfrac{3\,l}{4}$ und A; der erste Seilstrahl I ist durch B' parallel zu $G\,A$ gelegt, der letzte IV durch A' parallel I. An der Trägerstelle E tritt ein Momentensprung $\overline{E'\,E''}$ auf, hervorgerufen durch die exzentrisch wirkende lotrechte Last P, so daß $\overline{E'\,E''}\;H = P\,a$ oder, wegen der Annahme $H = P$, $\overline{E'\,E''} = a$.

Das größte Biegungsmoment entsteht in E mit dem Betrage 355 mkg.

8. Die Wirkungslinie der Gesamtlast Q geht durch den Schnittpunkt der Ringreaktionen A und B, die unter dem durch $f = \mathrm{tg}\,\varrho$ bestimmten Reibungswinkel gegen die Waagrechte geneigt sind; dadurch ist die Länge x des Fortsatzes F bestimmt und es kann das Momentendiagramm für den Träger F konstruiert werden. Die Polweite H wurde dabei gleich Q gemacht und der Kraftmaßstab so gewählt, daß die Kraftstrecke Q durch D dargestellt ist. Alle Querschnitte der Säule im Bereiche von ihrer unteren Einspannung bis zum Querschnitte in M sind durch das konstante Biegungsmoment $H\,\eta_M$ beansprucht. In M ent-

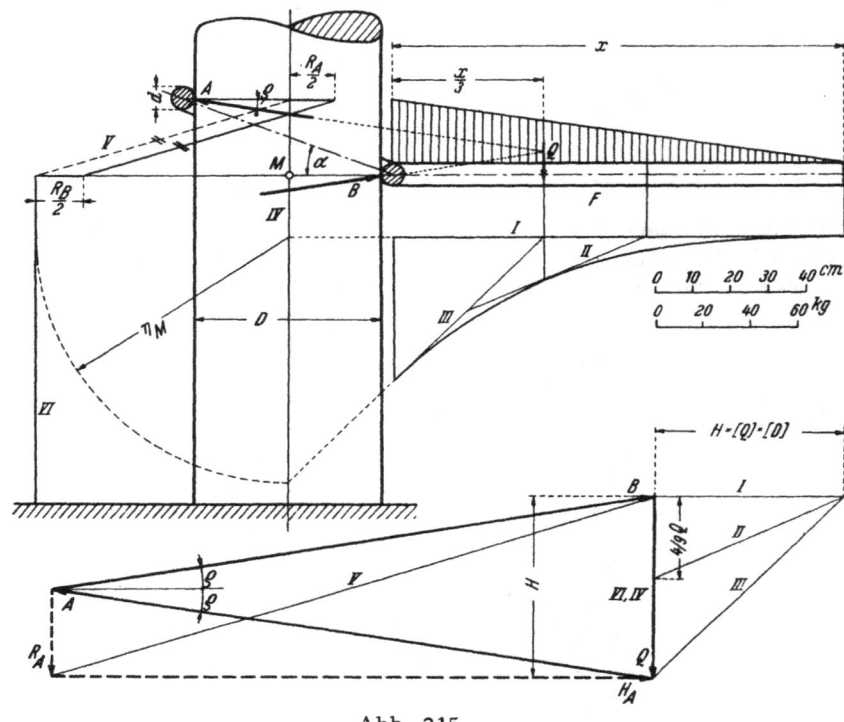

Abb. 215

steht ein Momentensprung vom Betrage $-R_B D/2$ infolge der in B wirkenden Reibungskraft R_B; bezogen auf die Polweite D ist der Sprung gleich $-R_B/2$. Von hier an ist linearer Momentenabfall bis auf den Wert $+R_A/2$ an dem durch A gelegten Querschnitte, wobei der Nullpunkt dieser Momentenlinie in den Schnittpunkt von A mit der Säulenachse fallen muß.

9. Die Kabelteile $\overline{D K} = p$ und $\overline{E K} = q$ müssen zur Wirkungslinie von Q symmetrisch liegen, da die Spannkräfte in beiden Stücken bei Vernachlässigung der Reibung gleich groß sind.

Mit β als Neigungswinkel dieser Teile gegen Q gilt

$$p \cos \beta - q \cos \beta = 2 a \sin \alpha,$$
$$(p + q) \sin \beta = 2 a \cos \alpha,$$

woraus

$$\sin \beta = \frac{2 a}{l} \cos \alpha \qquad \text{a)}$$

und

$$p - q = \frac{2 a \sin \alpha}{\cos \beta}.$$

Hieraus ergibt sich

$$q = \frac{l}{2} - \frac{a \sin \alpha}{\cos \beta}$$

und schließlich aus $x = q \sin \beta$:

$$x = a \cos \alpha \left[1 - \frac{2a}{l} \frac{\sin \alpha}{\sqrt{1 - \left(\frac{2a \cos \alpha}{l} \right)^2}} \right].$$

Mit den Angaben $l = 4a$, $a = 1\,\text{m}$, $\alpha = 30^0$ wird
$$x = 0{,}625\,\text{m}, \quad y = 1{,}303\,\text{m}.$$

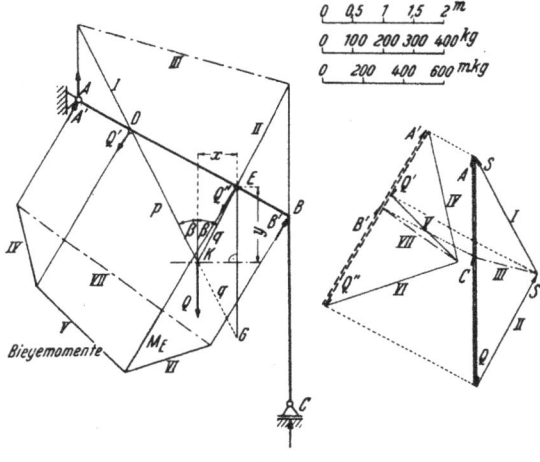

Abb. 216

Nach Gl. (a) ist die gesuchte Gleichgewichtslage in folgender Weise zu konstruieren: Lege durch Punkt E eine Lotrechte und bringe sie mit dem um D geschlagenen Kreis vom Halbmesser l in G zum Schnitt. Dann ist, da die waagrechte Projektion von $\overline{DE}$ gleich $2a \cos \alpha$, die Neigung von GD gegen die Lotrechte gemäß (a) gleich β. Und da das Dreieck EKG in der Gleichgewichtsstellung gleichschenklig sein muß, so liegt der gesuchte Punkt K im Schnitte von DG mit der Symmetralen von EG.

Zur gleichen Konstruktion führt auch die folgende rein geometrische Betrachtung: Da die Kabellänge l konstant ist, so gehören die möglichen Lagen des Punktes K einer Ellipse an mit den Brennpunkten E, D und der großen Achse l. Für Gleichgewicht befindet sich die mit Q belastete Rolle in ihrer *tiefsten* Lage, daher ist K der Berührungspunkt der waagrechten Ellipsentangente.

Legt man durch den Brennpunkt E die Lotrechte und schneidet sie mit dem um den anderen Brennpunkt D geschlagenen Kreis vom

Halbmesser l in G, so liefert die Symmetrale von $E\,G$ die waagrechte Ellipsentangente; in ihrem Schnitt mit $D\,G$ liegt der Punkt K.

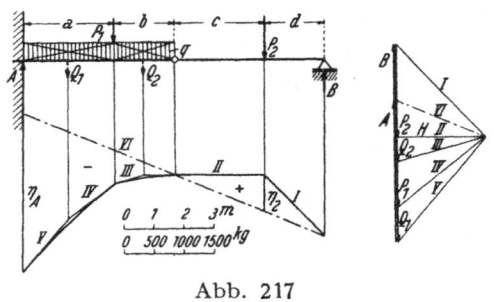

Das größte Biegungsmoment des Riegels $A\,B$ entsteht in E und hat den aus dem Momentendiagramm entnommenen Wert $M_E = 380$ mkg.

10. Aus der Schaulinie der Biegungsmomente entnimmt man (Abb. 217)

Abb. 217

$+ M_{max} = \eta_2\,H = 1\,920$ mkg an der Laststelle P_2,
$- M_{max} = \eta_A\,H = 8\,100$ mkg an der Einspannstelle.

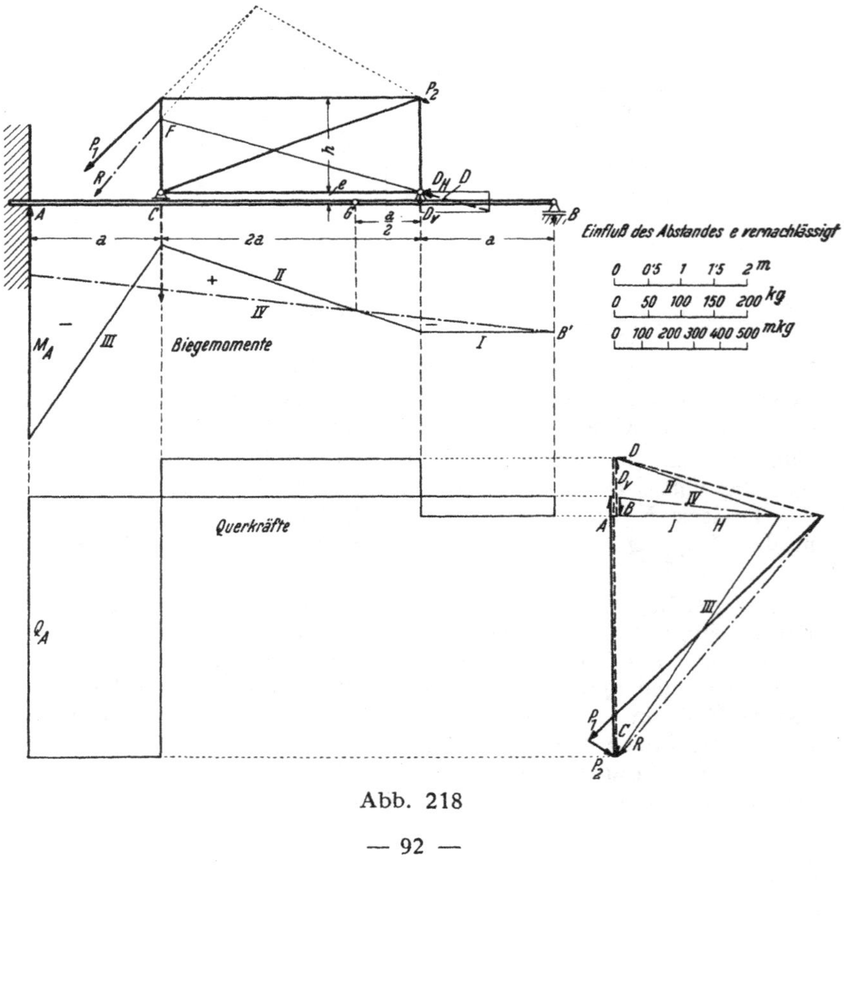

Abb. 218

11., Die Zerlegung der Mittelkraft R von P_1 und P_2 nach den Richtungen CF und DF (Abb. 218) liefert die auf den Gerberträger vom Stabgerüst übertragenen Kräfte C und D nach Größe und Richtungssinn. Zeichne für C und D_v das Seileck I II III mit beliebiger Polweite H, beginnend bei B', und lege die Schlußlinie IV durch B' ($M=0$) so, daß das Biegungsmoment an der Stelle des Gelenkes G gleich Null wird. Die beiden Schaulinien für M und Q liefern

$$M_{max} = M_A = -637 \text{ mkg},$$
$$Q_{max} = Q_A = 405 \text{ kg}.$$

12. Die Gelenkdrücke in G_1 und G_2 sind einander gleich, da P in der Mitte des Einhängträgers wirkt. Es ist

$$G = \frac{1}{2}\left[P + q\left(l_1 - 2\,z\right)\right]$$

oder wegen der Angabe $P = q\,l$

$$G = \frac{q}{2}\left(l + l_1 - 2\,z\right). \tag{a}$$

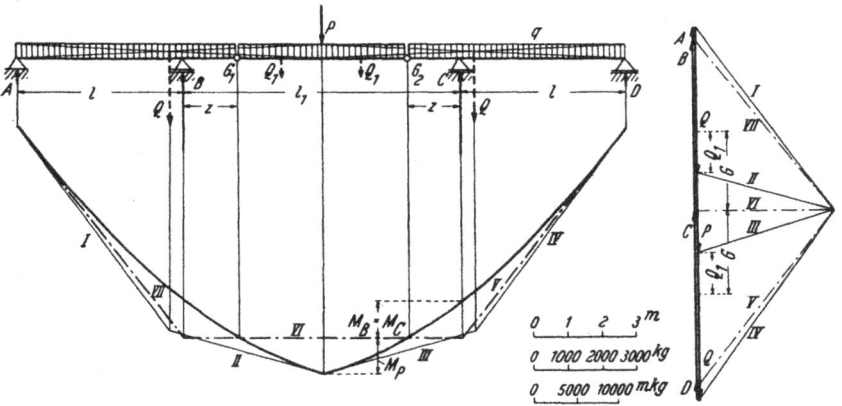

Abb. 219

Das Auflagermoment bei B für den auf die Länge z auskragenden Träger AB beträgt $M_B = -\left(\dfrac{q\,z^2}{2} + G\,z\right)$ oder wegen (a)

$$M_B = -\frac{q}{2}\left[z\left(l + l_1\right) - z^2\right],$$

während an der Laststelle P ein Biegungsmoment

$$M_P = G\left(\frac{l_1}{2} - z\right) - \frac{q}{2}\left(\frac{l_1}{2} - z\right)^2 = \frac{q}{2}\left(\frac{l_1}{2} - z\right)\left(l + \frac{l_1}{2} - z\right)$$

entsteht. Die Forderung

$$M_P = |M_B|$$

— 93 —

liefert für z die Gleichung

$$z^2 - z(l + l_1) + \frac{l_1}{4}\left(\frac{l_1}{2} + l\right) = 0.$$

Mit $l_1 = 8$ m, $l = 4,8$ m folgt hieraus $z = 1,567$ m; die zweite Wurzel $z = 11,233$ ist unbrauchbar, da $z < l_1$ sein muß. Nach Gl. (a) berechnet sich der Gelenkdruck zu $G = 2\,416$ kg. Die gleichförmige Belastung Q_1 des halben Einhängträgers ist $Q_1 = 2\,433$ kg; aus der mit diesen Werten gezeichneten Schaulinie der Biegungsmomente ergibt sich $-M_B = M_P = 4\,400$ mkg. (Abb. 219).

13. Der Auflagerdruck A und der Gelenkdruck in G_1 sind je gleich der halben Belastung des Schleppträgers, daher ist $A = \frac{q}{2}(l-a)$ und

$$M_{max} = \frac{q}{8}(l-a)^2.$$

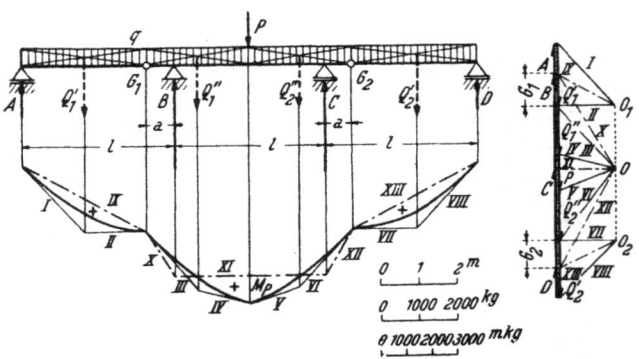

Abb. 220

Da ferner

$$M_B = A\,l - \frac{q\,l^2}{2} = -\frac{q\,a\,l}{2},$$

so ergibt die Bedingung $M_{max} = |M_B|$:

$$a^2 - 6\,a\,l + l^2 = 0$$

mit der Wurzel $a = l(3 - 2\sqrt{2})$.

Die zweite Wurzel ist, da sie größer als l ausfällt, nicht brauchbar. Mit $l = 4$ m wird $a = 0,686$ m und es ergibt sich mit dieser Lage der Gelenke das Biegemoment an der Stelle P:

$$M_P = 1\,314 \text{ mkg}.$$

Ferner wird

$$A = D = G_1 = G_2 = 829 \text{ kg},$$
$$B = C = 2\,672 \text{ kg}.$$

14. Zeichne das Seileck *I II III IV* zu den Lasten P_1, Q und P_2 (Abb. 221); durch die Schlußlinie V im ersten Felde ist η_B bestimmt. Da gefordert wird, daß M_B gleich M_C sei, mache man $\eta_C = \eta_B$, wodurch die Schlußlinien *VI* und *VII* im ,zweiten und dritten Felde und damit auch der Momentennullpunkt im dritten Felde, also die gesuchte Gelenkstelle G_2 bestimmt sind.

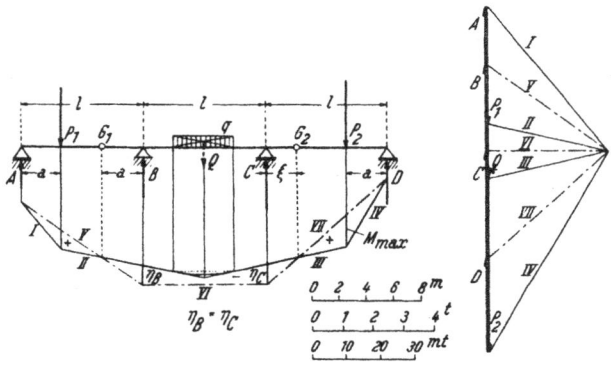

Abb. 221

Kontrolle durch Rechnung: Da $G_1 = \dfrac{P_1}{2}$, so ist $M_B = -\dfrac{P_1 l}{6}$.

Für den rechten Schleppträger ist $G_2 (l - \xi) = P_2 a$, daher

$$G_2 = \frac{P_2 l}{3 (l - \xi)} \quad \text{und} \quad M_C = -G_2 \xi.$$

Aus $M_B = M_C$ folgt dann $\xi = l/4$.

Die Momentenschaulinie liefert

$$+ M_{max} = 10 \text{ mt},$$
$$- M_{max} = 6 \text{ mt}.$$

15. Konstruiere die Mittelkraft R aus P und Q und setze sie mit Benutzung des Verfahrens von Culmann ins Gleichgewicht mit den Kräften S_1, S_2, K (Hilfsgerade s). (Abb. 222).

Das Seileck zu den Kräften P, Q und K_V liefert nach Eintragung der Schlußlinie V die Schaulinie der Biegungsmomente.

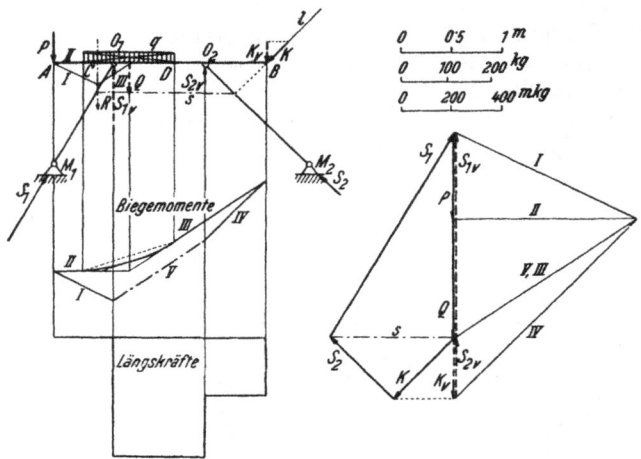

Abb. 222

Aus dieser ergibt sich an der Stützstelle O_1: $M_{max} = 135$ mkg (133,5 laut Rechnung). Die größte Längskraft beträgt 270 kg.

16. Zeichne das Seileck *I II III* (Abb. 223) zu den Lasten — *P* und + *P* und lege die Schlußlinien *IV* und *V* so, daß die Biegungsmomente bei *A*, *G* und *N* verschwinden; dadurch ist im Kraftplan die vom Hilfsträger aufzunehmende Last *C* mit 2 750 kg bestimmt.

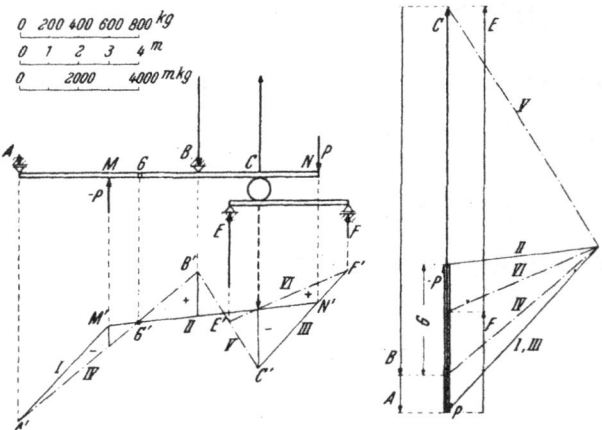

Abb. 223

Das Seileck *III*, *V* stellt im Verein mit der Schlußlinie *VI* die Schaulinie der Biegungsmomente des Hilfsträgers *E F* dar. Aus den Schaulinien ergibt sich für den Gerberträger $M_M = -750$ mkg, $M_B =$

$= + 1500$ mkg, $M_C = -2000$ mkg; an der Stelle C des Hilfsträgers ist $M_C = +2050$ mkg.

17. Auf den mit der waagrechten gleichförmig verteilten Last W_1 belasteten Systemteil D bis C wirken bei Freimachung des Systems der lotrechte Gelenkdruck C und der Gelenkdruck D, dessen Wirkungslinie durch den Schnittpunkt von W_1 und C gehen muß, wodurch C und D im Kraftecke bestimmt sind. Der linke Bogen samt seiner Auskragung bis D ist belastet mit den Kräften W, P und $-D$, die ins Gleichgewicht

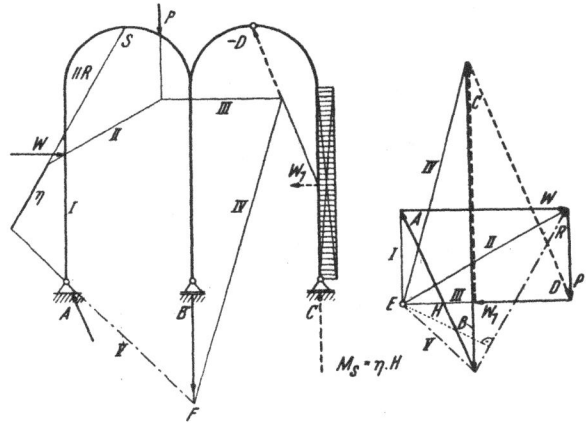

Abb. 224

zu setzen sind mit den Gelenkdrücken B und A. Zeichnet man nach Annahme des Poles E im Kraftecke das Seileck zu den bekannten Kräften W, P, D (Linienzug I, II, III, IV, wobei der erste Seilstrahl I zweckmäßig gleich durch A gelegt wird), bringt den Seilstrahl IV mit der bekannten Wirkungslinie von B zum Schnitte in F und zieht den Seilstrahl $F A = V$, dann ist das Seileck $(I \ldots V)$ dieser fünf Kräfte geschlossen, wie es deren Gleichgewicht verlangt. Durch das zugehörige Krafteck sind die Größen von A und B bestimmt.

Das Biegungsmoment für den Scheitel S ist als Moment der beiden links von dieser Schnittstelle wirkenden Kräfte A und W nach Culmann zu konstruieren. Die Mittelkraft R dieser beiden Kräfte ist aus dem Kraftplan zu entnehmen; zieht man daher durch S die Parallele zu R, schneidet diese mit den Seilstrahlen V und II, wobei sich η als Entfernung dieser Schnittpunkte ergibt, so ist $M_S = H \eta$, wenn H den Normalabstand des Poles E von der Kraft R im Kraftplane bedeutet.

18. Die Gesamtlast $5\,q\,a$ steht im Gleichgewicht mit der Stabkraft C des Stützstabes $C D$ und mit dem Gelenkdrucke A, dessen Wirkungslinie daher durch den Punkt S gehen muß (Abb. 225); das zugehörige Krafteck liefert die Kräfte A und C mit gleicher waagrechter Komponente H. Das zu den Luftkräften $2\,q\,a$ und $3\,q\,a$ der Holmteile

$B\,F$ und $F\,A$ mit der Polweite H gezeichnete Seileck $I\ II\ III\ IV$ liefert die Schaulinie der Biegungsmomente; der an der Holmstelle F sich ergebende Momentensprung ist bedingt durch die exzentrisch in D

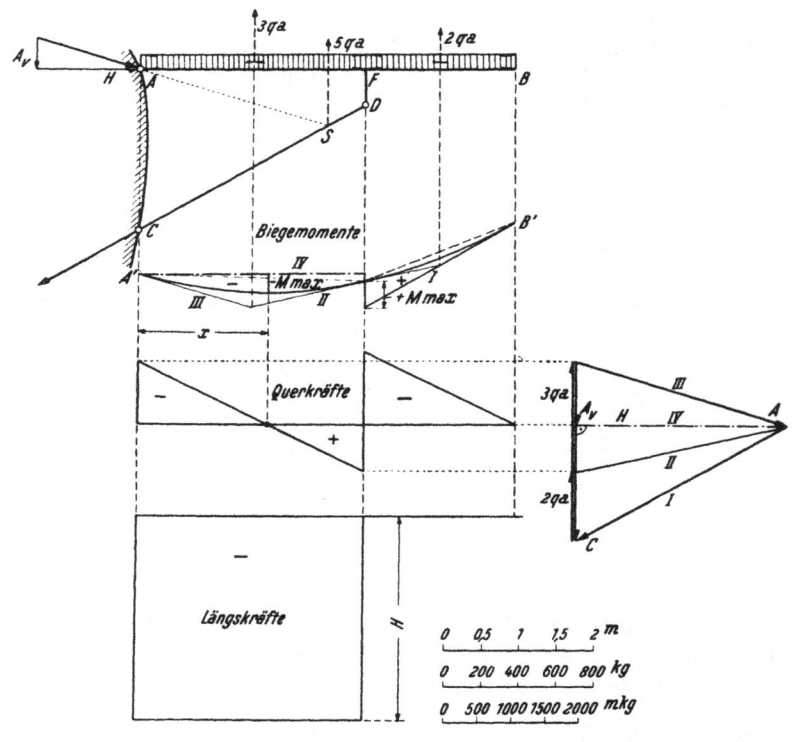

Abb. 225

wirkende Stützkraft und hat den Betrag $H\,a/2$, da $\overline{DF} = a/2$ ist. Der Nullstelle im Querkraftdiagramme ($x = 1{,}75$ m) entspricht der Ort des $-M_{max} = 310$ mkg, an der Holmstelle F ergibt sich $+M_{max} = 400$ mkg.

V. Dreigelenkbogen

1. Bezogen auf das mit dem Koordinatenursprung C gewählte XY-System lautet die Parabelgleichung

$$y^2 = 2\,p\,x;$$

für das Gelenk A ist $\left(\dfrac{l}{2}\right)^2 = 2\,p\,\dfrac{l}{4}$, somit $p = \dfrac{l}{2}$ und $y^2 = l\,x$.

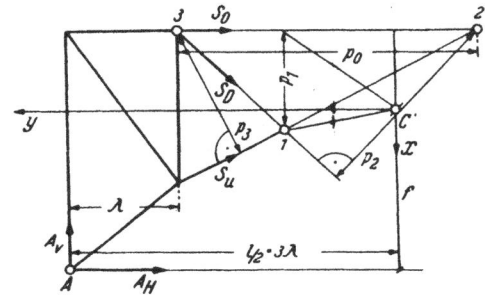

Da die linke Bogen-hälfte unbelastet ist, fallen die Wirkungs-linien der einander glei-chen Gelenkdrücke A und C in die Gerade $A\,C$, wodurch auch die Wirkungslinie von B bestimmt ist. Wird A in A_H und A_V zerlegt, so liefert das Momen-tengleichgewicht um den Punkt B:

Abb. 226

$$A_V\,l = Q\,\frac{l}{4} \quad \text{oder} \quad A_V = \frac{Q}{4} \quad \text{mit} \quad Q = \frac{q\,l}{2}.$$

Da $A_H = A_V \operatorname{ctg}\alpha$ und $\operatorname{tg}\alpha = \dfrac{2f}{l} = \dfrac{1}{2}$, so wird $A_H = 2\,A_V = \dfrac{Q}{2}$ und

$$A = \sqrt{A_H{}^2 + A_V{}^2} = Q\,\frac{\sqrt{5}}{4}.$$

Das Gleichgewicht der Kräfte, die an dem durch die Stäbe O, D, U ge-legten Ritter-Schnitt abgetrennten linken Fachwerkteil wirken, ist dargestellt durch die drei Momentengleichungen

$$S_O\,p_1 + A_V\,2\,\lambda - A_H\,(f - x_1) = 0, \quad \text{(Momentenpunkt 1)}$$

$$S_D\,p_2 + A_H\,\frac{3}{2}\,f - A_V\,(\lambda + p_0) = 0, \quad \text{(Momentenpunkt 2)}$$

$$S_U\,p_3 + A_H\,\frac{3}{2}\,f - A_V\,\lambda = 0; \quad \text{(Momentenpunkt 3)}$$

die Hebelarme p berechnen sich zu

$$p_0 = \frac{17}{6}\,\lambda, \quad p_1 = \frac{11}{18}\,f, \quad p_2 = 1{,}27\,f, \quad p_3 = 0{,}84\,f,$$

womit sich ergibt

$$S_O = \frac{2}{11}\,Q = +\,0{,}18\,Q,$$

$$S_D = -\,0{,}087\,Q,$$

$$S_U = -\,0{,}69\,Q.$$

2. Der Gelenkdruck in C ist parallel zu $A\,B$. Das Gleichgewicht einer Bogenhälfte fordert

$$A_V = q\,l, \quad A_H = C, \quad C\,f = \frac{q\,l^2}{2}\,;$$

an der Stelle y ist das Biegungsmoment $M_x = C\,y - \frac{q\,x^2}{2}$ oder wegen $x^2 = (l^2/f)\,y$:

$$M_x = 0.$$

Gelenkdruck

$$A = B = q\,l\,\sqrt{1 + \left(\frac{l}{2\,f}\right)^2}\,.$$

Bedeutet Q_x die Querkraft, N_x die Normalkraft an der Bogenstelle $P\,(x,\,y)$, so folgt aus dem Gleichgewicht des Bogenteiles $P\,C$

$$Q_x = q\,x\cos\varphi - C\sin\varphi,$$
$$N_x = q\,x\sin\varphi + C\cos\varphi.$$

Da

$$\cos\varphi = \frac{l}{\sqrt{l^2 + 4\,f\,y}}\,, \quad \sin\varphi = \frac{2\,f\,x}{l\,\sqrt{l^2 + 4\,f\,y}}\,, \quad \text{so wird } Q_x = 0,$$

$$N_x = \frac{q\,l}{2\,f}\sqrt{l^2 + 4\,f\,y}\,,$$

das heißt die parabolische Bogenachse ist bei gleichmäßig verteilter Vollast *Drucklinie* des Bogens. (Vgl. Aufg. VII, 5 mit $n = -1$.)
Für $y = 0$ wird $N_{x=0} = C$, für $x = l$: $N_{x=l} = A$.

3. Aus den Gleichgewichtsgleichungen für die belastete Bogenhälfte

$$A_V + C\sin\beta - q\,l = 0,$$
$$A_H - C\cos\beta = 0,$$
$$A_H\,f - A_V\,l + \frac{q\,l^2}{2} = 0,$$

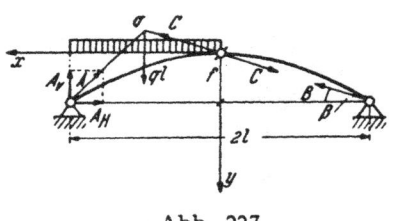

Abb. 227

worin $\operatorname{tg}\beta = f/l$, folgt

$$C = \frac{q\,l}{4}\sqrt{1 + \left(\frac{l}{f}\right)^2}\,,$$

$$A_V = \frac{3}{4}\,q\,l, \quad A_H = \frac{q\,l^2}{4\,f}\,.$$

Hiemit wird das Biegungsmoment an der Bogenstelle $(x,\,y)$ mit $y = f\,x^2/l^2$

$$M_x = C_V\,x + C_H\,y - \frac{q\,x^2}{2} = \frac{q}{4}\,x\,(l - x),$$

somit entsteht M_{max} an der Stelle $x_1 = l/2$ mit $M_{max} = \frac{q\,l^2}{16} = 112{,}5$ mkg.

Gelenkdruck

$$A = \frac{q\,l}{4}\sqrt{9 + \left(\frac{l}{f}\right)^2} = 636{,}3\ \text{kg}.$$

4. $$C = \frac{3}{4} q l, \quad A = B = \frac{q l}{4} \sqrt{13}, \quad \operatorname{tg} \alpha = \frac{2}{3}$$

(α gleich dem Winkel von A mit der Waagrechten)

$$M_D = -\frac{q l^2}{32}.$$

5.

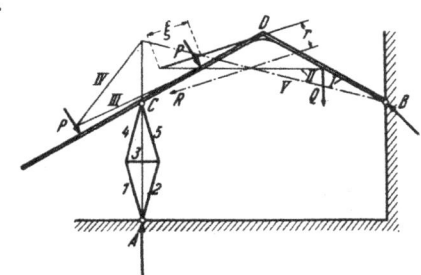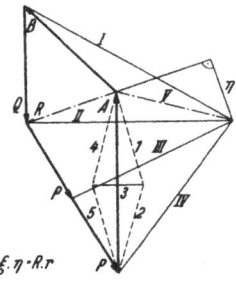

$$M_D \cdot \xi \cdot \eta \cdot R \cdot r$$

Abb. 228

6.

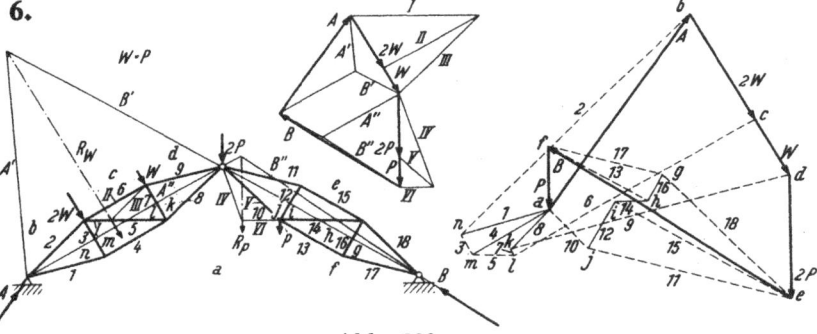

Abb. 229

7.

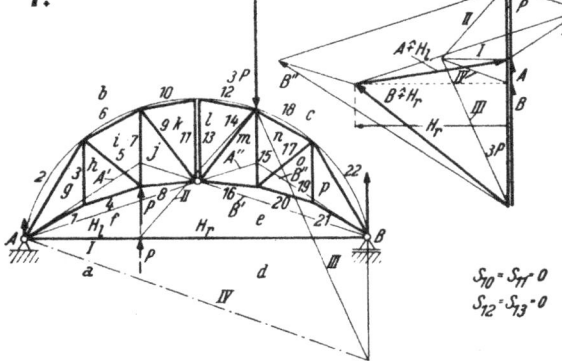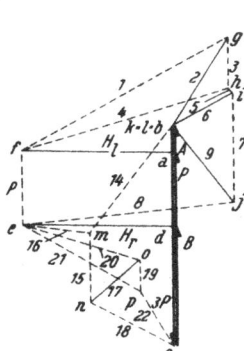

$$S_{10} = S_{11} = 0$$
$$S_{12} = S_{13} = 0$$

Abb. 230

8.

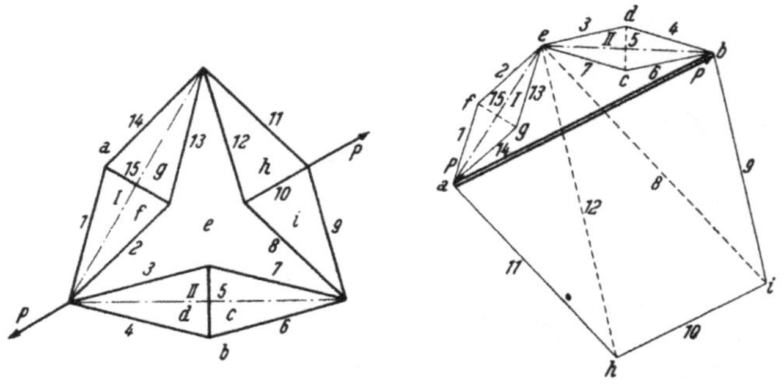

Abb. 231

9. Es liegt ein Dreigelenkrahmen vor mit über das Scheitelgelenk G hinausragenden Teilen, wobei die Festhaltung der Fußgelenke durch die waagrechte Stützebene im Verein mit der Wirkung des Seiles gewährleistet ist. Zerlegt man Q in die Komponenten N und N' senkrecht zu den beiden Balken, so wirken auf den aus dem Verbande gelösten

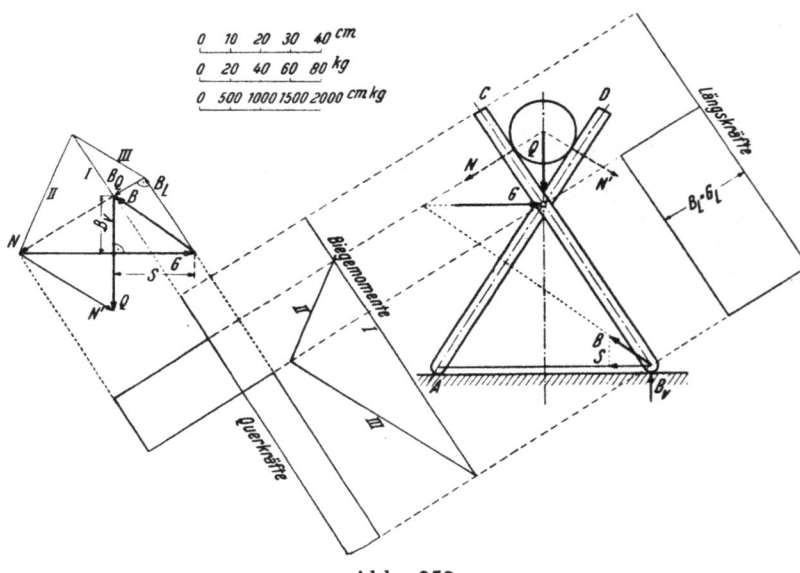

Abb. 232

Balken BC die Kraft N, der Gelenkdruck G mit einer aus Symmetriegründen waagrechten Wirkungslinie und der Stützendruck in B. Ihre Wirkungslinien müssen sich in einem Punkte schneiden, das zugehörige Kraftdreieck liefert die Größe von G und B; die waagrechte Komponente von B ist vom Seile aufzunehmen; es ist $S = 54$ kg. Sind B_L und B_Q die Komponenten von B in Richtung des Stabes BC und senkrecht hiezu, so zeichne man zu den Kräften N und B_Q das Seileck $I \ II \ III$, das mit der Schaulinie der Biegungsmomente des Balkens BC übereinstimmt. Das größte Biegungsmoment tritt an der Gelenkstelle G auf und hat laut Zeichnung den Wert 1 550 cmkg. (Abb. 232).

Die Kontrolle durch Rechnung ergibt $M_{max} = 1\,571$ cmkg, denn es ist $M_G = N\,a\cos\alpha$, wo $2\,\alpha$ den Winkel zwischen beiden Stäben bedeutet; ferner $N = \dfrac{Q}{2\sin\alpha}$, so daß $M_G = \dfrac{Q\,a}{2}\operatorname{ctg}\alpha$, woraus sich mit $Q = 80$ kg, $a = 25$ cm, $\operatorname{ctg}\alpha = \dfrac{b}{l} = \dfrac{11}{7}$ obiger Wert ergibt.

Während bei einem Gerberträger die Biegewirkung eines Trägers durch ein Gelenk (mit verschwindendem Biegungsmoment) an den benachbarten Träger weitergeleitet wird, hat hier der Balken BC bei G das größte Biegungsmoment voll aufzunehmen, das nicht in den gelenkig mit ihm verbundenen Balken AD fortgeleitet wird; letzterer hat im Querschnitte bei G ein gleich großes Biegungsmoment mit entgegengesetztem Vorzeichen aufzunehmen.

10. Für den Dreigelenkrahmen 01234 ermittelt man graphisch die Gelenkdrücke $G_0\,G_2\,G_4$ durch Überlagerung der beiden Lastzustände,

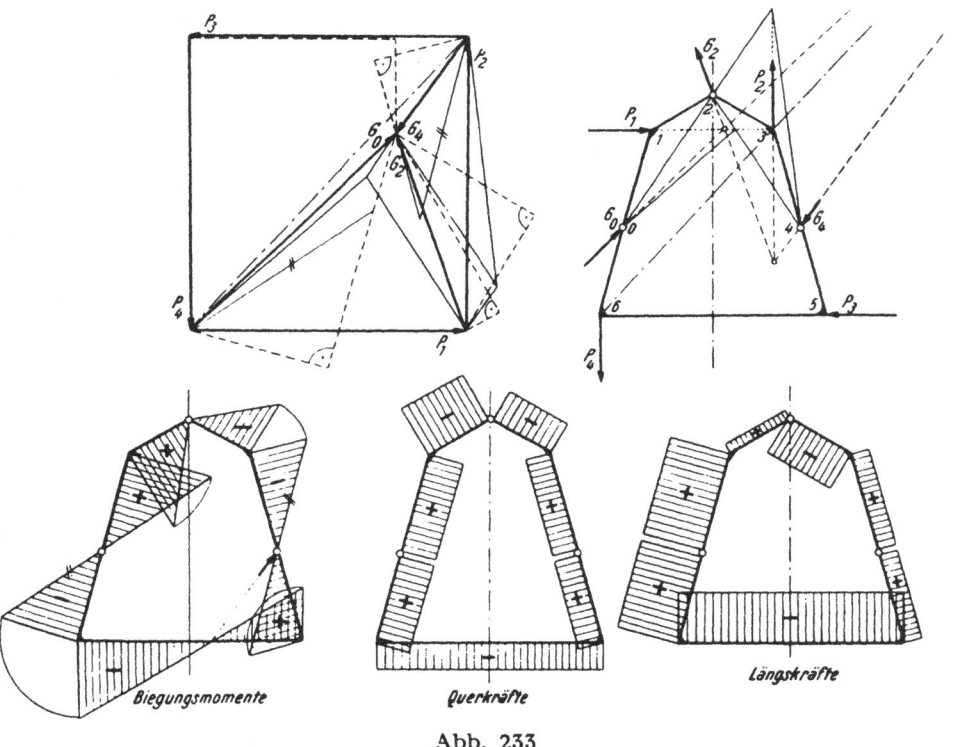

Abb. 233

die dem zunächst nur mit P_1, dann nur mit P_2 belasteten Rahmen entsprechen. (Abb. 233). Von den jeweils paarweise entgegengesetzt gleichen Gelenkkräften ist stets nur jene in der Zeichnung eingetragen, welche auf den bei der Linksumfahrung des Rahmens dem Gelenk folgenden Stabteil wirkt.

Die Zerlegung der Gelenkkraft G_2 im Scheitelgelenk in die Richtung des Stabes 1 2 und senkrecht hiezu gibt die Längs- und Querkraft dieses Stabes, die in der Schaulinie in einem gegenüber dem Kraftplane auf ein Viertel verjüngten Maßstabe aufgetragen sind. Die Vereinigung von G_2 mit dem in der Ecke 1 hinzutretenden P_1 gibt die Kraft G_0; ihre Zerlegung in die Richtung 01 und senkrecht hiezu ergibt Längs- und Querkraft des Stabes 01; so fortfahrend lassen sich beide Schaulinien für den ganzen Rahmen konstruieren. Mit der Kenntnis der Querkräfte ist auch der Verlauf der Biegungsmomente bestimmt; da P_3 zu den Momenten des Stabes 5 6 nichts beiträgt, so muß der Nullpunkt der Schaulinie der Biegungsmomente dieses Stabes in den Schnittpunkt von G_4 mit 5 6 fallen.

11. Da die gegenseitige Bewegung der Stützstäbe 1, 2 in einer Drehung um ihren Schnittpunkt G_2 besteht, ebenso jene der Stützstäbe 3, 4 in einer Drehung um G_1, so kann das Gesamtsystem aufgefaßt werden als ein System mit zwei *imaginären* Gelenken $G_1 G_2$ und einem reellen

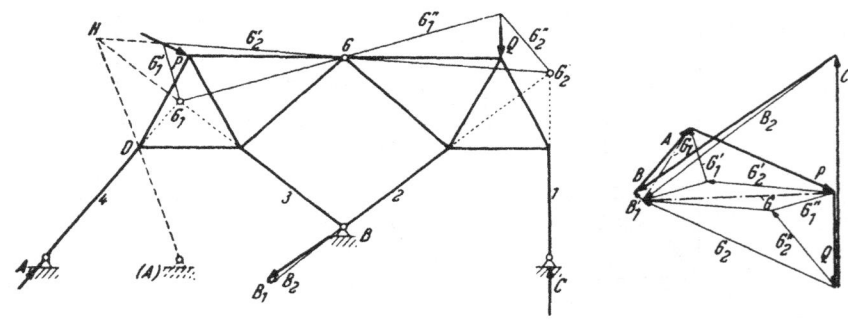

Abb. 234

Gelenk G. Konstruiert man hiefür die Gelenkdrücke $G_1' G_2'$ bei alleiniger Wirkung von P, sodann $G_1'' G_2''$ bei alleiniger Wirkung von Q, so liefert deren geometrische Addition die resultierenden Gelenkdrücke $G_1 G_2$ und G. Die Zerlegung von G_1 in die Richtungen 4, 3 ergibt A und B_1, jene von G_2 nach den Richtungen 1, 2 liefert C und B_2, so daß mit A, C, $B = B_1 \mathbin{\hat{+}} B_2$ die Drücke in A, B, C bestimmt sind. (Abb. 234).

VI. Raumkraftsystem

1. a) Seien $\mathfrak{P}_\varkappa$ ($\varkappa = 1, 2 \ldots n$) die n gegebenen Kräfte, deren Angriffspunkte $A_\varkappa$ durch die auf den willkürlichen Aufpunkt O bezogenen Ortsvektoren $\mathfrak{a}_\varkappa$ festgelegt sind, so liefert die Reduktion aller Kräfte nach O den Kraftvektor

$$\mathfrak{R} = \sum_1^n \mathfrak{P}_\varkappa ,$$

und den Momentenvektor

$$\mathfrak{M}_0 = \sum_1^n \mathfrak{a}_\varkappa \times \mathfrak{P}_\varkappa .$$

Von der Wahl des Bezugspunktes O sind unabhängig $\mathfrak{R}$ und $\mathfrak{R} . \mathfrak{M}_0$ (Invarianten des Raumkraftsystems).

Die durch die Spitze A^* des Vektors

$$\overrightarrow{O A^*} = \mathfrak{a}^* = \frac{\mathfrak{R} \times \mathfrak{M}_0}{|\mathfrak{R}|^2}$$

zu $\mathfrak{R}$ gezogene Parallele ist die Zentralachse des Raumkraftsystems (Achse der Dyname oder Kraftschraube), für welche $\mathfrak{R} \parallel \mathfrak{M}_{A^*}$ wird. A^* ist daher der Fußpunkt des Lotes von O auf die Zentralachse.

Für die Zentralachse ergibt sich das kleinste Reduktionsmoment mit dem Betrage

$$M = \frac{\mathfrak{R} . \mathfrak{M}_0}{|\mathfrak{R}|} .$$

b) Für ein gegebenes Kraftkreuz $\mathfrak{P}_1$, $\mathfrak{P}_2$ schneidet die Zentralachse den kürzesten Abstand p der beiden windschiefen Kräfte im Punkte A^*, der die Strecke p im Verhältnisse $p_1 : p_2 = \operatorname{tg} \alpha_1 : \operatorname{tg} \alpha_2$ teilt ($p = p_1 + p_2$), wo α_1, α_2 die Winkel von $\mathfrak{P}_1$ und $\mathfrak{P}_2$ mit $\mathfrak{R}$ bedeuten. Das Dynamenmoment beträgt mit $\alpha = \alpha_1 + \alpha_2$

$$M = \frac{P_1 P_2 p \sin \alpha}{R}$$

und es ist $p_1 \operatorname{tg} \alpha_2 = p_2 \operatorname{tg} \alpha_1 = M/R =$ Parameter der Dyname.

c) Konstruktion der Dyname und der Zentralachse aus $\mathfrak{R}$ und $\mathfrak{M}_0$. Zerlegt man den Vektor $\mathfrak{M}_0$ parallel und normal zu $\mathfrak{R}$ in die Komponenten M_R und M_n, so ist $M_R \equiv M$ das Moment der Dyname, während M_n eine Parallelverschiebung des Vektors $\mathfrak{R}$ aus dem Reduktionspunkte O in die Zentralachse bewirkt.

Die tatsächliche Durchführung dieser Konstruktion wird recht einfach bei Benützung des Abbildungsverfahrens von Mayor und v. Mises.[1]

---

[1] Mises, R. von: Zeitschr. f. Math. und Physik, 1916.

Sind R und M_0 die Bilder der gegebenen Vektoren $\mathfrak{R}$, $\mathfrak{M}_0$ in der Grundrißebene, in der O den Reduktionspunkt bedeutet und ist c als beliebig gewählte Länge die Abbildungskonstante, so fallen wegen $\mathfrak{M}_R \parallel \mathfrak{R}$ die Bilder M_R und R in dieselbe Gerade, während das Bild M_n

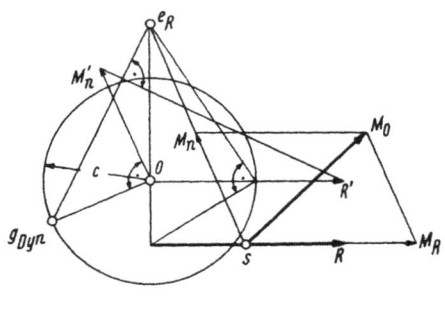

sowohl durch den Schnittpunkt s der Bilder M_O und M_R als auch durch den Antipol e_R des Bildes R bezüglich des um O geschlagenen Kreises vom Halbmesser c führen muß. (Abb. 235).

Abb. 235

Da M gleich ist der geometrischen Summe von M_R und M_n, so liefert die Zerlegung von M nach den Richtungen R und $s\,e_R$ das Dynamenmoment M_R und das Moment M_n; letzteres bewirkt die Parallelverschiebung von $\mathfrak{R}$ in die Zentralachse, die die Bildebene in einem Punkte g_{Dyn} durchstößt, welcher auf der durch O gezogenen Normalen zu M_n liegen muß, und zwar in ihrem Schnitte mit der durch e_R zur Verbindungslinie der Punkte R', $M_n{}'$ gezogenen Normalen.

2. Man wählt einen beliebigen Reduktionspunkt O und eine diesen Punkt nicht enthaltende Hilfsebene ε. Eine durch O und durch $\mathfrak{P}_\varkappa$ gelegte Ebene schneidet ε in der Geraden $l_\varkappa$; der im Durchstoßpunkt $D_\varkappa$ von $\mathfrak{P}_\varkappa$ mit ε angesetzte Kraftvektor $\mathfrak{P}_\varkappa$ wird zerlegt in die Kräfte $\mathfrak{P}_{\varkappa,O}$ und $\mathfrak{P}_{\varkappa,\varepsilon}$ mit den Wirkungslinien $D_\varkappa O$ und $l_\varkappa$.

Dieser Vorgang liefert nach Anwendung auf alle n Kräfte ein räumliches Kraftbüschel aller $\mathfrak{P}_{\varkappa,O}$ mit dem Mittelpunkte O und ein ebenes Kraftsystem aller $\mathfrak{P}_{\varkappa,\varepsilon}$ in der Ebene ε; es sind somit die beiden sich kreuzenden Kräfte

$$\mathfrak{R}_O = \sum_1^n \mathfrak{P}_{\varkappa,O} \qquad \text{angreifend in } O$$

$$\text{und } \mathfrak{R}_\varepsilon = \sum_1^n \mathfrak{P}_{\varkappa,\varepsilon} \qquad \text{in der Ebene } \varepsilon$$

gleichwertig mit dem gegebenen Raumkraftsystem.

Die Wirkungslinien von $\mathfrak{R}_O$ und $\mathfrak{R}_\varepsilon$ sind zwei konjugierte Gerade des gegebenen Raumkraftsystems. Bei der graphischen Ermittlung von $\mathfrak{R}_O$ und $\mathfrak{R}_\varepsilon$ empfiehlt es sich, die Hilfsebene ε als Grundrißebene, den Punkt O auf einer Normalen hiezu unendlich fern zu wählen. Die Kräfte $\mathfrak{P}_{\varkappa,O}$ bilden dann ein räumliches Parallelkraftsystem, dessen Mittelkraft $\mathfrak{R}_O$ im Aufrisse und Seitenrisse mit Kraft- und Seileck zu bestimmen ist; auch die Resultierende $\mathfrak{R}_\varepsilon$ des in der Grundrißebene wirkenden ebenen Kraftsystems der $\mathfrak{P}_{\varkappa, \varepsilon}$ ist mit Kraft- und Seileck zu konstruieren. Die Kräfte $\mathfrak{R}_O$, $\mathfrak{R}_\varepsilon$ dieses Kraftkreuzes stehen aufeinander senkrecht (orthogonale Dyade), ihr kürzester Abstand p ist im Grundriß unmittelbar aus der Entfernung des Durchstoßpunktes der Kraft $\mathfrak{R}_O$ mit der Grundrißebene von der Wirkungslinie $\mathfrak{R}_\varepsilon$ zu entnehmen.

3. a) Seien $\mathfrak{e}_1$, $\mathfrak{e}_2$ Einheitsvektoren in den Richtungen der Kräfte $\mathfrak{P}_1$, $\mathfrak{P}_2$ des äquivalenten Kraftkreuzes, wobei die Wirkungslinie von $\mathfrak{P}_1$ in g_1 falle und ist $\mathfrak{a}_2$ der Ortsvektor eines Punktes A_2 der konjugierten Geraden g_2, so gelten die Gl.

$$\mathfrak{R} = \mathfrak{P}_1 + \mathfrak{P}_2,$$
$$\mathfrak{M} = \mathfrak{a}_1 \times \mathfrak{P}_1 + \mathfrak{a}_2 \times \mathfrak{P}_2,$$

oder wegen $\mathfrak{P}_1 = \mathfrak{e}_1 P_1$, $\mathfrak{P}_2 = \mathfrak{R} - \mathfrak{P}_1$:

$$\mathfrak{M} = P_1 (\mathfrak{a}_1 \times \mathfrak{e}_1) + \mathfrak{a}_2 \times (\mathfrak{R} - P_1 \mathfrak{e}_1). \tag{a}$$

Läßt man A_2 mit dem Fußpunkt der Normalen aus O zu g_2 zusammenfallen, womit $\mathfrak{a}_2 . \mathfrak{P}_2 = 0$ wird und multipliziert Gl. (a) auf innere Art mit $\mathfrak{R} - P_1 \mathfrak{e}_1$, so entsteht, da für zwei beliebige Vektoren $\mathfrak{x}$, $\mathfrak{y}$

$$(\mathfrak{x} \times \mathfrak{y}) . \mathfrak{y} = 0$$

ist, die Gleichung

$$\mathfrak{M} . (\mathfrak{R} - P_1 \mathfrak{e}_1) = P_1 (\mathfrak{a}_1 \times \mathfrak{e}_1) . \mathfrak{R},$$

woraus

$$P_1 = \frac{\mathfrak{M} . \mathfrak{R}}{(\mathfrak{a}_1 \times \mathfrak{e}_1) . \mathfrak{R} + \mathfrak{M} . \mathfrak{e}_1}.$$

Mit P_1 ist $\mathfrak{P}_2 = \mathfrak{R} - P_1 \mathfrak{e}_1$ bekannt und daher auch die Richtung der konjugierten Geraden g_2.

Aus

$$\mathfrak{a}_2 \times \mathfrak{P}_2 = \mathfrak{M} - \mathfrak{a}_1 \times \mathfrak{P}_1$$

folgt

$$\mathfrak{P}_2 \times (\mathfrak{a}_2 \times \mathfrak{P}_2) = \mathfrak{P}_2 \times (\mathfrak{M} - \mathfrak{a}_1 \times \mathfrak{P}_1);$$

da aber $\mathfrak{P}_2 \times (\mathfrak{a}_2 \times \mathfrak{P}_2) = P_2^2 \mathfrak{a}_2 - \mathfrak{P}_2 (\mathfrak{P}_2 . \mathfrak{a}_2)$ oder wegen $\mathfrak{P}_2 . \mathfrak{a}_2 = 0$

$$\mathfrak{P}_2 \times (\mathfrak{a}_2 \times \mathfrak{P}_2) = P_2^2 \mathfrak{a}_2,$$

so ergibt sich

$$\mathfrak{a}_2 = \frac{\mathfrak{P}_2 \times (\mathfrak{M} - \mathfrak{a}_1 \times \mathfrak{P}_1)}{P_2^2},$$

womit auch die Lage der konjugierten Geraden g_2 festgelegt ist.

b) Rechnerisch-graphische Lösung.
Man bestimmt den kürzesten Abstand p_1 der Geraden $\mathfrak{R}$ und g_1, die den gegebenen Winkel α_1 einschließen.

Man hat nun aus den gegebenen Werten R, M, p_1 und α_1 die kürzeste Entfernung p_2 der konjugierten Geraden g_2 und der Wirkungslinie von $\mathfrak{R}$ zu berechnen sowie den von diesen Geraden eingeschlossenen Winkel α_2.

Hiefür ergibt sich nach Aufg. VI (1 b):

$$p_2 = \frac{M}{R} \operatorname{ctg} \alpha_1 \quad \text{und} \quad \operatorname{tg} \alpha_2 = \frac{M}{R p_1}.$$

4. Mit den orthogonalen Einheitsvektoren $\mathfrak{i}$, $\mathfrak{j}$, $\mathfrak{k}$ ergibt sich

$$\frac{\mathfrak{R}}{P_1} = -\left(\mathfrak{j} + 2\,\frac{h}{a}\,\mathfrak{k}\right),$$

wonach

$$\frac{|\mathfrak{R}|}{P_1} = \sqrt{1 + \frac{4\,h^2}{a^2}}$$

und das Reduktionsmoment $\mathfrak{M}_0 = -\mathfrak{k}\,a\,P_1 + \mathfrak{s} \times \mathfrak{P}$ mit $\mathfrak{s}$ als Ortsvektor der Spitze S.

Wegen $\qquad \mathfrak{s} = \begin{Bmatrix} \dfrac{a}{2} \\[4pt] \dfrac{a}{2} \\[4pt] h \end{Bmatrix}$ und $\qquad \dfrac{\mathfrak{P}}{P_1}\,a = \begin{Bmatrix} \dfrac{a}{2} \\[4pt] -\dfrac{a}{2} \\[4pt] -h \end{Bmatrix}$

wird $\dfrac{\mathfrak{M}_0}{P_1} = \mathfrak{j}\,h - \mathfrak{k}\,\dfrac{3}{2}\,a$ und hiemit das Moment der Dyname

$$M_D = \frac{\mathfrak{R}\cdot\mathfrak{M}_0}{R} = P_1\,\frac{h\,a}{\sqrt{h^2 + \dfrac{a^2}{4}}}.$$

Der Punkt A^* der Zentralachse ist festgelegt durch

$$\mathfrak{a}^* = \frac{\mathfrak{R}\times\mathfrak{M}_0}{R^2} = -\mathfrak{i}\,\frac{a}{2}\left(1 + \frac{2\,a^2}{a^2 + 4\,h^2}\right).$$

5. Mit den Einheitsvektoren $\mathfrak{i}$, $\mathfrak{j}$, $\mathfrak{k}$ für die x, y, z-Richtungen und mit P als Kraftstrecke von der Länge a ergibt sich $\mathfrak{R} = P\,(-\mathfrak{i} + \mathfrak{j})$, $R = P\,\sqrt{2}$ und bezogen auf den in den Schnittpunkt von $\mathfrak{P}_2$ und $\mathfrak{P}_3$ gelegten Reduktionspunkt O

$$\mathfrak{M}_0 = P\,a\,(\mathfrak{i} + \mathfrak{k});$$

hiemit wird das Moment der Dyname

$$M = \frac{\mathfrak{R}\cdot\mathfrak{M}_0}{R} = -\frac{P\,a}{\sqrt{2}}.$$

Der Punkt A^* der Zentralachse besitzt den Ortsvektor

$$\overrightarrow{O\,A^*} = \frac{\mathfrak{R}\times\mathfrak{M}_0}{R^2} = \frac{a}{2}\,(\mathfrak{i} + \mathfrak{j} - \mathfrak{k});$$

die Zentralachse geht daher durch die Mitte H von $\mathfrak{P}_2$.

6. Sind Q_1, Q_2 die beiden zu bestimmenden parallelen Kräfte, so ist

$$\mathfrak{R} = \mathfrak{i}\,(Q_1 + Q_2) + \mathfrak{j}\,P + \mathfrak{k}\,P,$$
$$\mathfrak{M}_0 = \mathfrak{i}\,a \times \mathfrak{j}\,P + \mathfrak{k}\,a \times \mathfrak{i}\,Q_1 + \mathfrak{j}\,a \times \mathfrak{i}\,Q_2$$

oder wegen $\mathfrak{i} \times \mathfrak{j} = \mathfrak{k}$ und $\mathfrak{k} \times \mathfrak{i} = \mathfrak{j}$

$$\mathfrak{M}_0 = \mathfrak{j}\, a\, Q_1 + \mathfrak{k}\, a\, (P - Q_2).$$

Damit sich die Dyname auf eine Einzelkraft reduziere, muß $\mathfrak{R} \cdot \mathfrak{M}_0 = 0$ sein. Dies liefert die Bedingung $Q_2 = Q_1 + P$, wobei Q_1 in AB will-kürlich gewählt werden kann.

Die Resultierende der vier Kräfte geht durch den Würfelmittelpunkt und ist bestimmt durch

$$\mathfrak{R} = \mathfrak{i}\, 2\, Q_1 + (\mathfrak{i} + \mathfrak{j} + \mathfrak{k})\, P.$$

7. Schnurspannkraft: $S = \dfrac{Q}{3\sqrt{6}} = \dfrac{S_1}{3}$,

Stabspannkraft: $S_1 = \dfrac{Q}{\sqrt{6}}$.

8. Die Gleichgewichtsgleichungen der Kräfte am freigemachten Stabe sind

$$\mathfrak{W} + \mathfrak{G} + \mathfrak{A} + \mathfrak{Q} = 0 \tag{a}$$

$$\mathfrak{l} \times \left(\frac{\mathfrak{G}}{2} + \mathfrak{A} + \mathfrak{Q} \right) = 0. \tag{b}$$

In den Richtungen x, y, z ergeben sich folgende Kraftkomponenten

$$\mathfrak{G} = \begin{cases} 0 \\ 0 \\ -G, \end{cases} \qquad \mathfrak{A} = \begin{cases} -A \\ 0 \\ 0, \end{cases} \qquad \mathfrak{Q} = \begin{cases} 0 \\ -Q \sin \psi \\ Q \cos \psi. \end{cases}$$

Damit liefert Gl. (a) für den Gelenkdruck $\mathfrak{W}$ die Komponenten

$$\mathfrak{W} = \begin{cases} A \\ Q \sin \psi \\ G - Q \cos \psi. \end{cases}$$

Da der Ortsvektor $\mathfrak{l}$ des Stützpunktes A die Teile $\begin{cases} c \\ r \sin \varphi \\ r \cos \varphi \end{cases}$ hat, so folgen hiemit aus (b) die Gl.

$$G \sin \varphi = 2\, Q \sin (\varphi + \psi), \tag{c}$$

$$G\, c - 2\, A\, r \cos \varphi - 2\, Q\, c \cos \psi = 0. \tag{d}$$

Ferner ergibt das Dreieck $O_1\, A\, R$:

$$\sin \psi = \frac{r}{h} \sin (\varphi + \psi),$$

oder wegen Gl. (c)

$$\sin \psi = \frac{r}{h}\, \frac{G}{2\, Q} \sin \varphi,$$

woraus

$$\cos \varphi = \frac{h}{2\, r} \left(1 + \frac{r^2}{h^2} - \frac{4\, Q^2}{G^2} \right);$$

schließlich folgt aus Gl. (d)

$$A = \frac{c}{r\cos\varphi}\left(\frac{G}{2} - Q\cos\psi\right)$$

oder

$$A = \frac{c}{r\cos\varphi}\left[\frac{G}{2} - Q\sqrt{1 - \left(\frac{G\,r\sin\varphi}{2\,Q\,h}\right)^2}\,\right].$$

9. Da $\Re = \mathfrak{P} + \mathfrak{Q}$, so wird $|\Re| = \sqrt{29}$ kg.

Mit $\mathfrak{q}$ als Ortsvektor eines Punktes der Wirkungslinie von $\mathfrak{Q}$ ergibt sich das Moment der Dyname $\mathfrak{M}_D = -\mathfrak{d} \times \mathfrak{P} + \mathfrak{M}_0 + (\mathfrak{q} - \mathfrak{d}) \times \mathfrak{Q}$.
Wegen

$$\mathfrak{M}_D \parallel \Re \quad \text{kann} \quad \mathfrak{M}_D = c\,\Re \qquad\qquad \text{(a)}$$

gesetzt werden, wo c eine noch zu bestimmende Länge bedeutet. Verlegt man den Angriffspunkt der Kraft $\mathfrak{Q}$ in ihren Durchstoßpunkt mit der x, y-Ebene, so daß x, y, 0 die Komponenten von $\mathfrak{q}$ sind, so liefert (a) die drei Gleichungen

$$12 - 3\,y + 3\,c = 0,$$
$$2 + 3\,x + 2\,c = 0,$$
$$-13 + 3\,y + 4\,c = 0,$$

woraus folgt:

$$x = -\frac{16}{21}\ \text{cm}, \qquad y = \frac{87}{21}\ \text{cm}, \qquad c = \frac{1}{7}\ \text{cm}.$$

Demnach ist das Dynamenmoment gleich $\dfrac{\sqrt{29}}{7}$ kgcm.

10. Druckkraft im Stabe CE:

$$S = G\,\frac{\sqrt{3}}{6} = 3\,\sqrt{3}\ \text{kg}.$$

Die Komponenten des Druckes in A sind

$$A_x = \frac{G}{12}\,\sqrt{3} = \frac{3}{2}\,\sqrt{3}\ \text{kg},$$

$$A_y = \frac{G}{4} = 4{,}5\ \text{kg}.$$

Der Druck in B ist lotrecht und beträgt $G/2 = 9$ kg.

11. Die Gleichgewichtsgleichungen für das räumliche Kraftsystem $\mathfrak{A}$, $\mathfrak{B}$, $\mathfrak{C}$ und $\mathfrak{P}$ sind

$$\mathfrak{C} + \mathfrak{A} + \mathfrak{B} + \mathfrak{P} = 0. \qquad\qquad \text{(a)}$$

$$\mathfrak{a} \times \mathfrak{A} + \mathfrak{s} \times \mathfrak{C} + \mathfrak{d} \times \mathfrak{P} = 0, \qquad\qquad \text{(b)}$$

wo $\mathfrak{a}$, $\mathfrak{s}$, $\mathfrak{d}$ die Ortsvektoren der Angriffspunkte A, S, D bezüglich B sind. Ihre Zerlegung in die Richtungen des x, y, z-Systems (positive x-Richtung von $A \to B$, y-Achse in der waagrechten Ebene, z-Achse gegen die Lotrechte unter β geneigt) gibt

$$\mathfrak{a} = \left\{ \begin{array}{l} -a \\ 0, \\ 0 \end{array} \right. \qquad \mathfrak{s} = \left\{ \begin{array}{l} -\dfrac{a}{2} \\ \dfrac{b}{2}\cos\alpha \\ \dfrac{b}{2}\sin\alpha, \end{array} \right. \qquad \mathfrak{d} = \left\{ \begin{array}{l} 0 \\ b\cos\alpha, \\ b\sin\alpha \end{array} \right.$$

$$\mathfrak{A} = \left\{ \begin{array}{l} 0 \\ A_y, \\ A_z \end{array} \right. \qquad \mathfrak{G} = \left\{ \begin{array}{l} G\sin\beta \\ 0 \\ -G\cos\beta \end{array} \right. \qquad \mathfrak{P} = \left\{ \begin{array}{l} P_x \\ P_y, \\ P_z \end{array} \right. \qquad \mathfrak{B} = \left\{ \begin{array}{l} 0 \\ B_y; \\ B_z \end{array} \right.$$

da $\mathfrak{P}$ in der Normalebene zur Platte wirken soll, ist $P_y = -P_z \operatorname{tg}\alpha$.
Hiemit liefern die Gl. (a) und (b)

$$P_x = -G\sin\beta, \qquad A_y = \frac{G}{2}\frac{b}{a}\cos\alpha\sin\beta,$$

$$P_y = -\frac{G}{2}\sin\alpha\cos\alpha\cos\beta, \qquad A_z = \frac{G}{2}\left(\cos\beta + \frac{b}{a}\sin\alpha\sin\beta\right),$$

$$P_z = \frac{G}{2}\cos^2\alpha\cos\beta, \qquad B_y = \frac{G}{2}\cos\alpha\left(\sin\alpha\cos\beta - \frac{b}{a}\sin\beta\right),$$

$$B_z = \frac{G}{2}\sin\alpha\left(\sin\alpha\cos\beta - \frac{b}{a}\sin\beta\right).$$

12. Die Wirkungslinie der an der Berührungsstelle E auftretenden entgegengesetzt gleichen Druckkräfte $\pm \mathfrak{D}_E$ ist die Normale der Ebene $A\,B\,E$. An dem freigemachten Stab $A\,C$ wirken die drei Kräfte $\mathfrak{A}$, $\mathfrak{D}_E$, $\mathfrak{P}$, die sich im Gleichgewichtsfalle in einem Punkte schneiden, der wegen $\mathfrak{D}_E \,\|\, \varepsilon$ in den Durchstoßpunkt von $\mathfrak{D}_E$ mit der durch C gelegten Parallelebene zu ε fallen muß.

Da $|\mathfrak{P}|$ gegeben, so läßt sich das Kraftdreieck zeichnen, womit $\mathfrak{A}$ und $\mathfrak{D}_E$ bestimmt sind.

Der Stab $B\,D$ steht unter dem Einfluß der Kräfte $\mathfrak{B}$, $-\mathfrak{D}_E$ und $\mathfrak{Q}$, von denen $\mathfrak{D}_E$ bereits bekannt und $\mathfrak{Q} \,\|\, \varepsilon$ sein soll. Damit ergeben sich wie vorher die Kräfte $\mathfrak{B}$ und $\mathfrak{Q}$.

Für die Durchführung aller hiezu erforderlichen Konstruktionen empfiehlt sich bei ganz allgemeiner Lage der Stäbe und der Ebene ε das Abbildungsverfahren von Mayor — v. Mises.

13. Aus der Momentengleichung für einen lotrechten Stützstab ergibt sich die waagrechte Komponente S_h der Zugkraft S in einem Schrägstabe zu $S_h = M/h$ mit h als Höhe des gleichseitigen Dreieckes $A\,B\,C$. Damit berechnet sich die lotrechte Komponente S_v von S zu

$$S_v = S_h \frac{l}{a} = \frac{2\,M\,l}{a^2\,\sqrt{3}}.$$

Da aber durch das Gewicht G in jedem lotrechten Stützstabe eine Druckkraft $G/3$ geweckt wird, so lautet die Bedingung der Spannungslosigkeit
der lotrechten Stäbe

$$S_v = \frac{G}{3}.$$

woraus

$$M = \frac{G\,a^2\,\sqrt{3}}{6\,l}$$

folgt.

Die Spannkräfte in den Schrägstäben sind einander gleich und zwar

$$S = \sqrt{S_h{}^2 + S_v{}^2} = \frac{G}{3}\sqrt{1 + \frac{a^2}{l^2}}.$$

VII. Seil- und Kettenlinien

1. Aus $\dfrac{d^2 y}{d x^2} = -\dfrac{q}{H}$ folgt, da q konstant ist,

$$\frac{dy}{dx} = -\frac{q}{H}\,x + C_1,$$

$$y = -\frac{q}{2\,H}\,x^2 + C_1\,x + C_2;$$

mit den Randbedingungen

$$y = 0 \ \text{für} \ x = 0,$$
$$y = h \ \text{für} \ x = l,$$

wird $C_2 = 0$, $C_1 = \dfrac{h}{l} + \dfrac{q\,l}{2\,H}$, somit $y = \dfrac{q}{2\,H}\,x\,(l - x) + \dfrac{h}{l}\,x$.

Die Seilkurve ist eine Parabel mit lotrechter Achse.

Aus $\dfrac{d}{dx}\left(y - \dfrac{h}{l}\,x\right) = \dfrac{q}{2\,H}\,(l - 2\,x) = 0$ ergibt sich der größte

Durchhang f an der Stelle $x_1 = \dfrac{l}{2}$ mit $f = \dfrac{q\,l^2}{8\,H}$ und daher der Horizontalzug

$$H = \frac{q\,l^2}{8\,f}. \tag{1}$$

Die Bogenlänge s der Seilkurve ist zu berechnen aus

$$s = \int_0^l \sqrt{1 + y'^2}\,dx.$$

Im Falle $h = 0$ ist

$$y' = \frac{q}{2H}(l - 2x) = \frac{4f}{l}\left(1 - 2\frac{x}{l}\right);$$

wird der Integrand in eine Reihe entwickelt, so ergibt deren Integration

$$s = l\left(1 + \frac{8}{3}\frac{f^2}{l^2} - \frac{32}{5}\frac{f^4}{l^4} + \frac{256}{7}\frac{f^6}{l^6} - \cdots\right).$$

Für flache Parabelbogen $\left(\frac{f}{l} \lessgtr \frac{1}{8}\right)$ kann angenähert

$$s = l\left(1 + \frac{8}{3}\frac{f^2}{l^2}\right) \tag{2}$$

gesetzt werden oder auch

$$s = l\left(1 + \frac{q^2 l^2}{24 H^2}\right). \tag{3}$$

Hieraus folgt $\varDelta s = \frac{16}{3}\frac{f}{l}\varDelta f$, somit beträgt die Vergrößerung des Durchhanges bei Zunahme der Bogenlänge um $\varDelta s$:

$$\varDelta f = \frac{3}{16}\frac{l}{f}\varDelta s.$$

2. Die Seilkurve besteht aus zwei parabolischen Ästen $A\,C$ und $C\,D$, die in C tangentiell übergehen. (Abb. 236).

Für den Ast $A\,C$ folgt aus $\dfrac{d^2 y}{dx^2} = -\dfrac{q}{H}$: $\dfrac{dy}{dx} = -\dfrac{q}{H}x + C_1$

und wegen $y = 0$ für $x = 0$:

$$y = -\frac{q}{H}\frac{x^2}{2} + C_1 x;$$

für den Ast $C\,D$ entsteht aus $\dfrac{d^2 y}{dx^2} = -\dfrac{q + p}{H}$ durch zweimalige Integration

$$\frac{dy}{dx} = -\frac{q + p}{H}x + D_1, \qquad y_2 = -\frac{q + p}{H}\frac{x^2}{2} + D_1 x + D_2.$$

Aus der Übereinstimmung der Ordinaten y und der Tangentenneigung $\dfrac{dy}{dx}$ an der Stelle $x_1 = \dfrac{l}{2} - a$ ergibt sich $C_1 = -\dfrac{p}{H}x_1 + D_1$

und $D_2 = -\dfrac{p\,x_1^2}{2H}$, womit für den Ast $C\,D$ die Gl.

$$y = -\frac{q}{H}\frac{x^2}{2} + C_1 x - \frac{p}{2H}(x - x_1)^2$$

entsteht.

Aus $\dfrac{dy}{dx} = 0$ für $x = \dfrac{l}{2}$ folgt die Integrationskonstante C_1 zu

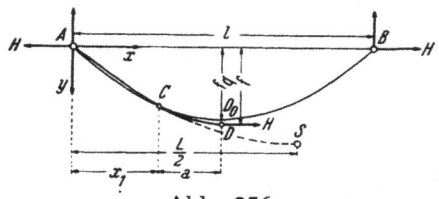

Abb. 236

$$C_1 = \frac{p\,a}{H} + \frac{q\,l}{2\,H},$$

womit sich der Durchhang f mit

$$f = \frac{1}{H}\left[\frac{q\,l^2}{8} + \frac{p\,a}{2}(l - a)\right] \quad (1)$$

berechnet.

Die Abszisse $L/2$ des Scheitels S der Parabel $A\,C$ ergibt sich aus $-\dfrac{q}{H}\dfrac{L}{2} + C_1 = 0$ mit Benutzung des Wertes von C_1 zu

$$\frac{L}{2} = \frac{l}{2} + \frac{p}{q}\,a. \quad (2)$$

Die Ergebnisse Gl. (1) und (2) findet man auch unmittelbar durch folgende Überlegung: Schneidet man das Kabel in C entzwei, so muß dort die Kabelspannung für den Ast $A\,C$ und für den anschließenden Ast $C\,D$ gleich groß sein. Da das Kabel nur lotrecht belastet wird, so ist die Gleichheit der Horizontalkomponenten der Kabelspannungen gesichert. Die lotrechte Komponente der am Ast $A\,C$ in C wirkenden Kabelspannung beträgt $q\,(L/2 - x_1)$, während jene der am Ast $C\,D$ wirkenden Kabelspannung den Wert $(q + p)\,a$ hat; die Übereinstimmung beider liefert

$$q\left(\frac{L}{2} - x_1\right) = (q + p)\,a,$$

woraus mit $x_1 = L/2 - a$ unmittelbar Gl. (2) folgt.

Da die lotrechte Komponente der Kabelspannung im Aufhängepunkt A gleich $\dfrac{q\,l}{2} + p\,a$ ist, so liefert Nullsetzen der Momente um Punkt D:

$$f H = \left(\frac{q\,l}{2} + p\,a\right)\frac{l}{2} - \frac{q\,l^2}{8} - \frac{p\,a^2}{2} = \frac{q\,l^2}{8} + \frac{p\,a}{2}(l - a)$$

in Übereinstimmung mit Gl. (1).

Der Horizontalzug H ist nun aus der Bedingung der Undehnbarkeit des Kabels zu berechnen. Das zunächst nur mit q auf die horizontale Länge $2\,l$ belastete Kabel mit dem Durchhange f_q hat nach Gl. (2) der Aufg. VII, 1 die halbe Bogenlänge

$$\widehat{A\,D_0} = \frac{l}{2}\left(1 + \frac{8}{3}\frac{f_q^2}{l^2}\right).$$

Nach Aufbringen der Nutzlast p senkt sich der Scheitel D_0 nach D und es ist die Bogenlänge $\widehat{A\,D}$ gleich $\widehat{A\,S} - \widehat{C\,S} + \widehat{C\,D}$; die angegebenen Teilbogen sind nach Gl. (3) der Aufg. VII, 1 zu berechnen.

Es ist
$$\widehat{AS} = \frac{L}{2}\left(1 + \frac{q^2 L^2}{24 H^2}\right),$$

ferner wegen $L/2 - x_1 = (1 + p/q)\,a$:
$$\widehat{CS} = \left(1 + \frac{p}{q}\right)a\left[1 + \frac{(p+q)^2}{6 H^2}a^2\right]$$

und schließlich
$$\widehat{CD} = a\left[1 + \frac{(p+q)^2 a^2}{6 H^2}\right].$$

Da $p/q = n$, so lautet die Bedingung der Undehnbarkeit des Kabels mit Einführung von $\dfrac{2a}{l} = z$ und wegen $L = l + 2\,a\,n = l\,(1 + z\,n)$:

$$\frac{l}{2}\left(1 + \frac{8}{3}\frac{f_q^2}{l^2}\right) = \frac{l}{2}(1 + z\,n)\left[1 + \frac{q^2 l^2 (1 + z\,n)^2}{24 H^2}\right] -$$
$$- a\,(n+1)\left[1 + \frac{a^2 (p+q)^2}{6 H^2}\right] + a\left[1 + \frac{a^2 (p+q)^2}{6 H^2}\right].$$

Hieraus folgt
$$H^2 \frac{8}{3}\frac{f_q^2}{l^2} = (1 + z\,n)^3 \frac{q^2 l^2}{24} - z\,(n+1)^3 \frac{q^2 a^2}{6} + z\,(n+1)^2 \frac{q\,a^2}{6}.$$

Da aber nach Gl. (1) der Aufg. VII, 1 $H_q = \dfrac{q\,l^2}{8 f_q}$, so ergibt sich schließlich

$$H = H_q \sqrt{1 + 3\,n\,z + 3\,n^2 z^2 - (2\,n^2 + n)\,z^3} \qquad (2)$$

und hiemit aus Gl. (1) der Durchhang f bei Beachtung von $f_q = \dfrac{q\,l^2}{8 H_q}$ zu

$$f = f_q \frac{1 + n\,z\,(2 - z)}{\sqrt{1 + 3\,n\,z + 3\,n^2 z^2 - (2\,n^2 + n)\,z^3}}. \qquad (3)$$

Nennt man $2\,a_1$ jene Belastungsstrecke der Nutzlast p, für die sich der größte Durchhang f_{max} ergeben soll, so muß das zugehörige $z_1 = \dfrac{2\,a_1}{l}$ der aus $\dfrac{\partial f}{\partial z} = 0$ entstehenden Gl.

$$n\,(2\,n + 1)\,z^4 - 2\,n\,(n - 1)\,z^3 - 3\,(n - 1)\,z^2 - 4\,z + 1 = 0$$

genügen.

Für einige Werte von n zwischen 0 und 1 sind die zugehörigen Wurzeln z_1 nebst den Werten $(f/f_q - 1)$ und H/H_q in der folgenden Übersicht angegeben:

$n =$	0	0,10	0,25	0,50	1,00
$z_1 =$	0,333	0,322	0,306	0,289	0,253
$(f/f_q) - 1 =$	0	0,0069	0,0151	0,0281	0,0456
$H/H_q =$	1	1,047	1,112	1,213	1,379

Nach Timoshenko, S.: Journ. Franklin Instit. *235*, S. 213, (1943).

3. Die sich ausbildende Seilkurve besteht aus den beiden symmetrischen Parabelästen $A\,D$ und $B\,D$ (Abb. 237), die in D einen Knick aufweisen. Der Scheitel S der Parabel $A\,D\,S$ sei um das Maß b aus der Mittellage verschoben, das sich aus der Gleichheit von $q\,b$ und $\dfrac{P}{2}$ zu $b = \dfrac{P}{2\,q} = \dfrac{l\,\nu}{2}$

ergibt, wenn $\dfrac{P}{q\,l} = \nu$ gesetzt wird; somit ist $L = l\,(1 + \nu)$.

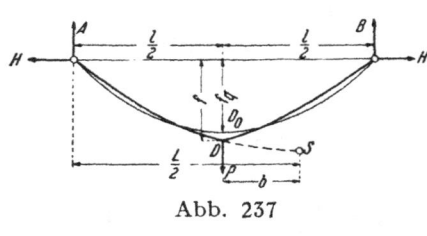

Abb. 237

Bezeichnen H_q und H die Horizontalzüge vor und nach Aufbringen der Last P, wobei nach Aufg. VII, 1 $H_q = \dfrac{q\,l^2}{8\,f_q}$,

weiters $A = \dfrac{1}{2}\,(q\,l + P) =$

$= \dfrac{q\,l}{2}\,(1 + \nu)$ die lotrechte

Komponente der Kabelspannkraft in A, so folgt aus dem Momentengleichgewicht um Punkt D: $A\,\dfrac{l}{2} - \dfrac{q\,l^2}{8} - H\,f = 0$ oder

$$f = \frac{1}{H}\left(\frac{q\,l^2}{8} + \frac{P\,l}{4}\right) = \frac{q\,l^2}{8\,H}\,(1 + 2\,\nu). \tag{1}$$

Die Bedingung der vorausgesetzten Dehnungslosigkeit der Kabelachse führt zur Kenntnis von H. Nach Gl. (2) der Aufg. VII, 1 beträgt die Länge des nur mit q belasteten Parabelbogens $\widehat{A\,D_0} = \dfrac{l}{2}\left(1 + \dfrac{8}{3}\dfrac{f_q^2}{l^2}\right)$,

jene des Bogens $\widehat{A\,D}$ ergibt sich zu $\widehat{A\,D} = \widehat{A\,S} - \widehat{D\,S}$, wobei

$$\widehat{A\,S} = \frac{L}{2}\left(1 + \frac{q^2\,L^2}{24\,H^2}\right), \qquad \widehat{D\,S} = b\left(1 + \frac{q^2\,b^2}{6\,H^2}\right),$$

so daß aus $\widehat{A\,D_0} = \widehat{A\,D}$ die Beziehung folgt

$$\frac{l}{2}\left(1 + \frac{8}{3}\frac{f_q^2}{l^2}\right) = \frac{l}{2}\,(1 + \nu)\left[1 + \frac{q^2\,l^2\,(1 + \nu)^2}{24\,H^2}\right] - \frac{l}{2}\,\nu\left(1 + \frac{q^2\,l^2\,\nu^2}{24\,H^2}\right).$$

Diese liefert bei Beachtung des obigen Ausdruckes von H_q das Ergebnis

$$H = H_q\sqrt{1 + 3\,\nu + 3\,\nu^2} \tag{2}$$

und daher nach Gl. (1):

$$f = f_q\,\frac{1 + 2\,\nu}{\sqrt{1 + 3\,\nu + 3\,\nu^2}}. \tag{3}$$

Hieraus kann die Änderung $H - H_q$ des Horizontalzuges und $f - f_q$ des Durchhanges berechnet werden.

Die Ergebnisse Gl. (2) und (3) können natürlich auch durch einen Grenzübergang aus den Gln. (2) und (3) der Aufg. VII, 2 gefunden werden. Läßt man dort die Belastungslänge $2\,a$ gegen Null abnehmen und setzt $2\,p\,a = P$, so wird mit $\nu = \dfrac{P}{q\,l}:\quad n\,z = \nu$, womit für $z = 0$ die Gln. (2) und (3) unmittelbar in die obigen Formeln Gl. (2) und (3) übergehen.

4. Die Leitlinie des Zylinders muß die Seillinie der Flüssigkeitsdrucke sein. Sei y die Tiefenlage des Punktes P der Leitlinie unter dem Flüssigkeitsspiegel, so wirkt auf das Längenelement ds der Seilkurve der mit der Tiefe linear zunehmende Flüssigkeitsdruck $p = \gamma\,y$ normal zu ds. (Abb. 238).

Bezeichnet $\varrho = \overline{P\,\Omega}$ den Krümmungshalbmesser der Leitlinie und S die konstante Spannkraft in der Blechwand, so liefert das Gleichgewicht des Wandelements in der Druckrichtung
$$S\,d\varphi = p\,ds = \gamma\,y\,\varrho\,d\varphi$$
oder $y\,\varrho = S/\gamma = a^2/2$ mit a als gegebener Länge.

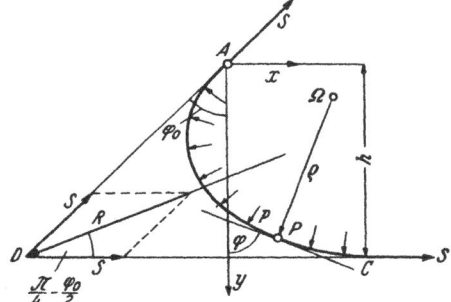

Mit φ als Neigung der Tangente gegen die Lotrechte gilt

Abb. 238

$$\frac{1}{\varrho} = \frac{d\,(\sin\varphi)}{dy} = \frac{2\,y}{a^2},$$
so daß
$$\sin\varphi = \left(\frac{y}{a}\right)^2 + C_1.$$

An der tiefsten Stelle ist $y = h$, $\varphi = \dfrac{\pi}{2}$, damit wird $C_1 = 1 - \left(\dfrac{h}{a}\right)^2$ und
$$\sin\varphi = 1 + \frac{y^2 - h^2}{a^2}.$$

Da für $y = 0$, $\varphi = -\varphi_0$ sein soll, so folgt hieraus
$$h = \sqrt{2\,\frac{S}{\gamma}\,(1 + \sin\varphi_0)}.$$

Die resultierende Druckwirkung $\mathfrak{R}$ auf die Blechwand $\overline{A\,C}$ steht im Gleichgewichte mit den in A und C wirkenden Zugkräften S; die Wirkungslinie von $\mathfrak{R}$ geht daher durch den Schnittpunkt D der beiden Kräfte S und es ist $\mathfrak{R} = -(\mathfrak{S}_A + \mathfrak{S}_C)$. Wird die Meridianlinie in gleiche kleine Bogenteile $\varDelta s$ geteilt, so wirkt auf ein solches die Belastung

$\Delta P = \gamma \Delta s\, y$. Schlägt man aus beliebigem Mittelpunkte O einen Kreis vom Halbmesser $r = \dfrac{S}{\gamma \Delta s} = \dfrac{a^2}{2\Delta s}$, so schneiden jene Radien, welche den in den Endpunkten des Bogenteilchens Δs gezogenen Tangenten parallel laufen, den Kreis in den Punkten $\overline{m-1}$ und m; dann beträgt die Sehnenlänge $\overline{m-1, m} = r\Delta \varphi$ oder wegen $\Delta s = \varrho \Delta \varphi$

$$\overline{m-1, m} = \frac{S}{\gamma \varrho} = y,$$

das heißt, die Meridiankurve kann durch ein Seileck angenähert werden, das zu jenem Krafteck gehört, dessen Seiten die in einem Kreise vom Halbmesser $r = \dfrac{S}{\gamma \Delta s}$ aufgetragenen Druckhöhen y sind.

(Nach Federhofer, K. und Krebitz, J.: Eisenbau, 5, S. 187, 1914.)

Da

$$\operatorname{cotg} \varphi = \frac{1}{\sin \varphi}\sqrt{1 - \sin^2 \varphi} = \frac{dy}{dx},$$

so ergibt sich als Differentialgleichung der gesuchten Seilkurve

$$\frac{dy}{dx} = \frac{\sqrt{1 - \left(\dfrac{y^2}{a^2} + C_1\right)^2}}{\dfrac{y^2}{a^2} + C_1},$$

deren Integration mit Hilfe der Substitution $y = a\sqrt{1 - C_1}\cos \psi$ durch die elliptischen Integrale erster und zweiter Gattung vom Modul $k = \sqrt{\dfrac{1 - C_1}{2}}$ geleistet werden kann.

Federhofer, K.: Eisenbau, 4, S. 355, 1913.

5. Die auf die Oberflächeneinheit wirkende lotrechte Last p gibt in den Richtungen der Tangente und Normalen der Gewölbeachse die Komponenten $p_t = p \sin \varphi$, $p_n = p \cos \varphi$ und es lauten die Gleichgewichtsgleichungen für ein Gewölbeelement ds für die Richtungen t und n

$$\sigma \frac{d\delta}{ds} = p_t = p \sin \varphi, \qquad \text{(a)}$$

$$\frac{1}{\varrho} = \frac{p_n}{\sigma \delta} = \frac{p \cos \varphi}{\sigma \delta}. \qquad \text{(b)}$$

Mit $\varrho\, d\varphi = ds$ ergibt sich aus (a) bei Beachtung von (b) $\dfrac{d\delta}{\delta} = \operatorname{tg} \varphi\, d\varphi$, woraus folgt

$$\delta \cos \varphi = \delta_0, \qquad \text{(c)}$$

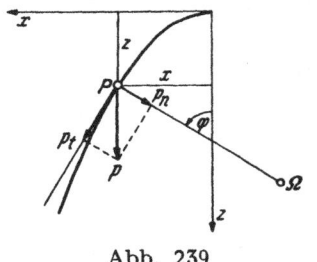

Abb. 239

wenn δ_0 die Gewölbestärke im Scheitel ($\varphi = 0$) angibt.

Hiemit liefert Gl. (b)

$$\frac{1}{\varrho} = \frac{p \cos^2 \varphi}{\sigma \, \delta_0}. \tag{d}$$

Der Belastungsansatz $p = \dfrac{p_0}{\cos^n \varphi}$ führt zur Beziehung $\dfrac{1}{\varrho} = \dfrac{p_0}{\sigma \, \delta_0} \cos^{2-n}\varphi$,

oder $\varrho = \varrho_0 \cos^{n-2} \varphi$, wenn $\dfrac{\sigma \, \delta_0}{p_0}$ den Krümmungshalbmesser ϱ_0 im Scheitel bezeichnet.

Sonderfälle:

$n = -1$; $\varrho = \dfrac{\varrho_0}{\cos^3 \varphi}$ (Parabel); aus Gl. (d) folgt hiemit $p = p_0 \cos \varphi$,

das heißt konstante Belastung p_0 je waagrechte Flächeneinheit.

$n = 0$; $\varrho = \dfrac{\varrho_0}{\cos^2 \varphi}$ (Kettenlinie); aus Gl. (d) folgt $p = p_0$.

$n = 2$; $\varrho = \varrho_0$ (Kreis); aus Gl. (d): $p = \dfrac{p_0}{\cos^2 \varphi}$.

$n = 3$; $\varrho = \varrho_0 \cos \varphi$ (Zykloide); $p = \dfrac{p_0}{\cos^3 \varphi}$.

6. Auf das Längenelement ds an der Stelle (x, z) der Kette (Abb. 240) wirken die Kräfte $\gamma \, \delta \, ds$, S und $S + dS$, deren Gleichgewicht ausgedrückt ist durch die Gleichungen

$$dS - \gamma \, \delta \, ds \sin \varphi = 0 \quad \text{(Richtung der Tangente)},$$
$$S \, d\varphi - \gamma \, \delta \, ds \cos \varphi = 0 \quad \text{(Richtung der Normalen)}.$$

Aus der ersten folgt mit $S = \sigma \, \delta$ und $ds \sin \varphi = dz$

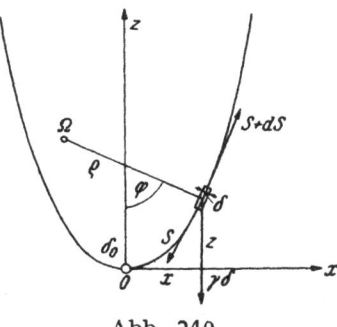

$$\sigma \frac{d\delta}{\delta} - \gamma \, dz = 0 \quad \text{oder}$$

$$\delta = \delta_0 \, e^{\frac{\gamma \, z}{\sigma}}, \tag{a}$$

wo δ_0 die Kettenstärke im Scheitel 0 ($x = 0$, $z = 0$) angibt.

Die zweite Gleichgewichtsgleichung liefert wegen $ds = \varrho \, d\varphi$

$$\frac{1}{\varrho} = \frac{\gamma}{\sigma} \cos \varphi = a \cos \varphi, \tag{b}$$

Abb. 240

wobei die Konstante $\gamma/\sigma = a$ gesetzt ist.

Mit $S = \sigma \, \delta$ lautet die zweite Gleichgewichtsgleichung $\dfrac{d\varphi}{\cos \varphi} = a \, ds$;

ihre Integration liefert bei Beachtung, daß $s = 0$, $\varphi = 0$ zusammengehörige Werte sind,

$$a\,s = \ln \mathrm{tg}\left(\frac{\pi}{4} + \frac{\varphi}{2}\right) = \ln \frac{1 + \mathrm{tg}\,\dfrac{\varphi}{2}}{1 - \mathrm{tg}\,\dfrac{\varphi}{2}}$$

oder

$$e^{a\,s} = \frac{1 + \mathrm{tg}\,\dfrac{\varphi}{2}}{1 - \mathrm{tg}\,\dfrac{\varphi}{2}}.$$

Hieraus folgt $\mathrm{tg}\,\dfrac{\varphi}{2} = \dfrac{e^{a\,s} - 1}{e^{a\,s} + 1}$ und wegen $\dfrac{1}{\cos\varphi} = \dfrac{1 + \mathrm{tg}^2\,\dfrac{\varphi}{2}}{1 - \mathrm{tg}^2\,\dfrac{\varphi}{2}}$

$$\frac{1}{\cos\varphi} = \frac{1}{2}\left(e^{a\,s} + e^{-a\,s}\right) = \mathrm{Cos}\,(a\,s).$$

Im Verein mit Gl. (b) ergibt sich daher

$$a\,\varrho = \mathrm{Cos}\,(a\,s), \tag{c}$$

das ist die natürliche Gl. der von G. Coriolis gefundenen Kettenlinie gleichen Widerstandes.

Die analoge Aufgabe mit den gleichen Ergebnissen Gl. (a) und (c) liegt vor bei der Formbestimmung eines nur durch Eigengewicht belasteten Gewölbes, das in allen Querschnitten gleiche Druckspannungen σ erfährt.

7. a) Bezeichnet in Abb. 241: $P = k\,f\,(r)$ die auf die Längeneinheit des Fadens bezogene Zentralkraft (positiv als Anziehungskraft), S die Fadenspannung an der Stelle $M\,(r, \varphi)$, $\overline{[O\,M} = r]$, Θ den Winkel zwischen Fahrstrahl und Kurventangente, so ist das Gleichgewicht der am Bogenelemente ds wirkenden Kräfte $P\,ds$, S und $S + dS$ ausgedrückt durch die beiden Gleichungen

$dS - P\,ds \,.\, \cos\Theta = 0$ (Kräftesumme in Richtung der Tangente $= 0$),
$d\,(S\,r \,.\, \sin\Theta) = 0$ (Momente um das Zentrum 0 gleich Null).

Die erste Gl. vereinfacht sich wegen $ds \,.\, \cos\Theta = dr$ in

$$dS = P\,dr, \tag{a}$$

und die zweite Gl. liefert

$$S\,r \sin\Theta = C. \tag{b}$$

Aus Gl. (a) ergibt sich für die Fadenspannung

$$S = k \int^r f\,(r)\,dr + C_1, \tag{c}$$

womit aus Gl. (b) wegen

$$\sin \Theta = \frac{r}{\sqrt{r^2 + r'^2}}$$

die Beziehung folgt:

$$k \int f(r)\, dr + C_1 = \frac{C}{r^2} \sqrt{r^2 + r'^2}. \tag{d}$$

Mit den Abkürzungen $k/C = \alpha$, $C_1/C = \beta$ ergibt sich die Differentialgleichung der Seilkurve

$$d\varphi = \frac{dr}{r\sqrt{r^2\,[\alpha \int f(r)\,dr + \beta]^2 - 1}}.$$

b) Ist M_0 der Fußpunkt der vom Pole O zur Seillinie gezogenen Normalen und bezeichnen r_0, S_0 die zu M_0 gehörigen Werte von r und S, so gilt wegen $\Theta_0 = \pi/2$ gemäß Gl. (b) und (c)

$$S_0 r_0 = C, \qquad C_1 = S_0 - k \int\limits_{r\,=\,r_0} f(r)\,dr. \tag{e}$$

Führt man die Dimensionslosen ξ und $g(\xi)$ entsprechend der Festsetzung

$$\xi = \frac{r}{r_0}, \qquad P(\xi) = k_1 g(\xi)$$

ein, so sind die zu bestimmenden Seilkurven charakterisiert durch *einen* wesentlichen Parameter

$$\gamma = \frac{k_1 r_0^2}{C} = \frac{k_1 r_0}{S_0}.$$

Hiemit geht Gl. (d) bei Beachtung von Gl. (e) über in

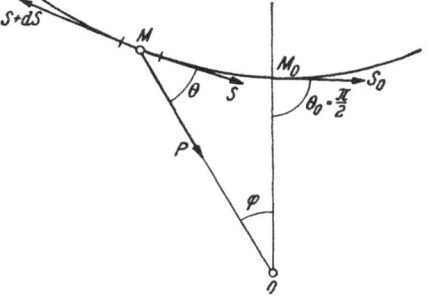

Abb. 241

$$\frac{1}{\xi^2}\sqrt{\xi^2 + \xi'^2} = 1 + \gamma \int\limits_{\xi\,=\,1}^{\xi} g(\xi)\, d\xi,$$

woraus folgt

$$\frac{d\xi}{d\varphi} = \pm\, \xi \sqrt{\xi^2\,[1 + \gamma \int\limits_{1}^{\xi} g(\xi)\, d\xi]^2 - 1}\,.$$

Mit $P(\xi) = k_1 \xi^n$, das heißt $g(\xi) = \xi^n$ ergibt sich hieraus — wenn der Fall $n = -1$ ausgenommen wird —

$$\frac{d\xi}{d\varphi} = \pm\, \xi \sqrt{\xi^2\left[1 + \frac{\gamma}{n+1}(\xi^{n+1} - 1)\right]^2 - 1}.$$

Gehorcht der Parameter γ der Seilkurve der Beziehung $\gamma = n + 1$, dann wird

$$\frac{d\xi}{d\varphi} = \pm\, \xi \,\sqrt{\xi^{2(n+2)} - 1}\,,$$

oder

$$\xi^{n+2} \cos(n+2)\,\varphi = 1.$$

Dies ist die Polargleichung einer Sinusspirale vom Index $-(n+2)$.
Mit den Dimensionslosen ξ, $g(\xi)$ und dem Parameter γ wird Gl. (c) umgeformt in

$$S = S_0 \left[1 + \gamma \int\limits_1^{\xi} g(\xi)\, d\xi \right],$$

woraus mit $g(\xi) = \xi^n$ und $\gamma = n+1$ die Beziehung

$$S = S_0\, \xi^{n+1} = S_0 \left(\frac{r}{r_0}\right)^{n+1}$$

folgt. Der Kurvenklasse der Sinusspiralen gehören viele bekannte Kurven an, z. B.

Kreis,	Index $+1$,	$n = -3$,	$\dfrac{S}{S_0} = \dfrac{1}{\xi^2}$	Parameter $\gamma = -2$,
Parabel,	$-\dfrac{1}{2}$	$-\dfrac{3}{2}$	$\dfrac{1}{\sqrt{\xi}}$	$-\dfrac{1}{2}$,
Gleichseitige Hyperbel	-2	0	ξ	1.

Federhofer, K.: Z. angew. Math. Mech., *21*, S. 233, (1941).

8. Mit σ als konstanter Seilbeanspruchung wird $S = \sigma\,\delta$, so daß Gl. (a) der Aufg. 7 (a), in der $P = \dfrac{k\,\delta}{r}$ einzutragen ist, übergeht in

$\sigma\, d\delta = k/r\,\delta\, dr$; hieraus wird

$$\delta = \delta_0 \left(\frac{r}{r_0}\right)^{k/\sigma},$$

wenn δ_0 die Seilstärke an der Stelle r_0 angibt.
Aus Gl. (b) von Aufg. 7 (a), die in

$$\frac{r^2}{\sqrt{r^2 + r'^2}} = \frac{C}{\sigma\,\delta_0 \left(\dfrac{r}{r_0}\right)^{k/\sigma}}$$

übergeht, folgt nach Integration

$$r^{1+\frac{k}{\sigma}} \cos\left(1 + \frac{k}{\sigma}\right)\varphi = r_0^{\,1+\frac{k}{\sigma}}.$$

Der gesuchten Seilform entsprechen somit Sinusspiralen mit dem Index $-(1 + k/\sigma)$.

Bonnet, O.: Liouvilles Journ., *9*, S. 97, (1844).

9. Mit q als Gewicht der Längeneinheit des Seiles und S als Seilkraft an der Stelle (x, y) bestehen für ein Element ds die Gleichgewichtsgleichungen

$$d\,(S\cos\varphi) = 0 \quad \text{(Kräfte in waagrechter Richtung),}$$
$$d\,(H\,\mathrm{tg}\,\varphi) - q\,ds = 0 \quad \text{(Kräfte in lotrechter Richtung).}$$

Die erste Gl. liefert $S\cos\varphi = \text{konst.} = H$, so daß

$$S = \frac{H}{\cos\varphi}, \tag{a}$$

aus der zweiten folgt $\dfrac{H}{\cos^2\varphi}\,d\varphi = q\,ds$ oder

$$\frac{ds}{d\varphi} = \frac{H}{q\cos^2\varphi}. \tag{b}$$

Infolge der Seilkraft S verlängert sich das Bogenelement ds um $\dfrac{S}{E\,F}\,ds$

(E Elastizitätsmodul, F Seilquerschnitt), das Bogenelement erhält daher die Länge

$$d\sigma = ds\left(1 + \frac{H}{E\,F\cos\varphi}\right)$$

oder wegen Gl. (b)

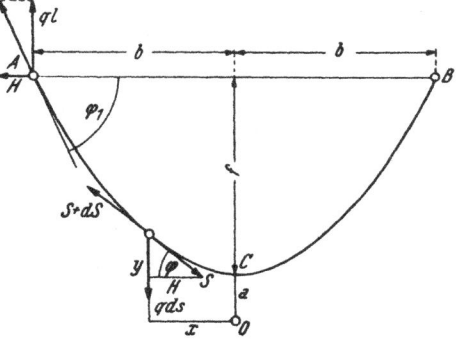

$$d\sigma = d\varphi\left(\frac{a_1}{\cos^2\varphi} + \frac{a_2}{\cos^3\varphi}\right), \tag{c}$$

worin

$$a_1 = \frac{H}{q}, \qquad a_2 = \frac{H^2}{q\,E\,F}. \tag{d}$$

Die Länge a_1 bedeutet den Parameter der nicht dehnbaren (gewöhnlichen) Kettenlinie, a_2 gibt einen durch

Abb. 242

Berücksichtigung der Elastizität des Seiles hinzutretenden Parameter an.

Bei Annahme des durch O gelegten rechtwinkligen Achsenkreuzes gilt

$$dx = d\sigma\cos\varphi = \left(\frac{a_1}{\cos\varphi} + \frac{a_2}{\cos^2\varphi}\right)d\varphi, \tag{e}$$

$$dy = d\sigma\sin\varphi = \left(\frac{a_1\sin\varphi}{\cos^2\varphi} + \frac{a_2\sin\varphi}{\cos^3\varphi}\right)d\varphi. \tag{f}$$

Integriert man Gl. (e) und (f), so folgt, da $x = 0$, $\varphi = 0$ (Punkt C) zusammengehörige Werte sind,

$$x = a_1\ln\mathrm{tg}\left(\frac{\pi}{4} + \frac{\varphi}{2}\right) + a_2\,\mathrm{tg}\,\varphi \tag{g}$$

und

$$y = \frac{a_1}{\cos\varphi} + \frac{a_2}{2\cos^2\varphi} + C_1.$$

Wird der Ursprung O so festgelegt, daß $C_1 = 0$, so wird

$$\overline{OC} = a = a_1 + \frac{a_2}{2},$$ (h)

und

$$y = \frac{a_1}{\cos \varphi} + \frac{a_2}{2 \cos^2 \varphi}.$$ (i)

Mit den Gln. (g) und (i) sind die Parametergleichungen der „elastischen Kettenlinie" dargestellt. Aus Gl. (h) ersieht man, daß die Elastizität des Seiles den Parameter a_1 der gewöhnlichen Kettenlinie um $a_2/2$ vergrößert. Die Länge a kennzeichnet den Parameter der „elastischen Kettenlinie".

Mit $x = b$ folgt aus Gl. (g) die zur Berechnung der Seilneigung φ_1 in A dienende transzendente Gl.

$$b = a_1 \ln \operatorname{tg} \left(\frac{\pi}{4} + \frac{\varphi_1}{2} \right) + a_2 \operatorname{tg} \varphi_1.$$

Der Durchhang f ergibt sich aus Gl. (i), wenn $\varphi = \varphi_1$ und $y = f + a$ eingetragen wird, zu

$$f = a_1 \left(\frac{1}{\cos \varphi_1} - 1 \right) + \frac{a_2}{2} \left(\frac{1}{\cos^2 \varphi_1} - 1 \right).$$

Die Seillänge L von A bis C nach der Dehnung beträgt nach Gl. (c)

$$L = l + \Delta l = a_1 \int_0^{\varphi_1} \frac{d\varphi}{\cos^2 \varphi} + a_2 \int_0^{\varphi_1} \frac{d\varphi}{\cos^3 \varphi}$$

oder

$$L = a_1 \operatorname{tg} \varphi_1 + \frac{a_2}{2} \left[\frac{\sin \varphi_1}{\cos^2 \varphi_1} + \ln \operatorname{tg} \left(\frac{\pi}{4} + \frac{\varphi_1}{2} \right) \right].$$

VIII. Stabilität des Gleichgewichts

a) Der auf einer festen Fläche ruhende schwere Körper

Es sei vorausgesetzt, daß der gestützte Körper eine Symmetrie-ebene besitze, in der dann der Schwerpunkt S liegt; sie schneide den Körper in der Kurve Γ_g, die feste Unterlage in der Kurve Γ_r. Bei glatten Flächen muß für Gleichgewicht die Linie $O\,S$ lotrecht sein und mit der Normalen der sich in O berührenden Kurven zusammenfallen. (Abb. 243).

Erfährt der gestützte Körper eine unendlich kleine Bewegung aus seiner Gleichgewichtslage, indem Γ_g eine kleine Drehung um den Momentanpol O ausführt, so ist das Gleichgewicht stabil, wenn die Bahn von S nach unten konvex ist.

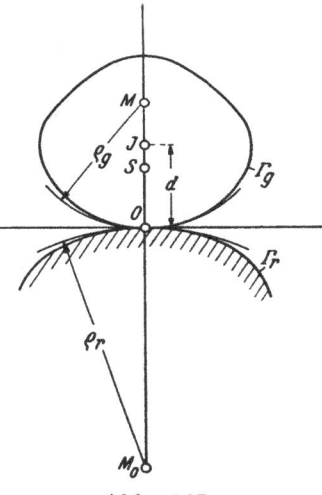

Es gibt auf der Systemgeraden $O\,S$ nur einen einzigen Punkt — den Wende-pol J —, der momentan eine Bahnstelle mit unendlich großem Krümmungshalb-messer, also im allgemeinen einen Wende-punkt seiner Bahn durchschreitet. Sind ϱ_g und ϱ_r die Krümmungshalbmesser der beiden Polbahnen (Γ_g Gangpolbahn, Γ_r Rastpolbahn), so gilt für den Wende-durchmesser $d = \overline{O\,J}$ nach der Gleichung von Euler-Savary:

$$\frac{1}{\varrho_g} \pm \frac{1}{\varrho_r} = \frac{1}{d},$$

worin das positive Zeichen zu nehmen ist, wenn die Krümmungsmittelpunkte von Γ_g und Γ_r auf entgegengesetzten Seiten von O liegen. Da die Bahnkurven

Abb. 243

der innerhalb der Strecke $O\,J$ liegenden Systempunkte ihre konvexe Seite dem Drehpole O zuwenden, so besteht für stabiles Gleichgewicht die Bedingung

$$\overline{O\,S} < \overline{O\,J}. \tag{1}$$

Hiemit läßt sich die Stabilität des Gleichgewichtes in den Aufg. 1 bis 5 einfach beurteilen.

1. Wegen $\varrho_r = \infty$ wird $\overline{O\,J} = \varrho_g = r$, das heißt der Schwerpunkt S des Körpers muß in den Mittelpunkt J von Γ_g fallen; hienach ist

$$\frac{1}{3}\,x\,r^2\,\pi\frac{1}{4}\,x = \frac{2}{3}\,r^3\,\pi\frac{3}{8}\,r,$$

woraus

$$x = r\,\sqrt{3}.$$

2. Bei der Parabel ist der Krümmungshalbmesser ϱ_r im Scheitel gleich dem Parameter p; da ferner $\varrho_g = \infty$, so folgt $\varrho_r = d = p$ oder nach Gl. (1) $\overline{O\,S} < p$ und wegen $\overline{O\,S} = h/4$

$$h < 4\,p.$$

3. Mit $\varrho_g = r,\ \varrho_r = R$ wird $d = \overline{O\,J} = \dfrac{R\,r}{R+r}\,.$

Nun ist $\overline{O\,S} = r - \dfrac{3}{8}\,r = \dfrac{5}{8}\,r$, womit die Bedingung (1) übergeht in $\dfrac{5}{8}\,r < \dfrac{R\,r}{R+r}$ oder

$$r < \frac{3}{5}\,R.$$

4. Mit F als der zum Vollkreis fehlenden Fläche des oberen Segmentes und $2\,\alpha = \pi/2$ ist die Entfernung des Schwerpunktes S der Basisfläche von O zu berechnen aus

$$(r^2\pi - F)\,\overline{O\,S} = r^2\pi\,r - F\left(\frac{c^3}{12\,F} + r\right),$$

wo $c = 2\,r \sin\alpha$ die Sehne des Segmentes bedeutet.

Hienach wird

$$\overline{O\,S} = \frac{r^3\pi - F\,r - \dfrac{2}{3}\,r^3\sin^3\alpha}{r^2\pi - F}\,,$$

worin

$$F = r^2\,(\alpha - \sin\alpha\cos\alpha).$$

Da $\varrho_g = r,\ \varrho_r = R$, so ist

$$d = \overline{O\,J} = \frac{r\,R}{R+r}\,;$$

somit folgt aus $\overline{O\,S} = \overline{O\,J}$ als Bedingung für indifferentes Gleichgewicht

$$\frac{R}{r} = \frac{3}{2\sin^3\alpha}\,(\pi - \alpha + \sin\alpha\cos\alpha) - 1$$

und mit $2\,\alpha = \pi/2$:

$$\frac{R}{r} = 11{,}12.$$

5. Mit $\varrho_r = r,\ \varrho_g = 2\,r$ folgt aus $\dfrac{1}{d} = \dfrac{1}{\varrho_g} - \dfrac{1}{\varrho_r}$:

$$d = \overline{O\,J} = -2\,r,$$

das heißt der Wendepol J liegt oberhalb des Drehpoles O symmetrisch zu O_1.

Das gesuchte Maß x ist zu berechnen aus $\overline{O\,S} < 2\,r$.

Mit F als Fläche der Platte ist die Entfernung ihres Schwerpunktes S von O_1 zu berechnen aus

$$F \cdot \overline{O_1 S} = \frac{1}{2} (R + a)^2 \sin 2\alpha \frac{2}{3} (R + a) \cos \alpha +$$

$$+ 2 (R + a) \, x \sin \alpha \left[(R + a) \cos \alpha + \frac{x}{2} \right] - \frac{1}{2} R^2 \, 2\alpha \frac{2}{3} \frac{2 R \sin \alpha}{2 \alpha} ,$$

worin

$$F = \frac{1}{2} (R + a)^2 \sin 2\alpha + 2 (R + a) \, x \sin \alpha - \frac{1}{2} R^2 \, 2\alpha .$$

Mit den Angaben $R = 2r$, $a = r/2$ und $2\alpha = \pi/3$ wird

$$F = r^2 \left(\frac{25}{16} \sqrt{3} - \frac{2\pi}{3} \right) + \frac{5 \, r \, x}{2}$$

und

$$F \cdot \overline{O_1 S} = \frac{119}{96} r^3 + \frac{25}{8} r^2 \sqrt{3} \, x + \frac{5 \, r}{4} x^2 .$$

Da $\overline{OS} = \overline{O_1 S} - 2r$, so geht die Bedingung $\overline{OS} < 2r$ über in $\overline{O_1 S} < 4r$ oder mit $\xi = x/r$ in

$$\xi^2 + \left(\frac{5}{2} \sqrt{3} - 8 \right) \xi + \left(\frac{119}{120} + \frac{32\pi}{15} - 5 \sqrt{3} \right) < 0,$$

woraus folgt $\xi < 3{,}91$ oder $x < 3{,}91 \, r$.

b) Der beliebig gestützte Körper

Bei Gleichgewicht muß für eine kleine virtuelle Verschiebung die Arbeit δA der wirkenden Kräfte verschwinden und im Falle der Stabilität muß außerdem $\delta^2 A < 0$ sein.

1. Es ist $\delta A = P \, \delta y + Q \, \delta y_1$.
Mit den in Aufg. I, 21 angegebenen Beziehungen

$$y \, \delta y = p \, \delta x,$$
$$y_1 \, \delta y_1 = p \, \delta x_1,$$
$$\delta x + \delta x_1 = 0,$$

erhält man

$$\delta A = p \left(\frac{P}{y} - \frac{Q}{y_1} \right) \delta x.$$

$\delta A = 0$ gibt für die Gleichgewichtslage $\dfrac{P}{Q} = \dfrac{y}{y_1}$ (wie in Lösung I, 21)
und da

$$\frac{\delta^2 A}{\delta x^2} = p \left(- \frac{P}{y^2} \frac{\delta y}{\delta x} + \frac{Q}{y_1^2} \frac{\delta y_1}{\delta x} \right) = p \left(- \frac{P}{y^2} \frac{p}{y} - \frac{Q}{y_1^2} \frac{p}{y_1} \right) =$$

$$= - p^2 \left(\frac{P}{y^3} + \frac{Q}{y_1^3} \right) < 0,$$

so folgt die Stabilität dieser Gleichgewichtslage.

2. Sind $z_1 = \frac{l}{2} \sin \beta$, $z_2 = l\left(\sin \beta + \frac{1}{2} \cos \alpha\right)$ die Höhenlagen der beiden Stabschwerpunkte über der waagrechten Stützebene, so ist bei Zunahme des Winkels β um $\delta \beta$ die virtuelle Arbeit

$$\delta A = -G\left(\delta z_1 + \delta z_2\right) - P\,\delta x$$

zu leisten, wobei

$$x = \overline{B_0\,B} = l\,(\cos \beta - \sin \alpha).$$

Es ist

$$\delta z_1 = \frac{l}{2} \cos \beta\, \delta \beta, \qquad \delta z_2 = l\left(\cos \beta\, \delta \beta - \frac{1}{2} \sin \alpha\, \delta \alpha\right),$$

$$\delta x = -l\,(\sin \beta\, \delta \beta + \cos \alpha\, \delta \alpha).$$

Aus der Konstanz von $h = l\,(\cos \alpha + \sin \beta)$ folgt

$$-\sin \alpha\, \delta \alpha + \cos \beta\, \delta \beta = 0,$$

daher wird

$$\delta z_2 = \delta z_1 \quad \text{und} \quad \delta x = -l\, \delta \beta\,(\sin \beta + \operatorname{ctg} \alpha \cos \beta)$$

und

$$\frac{\delta A}{\delta \beta} = l\,[P\,(\sin \beta + \operatorname{ctg} \alpha \cos \beta) - G \cos \beta].$$

$\delta A = 0$ liefert das in Lösung zu Aufg. I, 25 auf anderem Wege gewonnene Ergebnis

$$P = \frac{G}{\operatorname{tg} \beta + \operatorname{ctg} \alpha}.$$

Bildet man

$$\frac{\delta^2 A}{\delta \beta^2} = l\left[P\left(\cos \beta - \sin \beta \operatorname{ctg} \alpha - \frac{\cos \beta}{\sin^2 \alpha}\,\frac{\delta \alpha}{\delta \beta}\right) + G \sin \beta\right],$$

so wird mit $\dfrac{\delta \alpha}{\delta \beta} = \dfrac{\cos \beta}{\sin \alpha}$ und $G = P\,(\operatorname{tg} \beta + \operatorname{ctg} \alpha)$

$$\frac{\delta^2 A}{\delta \beta^2} = P\,l\,\frac{\sin^3 \alpha - \cos^3 \beta}{\sin^3 \alpha \cos \beta}.$$

Die Bedingung $\dfrac{\delta^2 A}{\delta \beta^2} < 0$ verlangt demnach: $\sin \alpha < \cos \beta$ oder

$$\cos \left(\frac{\pi}{2} - \alpha\right) < \cos \beta,$$

das heißt

$$\frac{\pi}{2} - \alpha > \beta.$$

Ist B_0 der Fußpunkt des Lotes aus O auf die waagrechte Stützebene, so ist für die Sonderlage $O\,A\,B_0$ der beiden Stäbe: $\pi/2 - \alpha = \beta$, also

$$\frac{\delta^2 A}{\delta \beta^2} = 0.$$

Je nachdem der Stützpunkt B links oder rechts von B_0 liegt, ist das Gleichgewicht stabil oder labil.

3. Es ist $z_1 = l \cos \varphi$, $z_2 = l \cos \psi$ und $\delta A = G \delta z_1 + Q \delta z_2$. Aus

$$\delta z_1 = - l \sin \varphi \, \delta \varphi, \qquad \delta z_2 = - l \sin \psi \, \delta \psi$$

und wegen $\psi = \pi - 2 \varphi$, $\delta \psi = - 2 \delta \varphi$ wird

$$\frac{\delta A}{\delta \varphi} = 2 Q l \sin 2 \varphi - G l \sin \varphi$$

und hieraus mit $\delta A = 0$: $\varphi = 0$ und $\cos \varphi = \dfrac{G}{4 Q}$.

Mit der Angabe $Q = 2 G$ folgt die in Aufg. I, 31 auf anderem Wege erhaltene Lösung $\cos \varphi = 1/8$.

Da $\dfrac{\delta^2 A}{\delta \varphi^2} = 4 Q l \cos 2 \varphi - G l \cos \varphi$ oder mit $G = 4 Q \cos \varphi$:

$$\frac{\delta^2 A}{\delta \varphi^2} = 4 Q l (\cos 2 \varphi - \cos^2 \varphi) = - 4 Q l \sin^2 \varphi < 0,$$

so ist das Gleichgewicht stabil.

4. Der Zunahme des Zentriwinkels φ um $\delta \varphi$ entspricht die gerichtete virtuelle Verschiebung $\delta \mathfrak{s} = - \mathfrak{e}_1 r \, \delta \varphi$ des Massenpunktes M und die virtuelle Arbeit

$$\delta A = (\mathfrak{P}_A + \mathfrak{P}_B + \mathfrak{G} + \mathfrak{D}) . \delta \mathfrak{s}.$$

Da
$$\mathfrak{P}_A = - \lambda \, (r \, \mathfrak{e} + a \, \mathfrak{i}),$$
$$\mathfrak{P}_B = \mu \, (- r \, \mathfrak{e} + a \, \mathfrak{i}),$$
$$\mathfrak{G} = G \, \mathfrak{i},$$

so kommt wegen $\mathfrak{e} . \mathfrak{e}_1 = 0$ und $\mathfrak{i} . \mathfrak{e}_1 = - \sin \varphi$, $\mathfrak{i} . \mathfrak{e}_1 = - \cos \varphi$,

$$\delta A = r \, \delta \varphi \, [G \cos \varphi - a \, (\lambda - \mu) \sin \varphi],$$

woraus mit $\delta A = 0$ die Lösung in Aufg. I, 34:

$$\operatorname{tg} \varphi = \frac{G}{a \, (\lambda - \mu)} \qquad\qquad \text{(a)}$$

folgt. Ferner wird

$$\frac{\delta^2 A}{\delta \varphi^2} = - r \, [G \sin \varphi + a \, (\lambda - \mu) \cos \varphi],$$

oder mit $G = a \, (\lambda - \mu) \operatorname{tg} \varphi$

$$\frac{\delta^2 A}{\delta \varphi^2} = - \frac{G r}{\sin \varphi} = - \frac{r a \, (\lambda - \mu)}{\cos \varphi}.$$

Je nachdem $\lambda \gtrless \mu$, liefert Gl. (a) einen spitzen oder stumpfen Winkel φ, aber beidemale wird $\dfrac{\delta^2 A}{\delta \varphi^2} < 0$, somit ist das Gleichgewicht gegen alle Störungen stabil.

Dies folgt auch daraus, daß bei einer kleinen Verschiebung von M nach rechts hin die im Sinne der Bewegung wirkende Kraftkomponente von $\mathfrak{P}_B$ verkleinert, die rückführende Komponente von $\mathfrak{P}_A$ vergrößert wird; das gleiche gilt bei Umkehrung des Richtungssinnes der Bewegung.

Monotypesatz und Druck von Berger & Schwarz, Zwettl, N.-Ö.

Zweiter Teil

Kinematik und Kinetik des Punktes

Inhaltsverzeichnis

Aufgaben

I. Geradlinige Bewegung

1. Ein Massenpunkt m_1 werde mit v_0 nach aufwärts geworfen; sobald er seine halbe Steighöhe $s/2$ erreicht hat, wird ein zweiter Massenpunkt m_2 aus der Höhe $2s$ über der Ausgangslage von m_1 mit w_0 nach abwärts geworfen. Wie groß ist w_0, wenn sich beide Punkte in der Höhe s treffen?

2. Ein Punkt m_1 wird mit v_0 vertikal nach aufwärts geworfen; nach welcher Zeit T muß ein Punkt m_2 von der gleichen Aesgangslage mit w_0 ($< v_0$) nach oben geworfen werden, damit sich beide Punkte in möglichst kurzer Zeit treffen?

3. Ein Kraftfahrzeug (Breite b) fahre mit der Geschwindigkeit v an der rechten Seite einer Straße, so daß links davon noch eine freie Straßenbreite $B = \beta b$ vorhanden ist (Abb. 1). Das Fahrzeug befinde sich in der Entfernung e von einem Fußgänger, der die Fahrbahn mit der Geschwindigkeit $\varkappa v$ ($\varkappa < 1$) schräg unter dem Winkel α überschreitet. Zeige, daß es eine kleinste Geschwindigkeit $\varkappa_{min} v$ für die gefahrlose Überquerung der Straße vor dem herannahenden Fahrzeug gibt mit bestimmtem, von Null verschiedenem Schrägwinkel α. Die Schrittlänge des Fußgängers betrage $n \cdot b$ ($n < 1$) Diskutiere die Lösung für den Sonderfall $n = 0$. Berechne $\varkappa_{min}$ und α mit den Angaben $\varepsilon = 20$, $\beta = 3$, $n = \frac{1}{2}$, bzw. $n = 0$ und $v = 30$ km/h. (E. Everling, H. Heinrich.)

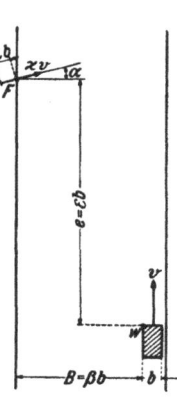

Abb. 1

4. Wenn die Weg-Geschwindigkeitsgleichung einer geradlinigen Bewegung durch $s = k_1 \sqrt{v} - k_2$ gegeben ist, soll die Zeit berechnet werden, die seit Beginn der Bewegung ($s = 0$) verflossen ist, bis die Geschwindigkeit den doppelten Wert der Anfangsgeschwindigkeit erreicht hat.

5. Ein Massenpunkt m bewege sich geradlinig aus der Ruhelage $x = a$ unter dem Einflusse einer in $x = 0$ wirkenden Anziehungskraft $K = k/x^2$. Mit welcher Geschwindigkeit und nach welcher Zeit erreicht der Punkt die Lage $x = a/2$?

6. Berechne $v = v(t)$ und $x = x(t)$ für den freien Fall im widerstehenden Mittel, wobei der Widerstand eine Verzögerung βv bewirkt. Wie groß ist die bei Eintritt gleichförmiger Bewegung erreichte Grenzgeschwindigkeit u? Berechne die Anlaufzeit τ, nach deren Ablauf die Geschwindigkeit v nur mehr 1% von u beträgt. (β Widerstandskonstante.)

7. Löse die vorstehende Aufgabe bei Annahme einer Verzögerung βv^2.

8. Wie groß ist die Grenzgeschwindigkeit eines bemannten Fallschirmes von 100 kg Gewicht, der die Form einer halben Hohlkugel vom Durchmesser 4 m besitzt? Der Luftwiderstand ist zu berechnen

aus $W = c_w F \dfrac{\varrho\, v^2}{2}$, worin F die Hauptspantfläche (m²), ϱ die Dichte

der Luft $\left(\dfrac{1}{8}\, \dfrac{\text{kg s}^2}{\text{m}^4}\right)$, $c_w = 1{,}33$ der Widerstandsbeiwert.

Wie groß ist die Anlaufzeit?

9. Von zwei in der Entfernung a lotrecht übereinander liegenden gleich schweren Massenpunkten m falle der obere frei herab, während der untere gleichzeitig mit v_0 nach aufwärts geworfen werde; der Widerstand des Mittels sei $k\,v$. Nach welcher Zeit treffen sich die Punkte?

In welcher Entfernung von der Ausgangsstelle des oberen Punktes liegt die Treffstelle?

10. Die mit v_0 beginnende geradlinige Bewegung eines Körpers (Masse m) soll auf der Strecke a durch eine Bremskraft K auf v_0/n ermäßigt werden. Mit welchem Betrage K_1 muß die linear mit der Geschwindigkeit auf den Wert K_2 abnehmende Bremskraft einsetzen, wenn $K_2/K_1 = \varkappa$ vorgeschrieben ist?

11. Welcher Wert ergibt sich für die anfängliche Bremskraft K_1 in der vorstehenden Aufgabe, wenn auf der Strecke a die Bewegung vollständig abgebremst wird und $\varkappa = \frac{1}{2}$ ist?

12. Die geradlinige Bewegung eines Massenpunktes m mit der Anfangsgeschwindigkeit v_0 soll auf der Strecke $2\,a$ vollkommen abgebremst werden. Auf der ersten Hälfte der Bremsstrecke sei die mit K_1 einsetzende Bremskraft linear mit der Geschwindigkeit abnehmend bis zum Werte K_2, in der zweiten Hälfte wirke K_2 gleichbleibend; wie groß muß K_1 bei gegebenem Werte $K_2/K_1 = \varkappa$ sein? Überprüfe das für K_1 gefundene Ergebnis durch Anwendung auf die beiden Grenzfälle $\varkappa = 0$ und $\varkappa = 1$.

13. Ein mit v_0 nach aufwärts geworfener Massenpunkt m bewege sich in einem widerstehenden Mittel, dessen Widerstand für $m = 1$ gleich βv^2 sei. Nach welcher Zeit und mit welcher Geschwindigkeit kehrt der Massenpunkt in seine Ausgangslage zurück?

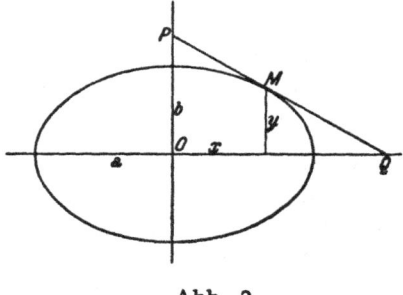

14. Die Bewegung des Massenpunktes M sei eine elliptische Sinusschwingung mit den Halbachsen a, b und der Kreisfrequenz ω. Die Bahntangente in M (Abb. 2) schneidet die Hauptachsen in P und Q.

Abb. 2

Man berechne das Verhältnis der Geschwindigkeiten, mit denen sich die Punkte P und Q auf ihren geraden Bahnen bewegen und ermittle jene Lage von M, für welche dieses Verhältnis gleich b/a wird?

II. Kinematik der krummlinigen Bewegung

1. Man stelle die Geschwindigkeit und Beschleunigung der Bewegung eines Punktes auf einer Raumkurve in Zylinderkoordinaten dar.

2. Welche ebene Bahn beschreibt ein Massenpunkt bei konstantem Verhältnisse der Geschwindigkeitskomponenten v_x und v_r; welche Beziehung besteht dann zwischen v_y und v_φ?

3. Eine anfänglich in die x-Achse fallende Gerade g (Abb. 3) verschiebe sich in der y-Richtung mit der konstanten Geschwindigkeit c und schneidet dabei die Parabel $y^2 = 2\,p\,x$. Mit welcher Geschwindigkeit und Beschleunigung bewegt sich der Schnittpunkt P auf der Parabel?

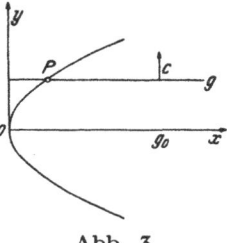

Man entwickle aus der berechneten Beschleunigung eine Konstruktion für den Krümmungshalbmesser der Parabel.

Abb. 3

4. Ein Punkt, der anfangs in Ruhe ist und die Koordinaten $x_0 = a$, $y_0 = b$ hat, beschreibt die Parabel $y^2 = (b^2/a)\,x$.

Man kennt von seiner Beschleunigung den Teil $b_x = k/y$, worin k eine Konstante ist. Nach welcher Zeit erreicht er jene Stelle der Bahn, für die $y = 5\,b$ ist? Welche Geschwindigkeit und Beschleunigung hat er dann?

5. Eine Gerade g drehe sich um A aus der waagrechten Ruhelage g_0 mit der einem Stabpendel entsprechenden Winkelbeschleunigung $\lambda = c \cos \varphi$ und schneidet dabei den Kreis vom Durchmesser $2\,a$ (Abb. 4).

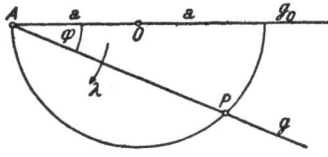

Welche Geschwindigkeit und Beschleunigung besitzt der Schnittpunkt P für die durch φ gekennzeichnete Lage?

Abb. 4

6. Die Gerade g (Abb. 5) drehe sich mit konstanter Winkelgeschwindigkeit ω um den Punkt O_1 $(\overline{OO_1} = a/2)$. Wie hängt das Verhältnis der Geschwindigkeiten der Schnittpunkte P und Q der Geraden g mit dem Kreise k vom Drehwinkel φ ab? Bei welchem Winkel φ_1 hat es den Wert $\frac{1}{2}$?

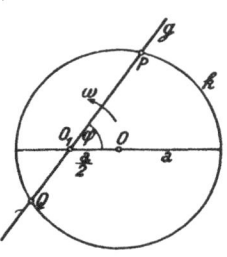

Abb. 5

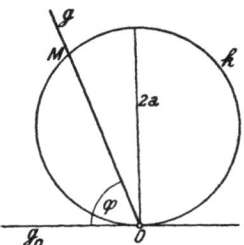

Abb. 6

7. Eine Gerade g dreht sich aus der anfänglichen Ruhelage g_0 um den Punkt O des Kreises k vom Halbmesser a mit konstanter Winkelbeschleunigung λ. Bei welchem Drehwinkel φ ist die Beschleunigung, mit welcher $r = \overline{OM}$ wächst, gleich $1/_3$ der in die Richtung r fallenden Komponente der Gesamtbeschleunigung von M? (Abb. 6).

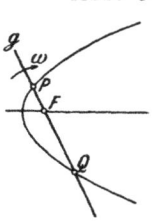

Abb. 7

8. Der Fahrstrahl g einer Parabel drehe sich mit konstanter Winkelgeschwindigkeit ω um den Brennpunkt F; mit welcher Geschwindigkeit und Beschleunigung bewegt sich der Schnittpunkt P auf der Parabel? Welchen Winkel schließt der Beschleunigungsvektor mit dem Fahrstrahl $\overline{FP}$ ein? (Abb. 7).

9. Wie muß sich in der vorstehenden Aufgabe ω ändern, damit die Bewegung des Schnittpunktes P auf der Parabel gleichförmig sei? Mit welcher Geschwindigkeit bewegt sich dann der zweite Schnittpunkt Q des Strahles FP auf der Parabel? Für welchen Polwinkel φ ist $v_P : v_Q = 3$?

10. Ein Punkt M bewege sich mit konstanter Geschwindigkeit c auf einer Kettenlinie vom Parameter a. Beweise, daß dann seine Beschleunigung an der Bahnstelle (x, y) den Wert $\dfrac{a\,c^2}{y^2}$ besitzt und gebe die Richtung der Beschleunigung an $(y = a \operatorname{Cos} x/a)$.

11. Beweise, daß der polare Hodograph für die Bewegung des Umfangspunktes eines auf einer Geraden rollenden Kreises vom Halbmesser R ein Kreis ist mit dem Halbmesser $R\,\omega$, wenn ω die Winkelgeschwindigkeit der Rollbewegung angibt.

12. Ein schwerer Punkt fällt aus der Anfangslage $(y = h, \; x = 0)$ frei herab und wird von der Y-Achse mit einer Kraft abgestoßen, die proportional der jeweiligen Entfernung von der Achse ist. Die waagrechte Anfangsgeschwindigkeit ist v_0. Welche Bahn beschreibt der Punkt? Wann und wo erreicht er die X-Achse?

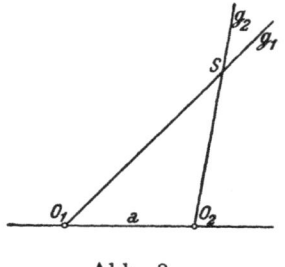

Abb. 8

13. Die Geraden g_1, g_2 (Abb. 8) drehen sich aus der anfänglichen Ruhelage, in der sie sich mit der Geraden O_1, O_2 decken, gleichmäßig beschleunigt um die festen Punkte O_1, O_2. Die Winkelbeschleunigung von g_2 sei gleich der doppelten jener von g_1. Welche Bahn beschreibt der Schnittpunkt S? Berechne dessen Geschwindigkeit und Beschleunigung in Abhängigkeit vom Drehwinkel der Geraden g_2.

14. Ein rechtwinkliger Winkelhebel FAB (Abb. 9) drehe sich um den Brennpunkt F einer Parabel vom Parameter p mit der Winkelgeschwindigkeit ω. Wie muß sich ω mit dem Drehwinkel ändern, damit sich der Schnittpunkt B des Schenkels AB mit der Parabel auf dieser gleichförmig mit der Geschwindigkeit c fortbewege? In welcher Lage von B wird die Beschleunigung von B am größten? ($\overline{FA} = p/2$.)

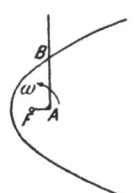

Abb. 9

15. Von der räumlichen krummlinigen Bewegung eines Massenpunktes sei die Bahn in Zylinderkoordinaten durch

$$r = r_0(1 + at), \qquad \varphi = \varphi_0 \ln(1 + at), \qquad z = z_0(1 + at)$$

gegeben, wo t die Zeit bedeutet. Beweise, daß die Bewegung des Punktes gleichförmig ist und gebe Größe und Richtung der Geschwindigkeit und Beschleunigung an beliebiger Bahnstelle an. Bestimme den Hodographen dieser Bewegung und den Krümmungshalbmesser ϱ an beliebiger Bahnstelle.

16. Trägt man auf der Tangente der Bahn l eines Punktes m die Geschwindigkeit v im positiven und negativen Sinne auf (Abb. 10), wodurch die beiden lokalen Hodographen $+h$ und $-h$ entstehen, so ist der Beschleunigungsvektor $\mathfrak{b}$ von m gleich $\overrightarrow{sm}$, wo s den Schnittpunkt der Tangenten an $+h$ und $-h$ bedeutet. Man beweise diese von R. Mehmke stammende Konstruktion.

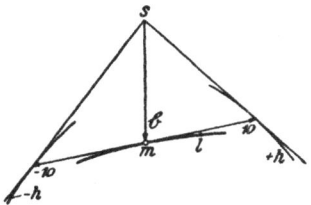

Abb. 10

17. Der Krümmungsmittelpunkt einer durch Zeichnung oder durch ihre analytische Gleichung gegebenen ebenen Kurve l läßt sich nach K. Federhofer in folgender Art konstruieren: Man bringe die durch den beliebig gewählten Pol O gelegte Senkrechte zum Polstrahle OM mit der Kurvennormalen n zum Schnitte in M', lege durch M' die Normale n_1 zur Bahn von M', die den Polstrahl in M'' schneidet. Wird in M' die Senkrechte zu MM' errichtet, die OM in B schneidet und B mit dem Mittelpunkt H von $M'M''$ verbunden, so

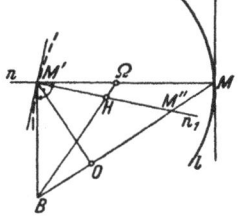

Abb. 11

schneidet die Gerade BH die Normale n im Krümmungsmittelpunkte Ω der Kurve l für die Stelle M (Abb. 11). Man beweise diese Konstruktion auf kinematischem Wege.

III. Wurfbewegung

1. Ist O der Abwurfpunkt eines schiefen Wurfes mit der Anfangs-geschwindigkeit v_0 und sind x_s, y_s die Koordinaten des Scheitels S der Wurfparabel, so zeige man, daß der die Waagrechte in O tangierende Kreis vom Halbmesser $h = v_0^2/2\,g$ der geometrische Ort der Punkte x_s, $2\,y_s$ für alle Abwurfwinkel α ist. Wie konstruiert man hienach den zu gegebenem S gehörigen Wurfwinkel α?

2. Beim schiefen Wurf mit v_0 soll eine waagrechte Wurfweite $(v_0^2/2\,g)\,\sqrt{3}$ erreicht werden. Unter welchen Winkeln ist zu werfen und wie groß ist das Verhältnis der zugehörigen Wurfhöhen?

3. Beweise, daß die Brennpunkte aller Wurfparabeln mit gleichem v_0 auf einem um die Abwurfstelle als Mittelpunkt geschlagenen Kreise vom Halbmesser $(v_0^2/2\,g)$ liegen.

4. Bestimme den Ort aller gleichzeitig von O mit gleichem v_0 unter verschiedenen Winkeln α abgeschossenen Projektile zur Zeit t.

5. Ein Massenpunkt M wird mit v_0 unter dem Winkel α geworfen. Mit welcher Anfangsgeschwindigkeit w_0 muß ein zweiter Punkt M_1 gleichzeitig von einer mit M in gleicher Höhe liegenden Stelle lotrecht nach aufwärts geworfen werden, damit sich beide Punkte treffen, wenn $\overline{MM_1}$ in der Ausgangslage gleich $1/3$ der Wurfweite von M ist? Wann und wo geschieht dies?

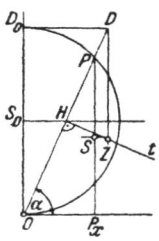

Abb. 12

6. Alle Ziele Z, die bei gegebener Anfangsgeschwin-digkeit v_0 jeweils nur mit einem einzigen Schußwinkel getroffen werden können, liegen auf der sogenannten Grenzparabel. Das einem Schußwinkel α ent-sprechende Ziel Z auf dieser Parabel und der Scheitel S der zugehörigen Wurfparabel können durch folgende Konstruktion (Abb. 12) gefunden werden: Bringe den durch O gelegten Strahl von der Neigung α gegen die Waagrechte mit den Waagrechten durch S_0 und D_0 zum Schnitte in H und D. Die durch H zu OH gezogene Normale schneidet die Lotrechte durch D im Punkt Z der Grenzparabel und es ist dort HZ ihre Tangente. Der Scheitel S der Wurfparabel liegt in der Mitte von $\overline{PP_x}$. Man beweise die Richtigkeit dieser Konstruktion.

7. Die beiden Schußwinkel α_1, α_2, mit denen ein innerhalb des durch die Grenzparabel und durch die Koordinatenachsen begrenzten Schuß-feldes gelegenes Ziel Z bei gegebener Anfangsgeschwindigkeit v_0 ge-troffen wird, können durch die umstehende einfache Konstruktion (Abb. 13) gefunden werden: Ziehe in H die Normale zu OD bis G, mache $\overline{DL} = 2 \cdot \overline{ZG}$, schlage über $\overline{LD_x}$ einen Halbkreis, der die Waagrechte durch D_0 in N schneidet.

Macht man dann $\overline{DA_1} = \overline{DA_2} =$ $= \overline{DN}$, so schließen die Geraden A_1O und A_2O mit der Waagrechten die beiden Schußwinkel α_1, α_2 ein. Die Scheitel S_1, S_2 der zugehörigen Schußparabeln halbieren die zu den Punkten P_1 und P_2 gehörigen Ordinaten. Beweise die Richtigkeit dieser Konstruktion.

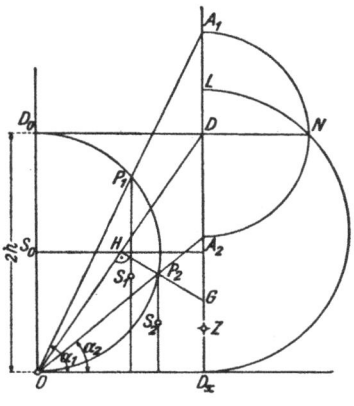

8. Berechne und konstruiere die Lage des auf einer unter dem Winkel γ gegen die Waagrechte geneigten Geländelinie mit v_0 äußerstenfalls noch erreichbaren Zieles und konstruiere die zugehörige Schußparabel.

Abb. 13

9. Ein Ball vom Gewichte G wird unter dem Winkel α gegen die Waagrechte mit v_0 geworfen und gleichzeitig von einem horizontalen Windstrom mit der konstanten Windkraft $n.G$ im Sinne der positiven x-Achse angeblasen. Welche Abweichungen ergeben sich dann in Wurfhöhe und Wurfweite gegenüber dem Wurfe ohne Windkraft?

10. Bei welchem Wurfwinkel α wird in Aufg. 9 ein Ziel Z, von dessen (x, y) Koordinaten x_Z gegeben ist, nur durch einen einzigen Wurf erreicht? Löse die Aufgabe auch rein zeichnerisch.

11. Bestimme in Aufg. 9 den geometrischen Ort der Scheitel aller mit v_0 und verschiedenen Wurfwinkeln möglichen Wurfbahnen. Für welchen Winkel α erreicht der Ball seine höchstmögliche Lage? (Auch graphische Lösung.)

12. Aus der Höhenlage h über dem Horizonte wird eine kleine Kugel vom Gewichte G mit waagrechter Anfangsgeschwindigkeit v_0 geworfen; sie bewegt sich in einem Mittel, dessen Widerstand der jeweiligen Geschwindigkeit der Kugel proportional ist. Wann und wo erreicht die Kugel den Horizont? Bestimme Größe und Richtung der Endgeschwindigkeit.

13. Zeige, daß für den polaren Hodographen des schiefen Wurfes mit quadratischem Widerstandsgesetz die Differentialgleichung gilt

$$\frac{d(v\cos\varphi)}{(v\cos\varphi)^3} = \frac{c}{g}\,\frac{d\varphi}{\cos^3\varphi};$$

hierin ist v die Geschwindigkeit zur Zeit t, φ der Winkel der Bahntangente gegen die Waagrechte, c der ballistische Koeffizient (Dimension m^{-1}). Zeichne den Hodographen für $c = 10^{-3}$ [m^{-1}]; $v_0 = 70$ m/s. Abwurfwinkel $\alpha = 45^0$.

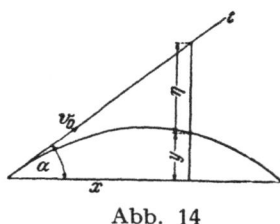

Abb. 14

(4) Berechne die lotrechte Abweichung η der Bahnpunkte von der Anfangstangente t beim schiefen Wurf mit quadratischem Widerstandsgesetz unter der Voraussetzung einer flachen Bahn (Abb. 14). Welche Abweichungen η ergeben sich mit den Zahlenangaben der Aufg. 13 an den Stellen $x = 100$ m und 200 m?

IV. Zentralbewegung

1. Welche Sonderergebnisse liefern die in Aufg. II 1 entwickelten Formeln für den Fall einer Zentralbewegung?

2. Zeige, daß bei der Zentralbewegung auf einem Kegelschnitte um einen Brennpunkt die Geschwindigkeit v an beliebiger Stelle r der Bahn gegeben ist durch

$$v^2 = \frac{c^2}{p}\left(\frac{2}{r} + \frac{\varepsilon^2 - 1}{p}\right).$$

(p Halbparameter, ε numerische Exentrizität.)

Gebe das Kriterium für v an, damit die Bahn eine Ellipse, Hyperbel oder Parabel sei.

3. Beweise, daß der polare Hodograph der Planetenbewegung ein Kreis ist und zeichne ihn für die drei Kegelschnittformen.

4. Zerlegt man die Geschwindigkeit v bei der Planetenbewegung in v_1 senkrecht zum Fahrstrahl r und v_2 senkrecht zur großen Achse, so haben diese Komponenten die konstanten Werte $v_1 = c/p$ und $v_2 = \varepsilon\, c/p$. Beweise dies und begründe, daß diese Zerlegung unmittelbar den polaren Hodographen als Kreis ergibt.

5. Man konstruiere die Keplerellipse, wenn das Kraftzentrum F_1 sowie die Geschwindigkeit $\mathfrak{v}$ und Beschleunigung $\mathfrak{b}$ an beliebiger Bahnstelle m gegeben sind.

6. Zeige, daß bei der Zentralbewegung eines Punktes auf einer Sinusspirale vom Index n mit der Polargleichung $r^n = a^n \cos n\varphi$ die Zentralbeschleunigung den Wert $\dfrac{c^2\, a^{2n}\, (n+1)}{r^{2n+3}}$ besitzt, wobei das Kraftzentrum im Pol ($r = 0$) liegt und daß die Geschwindigkeit $v = \dfrac{c}{a}\left(\dfrac{r}{a}\right)^{1-n}$ ist. Welche Bewegungen sind hienach mit den Indexwerten $n = 1, -1, -2, -\tfrac{1}{2}$ beschrieben?

7. Beweise, daß der polare Hodograph der in Aufg. 6 beschriebenen Zentralbewegung eine Sinusspirale mit dem Index $-\dfrac{n}{n+1}$ ist. Ermittle die Formen des Hodographen für die Sonderfälle $n = 1, -2, -\tfrac{1}{2}$.

8. Eine Zentralbewegung erfolge mit der Beschleunigung k^2/r^3, wo k eine Konstante und r die jeweilige Entfernung des Punktes vom Kraftzentrum angibt; bestimme die möglichen Bahnen des Punktes.

9. Die durch den Brennpunkt F_2 einer Keplerellipse (Anziehungszentrum F_1) gezogene Normale zur Bahntangente eines beliebigen Bahnpunktes M schneidet den Mittelpunktsstrahl OM im Punkt Q. Berechne Geschwindigkeit und Beschleunigung von Q für eine beliebige Lage von M.

10. Löse die vorstehende Aufgabe, wenn darin Q den Schnittpunkt der durch F_2 gezogenen Normalen zur Bahntangente mit dem Fahrstrahle F_1M bedeutet. An welchen Stellen der Bahn erreichen v_Q und b_Q extreme Werte?

11. Der Massenpunkt M_1 beschreibe eine Keplerellipse mit dem Anziehungszentrum F_1 und gegebener Flächengeschwindigkeit $c/2$. Beweise, daß der auf dem Fahrstrahl F_1M_1 liegende Ellipsenpunkt M_2 keine Zentralbewegung ausführt und daß das Verhältnis der Geschwindigkeiten der Punkte M_1, M_2 gleich

$$\left(\frac{r_2}{r_1}\right)^{3/2} \cdot \sqrt{\frac{2a - r_2}{2a - r_1}}$$

ist.

12. Beweise, daß in Aufg. 11 der zweite Brennstrahl F_2M_1 sich mit der Winkelgeschwindigkeit $\dfrac{c}{r_1 r_2}$ dreht, wo r_1, r_2 die Entfernungen des bewegten Punktes von den Brennpunkten sind; an welchen Stellen der Bahn erreicht diese Winkelgeschwindigkeit extreme Werte?

13. Ein Punkt M beschreibe eine Parabel als Zentralbewegung um den Brennpunkt F. Mit welcher Geschwindigkeit bewegt sich der Schnittpunkt Q der Tangente in M mit der Leitlinie auf letzterer?

14. Ein Massenpunkt M beschreibe eine Parabel (Parameter p) als Zentralbewegung mit dem Brennpunkt F als Anziehungszentrum. Die Tangente in M und die durch F gelegte Normale schneiden sich in Q. Berechne Geschwindigkeit und Beschleunigung des Punktes Q als Funktion von $r = \overline{FM}$ mit v_0 als Anfangsgeschwindigkeit im Scheitel M_0 der Parabel. Wie groß ist die Flächengeschwindigkeit der Zentralbewegung?

15. Ein Massenpunkt m beschreibe unter Einwirkung der Kraft $\dfrac{m\lambda}{r^2}$ eine Keplerellipse; plötzlich erleide die Konstante λ eine kleine Änderung. Zeige, daß der Punkt m an einem Endpunkt der kleinen Achse liegen muß, wenn die numerischen Exzentrizitäten der ursprünglichen und der neuen Bahnkurve übereinstimmen sollen. (Whittaker.)

16. Ein Massenpunkt beschreibe bei einer Zentralbewegung mit der Beschleunigung k^2/r^3 einen Kreis vom Halbmesser r_0 mit konstanter Geschwindigkeit. Wenn nun plötzlich durch äußere Einwirkung die Geschwindigkeit auf das $2/\sqrt{3}$-fache ohne Richtungsänderung ansteigt, soll die Bahn des Punktes bestimmt werden. (v. Mises.)

17. Ein Massenpunkt m (α-Teilchen) fliege aus großer Entfernung mit der Geschwindigkeit v_∞ gegen die ruhende Masse M (Kern eines Atoms), die auf m eine abstoßende Kraft λ/r^2 ausübt, wo λ die Kraft auf die Einheit der Masse in der Einheit der Entfernung und $r = \overline{M\,m}$ bedeutet. Zeige, daß für den halben Asymptotenwinkel $\beta/2$ der hyperbolischen Bahn von m die Gleichung von Rutherford gilt

$$\operatorname{tg}\frac{\beta}{2} = \frac{l\,v_\infty^2}{\lambda},$$

mit l als Lot von M auf die Asymptoten; beweise ferner, daß für die Mindestgeschwindigkeit v_0 im Scheitel des Hyperbelastes, wo $r = r_0$ ist und für v_∞ die Beziehungen bestehen

$$r_0\,v_0^2 = \lambda\,(\varepsilon - 1), \qquad r_0\,v_\infty^2 = \lambda\,(\varepsilon + 1),$$

wo ε die Exzentrizität der Bahn ist.

V. Schwingungen

1. Ein Massenpunkt m (Abb. 15) unterliegt der Einwirkung zweier nach den festen Punkten O_1, O_2 gerichteten Anziehungskräfte, die proportional der jeweiligen Entfernung von O_1 und O_2 sind mit gleichem Proportionalitätsfaktor c. Die Bewegung beginnt in m_0 mit v_0 senkrecht $O_1 O_2$. Welche Bahn beschreibt der Punkt m? Wann und wo trifft er wieder auf der Achse $O_1 O_2$ ein?

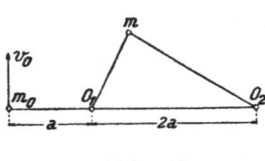

Abb. 15

2. Auf einen Massenpunkt m, der seine Bewegung an der Stelle $\mathfrak{r}_0$ mit der Geschwindigkeit $v_0 \perp \mathfrak{r}_0$ beginnt, wirke eine nach O hin gerichtete Anziehungskraft proportional der jeweiligen Entfernung von O; sie betrage c_1 für die Entfernung Eins. Außerdem wirkt auf den Massenpunkt dauernd eine konstante Windkraft $c\,\mathfrak{r}_0$. Welche Bahn beschreibt dann der Punkt m? Wie groß muß c_1/c gewählt werden, damit die Bahn den Ursprung O enthalte? Mit welcher Geschwindigkeit durcheilt der Massenpunkt die Stelle O?

3. Ein Massenpunkt m bewege sich in einer glatten in waagrechter Ebene liegenden Röhre, die nach einer Kettenlinie $y = a \operatorname{Cos}(x/a)$ geformt ist und werde von der Leitlinie mit einer Kraft $c \cdot y$ angezogen (Abb. 16).

Beweise, daß er eine isochrone Schwingung ausführt und gebe die Lage der Umkehrstellen an, wenn die Bewegung im Scheitel der Kettenlinie mit v_0 beginnt.

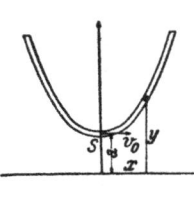

Abb. 16

4. Eine Ellipse drehe sich in ihrer Ebene mit der Winkelgeschwindigkeit ω um einen Brennpunkt F. Es wird verlangt, daß die Schnittpunkte der Ellipse mit einer durch F gelegten festen Geraden eine harmonische Schwingung mit der Kreisfrequenz a ausführen. Welchem Gesetze muß dann ω gehorchen?

5. Beweise, daß der polare Hodograph der harmonischen elliptischen Schwingung eines Massenpunktes eine mit der Bahn ähnliche Ellipse ist.

6. Zwei Massenpunkte beschreiben dieselbe Ellipse mit den Halbachsen a und b als Zentralbewegungsbahn um den Mittelpunkt O mit gleicher Umlaufzeit und der Phasenverschiebung β. Beweise, daß dann der Schnittpunkt P ihrer jeweiligen Bahntangenten eine elliptische harmonische Schwingung auf einer mit der gegebenen Ellipse konzentrischen Ellipse ausführt, deren Halbachsen $\dfrac{a}{\cos\,\beta/2}$ und $\dfrac{b}{\cos\,\beta/2}$ sind und daß die Phasenverschiebung gleich $\beta/2$ ist.

7. Ein Zykloidenpendel mit der Masse m und der Länge l bewege sich aus der Anfangslage m_0 ohne Anfangsgeschwindigkeit in einem Mittel, dessen Widerstand $k\,v$ ist.

Beweise, daß Schwingungen entstehen, wenn $k < 2\,m\,\sqrt{g/l}$ und daß deren Schwingungsdauer unabhängig von der Amplitude gleich

$$\frac{2\,\pi}{\sqrt{\dfrac{g}{l}-\left(\dfrac{k}{2\,m}\right)^2}}\ \text{ist.}$$

8. Beweise, daß bei der Schwingung eines auf rauher waagrechter Unterlage verschieblichen Körpers, der durch eine Schraubenfeder mit einem festen Punkte verbunden ist, die aufeinanderfolgenden größten Schwingungsausschläge eine arithmetische Reihe bilden.

Wie groß ist die Schwingungsdauer T mit c als Federkonstanten?

Wo befindet sich der Körper bei Erlöschen der ohne Anfangsgeschwindigkeit beginnenden Schwingung, wenn die anfängliche Auslenkung der Feder $x_0 = 0{,}43$ m beträgt und die Messung der Schwingungsdauer $T = 1$ sek ergeben hat? $(f = 0{,}2.)$

9. Bestimme die Bahn eines in einem Federkraftfelde (Federkonstante c) befindlichen Massenpunktes m, dessen Bewegung durch einen der jeweiligen Geschwindigkeit proportionalen Widerstand $(k \cdot v)$ schwach gedämpft wird. Die Bewegung beginne bei der Federauslenkung $\mathfrak{r}_0$ mit v_0, wobei $v_0 \cdot \mathfrak{r}_0 \neq 0$ ist.

10. Bei einem Ausschwingversuch eines 20 kg schweren Schwingers werde beobachtet, daß der größte Ausschlag nach zehn vollen Schwingungen in 9 Sekunden um die Hälfte abgenommen hat. Wie groß ist der Dämpfungsfaktor bei geschwindigkeitsproportionaler Dämpfung und welchen Wert hat die Federzahl c?

11. Auf einen 6 kg schweren Massenpunkt, der an einer Schrauben-feder mit der Federkonstanten $c = 18\,\text{kg/cm}$ schwingt, wirke eine erregende Kraft $P_0 \sin \Omega t$.

Wie groß muß der Dämpfungsfaktor k eines Flüssigkeitswiderstandes sein, damit die größte Amplitude der gedämpften erzwungenen Schwingung nach Abklingen des Anfangszustandes höchstens auf das dreifache der statischen Federauslenkung ansteige?

Wie groß ist dann das Verhältnis der Erreger- und Eigenfrequenz sowie der Phasenverschiebungswinkel? Zeichne die Resonanzkurve und das Phasenwinkelbild.

12. Bei Meßinstrumenten zur Aufzeichnung erzwungener Schwingungen wird die Abstimmungsvorschrift $k^2 = 2\,m\,c$ gegeben, wo k den Dämpfungsfaktor und c die Federkonstante des Meßgerätes mit der Masse m bedeuten. Zeige mit Benutzung der Eigenschaften der „Runge-parabel", daß durch diese Vorschrift die Amplituden der durch eine periodische Kraft erzwungenen Schwingungen mit der Kreisfrequenz Ω vom Meßinstrumente (Eigenfrequenz ω) bei „kleinem" Frequenzverhältnisse Ω/ω in nahezu gleichem Maßstabe aufgezeichnet werden und daß der Anzeigefehler von der Größenordnung $(\Omega/\omega)^4$ ist.

Beweise, daß diese Abstimmungsvorschrift dem Ersatze der Parabel durch ihren Krümmungskreis im Scheitel entspricht.

Wie entnimmt man der Rungeparabel die Resonanzfrequenz?

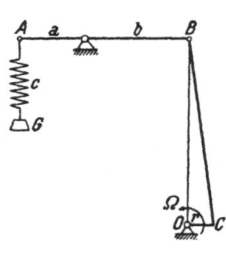

Abb. 17

13. Am Ende A eines Schwinghebels $A\,B$ sei eine Feder mit einem angehängten Gewichte G befestigt (Abb. 17). Das Ende B werde durch eine mit konstanter Tourenzahl n umlaufende Kurbel $\overline{O\,C} = r$ auf und ab bewegt. Welcher Drehzahlbereich muß vermieden werden, wenn die Federkraft nicht über das q-fache des Gewichtes G ansteigen soll?

(Hiebei ist der Einfluß der endlichen Schub-stangenlänge $\overline{B\,C}$ zu vernachlässigen.)

VI. Geführte Bewegung

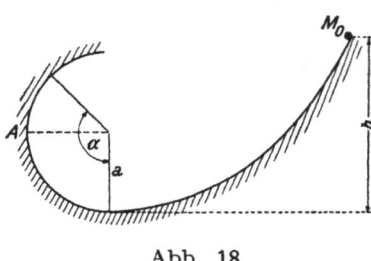

Abb. 18

1. Ein schwerer Punkt gleitet aus der Lage M_0 in lotrechter Ebene ohne Anfangsgeschwindigkeit auf glatter Führung herab und steigt sodann wieder an einem Kreise vom Halbmesser a empor (Abb. 18). Der Punkt soll die Kreisbahn bei $\alpha = 135^0$ verlassen. Aus welcher Höhe h muß dann die Bewegung beginnen? Wie groß ist der Druck an der Stelle A der Bahn?

2.) Wie groß muß $\overline{M_0 M_1} = x$ (Abb. 19) mindestens sein, damit ein in M_0 ohne Anfangsgeschwindigkeit entlang der vorgeschriebenen glatten Bahn herabgleitender schwerer Punkt die Bahnstelle M_2 erreiche? Welche Zeit braucht der Punkt, um von M_2 aus wieder seine Bahn zu erreichen und wo tritt dies ein?

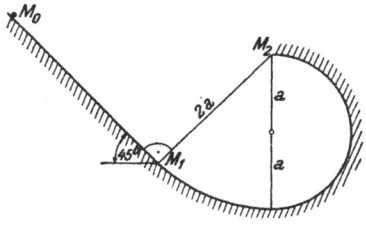

Abb. 19

3.) Ein schwerer Punkt m beschreibe aus der Anfangslage m_0 unter dem Einflusse einer nach C gerichteten Anziehungskraft einen Kreis in lotrechter Ebene (Abb. 20). — Die Zentralkraft ist proportional der jeweiligen Entfernung des Punktes vom Zentrum C.

Mit welcher Geschwindigkeit und nach welcher Zeit trifft der Punkt in C ein, wenn er die Bewegung mit v_0 beginnt? Wie groß ist der Druck in C?

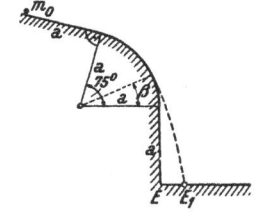

Abb. 20

4. Ein schwerer Punkt m beginnt mit $v_0 = 0$ in m_0 seine Bewegung auf der in Abb. 21 dargestellten glatten Bahn. In welcher Entfernung von E und nach welcher Zeit erreicht er die durch E gelegte waagrechte Ebene?

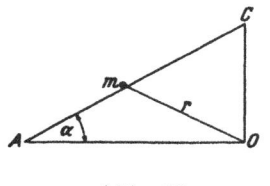

Abb. 21

5.) Ein Körper m beginnt mit v_0 seine gleitende Aufwärtsbewegung auf einer unter dem Winkel α gegen die Waagrechte geneigten rauhen schiefen Ebene und erfährt einen mit v^2 proportionalen Luftwiderstand. Wann und nach welcher Wegstrecke erreicht er seine höchste Lage? Mit welcher Geschwindigkeit kehrt er in seine Anfangslage zurück?

6. Ein schwerer Punkt m bewegt sich unter dem Einflusse einer nach O gerichteten Anziehungskraft $P = k\,m\,r$ in einer lotrechten Ebene auf einer rauhen, unter α gegen die Waagrechte geneigten Geraden nach aufwärts (Abb. 22). Mit welcher Geschwindigkeit kommt er in C an, wenn die Bewegung in A mit $v_0 = 0$ beginnt?

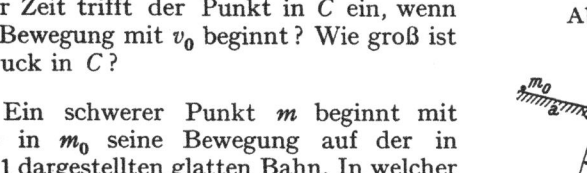

Abb. 22

Wie lange braucht er hiezu? Wie groß muß k mindestens sein, damit m die Stelle C erreichen kann?

7. Ein Massenpunkt beschreibe unter dem alleinigen Einflusse von Bahndruck und Reibung eine rauhe Kreisbahn vom Halbmesser a. (Reibungsziffer f.) Wenn die Bewegung mit v_0 beginnt, soll bewiesen werden, daß der Punkt nach der Zeit $\dfrac{a}{f\,v_0}\,(e^{2f\pi}-1)$ mit der Geschwindigkeit $v_0\,e^{-2f\pi}$ in seine Ausgangslage zurückkehrt.

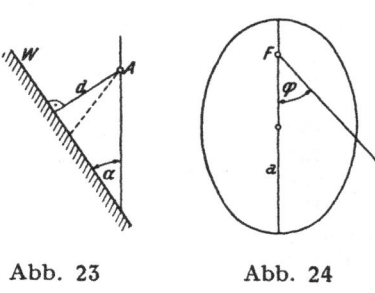

Abb. 23   Abb. 24

8. Auf welcher durch A gelegten glatten schiefen Ebene (Abb. 23) erreicht ein schwerer Massenpunkt ohne Anfangsgeschwindigkeit die Wand W am raschesten? Wie lange braucht er hiezu?

9. Auf welcher Geraden erreicht ein vom Brennpunkt F einer Ellipse mit lotrechter großer Achse ohne Anfangsgeschwindigkeit herabgleitender Massenpunkt am schnellsten die Ellipse, wenn die Bahn glatt ist? (Abb. 24). Wie groß ist der Winkel φ und die Fallzeit bei einem Achsenverhältnisse $1/\sqrt{2}$?

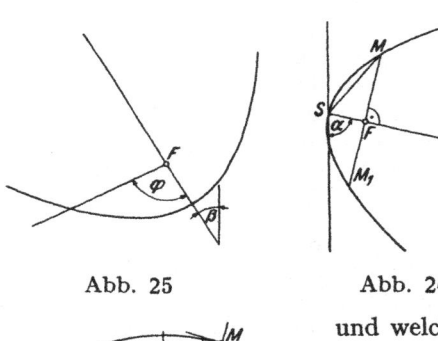

Abb. 25   Abb. 26

10. Die Achse einer in lotrechter Ebene mit dem Scheitel nach unten liegenden Parabel (Abb. 25) sei gegen die Lotrechte unter dem Winkel β geneigt. Auf welchem Brennstrahle erreicht ein schwerer Punkt von F aus ohne Anfangsgeschwindigkeit am schnellsten die Parabel und welche Zeit braucht er dazu?

11. Bestimme den Neigungswinkel α der Achse einer in lotrechter Ebene liegenden Parabel mit der Lotrechten so, daß ein Massenpunkt von M aus ohne Anfangsgeschwindigkeit zum Durcheilen der Sehne $\overline{M\,S}$ die gleiche Zeit benötigt wie bei der Bewegung auf der geraden Bahn $\overline{M\,M_1}$. Wie groß ist diese Zeit? (Abb. 26).

Abb. 27

12. Ein schwerer Punkt M bewege sich ohne Anfangsgeschwindigkeit auf der Normalen einer Ellipse mit lotrechter kleiner Achse b. Beweise, daß er die große Achse in kürzester Zeit erreicht, wenn die Brennstrahlen von M aufeinander senkrecht stehen und daß die erforderliche Zeit gleich $2\,(b/a)\,\sqrt{e/g}$ ist (Abb. 27).

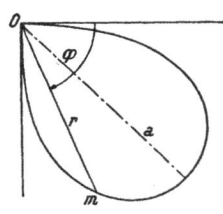

Abb. 28

13. Zeige, daß ein schwerer Punkt m, der ohne Anfangsgeschwindigkeit aus O auf einer glatten in lotrechter Ebene liegenden Lemniskatenschleife (Abb. 28) gleitet, hiezu bis zur beliebigen Bahnstelle m die gleiche Zeit braucht wie bei der Bewegung auf der Sehne $O\,m$. $(r = \overline{O\,m} = a\,\sqrt{\sin 2\,\varphi}.)$

14. Ein schwerer Massenpunkt gleitet in lotrechter Ebene von der Spitze einer rauhen Zykloide mit waagrechter Scheiteltangente ohne Anfangsgeschwindigkeit herab. Beweise, daß der Massenpunkt im Scheitel S zur Ruhe kommt, wenn die Reibungszahl f der Gleichung $f^2 = e^{-f\pi}$ genügt. (Love.)

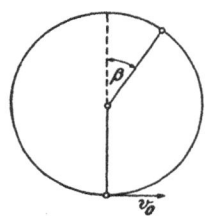

Abb. 29

15. Mit welcher Anfangsgeschwindigkeit v_0 muß ein mathematisches Pendel seine Bewegung aus der lotrechten Lage beginnen, damit der Pendelfaden in der Lage β spannungslos werde? (Abb. 29).

Beweise, daß der Faden erst dann wieder gespannt ist, wenn er mit der nach oben positiven Vertikalen den Winkel $3\,\beta$ einschließt.

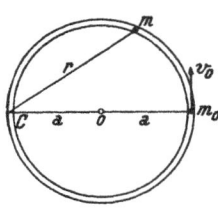

Abb. 30

16. Ein Massenpunkt m bewegt sich aus der Anfangslage m_0 mit der Anfangsgeschwindigkeit v_0 in einem waagrechten, innen glatten kreisförmigen Rohr unter dem Einflusse einer nach C hin gerichteten Kraft $P = m\,f\,(r)$, wo $r = \overline{m\,C}$ (Abb. 30).

Welchem Gesetze muß $f\,(r)$ genügen, wenn während der Bewegung der Druck des Rohres auf den bewegten Punkt den konstanten Wert D haben soll?

17. Ein schwerer Punkt m bewege sich auf einer rauhen Schraubenfläche mit lotrechter Z-Achse und geradlinigem Profile (Abb. 31); sie ist durch $z = a\,r + b\,\varphi$ gegeben, wo $b\,2\,\pi = h$ die Ganghöhe der Schraubung angibt. Man stelle die Bewegungsgleichungen des Punktes auf und zeige, daß die Bahn des Punktes eine gewöhnliche Schraubenlinie mit $r = r_0$ ist, wenn die Reibungsziffer f den Wert

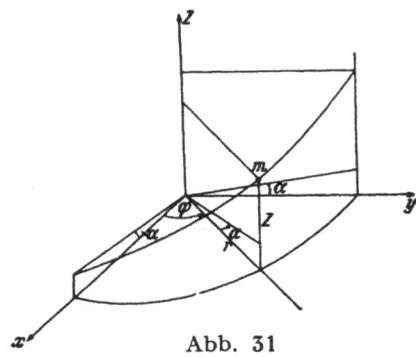

Abb. 31

$$f = \frac{\operatorname{tg}\beta_0}{\cos\beta_0\sqrt{\operatorname{tg}^2\alpha + \operatorname{tg}^2\beta_0 + 1}}$$

besitzt, wo $\operatorname{tg}\beta_0 = b/r_0$, $\operatorname{tg}\alpha = a$, und daß dann diese Bewegung eine gleichförmige mit der Geschwindigkeit $v_0 = -\sqrt{g\,a\,r_0}$ ist. Berechne Größe und Richtung des Bahndruckes. (Akimoff, Levenson.)

18. Die auf eine Länge l sich erstreckende Unebenheit der Fahrbahn einer Straße sei durch die Gleichung $y = \dfrac{h}{2}\left(\cos\dfrac{2\pi x}{l} - 1\right)$ dargestellt. Welcher Bedingung muß die Fahrgeschwindigkeit v eines Kraftwagens genügen, damit der Wagen nirgends ins Springen kommt? An welcher Stelle ist die Gefahr hiefür am größten? (Es ist $h \ll l$.) (H. Lorenz.)

VII. Relative Bewegung

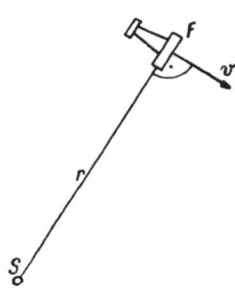

Abb. 32

1. Ein Flugzeug F peilt einen Sender S so an, daß die Flugzeuglängsachse stets senkrecht steht auf dem Fahrstrahle SF (Abb. 32), demnach die Flugbahn bei Windstille ein Kreis ist.

Welche Bahn beschreibt das Flugzeug bei einem Gegenwind von der Geschwindigkeit w, wenn es seine Fluggeschwindigkeit v_r relativ zur umgebenden Luft dauernd beibehält? (W. Wessel.)

2. Auf einem mit der Geschwindigkeit c_2 strömenden Flusse fahre ein Kahn in Richtung auf die Landestelle O mit der konstanten Ge-

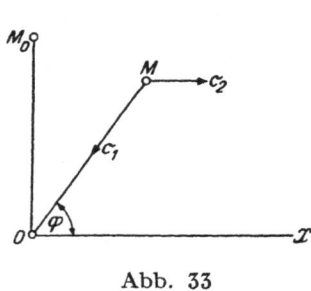

Abb. 33

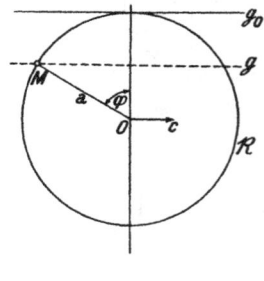

Abb. 34

schwindigkeit c_1; die Bewegung beginne an der Stelle M_0, wo $\overline{OM_0} = r_0 \perp OX$. Entwickle die Polargleichung der absoluten Bahn des Kahnes und berechne seine Fahrzeit von M_0 nach O (Abb. 33).

Zeige, daß der Kahn die Landestelle nur für $c_1 > c_2$ erreichen kann.

3. Die Achse g eines waagrechten Stabes (Abb. 34) berühre in ihrer Anfangslage g_0 einen Kreis k vom Halbmesser a in lotrechter Ebene; der Stab falle frei herab. Welche absolute Geschwindigkeit und Beschleunigung hat der Schnittpunkt M des Stabes mit dem Kreise in beliebiger Lage φ, wenn sich letzterer mit konstanter Geschwindigkeit c waagrecht bewegt?

4. In einen mit der Geschwindigkeit c nach aufwärts strömenden Luftstrom von unendlicher Ausdehnung wird eine kleine Kugel mit der Geschwindigkeit v_0 unter dem Winkel a gegen die Waagrechte eingeschossen; sie erfährt bei ihrer Bewegung den Widerstand $W = k\, \mathfrak{w}$ mit $\mathfrak{w}$ als Relativgeschwindigkeit zwischen Kugel und Luftstrom. Man bestimme bei Vernachlässigung des Eigengewichtes der Kugel und des statischen Auftriebes die Bahn der Kugel.

Nach welcher Zeit bewegt sich die Kugel in Richtung des Luftstromes? Welchen Weg hat sie dann in waagrechter Richtung zurückgelegt? Zeichne die Bahn mit den Angaben $|\mathfrak{c}| = 1500$ cm/s, $v_0 = 200$ cm/s, $a = 0$, $k = 1{,}7 . 10^{-8}$ g s cm^{-1} für eine Kugel vom Durchmesser $1/100$ cm und spezifischem Gewicht $1{,}5$ g cm^{-3}.

5. Ein durch die geneigte Sinus-linie $y . \operatorname{ctg} a = x - \dfrac{a}{2\,\pi} \sin \dfrac{2\,\pi\,x}{a}$ begrenztes Schubglied ABC (Abb. 35) gleitet auf waagrechter Unterlage mit konstanter Geschwindigkeit V und hebt dabei eine in gerader Führung verschiebliche Stange g, die anfänglich die Ruhelage AA_1 hat. Berechne deren Hubgeschwindigkeit und Hubbeschleunigung sowie ihre Größtwerte. An welchen

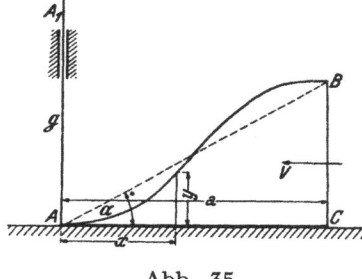

Abb. 35

Stellen erreichen die relative Geschwindigkeit und relative Beschleunigung des Stangenendes A ihre Größtwerte und wie groß sind diese?

6. Man löse die vorstehende Aufgabe unter der Voraussetzung, daß das Schubglied ohne Anfangsgeschwindigkeit mit konstanter Beschleunigung b_s waagrecht gleitet.

7. Ein gleichseitiges Dreieck ABC (Seitenlänge a) dreht sich mit konstanter Winkelgeschwindigkeit ω um den festen Eckpunkt A; während eines Umlaufes bewege sich ein Punkt M gleichförmig von B nach C.

Mit welcher absoluten Geschwindigkeit und Beschleunigung erreicht der Punkt M seine Endlage C? Ermittle die Polargleichung der Bahn von M.

8. Ein gerades Rohr von der Länge $2\,a$ dreht sich um den Endpunkt O in waagrechter Ebene mit der Winkelgeschwindigkeit ω, die zu Anfang mit ω_0 gegeben ist. In der Mitte befindet sich eine kleine glatte Kugel.

Welchem Gesetze muß die Winkelgeschwindigkeit ω gehorchen, damit der Führungsdruck dauernd Null bleibt?

Nach welcher Zeit verläßt die Kugel das Rohr? Wie groß ist die absolute und die relative Austrittsgeschwindigkeit?

9. Ein Eisenbahnwagen fahre mit der Geschwindigkeit v_0 in eine entsprechend dieser Geschwindigkeit überhöhte Gleiskurve vom Halbmesser r und von der Bogenlänge l ein.

Auf welchen Wert v_1 darf die Endgeschwindigkeit des Wagens bei einer gleichmäßig beschleunigten Fahrt im Bogen äußerstenfalls ansteigen, ohne daß auf dem Boden des Wagens (Reibungsziffer f) ruhende Gepäcksstücke in Bewegung geraten?

Man werte die allgemein zu entwickelnden Ergebnisse aus mit den Angaben

$$v_0 = 72 \text{ km/Std.}, \quad r/l = 0,6, \quad f = 0,1.$$

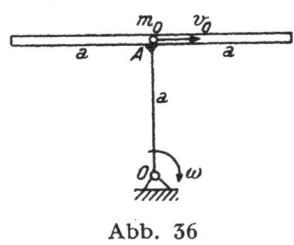

Abb. 36

10. Ein mit dem starren Arm $\overline{OA} = a$ versehenes Rohr von der Länge $2a$ (Abb. 36) dreht sich in waagrechter Ebene mit konstantem ω um O. Eine kleine glatte in m_0 befindliche Kugel erhalte durch einen Stoß die Geschwindigkeit v_0 bezüglich des Rohres. Wann und mit welcher absoluten Geschwindigkeit verläßt die Kugel das Rohr?

Entwickle die Gleichung der absoluten Bahn von m in Polarkoordinaten bezüglich O.

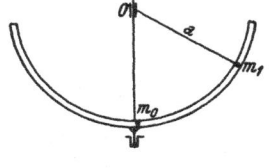

Abb. 37

11. Eine kreisförmig gekrümmte enge Röhre vom Halbmesser a dreht sich um den lotrechten Durchmesser mit konstanter Winkelgeschwindigkeit. Wie groß muß ω sein, damit eine in m_0 nahe der tiefsten Stelle der Röhre anfänglich in Ruhe befindliche kleine glatte Kugel bis nach m_1 gelange, wobei Winkel $m_1 O m_0 = 60^0$ ist? (Abb. 37).

Man bestimme Größe und Richtung der Führungskraft in der Lage m_1.

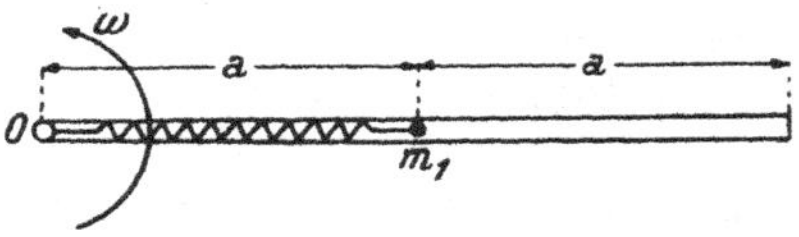

12. In einem geraden Rohr von der Länge $2a$, das sich in horizontaler Ebene mit konstantem ω um sein Ende O dreht, befindet sich eine kleine

Abb. 38

Kugel von der Masse m, die mit O durch eine Schraubenfeder (Federkonstante c) verbunden ist und im ungespannten Zustande bis zur Mitte m_1 des Rohres reicht (Abb. 38). Bei Beginn der Drehung des Rohres befinde sich die Kugel in m_0 in Ruhe, wobei die Feder um das Maß $\overline{m_1 m_0} = a/2$ gedehnt sei.

Zeige, daß die Kugel harmonische Schwingungen um eine durch
$$\frac{a}{1 - \dfrac{m\omega^2}{c}}$$
bestimmte Mittellage im Rohre ausführt, sobald $\omega < \sqrt{c/m}$.

Wie groß ist die Schwingungsdauer und der Größtwert des Führungsdruckes?

13. Eine horizontale Kreisscheibe dreht sich in ihrer Ebene gleichförmig mit ω um einen festen Punkt O, der nicht mit dem Mittelpunkt M der Scheibe zusammenfällt $(\overline{OM} = e)$ (Abb. 39). Die Scheibe enthält eine konzentrische Rille vom Halbmesser a, in der sich ein Massenpunkt m ohne jede eingeprägte Kraft reibungsfrei bewegen kann. Welche Bewegung macht der Punkt in der Rille? Welche relative und absolute Geschwindigkeit hat der Punkt m in der Lage m_1, wenn er sich zu Anfang in m_0 befand? Wie groß ist dort der Führungsdruck?

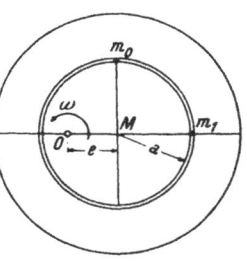

Abb. 39

14. Ein starrer Winkel OAB (Abb. 40) wird um seinen lotrechten Schenkel AO mit konstanter Winkelgeschwindigkeit ω gedreht. Auf dem unter dem Winkel α gegen die Lotrechte geneigten zweiten Schenkel OB gleitet eine Hülse vom Gewichte G aus der Lage m_0 $(\overline{O\,m_0} = a)$ ohne Anfangsgeschwindigkeit. Wann und mit welcher absoluten Geschwindigkeit verläßt die Hülse ihre glatte Führung von der Länge $\overline{OB} = 4\,a$?

Bestimme die Führungskraft in beliebiger Zwischenlage der Hülse als Funktion ihres Weges.

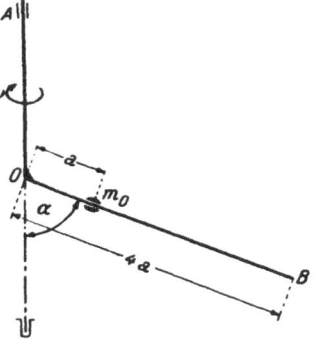

Abb. 40

15. In eine enge gerade Röhre (Abb. 41) von der Länge l, die sich mit konstantem ω um eine durch das untere Ende O gehende lotrechte Achse dreht, wird eine kleine glatte Kugel m mit der relativen Geschwindigkeit v_0 geworfen. Man bestimme die Gleichung der absoluten Bahn der Kugel in Zylinderkoordinaten. Nach welcher Zeit und an welcher Stelle des Rohres befindet sich die Kugel im relativen Gleichgewicht? Bei welchem Werte v_0 verharrt dort die Kugel in relativer Ruhe?

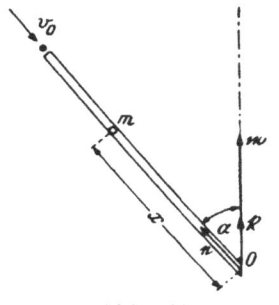

Abb. 41

16. Ein Körper I dreht sich um die feste Achse g_1 mit der Winkelgeschwindigkeit w_1, ein zweiter Körper II dreht sich um eine die Achse g im Abstande a senkrecht kreuzende feste Achse g_2 mit $w_2 = 2\,w_1$. Welches ist die relative Bewegung von I gegen II? (Abb. 42).

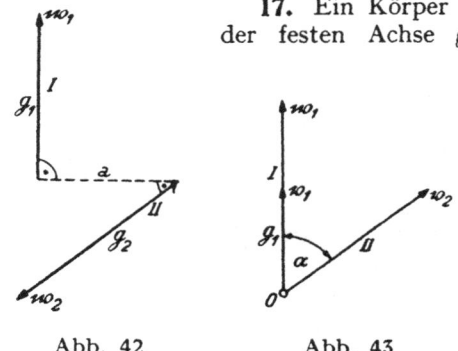

17. Ein Körper I wird mit w_1 und v_1 entlang der festen Achse g_1 geschraubt, ein zweiter II führe eine reine Schiebung mit v_2 aus (Abb. 43).

Bei welchem Verhältnisse v_1/v_2 ergibt sich als relative Bewegung von I gegenüber II eine reine Drehung? Wo liegt dann die Drehachse?

Abb. 42   Abb. 43

18. Mit dem um den festen Punkt O drehbaren Stab I ist im Gelenke A ein Stab II verbunden, dessen Ende B sich mit der Geschwindigkeit v_B bewegt. (Ebenes Doppelstabpendel OAB).

Um welche Achse und mit welcher absoluten Winkelgeschwindigkeit dreht sich der Stab II?

Wie groß ist die Winkelgeschwindigkeit der relativen Bewegung von II gegen I?

19.—20. Löse die Aufgaben II 3, 8, mit Verwendung der Gesetze der Relativbewegung.

Lösungen

I. Geradlinige Bewegung

1. Der Punkt m_1 legt die halbe Steighöhe $s = \dfrac{v_0{}^2}{4\,g}$ in der Zeit

$t_1 = \dfrac{v_0}{g}\left(1 - \dfrac{1}{\sqrt{2}}\right)$ zurück, so daß — da seine Steigzeit v_0/g ist —

bis zum Zusammentreffen von m_2 mit m_1 noch die Zeit $\tau = \dfrac{v_0}{g\sqrt{2}}$

verstreicht.

Aus $s = w_0\,\tau + \dfrac{g}{2}\,\tau^2$ ergibt sich $w_0 = \dfrac{v_0}{4}\sqrt{2}$.

2. Da $w_0 < v_0$, so kann das Zusammentreffen von m_1 und m_2 erst während der Abwärtsbewegung von m_1 erfolgen.

Sei t die von der Bewegungsumkehr an gerechnete Fallzeit von m_1 bis zum Augenblicke des Zusammentreffens mit m_2, und werde m_2 um τ später abgeworfen, so erreicht er den Punkt m_1 nach der Zeit $t - \tau$ und hat dann den Weg

$$w_0\,(t - \tau) - \dfrac{g}{2}\,(t - \tau)^2$$

zurückgelegt.

Da

$$\dfrac{v_0{}^2}{2\,g} = \dfrac{1}{2}\,g\,t^2 + w_0\,(t - \tau) - \dfrac{g}{2}\,(t - \tau)^2,$$

so folgt daraus wegen

$$\dfrac{dt}{d\tau} = 0 : \quad 0 = -w_0 + g\,(t - \tau)$$

oder

$$\dfrac{w_0}{g} = t - \tau. \tag{a}$$

Nun gibt aber w_0/g die der Anfangsgeschwindigkeit w_0 entsprechende Steigzeit bis zur Bewegungsumkehr von m_2 an, somit ist der Weg von m_2 gleich der Steighöhe

$$\dfrac{w_0{}^2}{2\,g}$$

und es ist daher

$$\dfrac{v_0{}^2}{2\,g} = \dfrac{1}{2}\,g\,t^2 + \dfrac{w_0{}^2}{2\,g},$$

— 25 —

woraus

$$t = \frac{1}{g} \sqrt{v_0{}^2 - w_0{}^2}.$$

Hiemit ergibt (a):

$$\tau = t - \frac{w_0}{g} = \frac{-w_0 + \sqrt{v_0{}^2 - w_0{}^2}}{g}.$$

Da die Steigzeit von m_1 gleich v_0/g ist, so muß daher m_2 nach der Zeit

$$T = \frac{v_0}{g} + \tau = \frac{v_0 - w_0 + \sqrt{v_0{}^2 - w_0{}^2}}{g}$$

abgeworfen werden, damit m_1 am raschesten erreicht wird.

3. Der Fußgänger benötigt zum Überschreiten der Fahrbahn die Zeit

$$t = \frac{1}{\varkappa\, v} \left(\frac{B + b}{\cos \alpha} + n\, b \right),$$

in der das Fahrzeug den Weg

$$v\, t = \frac{b}{\varkappa} \left(\frac{\beta + 1}{\cos \alpha} + n \right)$$

zurückgelegt hat.

Der Fußgänger ist jedenfalls dann nicht gefährdet, wenn die linke vordere Wagenecke W die Bahn des Fußgängers in dem Augenblicke erreicht, wo der Fußgänger den rechten Fahrbahnrand gerade verläßt; hienach muß

$$e + B \operatorname{tg} \alpha \lesseqgtr v\, t$$

sein, so daß bei gegebenem $e = \varepsilon\, b$

$$\varkappa = \frac{\beta + 1 + n \cos \alpha}{\varepsilon \cos \alpha + \beta \sin \alpha}. \tag{a}$$

Aus $\partial \varkappa / \partial \alpha = 0$ ergibt sich $\varkappa_{min}$, wenn

$$\varepsilon \sin \alpha - \beta \cos \alpha = \frac{n\,\beta}{\beta + 1}. \tag{b}$$

Mit Einführung des durch $\operatorname{tg} \Theta = B/e = \beta/\varepsilon$ gegebenen Winkels Θ wird aus (b)

$$\sin(\alpha - \Theta) = \frac{n\,\beta}{\beta + 1} \frac{\cos \Theta}{\varepsilon} = \frac{n\,\beta}{(\beta + 1)\sqrt{\varepsilon^2 + \beta^2}},$$

so daß

$$\alpha = \Theta + \arcsin \frac{n\,\beta}{(\beta + 1)\sqrt{\varepsilon^2 + \beta^2}}; \tag{c}$$

demnach ist der günstigste Schrägwinkel α von Null verschieden. Im Sonderfall $n = 0$ ergibt sich $\alpha = \Theta$, das heißt das Überschreiten der Fahrbahn erfolgt hier mit geringster Geschwindigkeit, wenn die Wegrichtung senkrecht zur Geraden WF gewählt wird.

Die zugehörige Geschwindigkeit beträgt nach (a)

$$\varkappa_{n=0} = \frac{\beta + 1}{\sqrt{\varepsilon^2 + \beta^2}} \cdot$$

Mit den Zahlenangaben $\varepsilon = 20$, $\beta = 3$, $v = 30$ km/h wird

im Falle $n = \frac{1}{2}$: $\alpha = 8{,}53^0 + 1{,}001^0 = 9{,}531^0$, $\varkappa = 0{,}222$, $\varkappa \cdot v = 6{,}7$ km/h,

im Falle $n = 0$: $\alpha = 8{,}53^0$, $\varkappa_0 = 0{,}198$, $\varkappa_0 \cdot v = 6$ km/h.

4. Aus

$$s = k_1 \sqrt{v} - k_2 \tag{a}$$

wird mit $s = 0$ die Anfangsgeschwindigkeit $v_0 = k_2^2 / k_1^2$.

Aus (a) folgt $ds = \dfrac{k_1}{2\sqrt{v}} dv$ oder wegen $ds = v\, dt$

$$dt = \frac{k_1}{2\, v^{3/2}} dv,$$

woraus mit der Anfangsbedingung $t = 0$, $v = v_0$

$$t = k_1 \left(\frac{1}{\sqrt{v_0}} - \frac{1}{\sqrt{v}} \right) \cdot$$

Mit $v = 2\, v_0$ ergibt sich für die gesuchte Zeit

$$t_1 = \frac{k_1^2}{k_2} \left(1 - \frac{1}{\sqrt{2}} \right) \cdot$$

5. Da nach Ablauf der Zeit t der Weg $s = a - x$ zurückgelegt wurde, so ist $b = \ddot{s} = -\ddot{x}$ und es lautet daher das Bewegungsgesetz mit $k/m = c^2$

$$b = -\ddot{x} = \frac{c^2}{x^2} \cdot$$

Aus $v\, dv = b\, ds$ folgt

$$v^2 = 2\, c^2 \left(\frac{1}{x} - \frac{1}{a} \right),$$

daher wird für die Lage $x = a/2$:

$$v_1 = c \sqrt{\frac{2}{a}} \cdot$$

Da

$$v = \dot{s} = -\dot{x} = c \sqrt{2 \left(\frac{1}{x} - \frac{1}{a} \right)},$$

so entsteht durch Integration mit Beachtung der Bedingung $t = 0$, $x = a$

$$t = \frac{a}{c\sqrt{2}} \left[\sqrt{x \left(1 - \frac{x}{a} \right)} + \sqrt{a}\, \operatorname{arc\,tg} \sqrt{\frac{a}{x} - 1} \right];$$

die Lage $x = a/2$ wird daher erreicht zur Zeit

$$t_1 = \frac{a^{3/2}}{2\sqrt{2}\, c} \left(1 + \frac{\pi}{2} \right) \cdot$$

6. Mit v als nach der Zeit t erreichter Geschwindigkeit ist

$$\dot{v} = g - \beta v; \qquad \text{(a)}$$

setzt man $\dot{v} = 0$, so folgt die Grenzgeschwindigkeit u mit $u = g/\beta$; die weitere Bewegung ist dann gleichförmig.
Schreibt man für (a):

$$\left(\frac{v}{u}\right)^{\cdot} = \frac{g}{u} - \beta\left(\frac{v}{u}\right),$$

so liefert die Integration mit der Anfangsbedingung $v(0) = 0$:

$$v = u\left(1 - e^{-\beta t}\right); \qquad \text{(b)}$$

Abb. 44 zeigt den hienach bestehenden Zusammenhang von $\dfrac{v}{u}$ mit βt.

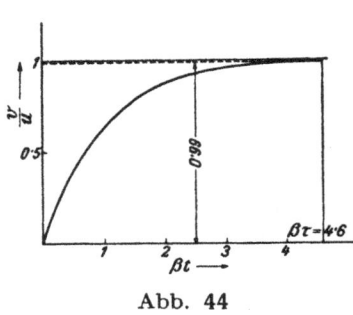

Abb. 44

Aus $\dot{x} = v$ folgt durch Integration mit $x(0) = 0$:

$$x = u\left[t - \frac{1}{\beta}(1 - e^{-\beta t})\right]. \qquad \text{(c)}$$

Mit $v/u = 0{,}99$ ergibt Gl. (b) für die Anlaufzeit τ

$$e^{-\beta \tau} = 0{,}01,$$

woraus

$$\tau = \frac{4{,}605}{\beta} = 4{,}605\,\frac{u}{g}.$$

Mit $g \sim 10\,\text{m/s}^2$ wird daher z. B.

$$\text{bei } u = 100\,\text{m/s:} \quad \tau = 46\,\text{sek,}$$
$$\text{und bei } u = 1\,\text{cm/s:} \quad \tau = 0{,}0046\,\text{sek.}$$

Kleinen Grenzgeschwindigkeiten u entsprechen daher sehr kurze Anlaufzeiten. (Sinken von leichten Teilchen in zäher Flüssigkeit erfolgt daher schon nach kurzer Zeit gleichförmig.)

7. Aus der Bewegungsgleichung

$$\dot{v} = g - \beta v^2 \qquad \text{(a)}$$

entnimmt man mit $\dot{v} = 0$ die Grenzgeschwindigkeit $u = \sqrt{\dfrac{g}{\beta}}$, womit (a) übergeht in

$$\left(\frac{v}{u}\right)^{\cdot} = \frac{g}{u}\left[1 - \left(\frac{v}{u}\right)^2\right]$$

oder in

$$\frac{d\left(\dfrac{v}{u}\right)}{1 - \left(\dfrac{v}{u}\right)^2} = \frac{g}{u}\,dt.$$

Mit der Anfangsbedingung $v(0) = 0$ liefert die Integration

$$v = u \operatorname{Tg}\left(\frac{g}{u}\,t\right). \tag{b}$$

Aus $v = dx/dt = u \operatorname{Tg}(g/u)\,t$ folgt mit $x(0) = 0$

$$x = \frac{u^2}{g} \ln \operatorname{Cos}\left(\frac{g}{u}\,t\right). \tag{c}$$

Der Zusammenhang des Weges x mit der Geschwindigkeit v ist aus der zeitfreien Gleichung

$$v\,dv = b\,dx = g - \beta v^2$$

zu berechnen; da

$$\frac{d(v^2)}{g - \beta v^2} = 2\,dx,$$

so folgt

$$x = \frac{u^2}{2g} \ln \frac{u^2}{u^2 - v^2}. \tag{d}$$

Für die Anlaufzeit τ ergibt sich mit der Forderung $v/u = 0{,}99$ aus (b) die Gleichung

$$\operatorname{Tg}\left(\frac{g}{u}\,\tau\right) = 0{,}99,$$

woraus

$$\tau = 2{,}65\,\frac{u}{g},$$

also mit $g \sim 10\ \text{m/s}^2$ z. B.

bei $u = 100\ \text{m/s}:$ $\tau = 26{,}5\ \text{sek},$

bei $u = 1\ \text{cm/s}:$ $\tau = 0{,}00265\ \text{sek}.$

8. Aus

$$G = W = c_w \frac{d^2 \pi}{4} \frac{\varrho\, u^2}{2}$$

ergibt sich $u = 9{,}8\ \text{m/s}$ und aus $\tau = 2{,}65\,u/g$ (vgl. Aufg. 7): $\tau = 2{,}6$ sek.

9. Mit $k/m = c$ ergibt sich für den oberen Punkt

$$v = \frac{g}{c}\,(1 - e^{-ct}),$$

$$s = \frac{g}{c^2}\,(c\,t + e^{-ct} - 1),$$

und für den unteren Punkt

$$v = \frac{g}{c}\,(e^{-ct} - 1) + v_0\, e^{-ct},$$

$$s = \frac{g}{c^2}\,(1 - e^{-ct} - c\,t) + \frac{v_0}{c}\,(1 - e^{-ct}).$$

Setzt man die Summe der beiden Wege gleich a, so ergibt sich für die Treffzeit

$$t_1 = \frac{1}{c} \ln \frac{v_0}{v_0 - c\,a}$$

und für die Entfernung s_1 der Treffstelle von der Ausgangsstelle des oberen Punktes

$$s_1 = \frac{g}{c^2}\left(\ln \frac{v_0}{v_0 - c\,a} - \frac{c\,a}{v_0}\right).$$

Bei fehlendem Widerstande ergeben sich hieraus nach Durchführung der Grenzübergänge mit $c = 0$ die Sonderwerte

$$t_1 = \frac{a}{v_0}, \qquad s_1 = \frac{g\,a^2}{2\,v_0^2}.$$

10. Entsprechend dem mit v linearen Abfall der Bremskraft K gilt für diese mit den Bedingungen $K = K_1$ für $v = v_0$ und $K = K_2$ für $v = v_0/n$ der Ansatz

$$K = K_1 - (K_1 - K_2)\frac{n}{n-1}\left(1 - \frac{v}{v_0}\right);$$

mit den Abkürzungen

$$k_1 = \frac{K_1}{m}, \quad \frac{v}{v_0} = z, \quad \frac{n}{n-1}(1 - \varkappa) = a$$

ist daher die Beschleunigung b:

$$\frac{b}{k_1} = -(1-a) - a\,z. \tag{a}$$

Die zeitfreie Gleichung $v\,dv = b\,dx$ geht mit (a) und obigen Abkürzungen über in

$$\frac{z\,dz}{1 - a + a\,z} = -\frac{k_1}{v_0^2}\,dx$$

mit dem Integral

$$1 - a + a\,z + (a-1)\ln(1 - a + a\,z) = -\frac{k_1\,a^2}{v_0^2}\,x + C;$$

da die Anfangsbedingung $x = 0$, $v = v_0$ für die Integrationskonstante den Wert $C = 1$ ergibt, so folgt

$$\frac{k_1\,a^2}{v_0^2}\,x = a(1-z) - (a-1)\ln(1 - a + a\,z). \tag{b}$$

Für $v = v_0/n$, das heißt $z = 1/n$ muß aber $x = a$ sein, womit aus (b) folgt:

$$k_1 = \frac{v_0^2}{a\,a^2}\left[1 - \varkappa - (a-1)\ln \varkappa\right] \tag{c}$$

und daher $K_1 = m\,k_1$.

11. Bei vollständiger Abbremsung wird wegen

$$n = \infty : a = \frac{n}{n-1}(1-\varkappa) = 1-\varkappa;$$

da $\varkappa = \frac{1}{2}$, so ist $a = \frac{1}{2}$. Hiemit wird

$$k_1 = \frac{2\,v_0^2}{a}(1 - \ln 2) = 0{,}614\frac{v_0^2}{a}.$$

12. In der zweiten Weghälfte erfährt die Bewegung eine konstante Verzögerung $-\varkappa k_1$ (wo $k_1 = K_1/m$) und besitzt die Anfangsgeschwindigkeit

$$v^* = \sqrt{2\,\varkappa\,k_1\,a}.$$

Für die erste Weghälfte gilt daher

$$n = \frac{v_0}{v^*} = \frac{v_0}{\sqrt{2\,\varkappa\,k_1\,a}},$$

wonach

$$k_1 = \frac{v_0^2}{2\,\varkappa\,a\,n^2}. \tag{1}$$

Dies eingesetzt in Gl. (c) der Aufg. (10) liefert wegen $a = \dfrac{n}{n-1}(1-\varkappa)$ folgende quadratische Gleichung für den Wert n

$$n^2\left[1 - \varkappa\,(1 - \ln\varkappa)\right] + n\left[\varkappa\,(2 - \ln\varkappa) - (2 + \ln\varkappa)\right] + \frac{(1-\varkappa)\,(3\varkappa - 1)}{2\,\varkappa} +$$

$$+ \ln\varkappa = 0. \tag{2}$$

Ist n die positive ihrer beiden Wurzeln, so wird nach (1) mit $\varPhi = \dfrac{1}{\varkappa\,n^2}$

$$k_1 = \frac{v_0^2}{2\,a}\,\varPhi, \tag{3}$$

In Abb. 45 ist die Abhängigkeit der Wurzel n und der Funktion $\varPhi$ von $\varkappa = K_2/K_1$ für den Bereich $\varkappa = 0$ bis 1 dargestellt.

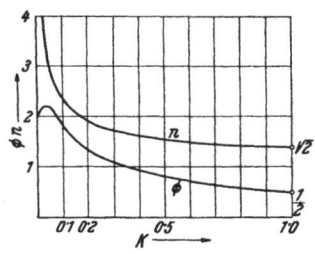

Grenzfall $\varkappa = 0$: Da wegen $K_2 = 0$ in der zweiten Weghälfte keine Reibung wirkt, so muß der Bremsvorgang schon am Ende der ersten Wegstrecke a beendet sein; es liegt dann die Aufg. 10 vor mit den Sonderwerten $\varkappa = 0$, $n = \infty$. Hiefür ergibt die dort erhaltene Gl. (c)

Abb. 45

nach Durchführung des Grenzüberganges $k_1 = v_0^2/a$; für diesen Grenzfall wird nach Gl. (3): $\varPhi = 2$.

Grenzfall $\varkappa = 1$: Dann ist $K_2 = K_1 =$ konst; der auf der ganzen Bremsstrecke $2\,a$ gleichmäßig verzögerten Bewegung entspricht $k_1 = \dfrac{v_0^2}{4\,a}$, somit nach Gl. (3): $\varPhi = \frac{1}{2}$.

13. Für die Aufwärtsbewegung gilt

$$\dot{v} = -g - \beta\,v^2$$

oder mit $u = \sqrt{g/\beta}$:

$$\frac{d\left(\dfrac{v}{u}\right)}{1 + \left(\dfrac{v}{u}\right)^2} = -\frac{g}{u}\,dt.$$

Hienach wird

$$t = -\frac{u}{g}\operatorname{arc\,tg}\frac{v}{u} + t_1,$$

wo t_1 die Steigzeit bedeutet, denn für $v = 0$ wird $t = t_1$. Aus $t = 0$ für $v = v_0$ ergibt sich

$$t_1 = \frac{u}{g}\operatorname{arc\,tg}\frac{v_0}{u}. \tag{1}$$

Die Integration der zeitfreien Gleichung $v\,dv = -(g + \beta\,v^2)\,dx$ oder

$$\frac{\left(\dfrac{v}{u}\right)d\left(\dfrac{v}{u}\right)}{1 + \left(\dfrac{v}{u}\right)^2} = -\frac{g}{u^2}\,dx$$

liefert mit der Anfangsbedingung $v = v_0$ bei $x = 0$:

$$x = \frac{u^2}{2\,g}\ln\frac{u^2 + v_0^2}{u^2 + v^2}. \tag{2}$$

Mit $v = 0$ folgt hieraus die Steighöhe s zu

$$s = \frac{u^2}{2\,g}\ln\left(1 + \frac{v_0^2}{u^2}\right). \tag{3}$$

Da bei der Abwärtsbewegung nach Gl. (d) der Aufg. 7 zwischen dem Wege x und der Geschwindigkeit v die Beziehung

$$x = \frac{u^2}{2\,g}\ln\frac{u^2}{u^2 - v^2}$$

besteht, so liefert $x = s$, das heißt $1 + \dfrac{v_0^2}{u^2} = \dfrac{u^2}{u^2 - v_1^2}$ die Ankunftsgeschwindigkeit v_1 des Massenpunktes in seiner Ausgangslage mit

$$v_1{}^2 = \frac{v_0{}^2}{1 + v_0{}^2\,\beta/g}\,.$$

Die gesamte Dauer T der Bewegung ergibt sich zu $T = t_1 + t_2$, wobei die Steigzeit t_1 durch Gl. (1) bestimmt ist und die Fallzeit t_2 aus der Gl. (c) der Aufg. 7 erhalten wird, wenn man den Weg x gleichsetzt der durch Gl. (3) bestimmten Steighöhe s.

Dies liefert

$$\operatorname{Cos}\left(\frac{g}{u}\,t_2\right) = \sqrt{1 + \frac{v_0{}^2}{u^2}}\,.$$

14. Die Bahngleichung der elliptischen Sinusschwingung mit der Kreisfrequenz ω lautet in Parameterdarstellung

$$x = a\cos\omega\,t, \qquad y = b\sin\omega\,t. \tag{a}$$

Aus der Tangentengleichung

$$\frac{x\,\xi}{a^2} + \frac{y\,\eta}{b^2} = 1$$

ergeben sich mit ξ bzw. η gleich Null, die Wege

$$w = \overline{OP} = \frac{b^2}{y}\,,$$

$$u = \overline{OQ} = \frac{a^2}{x}$$

oder mit (a):

$$w = \frac{b}{\sin\omega\,t}\,,$$

$$u = \frac{a}{\cos\omega\,t}\,.$$

Hieraus wird

$$v = \frac{v_P}{v_Q} = \frac{\dot{w}}{\dot{u}} = -\frac{b}{a}\operatorname{ctg}^3\omega\,t.$$

Die Lage des Punktes M_1 mit $v = b/a$ ergibt sich demnach für $\omega\,t = \pi/4$, das heißt

$$x_1 = \frac{a}{\sqrt{2}}\,, \qquad y_1 = \frac{b}{\sqrt{2}}\,.$$

II. Kinematik der krummlinigen Bewegung

1. Die Zylinderkoordinaten des Punktes m sind r, φ, z. Sei e_1 der Einheitsvektor in Richtung $\overline{o\,m'}$ und $\mathfrak{k}$ jener in der Z-Richtung (Abb. 46), so ist der Ortsvektor $\mathfrak{x} = \overrightarrow{o\,m}$ gegeben durch

$$\mathfrak{x} = e_1\,r + \mathfrak{k}\,z.$$

Mit e_2 sei ein gegen e_1 um $\pi/2$ gedrehter Einheitsvektor bezeichnet, wobei die Aufeinanderfolge e_1, e_2, $\mathfrak{k}$ einem Rechtssystem entspricht. Da

$$d e_1 = 1 \cdot d\varphi \cdot e_2,$$
$$d e_2 = -1 \cdot d\varphi \cdot e_1,$$

so wird

$$\left.\begin{aligned}
\frac{d\,e_1}{dt} &\equiv \dot e_1 = e_2\,\dot\varphi, \\[2mm]
\frac{d^2 e_1}{dt^2} &\equiv \ddot e_1 = e_2\,\ddot\varphi + \dot e_2\,\dot\varphi = e_2\,\ddot\varphi - e_1\,\dot\varphi^2.
\end{aligned}\right\} \quad \text{(a)}$$

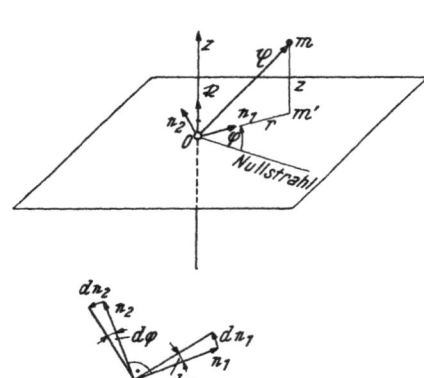

Abb. 46

Hiemit ergibt sich die Geschwindigkeit

$$\mathfrak{v} = \dot{\mathfrak{x}} = e_1\,\dot r + e_2\,r\,\dot\varphi + \mathfrak{k}\,\dot z, \quad \text{(b)}$$

wodurch $\mathfrak{v}$ zerlegt ist in die drei rechtwinkeligen Komponenten

$$v_r = \dot r, \qquad v_\varphi = r\,\dot\varphi, \qquad v_z = \dot z.$$

Da die Beschleunigung $\mathfrak{b} = = \dot{\mathfrak{v}} = \ddot{\mathfrak{x}}$, so entsteht aus (b) bei Beachtung von (a)

$$\mathfrak{b} = e_1\,(\ddot r - r\,\dot\varphi^2) + e_2\,(r\,\ddot\varphi + + 2\,\dot r\,\dot\varphi) + \mathfrak{k}\,\ddot z. \quad \text{(c)}$$

Bezeichnen b_r, b_φ, b_z die Komponenten des Beschleunigungsvektors in den Richtungen e_1, e_2, $\mathfrak{k}$, so ist

$$\begin{aligned}
b_r &= \ddot r - r\,\dot\varphi^2, \\
b_\varphi &= r\,\ddot\varphi + 2\,\dot r\,\dot\varphi, \\
b_z &= \ddot z,
\end{aligned} \qquad \text{(d)}$$

oder ausgedrückt durch die Komponenten des Geschwindigkeitsvektors

$$\begin{aligned}
b_r &= \dot v_r - \frac{v_\varphi{}^2}{r}, \\[2mm]
b_\varphi &= \dot v_\varphi + \frac{v_r\,v_\varphi}{r}, \\[2mm]
b_z &= \dot v_z.
\end{aligned} \qquad \text{(e)}$$

2. Da $v_x/v_r = n = $ konstant sein soll, so muß wegen

$$v_x = v\cos\tau, \qquad v_r = v\cos\Theta$$

die gesuchte Bahn der Beziehung $\cos\tau = n\cos\Theta$ genügen (Abb. 47).

Mit $\tau = \varphi + \Theta$ folgt hieraus

$$\operatorname{ctg}\Theta = -\frac{\sin\varphi}{n - \cos\varphi}, \qquad (a)$$

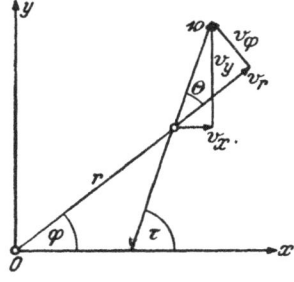

oder wegen

$$\operatorname{ctg}\Theta = \frac{1}{r}\frac{dr}{d\varphi},$$

$$\frac{dr}{r} = -\frac{d\,(n - \cos\varphi)}{n - \cos\varphi}$$

und daher $r\,(n - \cos\varphi) = c$.

Abb. 47

Setzt man $1/n = \varepsilon$, $c/n = p$ und legt den Strahl $\varphi = 0$ in die negative X-Achse, so wird

$$r = \frac{p}{1 + \varepsilon\cos\varphi}.$$

Die Bahn ist ein Kegelschnitt mit O als Brennpunkt und mit der numerischen Exzentrizität $\varepsilon = 1/n$ und dem Halbparameter $p = c/n$.
Da $v_y = v\sin\tau$, $v_\varphi = v\sin\Theta$, so wird

$$\frac{v_y}{v_\varphi} = \frac{\sin\tau}{\sin\Theta} = \sin\varphi\operatorname{ctg}\Theta + \cos\varphi$$

oder wegen (a)

$$\frac{v_y}{v_\varphi} = \frac{n\cos\varphi - 1}{n - \cos\varphi}.$$

Ist der Kegelschnitt eine Parabel ($\varepsilon = 1 = n$), dann wird $v_y/v_\varphi = -1$; in diesem Sonderfalle sind die Verhältnisse v_x/v_r und v_y/v_φ einander gleich.

3. Durch Differentiation der Parabelgleichung $y^2 = 2\,p\,x$ nach t ergibt sich $y\,v_y = p\,v_x$ oder mit $v_y = c$

$$v_x = \frac{y\,c}{p},$$

somit

$$v^2 = v_x{}^2 + v_y{}^2 = \frac{c^2}{p}\,(2\,x + p). \qquad (a)$$

Ferner ist $b_x = \dot{v}_x = (c/p)\,\dot{y} = c^2/p = $ konstant,

$$b_y = \dot{v}_y = 0, \qquad \text{somit} \qquad b \equiv b_x = c^2/p. \qquad (b)$$

Da $b_n = b\sin\varphi = v^2/\varrho$, so wird der Krümmungshalbmesser

$$\varrho = \frac{v^2}{(c^2/p)\sin\varphi} \qquad \text{oder wegen (a):} \qquad \varrho = \frac{2\,x + p}{\sin\varphi}. \qquad (c)$$

Ist A der Schnittpunkt der Parabelnormalen mit der Leitlinie l (Abb. 48), so ist

$$\overline{PA} = \frac{(p/2) + x}{\sin \varphi},$$

daher aus (c)

$$\varrho = \overline{P\Omega} = 2\,\overline{PA}.$$

4.

$$t_1 = \frac{28}{3} \sqrt{\frac{a\,b}{k}}, \quad v_1 = \frac{2}{5} \sqrt{\frac{k}{a\,b}(100\,a^2 + b^2)}, \quad b_1 = \frac{k}{250\,a\,b} \sqrt{(50a)^2 + 9b^2}.$$

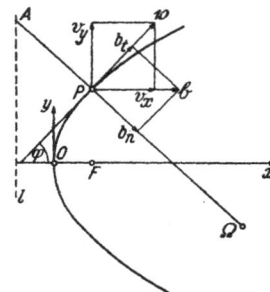

Abb. 48 (zu Aufg. 3)

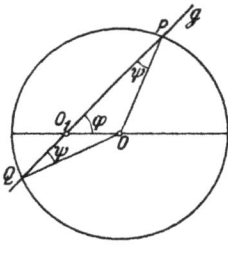

Abb. 49

5. Aus $\lambda = c \cos \varphi$ und $\omega\, d\omega = \lambda\, d\varphi$ folgt

$$\omega^2 = 2\,c \sin \varphi.$$

Da der Drehwinkel von $\overline{OP}$ gleich $2\,\varphi$ ist, so wird

$$v_P = a\,2\,\dot{\varphi} = 2\,a\,\sqrt{2\,c \sin \varphi};$$

ferner ist

$$b_{P,n} = \frac{v_P^2}{a} = 8\,a\,c \sin \varphi,$$

$$b_{P,t} = a\,2\,\ddot{\varphi} = 2\,a\,c \cos \varphi,$$

somit

$$b_P = 2\,a\,c \sqrt{1 + 15 \sin^2 \varphi}.$$

6. Der Drehwinkel des Halbmessers $\overline{OP}$ ist gleich $\varphi + \psi$, jener von $\overline{OQ}$ gleich $\varphi - \psi$, somit

$$v_P = a\,(\dot{\varphi} + \dot{\psi}), \qquad v_Q = a\,(\dot{\varphi} - \dot{\psi});$$

da

$$\frac{\sin \psi}{\sin \varphi} = \frac{\overline{OO_1}}{\overline{OP}} = \frac{1}{2}, \quad \text{so wird}$$

$$2 \cos \psi \,.\, \dot{\psi} = \cos \varphi \,.\, \dot{\varphi}$$

oder wegen $\dot{\varphi} = \omega$:

$$\dot{\psi} = \frac{\cos \varphi}{2 \cos \psi}\,\omega.$$

Hiemit wird

$$\frac{v_P}{v_Q} = \frac{2 \cos \psi + \cos \varphi}{2 \cos \psi - \cos \varphi}.$$

Aus $\sin \psi = \dfrac{\sin \varphi}{2}$ folgt aber

$$2 \cos \psi = \sqrt{3 + \cos^2 \varphi},$$

so daß

$$\frac{v_P}{v_Q} = \frac{\sqrt{3 + \cos^2 \varphi} + \cos \varphi}{\sqrt{3 + \cos^2 \varphi} - \cos \varphi}.$$

Der Forderung $v_P/v_Q = 1/2$ wird genügt durch $\cos^2 \varphi_1 = 3/8$.

7. Die Gesamtbeschleunigung von M hat in Richtung r die Komponente $\ddot{r} - r \dot{\varphi}^2$, während r mit der Beschleunigung $\ddot{r}$ wächst, demnach ist

$$\ddot{r} - r \dot{\varphi}^2 = 3 \ddot{r} \quad \text{oder} \quad 2 \ddot{r} + r \dot{\varphi}^2 = 0.$$

Da wegen $r = 2 a \sin \varphi$,

$$\ddot{r} = 2 a (\ddot{\varphi} \cos \varphi - \dot{\varphi}^2 \sin \varphi),$$

so wird

$$2 \cos \varphi \, \ddot{\varphi} = \sin \varphi \, \dot{\varphi}^2$$

oder

$$\operatorname{tg} \varphi = 2 \frac{\ddot{\varphi}}{\dot{\varphi}^2}. \tag{a}$$

Nun ist $\ddot{\varphi} = \lambda = $ konst, daher $\dot{\varphi} = \lambda t$, $\varphi = \lambda t^2/2$, womit (a) übergeht in

$$\varphi \operatorname{tg} \varphi = 1.$$

8. Aus $v^2 = v_r{}^2 + v_\varphi{}^2 = \dot{r}^2 + r^2 \omega^2$ folgt mit $r = \dfrac{p}{1 + \cos \varphi} =$

$= \dfrac{p}{2 \cos^2 \varphi/2}$: $\dot{r} = r \omega \operatorname{tg} \dfrac{\varphi}{2}$ und $v^2 = \omega^2 \left(r^2 \operatorname{tg}^2 \dfrac{\varphi}{2} + r^2 \right)$, woraus

$$v = \frac{r \omega}{\cos \varphi/2} = \frac{p \omega}{2 \cos^3 \varphi/2}. \tag{a}$$

Da $\cos \varphi/2 = \sin \tau$, so lautet die Polargleichung des Hodographen (Pol in F)

$$v = \frac{p \omega}{2 \sin^3 \tau}.$$

Ferner ist $b^2 = b_r{}^2 + b_\varphi{}^2$, wobei

$$\left.\begin{aligned}
b_r &= \dot{v}_r - \frac{v_\varphi{}^2}{r} = \frac{r \omega^2}{2} \left(3 \operatorname{tg}^2 \frac{\varphi}{2} - 1 \right), \\
b_\varphi &= \dot{v}_\varphi + \frac{v_r v_\varphi}{r} = 2 r \omega^2 \operatorname{tg} \frac{\varphi}{2}.
\end{aligned}\right\} \tag{b}$$

Hiemit wird

$$b = \frac{p \omega^2}{(1 + \cos \varphi)^2} \sqrt{5 - 4 \cos \varphi}. \tag{c}$$

Der Beschleunigungsvektor $\mathfrak{b}$ ist gegen den Fahrstrahl $\overline{FP}$ unter ϑ geneigt, wobei

$$\operatorname{tg} \vartheta = \frac{b_\varphi}{b_r} = \frac{4 \operatorname{tg} \varphi/2}{3 \operatorname{tg}^2 \varphi/2 - 1}.$$

Aus $b_n = b_\varphi \sin \psi - b_r \cos \psi$ ergibt sich bei Beachtung von (b) und wegen $\sin \psi = v_r/v$, $\cos \psi = v_\varphi/v$:

$$b_n = \frac{p\,\omega^2}{4\cos^3\varphi/2}.$$

Da aber $b_n = v^2/\varrho$, so folgt für den Krümmungshalbmesser ϱ nach Beseitigung von v mit Hilfe von (a)

$$\varrho = \frac{p}{\cos^3\varphi/2}. \tag{d}$$

Wegen $r = \dfrac{p}{2\cos^2\varphi/2}$ kann man auch schreiben $\varrho = \dfrac{2\,r}{\cos\varphi/2}$.

Hiemit ergibt sich folgende Konstruktion für ϱ: Errichte in F eine Senkrechte zu $\overrightarrow{FP}$ bis zum Schnitte O mit der Parabelnormalen, womit

$$\overline{PO} = \frac{r}{\cos\varphi/2}$$ gefunden ist; daher ist $\varrho = \overline{P\Omega} = 2\,\overline{PO}$.

Mit Benutzung von ϱ (Gl. d) läßt sich (a) in der einfachen Form

$$v = \frac{\varrho\,\omega}{2}$$

darstellen.

9. Da nach (a) der vorstehenden Aufg. $v = \dfrac{p\,\omega}{2\cos^3\varphi/2}$ und nach (d):

$\varrho = \dfrac{p}{\cos^3\varphi/2}$, so muß zufolge der Bedingung $v = v_0$

$$\omega\,\varrho = 2\,v_0$$

sein. Die Gl. (a) der vorstehenden Aufgabe ergibt wegen $\varphi_Q = \varphi + \pi$

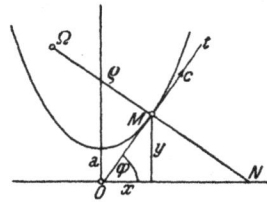

Abb. 50 (zu Aufg. 10)

$$v_Q = \frac{p\,\omega}{2\sin^3\varphi/2},$$

daher ist allgemein

$$\frac{v_Q}{v_P} = \operatorname{ctg}^3\frac{\varphi}{2}$$

und mit $v_P = v_0$:

$$v_Q = v_0 \operatorname{ctg}^3\frac{\varphi}{2}.$$

Aus $v_P/v_Q = \operatorname{tg}^3\varphi/2 = 3$ folgt $\varphi = 110{,}55^0$.

10. Da die Geschwindigkeit konstant, demnach $b_t = 0$, so ist $b \equiv b_n = c^2/\varrho$ mit ϱ als Krümmungshalbmesser der Bahn (Abb. 50).

Aus $\varrho = \dfrac{(1 + y'^2)^{3/2}}{y''}$ folgt mit $y = a\operatorname{Cos}\dfrac{x}{a}$

$$\varrho = \frac{y^2}{a}, \qquad \text{demnach} \qquad b = \frac{a\,c^2}{y^2}.$$

Da $\operatorname{tg}\varphi = y' = \operatorname{Sin} x/a$, so ist die Länge der Normalen

$$\overline{MN} = \frac{y}{\cos\varphi} = y \operatorname{Cos}\frac{x}{a} \quad \text{oder} \quad \overline{MN} = \frac{y^2}{a},$$

das heißt $\overline{MN}$ ist gleich der Länge ϱ.

11. Der Umfangspunkt P des Rollkreises vom Halbmesser R beschreibt eine gewöhnliche Zykloide (Abb. 51). Die Geschwindigkeit v_P bei der Drehung um den Drehpol O mit ω ist $v_P = r\,\omega$ oder wegen $r = 2R\sin\varphi/2$ ($\varphi =$ = Wälzungswinkel)

$$v_P = 2R\,\omega\,\sin\frac{\varphi}{2}.$$

Demnach ist der Hodograph ein Kreis mit dem Halbmesser $R\,\omega$.

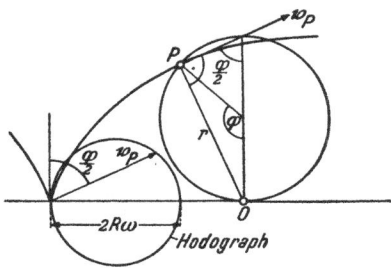

Abb. 51

12. Die Bewegungsgleichungen lauten

$$\ddot{x} = c^2 x, \quad \ddot{y} = -g.$$

Hieraus

$$x = A\operatorname{Sin} c\,t + B\operatorname{Cos} c\,t; \quad y = h - \frac{g\,t^2}{2}.$$

Wegen $x = 0$, $\dot{x} = v_0$ für $t = 0$ wird $x = (v_0/c)\operatorname{Sin} c\,t$. Eliminierung von t gibt die Gleichung der Bahn:

$$x = \frac{v_0}{c}\operatorname{Sin} c\,\sqrt{\frac{2}{g}(h-y)}.$$

Die X-Achse wird zur Zeit $t_1 = \sqrt{\dfrac{2h}{g}}$ (Fallzeit) an der Stelle

$$x_1 = \frac{v_0}{c}\operatorname{Sin} c\,\sqrt{\frac{2h}{g}}$$

erreicht.

13. Aus der Konstanz der Winkelbeschleunigungen λ_1 und λ_2 im Vereine mit $\lambda_2 = 2\lambda_1$ folgt $\varphi_2 = 2\varphi_1$. Daher bewegt sich S auf einem Kreise mit dem Mittelpunkte O_2 und dem Halbmesser a (Abb. 52).

Die zeitfreie Gleichung $\omega\,d\omega = \lambda\,d\varphi$ liefert für die Bewegung der Geraden g_2:

$$\omega_2{}^2 = 4\lambda_1\varphi_2,$$

daher

$$v_s = a\,\omega_2 = 2a\sqrt{\lambda_1\varphi_2}.$$

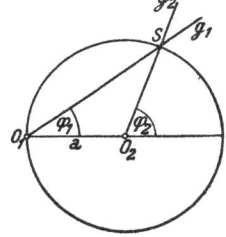

Abb. 52

Die Normalbeschleunigung von S beträgt $b_n = 4a\lambda_1\varphi_2$, die Tangentialbeschleunigung $b_t = 2a\lambda_1$.

14. Mit ψ als Drehwinkel des Hebels und r, φ als Polarkoordinaten des Parabelpunktes B_1, wo $r = \dfrac{p}{1 - \cos \varphi}$ ist, liefert das Dreieck $F\,A_1\,B_1$ (Abb. 53) wegen $r = \dfrac{p}{2\cos(\varphi - \psi)}$ folgenden geometrischen Zusammenhang zwischen φ und ψ:

$$1 - \cos\varphi = 2\cos(\varphi - \psi), \tag{a}$$

woraus

$$\sin^2\frac{\varphi}{2} = \frac{1}{5 + 4\cos\psi}\left(2 + \cos\psi \mp 2\sqrt{2}\sin\psi \cos\frac{\psi}{2}\right). \tag{b}$$

Nach Gl. (a) der Aufg. (8) ist

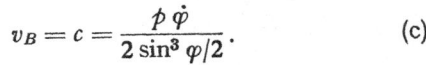

$$v_B = c = \frac{p\,\dot{\varphi}}{2\sin^3\varphi/2}. \tag{c}$$

Differentiation von (a) nach t ergibt

$$\dot{\psi} = \omega = \dot{\varphi}\left[1 + \frac{\sin\varphi}{2\sin(\varphi - \psi)}\right],$$

oder wegen (a):

$$\omega = \dot{\varphi}\left(1 + \frac{\sin\varphi/2}{\sqrt{1 + \sin^2\varphi/2}}\right),$$

Abb. 53 somit bei Beachtung von (c):

$$\omega = \frac{2c}{p}\sin^3\frac{\varphi}{2}\left(1 + \frac{\sin\varphi/2}{\sqrt{1 + \sin^2\varphi/2}}\right),$$

wobei $\sin\varphi/2$ durch Gl. (b) als Funktion des Drehwinkels ψ bestimmt ist.

Der Punkt B hat wegen $v_B = c$ nur eine Normalbeschleunigung, die an der Stelle stärkster Bahnkrümmung (Scheitel der Parabel) ihren Größtwert $b_{max} = c^2/p$ erreicht.

15. Aus den in Aufg. 1 abgeleiteten allgemeinen Formeln findet man

$$\mathfrak{v} = \begin{cases} v_r = r_0\,a, \\[4pt] v_\varphi = r_0\,a\varphi_0, \\[4pt] v_z = z_0\,a \end{cases} \quad \text{und mit der Abkürzung } k = r_0^2\,a^2\varphi_0 : \quad \mathfrak{b} = \begin{cases} b_r = -\dfrac{k\,\varphi_0}{r}. \\[4pt] b_\varphi = +\dfrac{k}{r}, \\[4pt] b_z = 0. \end{cases}$$

Demnach ist $v = a\sqrt{(1 + \varphi_0^2)\,r_0^2 + z_0^2} = $ constant und $b = (k/r)\sqrt{1 + \varphi_0^2}$.

Die Elimination der Zeit t aus den Gleichungen für r und φ liefert

$$r = r_0\,e^{\varphi/\varphi_0}.$$

Hienach liegt die Bahnkurve auf einer Zylinderfläche, deren Leitlinie eine logarithmische Spirale ist. Da ferner $z = (z_0/r_0)\,r$, so gehört die Bahnkurve auch einem Kreiskegel mit der Spitze in O an, dessen

Achse in die Z-Achse fällt und dessen halber Öffnungswinkel gleich arc ctg z_0/r_0 ist. Zylinder und Kegel schneiden sich in der Bahnkurve. Wegen $v = $ const. ist die Bewegung auf dieser Kurve gleichförmig. Der Hodograph ist demnach ein Kreis, dessen Ebene senkrecht zur Z-Achse steht in der Entfernung $v_z = z_0\,a$ von O; sein Halbmesser beträgt $\sqrt{v_r{}^2 + v_\varphi{}^2} = r_0\,a\,\sqrt{1 + \varphi_0{}^2}$. Da $b_z = 0$, so steht der Beschleunigungsvektor senkrecht auf der Z-Achse; er ist gegen $-r$ unter einem Winkel δ geneigt, der durch ctg $\delta = \varphi_0$ bestimmt ist. Wegen $v = $ const wird $b_t = 0$, hienach ist b eine reine Zentripetalbeschleunigung v^2/ϱ, woraus sich der Krümmungshalbmesser ϱ der Bahn mit

$$\varrho = \frac{r}{\varphi_0\,\sqrt{1 + \varphi_0{}^2}}\left[1 + \varphi_0{}^2 + \left(\frac{z_0}{r_0}\right)^2\right] = \frac{r}{\cos\delta}\left[1 + \frac{z_0{}^2\,\sin^2\delta}{r_0{}^2}\right],$$

somit proportional dem Fahrstrahle r ergibt.

16. Mit $\mathfrak{r}$, $\mathfrak{x}_1$, $\mathfrak{x}_{-1}$ als Ortsvektoren der Punkte m, 1, -1 gilt nach Abb. 54

$$\mathfrak{x}_1 = \mathfrak{r} + \mathfrak{v}, \qquad \mathfrak{x}_{-1} = \mathfrak{r} - \mathfrak{v},$$

daher wegen $\dot{\mathfrak{r}} = \mathfrak{v}$ und $\dot{\mathfrak{v}} = \mathfrak{b}$:

$$\dot{\mathfrak{x}}_1 = \mathfrak{v} + \mathfrak{b}, \qquad \dot{\mathfrak{x}}_{-1} = \mathfrak{v} - \mathfrak{b},$$

oder

$$\mathfrak{b} = \dot{\mathfrak{x}}_1 - \mathfrak{v} = \mathfrak{v} - \dot{\mathfrak{x}}_{-1}. \qquad (1)$$

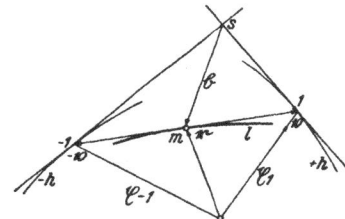

Weil aber die Geschwindigkeiten $\dot{\mathfrak{x}}_1$ und $\dot{\mathfrak{x}}_{-1}$ in die Tangenten von $+ h$ und $- h$ fallen, so ist in den Dreiecken $s\,m\,1$ und $s\,m\,(-1)$ die Zerlegung von $\mathfrak{b}$ in zwei Komponenten bewirkt, wie es die Doppelgleichung (1) verlangt.

Abb. 54

17. Betrachte die Kurve l als Bahn eines auf ihr bewegten Punktes M, dessen Bewegungsverhältnisse dadurch festgelegt werden, daß sich der Strahl OM mit $\omega = 1$ um O dreht (Abb. 55).[1]
Dann wird wegen $\dot\varphi = 1$: $v_r = \dot r = dr/d\varphi$, $v_\varphi = r\,\dot\varphi = r$.

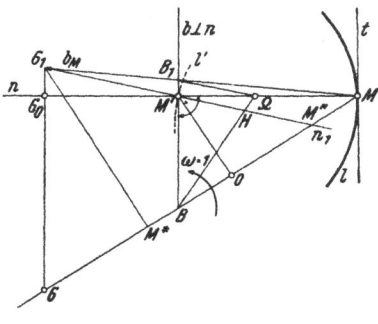

Da $\qquad \mathfrak{v}_M = \mathfrak{v}_r + \mathfrak{v}_\varphi,$

Abb. 55

so liefert das Dreieck MOM' die geometrische Interpretation dieser Gleichung, wobei die drei Geschwindigkeiten im gleichen Sinne um $\pi/2$ gedreht sind und $v_\varphi = \overline{MO}$, $v_r = \overline{OM'}$, $v_M = \overline{MM'}$ ist.

Die Beschleunigungskomponenten b_r, b_φ der Beschleunigung b_M des Punktes M ergeben sich aus

---

[1] In Abb. 55 soll $\omega = 1$ anstatt um B um den Punkt O drehen.

$$b_r = \dot{v}_r - \frac{v_\varphi{}^2}{r}, \quad b_\varphi = \dot{v}_\varphi + \frac{v_r v_\varphi}{r}$$

mit obigen Werten und wegen $d\varphi = dt$ zu

$$b_r = \frac{d^2 r}{d\varphi^2} - r \quad \text{und} \quad b_\varphi = 2 v_r = 2 \cdot \overline{OM'}.$$

Da $\overline{OM'} = dr/d\varphi = v_r$ die Polarsubnormale der gegebenen Kurve l bedeutet, so beschreibt der Punkt M' die polare Differentialkurve l' von l. Schneidet ihre Normale n_1 den Polstrahl r in M'', dann ist, da sich auch OM' mit $\omega = 1$ um O dreht, $\overline{M'M''}$ die um $\pi/2$ gedrehte Geschwindigkeit von M' auf der Bahn l' und es ist daher ihre radiale Komponente nach obigem gleich

$$\overline{OM''} = \frac{d}{d\varphi} (\overline{OM'}) = \frac{d^2 r}{d\varphi^2}.$$

Hiebei ist bei positivem $dr/d\varphi$ der Wert $d^2 r/d\varphi^2$ negativ, wenn $\overrightarrow{OM''}$ die Richtung $\overrightarrow{OM}$ besitzt.

Damit wird

$$b_r = \frac{d^2 r}{d\varphi^2} - r = \overline{MO} + \overline{OM^*} = \overline{MM^*}, \quad \text{wobei} \quad \overline{OM''} = -\overline{OM^*}.$$

Wird auf der in M^* errichteten Normalen zu OM im Sinne wachsenden Winkels φ die Strecke $\overline{M^*G_1} = 2 \cdot \overline{OM'}$ aufgetragen, so ist

$$\overline{MG_1} = \sqrt{b_r{}^2 + b_\varphi{}^2},$$

das heißt G_1 ist der Endpunkt des in M angesetzten Beschleunigungsvektors $\mathfrak{b}_M$. Der Punkt G_1 liegt wegen

$$\overline{M''M^*} = 2 \cdot \overline{OM''} \quad \text{und} \quad \overline{M^*G_1} = 2 \cdot \overline{OM'}$$

auf der Normalen n_1 der Kurve l', wobei $\overline{M'M''} = \overline{M'G_1}$.

Die Projektion von $\mathfrak{b}_M$ auf die Normale n der gegebenen Kurve ist gleich der Normalbeschleunigung $v_M{}^2/\varrho = \overline{MG_0}$ mit ϱ als gesuchtem Krümmungshalbmesser von l. Ist B_1 der Schnittpunkt von MG_1 mit der durch M' gezogenen Parallelen zur Kurventangente t und zieht man durch B_1 die Parallele zu $G_1 M'$, so schneidet diese die Kurvennormale n im Krümmungsmittelpunkte Ω. Denn es ist

$$\frac{MG_1}{MB_1} = \frac{MG_0}{MM'} = \frac{MM'}{M\Omega}$$

oder wegen $\overline{MM'} = v_M$:

$$\frac{v_M{}^2}{M\Omega} = MG_0, \quad \text{somit} \quad \varrho = \overline{M\Omega}.$$

Bewegt sich bei festgehaltenem Punkte Ω der Punkt B_1 auf der Geraden $b\ (\perp n)$, dann beschreibt G_1 die dazu parallele Gerade g; sind B und G deren Schnittpunkte mit OM, dann ist $GM' \parallel B\Omega$ und es wird die Strecke $M'M''$ in ihrem Schnitte H mit $B\Omega$ halbiert, da $\overline{GB} = \overline{BM''}$ sein muß.

Der Krümmungsmittelpunkt Ω *liegt daher im Schnitte von BH mit n.*

III. Wurfbewegung

1. Aus

$$x_S = h \sin 2\alpha,$$

$$y_S = h \sin^2 \alpha = \frac{h}{2}(1 - \cos 2\alpha)$$

folgt durch Beseitigung von α als Ort der Punkte x_S, $2 y_S$ der Kreis (Abb. 56)

$$x_S{}^2 + (2 y_S - h)^2 = h^2.$$

Werden dessen Ordinaten im Verhältnisse 1 : 2 verkleinert, so ergibt sich demnach als Ort aller Scheitel S eine in O tangierende Ellipse mit den Halbachsen

$$a = h, \qquad b = \frac{h}{2}.$$

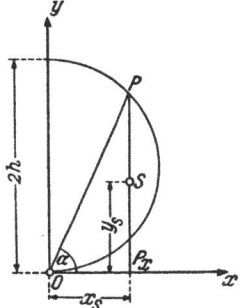

Da $\dfrac{2 y_S}{x_S} = \operatorname{tg} \alpha$, so gibt die Neigung des zu S gehörigen Strahles $O P$ gegen die Waagrechte den Abwurfwinkel α.

Abb. 56

2. $\alpha_1 = 30^0$, $\alpha_2 = 60^0$;   Verhältnis der Wurfhöhen 1 : 3.

3. Der Parameter p einer Wurfparabel ist $p = 2 h \cos^2 \alpha$, wo $h = \dfrac{v_0{}^2}{2 g}$; die Koordinaten des Brennpunktes F sind:

$$x_F = x_S = h \sin 2\alpha, \quad y_F = y_S - \frac{p}{2} = -h \cos 2\alpha,$$

daher

$$x_F{}^2 + y_F{}^2 = h^2.$$

4. Kreis mit dem Halbmesser $v_0 t$; der Mittelpunkt liegt auf der Y-Achse im Abstande $-(g/2) t^2$ von O.

5.

$$w_0 = v_0 \sin \alpha; \qquad T = \frac{2}{3} \frac{v_0}{g} \sin \alpha.$$

Koordinaten des Treffpunktes:

$$x = \frac{v_0{}^2}{3 g} \sin 2\alpha, \quad y = \frac{4}{9} \frac{v_0{}^2}{g} \sin^2 \alpha.$$

6. Durch Beseitigung der Zeit t aus den Ortsgleichungen des geworfenen Punktes

$$x = v_0 t \cos \alpha,$$

$$y = v_0 t \sin \alpha - \frac{g}{2} t^2$$

folgt für tg α die quadratische Gleichung

$$\text{tg}^2\,\alpha - \frac{4\,h}{x}\,\text{tg}\,\alpha + \left(1 + \frac{4\,h\,y}{x^2}\right) = 0$$

mit den Wurzeln

$$\text{tg}\,\alpha_{1,2} = \frac{1}{x}\,[2\,h \pm \sqrt{4\,h^2 - 4\,h\,y - x^2}]. \qquad (a)$$

Das Ziel x_Z, y_Z wird nur mit einem Schußwinkel tg $\alpha = \dfrac{2\,h}{x_Z}$ erreicht, wenn

$$x_Z^2 = 4\,h\,(h - y_Z).$$

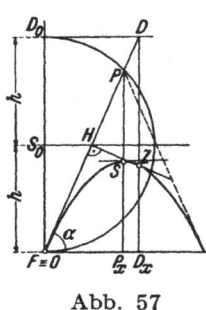

Abb. 57

Dies ist die Gleichung der „Grenzparabel" mit dem Scheitel in S_0 und dem Brennpunkt F in O (Abb. 57); ihre Leitlinie ist die Waagrechte durch D_0. Da demnach $S_0\,H$ die Scheiteltangente der Grenzparabel ist, so gibt die Normale in H zum Brennstrahl$O\,H$ eine Tangente an die Parabel, deren Berührungspunkt Z auf der durch den zugehörigen Punkt D der Leitlinie $D_0\,D$ gezogenen Parallelen zur Achse der Parabel liegt. Der Scheitel S der Wurfparabel halbiert nach Aufg. 1 die Strecke $\overline{P\,P_x}$.

7. Bezeichnen $x_Z\,y_Z$ die Koordinaten des Zieles Z, $x_Z\,y_G$ jene des lotrecht über dem Ziele gelegenen Punktes G der Grenzparabel, dann gilt nach Aufg. 6

$$4\,h^2 - 4\,h\,y_G - x_Z^2 = 0.$$

Setzt man

$$4\,h^2 - 4\,h\,y_Z - x_Z^2 = 4\,h\,(y_G - y_Z) = W^2,$$

so liefert Gl. (a) der Aufg. 6 für die beiden Schußwinkel

$$\text{tg}\,\alpha_{1,2} = \frac{1}{x_Z}\,(2\,h \pm W). \qquad (1)$$

Nach der angegebenen Konstruktion ist aber $\overline{DN^2} = \overline{DL}\cdot 2\,h$ oder wegen $\overline{DL} = 2\,(y_G - y_Z)$: $\overline{DN^2} = 4\,h\,(y_G - y_Z)$, somit $\overline{DN} = W$ und daher nach (1)

$$\text{tg}\,\alpha_1 = \frac{2\,h + \overline{DN}}{x_Z} = \frac{\overline{A_1 D_x}}{x_Z},$$

$$\text{tg}\,\alpha_2 = \frac{2\,h - \overline{DN}}{x_Z} = \frac{\overline{A_2 D_x}}{x_Z},$$

wonach die Geraden $A_1 O$ und $A_2 O$ mit der Waagrechten die Schußwinkel α_1 (Steilschuß) und α_2 (Flachschuß) einschließen.

8. Die gesuchte äußerste Lage Z_{max} des Zieles liegt im Schnitte der Geländelinie mit der dem v_0 entsprechenden Grenzparabel.
Man hat daher

$$x^2 = 4h(h - y)$$

und

$$y = x \operatorname{tg} \gamma,$$

woraus

$$x = 2h\left(\frac{1}{\cos \gamma} - \operatorname{tg} \gamma\right).$$

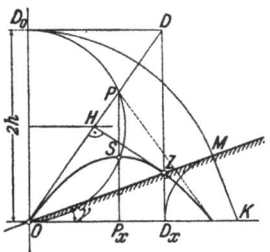

Abb. 58

Hienach ergibt sich folgende Konstruktion (Abb. 58): Mache $\overline{OM} = 2h$, ziehe $MK \perp OM$ bis zum Schnitte K mit der X-Achse; dann ist

$$\overline{OK} = \frac{2h}{\cos \gamma}, \qquad \overline{MK} = 2h \operatorname{tg} \gamma.$$

Wird $\overline{KD_x} = \overline{KM}$ gemacht, so ist $\overline{OD_x} = x$ und lotrecht über D_x auf der Geländelinie liegt dann das äußerstenfalls erreichbare Ziel. Die Neigung der Geraden OD gegen die Waagrechte liefert den Abschuß-winkel α, $HZ \perp OD$ gibt die Tangente an die Schußparabel im Ziele Z, ihr Scheitel S liegt in der Mitte der Ordinate des Punktes P des h-Kreises.

9. Aus den Bewegungsgleichungen

$$x = v_0 t \cos \alpha + \frac{ng}{2} t^2, \qquad y = v_0 t \sin \alpha - \frac{g}{2} t^2$$

folgt durch Beseitigung von t die Bahngleichung

$$y = \frac{x + ny}{n + \operatorname{ctg} \alpha} - \frac{(x + ny)^2}{4h \sin^2 \alpha \, (n + \operatorname{ctg} \alpha)^2}. \tag{a}$$

Setzt man $dy/dx = 0$, so ergibt sich für die Koordinaten x_S, y_S des höchsten Bahnpunktes

$$x_S + n y_S = 2h \sin^2 \alpha \, (n + \operatorname{ctg} \alpha),$$

somit wegen (a):

$$y_S = h \sin^2 \alpha,$$
$$x_S = h \, (\sin 2\alpha + n \sin^2 \alpha).$$

Da y_S von n unabhängig ist, so hat die waagrechte Windkraft keinen Einfluß auf die Wurfhöhe, während die Abszisse des höchsten Bahn-punktes um das n-fache der Wurfhöhe y_S verschoben wird.
Die Wurfweite w berechnet sich aus (a) mit $y = 0$ zu

$$w = 2h \sin 2\alpha + 4nh \sin^2 \alpha;$$

sie ist um das $4n$-fache der Wurfhöhe größer als jene ohne Horizontal-kraft.

10. Die Mittelkraft G^* aus G und $n \cdot G$ ist unter einem Winkel γ gegen die Lotrechte geneigt, wo $\operatorname{tg} \gamma = n$, so daß $G^* = \dfrac{G}{\cos \gamma}$. Die

Bewegung des Balles erfolgt sonach in einem konstanten Kraftfelde mit der Feldstärke $g^* = \dfrac{g}{\cos\gamma}$. Wählt man ein gegenüber dem (x, y)-System um γ gedrehtes (ξ, η)-System (Abb. 59), so können die Ergebnisse des schiefen Wurfes bei alleiniger Wirkung der Erdschwere übernommen werden, wenn g durch g^* ersetzt wird. Für die Grenzparabel gilt dann im (ξ, η)-System nach Aufg. 6 die Gleichung

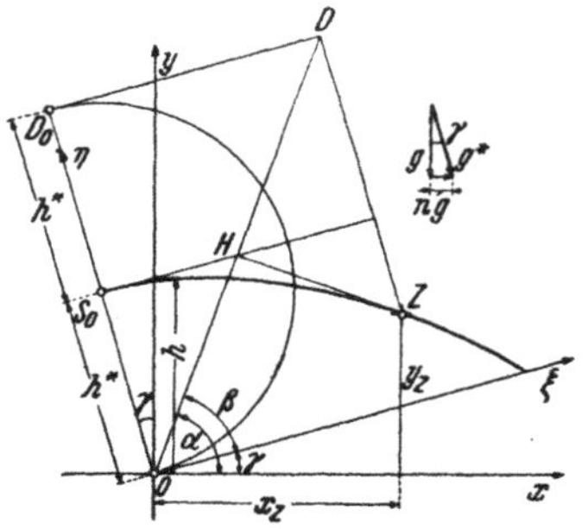

$$\eta = h^* - \frac{\xi^2}{4\,h^*}, \tag{a}$$

wobei

$$h^* = \frac{v_0^2}{2\,g^*} = h\cos\gamma.$$

Mit der Koordinatentransformation

$$\xi = x\cos\gamma + y\sin\gamma,$$
$$\eta = -x\sin\gamma + y\cos\gamma$$

Abb. 59

ergibt sich im (x, y)-System aus (a) für die Grenzparabel

$$4\,h^2 + 4\,h\,(n\,x - y) - (x + n\,y)^2 = 0. \tag{b}$$

Damit das Ziel Z nur durch einen Wurf erreicht wird, muß es auf der Grenzparabel liegen; der gegebenen Abszisse x_Z entspricht dann nach (b) die Ordinate

$$y_Z = \frac{2\,h}{n^2}\left[\frac{1}{\cos\gamma}\sqrt{1 + \frac{n\,x_Z}{h}} - \left(1 + \frac{n\,x_Z}{2\,h}\right)\right]. \tag{c}$$

Für den zugehörigen Wurfwinkel β im (ξ, η)-System, das heißt für die Neigung von v_0 gegen die ξ-Achse, gilt nach Aufg. 6:

$$\operatorname{tg}\beta = \frac{2\,h^*}{\xi},$$

woraus wegen

$$\xi_Z = x_Z\cos\gamma + y_Z\sin\gamma$$

und bei Beachtung von (c) folgt

$$\operatorname{tg}\beta = \frac{n\cos\gamma}{\sqrt{1 + \dfrac{n\,x_Z}{h}} - \cos\gamma}. \tag{d}$$

Der auf den waagrechten Horizont bezogene Wurfwinkel α berechnet sich aus $\alpha = \beta + \gamma$ wegen (d) zu

$$\operatorname{ctg}\alpha = \frac{1}{n}\left(1 - \sqrt{\frac{1 + n^2}{1 + (n\,x_Z)/h}}\right)$$

Graphische Lösung: Zeichne mit der gegebenen Geschwindigkeits-höhe $h = \dfrac{v_0{}^2}{2\,g}$ die Grenzparabel mit dem Scheitel S_0 auf der η-Achse $(\overline{OS_0} = h^* = h\cos\gamma)$ und dem Brennpunkte in O (Abb. 59). Die zur Y-Achse im Abstande x_Z gezogene Parallele schneidet diese Parabel in jenem zu x_Z gehörigen Ziele Z, das nur durch *einen* Wurfwinkel α erreicht wird, der durch die Neigung von OD gegen die Waagrechte bestimmt ist.

11. Nach Aufg. 1 liegen die Scheitel der dem gegebenen v_0 entsprechenden Wurfparabeln auf einer Ellipse mit dem Mittelpunkte $M(\xi_M = 0$, $\eta_M = h^*/2)$ und den Halbachsen $a^* = h^*$, $b^* = h^*/2$; die große Achse ist gegen die Waagrechte unter γ geneigt (Abb. 60). Die höchste Lage S_{max} des Scheitels liegt im Berührungspunkte der waagrechten Ellipsen-tangente, wo

$$\frac{d\eta}{d\xi} = \operatorname{tg}(\pi - \gamma) = -n.$$

Wegen

$$\frac{d\eta}{d\xi} = -\left(\frac{b^*}{a^*}\right)^2 \frac{\xi}{\eta - b^*} = -\frac{\xi}{4\,(\eta - b^*)}$$

gilt für den Berührungspunkt

$$\xi_s = 4\,n\,(\eta_s - b^*),$$

so daß aus der Ellipsengleichung

$$\left(\frac{\xi}{a^*}\right)^2 + \left(\frac{\eta - b^*}{b^*}\right)^2 = 1$$

die Koordinaten des Scheitels S_{max} mit

$$\xi_s = \frac{2\,n\,h^*}{\sqrt{1 + 4\,n^2}}, \qquad \eta_s = \frac{h^*}{2}\left(1 + \frac{1}{\sqrt{1 + 4\,n^2}}\right)$$

bestimmt sind.

Aus

$$\operatorname{tg}\beta_s = \frac{2\,\eta_s}{\xi_s} = \frac{1 + \sqrt{1 + 4\,n^2}}{2\,n} \qquad \text{und} \qquad \alpha_s = \beta_s + \gamma$$

ergibt sich für den auf den waagrechten Horizont bezogenen Wurf-winkel α_s:

$$\operatorname{tg}\alpha_s = \frac{1 + 2\,n^2 + \sqrt{1 + 4\,n^2}}{n\,(1 - \sqrt{1 + 4\,n^2})}.$$

Bei diesem Wurfwinkel erreicht der Ball die höchstmögliche Lage. (Bei fehlender Windkraft n. G, das heißt mit $n = 0$ wird hieraus $\alpha_S = \pi/2$ entsprechend dem vertikalen Wurf nach aufwärts.)

Da $\operatorname{tg}\alpha_S < 0$, so wird für jedes n der Wurfwinkel $\alpha_S < \pi/2$.

Rein graphische Lösung: Ist K der dem Punkte S_{max} entsprechende Punkt auf dem der Ellipse umschriebenen Kreise und μ der Winkel der Kreistangente in K mit der ξ-Achse (Abb. 60), so folgt aus der Affinität von Kreis und Ellipse:

$$\operatorname{tg} \mu = \frac{a^*}{b^*} \operatorname{tg} \gamma = 2\,n.$$

Verbindet man den Schnittpunkt N der durch S_0 gezogenen Parallelen zur ξ-Achse und der Y-Achse mit M, so gibt MN die Kreisnormale in K; denn es ist wegen $\overline{S_0 M} = \overline{MO} = b^*$: $\overline{S_0 Q} = \overline{QN}$, daher

$$\operatorname{tg}(\sphericalangle S_0 MN) = \frac{\overline{S_0 N}}{\overline{S_0 M}} = \frac{2\,\overline{S_0 Q}}{\overline{S_0 M}} = 2\,n,$$

also $\sphericalangle S_0 MN = \mu$.

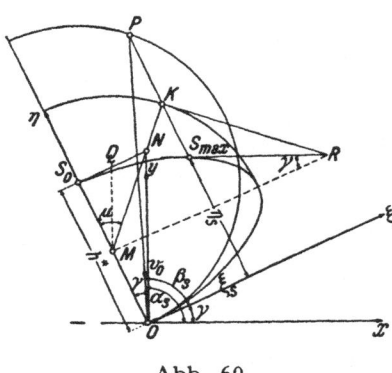

Abb. 60

Der Schnittpunkt R der Kreistangente in K mit der zur ξ-Achse parallelen Ellipsenhauptachse ist aber ein Punkt der waagrechten Ellipsentangente, wodurch nun der Punkt S_{max} endgültig bestimmt ist.

Die Neigung der Geraden PO gegen die Waagrechte gibt den gesuchten Wurfwinkel α_{max}, wobei P der dem S_{max} entsprechende Punkt des h^*-Kreises ist.

12. Aus den Bewegungsgleichungen

$$\ddot{x} = -c\,\dot{x}, \qquad \ddot{y} = -g - c\,\dot{y}$$

folgt

$$\dot{x} = v_0\,e^{-ct}, \qquad \dot{y} = \frac{g}{c}\,(e^{-ct} - 1).$$

Die Bahn des Punktes ist daher gegeben durch

$$x = \frac{v_0}{c}\,(1 - e^{-ct}), \qquad y = h - \frac{g\,t}{c} + \frac{g}{c^2}\,(1 - e^{-ct}).$$

$y = 0$ liefert zur Berechnung der Wurfzeit T die Gleichung

$$T + \frac{1}{c}\,e^{-c\,T} = \frac{1}{c} + \frac{h\,c}{g};$$

die Wurfweite w beträgt dann

$$w = \frac{v_0}{c}\,(1 - e^{-c\,T}).$$

Ist ε der Winkel der Endgeschwindigkeit v_e mit dem Horizont, so wird

$$\operatorname{tg}\varepsilon = \frac{g}{c\,v_0}\,(1 - e^{c\,T}) \quad \text{und} \quad v_e = \frac{v_0\,e^{-c\,T}}{\cos\varepsilon}.$$

13. Zerlegung der Beschleunigung in natürliche Koordinaten (Abb. 61)

$$\mathfrak{b}\begin{cases} b_t = \dot{v} = -c\,v^2 - g\sin\varphi, & \text{(a)} \\ b_n = \dfrac{v^2}{\varrho} = g\cos\varphi, & \text{(b)} \end{cases}$$

in kartesische Koordinaten

$$\mathfrak{b}\begin{cases} b_x = \dot{v}_x = -c\,v^2\cos\varphi, & \text{(c)} \\ b_y = \dot{v}_y = -c\,v^2\sin\varphi - g; & \text{(d)} \end{cases}$$

ferner gilt $-\varrho\,d\varphi = ds = v\,dt$ und wegen (b)

$$\frac{d\varphi}{dt} = -\frac{v}{\varrho} = -\frac{g\cos\varphi}{v}. \qquad \text{(e)}$$

Multipliziert man (c) mit $d\varphi$, so entsteht

$$\dot{v}_x\,d\varphi = -c\,v^2\cos\varphi\,d\varphi$$

oder wegen (e)

$$\frac{dv_x}{v^3} = \frac{c}{g}\,d\varphi,$$

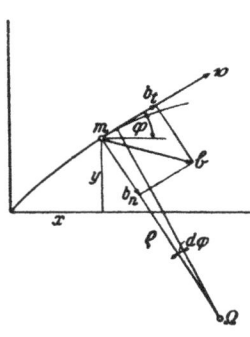

Abb. 61

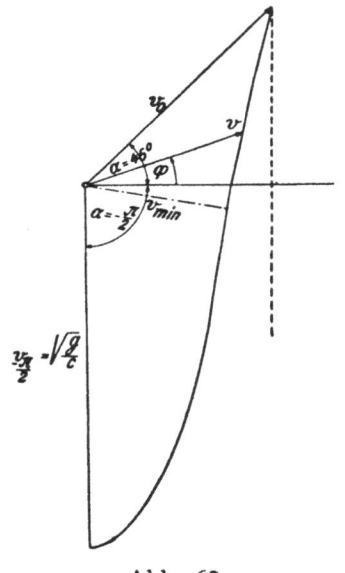

Abb. 62

woraus sich mit $v = \dfrac{v_x}{\cos\varphi}$ ergibt

$$\frac{dv_x}{v_x{}^3} = \frac{c}{g}\frac{d\varphi}{\cos^3\varphi}. \qquad \text{(f)}$$

Da

$$\int_0^{\varphi} \frac{d\varphi}{\cos^3\varphi} = \frac{1}{2}\left[\frac{\sin\varphi}{\cos^2\varphi} + \frac{1}{2}\ln\frac{1+\sin\varphi}{1-\sin\varphi}\right] = F(\varphi),$$

so führt die Integration von (f) zur Gleichung des polaren Hodographen

$$-\frac{1}{v_x{}^2} + \frac{1}{v_0{}^2\cos^2\alpha} = \frac{2\,c}{g}\,[F(\varphi) - F(\alpha)]$$

oder wegen $v_x = v \cos \varphi$ zu

$$v = \frac{v_0}{\cos \varphi \sqrt{\sec^2 \alpha - \dfrac{2 v_0^2 c}{g} [F(\varphi) - F(\alpha)]}}$$

wo α den Abwurfwinkel angibt.

Die folgende Tabelle enthält die Zahlenwerte von $F(\varphi)$ für den Bereich $\varphi = + 45^0$ bis $- 90^0$; sie ermöglicht die Zeichnung des in Abb. 62 dargestellten Hodographen $v(\varphi)$.

Für $\varphi = - \pi/2$ ergibt sich nach Bestimmung des Grenzwertes der dabei zunächst entstehenden unbestimmten Form $0 . \infty$:

$$\lim \frac{v}{v_0} = \frac{1}{v_0 \sqrt{c/g}}, \qquad \text{somit} \qquad v_{-\pi/2} = \sqrt{\frac{g}{c}}$$

(Grenzgeschwindigkeit des fallenden schweren Punktes im widerstehenden Mittel).

Tabelle

φ^0	$F(\varphi)$	$v\left(\dfrac{\mathrm{m}}{\mathrm{s}}\right)$	φ^0	$F(\varphi)$	$v\left(\dfrac{\mathrm{m}}{\mathrm{s}}\right)$
45	1,14780	70	— 8,9	—0,15743	39,0 (minimum)
40	0,92915	61,4	—20	—0,37186	39,7
30	0,60799	50,7	—40	—0,92915	45,3
20	0,37186	44,7	—60	—2,39055	59,5
10	0,17724	41,3	—90	— ∞	99,0
0	0	39,5			

14. Da $ds = - \varrho\, d\varphi$ oder wegen Gl. (b) der Aufg. 13:

$$ds = - \frac{v^2}{g \cos \varphi}\, d\varphi,$$

so läßt sich (f) durch Beseitigung von $d\varphi$ ersetzen durch

$$\frac{dv_x}{v_x} = - c\, ds, \tag{g}$$

woraus

$$\ln v_x - \ln v_{x,0} = - c\, s$$

oder

$$v_x = v_{x,0}\, e^{-cs}. \tag{h}$$

Es ist

$$\frac{1}{\varrho} = - \cos^3 \varphi\, \frac{d^2 y}{dx^2},$$

daher nach (b)

$$\frac{g \cos \varphi}{v^2} = - \cos^3 \varphi\, \frac{d^2 y}{dx^2} \qquad \text{oder} \qquad \frac{d^2 y}{dx^2} = - \frac{g}{v_x^2}$$

und wegen (h)

$$\frac{d^2 y}{dx^2} = -\frac{g}{v_{x,0}{}^2} e^{2cs}. \tag{i}$$

Für *flache Bahnen kann s durch x* ersetzt werden; dann ist

$$\frac{d^2 y}{dx^2} = -\frac{g}{v_{x,0}{}^2} e^{2cx}, \quad \text{woraus} \quad \frac{dy}{dx} = -\frac{g\, e^{2cx}}{2\, c\, v_{x,0}{}^2} + c_1;$$

für $x = 0$ ist $\dfrac{dy}{dx} = \operatorname{tg} \alpha$, somit $c_1 = \dfrac{g}{2\, c\, v_{x,0}{}^2} + \operatorname{tg} \alpha$.

Nochmalige Integration liefert

$$y = -\frac{g\, e^{2cx}}{4\, c^2\, v_{x,0}{}^2} + c_1 x + c_2$$

oder da für $x = 0$, $y(0) = 0$:

$$y = \frac{g}{4\, c^2\, v_{x,0}{}^2} (1 - e^{2cx}) + \left(\operatorname{tg} \alpha + \frac{g}{2\, c\, v_{x,0}{}^2} \right) x.$$

Mit Einführung von $z = 2\, c\, x$ und $\Phi(z) = \dfrac{e^z - z - 1}{\frac{1}{2}\, z^2}$ wird

$$y = x \operatorname{tg} \alpha - \frac{g\, x^2}{2\, v_0{}^2 \cos^2 \alpha} \Phi(z),$$

woraus die Abweichung η von der Tangente durch

$$\eta = \frac{g\, x^2}{2\, v_0{}^2 \cos^2 \alpha} \Phi(z)$$

bestimmt ist.

Es ergibt sich für

$$x = \begin{matrix} 100 \text{ m,} \\ 200 \text{ m,} \end{matrix} \quad z = \begin{matrix} 0{,}2, \\ 0{,}4, \end{matrix} \quad \Phi(z) = \begin{matrix} 1{,}07014, \\ 1{,}14781, \end{matrix} \quad \eta = \begin{matrix} 21{,}43 \text{ m,} \\ 91{,}92 \text{ m.} \end{matrix}$$

IV. Zentralbewegung.

1. Legt man den Aufpunkt O in das Kraftzentrum, so folgt zunächst, da $b_\varphi = 0$ sein muß, aus der zweiten der Gln. (d) $\ddot{\varphi}/\dot{\varphi} + 2\, \dot{r}/r = 0$, somit

$$\ln \dot{\varphi} + 2 \ln r = \ln c$$

oder

$$r^2 \dot{\varphi} = c, \tag{a}$$

womit die Konstanz der Flächengeschwindigkeit $\frac{1}{2}\, r^2\, \dot{\varphi}$ ausgedrückt ist. Da der Vektor des Schwungmomentes (Dralles $\mathfrak{D}$) des bewegten Punktes in bezug auf O infolge Fehlens eines Kraftmomentes um O seine Richtung und Größe dauernd beibehält, so sind die Bahnen aller Zentralbewegungen ebene Kurven.

Die durch O gehende Bahnebene steht senkrecht auf dem Drallvektor, dessen Betrag $|\mathfrak{D}| = m\, r\, v_\varphi = m\, r^2\, \dot{\varphi} = m\, c$ ist.

Da $v_z = 0$, so wird $v^2 = v_r{}^2 + v_\varphi{}^2 = \dot{r}^2 + r^2\dot{\varphi}^2$ oder wegen (a) und mit $u = 1/r$:

$$v^2 = c^2\left[u^2 + \left(\frac{du}{d\varphi}\right)^2\right]. \tag{b}$$

Ferner entsteht aus $b = b_r = \ddot{r} - r\dot{\varphi}^2$ mit $u = 1/r$ und $\dot{\varphi} = c/r^2$ die sogenannte **Bin**et**sche Gleichung**

$$b = -c^2 u^2\left(u + \frac{d^2u}{d\varphi^2}\right) \tag{c}$$

(wobei b einer abstoßenden Kraftwirkung — Richtung $\overrightarrow{o\,m}$ — entspricht).

2. Mit der auf den Brennpunkt als Anziehungszentrum bezogenen Polargleichung des Kegelschnittes $r = \dfrac{p}{1 + \varepsilon\cos\varphi}$ ergibt sich aus Gl. (c) der vorstehenden Aufgabe:

$$b \equiv b_r = -\frac{c^2}{p}\frac{1}{r^2}, \tag{1}$$

wonach die zum Zentrum gerichtete Zentralkraft P gleich ist $-\dfrac{m\,c^2}{p}\dfrac{1}{r^2}$.

Aus Gl. (b) folgt

$$v^2 = \frac{c^2}{p^2}(1 + 2\varepsilon\cos\varphi + \varepsilon^2)$$

oder wegen $\varepsilon\cos\varphi = p/r - 1$:

$$v^2 = \frac{c^2}{p^2}\left(\frac{2}{r} + \frac{\varepsilon^2 - 1}{p}\right); \tag{2}$$

für die Parabel wird mit $\varepsilon = 1$:

$$v^2 = \frac{c^2}{p}\frac{2}{r}.$$

Hienach ist der Kegelschnitt eine Ellipse, Parabel oder Hyperbel, je nachdem die Geschwindigkeit im Abstande r vom Zentrum $\lesseqgtr \sqrt{\dfrac{2c^2}{p\,r}}$ ist. Im Falle der Hyperbel kommt aber nur jener ihrer beiden Äste in Betracht, der seine Hohlseite dem Anziehungszentrum zuwendet; der andere entspricht der Zentralbewegung bei einer Abstoßungskraft (vgl. Aufg. 17).

Da für Ellipse, bzw. Hyperbel $p = \pm\,a\,(1 - \varepsilon^2)$, so kann anstatt (2) auch

$$v^2 = \frac{c^2}{p}\left(\frac{2}{r} \mp \frac{1}{a}\right) \tag{3}$$

geschrieben werden.

3. Nach Gl. (b), Aufg. 1 (II) ist $v = e_1 \dot{r} + e_2 r \dot{\varphi}$, somit wegen $r^2 \dot{\varphi} = c$ und $\dot{r} = \dot{\varphi}\, dr/d\varphi = (c/p)\, \varepsilon \sin \varphi$

$$v = \frac{c}{p}\,[e_1 \varepsilon \sin \varphi + e_2\,(1 + \varepsilon \cos \varphi)].$$

Wird v für das durch O gelegte Achsensystem x, y zerlegt in v_x, v_y, so ergibt sich, da $e_1 \begin{cases} \cos \varphi, \\ \sin \varphi, \end{cases} \quad e_2 \begin{cases} -\sin \varphi \\ \cos \varphi \end{cases}$:

$$v_x = -\frac{c}{p} \sin \varphi, \qquad v_y = \frac{c}{p}\,(\varepsilon + \cos \varphi)$$

und durch Beseitigung von φ:

$$v_x{}^2 + \left(v_y - \frac{c}{p}\,\varepsilon\right)^2 = \frac{c^2}{p^2}. \tag{a}$$

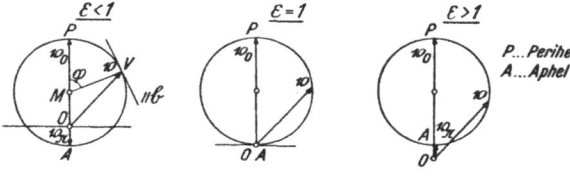

Abb. 63

Für $\varphi = 0$ wird $r_0 = \dfrac{p}{1 + \varepsilon}$ und hiemit aus (2) Aufg. 2

$$v^2 = \frac{c^2}{p^2}\left(\frac{2}{r_0} + \frac{\varepsilon^2 - 1}{p}\right) = \frac{c^2\,(1 + \varepsilon)^2}{p^2}.$$

Setzt man $\dfrac{c}{p} = \dfrac{v_0}{1 + \varepsilon} = R$, so lautet die Kreisgleichung (a)

$$v_x{}^2 + (v_y - \varepsilon R)^2 = R^2. \tag{b}$$

Den Fällen $\varepsilon \lessgtr 1$ entsprechend liegt der Pol des Hodographen innerhalb, am Umfange oder außerhalb des Kreises vom Halbmesser R, je nachdem die Planetenbahn eine Ellipse, Parabel oder Hyperbel ist (Abb. 63). Dies deckt sich mit dem in Aufg. 2 gewonnenen Kriterium, wonach die Grenzgeschwindigkeit $v_0 = \sqrt{\dfrac{2\,c^2}{r_0\,p}}$ ist; da aber für die Parabel $r_0 = p/2$, so wird $v_0 = \sqrt{\dfrac{4\,c^2}{p^2}} = 2\,R$ und damit $v_0 \lessgtr 2\,R$ für Ellipse, Parabel und Hyperbel.

Da die Tangente des Hodographen parallel der Beschleunigung ist, so ist der Winkel $V\,M\,P$ gleich dem Polwinkel φ.

4. Da $\qquad v_1 = v_\varphi - v_2 \cos \varphi, \qquad v_r = v_2 \sin \varphi,$

so wird wegen $v_\varphi = r \dot\varphi = c/r$ und $v_r = \dot r = \dot\varphi \, dr/d\varphi = (c/p)\,\varepsilon \sin \varphi$:

$$v_1 = \frac{c}{r} - v_2 \cos \varphi \qquad \text{und} \qquad v_2 = \frac{c}{p}\,\varepsilon,$$

womit
$$v_1 = c \left(\frac{1}{r} - \frac{\varepsilon \cos \varphi}{p} \right) = \frac{c}{p}.$$

Trägt man (Abb. 64) vom Pole O des Hodographen die Strecke

$\overline{OM} = v_2 = \dfrac{c\,\varepsilon}{p}$ auf, so ist M ein fester Punkt, da v_2 nach Größe und

Richtung konstant ist. Macht man $\overline{MV} = v_1$ ($\perp$ zu r), so bewegt sich der Punkt V des Hodographen wegen $v_1 = c/p = $ konstant auf einem Kreise vom Halbmesser v_1 und es ist der Winkel (v_1, v_2) gleich dem Polwinkel φ.

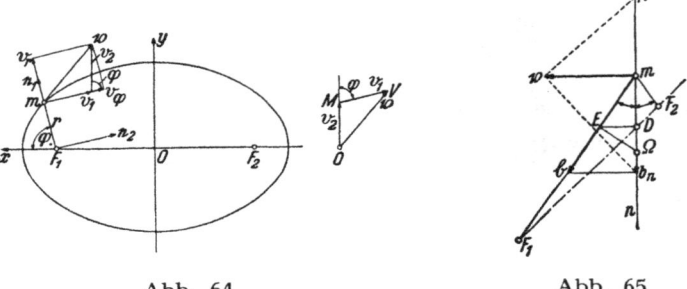

Abb. 64   Abb. 65

5. Durch die Normalbeschleunigung $b_n = v^2/\varrho$ ist der Krümmungshalbmesser $\varrho = \overline{m\,\Omega} = \overline{m\,N}$ bestimmt (Abb. 65).

Den Schnittpunkt D der Bahnnormalen mit der großen Achse findet man durch Anwendung der bekannten Konstruktion für den Krümmungsmittelpunkt Ω, nämlich: $\overline{\Omega E} \perp \overline{F_1 m}$, $\overline{ED} \perp n$.

Demnach gibt $F_1 D$ die Lage der großen Achse. Da die Brennstrahlen $\overline{F_1 m}$ und $\overline{F_2 m}$ mit der Normalen n gleiche Winkel einschließen müssen, so ist durch Winkelübertragung auch F_2 bestimmt und mit $F_1 m + F_2 m = 2a$ auch die große Achse der Ellipse.

6. Benutze die Gl. (c) aus Aufg. 1.

$$\text{Mit } r^n = a^n \cos n\varphi \text{ wird } u = \frac{1}{a} (\cos n\varphi)^{-\frac{1}{n}}$$

und hiemit
$$\frac{du}{d\varphi} = \frac{1}{a} \sin n\varphi \, (\cos n\varphi)^{-\left(\frac{1}{n}+1\right)},$$

$$\frac{d^2 u}{d\varphi^2} = \frac{n}{a} \left[(\cos n\varphi)^{-\frac{1}{n}} + \left(\frac{1}{n}+1\right)(\cos n\varphi)^{-\left(\frac{1}{n}+2\right)} \sin^2 n\varphi \right] =$$

$$= u\,[(n+1)\,a^{2n}\,u^{2n} - 1],$$

womit
$$b = \frac{c^2 \, a^{2n} \, (n+1)}{r^{2n+3}}.$$

Die Geschwindigkeit v berechnet sich aus
$$v^2 = c^2 \left[u^2 + \left(\frac{du}{d\varphi} \right)^2 \right]$$

zu
$$v^2 = \frac{c^2}{a^2} \left[(\cos n\,\varphi)^{-\frac{2}{n}} + \sin^2 n\,\varphi \, (\cos n\,\varphi)^{-2\left(\frac{1}{n}+1\right)} \right] =$$
$$= \frac{c^2}{a^2} (\cos n\,\varphi)^{-\frac{2}{n}} [1 + (1 - \cos^2 n\varphi)(\cos n\,\varphi)^{-2}] = \frac{c^2}{a^2} (\cos n\,\varphi)^{-2\left(\frac{1}{n}+1\right)},$$

somit
$$v = \frac{c}{a} \left(\frac{r}{a} \right)^{-(n+1)}$$

Sonderfälle (vgl. hiezu die Abb. 67 bis 70 zur folgenden Aufg. 7):

$n = +1$: $r = a \cos \varphi$, (Kreis), $\qquad b = \dfrac{2\,c^2\,a^2}{r^5}$, $\qquad v = \dfrac{c\,a}{r^2}$.

$n = -1$: $r = \dfrac{a}{\cos \varphi}$ (Gerade), $\qquad b = 0$, $\qquad v = \dfrac{c}{a}$.

$n = -2$: $r = \dfrac{a}{\sqrt{\cos 2\varphi}}$ (gleichs. Hyperbel), $\qquad b = -\dfrac{c^2}{a^4}\,r$, $\qquad v = \dfrac{c}{a^2}\,r$.

$n = -\dfrac{1}{2}$: $r = \dfrac{a}{\cos^2 \varphi/2} = \dfrac{2\,a}{1 + \cos \varphi}$ (Parabel), $\quad b = \left(\dfrac{c^2}{2\,a}\right)\dfrac{1}{r^2}$ (Keplerbewegung), $\quad v = \dfrac{c}{\sqrt{a}}\dfrac{1}{\sqrt{r}}$.

7. Für den Winkel Θ des Fahrstrahles r mit der Bahntangente (Abb. 66) gilt
$$\operatorname{tg} \Theta = \frac{r\,d\varphi}{dr},$$

somit wegen
$$\frac{dr}{d\varphi} = -\frac{a^n}{r^{n-1}} \sin n\,\varphi$$
$$\operatorname{tg} \Theta = -\operatorname{ctg} n\,\varphi,$$

demnach

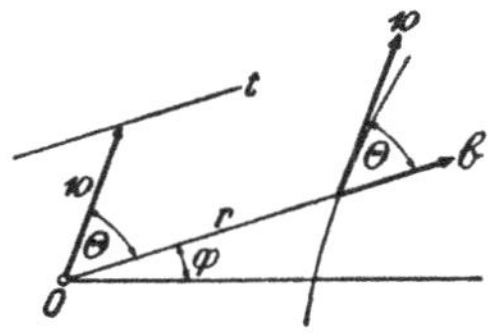

Abb. 66

$$\Theta = n\,\varphi + \frac{\pi}{2}.$$

Bezieht man den zu v gehörigen Polwinkel $\varphi + \Theta$ auf einen gegenüber dem ursprünglichen Nullstrahl um $\pi/2$ gedrehten Nullstrahl, so wird der neue Polwinkel $\vartheta = (n+1)\,\varphi$, womit sich aus

$$v = \frac{c}{a} \left(\frac{r}{a} \right)^{-n+1} \qquad \text{wegen} \qquad \left(\frac{r}{a} \right)^n = \cos n\,\varphi = \cos \frac{n}{n+1}\,\vartheta$$

als Polargleichung des Hodographen

$$v = \frac{c}{a}\left(\cos\frac{n}{n+1}\vartheta\right)^{-\frac{n+1}{n}} \quad \text{oder} \quad v^{-\frac{n}{n+1}} = \left(\frac{c}{a}\right)^{-\frac{n}{n+1}}\cos\left(-\frac{n}{n+1}\vartheta\right)$$

ergibt, also eine Sinusspirale vom Index $-\dfrac{n}{n+1}$.

Da die Tangente t des polaren Hodographen die Richtung der Beschleunigung angibt, so ist t parallel zum Fahrstrahl r.

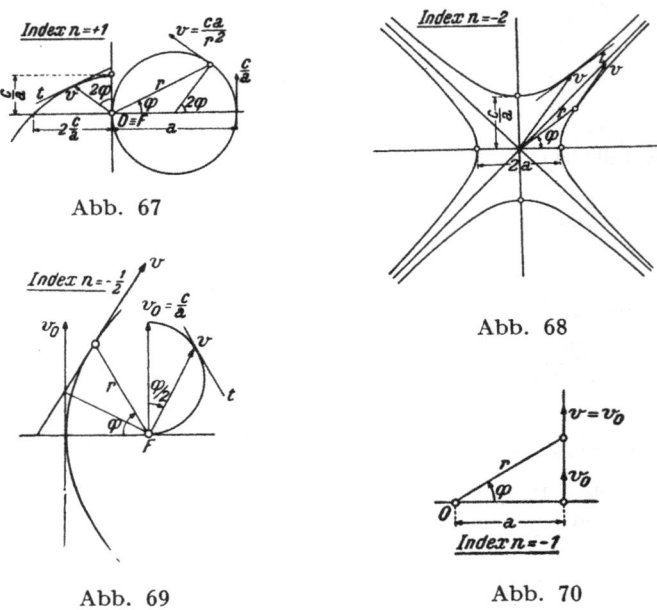

Abb. 67

Abb. 68

Abb. 69

Abb. 70

Den Sonderfällen $n = +1, -2, -\frac{1}{2}$ entsprechen die nachstehend angegebenen polaren Hodographen (vgl. Abb. 67—70):

Index n, $-\dfrac{n}{n+1}$		Bahnkurven	Hodograph
$+1$	$-\dfrac{1}{2}$	Kreis	Parabel
-2	-2	Gleichs. Hyperbel	Gleichs. Hyperbel
$-\dfrac{1}{2}$	1	Parabel	Kreis

8. Aus
$$b = c^2 u^2 \left(u + \frac{d^2 u}{d\varphi^2} \right) = \frac{k^2}{r^3} = k^2 u^3$$

folgt mit
$$\nu^2 = 1 - \left(\frac{k}{c} \right)^2 : \qquad \frac{d^2 u}{d\varphi^2} + \nu^2 u = 0.$$

Für $\nu^2 > 0$ wird
$$u = C \cos (\nu \varphi + \alpha),$$

wo C, α die Integrationskonstanten sind. Die Polargleichung der Bahn ist dann

$$r \cos (\nu \varphi + \alpha) = \frac{1}{C}.$$

Da die Gleichung für u mit der Polargleichung einer Rosenkurve übereinstimmt, so ergeben sich die gesuchten Bahnen als hiezu inverse Kurven, das sind Ährenkurven. G. Loria, Ebene Kurven, Bd. 1, S. 366.)

Für $\nu^2 = 0$ ergibt sich $u = c_1 \varphi + c_2$, somit
$$r (c_1 \varphi + c_2) = 1.$$

Abgesehen von dem Falle $c_1 = 0$, dem als Bahn ein Kreis entspricht, ergeben sich hyperbolische Spiralen.

Für $\nu^2 < 0$ entsteht $u =$
$= C \operatorname{Cos} (\nu \varphi + \alpha)$, wofür mit den Konstanten A_1, A_2 auch gesetzt werden kann

$$\frac{1}{r} = A_1 e^\varphi + A_2 e^{-\varphi}.$$

Setzt man A_1 oder A_2 gleich Null, so ergeben sich als Bahnen logarithmische Spiralen.

9. Gleichung der Geraden OM (Abb. 71)

$$\eta = \frac{y}{x} \xi,$$

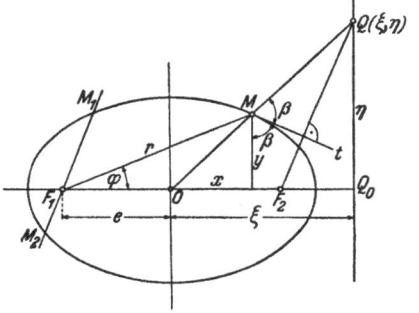

Abb. 71

Gleichung der durch F_2 gelegten Normalen

$$\eta = \frac{a^2}{b^2} \frac{y}{x} (\xi - e);$$

daraus folgt

$$\xi = \frac{a^2}{b^2} (\xi - e) \qquad \text{oder} \qquad \xi = \frac{a^2}{e} = \text{konst.}$$

Demnach führt der Punkt Q eine geradlinige Bewegung aus. Es ist

$$\eta = \overline{Q_0 Q} = \frac{a^2}{e} \frac{y}{x} = \frac{a^2}{e} \frac{r \sin \varphi}{r \cos \varphi - e} = \frac{p}{\varepsilon} \frac{\sin \varphi}{\cos \varphi - \varepsilon}.$$

Aus $v_Q = \dot{\eta}$ ergibt sich mit $r = \dfrac{p}{1 - \varepsilon \cos\varphi}$ und $r^2 \dot{\varphi} = c$:

$$v_Q = \frac{c\,a\,e}{r\,(r-a)^2} \quad \text{und damit} \quad b_Q = \dot{v}_Q = -\frac{c^2 e^2}{p}\,\frac{3\,r - a}{r^2\,(r-a)^3}\sin\varphi.$$

10. Da Q den um F_1 geschlagenen Kreis vom Halbmesser $r_1 + r_2 = 2\,a$ beschreibt, so ist $v_Q = 2\,a\,\dot{\varphi}$ oder wegen $\dot{\varphi} = c/r^2$:

$$v_Q = \frac{2\,a\,c}{r^2}.$$

Aus $b_t = 2\,a\,\ddot{\varphi}$ und $b_n = 2\,a\,\dot{\varphi}^2$ ergibt sich

$$b = \sqrt{b_n{}^2 + b_t{}^2} = \frac{2\,a\,c^2}{r^4}\sqrt{4\,\frac{r}{p}\left(2 - \frac{r}{a}\right) - 3}.$$

Für $\varphi = 0$, das heißt $r = \dfrac{p}{1 - \varepsilon} = a\,(1 + \varepsilon)$ wird $v_{min} = \dfrac{2\,c}{a\,(1 + \varepsilon)^2}$,

$b_{min} = \dfrac{2\,c^2}{a^3(1 + \varepsilon)^4}$, für $\varphi = \pi$, das heißt $r = \dfrac{p}{1 + \varepsilon} = a\,(1 - \varepsilon)$

wird $v_{max} = \dfrac{2\,c}{a\,(1 - \varepsilon)^2}$, $b_{max} = \dfrac{2\,c^2}{a^3\,(1 - \varepsilon)^4}$.

11. Es ist

$$\overline{FM_1} = r_1 = \frac{p}{1 + \varepsilon \cos\varphi}, \quad \overline{FM_2} = r_2 = \frac{p}{1 - \varepsilon \cos\varphi}. \tag{a}$$

Die doppelte Flächengeschwindigkeit von r_2 beträgt $r_2{}^2\,\dot{\varphi}$ oder wegen $r_1{}^2\,\dot{\varphi} = c$:

$$r_2{}^2\,\dot{\varphi} = \left(\frac{r_2}{r_1}\right)^2 c.$$

Da sie mit φ veränderlich ist, so ist die Bewegung M_2 keine Zentralbewegung.

Aus $v_{M,1}{}^2 = (r_1{}^2 + \dot{r}_1{}^2)\,\dot{\varphi}^2$ ergibt sich

$$v_{M,1} = \frac{p\,\dot{\varphi}}{(1 + \varepsilon \cos\varphi)^2}\sqrt{1 + \varepsilon^2 + 2\,\varepsilon \cos\varphi},$$

und analog

$$v_{M,2} = \frac{p\,\dot{\varphi}}{(1 - \varepsilon \cos\varphi)^2}\sqrt{1 + \varepsilon^2 - 2\,\varepsilon \cos\varphi},$$

somit wegen (a)

$$v = \frac{v_{M,2}}{v_{M,1}} = \left(\frac{r_2}{r_1}\right)^2 \sqrt{\frac{\varepsilon^2 - 1 + 2\,p/r_2}{\varepsilon^2 - 1 + 2\,p/r_1}},$$

da $p = a\,(1 - \varepsilon^2)$, so wird

$$v = \left(\frac{r_2}{r_1}\right)^{3/2} \sqrt{\frac{2\,a - r_2}{2\,a - r_1}}.$$

12. Da die Ellipsennormale n mit den beiden Leitstrahlen gleiche Winkel β einschließt (Abb. 72), so sind auch die Geschwindigkeitskomponenten $v_{\varphi,1}$ und $v_{\varphi,2}$ unter β gegen die Tangente t geneigt. Daraus folgt aber $v_{\varphi,1} = v_{\varphi,2}$, das heißt $r_1 \omega_1 = r_2 \omega_2$ oder wegen $r_1^2 \omega_1 = c$:

$$\omega_2 = \frac{c}{r_1 r_2}.$$

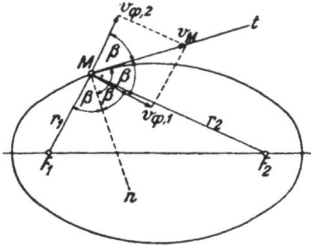

An den Endpunkten der kleinen Achse b, das heißt für $r_1 = r_2 = a$ wird $\omega_{2,min} = c/a^2$, an den Endpunkten der großen Achse mit $r_1 = a - e$, $r_2 = a + e$ wird

$$\omega_{2,max} = \frac{c}{b^2}.$$

Abb. 72

13. Da $s = \overline{OQ} = p \operatorname{ctg} \varphi$, so wird $v_Q = -\dot{s} = \dfrac{p}{\sin^2 \varphi} \dot{\varphi}$ oder wegen $r^2 \dot{\varphi} = c$:

$$v_Q = \frac{pc}{r^2 \sin^2 \varphi}.$$

Mit $r = \dfrac{p}{1 + \cos \varphi}$ ergibt sich $v_Q = \dfrac{c}{2r - p}$.

14. Die Bahn des Punktes Q ist die Scheiteltangente der Parabel. Aus $s = \overline{Q_0 Q} = (p/2) \operatorname{tg} \varphi/2$ wird

$$v_Q = \dot{s} = \frac{p}{4 \cos^2 \varphi/2} \dot{\varphi}. \tag{a}$$

Da die Flächengeschwindigkeit $\eta = \frac{1}{2} r v_\varphi$ konstant und für den Scheitel M_0: $r_0 = p/2$, $(v_\varphi)_0 = v_0$, so beträgt die Flächengeschwindigkeit $\eta = \dfrac{p v_0}{4}$. Hiemit wird nach (a)

$$v_Q = \frac{p v_\varphi}{4 r \cos^2 \varphi/2} = \frac{p \eta}{2 r^2 \cos^2 \varphi/2}$$

oder wegen $r = \dfrac{p}{1 + \cos \varphi}$:

$$v_Q = \frac{\eta}{r} = \frac{p v_0}{4 r}. \tag{b}$$

Hienach ergibt sich an der Stelle $Q_0 (\equiv M_0)$ mit $r_0 = p/2$:

$$v_{Q,0} = \frac{v_0}{2}.$$

Dies folgt auch unmittelbar daraus, daß für den Scheitel M_0 der Parabel der Krümmungsradius $\overline{M_0 \Omega} = 2 \overline{M_0 F}$ ist.

Aus (b) berechnet sich $b_Q = \dot{v}_Q = -\dfrac{p v_0^2}{8 r^2} \sin \varphi.$

15. Mit c als Flächengeschwindigkeit und p als Halbparameter der Ellipse ist $\lambda = \dfrac{c^2}{p}$. Da die neue Anziehungskraft $\dfrac{m\,(\lambda + \delta\,\lambda)}{r^2}$ das gleiche Zentrum hat, so bleibt nach dem Flächensatz die Flächengeschwindigkeit $c/2$ konstant; demnach ist $\delta\,(\lambda.p) = 0$ oder wegen $p = a\,(1 - \varepsilon^2)$ bei Beachtung der Forderung, daß die Exzentrizität ε keine Änderung erfahren soll: $a\,\delta\,\lambda + \lambda\,\delta\,a = 0$ oder

$$\frac{\delta\lambda}{\lambda} = -\frac{\delta a}{a}. \tag{a}$$

Aus $v^2 = \lambda\,(2/r - 1/a)$ folgt wegen $\delta\,(v^2) = 0$:

$$\delta\,\lambda\left(\frac{2}{r} - \frac{1}{a}\right) + \frac{\lambda}{a^2}\,\delta a = 0$$

oder wegen (a):

$$\delta\lambda\left(\frac{2}{r} - \frac{1}{a}\right) - \frac{\delta\lambda}{a} = 0,$$

woraus $r = a$, das heißt die plötzliche Änderung von λ muß an einem Endpunkte der kleinen Achse eintreten.

16. Aus den Gln. (b, c, Aufg. 1) folgt mit $u = 1/r_0$ und c als Flächengeschwindigkeit

$$v = \frac{c}{r_0}, \qquad b = \frac{c^2}{r_0{}^3} = \frac{k^2}{r_0{}^3}, \qquad \text{somit} \quad c = k.$$

Bei Erhöhung von v auf $\dfrac{2}{\sqrt{3}}\,v$ steigt die Flächengeschwindigkeit $c = k$ auf den Wert $c = \dfrac{2\,k}{\sqrt{3}}$; hiemit lautet die Differentialgleichung der weiteren Bewegung nach Gl. c in Aufg. IV, 1:

$$\frac{4\,k^2}{3}\,u^2\left(u + \frac{d^2u}{d\varphi^2}\right) = k^2\,u^3 \qquad \text{oder} \qquad \frac{d^2u}{d\varphi^2} + \frac{u}{4} = 0$$

mit der Lösung $u = u_0 \cos \varphi/2$ oder $r \cos \varphi/2 = r_0$. (Trisekante von Delanges.)

17. Für die Planetenbewegung auf einem Kegelschnitte unter dem Einflusse der zum Brennpunkte gerichteten Zentralkraft bestehen nach Aufg. 2 die Beziehungen

$$b = -\frac{c^2}{p\,r^2} \qquad \text{und} \qquad v^2 = \frac{c^2}{p}\left(\frac{2}{r} + \frac{\varepsilon^2 - 1}{p}\right)$$

oder mit $c^2/p = \lambda$:

$$b = -\frac{\lambda}{r^2} \qquad \text{und} \qquad v^2 - \frac{2\,\lambda}{r} = \frac{\lambda^2}{c^2}\,(\varepsilon^2 - 1).$$

Im vorliegenden Falle einer *abstoßenden* Kraft gilt daher bei Vorzeichenwechsel von λ

$$b = + \frac{\lambda}{r^2} \quad \text{und} \quad v^2 + \frac{2\lambda}{r} = \frac{\lambda^2}{c^2}(\varepsilon^2 - 1).$$

Da die linke Seite der Gleichung für v^2 nur positiv sein kann, so muß $\varepsilon > 1$ und daher die Bahn eine Hyperbel sein, von deren beiden Ästen nur jener in Betracht kommt, für den das Kraftzentrum M der äußere Brennpunkt ist (Abb. 73).

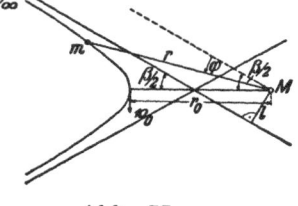

Die Bewegungsgleichung

$$b = -c^2 u^2 \left(u + \frac{d^2u}{d\varphi^2}\right) = \lambda u^2$$

oder

$$\frac{d^2u}{d\varphi^2} + u = -\frac{\lambda}{c^2}$$

Abb. 73

hat die Lösung

$$u = \frac{1}{r} = \frac{\lambda}{c^2}\left[\varepsilon \cos\left(\frac{\beta}{2} - \varphi\right) - 1\right], \tag{a}$$

wobei der Nullstrahl für die Messung des Azimuts φ mit $M\,m_\infty$ zusammenfällt und $\varepsilon = \dfrac{1}{\cos \beta/2}$ die numerische Exzentrizität bedeutet.

Aus $v_r = \dot{r} = \dfrac{dr}{d\varphi}\dot{\varphi}$ folgt wegen $\dfrac{1}{2}r^2\dot{\varphi} = \dfrac{c}{2}$

$$v_r = -c\frac{du}{d\varphi} \quad \text{oder mit (a)} \quad v_r = -\frac{\lambda\varepsilon}{c}\sin\left(\frac{\beta}{2} - \varphi\right).$$

Hienach wird für $\varphi = 0$:

$$v_r = -\frac{\lambda}{c}\,\text{tg}\,\frac{\beta}{2}$$

und da dies gleich $-v_\infty$ sein muß, so ist

$$v_\infty = \frac{\lambda}{c}\,\text{tg}\,\frac{\beta}{2}.$$

Zufolge der Konstanz der Flächengeschwindigkeit gilt $c = l\,v_\infty = r_0\,v_0$, womit sich die Gleichung von Rutherford $\text{tg}\,\dfrac{\beta}{2} = \dfrac{l\,v_\infty{}^2}{\lambda}$ ergibt.

Die Formel

$$v^2 = c^2\left[u^2 + \left(\frac{du}{d\varphi}\right)^2\right]$$

liefert bei Benutzung von (a) wieder

$$v^2 = \frac{\lambda^2}{c^2}\left(\varepsilon^2 - 1 - \frac{2}{r}\frac{c^2}{\lambda}\right),$$

woraus wegen $r_0 = \dfrac{c^2}{\lambda(\varepsilon - 1)}$ die Beziehungen $r_0 v_0{}^2 = \lambda(\varepsilon - 1)$ und $r_0 v_\infty{}^2 = \lambda(\varepsilon + 1)$ hervorgehen.

V. Schwingungen

1. Die Wirkungslinie der Mittelkraft $\Re = \mathfrak{P}_1 + \mathfrak{P}_2$ geht durch den Mittelpunkt O von $\overline{O_1 O_2}$ (Abb. 74). Da $\Re = -2\,c\,\mathfrak{r}$, so lautet die Bewegungsgleichung $\ddot{\mathfrak{r}} = -2\,(c/m)\,\mathfrak{r}$ oder wenn $2\,c/m = \omega^2$ gesetzt wird:

$$\ddot{\mathfrak{r}} + \omega^2 \mathfrak{r} = 0$$

mit der Lösung $\qquad \mathfrak{r} = \mathfrak{A} \sin \omega\,t + \mathfrak{B} \cos \omega\,t.$ \hfill (a)

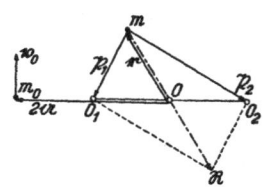

Die gerichteten Integrationskonstanten $\mathfrak{A}$ und $\mathfrak{B}$ sind durch die Anfangsbedingungen $\mathfrak{r}_0 = 2\,\mathfrak{a}$ und $\dot{\mathfrak{r}}_0 = \mathfrak{v}_0$ für $t = 0$ bestimmt mit

$$\mathfrak{A} = \frac{\mathfrak{v}_0}{\omega} \quad \text{und} \quad \mathfrak{B} = 2\,\mathfrak{a};$$

hiemit wird aus (a)

Abb. 74 $\qquad\qquad \mathfrak{r} = \dfrac{\mathfrak{v}_0}{\omega} \sin \omega\,t + 2\,\mathfrak{a} \cos \omega\,t$

oder mit den Koordinaten x, y von $\mathfrak{r}$:

$$x = 2\,a \cos \omega\,t, \qquad y = \frac{v_0}{\omega} \sin \omega\,t.$$

Beseitigung der Zeit t gibt

$$\left(\frac{x}{2\,a}\right)^2 + \left(\frac{y}{v_0/\omega}\right)^2 = 1.$$

Die Bahn ist eine Ellipse mit dem Mittelpunkte O und den Halbachsen $2\,a$ und v_0/ω. Elliptische Sinusschwingung mit der Schwingungsdauer

$$T = \frac{2\pi}{\omega} = 2\,\pi \sqrt{\frac{m}{2\,c}}.$$

Der Punkt m trifft zum ersten Male im Zeitpunkte $T/2$ auf der Achse $O_1 O_2$ an der Stelle $x = -2\,a$ ein.

2. Setzt man die Masse $m = 1$, so lautet die Bewegungsgleichung

$$\ddot{\mathfrak{r}} = c\,\mathfrak{r}_0 - c_1\,\mathfrak{r}$$

mit der Lösung

$$\mathfrak{r}\,(t) = \mathfrak{A} \sin (\sqrt{c_1}\,t) + \mathfrak{B} \cos (\sqrt{c_1}\,t) + \frac{c}{c_1}\,\mathfrak{r}_0.$$

Bei Erfüllung der für $t = 0$ geltenden Bedingungen $\mathfrak{r} = \mathfrak{r}_0$, $\dot{\mathfrak{r}} = \mathfrak{v}_0$ wird

$$\mathfrak{r}\,(t) = \frac{c}{c_1}\,\mathfrak{r}_0 + \frac{\mathfrak{v}_0}{\sqrt{c_1}} \sin (\sqrt{c_1}\,t) + \mathfrak{r}_0 \left(1 - \frac{c}{c_1}\right) \cos (\sqrt{c_1}\,t).$$

Die Bahn ist hienach eine Ellipse mit dem Mittelpunkte in $(c/c_1)\,\mathfrak{r}_0$ und mit den Halbachsen $r_0\,(1 - c/c_1)$ und $v_0/\sqrt{c_1}$.

Der Punkt O liegt dann auf der Ellipse, wenn $(c/c_1)\,r_0 = r_0\,(1 - c/c_1)$, woraus $c/c_1 = \frac{1}{2}$ folgt. Der Massenpunkt durcheilt den Ursprung O mit der Geschwindigkeit $(\dot{\mathfrak{r}})_0 = -\mathfrak{v}_0$.

3. Ist s der aus der Anfangslage m_0 nach der Zeit t zurückgelegte Bogen s, so lautet die Bewegungsgleichung

$$m\,\ddot{s} = -K\sin\varphi, \tag{a}$$

wo φ den Winkel der Bahntangente mit der X-Achse bedeutet (Abb. 75). Mit

$$s = a\,\mathrm{Sin}\,\frac{x}{a}, \qquad \mathrm{tg}\,\varphi = \mathrm{Sin}\,\frac{x}{a} = \frac{s}{a}$$

und $K = c\,y$ geht (a) über in $\ddot{s} + (c/m)\,y\sin\varphi = 0$ oder wegen $y\sin\varphi = s$ in:

$$\ddot{s} + \frac{c}{m}\,s = 0, \tag{b}$$

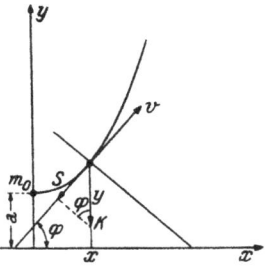

woraus sich mit den Anfangsbedingungen: $s = 0$ und $\dot{s} = v_0$ zur Zeit $t = 0$ die Lösung

$$s = \frac{v_0}{\omega}\sin\omega\,t \tag{c}$$

Abb. 75

ergibt, wo $\omega = \sqrt{c/m}$ die Kreisfrequenz dieser harmonischen Schwingung angibt.

Aus $\dot{s} = v_0\cos\omega\,t = 0$ folgt für die Lage s_1 der Umkehrstellen:

$$\omega\,t = \pm\frac{\pi}{2}, \quad \text{somit nach (c):} \quad s_1 = \pm\frac{v_0}{\omega}.$$

4. Mit dem Drehwinkel φ ist $\overline{FP} = r = \dfrac{p}{1-\varepsilon\cos\varphi}$, wonach der

Punkt P zwischen den Lagen $r_0 = \overline{FP_0} = \dfrac{p}{1-\varepsilon}$ und $r_1 = \overline{FP_1} = \dfrac{p}{1+\varepsilon}$

um die Mittellage

$$r_m = \overline{FM} = \frac{1}{2}\,(r_0 + r_1) = \frac{p}{1-\varepsilon^2} = a$$

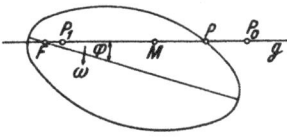

geradlinig schwingt (Abb. 76). Der Schwingungsausschlag beträgt daher $x = r - a$ mit den Maximalwerten

$$x_0 = r_0 - a = +e,$$
$$x_1 = r_1 - a = -e.$$

Abb. 76

Der Bedingung einer harmonischen Schwingung von P mit der Frequenz α entsprechend muß $x = e\cos\alpha\,t$ sein, sonach mit $x = r - a$:

$$r = a + e\cos\alpha\,t \qquad \text{oder} \qquad \cos\varphi = \frac{\varepsilon + \cos\alpha\,t}{1 + \varepsilon\cos\alpha\,t}. \tag{a}$$

Differentiation von (a) liefert

$$\omega = \dot{\varphi} = \frac{(1-\varepsilon)\,\alpha}{(1+\varepsilon\cos\alpha\,t)^2}\,\frac{\sin\alpha\,t}{\sin\varphi}. \tag{b}$$

Aus (a) ergibt sich

$$\cos a t = \frac{\cos \varphi - \varepsilon}{1 - \varepsilon \cos \varphi}, \quad \text{damit wird} \quad \frac{\sin a t}{\sin \varphi} = \frac{\sqrt{1 - \varepsilon^2}}{1 - \varepsilon \cos \varphi}$$

und daher aus (b) das Gesetz für die Winkelgeschwindigkeit ω

$$\omega = \frac{a p}{\sqrt{1 - \varepsilon^2}} \frac{1}{r}. \tag{c}$$

Die Geschwindigkeit des Punktes P ergibt sich zu

$$v_P = \dot{r} = -\frac{\varepsilon r^2}{p} \omega \sin \varphi$$

und mit ω aus Gl. (c):

$$v_P = -a \frac{e}{b} r \sin \varphi. \tag{d}$$

Berechnet man zur Überprüfung der Rechnung die Beschleunigung $b_P = \dot{v}_P$, so ergibt sich $b_P = -a^2 (r - a)$, wie es entsprechend der harmonischen Schwingung sein muß.

Die Umlaufzeit T der Ellipse berechnet sich aus

$$T = \int_{\varphi=0}^{2\pi} \frac{d\varphi}{\omega}$$

wegen (c) zu

$$T = \frac{\sqrt{1 - \varepsilon^2}}{a} \int_{0}^{2\pi} \frac{d\varphi}{1 - \varepsilon \cos \varphi} = \frac{2\pi}{a},$$

übereinstimmend mit der Schwingungsdauer des Punktes P.

5. Sind $\mathfrak{r}_1$, $\mathfrak{r}_2$ zwei konjugierte Halbmesser der Bahnellipse, so ist mit ω als Kreisfrequenz die Vektorgleichung der Schwingung dargestellt durch

$$\mathfrak{r}(t) = \mathfrak{r}_1 \cos \omega t + \mathfrak{r}_2 \sin \omega t.$$

Aus

$$\mathfrak{v} = \dot{\mathfrak{r}} = \omega \left(-\mathfrak{r}_1 \sin \omega t + \mathfrak{r}_2 \cos \omega t \right)$$

folgt, daß $-\omega \mathfrak{r}_1$ und $\omega \mathfrak{r}_2$ konjugierte Halbmesser des polaren Hodographen sind, letzterer daher mit der Bahnellipse ähnlich ist.

Für ihre Hauptachsen ergibt sich aus der Orthogonalitätsbedingung $\mathfrak{r} \cdot \dot{\mathfrak{r}} = 0$:

$$\mathfrak{r}_1 \cdot \mathfrak{r}_2 \cos 2 \omega t - \frac{\mathfrak{r}_1^2 - \mathfrak{r}_2^2}{2} \sin \omega t = 0 \quad \text{oder} \quad \operatorname{tg} 2 \omega t_1 = 2 \frac{\mathfrak{r}_1 \cdot \mathfrak{r}_2}{\mathfrak{r}_1^2 - \mathfrak{r}_2^2}.$$

6. Mit ω als Kreisfrequenz, a und b als Halbachsen der Bahnellipse der Punkte m_1, m_2 und mit den Einheitsvektoren $\mathfrak{e}_1$, $\mathfrak{e}_2$ in der X- und Y-Achse (Abb. 77) gilt

$$\left. \begin{aligned} \mathfrak{r}_1 &= \mathfrak{e}_1 a \cos \omega t + \mathfrak{e}_2 b \sin \omega t, \\ \mathfrak{r}_2 &= \mathfrak{e}_1 a \cos (\omega t + \beta) + \mathfrak{e}_2 b \sin (\omega t + \beta). \end{aligned} \right\} \tag{a}$$

Führt man noch den Quer- oder Normalvektor $\hat{\mathfrak{r}}$ zu $\mathfrak{r}$ gemäß

$$\hat{\mathfrak{r}} = \mathfrak{e}_3 \times \mathfrak{r} \text{ ein, wo } \mathfrak{e}_3 = \mathfrak{e}_1 \times \mathfrak{e}_2,$$

so wird

$$\hat{\mathfrak{r}} = -\,\mathfrak{e}_1\,y + \mathfrak{e}_2\,x. \tag{b}$$

Der Ortsvektor $\mathfrak{z}$ des Schnittpunktes P der Bahntangenten von m_1 und m_2 läßt sich darstellen durch

$$\mathfrak{z} = \mathfrak{r}_1 + \lambda_1\,\dot{\mathfrak{r}}_1 = \mathfrak{r}_2 + \lambda_2\,\dot{\mathfrak{r}}_2, \tag{c}$$

wonach

$$\mathfrak{r}_2 - \mathfrak{r}_1 = \lambda_1\,\dot{\mathfrak{r}}_1 - \lambda_2\,\dot{\mathfrak{r}}_2.$$

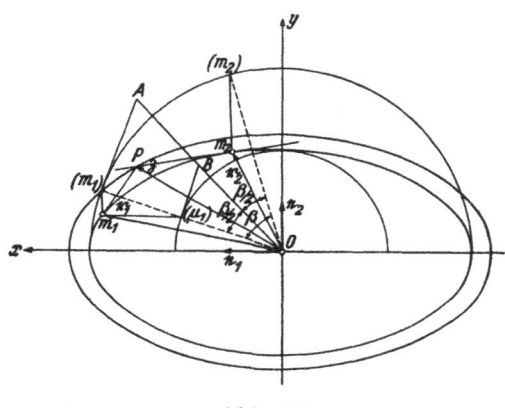

Abb. 77

Skalare Multiplikation mit $\hat{\dot{\mathfrak{r}}}_2$ ergibt wegen $\dot{\mathfrak{r}}_2 . \hat{\dot{\mathfrak{r}}}_2 = 0$ für den Skalar λ_1

$$\lambda_1 = \frac{(\mathfrak{r}_2 - \mathfrak{r}_1) . \hat{\dot{\mathfrak{r}}}_2}{\dot{\mathfrak{r}}_1 . \hat{\dot{\mathfrak{r}}}_2};$$

bei Benutzung von (b) findet man aber

$$(\mathfrak{r}_2 - \mathfrak{r}_1) . \hat{\dot{\mathfrak{r}}}_2 = -\,2\,a\,b\,\omega\,\sin^2\frac{\beta}{2},$$

und

$$\dot{\mathfrak{r}}_1 . \hat{\dot{\mathfrak{r}}}_2 = -\,a\,b\,\omega^2\,\sin\beta,$$

so daß $\lambda_1 = 1/\omega\,\text{tg}\,\beta/2$ wird und hiemit gemäß (c):

$$\mathfrak{z} = \mathfrak{e}_1\,\frac{a}{\cos\beta/2}\cos\left(\omega\,t + \frac{\beta}{2}\right) + \mathfrak{e}_2\,\frac{b}{\cos\beta/2}\sin\left(\omega\,t + \frac{\beta}{2}\right).$$

Die Halbachsen der durch $\mathfrak{z}$ dargestellten Ellipse, die mit der gegebenen Ellipse konzentrisch ist, sind $\dfrac{a}{\cos\beta/2}$ und $\dfrac{b}{\cos\beta/2}$, der Phasenverschiebungswinkel der elliptischen Schwingung des Punktes P beträgt $\beta/2$, die Dauer eines Umlaufes $2\,\pi/\omega$.

Der Phasenverschiebungswinkel β für die in Abb. 77 angenommenen Lagen der Punkte m_1, m_2 auf der Ellipse ist gleich dem von den Geraden O (m_1) und O (m_2) eingeschlossenen Winkel, wo (m_1) und (m_2) die den Punkten m_1, m_2 entsprechenden Punkte auf dem über der großen Achse $2\,a$ geschlagenen Kreise sind.

Ist OA die Winkelhalbierende von β, so wird

$$\overline{OA} = \frac{a}{\cos\beta/2}, \qquad \overline{OB} = \frac{b}{\cos\beta/2},$$

wenn $(m_1)\,A \perp O\,(m_1)$ und $(\mu_1)\,B \perp O\,(\mu_1)$ gezogen wird; denn es ist

$$\overline{(m_1)\,O} = a \quad \text{und} \quad \overline{(\mu_1)\,O} = b.$$

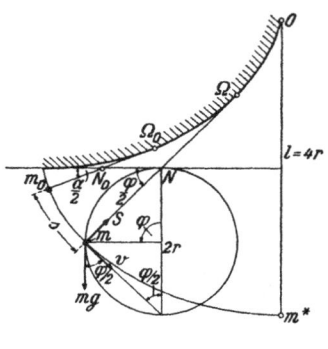

Abb. 78

7. Mit $2\,r$ als Durchmesser des Rollkreises der Zykloide (Abb. 78) und φ als Rollwinkel ist $l = 4\,r$,

$$\varrho = \overline{m\,\Omega} = 2\,\overline{m\,N} = l\sin\frac{\varphi}{2}$$

und $ds = \varrho\,d\varphi/2$, somit ergibt sich der Bogen s von m_0 bis m zu

$$s = l\left(\cos\frac{a}{2} - \cos\frac{\varphi}{2}\right).$$

Die Bewegungsgleichung lautet

$$m\,\ddot{s} = m\,g\cos\frac{\varphi}{2} - k\,\dot{s}$$

oder wegen $\cos\dfrac{\varphi}{2} = \cos\dfrac{a}{2} - \dfrac{s}{l}$:

$$\ddot{s} + \frac{k}{m}\,\dot{s} + \frac{g}{l}s = g\cos\frac{a}{2}.$$

Mit den Abkürzungen $k/m = 2\,\lambda$, $g/l = \omega^2$ entsteht

$$\ddot{s} + 2\,\lambda\,\dot{s} + \omega^2 s = g\cos\frac{a}{2}. \tag{a}$$

Die dem Lösungsansatz $s = e^{\varrho t}$ entsprechende determinierende Gleichung

$$\varrho^2 + 2\,\lambda\varrho + \omega^2 = 0$$

mit den beiden Wurzeln

$$\varrho_{1,2} = -\lambda \pm \sqrt{\lambda^2 - \omega^2}$$

zeigt, daß Schwingungen nur dann zustande kommen, wenn die Wurzeln konjugiert komplex sind, das heißt wenn $\lambda < \omega$ oder $k < 2\,m\sqrt{g/l}$ ist. Mit den beiden Integrationskonstanten A_1, A_2 und mit $\gamma = \sqrt{\omega^2 - \lambda^2}$ lautet dann die Lösung von (a)

$$s\,(t) = e^{-\lambda t}\,(A_1\cos\gamma\,t + A_2\sin\gamma\,t) + l\cos\frac{a}{2}. \tag{b}$$

Aus den Anfangsbedingungen: $s = 0$, $\dot{s} = 0$ zur Zeit $t = 0$ folgt

$$A_1 = -l \cos \frac{a}{2}, \qquad A_2 = \frac{\lambda}{\gamma} A_1,$$

daher aus (b) mit $l_1 = l \cos a/2$

$$\frac{s}{l_1} = 1 - e^{-\lambda t} \left(\cos \gamma t + \frac{\lambda}{\gamma} \sin \gamma t \right) \qquad \text{(c)}$$

und

$$\frac{\dot{s}}{l_1} = \frac{\omega^2}{\gamma} e^{-\lambda t} \sin \gamma t. \qquad \text{(d)}$$

Aus (d) folgt mit $\dot{s} = 0$ die Dauer einer Halbschwingung zu $t_1 = \pi/\gamma$, somit die Schwingdauer

$$T = 2 t_1 = \frac{2\pi}{\gamma} = \frac{2\pi}{\sqrt{\dfrac{g}{l} - \left(\dfrac{k}{2m} \right)^2}}$$

unabhängig von der Amplitude (isochrone Schwingung).

Werden die aufeinanderfolgenden Maximalausschläge von der lotrechten Lage m^* des Pendels aus gezählt, für die der Bogen $m_0\, m^* = l_1$, so ist

$$m^*\, m_n = s_n - l_1 = -l_1 (-1)^n e^{-n \lambda t_1}$$

und

$$m^*\, m_{n+1} = s_{n+1} - l_1 = -l_1 (-1)^{n+1} e^{-(n+1) \lambda t_1},$$

so daß

$$\frac{|m^*\, m_n|}{|m^*\, m_{n+1}|} = e^{\lambda \frac{T}{2}} = \text{konstant.}$$

Die Maximalausschläge nehmen also in einer geometrischen Reihe ab und es ist das logarithmische Dekrement D gleich

$$D = \ln \frac{|m^*\, m_n|}{|m^*\, m_{n+1}|} = \frac{\lambda T}{2} = \frac{\lambda \pi}{\gamma} = \frac{\lambda \pi}{\sqrt{\omega^2 - \lambda^2}},$$

woraus

$$\lambda = \omega \frac{D}{\sqrt{\pi^2 + D^2}};$$

für den Widerstandsbeiwert k ergibt sich hiemit

$$k = 2m \sqrt{\frac{g}{l}} \frac{D}{\sqrt{\pi^2 + D^2}}.$$

8. Ist x_0 die anfängliche Auslenkung der Feder und s der nach Ablauf der Zeit t zurückgelegte Weg, so wirkt außer der Federspannkraft $S = c (x_0 - s)$ noch die konstante Reibung $R = f G$, die bis zum nächsten Umkehrpunkt immer gleichen, der Bewegung entgegengesetzten Sinn hat. Daher lautet die Bewegungsgleichung

$$m \ddot{s} = S - R = c (x_0 - s) - f G,$$

wofür mit $x = x_0 - s$, $\dfrac{c}{m} = \omega^2$ und $\dfrac{fG}{c} = x_r$ auch

$$\frac{d^2}{dt^2}(x - x_r) + \omega^2(x - x_r) = 0$$

geschrieben werden kann.

Hienach stimmt eine Halbschwingung überein mit einer ungedämpften freien harmonischen Schwingung, deren Nullstelle O_1 um $x_r = \overline{OO_1}$ gegenüber dem Nullpunkte O verschoben ist. Für die darauffolgende Halbschwingung tritt infolge der Schwingungsumkehr und des dadurch bedingten Vorzeichenwechsels von R an die Stelle von O_1 die durch $\overline{OO_2} = -x_r$ bestimmte Nullstelle O_2. (Siehe Kreisdiagramm.)

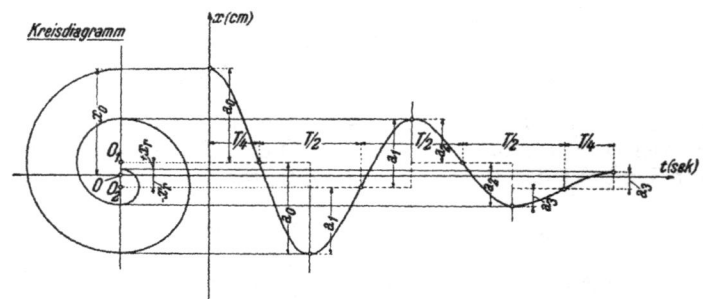

Abb. 79

Für die erste Halbschwingung gilt (vgl. Abb. 79)
$$x_0 = a_0 + x_r, \qquad x_1 = a_0 - x_r,$$
somit $x_0 - x_1 = 2x_r$ und analog $x_1 - x_2 = 2x_r$.

Die Abnahme der Schwingungsweiten ist konstant gleich $2x_r$, daher bilden die Werte $x_0, x_1, x_2 \ldots$ eine arithmetische Reihe.

Die Schwingungsdauer beträgt

$$T = \frac{2\pi}{\omega} = 2\pi\sqrt{\frac{m}{c}}, \tag{a}$$

unabhängig von der Reibung.

Die Schwingung erlischt, wenn die ursprüngliche Auslenkung x_0 durch die Weitenverminderung $2nx_r$ nach n Halbschwingungen aufgebraucht ist, woraus

$$n = \frac{x_0}{2x_r}. \tag{b}$$

Da $x_r = \dfrac{fG}{c} = fg\dfrac{m}{c}$, so wird wegen (a):

$$x_r = fg\frac{T^2}{4\pi^2}$$

und mit den Zahlenangaben $T = 1$ sek, $f = 0,2$: $x_r = 0,05$ m und aus (b): $n = 4$. Die Endlage x_4 ergibt sich aus $x_4 = x_0 - 4.2\, x_r$ mit $x_4 = +\,3$ cm; bei dieser Verlängerung der Feder ist die Federkraft nicht mehr imstande, den Körper gegen die Reibungskraft zu bewegen.

9. Mit $\mathfrak{r}$ als Auslenkung der Feder zur Zeit t lautet die Bewegungsgleichung

$$m\,\ddot{\mathfrak{r}} + k\,\dot{\mathfrak{r}} + c\,\mathfrak{r} = 0$$

oder mit $k/m = 2\,\lambda$, $c/m = \omega^2$:

$$\ddot{\mathfrak{r}} + 2\,\lambda\,\dot{\mathfrak{r}} + \omega^2\,\mathfrak{r} = 0.$$

Sind $\mathfrak{A}_1$, $\mathfrak{A}_2$ die gerichteten Integrationskonstanten, so ergibt sich die Lösung

$$\mathfrak{r}(t) = \mathfrak{A}_1\,e^{\varrho_1 t} + \mathfrak{A}_2\,e^{\varrho_2 t},$$

worin

$$\varrho_{1,2} = -\lambda \pm \sqrt{\lambda^2 - \omega^2}.$$

Die Erfüllung der für $t = 0$ gegebenen Bedingungen

$$\mathfrak{r}(0) = \mathfrak{r}_0, \qquad \dot{\mathfrak{r}}(0) = \mathfrak{v}_0$$

liefert

$$\mathfrak{A}_1 = \frac{1}{\varrho_1 - \varrho_2}\,(\mathfrak{v}_0 - \varrho_2\,\mathfrak{r}_0),$$

$$\mathfrak{A}_2 = \frac{1}{\varrho_1 - \varrho_2}\,(-\,\mathfrak{v}_0 + \varrho_1\,\mathfrak{r}_0),$$

so daß

$$\mathfrak{r} = \frac{\mathfrak{v}_0}{\varrho_1 - \varrho_2}\,(e^{\varrho_1 t} - e^{\varrho_2 t}) - \frac{\mathfrak{r}_0}{\varrho_1 - \varrho_2}\,(\varrho_2\,e^{\varrho_1 t} - \varrho_1\,e^{\varrho_2 t}). \qquad (a)$$

Für *schwache* Dämpfung ist $\omega > \lambda$, so daß mit

$$\gamma = \sqrt{\omega^2 - \lambda^2} \quad \text{und wegen} \quad \varrho_1 - \varrho_2 = 2\,i\,\gamma$$

Gleichung (a) übergeht in

$$\mathfrak{r}(t) = e^{-\lambda t}\left(\frac{\lambda\,\mathfrak{r}_0 + \mathfrak{v}_0}{\gamma}\,\sin\gamma\,t + \mathfrak{r}_0\cos\gamma\,t\right)$$

oder mit

$$\frac{\lambda\,\mathfrak{r}_0 + \mathfrak{v}_0}{\gamma} = \mathfrak{r}_1$$

in

$$\mathfrak{r}(t) = e^{-\lambda t}\,(\mathfrak{r}_0\cos\gamma\,t + \mathfrak{r}_1\sin\gamma\,t).$$

Da durch $\overline{\mathfrak{r}} = \mathfrak{r}_0\cos\gamma\,t + \mathfrak{r}_1\sin\gamma\,t$ eine Ellipse mit den konjugierten Halbmessern $\mathfrak{r}_0$ und $\mathfrak{r}_1$ dargestellt ist, so bewegt sich der Punkt m auf einer elliptischen Spirale um den Pol O, wobei $\mathfrak{r}_0$ und $\mathfrak{r}_1$ asymptotisch nach dem Gesetze $e^{-\lambda t}$ zusammenschrumpfen.

10. Sind a_n und a_{n+1} zwei aufeinanderfolgende Maximalausschläge einer Halbschwingung und ist der Dämpfungswiderstand proportional der Geschwindigkeit, also gleich $k\,v$, so ist

$$\frac{a_n}{a_{n+1}} = e^{\lambda\frac{T}{2}} = \text{konst.}, \qquad (a)$$

wobei $\lambda = \dfrac{k}{2\,m}$ und T die Dauer einer vollen Schwingung $= \dfrac{2\,\pi}{\sqrt{\omega^2 - \lambda^2}}$.

Hierin ist $\omega^2 = c/m$ mit c als Federkonstante.

Da nach (a) die Maximalausschläge in geometrischer Reihe abnehmen, so ist mit $q = e^{\frac{\lambda T}{2}}$:

$$a_0 = a_n\,q^n. \tag{b}$$

Der Wert
$$D = \ln q = \ln\frac{a_n}{a_{n+1}} = \frac{\lambda\,T}{2}$$

gibt das logarithmische Dekrement der gedämpften Schwingung an. Da nach (b):

$$q = \sqrt[n]{\frac{a_0}{a_n}}, \quad \text{so wird} \quad D = \frac{1}{n}\ln\frac{a_0}{a_n}. \tag{c}$$

Für $n = 20$ Halbschwingungen und mit $a_n = a_0/2$ beträgt das logarithmische Dekrement des Ausschwingungsversuches nach (c)

$$D = \frac{1}{20}\ln 2 = 0{,}03466.$$

Da die Schwingungsdauer $T = 0{,}9$ sek, so liefert $\lambda = \dfrac{2\,D}{T}$ den Wert $\lambda = 0{,}07702$ (sek^{-1}), womit sich der Dämpfungsfaktor k aus $k = 2\,m\,\lambda$ zu $k = 0{,}00314$ kgcm^{-1} sek berechnet.

Durch $T = \dfrac{2\,\pi}{\sqrt{\omega^2 - \lambda^2}}$ ist $\omega^2 = \lambda^2 + \dfrac{4\,\pi^2}{T^2}$ bestimmt, so daß sich die Federkonstante c aus $c/m = \omega^2$ zu

$$c = m\left(\lambda^2 + \frac{4\,\pi^2}{T^2}\right) = 0{,}99 \text{ kgcm}^{-1}$$

ergibt.

11. Nach Abklingen des Anfangszustandes bleibt die partikuläre Lösung

$$x = C\sin(\Omega t - \beta)$$

der Differentialgleichung der gedämpften erzwungenen Schwingung

$$m\,\ddot{x} + k\,\dot{x} + c\,x = P_0\sin\Omega t$$

bestehen, worin mit $k/m = 2\,\lambda$, $c/m = \omega^2$ und $P_0/m = p_0$ der Phasenverschiebungswinkel β durch $\operatorname{tg}\beta = \dfrac{2\,\lambda\,\Omega}{\omega^2 - \Omega^2}$ und die maximale Schwingungsamplitude durch

$$C = \frac{p_0}{\sqrt{(\omega^2 - \Omega^2)^2 + 4\,\lambda^2\,\Omega^2}}$$

bestimmt ist. Mit dem Frequenzverhältnisse $\Omega/\omega = \eta$ und dem Dämpfungsverhältnisse $\mu = \lambda/\omega = \dfrac{k}{2\,m\,\omega}$ wird

$$\operatorname{tg}\beta = \frac{2\,\mu\,\eta}{1-\eta^2} \quad \text{und} \quad C = \frac{C_{stat}}{\sqrt{(1-\eta^2)^2 + 4\,\mu^2\,\eta^2}}\,, \qquad (1)$$

wobei

$$C_{stat} = \frac{p_0}{\omega^2} = \frac{P_0}{c} \qquad (2)$$

die statische Federauslenkung angibt.

Da

$$\frac{dC}{d\eta} = 2\,C_{stat}\,\frac{\eta\,(1-\eta^2-2\,\mu^2)}{[(1-\eta^2)^2+4\,\mu^2\,\eta^2)^{3/2}}\,,$$

so ergibt sich bei einer vorgegebenen Dämpfungszahl μ das C_{max} gemäß $dC/d\eta = 0$ an der Stelle

$$\eta^2 = 1 - 2\,\mu^2 \qquad (3)$$

mit

$$C_{max} = \frac{C_{stat}}{2\,\mu\,\sqrt{1-\mu^2}}\,, \qquad (4)$$

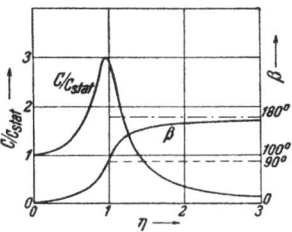

Abb. 80

während an der Resonanzstelle $\eta = 1$:

$$C_{\eta=1} = \frac{C_{stat}}{2\,\mu} < C_{max} \quad \text{(vgl. Abb. 80)}.$$

Aus Gl. (3) folgt, daß sich nur für Dämpfungszahlen $\mu < 1/\sqrt{2}$ reelle Werte für das Frequenzverhältnis η ergeben, wobei ein Ansteigen von C_{max} über den Wert C_{stat} eintritt. Im Grenzfalle $\mu = 1/\sqrt{2}$ wird $C_{max} = C_{stat}$ bei $\eta = 0$, das gleiche gilt für alle Dämpfungszahlen größer als $1/\sqrt{2}$.

Die Forderung $C_{max} = 3\,C_{stat}$ verlangt nach (4), daß

$$2\,\mu\,\sqrt{1-\mu^2} = \frac{1}{3}\,;$$

von den beiden Wurzeln dieser quadratischen Gleichung genügt $\mu = 0{,}1691$ der Forderung $\mu < 1/\sqrt{2}$.

Mit ihr wird der Dämpfungsfaktor gemäß $k = 2\,m\,\lambda = 2\,m\,\omega\,\mu$ gleich $0{,}1122$ kgcm^{-1}sek. Aus (3) folgt hiemit $\eta = 0{,}971$ und aus (1): $\beta = 80{,}1^0$. Abb. 80 zeigt die Resonanzkurve und das Phasenwinkelbild.

12. Mit dem Frequenzverhältnisse $\eta = \Omega/\omega$ und dem Dämpfungsverhältnisse $\mu = \lambda/\omega$ setze man in einem rechtwinkligen Achsensystem $(u,\,v)$

$$\left.\begin{aligned} u &= 1-\eta^2, \\ v &= 2\,\mu\,\eta, \end{aligned}\right\} \qquad (a)$$

dann liefert die Beseitigung von η die „Rungeparabel" (Abb. 81)

$$4\,\mu^2\,(1-u) = v^2$$

mit den Achsenabschnitten $\overline{OS} = 1$ (Scheitel) und $\overline{OP_1} = 2\,\mu$. Für verschiedene μ ergibt sich eine Schar von Parabeln mit gleichem Scheitel S. Die Entfernung des Brennpunktes F von S beträgt $\overline{FS} = \mu^2 = p/2$.

Da nach den Gln. (1) der Aufg. 11:

$$\operatorname{tg}\beta = \frac{v}{u} \quad \text{und} \quad \frac{C}{C_{stat}} = \frac{1}{\sqrt{u^2 + v^2}},$$

so schließt der Fahrstrahl OP mit der Parabelachse den Phasenwinkel β ein und es ist der Kehrwert von $\overline{OP}$ gleich dem Amplitudenverhältnisse C/C_{stat}.

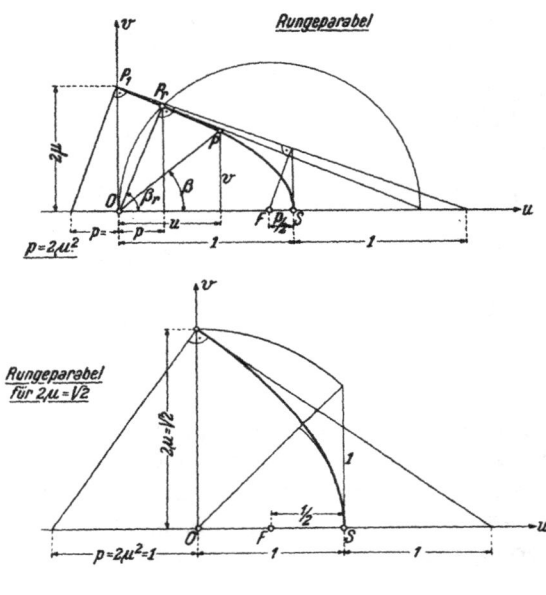

Abb. 81

Die Resonanzfrequenz Ω_r $(=\eta_r\,\omega)$ ergibt sich für den Punkt P_r der Parabel mit kleinstem $\overline{OP}$; daher liegt P_r im Fußpunkte der aus O gezogenen Normalen zur Parabel. Für ihn ist nach Gl. (3), Aufg. 11 $u_r = 2\,\mu^2 = p$ und er liegt auf dem Halbkreise um F mit dem Halbmesser $\overline{FO}$.

Mit $k/m = 2\,\lambda$ und $c/m = \omega^2$ lautet die Abstimmungsvorschrift $4\,\lambda^2\,m^2 = 2\,m^2\,\omega^2$ oder $\underline{2\,\mu^2 = 1}$.

Hiemit wird

$$\frac{C}{C_{stat}} = \frac{1}{\sqrt{(1-\eta^2)^2 + 4\,\mu^2\,\eta^2}} = \frac{1}{\sqrt{1+\eta^4}},$$

daher für *kleine* Frequenzverhältnisse η:

$$\frac{C}{C_{stat}} \doteq \left(1 - \frac{1}{2}\,\eta^4\right),$$

wonach der Anzeigefehler von der Größenordnung $(\Omega/\omega)^4$ ist.

Wegen $\mu^2 = \frac{1}{2}$ halbiert der Brennpunkt F (Abb. 81) die Strecke $\overline{OS}$. Sonach liegt bei Einhaltung dieser Abstimmungsvorschrift der Mittelpunkt des zum Scheitel der Parabel gehörenden Krümmungskreises in O, so daß bei kleinen Frequenzverhältnissen die Länge $\overline{OP}$ nahezu konstant bleibt und die Amplituden in gleichem Maßstabe aufgezeichnet werden.

13. Bei Vernachlässigung des Einflusses der endlichen Schubstangenlänge $\overline{BC}$ bewegt sich der Punkt B nach dem Gesetze $x_B = r \sin \Omega\,t$,

worin $\Omega = \dfrac{n\,\pi}{30}$; da $\dfrac{x_B}{b} = \dfrac{x_A}{a}$, wonach

$$x_A = \left(r\,\frac{a}{b}\right)\sin\Omega\,t = A\,\sin\Omega\,t,$$

so führt der Aufhängepunkt der Feder harmonische Schwingungen aus. Bewegt sich das Gewicht G aus der Ruhelage bei horizontaler Kurbelstellung um x nach abwärts, so ist die Federausdehnung zur Zeit t gleich $x - x_A$; daher gilt

$$m\,\ddot{x} = -c\,(x - x_A)$$

oder mit $c/m = \omega^2$:

$$\ddot{x} + \omega^2\,x = \omega^2\,x_A = (A\,\omega^2)\sin\Omega\,t.$$

Hienach bewegt sich das Gewicht G so, als ob an ihm periodisch eine Kraft von der Amplitude $A\,\omega^2$ wirken würde.

Es entsteht daher nach Aufg. 11 eine erzwungene Schwingung

$$x = C \sin\Omega\,t,$$

wo

$$C = x_{max} = \frac{A\,\omega^2}{\omega^2 - \Omega^2} = \frac{A}{1 - \eta^2} \qquad (a)$$

und

$$\eta = \frac{\Omega}{\omega}.$$

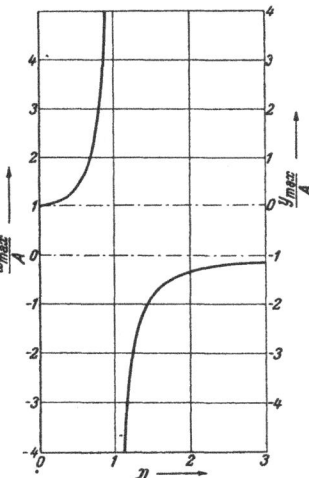

Abb. 82

Die maximale Federauslenkung y_{max} beträgt

$$y_{max} = (x - x_A)_{max} = \frac{A}{1 - \eta^2} - A = A\,\frac{\eta^2}{1 - \eta^2}. \qquad (b)$$

Die Abhängigkeit der maximalen Amplitudenverhältnisse x_{max}/A und y_{max}/A vom Frequenzverhältnisse η ist gemäß (a) und (b) durch ein und dasselbe Diagramm (Abb. 82) dargestellt, wenn im Falle (b) die η-Achse um das Maß $A = 1$ gegenüber jener des Falles (a) verschoben wird. Für die Beurteilung der Federkraft S_{max} kommt es auf y_{max} an; da die Feder schon in der Ruhelage mit G vorgespannt ist, so wird

$$S_{max} = G + c\,|y_{max}| = G\left(1 + \frac{A\,\omega^2}{g}\,\frac{\eta^2}{1 - \eta^2}\right).$$

Die Forderung $S_{max} \gtrless q\,G$ verlangt

$$1 + \frac{A\,\omega^2}{g} \cdot \frac{\eta^2}{1-\eta^2} \gtrless q,$$

woraus für den Bereich $\eta < 1$ die Bedingung folgt

$$\eta^2 \leqq \frac{1}{1 + \dfrac{A\,\omega^2}{g\,(q-1)}}.$$

Für den Bereich $\eta > 1$ ergibt sich, da dann $\dfrac{A\,\omega^2}{g} < q-1$ sein muß (sonst wird η imaginär),

$$\eta^2 \geqq \frac{1}{1 - \dfrac{A\,\omega^2}{g\,(q-1)}}.$$

Die Erregerfrequenz Ω darf somit nicht in dem durch

$$\frac{\omega}{\sqrt{1 + \dfrac{A\,\omega^2}{g\,(q-1)}}} \quad \text{und} \quad \frac{\omega}{\sqrt{1 - \dfrac{A\,\omega^2}{g\,(q-1)}}}$$

begrenzten Bereiche liegen, wenn die Federkraft das q-fache des Gewichtes nicht überschreiten soll.

VI. Geführte Bewegung

1. Mit y als Tiefenlage des bewegten Punktes unter der durch M_0 gelegten Waagrechten ist

$$v = \sqrt{2\,g\,y} \quad \text{oder} \quad v^2 = 2\,g\,a\,(\lambda - 1 - \cos\psi),$$

wo ψ den Winkel zwischen der Bahnnormalen und der Lotrechten angibt und $\lambda = h/a$ ist (Abb. 83).

Für den Bahndruck D gilt

$$D = \frac{M\,v^2}{a} - G\cos\psi = G\,(2\,\lambda - 2 - 3\cos\psi).$$

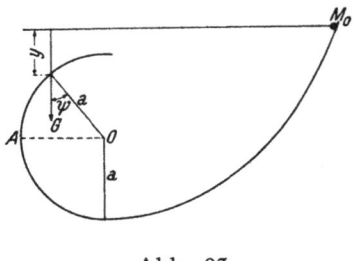

An der Stelle $a = 135^0$, das heißt $\psi = \pi/4$ muß $D = 0$ sein; dies ergibt

$$\lambda = 1 + \frac{3}{4}\sqrt{2} = \frac{h}{a},$$

demnach $h = 2{,}06\,a$. Der Bahndruck an der Stelle A wird mit $\psi = \pi/2$:

$$D_A = 2\,G\,(\lambda - 1) = 2{,}12\,G.$$

Abb. 83

2. Nach Aufg. 1 gelten mit $\lambda = h/a$ die Formeln

$$v^2 = 2\,g\,a\,(\lambda - 1 - \cos\psi),$$ (a)
$$D = G\,(2\,\lambda - 2 - 3\cos\psi).$$

Damit der Punkt die Stelle M_2 erreiche, darf der Bahndruck D erst an dieser Stelle ($\psi = 0$) verschwinden; dies liefert $\lambda = h/a = 5/2$, somit wegen $h = \dfrac{x}{\sqrt{2}} + 2\,a\left(1 - \dfrac{1}{\sqrt{2}}\right)$:

$$x = \overline{M_0 M_1} = a\left(2 + \frac{1}{\sqrt{2}}\right) = 2{,}71\,a.$$

Aus (a) ergibt sich die Anfangsgeschwindigkeit v_0 für den in M_2 beginnenden waagrechten Wurf mit $v_0 = \sqrt{g\,a}$.

Trägt man in seine Wegzeitgleichungen

$$\xi = v_0\,t, \qquad \eta = \frac{g}{2}\,t^2,$$

die dem Punkt M_1 entsprechende Falltiefe $\eta = \dfrac{2\,a}{\sqrt{2}}$ ein, so wird

$$t_1{}^2 = \frac{2\,a\sqrt{2}}{g} \quad \text{und} \quad \xi = v_0\,t_1 = a\,\sqrt{2\sqrt{2}} = 1{,}682\,a,$$

also größer als die Abszisse $a\sqrt{2}$ von M_1.

Die Wurfparabel trifft daher die Gerade $M_0 M_1$. Ist T der Treffpunkt, so müssen seine Koordinaten der Gleichung der Geraden $M_0 M_1$ genügen:

$$\xi + \eta = 2\,a\sqrt{2},$$

woraus für t die Gleichung folgt

$$t^2 + 2\,\frac{v_0}{g}\,t - \frac{4\,a}{g}\sqrt{2} = 0;$$

die Treffzeit t_1 ergibt sich zu

$$t_1 = \sqrt{\frac{a}{g}}\left(\sqrt{1 + 4\sqrt{2}} - 1\right) = 1{,}58\,\sqrt{\frac{a}{g}}.$$

Die Entfernung z des Treffpunktes T von M_1 berechnet sich aus

$$\frac{2\,a + z}{\sqrt{2}} = \xi = v_0\,t_1$$

mit

$$z = v_0\,t_1\sqrt{2} - 2\,a = a\left[\sqrt{2 + 8\sqrt{2}} - (2 + \sqrt{2})\right] = 0{,}235\,a.$$

3. Projektion der Kräfte auf die Tangente in m (Abb. 84) gibt die Bewegungsgleichung

$$m\,\dot{v} = P\sin\psi + G\cos\varphi.$$

Es ist $P = m\,k\,r = 2\,m\,k\,a\cos\psi$, so daß wegen $2\psi = 90 + \varphi$

$$\dot{v} = k_1\cos\varphi \quad \text{mit} \quad k_1 = g + a\,k.$$

$v\,dv = \dot{v}\,a\,d\varphi$ liefert $v^2 = v_0{}^2 + 2\,a\,k_1 \sin\varphi$, daher für die Stelle C mit $\varphi = \pi/2$:

$$v_C{}^2 = v_0{}^2 + 2\,a\,k_1.$$

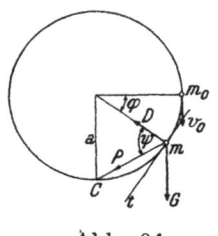

Abb. 84

Bahndruck

$$D = \frac{m\,v^2}{a} - P\cos\psi + G\sin\varphi$$

und für $\varphi = \pi/2$, $\psi = \pi/2$:

$$D_C = m\left(\frac{v_0{}^2}{a} + 3\,g + 2\,a\,k\right).$$

Aus $v = a\,d\varphi/dt$ wird

$$T = a \int\limits_{\varphi=0}^{\pi/2} \frac{d\varphi}{\sqrt{v_0{}^2 + 2\,a\,k_1 \sin\varphi}}.$$

(Elliptisches Integral.)

4. Die geführte Bewegung des Punktes m geht in eine freie über an der Stelle β, die durch

$$g\sin\beta = \frac{v^2}{a} = 2\,g\,(\cos\alpha + \sin\alpha - \sin\beta)$$

bestimmt ist, wonach

$$\sin\beta = \frac{2}{3}\,(\sin\alpha + \cos\alpha).$$

Mit $\alpha = 75^0$ wird $\beta = 54^0 40'$.

Die Anfangsgeschwindigkeit v_β des dann einsetzenden schiefen Wurfes beträgt

$$v_\beta = \sqrt{g\,a\,\sin\beta} = 0{,}903\,\sqrt{g\,a}.$$

Aus

$$a\,(1 + \sin\beta) = v_\beta\,T\cos\beta + \frac{g}{2}\,T^2$$

berechnet sich die Fallzeit T zu:

$$T = \sqrt{\frac{a}{g}}\,\left(\sqrt{3\sin\beta - \sin^3\beta + 2} - \cos\beta\,\sqrt{\sin\beta}\right) = 1{,}45\,\sqrt{\frac{a}{g}},$$

so daß die Lage des Auftreffpunktes E aus

$$\overline{E\,E_1} = v_\beta \sin\beta\,T - a\,(1 - \cos\beta)$$

mit $\overline{E\,E_1} = 0{,}65\,a$ bestimmt ist.

5. Für die Aufwärtsbewegung lautet das Bewegungsgesetz

$$b = \dot{v} = -k\,v^2 - g\,(\sin\alpha + f\cos\alpha)$$

mit f als Ziffer der Gleitreibung. Wird

$$g\,(\sin\alpha + f\cos\alpha) = k_1$$

gesetzt, womit

$$b = \dot{v} = -k v^2 - k_1,$$

so ergibt sich hieraus

$$v^2 = (v_0{}^2 + V_1{}^2)\, e^{-2 k x} - V_1{}^2,$$

wo

$$V_1{}^2 = \frac{k_1}{k} \quad \text{und} \quad t = \frac{1}{k V_1} \operatorname{arc\,tg} \frac{(v_0 - v)\, V_1}{V_1{}^2 + v_0 v}.$$

Setzt man $v = 0$, so folgt für die Gesamtdauer t_1 der Aufwärtsbewegung

$$t_1 = \frac{1}{k V_1} \operatorname{arc\,tg} \frac{v_0}{V_1}$$

und für die dabei zurückgelegte Wegstrecke

$$x_1 = \frac{1}{2 k} \ln \left[1 + \left(\frac{v_0}{V_1} \right)^2 \right].$$

Für die Abwärtsbewegung lautet das Bewegungsgesetz mit $k_2 = g\,(\sin \alpha - f \cos \alpha)$

$$b = \dot{v} = k_2 - k v^2,$$

wobei $k_2 > 0$, also $f < \operatorname{tg} \alpha$ sein muß.

Mit $V_2{}^2 = k_2/k$ ergibt sich hieraus
$v^2 = V_2{}^2 (1 - e^{-2 k x})$ und

$$2 k V_2 t = \ln \frac{V_2 + v}{V_2 - v}.$$

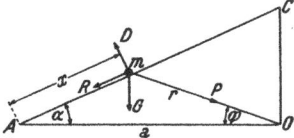

Aus der ersten Gleichung berechnet sich, indem $x = x_1$ gesetzt wird, die Geschwindigkeit v_E beim Eintreffen in die Ausgangslage mit

Abb. 85 (zu Aufg. 6)

$$v_E = \frac{v_0 V_2}{\sqrt{v_0{}^2 + V_1{}^2}} = v_0 \sqrt{\frac{k_2}{k_1 + k v_0{}^2}}$$

und aus der zweiten Gleichung mit $v = v_E$ die Dauer t_2 der Abwärtsbewegung

$$t_2 = \frac{1}{2 k V_2} \ln \frac{\sqrt{v_0{}^2 + V_1{}^2} + v_0}{\sqrt{v_0{}^2 + V_1{}^2} - v_0}.$$

6. Eine beliebige Lage von m sei durch den Winkel φ von $O\,m$ gegen die Waagrechte festgelegt; dann lautet die Bewegungsgleichung

$$m\, b_x = P \cos (\alpha + \varphi) - G \sin \alpha - f D$$

oder wegen $D = G \cos \alpha + P \sin (\alpha + \varphi)$ und $P = k\, m\, r$:

$$b_x = k\, r\, [\cos (\alpha + \varphi) - f \sin (\alpha + \varphi)] - g\, (\sin \alpha + f \cos \alpha).$$

Mit den geometrischen Beziehungen (Abb. 85)

$$r \cos (\alpha + \varphi) = a \cos \alpha - x,$$
$$r \sin (\alpha + \varphi) = a \sin \alpha$$

ergibt sich schließlich

$$b_x = -kx + b_0,$$ (a)

wo

$$b_0 = \frac{1}{\cos \varrho} \left[ak\cos(\alpha + \varrho) - g\sin(\alpha + \varrho) \right]$$ (b)

die Beschleunigung am Beginn der Bewegung (für $x = 0$) angibt. Da diese positiv sein muß, so besteht für k die Bedingung

$$\frac{ak}{g} > \operatorname{tg}(\alpha + \varrho).$$ (c)

Aus $v\,dv = b_x\,dx$ folgt bei Beachtung von $v_0 = 0$

$$v = \sqrt{2b_0 x - kx^2},$$

somit für die Stelle C, wo $x = \dfrac{a}{\cos \alpha}$:

$$v_c^2 = \frac{a}{\cos\alpha \cos\varrho} \left[ka\frac{\cos(2\alpha + \varrho)}{\cos\alpha} - 2g\sin(\alpha + \varrho) \right].$$ (d)

Aus $v = \dot{x} = \sqrt{2b_0 x - kx^2}$ findet man

$$t = \frac{1}{\sqrt{k}} \left[\frac{\pi}{2} - \arcsin\left(1 - \frac{kx}{b_0}\right) \right]$$

und mit $x = \dfrac{a}{\cos\alpha}$

$$t_c = \frac{1}{\sqrt{k}} \left[\frac{\pi}{2} - \arcsin\left(1 - \frac{ka}{b_0\cos\alpha}\right) \right].$$ (e)

Damit die Stelle C erreicht werde, muß $v_c \geqq 0$ sein, somit nach (d)

$$\frac{ak}{g} \geqq 2\frac{\sin(\alpha + \varrho)\cos\alpha}{\cos(2\alpha + \varrho)}$$ (f)

Der Wert der Anziehungskonstanten k hat daher die Bedingungen (c) und (f) zu erfüllen.

7. Aus den Gleichungen $\dot{v} = -f\dfrac{D}{m}$, $\dfrac{v^2}{a} = \dfrac{D}{m}$ ergibt sich

$$v = \frac{v_0}{1 + f(v_0/a)t}$$

und hieraus wegen $v = ds/dt$:

$$s = \frac{a}{f} \ln\left(1 + \frac{fv_0}{a}t\right).$$

Mit $s = 2a\pi$ wird die Umlaufzeit $T = \dfrac{a}{fv_0}(e^{2f\pi} - 1)$, daher

$$v_T = \frac{v_0}{1 + \dfrac{fv_0}{a}T} = v_0 e^{-2f\pi}.$$

8. Nach dem Satze von den isochronen Sehnen eines Kreises befinden sich alle Massenpunkte, die zu gleicher Zeit ihre Bewegung auf den durch A gelegten schiefen Ebenen begonnen haben, auf einem Kreise, der in A waagrechte Tangente T hat (Abb. 86).

Da W ebenfalls Tangente an diesen Kreis sein muß, so liegt sein Mittelpunkt M im Schnitte der Winkelhalbierenden dieser beiden Tangenten mit der Lotrechten durch A und es ist die gesuchte Neigung φ bestimmt durch

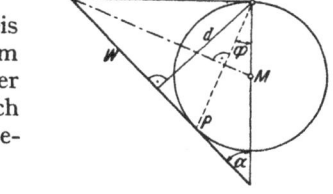

Abb. 86

$$\varphi = \frac{\pi}{4} - \frac{a}{2}.$$

Aus

$$s = \overline{AP} = \frac{d}{\sin(\alpha + \varphi)} = \frac{1}{2} g t^2 \cos\varphi$$

folgt als kleinste Zeit

$$t^2 = \frac{2d}{g \cos\left(\dfrac{\pi}{4} - \dfrac{a}{2}\right) \sin\left(\dfrac{\pi}{4} + \dfrac{a}{2}\right)}.$$

9. Da

$$s = \frac{p}{1 - \varepsilon \cos\varphi} = \frac{1}{2} g t^2 \cos\varphi,$$

so muß $(1 - \varepsilon \cos\varphi) \cos\varphi = \max$ werden.

Dies liefert $\cos\varphi = \dfrac{1}{2\varepsilon}$ und $t_{min} = \sqrt{\dfrac{8 \varepsilon p}{g}}$; daher mit $\varepsilon = \dfrac{1}{\sqrt{2}}$

$p = \dfrac{b^2}{a} = \dfrac{b}{\sqrt{2}}$:

$$\varphi = \frac{\pi}{4}, \qquad t_{min} = 2\sqrt{\frac{b}{g}}.$$

10. Da

$$s = \frac{p}{1 + \cos\varphi} = \frac{1}{2} g t^2 \cos(\varphi - \beta),$$

so liefert $\dfrac{d(t^2)}{d\varphi} = 0$:

$$\sin(2\varphi - \beta) + \sin(\varphi - \beta) = 0,$$

woraus

$$\varphi = \frac{2}{3}\beta \quad \text{und} \quad t_{min}^2 = \frac{2p}{g} \cdot \frac{1}{\left(1 + \cos\dfrac{2}{3}\beta\right)\cos\dfrac{\beta}{3}}.$$

11.

$$\sin \alpha = \frac{4}{5}; \qquad T = \sqrt{\frac{5\,p}{g}}\,.$$

12. Aus $\overline{MN} = \dfrac{y}{\sin \beta} = \dfrac{1}{2}\,g\,t^2 \sin \beta$ folgt $t = \sqrt{\dfrac{2}{g}}\sqrt{\dfrac{y}{\sin^2 \beta}} = \min.$

Wegen $\dfrac{dy}{dx} = -\dfrac{b^2\,x}{a^2\,y} = -\operatorname{ctg}\beta$ wird $t = \dfrac{1}{a^2}\sqrt{\dfrac{2}{g}}\sqrt{\dfrac{b^4\,x^2 + a^4\,y^2}{y}}\,.$ (a)

$\dfrac{dt}{dx} = 0$ liefert $2\,b^4\,x\,y + (a^4\,y^2 - b^4\,x^2)\dfrac{dy}{dx} = 0,$

woraus $y^2 = \dfrac{b^4\,x^2}{a^2\,(a^2 - 2\,b^2)}$ und wegen $\dfrac{x^2}{a^2} + \dfrac{y^2}{b^2} = 1:$

$$y = \frac{b^2}{e}\,, \qquad x = \frac{a}{e}\sqrt{e^2 - b^2}\,. \tag{b}$$

Nun ist nach Abb. 87:

$$\mathfrak{r}_1 = \overrightarrow{F_1 M} = \mathfrak{i}\,(e + x) + \mathfrak{j}\,y,$$

$$\mathfrak{r}_2 = \overrightarrow{F_2 M} = -\mathfrak{i}\,(e - x) + \mathfrak{j}\,y,$$

daher $\mathfrak{r}_1 \cdot \mathfrak{r}_2 = y^2 - (e^2 - x^2)$ und mit den Werten (b): $\mathfrak{r}_1 \cdot \mathfrak{r}_2 = 0$, das heißt $\mathfrak{r}_1 \perp \mathfrak{r}_2$.

Aus (a) ergibt sich mit den in (b) erhaltenen Werten von x, y

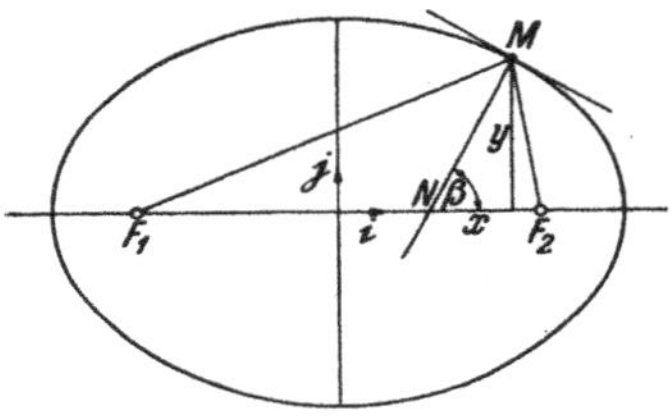

Abb. 87

$$t = 2\,\frac{b}{a}\sqrt{\frac{e}{g}}\,.$$

13. Für die Bewegung auf der Sehne $\overline{O\,m}$ gilt

$$r = \frac{1}{2}\,g\,t^2 \sin \varphi.$$

Da diese Beziehung auch für alle Punkte der Lemniskate bestehen soll, so ist

$$\dot{r} = \frac{1}{2}\,g\,t^2 \cos \varphi\,\dot{\varphi} + g\,t \sin \varphi$$

oder nach Beseitigung von t

$$\dot{r} = r \operatorname{ctg}\varphi\,\dot{\varphi} + \sqrt{2\,g\,r \sin \varphi}\,. \tag{a}$$

Aus der Bahngleichung folgt

$$\dot{r} = \frac{a^2}{r}\cos 2\,\varphi\,\dot{\varphi}; \tag{b}$$

ferner ist

$$v = \sqrt{2\,g\,r \sin \varphi} = \sqrt{\dot{r}^2 + r^2\,\dot{\varphi}^2},$$

womit aus (b) sich ergibt

$$\dot{\varphi} = \frac{\sin 2\varphi}{r} \sqrt{2\,g\,r\sin\varphi}$$

und

$$\dot{r} = \cos 2\varphi \sqrt{2\,g\,r\sin\varphi}.$$

Mit diesen Werten $\dot{r}$, $\dot{\varphi}$ ist aber Gl. (a) an jeder Stelle der Bahn befriedigt.

14. Der Punkt m am Umfange des Kreises vom Durchmesser $2\,r$ beschreibt beim Rollen des Kreises auf der Geraden g die Zykloide mit der Spitze m_0 (Abb. 88). Für die Bewegung von m_0 bis m ist φ der Rollwinkel. Da sich m um den Punkt N der Grundlinie dreht, so ist $\overline{m\,T} \perp \overline{m\,N}$ die Tangente an die Zykloide.

Projektion der Kräfte G, D und $R = f\,D$ in Richtung der Bahntangente und der Normalen liefert

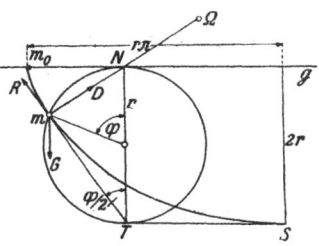

$$m\,b_t = G\cos\frac{\varphi}{2} - f\,D,$$

$$m\,b_n = m\,\frac{v^2}{\varrho} = D - G\sin\frac{\varphi}{2},$$

woraus

$$b_t = g\left(\cos\frac{\varphi}{2} - f\sin\frac{\varphi}{2}\right) - f\,\frac{v^2}{\varrho}.$$

Abb. 88

Aus der zeitfreien Gleichung $v\,dv = b_t\,ds$ folgt wegen

$$\varrho = \overline{m\,\Omega} = 2\,\overline{m\,N} = 4\,r\sin\frac{\varphi}{2}$$

und $ds = \varrho\,\dfrac{d\varphi}{2} = 2\,r\sin\dfrac{\varphi}{2}\,d\varphi$: $\quad \dfrac{d(v^2)}{d\varphi} + f\,v^2 = 2\,g\,r\,(\sin\varphi + f\cos\varphi - f).$

Bei Beachtung der Anfangsbedingung $v = 0$ für $\varphi = 0$ lautet die Lösung dieser linearen Differentialgleichung erster Ordnung

$$v^2 = \frac{2\,g\,r}{f^2 + 1}\left[2\,f\sin\varphi - (1 - f^2)\cos\varphi - (1 + f^2) + 2\,e^{-f\varphi}\right].$$

Die Forderung $v = 0$ für den Scheitel S, wo $\varphi = \pi$, ergibt

$$f^2 = e^{-f\pi}, \quad \text{woraus } f = 0{,}475.$$

15. Wenn der Faden spannungslos wird, dann verschwindet die Zwangsbeschleunigung

$$b_z = \frac{v_0^2}{l} - g\,(3\cos\beta + 2),$$

woraus

$$v_0^2 = 2\,g\,l\left(1 + \frac{3}{2}\cos\beta\right). \tag{1}$$

Aus $v^2 = v_0{}^2 - 2\,g\,l\,(1 + \cos\beta)$ ergibt sich die Geschwindigkeit an der Stelle β:

$$v_\beta{}^2 = g\,l\cos\beta. \tag{2}$$

Dies ist die Anfangsgeschwindigkeit für den nun einsetzenden schiefen Wurf (Abb. 89), für den die Vektorgleichungen

$$\mathfrak{x} = \frac{\mathfrak{g}}{2}t^2 + \mathfrak{C}_1\,t + \mathfrak{C}_2,$$

$$\mathfrak{v} = \mathfrak{C}_1 + \mathfrak{g}\,t$$

gelten. Die gerichteten Konstanten $\mathfrak{C}_1$ und $\mathfrak{C}_2$ sind bestimmt durch

$$\mathfrak{x} = \mathfrak{x}_0, \quad \mathfrak{v} = \mathfrak{v}_\beta \quad \text{für } t = 0.$$

Dies liefert

$$\mathfrak{x} = \mathfrak{x}_0 + \mathfrak{v}_\beta t + \frac{\mathfrak{g}}{2}t^2.$$

Erreicht der Massenpunkt zur Zeit t_1 wieder die Kreisbahn am Orte $\mathfrak{x}_1$, so ist

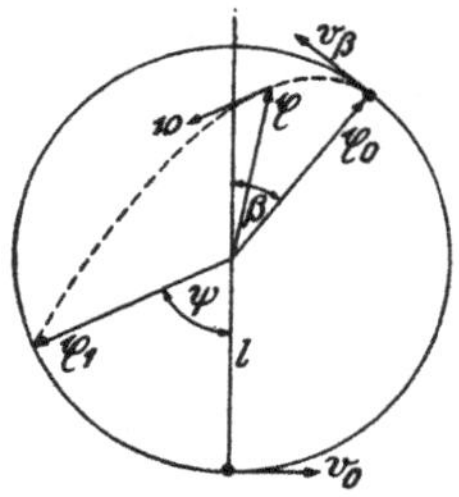

Abb. 89

$$\mathfrak{x}_1 = \mathfrak{x}_0 + \mathfrak{v}_\beta t_1 + \frac{\mathfrak{g}}{2}t_1{}^2; \tag{3}$$

wird diese Gleichung quadriert und beachtet man, daß

$$\mathfrak{x}_1{}^2 = \mathfrak{x}_0{}^2 = l^2,$$

$$\mathfrak{x}_0 \cdot \mathfrak{g} = -\,g\,l\cos\beta, \qquad \mathfrak{v}_\beta \cdot \mathfrak{g} = -\,g\,v_\beta\sin\beta,$$

so ergibt sich

$$t_1 = \frac{4\,v_\beta}{g}\sin\beta. \tag{4}$$

Wegen $\mathfrak{x}_1 \cdot \mathfrak{g} = g\,l\cos\psi$ liefert Gl. (3)

$$g\,l\cos\psi = -\,g\,l\cos\beta - g\,v_\beta t_1\sin\beta + (g^2/2)\,t_1{}^2$$

oder nach Einsetzen von t_1 aus (4) und Benutzung von (2)

$$g\,l\cos\psi = -\,g\,l\cos\beta\,(1 - 4\sin^2\beta);$$

hienach ist $\cos\psi = -\cos 3\,\beta$, somit $\psi = \pi - 3\,\beta$.

16. Für die durch φ (Abb. 90) gekennzeichnete Lage des bewegten Punktes m gilt

$$b_t = 2\,a\,\ddot{\varphi} = f\,(r)\sin\varphi, \tag{a}$$

$$b_n = 4\,a\,\dot{\varphi}^2 = f\,(r)\cos\varphi - \frac{D}{m}. \tag{b}$$

Durch Differentiation von (b) ergibt sich bei Beachtung der Forderung $D = \text{konstant}$ und wegen $r = 2\,a\cos\varphi$ und (a)

$$\frac{df\,(r)}{dr} = -\frac{5}{r}\,f\,(r),$$

woraus

$$f\,(r) = \frac{k}{r^5}.$$

Hiemit liefert Gl. (b) für die Stelle $\varphi = 0$:

$$\frac{v_0^2}{a} = \frac{k}{(2a)^9} - \frac{D}{m},$$

so daß

$$f(r) = \left(\frac{v_0^2}{a} + \frac{D}{m}\right)\left(\frac{2a}{r}\right)^5$$

wird.

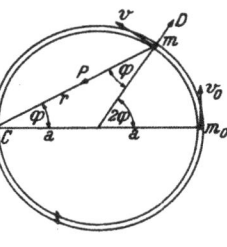

17. Bezeichnen r, φ, z die Zylinderkoordinaten des Punktes m (z vertikal nach aufwärts),
so bestehen für die Komponenten der Geschwindigkeit v und der Beschleunigung b in
radialer Richtung (v_r, b_r), in der hiezu senkrechten Richtung (v_φ, b_φ) und in der Z-Richtung
(v_z, b_z) die Formeln

Abb. 90

$$\begin{aligned} v_r &= \dot{r}, & b_r &= \ddot{r} - r(\dot{\varphi})^2, \\ v_\varphi &= r\dot{\varphi}, & b_\varphi &= r\ddot{\varphi} + 2\dot{r}\dot{\varphi}, \\ v_z &= \dot{z}, & b_z &= \ddot{z}. \end{aligned}$$

Bezeichnet N den Normaldruck der Führungsfläche auf den Punkt
(mit der Masse $m = 1$), f die Reibungszahl, so lauten die Bewegungsgleichungen für die Richtungen r, φ und z

$$\ddot{r} - r\dot{\varphi}^2 = -\frac{Na}{\Delta} - fN\frac{\dot{r}}{v}, \qquad (a)$$

$$r\ddot{\varphi} + 2\dot{r}\dot{\varphi} = -\frac{Nb}{r\Delta} - fN\frac{r\dot{\varphi}}{v}, \qquad (b)$$

$$\ddot{z} = -g + \frac{N}{\Delta} - fN\frac{\dot{z}}{v}. \qquad (c)$$

Hierin ist

$$\Delta = \sqrt{a^2 + \frac{b^2}{r^2} + 1} \quad \text{und} \quad v = \sqrt{\dot{r}^2 + (r\dot{\varphi})^2 + \dot{z}^2}.$$

Zur Aufstellung der Gleichungen (a—c) benötigt man den Einheitsvektor $\mathfrak{n}$ der Flächennormalen und dessen Projektionen auf die Richtungen r, φ, z. Mit den Parametern r, φ ergibt sich folgende Parameter-
form der Schraubenfläche

$$\mathfrak{x} \begin{cases} r\cos\varphi \\ r\sin\varphi \\ ar + b\varphi \end{cases}$$

Nun gilt für den Einheitsvektor $\mathfrak{n}$ der Flächennormalen $\mathfrak{n} = \dfrac{\mathfrak{x}_r \times \mathfrak{x}_\varphi}{\sqrt{EG - F^2}}$,

wo $E = \mathfrak{x}_r^2$, $F = \mathfrak{x}_r \cdot \mathfrak{x}_\varphi$, $G = \mathfrak{x}_\varphi^2$.

Es ist

$$\mathfrak{x}_r \begin{cases} \cos\varphi, \\ \sin\varphi, \\ a, \end{cases} \qquad \mathfrak{x}_\varphi \begin{cases} -r\sin\varphi, \\ +r\cos\varphi, \\ b, \end{cases}$$

somit

$$\mathfrak{x}_r \times \mathfrak{x}_\varphi = \begin{vmatrix} \cos \varphi & \sin \varphi & a \\ -r \sin \varphi & r \cos \varphi & b \end{vmatrix} = \begin{cases} b \sin \varphi - a\, r \cos \varphi, \\ -a\, r \sin \varphi - b \cos \varphi, \\ r. \end{cases}$$

Da ferner

$$E = \mathfrak{x}_r{}^2 = 1 + a^2, \qquad G = \mathfrak{x}_\varphi{}^2 = r^2 + b^2, \qquad F = \mathfrak{x}_r \cdot \mathfrak{x}_\varphi = a\, b,$$

so wird $EG - F^2 = b^2 + r^2 (1 + a^2) = r^2 \Delta^2$, somit

$$\mathfrak{n} = \frac{1}{r \Delta} \begin{cases} b \sin \varphi - a\, r \cos \varphi, \\ -a\, r \sin \varphi - b \cos \varphi, \\ r. \end{cases}$$

Da der Einheitsvektor in der Richtung r durch $\begin{cases} \cos \varphi, \\ \sin \varphi, \\ 0 \end{cases}$ jener in

der dazu senkrechten Tangenten-Richtung t an den Kreis r durch $\begin{cases} -\sin \varphi \\ \cos \varphi \\ 0 \end{cases}$

festgelegt ist, so ergibt sich

$$\cos (\mathfrak{n}, r) = \frac{1}{r \Delta} [(b \sin \varphi - a\, r \cos \varphi) \cos \varphi - (ar \sin \varphi + b \cos \varphi) \sin \varphi] = -\frac{a}{\Delta},$$

$$\cos (\mathfrak{n}, t) = \frac{1}{r \Delta} [-(b \sin \varphi - a\, r \cos \varphi) \sin \varphi - (ar \sin \varphi + b \cos \varphi) \cos \varphi] = -\frac{b}{r \Delta}$$

und $\cos (\mathfrak{n}, z) = 1/\Delta$.

Von diesen Werten ist in (a—c) Gebrauch gemacht. Die Richtungskosinusse der Reibungskraft, die im entgegengesetzten Sinne von v wirkt, sind für die Richtungen r, t, z durch $\begin{cases} -v_r/v \\ -v_\varphi/v \\ -v_z/v \end{cases}$ bestimmt.

Wegen $z = a\, r + b\, \varphi$ und $\ddot{z} = a\, \ddot{r} + b\, \ddot{\varphi}$ folgt aus (c) bei Eintragung von $\ddot{r}$ und $\ddot{\varphi}$ aus (a) und (b)

$$N = \frac{1}{\Delta} \left(a\, r\, \dot{\varphi}^2 - 2\, b\, \frac{\dot{r}\, \dot{\varphi}}{r} + g \right). \tag{d}$$

Daher ergeben sich durch Eliminierung von N aus (a) und (b) folgende Gleichungen für die Bewegung der Projektion des Punktes m auf die horizontale Ebene

$$\ddot{r} - r\, \dot{\varphi}^2 + \frac{1}{\Delta} \left(a\, r\, \dot{\varphi}^2 - 2\, b\, \frac{\dot{r}\, \dot{\varphi}}{r} + g \right) \left(\frac{a}{\Delta} + f\, \frac{\dot{r}}{v} \right) = 0, \tag{e}$$

$$\ddot{\varphi} + \frac{2}{r}\, \dot{r}\, \dot{\varphi} + \frac{1}{\Delta} \left(a\, r\, \dot{\varphi}^2 - 2\, b\, \frac{\dot{r}\, \dot{\varphi}}{r} + g \right) \left(\frac{b}{r^2 \Delta} + f\, \frac{\dot{\varphi}}{v} \right) = 0. \tag{f}$$

Soll die Bahn eine gewöhnliche Schraubenlinie sein, so vereinfacht sich (e) wegen $r = r_0 = \text{konst.}$ in

$$\dot{\varphi}^2 \left(\frac{a^2}{\Delta^2} - 1 \right) r_0 + \frac{g\, a}{\Delta^2} = 0,$$

woraus

$$\dot{\varphi}^2 = \frac{g\,a}{r_0\,(\varDelta^2 - a^2)} = \frac{g\,a\,r_0}{b^2 + r_0^2}$$

oder mit $b = r_0\,\mathrm{tg}\,\beta_0$:

$$\dot{\varphi} = \omega_0 = \cos\beta_0\,\sqrt{\frac{g\,a}{r_0}} = \text{konst.} \tag{g}$$

Daher wird

$$v = -\sqrt{r_0^2\,\omega_0^2 + \dot{z}^2} = -\sqrt{(r_0^2 + b^2)\,\omega_0^2} = -\frac{r_0\,\omega_0}{\cos\beta_0}$$

oder wegen (g)

$$v = v_0 = -\sqrt{r_0\,g\,a} = \text{konst.} \tag{h}$$

Gleichung (f) vereinfacht sich zu

$$\frac{1}{\varDelta}\,(a\,r_0\,\omega_0^2 + g)\left(\frac{b}{r_0^2\,\varDelta} + \frac{f\,\omega_0}{v_0}\right) = 0,$$

woraus

$$f = -\frac{b\,v_0}{r_0^2\,\omega_0\,\varDelta}$$

und bei Beachtung von (g) und (h)

$$f = \frac{\mathrm{tg}\,\beta_0}{\cos\beta_0\,\sqrt{\mathrm{tg}^2\,a + \mathrm{tg}^2\,\beta_0 + 1}}$$

wird.

Aus der Formel (d) für N ergibt sich bei Beachtung von (g)

$$N = g\,\varDelta\,\cos^2\beta_0 = \text{konst};$$

die jeweilige, bei konstantem r_0 nur mehr von φ abhängige Richtung des Bahndruckes ist durch den Einheitsvektor $\mathfrak{n}$ der Flächennormalen bestimmt.

18. Aus

$$\frac{m\,v^2}{\varrho} = G\cos\varphi - D$$

folgt mit $\cos\varphi \sim 1$ und $\dfrac{1}{\varrho} \doteq \dfrac{d^2y}{dx^2} = \dfrac{2\,\pi^2\,h}{l^2}\cos\dfrac{2\,\pi\,x}{l}$:

$$\frac{D}{m} = g - \frac{2\,\pi^2\,h\,v^2}{l^2}\left(1 - \frac{2\,y}{h}\right);$$

somit lautet die Bedingung für $D > 0$:

$$v^2 < \frac{g\,l^2}{2\,\pi^2\,(h - 2\,y)}.$$

Die Gefahr des Springens ist am größten für $y = 0$, also am Beginn und Ende der Einsenkung (Stellen größter Krümmung). In dem unterhalb $h/2$ liegenden Teil der Kurve tritt Vorzeichenwechsel der Krümmung ein.

VII. Relative Bewegung

1. Zerlegt man die absolute Flugzeuggeschwindigkeit $v_a = v_r + \vec{w}$ in Richtung des Fahrstrahles $\overline{SF} = r$ und senkrecht hiezu (Abb. 91), so ist

$$\dot{r} = -w \sin \varphi, \qquad r \dot{\varphi} = v_r - w \cos \varphi,$$

woraus folgt

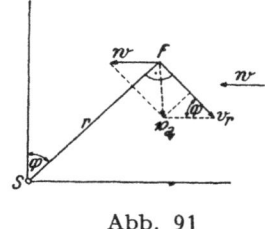

$$\frac{dr}{r} = -\frac{w \sin \varphi}{v_r - w \cos \varphi} \, d\varphi.$$

Die Integration ergibt mit $r = r_0$ bei $\varphi = 0$

Abb. 91

$$r = r_0 \frac{1 - w/v_r}{1 - (w/v_r) \cos \varphi}. \tag{a}$$

Für $w/v_r < 1$ ist die Bahn eine Ellipse mit dem einen Brennpunkte S, deren große Achse senkrecht steht zur Windrichtung. Es ist nach (a) die numerische Exzentrizität $\varepsilon = \dfrac{w}{v_r}$, der Halbparameter $p = r_0 \left(1 - \dfrac{w}{v_r}\right)$.

Da $p = a (1 - \varepsilon^2)$, so ist die große Halbachse $a = \dfrac{r_0}{1 + w/v_r}$.

Für $w/v_r = 1$ ist die Bahn eine Parabel, die bei der gewählten Anfangsbedingung in die Doppelgerade SF_0 ausartet. ($v_a = 0$.)

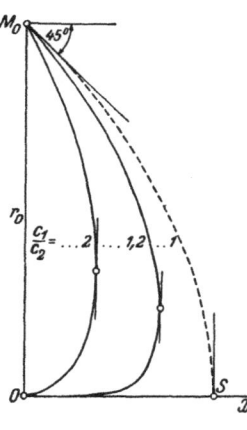

Abb. 92

Für $w/v_r > 1$ würde das Flugzeug auf einer Hyperbel mit den Asymptotenrichtungen $\cos \varphi_\infty = v_r/w$ abgetrieben.

2. Zerlegt man die absolute Geschwindigkeit $v_a = c_1 + c_2$ in Richtung des Fahrstrahles $\overline{OM} = r$ und senkrecht hiezu, so ist

$$\dot{r} = c_2 \cos \varphi - c_1, \qquad r \dot{\varphi} = -c_2 \sin \varphi, \tag{a}$$

woraus folgt

$$\frac{dr}{r} = \frac{c_1 - c_2 \cos \varphi}{c_2 \sin \varphi} \, d\varphi.$$

Die Integration ergibt

$$\ln r = \frac{c_1}{c_2} \ln \operatorname{tg} \frac{\varphi}{2} - \ln \sin \varphi + C.$$

Für die Integrationskonstante C liefert die Anfangsbedingung $r = r_0$, $\varphi = \pi/2$ den Wert $C = \ln r_0$.

Hiemit lautet die Polargleichung der absoluten Bahn

$$r = \frac{r_0}{\sin \varphi} \left(\operatorname{tg} \frac{\varphi}{2}\right)^{\frac{c_1}{c_2}}. \tag{b}$$

Für $\varphi = 0$ wird $r = 0$, $\dot{\varphi} = 0$, für $\varphi = \pi$ wird $r = \infty$, $\dot{\varphi} = 0$.

Die Bahn wird somit von der X-Achse im Punkte O berührt und sie läuft dieser Achse im Unendlichen parallel.

Abb. 92 zeigt die Gestalt der absoluten Bahn für die Geschwindigkeitsverhältnisse $c_1/c_2 = 2$, $1{,}2$ und 1; man ersieht, daß der Punkt O nur für $c_1 > c_2$ erreicht werden kann. Für $c_1 = c_2$ bleibt der Kahn M nach Zurücklegen der Bahn $\overline{M_0 S}$ (Parabel mit Scheitel S und Brennpunkt O und $\overline{OS} = r_0/2$) an der Stelle S, wo sich c_1 und c_2 tilgen.

Aus der zweiten Gl. (a) folgt $dt = -\dfrac{r\,d\varphi}{c_2 \sin \varphi}$ oder wegen (b)

$$dt = -\frac{r_0}{c_2 \sin^2 \varphi}\left(\operatorname{tg}\frac{\varphi}{2}\right)^{\frac{c_1}{c_2}} d\varphi = -\frac{r_0}{4\,c_2}\left(\frac{1}{\sin^2 \varphi/2} + \frac{1}{\cos^2 \varphi/2}\right)\left(\operatorname{tg}\frac{\varphi}{2}\right)^{\frac{c_1}{c_2}} d\varphi,$$

demnach

$$\frac{2\,c_2}{r_0}\,dt = \left(\operatorname{ctg}\frac{\varphi}{2}\right)^{-\frac{c_1}{c_2}} d\left(\operatorname{ctg}\frac{\varphi}{2}\right) - \left(\operatorname{tg}\frac{\varphi}{2}\right)^{\frac{c_1}{c_2}} d\left(\operatorname{tg}\frac{\varphi}{2}\right).$$

Die Integration von φ bis 0 liefert

$$\frac{2\,t}{r_0} = \frac{1}{c_1 - c_2}\left(\operatorname{tg}\frac{\varphi}{2}\right)^{\frac{c_1-c_2}{c_2}} + \frac{1}{c_1 + c_2}\left(\operatorname{tg}\frac{\varphi}{2}\right)^{\frac{c_1+c_2}{c_2}},$$

woraus sich für die Fahrzeit T von M_0 (wo $\varphi = \pi/2$) bis 0

$$T = \frac{r_0\,c_1}{c_1{}^2 - c_2{}^2}$$

ergibt.

Hienach ist T nur für $c_1 > c_2$ endlich.

3. Die Geschwindigkeit v_r der relativen Bewegung des Punktes M in bezug auf den bewegten Kreis (Abb. 93) hat entsprechend der Fallbewegung des Stabes bei der Fall-

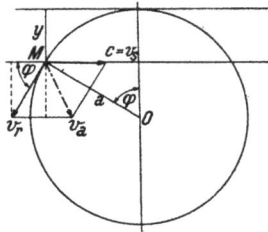

Abb. 93

tiefe y die lotrechte Komponente $\sqrt{2\,g\,y}$, so daß $v_r = \dfrac{1}{\sin \varphi}\sqrt{2\,g\,y}$

oder wegen

$$y = a\,(1 - \cos \varphi) = 2\,a \sin^2 \frac{\varphi}{2}$$

$$v_r = \frac{\sqrt{g\,a}}{\cos \dfrac{\varphi}{2}}. \tag{a}$$

Aus $v_a = v_s + v_r$ ergibt sich mit $|v_s| = c$

Hienach wird $\mathfrak{v} \parallel \mathfrak{c}$ für $t = \infty$; in der Horizontalen beträgt dann nach (a) der Bremsweg $s = (m/k)\, v_0 \cos \alpha$.

Mit den Zahlenangaben wird

$$m = \frac{\pi}{3924}\, 10^{-6}\, g\, cm^{-1}\, sek^2, \qquad k_1 = \frac{k}{m} = 21{,}234\, sek^{-1}$$

und hiemit der Bremsweg $s = 9{,}42$ cm.

Für die Koordinaten x, y von $\mathfrak{r}$ ergibt sich aus (a)

$$x \text{ (cm)} = 9{,}42\,(1 - e^{-k_1 t}),$$
$$y \text{ (cm)} = 1500\, t - 70{,}64\,(1 - e^{-k_1 t}).$$

Die numerischen Ergebnisse für x, y im Bereiche $t = 0$ bis $0{,}1$ sek sind nachstehend zusammengestellt:

t in sek.	x cm	y cm
0	0	0
0,01	1,80	1,49
0,02	3,26	5,56
0,03	4,44	11,72
0,04	5,39	19,57
0,05	6,16	28,79
0,06	6,78	39,12
0,07	7,29	50,34
0,08	7,70	62,30
0,09	8,03	74,80
0,1	8,29	87,81

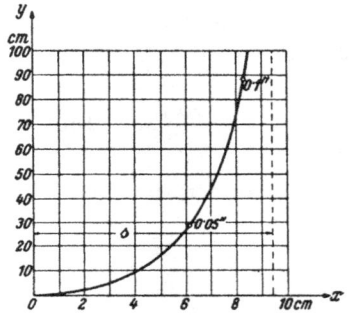

Abb. 94

In Abb. 94 ist die Bahnkurve gezeichnet, wobei die Ordinaten y gegenüber den Abszissen x zehnmal vergrößert sind.

5. Setzt man $2\pi x/a = \varphi$, so lautet die Gleichung der geneigten Sinuslinie wegen $a\, \mathrm{tg}\, \alpha = h$:

$$y = x\, \mathrm{tg}\, \alpha - \frac{h}{2\pi} \sin \varphi;$$

sie kann daher durch Auftragen der Ausschläge

$$u = \frac{h}{2\pi} \sin \varphi$$

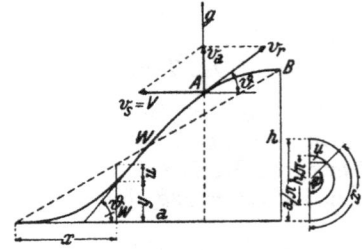

Abb. 95

von der Sehne AB aus gezeichnet werden. Der zur Abszisse x gehörige Winkel φ und der entsprechende Ausschlag u werden mit Hilfe der konzentrischen Halbkreise mit den Durchmessern a/π und h/π nach Abb. 95 konstruiert.

Die Bewegung des Schubgliedes ist die Systembewegung mit $\mathfrak{v}_s = V$, der Punkt A beschreibt in Richtung der Stange g seine absolute Bahn mit $\mathfrak{v}_a$ und längs der Sinuslinie seine relative Bahn mit $\mathfrak{v}_r$.

Ist ϑ der Winkel der Tangente der relativen Bahn mit der Waag-rechten, so ergibt sich aus $v_a = v_r + v_s$

$$v_r = \frac{V}{\cos\vartheta} \quad \text{und} \quad v_a = V\,\mathrm{tg}\,\vartheta,$$

oder wegen $\mathrm{tg}\,\vartheta = dy/dx = (1 - \cos\varphi)\,\mathrm{tg}\,\alpha$:

$$v_a = V\,\mathrm{tg}\,\alpha\,(1 - \cos\varphi), \quad v_r = V\sqrt{1 + (1 - \cos\varphi)^2\,\mathrm{tg}^2\,\alpha}.$$

Aus $b_a = dv_a/dt$ folgt mit $V = dx/dt$

$$b_a = \frac{dv_a}{dx}\,V = \frac{4\pi^2}{a^2}\,V^2\,(x\,\mathrm{tg}\,\alpha - y) = \frac{4\pi^2}{a^2}\,V^2\,u,$$

wonach die Profillinie des Schubgliedes gleichzeitig die Schaulinie der Hubbeschleunigung darstellt.

Der Größtwert von v_a ergibt sich an der Stelle $x = a/2$ mit $v_{a,max} = 2\,V\,\mathrm{tg}\,\alpha$, jener der Hubbeschleunigung für $x = \dfrac{a}{4}$ und $\dfrac{3\,a}{4}$ mit

$\pm\dfrac{2\pi}{a}\,V^2\,\mathrm{tg}\,\alpha$. Aus $b_a = b_s + b_r$ folgt wegen $b_s = 0$: $b_a = -b_r$, so

daß die Extremstellen für die Relativbeschleunigung mit jenen von b_a zusammenfallen und sich deren Extremwerte nur durch das Vorzeichen unterscheiden.

Der Größtwert der Relativgeschwindigkeit v_r ergibt sich beim Wende-punkt W, wo $x = a/2$, mit $v_{r,max} = V\sqrt{1 + 4\,\mathrm{tg}^2\,\alpha}$; dort ist der Winkel ϑ_w durch $\mathrm{tg}\,\vartheta_w = 2\,\mathrm{tg}\,\alpha$ bestimmt.

6. Da $b_s = \text{konstant}$ und $v_{s,0} = 0$, so gilt $v_s = \sqrt{2\,b_s\,x}$. Mit $k = \mathrm{tg}\,\alpha\sqrt{2\,b_s}$ wird

$$v_a = v_s\,\mathrm{tg}\,\vartheta = k\sqrt{x}\,(1 - \cos\varphi) \tag{a}$$

und

$$v_r = \frac{v_s}{\cos\vartheta} = k\sqrt{x}\,\sqrt{\mathrm{ctg}^2\,\alpha + (1 - \cos\varphi)^2}. \tag{b}$$

Die Hubbeschleunigung $b_a = \dfrac{dv_a}{dt}$ ergibt sich wegen $v_s = \dfrac{dx}{dt}$ und

$\varphi = \dfrac{2\pi}{a}\,x$ zu

$$b_a = 2\,b_s\,\mathrm{tg}\,\alpha\left(\varphi\sin\varphi + \sin^2\frac{\varphi}{2}\right). \tag{c}$$

Die Nullstellen von b_a liefern die Extremstellen für v_a. Schreibt man (c) in der Form

$$b_a = 2\,b_s\,\mathrm{tg}\,\alpha\sin\frac{\varphi}{2}\left(2\varphi\cos\frac{\varphi}{2} + \sin\frac{\varphi}{2}\right),$$

so findet man als Nullstellen 1.): $\sin\varphi/2 = 0$, also $\varphi = 0$ und 2π, somit $x = 0$ und $x = a$, daher nach (a): $v_a = 0$ und 2.): $\dfrac{\mathrm{tg}\,\varphi/2}{\varphi/2} = -4$, wo-

Aus (a) ergibt sich mit der Abkürzung $\varrho = r/a$

$$t = \frac{a}{2\,c}\left(1 \mp \sqrt{4\,\varrho^2 - 3}\right),\tag{c}$$

wobei das — Zeichen für die Bewegung von $s = 0$ bis $s = a/2$, das heißt für $\varrho = 1$ bis $\frac{1}{2}\sqrt{3}$ gilt, während das + Zeichen von $s = a/2$ bis a (das heißt $\varrho = \frac{1}{2}\sqrt{3}$ bis 1) zu nehmen ist.

Wegen $c\,t = s$ liefert (c)

$$s = \frac{a}{2}\left(1 \mp \sqrt{4\,\varrho^2 - 3}\right),$$

wonach aus (b) folgt

$$\varphi = \arcsin \frac{\sqrt{3}}{4\,\varrho}\left(1 \mp \sqrt{4\,\varrho^2 - 3}\right).\tag{d}$$

Mit $\chi = \psi + \varphi$ als Polwinkel von AM in bezug auf die Anfangslage AB_0 entsteht daher wegen $\psi = \omega\,t$ bei Beachtung von (c) und (d) die Polargleichung der absoluten Bahn des Punktes M:

$$\chi = \pi\left(1 \mp \sqrt{4\,\varrho^2 - 3}\right) + \arcsin \frac{\sqrt{3}}{4\,\varrho}\,(1 \mp \sqrt{4\,\varrho^2 - 3}).$$

In der Endlage C des Punktes M ist die Systemgeschwindigkeit von C

$$|\mathfrak{v}_s| = a\,\omega \perp AC,$$

daher wird gemäß $\mathfrak{v}_a = \mathfrak{v}_r + \mathfrak{v}_s$:

$$|\mathfrak{v}_a| = \frac{a\,\omega}{2\,\pi}\sqrt{1 + 4\,\pi^2 + 2\,\pi\sqrt{3}}.$$

Da in der Endlage die Systembeschleunigung von C: $|\mathfrak{b}_s| = a\,\omega^2$ in Richtung $\overrightarrow{CA}$, die Coriolisbeschleunigung

$$|\mathfrak{b}_c| = |2\,\mathfrak{w} \times \mathfrak{v}_r| = 2\,\omega\,c = \frac{a\,\omega^2}{\pi},$$

so wird gemäß $\mathfrak{b}_a = \mathfrak{b}_r + \mathfrak{b}_s + \mathfrak{b}_c$ wegen $\mathfrak{b}_r = 0$:

$$|\mathfrak{b}_a| = \frac{a\,\omega^2}{\pi}\sqrt{1 + \pi^2 + \pi\sqrt{3}}.$$

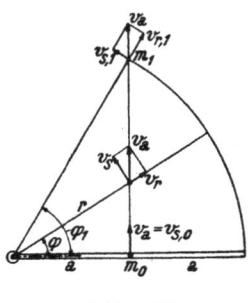

Abb. 97

8. Da sich der Punkt kräftefrei bewegen soll, so ist seine absolute Bahn die Trägheitsbahn, also die Gerade durch die Anfangslage m_0 senkrecht zur Rohrachse, die mit der konstanten Absolutgeschwindigkeit $v_a = v_{s,0} = a\,\omega_0$ beschrieben wird. (Abb. 97). Das Moment der Bewegungsgröße um Punkt O bleibt wegen des Fehlens von Kräften konstant; am Anfang der Bewegung beträgt es $m\,a\,v_a = m\,a^2\,\omega_0$, für eine beliebige Lage φ: $m\,r\,v_s$ oder wegen $v_s = r\,\omega$: $m\,r^2\,\omega$.

Die Gleichsetzung beider Beträge ergibt $\omega = \omega_0 \dfrac{a^2}{r^2}$ oder mit $r = \dfrac{a}{\cos \varphi}$:

$$\omega = \omega_0 \cos^2 \varphi.$$

Aus $\omega = \dfrac{d\varphi}{dt}$ folgt $dt = \dfrac{1}{\omega_0} \dfrac{d\varphi}{\cos^2 \varphi}$, demnach $\omega_0\, t = \operatorname{tg} \varphi$.

Die Winkelgeschwindigkeit ω muß sich daher mit der Zeit t nach dem Gesetze

$$\omega = \frac{\omega_0}{1 + \omega_0{}^2 t^2}$$

ändern. Die Kugel verläßt das Rohr an der Stelle $\varphi = \varphi_1$, wobei nach Abb. 97: $\varphi_1 = 60^0$, so daß die Kugel gemäß $\omega_0\, t_1 = \operatorname{tg} \varphi_1$ aus dem Rohr zur Zeit $t_1 = \dfrac{\sqrt{3}}{\omega_0}$ austritt.

Die relative Austrittsgeschwindigkeit beträgt

$$v_{r,1} = v_{a,1} \sin \varphi_1 = \frac{a\, \omega_0}{2} \sqrt{3},$$

während $v_{a,1} = a\, \omega_0$ ist.

9. Infolge der Gleisüberhöhung ist die Fahrbahn um $\operatorname{tg} \alpha = \dfrac{v_0{}^2}{r\, g}$ gegen die Waagrechte geneigt (Abb. 98), wo r den mittleren Krümmungshalbmesser des Gleisstranges bedeutet. Soll das am rauhen Boden des fahrenden Wagens liegende Gepäcksstück vom Gewichte G nicht in Bewegung geraten, so muß es in relativer Ruhe verharren; demnach ist $v_r = 0$, $b_r = 0$, womit aus $\mathfrak{v}_a = \mathfrak{v}_r + \mathfrak{v}_s$ und $\mathfrak{b}_a = \mathfrak{b}_r + \mathfrak{b}_s + \mathfrak{b}_c$ folgt: $\mathfrak{v}_a = \mathfrak{v}_s$ und $\mathfrak{b}_a = \mathfrak{b}_s$.

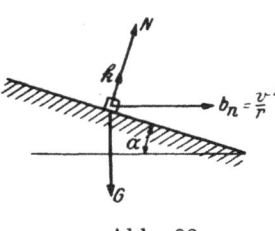

Abb. 98

Mit N als Gegendruck des Bodens auf das Gepäcksstück und R als in der Bodenebene wirkender Reibungskraft gilt für m die Bewegungsgleichung

$$m\, \mathfrak{b}_a = \vec{G} + \vec{N} + \vec{R}. \tag{a}$$

Die Systembeschleunigung $\mathfrak{b}_s$ setzt sich zusammen aus der Tangentialbeschleunigung $\mathfrak{b}_t$ des Wagens, die mit v_1 als Endgeschwindigkeit seiner gleichmäßig beschleunigten Fahrt durch $b_t = \dfrac{v_1{}^2 - v_0{}^2}{2\, l}$ bestimmt ist und aus der Normalbeschleunigung $b_n = v^2/r$.

Mit $\vec{N} = \mathfrak{k}\, N$ ergibt sich aus (a) wegen $\vec{R} \cdot \mathfrak{k} = 0$:

$$\frac{N}{m} = \mathfrak{k} \cdot (\mathfrak{b}_a - \vec{g}) \quad \text{oder wegen} \quad \mathfrak{b}_a = \mathfrak{b}_s = \mathfrak{b}_t + \mathfrak{b}_n$$

$$\frac{N}{m} = \frac{v_1{}^2}{r} \sin \alpha + g \cos \alpha.$$

Hiemit folgt aus (a) für die Reibungskraft

$$\frac{|R|}{m} = \sqrt{b_t^2 + \left(\frac{v_1^2}{r}\cos\alpha - g\sin\alpha\right)^2}$$

und es ist v_1 durch die Bedingung $|R| \geqq f\,N$ oder

$$\left(\frac{v_1^2 - v_0^2}{2\,l}\right)^2 + \left(\frac{v_1^2}{r}\cos\alpha - g\sin\alpha\right)^2 \geqq f^2\left(\frac{v_1^2}{r}\sin\alpha + g\cos\alpha\right)^2$$

bestimmt. Setzt man $v_1^2/v_0^2 = \xi$, so läßt sich vorstehende Bedingungsgleichung für ξ umformen in

$$(\xi - 1)^2\,\mathrm{tg}^2\,\alpha\left(1 + \frac{r^2}{4\,l^2\cos^2\alpha}\right) \geqq f^2\,(1 + \xi\,\mathrm{tg}^2\,\alpha)^2,$$

woraus sich mit der Abkürzung $\beta^2 = 1 + \dfrac{r^2}{4\,l^2\cos^2\alpha}$ die Lösung ergibt

$$\xi = \frac{v_1^2}{v_0^2} \geqq \frac{\beta\,\mathrm{tg}\,\alpha \pm f}{\beta\,\mathrm{tg}\,\alpha \mp f\,\mathrm{tg}^2\,\alpha}.$$

Das positive Vorzeichen im Zähler und negative im Nenner entspricht der beschleunigten Bewegung in der Kurve; die Vorzeichen-
vertauschung entspricht der verzögerten
Fahrt. Mit den Zahlenangaben dieser
Aufgabe wird bei beschleunigter Fahrt
$$v_1 = 94{,}6\ \mathrm{km/Std.},$$
bei verzögerter Fahrt
$$v_1 = 38{,}9\ \mathrm{km/Std.}.$$

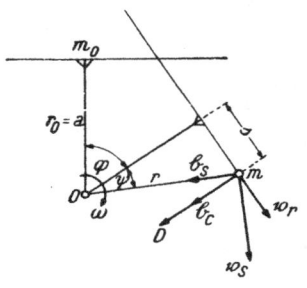

Abb. 99

10. Hat sich das Rohr um φ gedreht,
wobei die Kugel im Rohr den Weg s
zurückgelegt hat (Abb. 99), dann gibt
die Projektion der Vektorgleichung
$$\frac{\vec{D}}{m} = \mathfrak{b}_r + \mathfrak{b}_s + 2\,\mathfrak{w}\times\mathfrak{v}_r \text{ auf die Rohrachse:}$$
$$0 = b_r - b_s\sin\psi \quad\text{oder wegen}\quad b_s = r\,\omega^2$$
und $r\sin\psi = s$:
$$b_r = s\,\omega^2. \tag{a}$$

Aus $v_r\,dv_r = b_r\,ds$ folgt mit (a):

$$v_r = \sqrt{v_0^2 + s^2\,\omega^2}. \tag{b}$$

In der Lage m_1, das ist am Rohrende $s = a$ wird daher
$$v_{r,1} = \sqrt{v_0^2 + a^2\,\omega^2};$$
dort wird aus $\mathfrak{v}_a = \mathfrak{v}_r + \mathfrak{v}_s$:
$$v_a^2 = v_r^2 + v_s^2 + v_r\,v_s\sqrt{2}$$
oder mit $v_{s,1} = a\,\omega\sqrt{2}$:
$$v_{a,1}^2 = 3\,a^2\,\omega^2 + v_0^2 + 2\,a\,\omega\sqrt{v_0^2 + a^2\,\omega^2}.$$

Der Geschwindigkeitsvektor $v_{a,1}$ schließt mit der Rohrachse einen Winkel χ ein, der durch $\sin\chi = \dfrac{a\,\omega}{v_{a,1}}$ bestimmt ist.

Da gemäß (b)

$$v_r = \frac{ds}{dt} = \sqrt{v_0{}^2 + s^2\,\omega^2},$$

so folgt durch Integration mit Einführung von $v_0/\omega = k$

$$\omega\,t = \ln\frac{s + \sqrt{s^2 + k^2}}{k}, \tag{c}$$

die Kugel verläßt hienach das Rohr zur Zeit

$$t_1 = \frac{1}{\omega}\ln\frac{a + \sqrt{a^2 + k^2}}{k}.$$

Bei der gleichförmigen Drehung des Rohres ist dessen Drehwinkel $\varphi = \omega\,t$, da ferner $\psi = \arccos a/r$, so lautet die Polargleichung der absoluten Bahn mit $\varepsilon = \varphi + \psi$ als Polwinkel von r in bezug auf die Anfangslage $O\,m_0$ und bei Beachtung von (c)

$$\varepsilon = \arccos\frac{a}{r} + \ln\frac{\sqrt{r^2 - a^2} + \sqrt{r^2 - a^2 + k^2}}{k}.$$

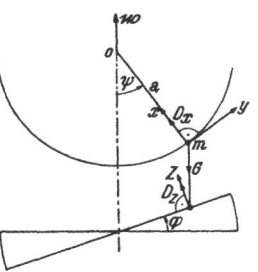

11. Sei φ der Drehwinkel der Röhre und sei mit ψ die Lage der Kugel m zur Zeit t gekennzeichnet (Abb. 100). Die Komponenten des

Abb. 100

Führungsdruckes in Richtung $m\,O$ und senkrecht zur Ebene der Röhre seien D_x, D_z. Die Zerlegung der Geschwindigkeiten und Beschleunigungen nach den rechtwinkligen Achsen x, y, z ergibt

$$\mathfrak{v}_s\begin{cases} 0 \\ 0 \\ a\,\omega\sin\psi \end{cases} \qquad \mathfrak{v}_r\begin{cases} 0 \\ a\,\dot\psi = v_r \\ 0 \end{cases} \qquad \mathfrak{w}\begin{cases} \omega\cos\psi \\ \omega\sin\psi \\ 0 \end{cases}$$

$$\mathfrak{b}_a\begin{cases} \dfrac{D_x}{m} - g\cos\psi \\[4pt] -g\sin\psi \\[4pt] \dfrac{D_z}{m} \end{cases} \quad \mathfrak{b}_s\begin{cases} a\,\omega^2\sin^2\psi \\[4pt] -a\,\omega^2\sin\psi\cos\psi \\[4pt] 0 \end{cases} \quad \mathfrak{b}_r\begin{cases} \dfrac{v_r{}^2}{a} \\[4pt] \dot v_r \\[4pt] 0 \end{cases} \quad \mathfrak{b}_c = 2\,\mathfrak{w}\times\mathfrak{v}_r = \begin{cases} 0 \\ 0 \\ 2\,\omega\,v_r\cos\psi. \end{cases}$$

Aus $\mathfrak{b}_a = \mathfrak{b}_s + \mathfrak{b}_r + \mathfrak{b}_c$ folgen daher die Gleichungen

$$\frac{D_x}{m} - g\cos\psi = a\,\omega^2\sin^2\psi + \frac{v_r{}^2}{a}, \tag{a}$$

$$-g\sin\psi = -\frac{a\,\omega^2}{2}\sin 2\psi + \dot v_r, \tag{b}$$

$$\frac{D_z}{m} = 2\,\omega\,v_r\cos\psi, \tag{c}$$

von denen (b) die relative Bewegung im Rohr beschreibt, während (a) und (c) zur Bestimmung der Führungskräfte D_x, D_z dienen.

Aus $v_r\,dv_r = b_{r,t}\,ds$ folgt, da nach (b):

$$\dot{v}_r = b_{r,t} = \frac{a\,\omega^2}{2}\sin 2\psi - g\sin\psi$$

und $ds = a\,d\psi$:

$$v_r\,dv_r = \left(\frac{a\,\omega^2}{2}\sin 2\psi - g\sin\psi\right)a\,d\psi,$$

woraus mit Beachtung der Bedingung $v_r = 0$ am Orte $\psi = 0$ für v_r folgt

$$v_r = 2\,a\,\omega\sin\frac{\psi}{2}\sqrt{\cos^2\frac{\psi}{2} - \frac{g}{a\,\omega^2}}\ .$$

Die Forderung $v_r = 0$ für $\psi = 60^0$ wird erfüllt durch $\omega = \sqrt{\dfrac{4}{3}\dfrac{g}{a}}$.

Hiemit liefern die Gln. (a) und (c): $D_x = (3/2)\,m\,g$ und $D_z = 0$.

Abb. 101

12. Mit r als Entfernung der Kugel von O zur Zeit t (Abb. 101) beträgt die Federkraft $S = c\,(r-a)$ und es ergeben sich für die Richtung der Rohrachse und senkrecht hiezu die Gleichungen

$$-\frac{S}{m} = \ddot{r} - r\,\omega^2, \tag{a}$$

$$\frac{D}{m} = 2\,\omega\,\dot{r}. \tag{b}$$

Aus (a) folgt

$$\ddot{r} - r\,\omega^2 + (c/m)\,(r-a) = 0,$$

oder mit $c/m = \omega_0^2$:

$$\ddot{r} - r\,(\omega^2 - \omega_0^2) = a\,\omega_0^2. \tag{c}$$

Für $\omega_0 > \omega$, das heißt für $\omega < \sqrt{c/m}$ ist dies die Bewegungsgleichung einer harmonischen Schwingung mit der Kreisfrequenz $\Omega = \sqrt{\omega_0^2 - \omega^2}$. Die Lösung

$$r = A_1\sin\Omega t + A_2\cos\Omega t + \frac{\omega_0^2\,a}{\Omega^2}$$

von (c) liefert bei Erfüllung der Anfangsbedingungen $t = 0$, $r = 3a/2$, $\dot{r} = 0$

$$r = a\left(\frac{3}{2} - \frac{\omega_0^2}{\Omega^2}\right)\cos\Omega t + \frac{\omega_0^2\,a}{\Omega^2}\ .$$

Hienach schwingt die Kugel um die Mittellage $\dfrac{a\,\omega_0^2}{\Omega^2} = \dfrac{a}{1 - \dfrac{m\omega^2}{c}}$

mit der Schwingungsdauer

$$T = \frac{2\,\pi}{\Omega} = \frac{2\,\pi}{\omega\sqrt{\dfrac{c}{m\,\omega^2} - 1}}.$$

Da nach (b) der Führungsdruck

$$D = -2\,m\,\omega\,a\left(\frac{3}{2} - \frac{\omega_0^2}{\Omega^2}\right)\Omega\sin\Omega\,t,$$

so ergibt sich D_{max} in der Mittellage der Kugel mit

$$\pm\,m\,a\,\omega^2\left(1 - \frac{3\,m\,\omega^2}{c}\right)\left[\frac{m\,\omega^2}{c}\left(1 - \frac{m\,\omega^2}{c}\right)\right]^{-\frac{1}{2}},$$

wobei das doppelte Vorzeichen dem jeweiligen Richtungswechsel von v_r entspricht.

13. Auf den Massenpunkt m wirkt bei Fehlen einer eingeprägten Kraft nur der Führungsdruck N normal zur glatten Rille, deren kreisförmige Achse (Abb. 102) die relative Bahn von m ist.

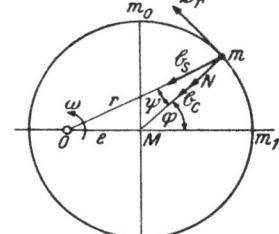

Abb. 102

Für die Beschleunigungen gilt bei rotierendem Bezugssystem die Vektorgleichung

$$\frac{\vec{N}}{m} = \mathfrak{b}_r + \mathfrak{b}_s + \mathfrak{b}_c. \qquad (a)$$

Die Systembeschleunigung $\mathfrak{b}_s$ hat die Richtung $\overrightarrow{m\,O}$ und es ist $|\mathfrak{b}_s| = r\,\omega^2$; die Relativbeschleunigung $\mathfrak{b}_r$ setzt sich aus den Teilen v_r^2/a (Richtung $\overrightarrow{m\,M}$) und $\dot{v}_r$ senkrecht hiezu zusammen, die Coriolisbeschleunigung $\mathfrak{b}_c = 2\,\mathfrak{w}\times\mathfrak{v}_r$ ist senkrecht zu $\mathfrak{w}$ und $\mathfrak{v}_r$, hat daher die Richtung $\overrightarrow{m\,M}$ und den Absolutbetrag $2\,\omega\,v_r$.

Die Zerlegung von (a) nach den Richtungen der Normalen und Tangente der relativen Bahn liefert daher

$$\frac{N}{m} = \frac{v_r^2}{a} + r\,\omega^2\cos\psi + 2\,\omega\,v_r, \qquad (b)$$

$$0 = \dot{v}_r + r\,\omega^2\sin\psi. \qquad (c)$$

Aus dem Dreiecke $M\,O\,m$ folgt

$$r\sin\psi = e\sin\varphi,$$

womit aus (c) wegen $v_r = a\,\dot{\varphi}$ die Gleichung der Relativbewegung folgt

$$\ddot{\varphi} + \frac{e\,\omega^2}{a}\sin\varphi = 0.$$

Aus dem Vergleiche mit der Bewegungsgleichung eines Fadenpendels $\ddot\varphi + (g/l)\sin\varphi = 0$ ist zu erkennen, daß die Relativbewegung des Punktes m in der Rille identisch ist mit der Bewegung eines in M befestigten Pendels von der Länge a, das in einem konstanten Kraftfelde von der Feldstärke $e\,\omega^2$ um die Mittellage $M\,m_1$ schwingt. Die absolute Bewegung von m ergibt sich durch Zusammensetzung dieser Relativbewegung mit der Drehung der Kreisscheibe um O.

Aus $v_r\,dv_r = b_{r,t}\,ds$ folgt mit $b_{r,t} = \dot v_r = -e\,\omega^2\sin\varphi$, $ds = a\,d\varphi$ und Beachtung der Anfangsbedingung $v_r = 0$ für $\varphi = \pi/2$:

$$v_r = \omega\,\sqrt{2\,a\,e\cos\varphi} \tag{d}$$

und daraus für die Stelle m_1: $\varphi = 0$, $v_{r,1} = \omega\,\sqrt{2\,a\,e}$.

Da an dieser Stelle die Systemgeschwindigkeit $v_{s,1} = (e+a)\,\omega$, so wird dort

$$v_{a,1} = \omega\,(\sqrt{2\,a\,e} + e + a).$$

Die Führungskraft N ergibt sich aus Gl. (b) bei Beachtung von (d) und wegen $r\cos\psi = \dfrac{r^2 + a^2 - e^2}{2\,a}$ zu

$$N = m\,\omega^2\left(2\,e\cos\varphi + \frac{r^2 + a^2 - e^2}{2\,a} + 2\sqrt{2\,a\,e\cos\varphi}\right),$$

daher an der Stelle m_1:

$$N_1 = m\,\omega^2\,(3\,e + a + 2\sqrt{2\,a\,e}).$$

14. Die Zerlegung der Beschleunigungen nach den rechtwinkligen Achsen x, y, z (Abb. 103) ergibt

$$\mathfrak{b}_a\begin{cases} g\cos\alpha \\ (D_y/m) - g\sin\alpha \\ D_z/m \end{cases}\quad \mathfrak{b}_s\begin{cases} -r\,\omega^2\sin\alpha \\ -r\,\omega^2\cos\alpha \\ 0 \end{cases}\quad \mathfrak{b}_r\begin{cases} \ddot x \\ 0 \\ 0 \end{cases}\quad \mathfrak{b}_c = 2\,\mathfrak{w}\times\mathfrak{v}_r = \begin{cases} 0 \\ 0 \\ 2\,\omega\,\dot x \end{cases}$$

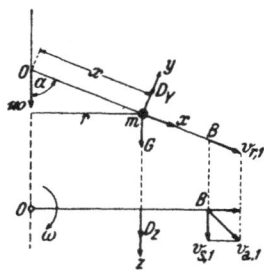

Abb. 103

wobei $r = x\sin\alpha$. Für die geradlinige Relativbewegung auf der x-Achse ergibt sich demnach mit $\omega\sin\alpha = c$ die Bewegungsgleichung

$$g\cos\alpha = \ddot x - c^2\,x.$$

Ihre Lösung lautet

$$x = A_1\,\mathfrak{Cof}\,c\,t + A_2\,\mathfrak{Sin}\,c\,t - \frac{g}{c^2}\cos\alpha.$$

Mit Erfüllung der beiden Anfangsbedingungen $x = a$, $\dot x = 0$, $t = 0$ ergibt sich

$$x = \left(a + \frac{g}{c^2}\cos\alpha\right)\mathfrak{Cof}\,c\,t - \frac{g}{c^2}\cos\alpha.$$

Die Hülse verläßt die Führung zur Zeit t_1, die wegen $x = 4\,a$ aus

$$\mathfrak{Cof}\,c\,t_1 = \frac{4\,a\,c^2 + g\cos\alpha}{a\,c^2 + g\cos\alpha} \tag{a}$$

zu berechnen ist.

Da $v_r = \dot{x} = (a + (g/c^2)\cos\alpha)\,c\,\mathfrak{Sin}\,c\,t$, so ergibt sich die relative Geschwindigkeit $v_{r,1}$ am Ende der Führung bei Beachtung von (a) zu

$$v_{r,1} = a\,\omega\,\sqrt{15\sin^2\alpha + 6\,\frac{g}{a\,\omega^2}\cos\alpha}$$

und hiemit aus $v_{a,1} = \sqrt{v_{r,1}^2 + v_s^2}$ wegen $v_s = 4\,a\,\omega\sin\alpha$:

$$v_{a,1} = a\,\omega\,\sqrt{31\sin^2\alpha + 6\,\frac{g}{a\,\omega^2}\cos\alpha}.$$

Die Komponenten D_y, D_z der Führungskraft

$$D = \sqrt{D_y^2 + D_z^2}$$

ergeben sich durch Nullsetzen der Summen aller Beschleunigungsteile in den Richtungen y, z zu

$$D_y = G\sin\alpha\left(1 - \frac{x\,\omega^2}{g}\cos\alpha\right),$$

$$D_z = 2\,m\,\omega\,\dot{x} = 2\,m\,\omega\left(a + \frac{g}{c^2}\cos\alpha\right)c\,\mathfrak{Sin}\,c\,t =$$

$$= 2\,G\,\sqrt{\left[\frac{(x-a)\,\omega^2}{g}\sin\alpha\right]^2 + \frac{2\,(x-a)\,\omega^2}{g}\cos\alpha}.$$

15. Mit den Einheitsvektoren $\mathfrak{e}$ in Richtung $\overrightarrow{O\,m}$ und $\mathfrak{k}$ in Richtung des Drehvektors $\mathfrak{w}$ und mit $\mathfrak{D}$ als Vektor der Führungskraft ist der Zusammenhang der Beschleunigungen mit $x = \overline{O\,m}$ dargestellt durch die Vektorgleichung

$$\frac{\mathfrak{D}}{m} - \mathfrak{k}\,g = x\,\omega^2\,\mathfrak{k}\times(\mathfrak{k}\times\mathfrak{e}) + \ddot{x}\,\mathfrak{e} + 2\,\omega\,\dot{x}\,(\mathfrak{k}\times\mathfrak{e}).$$

Bildet man $\mathfrak{D}\cdot\mathfrak{e} = 0$, so folgt

$$-\mathfrak{k}\cdot\mathfrak{e}\,g = [(\mathfrak{k}\cdot\mathfrak{e})^2 - 1]\,x\,\omega^2 + \ddot{x}$$

oder wegen $\mathfrak{k}\cdot\mathfrak{e} = \cos\alpha$

$$\ddot{x} - x\,\omega^2\sin^2\alpha = -g\cos\alpha. \tag{a}$$

Mit $\omega\sin\alpha = c$ lautet die Lösung von (a)

$$x = A_1\,\mathfrak{Cof}\,c\,t + A_2\,\mathfrak{Sin}\,c\,t + \frac{g}{\omega^2}\frac{\cos\alpha}{\sin^2\alpha},$$

oder bei Beachtung der Bedingungen $t = 0$, $x = l$, $\dot{x} = -v_0$ und mit der Abkürzung $\frac{g}{\omega^2}\frac{\cos\alpha}{\sin^2\alpha} = x^*$:

$$x = (l - x^*)\,\mathfrak{Cof}\,c\,t - \frac{v_0}{c}\,\mathfrak{Sin}\,c\,t + x^*. \tag{b}$$

Bezeichnet $r = x \sin \alpha$ die senkrechte Entfernung des Punktes m von der Drehachse, $\varphi = \omega t$ den Drehwinkel des Rohres, so ist die absolute Bahn in den Zylinderkoordinaten r, φ, z dargestellt durch

$$r = (l - x^*) \sin \alpha \, \mathfrak{Cof}\,(\varphi \sin \alpha) - \frac{v_0}{\omega}\, \mathfrak{Sin}\,(\varphi \sin \alpha) + x^* \sin \alpha,$$

$$z = r \operatorname{ctg} \alpha.$$

Die Stelle relativen Gleichgewichtes ist durch $\ddot{x} = 0$ gekennzeichnet und ist daher gemäß (a) mit der Stelle $x = \dfrac{g \cos \alpha}{\omega^2 \sin^2 \alpha} \equiv x^*$ identisch. Die Kugel erreicht diese Stelle zur Zeit t_1, die gemäß (b) aus

$$\mathfrak{Tg}\,(c\,t_1) = c\,\frac{l - x^*}{v_0} \tag{c}$$

zu berechnen ist. Damit sie dort in relativer Ruhe verharre, muß

$$\dot{x} = c\,(l - x^*)\,\mathfrak{Sin}\,c\,t_1 - v_0\,\mathfrak{Cof}\,c\,t_1 = 0$$

sein, woraus sich wegen (c) die erforderliche Anfangsgeschwindigkeit v_0 zu

$$v_0 = c\,(l - x^*) = \omega \sin \alpha \left(l - \frac{g \cos \alpha}{\omega^2 \sin^2 \alpha}\right)$$

ergibt.

16. Erteile dem System *II* die zusätzliche Winkelgeschwindigkeit $-\mathfrak{w}_2$ um g_2, wodurch es zur Ruhe kommt; die relative Bewegung von *I* gegen *II* ist dann die resultierende Bewegung aus $\mathfrak{w}_1$ um g_1 und $-\mathfrak{w}_2$ um g_2.

Deutet man entsprechend der Analogie zwischen dem Kräftesystem am starren Körper und dem allgemeinsten Bewegungszustand des starren Körpers:

Kräftesystem	Bewegungszustand
Kraft $\mathfrak{P}$	Drehvektor $\mathfrak{w}$
Moment $\mathfrak{M}$	Translationsgeschwindigkeit $\mathfrak{v}$
Kräftepaar	Drehpaar

die Drehvektoren $\mathfrak{w}_1$ und $-\mathfrak{w}_2$ als sich kreuzende **Kräfte**, die eine Kraftschraube (Dyname) ergeben, so besteht demnach die relative Bewegung aus einer Schraubung um eine Achse g, welche um a_1 gegen $\mathfrak{w}_1$ und a_2 gegen $-\mathfrak{w}_2$ geneigt ist, wo $\operatorname{tg} a_1 = 2$, $\operatorname{tg} a_2 = \frac{1}{2}$.

Sie steht senkrecht auf dem kürzesten Abstande a und trifft diesen in einem Punkte O^*, der a im Verhältnisse $a_1 : a_2 = \operatorname{tg} a_1 : \operatorname{tg} a_2 = 4$ teilt, so daß $a_1 = 4/5\,a$, $a_2 = a/5$.

Der Drehvektor $\mathfrak{w} = \mathfrak{w}_1 - \mathfrak{w}_2$ hat den Betrag $\omega = \sqrt{\omega_1{}^2 + \omega_2{}^2} = \omega_1 \sqrt{5}$.

Die Schiebungsgeschwindigkeit v in Richtung von $\mathfrak{w}$ ergibt sich aus

$$v = \frac{\omega_1 \omega_2}{\omega} a \sin \alpha \quad \text{wegen} \quad \alpha = \frac{\pi}{2} \quad \text{zu} \quad v = \frac{2}{\sqrt{5}} a \omega_1.$$

17. Die relative Bewegung besteht aus $\mathfrak{w}_1$ und $\mathfrak{v}_1 - \mathfrak{v}_2$; sie ist dann eine reine Drehung, wenn $\mathfrak{w}_1 \cdot (\mathfrak{v}_1 - \mathfrak{v}_2) = 0$, woraus folgt $v_1/v_2 = \cos \alpha$. Die relative Drehung erfolgt mit $\mathfrak{w}_1$ um eine Achse, die durch die Spitze des von O angesetzten Vektors

$$\mathfrak{z} = \frac{\mathfrak{w}_1 \times (\mathfrak{v}_1 - \mathfrak{v}_2)}{\omega_1^2}$$

zu legen ist.
Wegen $\mathfrak{w}_1 \times \mathfrak{v}_1 = 0$ wird

$$\mathfrak{z} = \frac{\mathfrak{v}_2 \times \mathfrak{w}_1}{\omega_1^2} = \mathfrak{k} \frac{v_2 \sin \alpha}{\omega_1},$$

wobei der Einheitsvektor $\mathfrak{k}$ zum Beschauer der Abb. 43 hin gerichtet ist.

18. Die momentane Stellung des Doppelpendels wird durch die beiden Winkel φ, ψ festgelegt (Abb. 104). Die absolute Bewegung des Stabes II kann in zweifacher Art in je zwei Teilbewegungen zerlegt werden:

1. In eine Schiebung von II mit der dem Gelenke A zukommenden Geschwindigkeit $\mathfrak{v}_A = \hat{\mathfrak{a}} \dot{\varphi}$ (wo $\hat{\mathfrak{a}}$ den Quervektor von $\mathfrak{a} = \overrightarrow{OA}$ bedeutet) und in eine Drehung um A mit der Winkelgeschwindigkeit $\dot{\psi}$, so daß

$$\mathfrak{v}_B = \hat{\mathfrak{a}} \dot{\varphi} + \hat{\mathfrak{b}} \dot{\psi},$$

oder 2. in eine Drehung des starren Verbandes $(I+II)$ um O mit $\dot{\varphi}$ und in eine Drehung von II relativ zu I um A mit $\dot{\psi} - \dot{\varphi}$, so daß

$$\mathfrak{v}_B = (\mathfrak{a} \,\hat{+}\, \mathfrak{b}) \dot{\varphi} + \hat{\mathfrak{b}} (\dot{\psi} - \dot{\varphi}),$$

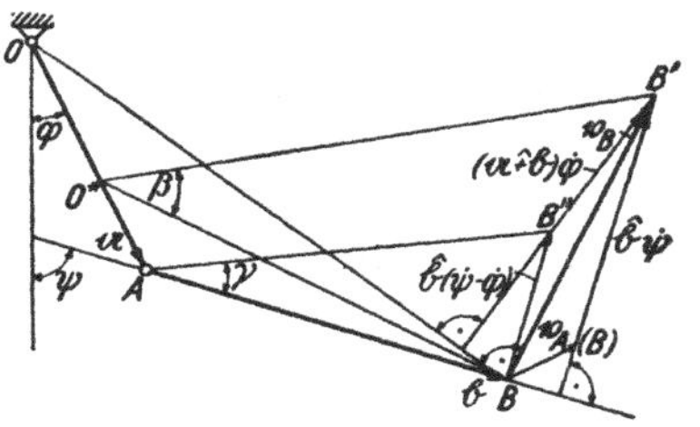

wonach wieder

Abb. 104

$$\mathfrak{v}_B = \hat{\mathfrak{a}} \dot{\varphi} + \hat{\mathfrak{b}} \dot{\psi}.$$

Nach der ersten Zerlegung ergibt die Zusammensetzung des Drehvektors $\dot{\psi}$ in A mit der zu ihm senkrechten Schiebungsgeschwindigkeit $\mathfrak{v}_A = \hat{\mathfrak{a}} \dot{\varphi}$ (Drehpaar) eine reine Drehung um die nach O^* parallel verschobene Achse mit $\dot{\psi}$, wobei $\overline{AO^*} = a \dot{\varphi}/\dot{\psi}$.

Wird nach der zweiten Zerlegung der Drehvektor $\dot{\varphi}$ in O mit dem Drehvektor $\dot{\psi} - \dot{\varphi}$ in A zusammengesetzt, so folgt wieder eine resultierende Drehung mit $\dot{\psi}$ um die Achse O^*.

Da demnach

$$\mathfrak{v}_B = \overline{O^*B} \cdot \dot{\psi},$$

so beträgt die absolute Winkelgeschwindigkeit des Stabes II: $\dot\psi = \dfrac{v_B}{\overline{O^*B}}$.

Aus $v_A = \overline{O^*A} \cdot \dot\psi$ folgt daher

$$v_A = v_B \frac{\overline{O^*A}}{\overline{O^*B}}$$

oder, da anderseits $v_A = a\,\dot\varphi$:

$$\dot\varphi = \frac{v_B}{a} \frac{\overline{O^*A}}{\overline{O^*B}},$$

womit sich die Winkelgeschwindigkeit der relativen Bewegung von II gegen I, die gleich $\dot\psi - \dot\varphi$ ist, zu

$$\dot\psi - \dot\varphi = \frac{v_B}{\overline{O^*B}}\left(1 - \frac{\overline{O^*A}}{a}\right) = \frac{v_B}{a}\frac{\overline{OO^*}}{\overline{O^*B}}$$

ergibt.

Die entsprechend der zweifachen Zerlegung der absoluten Bewegung von II bestehenden Zusammenhänge der Geschwindigkeiten der einzelnen Bewegungsanteile sind in dem Geschwindigkeitsplane (Abb. 104) dargestellt. Die Achse der absoluten Drehung von II geht durch den Punkt O^*, der im Schnitte der in B zu v_B gezogenen Normalen mit OA liegt.

Es ist nach der ersten Zerlegung

$$\mathfrak{v}_B = \overrightarrow{BB'} = \overrightarrow{B\,(B)} + \overrightarrow{(B)\,B'} = \mathfrak{v}_A + \hat{\mathfrak{b}}\,\dot\psi = \hat{\mathfrak{a}}\,\dot\varphi + \hat{\mathfrak{b}}\,\dot\psi$$

und nach der zweiten Zerlegung

$$\mathfrak{v}_B = \overrightarrow{BB''} + \overrightarrow{B''B'} = \hat{\mathfrak{b}}\,(\dot\psi - \dot\varphi) + (\mathfrak{a} \mathbin{\hat{+}} \mathfrak{b})\,\dot\varphi = \hat{\mathfrak{a}}\,\dot\varphi + \hat{\mathfrak{b}}\,\dot\psi.$$

Mit $\beta = \sphericalangle\, B'O^*B$ wird $\operatorname{tg}\beta = \dfrac{\overline{BB'}}{\overline{O^*B}} = \dfrac{v_B}{\overline{O^*B}} = \dot\psi$

und mit $\gamma = \sphericalangle\, B''AB$ wird $\operatorname{tg}\gamma = \dfrac{\overline{BB''}}{\overline{AB}} = \dot\psi - \dot\varphi.$

19. Die Bewegung von P auf der Parabel ist als absolute, jene auf der Geraden g als relative anzusehen. Dann folgt aus dem Geschwindigkeitsdreiecke $\mathfrak{v}_a = \mathfrak{v}_s + \mathfrak{v}_r$, wo $v_s = c$, unmittelbar $v_r = c \operatorname{ctg}\varphi$ und

$$v_a = v_P = \frac{c}{\sin\varphi} \quad \text{oder wegen } \operatorname{tg}\varphi = \frac{p}{y}$$

$$v_P^2 = \frac{c^2}{p}\,(2\,x + p) \quad \text{und} \quad v_r = \frac{y\,c}{p}.$$

Ferner liefert $\mathfrak{b}_a = \mathfrak{b}_s + \mathfrak{b}_r$ wegen $b_s = 0$

$$b_a = b_r = \dot{v}_r = \frac{c^2}{p}$$

wie in Aufg. II 3.

20. Sind v_a, b_a die absolute Geschwindigkeit und Beschleunigung des Punktes P auf der Parabel, v_r, b_r Geschwindigkeit und Beschleunigung der relativen Bewegung von P auf der Geraden g, so folgt aus $v_a = v_s + v_r$, da $v_s \perp v_r$ und $v_s = r\omega$, $v_r = \dot{r} = r\omega \operatorname{tg} \varphi/2$:

$$v_a = \frac{v_s}{\cos \varphi/2} = \frac{r\omega}{\cos \varphi/2}.$$

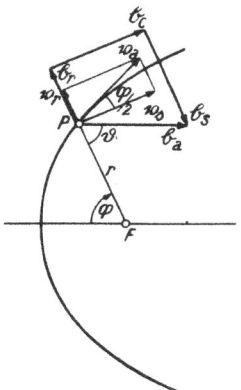

Da $b_r = \ddot{r}$, $b_s = r\omega^2$ (Richtung $\overrightarrow{PF}$) und $b_c = 2\omega v_r$, so liefert die im Beschleunigungsplan Abb. 105 dargestellte Vektorgleichung

$$b_a = b_r + b_s + b_c$$

für die Richtung $\overrightarrow{FP}$:

$$b_{a,r} = \ddot{r} - r\omega^2 = \frac{r\omega^2}{2}\left(3\operatorname{tg}^2 \frac{\varphi}{2} - 1\right)$$

und senkrecht hiezu:

$$b_{a,\varphi} = 2\omega v_r = 2r\omega^2 \operatorname{tg} \frac{\varphi}{2}$$

übereinstimmend mit den Gln. (a) und (b) in Aufg. II 8.

Abb. 105

Monotypesatz und Druck von Berger & Schwarz, Zwettl, N.-Ö.

Dritter Teil

Kinematik und Kinetik
starrer Systeme

Inhaltsverzeichnis

Aufgaben

I. Kinematik der ebenen Systembewegung

a) Freies System

1. Welche Eigenschaften besitzt der Geschwindigkeits- und Beschleunigungszustand der ebenen Bewegung eines freien ebenen Systems?

2. Es sind die Beschleunigungen zweier Punkte A und B einer Geraden gegeben. Man suche jenen Punkt der Geraden, welcher die kleinste Beschleunigung hat und bestimme deren Größe und kichtung.

3. Man beweise: (a) daß sich alle Kreise, die über den in den Systempunkten angesetzten reduzierten Beschleunigungen als Durchmesser beschrieben werden, im Beschleunigungspole schneiden; (b) daß die Endpunkte der reduzierten Beschleunigungsvektoren eine zur Figur der Systempunkte ähnliche Figur bilden und daß beide Figuren in orthogonaler Lagenbeziehung stehen (F. Foschi).

4. Bestimme den Ort aller Systempunkte mit konstanter Normalbeschleunigung c.

5. Man suche den Ort aller Systempunkte mit gleicher Tangentialbeschleunigung.

6. Warum liegen alle Systempunkte, deren Beschleunigungen sich in einem gegebenen Punkte F schneiden, auf einem Kreise?
Man bestimme seinen Mittelpunkt M.

7. Beschreibt der Punkt F in Aufg. 6 einen durch den Beschleunigungspol G gelegten Kreis k_F (Mittelpunkt Ω), dann liegen die nach Aufg. 6 bestimmten Mittelpunkte M der Systempunktkreise k auf einem Kreise k_M, der die Punkte G und Ω enthält; wie wird dies bewiesen?

8. Man bestimme die Einhüllende aller Systempunktkreise k, deren Mittelpunkte auf dem in der vorstehenden Aufgabe bestimmten Kreise k_M liegen.

9. Sind M, N zwei Punkte eines eben bewegten Systems, dessen Beschleunigungszustand durch den Beschleunigungspol G und durch ω, $\dot{\omega}$ gegeben ist, so läßt sich die Beschleunigung jedes Systempunktes A zerlegen in eine relative Normalbeschleunigung von A gegen M und in eine relative Tangentialbeschleunigung von A gegen N, wobei sich die Punkte M, N in ganz bestimmter Lagenzuordnung befinden müssen; man ermittle diese Zuordnung.
Wo liegt Punkt N, wenn dem Punkte M folgende Sonderlagen erteilt werden: 1. Drehpol, 2. Wendepol, 3. Mittelpunkt des Wendekreises?

10. Von der ebenen Bewegung eines starren Systems sei der Beschleunigungszustand durch den Beschleunigungspol G und durch ω, $\dot{\omega}$ gegeben; wie kann die Einhüllende e der Beschleunigungen aller jener Systempunkte *kinematisch* erzeugt werden, die auf einer beliebig gegebenen Systemkurve *a* liegen? Welche Kurven ergeben sich für *e*, wenn die Systemkurve *a* eine Gerade, ein Kreis oder eine logarithmische Spirale ist?

11. Bei gegebenem Drehpol P, Wendepol J und bekannter Beschleunigung $\mathfrak{b}_A = \overrightarrow{A\,a}$ eines Systempunktes A kann der Beschleunigungspol G

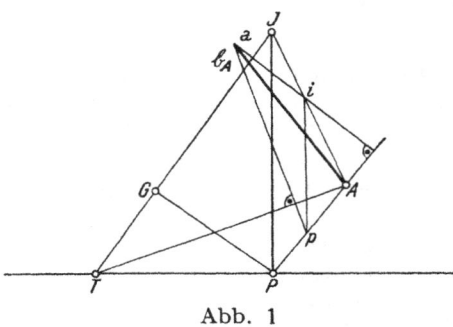

durch folgende lineare Konstruktion (Abb. 1) ermittelt werden: Man ziehe $a\,i \perp A\,P$ bis zum Schnitte i mit $A\,J$, ferner $i\,p \parallel J\,P$ bis zum Schnitte p mit $A\,P$; dann liegt der Tangentialpol T im Schnitte der durch A zu $a\,p$ gezogenen Senkrechten mit der Polbahntangente $P\,T$ ($\perp P\,J$). Der Beschleunigungspol G ist der Fußpunkt des von P auf $T\,J$ gefällten Lotes.

Abb. 1

Man beweise die Richtigkeit der Konstruktion. (K. Federhofer.)

b) Zwangläufiges ebenes System

1. Der Punkt A einer Geraden g beschreibe einen Kreis um O vom Halbmesser a, während die Gerade stets durch einen festen Punkt H des

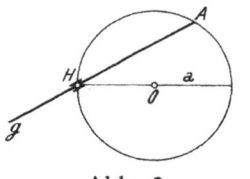

Kreises hindurchgeht. Man bestimme die beiden Polbahnen der Bewegung der Geraden g (Abb. 2).

Ermittle aus gegebenem v_A die Geschwindigkeit, mit der die Gerade g durch den Punkt H gleitet und ihren polaren Hodographen bei konstantem v_A.

Abb. 2

2. Der Schenkel $C\,A$ eines starren Winkels α (Abb. 3) gleitet in einer um das feste Gelenk A drehbaren Hülse, während der zweite Schenkel einen durch A gehenden Kreis vom Halbmesser a berührt. Man bestimme die feste und bewegliche Polbahn. Welche Bahn beschreibt der Winkelscheitel C?

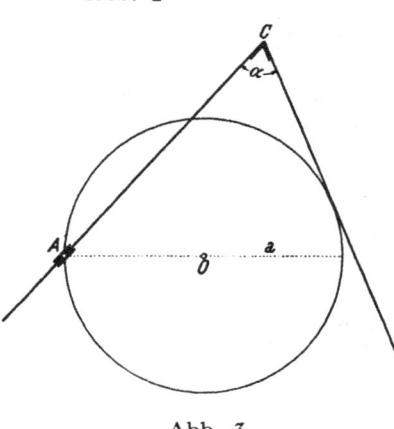

③ Ein gerader Stab falle nach dem Galileischen Gesetze frei herab; gleichzeitig drehe er sich mit konstanter Winkelgeschwindigkeit ω um eine horizontale Achse durch den Schwerpunkt. Man berechne die beiden Polbahnen dieser Bewegung.

Abb. 3

4. Von der Rollbewegung eines Kreises vom Halbmesser a auf einer Geraden sei die augenblickliche Winkelgeschwindigkeit ω und die Beschleunigung b_0 des Kreismittelpunktes O gegeben.

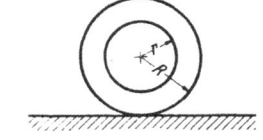

An welchen Stellen des Kreisumfanges tritt die größte und kleinste Beschleunigung auf; man bestimme diese nach Größe und Richtung.

5. Zwei konzentrische Kreise mit den Halbmessern R und r (Abb. 4) sind fest miteinander verbunden. Wenn der größere Kreis auf einer Geraden rollt, so wickeln beide Kreise

Abb. 4

gleich lange Linien ab. Man gebe hiefür die Begründung. (Rad des Aristoteles.)

6. Eine Walze vom Halbmesser a rollt auf waagrechtem Boden und schleppt einen im Zapfen B angelenkten Stab $\overline{AB} = l$ mit; es ist $\overline{OB} = b$ und $l > a + b$ (Abb. 5).

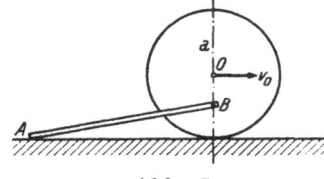

Man berechne bei gegebener Geschwindigkeit v_0 des Walzenmittelpunktes O die Winkelgeschwindigkeit ω des Stabes in Abhängigkeit vom Wälzungswinkel φ der Walze.

Abb. 5

Für welche Winkel φ erreicht ω extreme Werte?

7. Das Zahnrad a eines Fahrradantriebes habe 46 Zähne; seine Drehung wird durch eine Kette auf das mit 18 Zähnen ausgestattete Zahnrad b übertragen, das mit dem Hinterrade vom Durchmesser 70 cm fest verbunden ist (Abb. 6). Mit welcher Geschwindigkeit in km/h bewegt sich das Fahrrad, wenn die sekundliche Drehzahl des Antriebsrades gleich Eins ist?

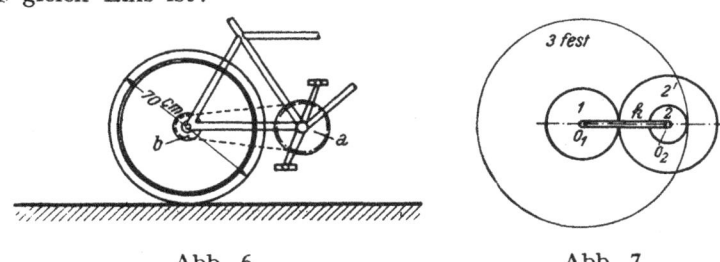

Abb. 6   Abb. 7

8. Die Kurbel $k = \overline{O_1 O_2}$ eines Stirnrad-Umlaufgetriebes (Abb. 7) dreht sich um die feste Achse O_1 mit ω_0. In ihrem Endpunkte O_2 ist das Rad 2 drehbar gelagert, das auf dem festen Rade 3 innen abrollt; hiebei nimmt es durch ein mit ihm fest gekuppeltes koaxiales Rad 2' das lose auf der Achse O_1 sitzende Rad 1 durch Verzahnung oder Reibungsschluß mit. Berechne die Winkelgeschwindigkeit ω_1 des Rades 1 und zeichne nach Kutzbach den Drehzahlplan des Getriebes. Die Halbmesser der Räder sind r_1, r_2, r_2', r_3.

9. Von einem geschränkten Schubkurbelgetriebe (Abb. 8) kennt man die Beschleunigung $\mathfrak{b}_A$ des Kurbelzapfens A. Man konstruiere den Plan der

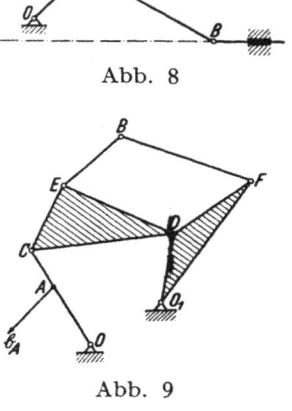

Geschwindigkeiten und Beschleunigungen der Punkte A, B und des Gleitpunktes der Lenkerstange.

Abb. 8

10. Zwei starre Dreieckscheiben sind miteinander gelenkig in D sowie durch einen Zweischlag in B verbunden (Abb. 9). Das in den festen Punkten O und O_1 gelagerte Getriebe wird durch die Kurbel OC angetrieben; gegeben ist die Beschleunigung $\mathfrak{b}_A$ des Punktes A dieser Kurbel. Man entwerfe den Plan der Geschwindigkeiten und Beschleunigungen des Getriebes und konstruiere den Krümmungsmittelpunkt der Bahn des Gelenkes B.

Abb. 9

11. Von der Bewegung eines Stabes $\overline{AB} = l$, dessen Enden auf zwei zueinander senkrechten Geraden geführt werden, sei die Beschleunigung der Stabmitte M bekannt (Abb. 10).

Man ermittle zeichnerisch Geschwindigkeit und Beschleunigung der geführten Punkte A und B.

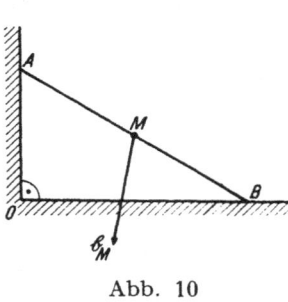

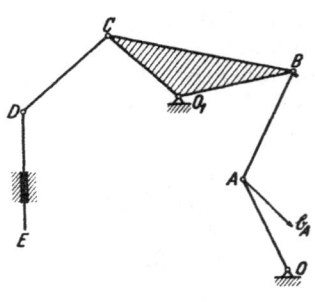

Abb. 10   Abb. 11

12. Aus der gegebenen Beschleunigung $\mathfrak{b}_A$ des Kurbelzapfens A des obenstehenden Getriebes (Abb. 11) mit den festen Drehpunkten O und O_1 konstruiere man die Geschwindigkeit und Beschleunigung der gerade geführten Stange DE.

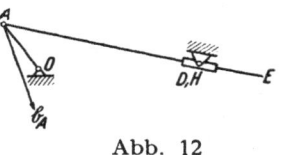

Abb. 12

13. Es ist die Beschleunigung $\mathfrak{b}_A$ des Kurbelzapfens A einer schwingenden Kurbelschleife (Abb. 12) gegeben. Man suche auf zeichnerischem Wege die Geschwindigkeit von A sowie die Winkelgeschwindigkeit ω der Drehung des Stabes AE um H.

Konstruiere die Beschleunigung jenes Punktes D der Stange AE, der augenblicklich mit dem Hülsenmittel H zusammenfällt. Welche Vereinfachung ergibt sich für die beiden Totlagen der Kurbel OA im Falle reiner Normalbeschleunigung von A?

14. Beim Nockenantrieb (Abb. 13) wird durch die sich mit konstantem ω um O drehende Nockenscheibe eine Ventilstange MV in gerader Führung bewegt. Die An- und Ab-

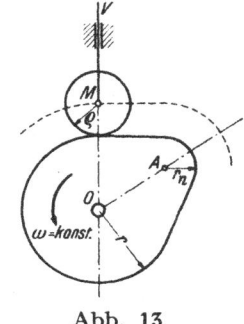

laufflanken des Nockens schließen sich tangential an den Grundkreis vom Halbmesser r an und bestehen aus Geraden und der kreisförmigen Nase vom Halbmesser r_n. Die Übertragung der Bewegung von der unrunden Nockenscheibe auf die Ventilstange erfolgt durch eine Rolle vom Halbmesser ϱ, so daß ihr Mittelpunkt M eine Parallelkurve zum Nockenprofil beschreibt. Man berechne die Geschwindigkeit und Beschleunigung der Ventilstange, wenn die Rolle: (a) auf dem geraden Flankenteil, (b) auf der Nockennase läuft.

Abb. 13

Wie groß ist der Beschleunigungssprung beim Übergange der Rolle von der geraden in die gekrümmte Flanke?

15. Löse die vorstehende Aufgabe rein zeichnerisch.

16. Gegeben ist die Beschleunigung $\mathfrak{b}_c$ des Angriffspunktes C der Exzenterstange s_c eines kreisförmig gekrümmten Wälzhebels ABC, der sich auf einer Geraden g unter Gleiten abwälzt und in A durch die Ventilstange s_a gerade geführt wird (Abb. 14). Man konstruiere die Geschwindigkeiten und Beschleunigungen des Punktes A und des Berührungspunktes B.

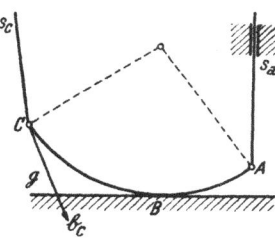

Abb. 14

17. Bei dem in Abb. 15 dargestellten sechsgliedrigen zwangläufigen Gelenkmechanismus, in welchem die Endpunkte C und D der beiden Kurbeln AD und BC durch den Zweischlag CPD verbunden sind und zwischen beiden Kurbeln das Glied EF gelenkig eingeschaltet ist, gilt für die Gliederabmessungen mit $\overline{BE} = l$:

$$\overline{AB} = \overline{AF} = \overline{FD} = \overline{DP} = l\sqrt{2},$$
$$\overline{BE} = \overline{EC} = \overline{EF} \quad \text{und} \quad \overline{BC} = \overline{CP} = 2l.$$

Man beweise, daß der Gelenkpunkt P

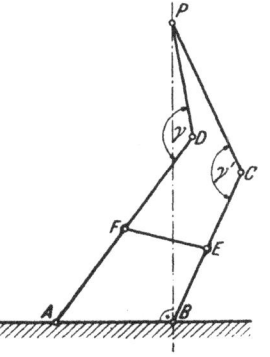

Abb. 15

bei der Bewegung des Getriebes die Gerade $PB \perp AB$ beschreibt und daß in jeder Getriebelage die Winkel γ und γ' einander gleich sind. (R. Kreutzinger.)

18. Im Gelenke P des zwangläufigen Getriebes der vorstehenden Aufgabe wirke eine Kraft Q in Richtung PB; welche in F senkrecht zur Kurbel AD wirkende Kraft R hält ihr das Gleichgewicht? Wie groß ist R in der Sonderlage $2\varphi = 60^0$?

19. Auf ein zwangläufiges ebenes System wirken die eingeprägten Kräfte $\mathfrak{P}_1$, $\mathfrak{P}_2$, ... $\mathfrak{P}_n$, deren Angriffspunkte die Geschwindigkeiten v_1, v_2, ... v_n besitzen. Ist O der Nullpunkt eines zur zwangläufigen Kette konstruierten Planes der *senkrechten* Geschwindigkeiten und betrachtet man diesen Plan als einen um den festen Punkt O drehbaren starren Hebel, in dessen Knoten die ihnen in der Kette entsprechenden Kräfte mit gleicher Größe und Richtung angreifen, dann muß dieser Hebel im Gleichgewicht sein, wenn die Kräfte an der kinematischen Kette Gleichgewicht halten. Ferner sind die Spannkräfte in den Stäben dieses sogenannten Jou-kowsky-*Hebels* gleich den Spannkräften in den Stäben der Kette. Man suche dies zu beweisen.

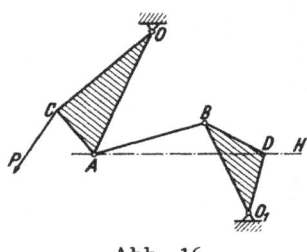

Abb. 16

20. An dem in Abb. 16 skizzierten Mechanismus mit den festen Gelenken O und O_1 wirke in C eine Kraft $\mathfrak{P}$ in beliebiger Richtung. Bestimme mit Benutzung des Satzes in Aufg. 19 die Größe jener in D angreifenden Kraft H mit der Wirkungslinie AD, die ihr Gleichgewicht hält und ermittle sämtliche Stabkräfte und die Gelenkdrücke in O und O_1.

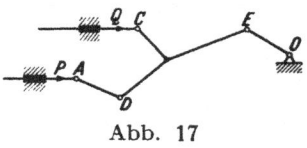

Abb. 17

21. Die Kolbenmaschine von F. Th. Goodmann ist durch das nebenstehende Getriebeschema (Abb. 17) gekennzeichnet. Man reduziere graphisch die gegebenen Kolbenkräfte P und Q auf den Kurbel-zapfen E mit der Annahme, daß die reduzierte Kraft und das Wegelement des Reduktionspunktes E zusammen-fallen.

22. Das nebenstehende Stabsystem (Abb. 18) besitzt in O_1 und O_2 unver-schiebliche Gelenke und in C ein Gleit-lager. Konstruiere auf kinematischem Wege die Lagerkraft in C für das mit den Kräften P und Q belastete Stab-system und gebe an, bei welcher Rich-tung des Gleitlagers C das Stabsystem beweglich ist.

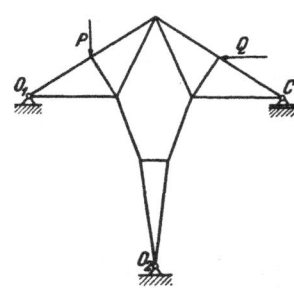

Abb. 18

23. Man berechne für gleichförmigen Umlauf ω_0 der Kurbel $\overline{O_1 A} = a$ einer schwingenden Kurbelschleife (Abb. 19) die Winkelgeschwindigkeit und Winkelbeschleunigung der Schwinge $O_2 C$ in deren Abhängigkeit vom Drehwinkel φ der Kurbel. Es ist $\overline{O_1 O_2} = b > a$. Für welche Lagen der Kurbel erreicht die Winkelgeschwindigkeit der Schwinge extreme Werte und wie groß sind diese?

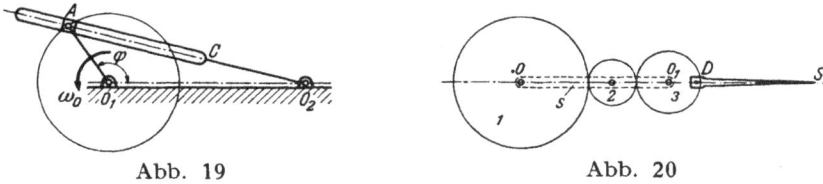

Abb. 19   Abb. 20

24. Das feststehende Zahnrad 1 (Abb. 20) hat die doppelte Zähnezahl von jener des Rades 3, an welchem ein Zeichenarm DS befestigt ist, wobei $\overline{O_1 S} = \overline{OO_1} = l$. Wenn der Steg s um O gleichförmig rotiert, beschreibt der Punkt S auf der Geraden OS eine einfache harmonische Schwingung. Man gebe hiefür den Beweis.

25. Bedeuten $\mathfrak{b}_A{}^0$ und $\mathfrak{b}_A{}^1$ zwei von den ∞^1 Beschleunigungen, die ein Systempunkt A eines zwangläufigen ebenen Systems bei gegebenem Geschwindigkeitszustande ω besitzt, so besteht zwischen ihnen und der Geschwindigkeit $\mathfrak{v}_A$ die Beziehung $\mathfrak{b}_A{}^1 = \mathfrak{b}_A{}^0 + \lambda\, \mathfrak{v}_A$. Man beweise dies und gebe die Bedeutung des Proportionalitätsfaktors λ an. (E. Stübler.)

II. Kinematik des räumlichen Systems

1. Was sind die Eulerschen Winkel und wie drücken sich in diesen die Komponenten des Drehvektors der Kreiselbewegung in bezug auf ein raumfestes und auf ein körperfestes Achsensystem aus?

2. Beim Kardangelenk wird die Drehung um die Welle I auf die sie unter dem Winkel α schneidende Welle II dadurch übertragen, daß beide Wellen an den Enden mit Gabeln g_I, g_{II} versehen sind, die durch ein starres, rechtwinkliges Kreuz verbunden und dessen Arme in den Gabeln drehbar gelagert sind (Abb. 21). Der im Schnittpunkt der beiden Wellenachsen liegende Mittelpunkt O des Kreuzes bleibt demnach in Ruhe.

Man bestimme das Verhältnis ω_2/ω_1 der Winkelgeschwindigkeiten der beiden Wellen in Abhängigkeit vom Drehwinkel φ der Welle I und beweise, daß dieses Verhältnis in den Grenzen $\cos \alpha$ und $\dfrac{1}{\cos \alpha}$ schwankt.

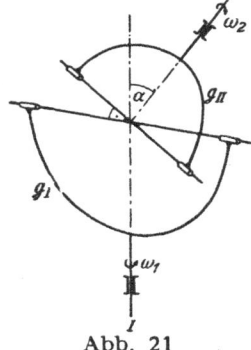

Abb. 21

3. Der Spurzapfen Z laufe mit ω_0 in einem Kugellager (Abb. 22), dessen in einem Laufring R angeordnete Kugeln den Halbmesser r haben; wo muß die Achse des Zapfens Z liegen, damit die Kugeln eine nur rollende Bewegung ausführen? Man ermittle den Drehvektor der Rollbewegung.

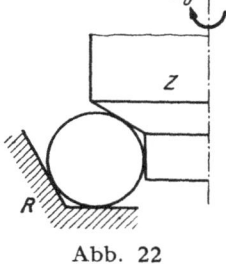

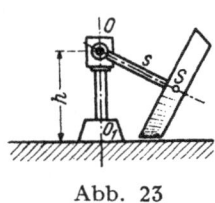

4. Das um die Mittelachse $\overline{OS} = s$ drehbare konische Laufrad eines Kollerganges (Abb. 23) wird auf waagrechter Mahlplatte im Kreise um die Triebachse $\overline{OO_1} = h$ herumgeführt; die Welle OS ist an das Gelenk O angeschlossen.

Abb. 22   Abb. 23

Wenn T die Umlaufzeit um die Triebachse und r der mittlere Halbmesser des Laufrades ist, soll seine sekundliche Eigendrehzahl um OS berechnet werden. Wie sehen die Axoide dieser Bewegung aus?

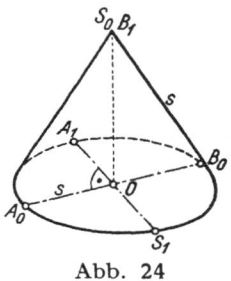

5. Ein gleichseitiger Kegel von der Seitenlänge s (Abb. 24) bewegt sich derart, daß seine Spitze S_0 und die Basispunkte $A_0 B_0$ in die neue Lage $S_1 A_1 B_1$ kommen. Durch welche einfachste Bewegung wird dies erreicht? Man suche die Elemente dieser Bewegung.

6. Für den Taumelscheibenantrieb nach Abbildung 25 wird die Zwangläufigkeit dadurch erreicht, daß ein Durchmesser $B B_1$ der Scheibe mittels zweier Stangen $B D$, $B_1 D$ in einer Ebene geführt wird, die durch die

Abb. 24

Achse $M M_1$ hindurchgeht. Gegeben ist die Geschwindigkeit v_A des Punktes A. Man ermittle graphisch die Größe des Vektors $\mathfrak{w}$ der Winkelgeschwindigkeit und die Geschwindigkeiten v_B und v_C der Punkte B und C, wobei $CO \perp B B_1$ ist.

Zeichnerische Lösung mit Hilfe des Abbildungsverfahrens von Mayor und v. Mises.

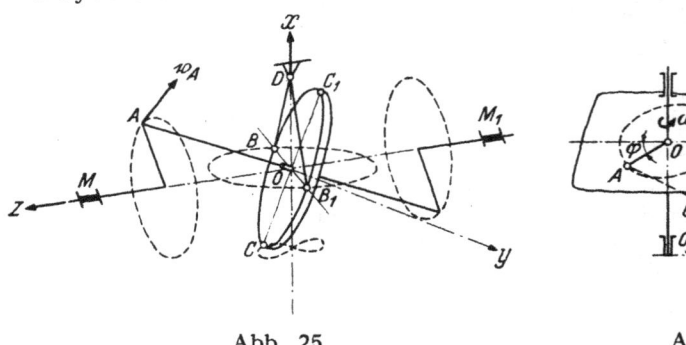

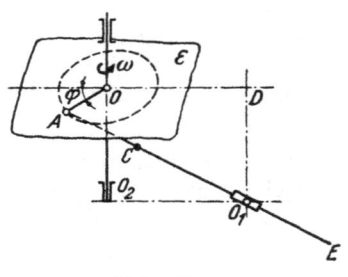

Abb. 25   Abb. 26

7. Die räumlich schwingende Kurbelschleife besteht aus einer Kurbel OA, die sich in der Ebene ε um die feste Achse OO_2 dreht und aus einer in A gelenkig angeschlossenen, in einer Hülse gleitenden Stange AE; die Hülse ist in O_1 drehbar gelagert, wobei O_1 *außerhalb* der Ebene ε liegt (Abb. 26). Es ist für einen gleichförmigen Umlauf der Kurbel der Verlauf der Geschwindigkeiten v_c und der Beschleunigungen b_c des beliebigen Punktes C der Stange graphisch darzustellen.

8. Löse die vorstehende Aufgabe auf analytischem Wege, das heißt ermittle v_c und b_c als Funktion des Drehwinkels φ der Kurbel $\overline{OA} = r$. Es ist $\overline{OD} = a$, $\overline{DO_1} = h$, $\overline{AC} = c$.

9. Ein starres Dreieck ABC (Abb. 27) bewege sich so, daß die Eckpunkte AB auf zwei windschiefen Geraden $g_1 \, g_2$ und der Punkt C auf einer Ebene gleiten. Man ermittle graphisch aus der gegebenen Geschwindigkeit des Punktes A jene der Punkte B und C sowie die Bestimmungsstücke der vorliegenden Schraubenbewegung (Lage der Achse, Schiebungs- und Drehvektor).

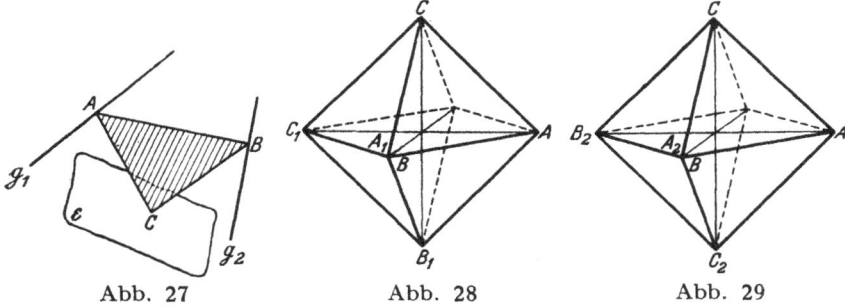

Abb. 27   Abb. 28   Abb. 29

10. Die Ecken ABC eines Oktaeders (Abb. 28) sollen in die Lage $A_1 B_1 C_1$ gebracht werden. Durch welche einfachste Bewegung ist dies möglich?

11. Man löse die vorstehende Aufgabe, wenn die Endlagen der Punkte ABC durch $A_2 B_2 C_2$ vorgeschrieben sind (Abb. 29).

12. In den beiden Aufg. 10 und 11 liegen die Ecken des Dreieckes ABC in der Anfangs- und Endlage auf einer Kugeloberfläche.
Trotzdem ist nur in der Aufg. 10 die gesuchte Bewegung eine sphärische Bewegung. Man begründe dies.

13. Die Endpunkte $A_0 \, B_0 \, C_0$ der Halbachsen eines Rotationsellipsoides ($\overline{OA_0} = a = \overline{OB_0}$, $\overline{OC_0} = c$) sollen in die Lage $A_1 B_1 C_1$ gebracht werden (Abb. 30). Durch welche einfachste Bewegung ist dies möglich?

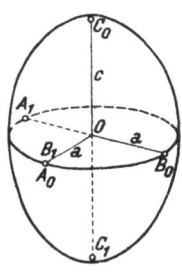

Abb. 30

III. Kinetik starrer Systeme

a) Drehung um eine feste Achse

1. Zwei gelenkig verbundene Stäbe von gleicher Länge l und gleichem Gewichte G sind an den freien Enden durch eine undehnbare Schnur von der Länge l verbunden (Abb. 31). Das System wird um die lotrechte Symmetrielinie mit konstanter Winkelgeschwindigkeit ω gedreht.

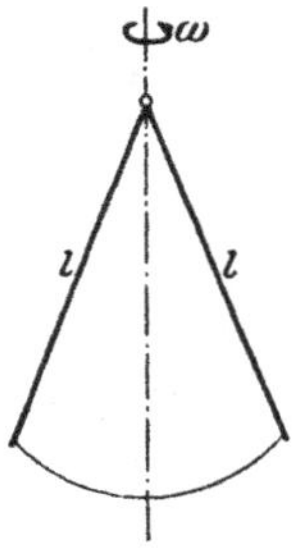

Wie groß muß ω mindestens sein, damit die Schnur gespannt wird? Wie groß ist die Spannung der Schnur, wenn die Winkelgeschwindigkeit auf das Doppelte gesteigert wird?

Abb. 31

2. Ein starrer Winkel $BCD = a$ dreht sich mit konstanter Winkelgeschwindigkeit ω um die lotrechte Achse AB (Abb. 32). In welchem Abstande $l = \overline{CD}$ muß sich ein reibungsfrei auf der Stange verschieblicher Gleitkörper vom Gewichte G befinden, damit er während der Drehung in dieser Lage verharre? Welche Kraft übt der Gleitkörper auf einen oberhalb angebrachten Stellring S aus, wenn die Drehzahl um die Hälfte erhöht wird?

3. Ein Stab $\overline{OB} = l$ vom Gewichte G ist in O gelenkig befestigt und dreht sich aus der Ruhelage heraus gleichmäßig beschleunigt mit $\dot\omega = c$ um eine lotrechte Spindel (Abb. 33). Nach welcher Zeit beginnt sich der am glatten waagrechten Boden in B gestützte Stab abzuheben? Wie groß ist in diesem Augenblicke der Gelenkdruck in O nach Größe und Richtung? Welche gesamte Arbeit mußte bis zum Eintritte des Abhebens des Stabes vom Boden zur Aufrechterhaltung dieser Bewegung geleistet werden?

Abb. 32   Abb. 33

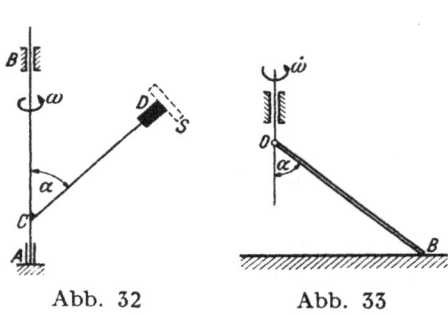

4. Der Stab OB in vorstehender Aufgabe drehe sich um die lotrechte Spindel mit konstanter Winkelgeschwindigkeit ω.

Wie groß darf ω sein, wenn der Druck in B gleich sein soll der Hälfte des dort in der Ruhelage wirkenden Druckes?

Welche Größe und Richtung hat dann der Gelenkdruck D in O?

5. Eine dünne, lotrechte Kreisscheibe vom Halbmesser a und Gewicht G wird mit ω_0 um den lotrechten Durchmesser in Drehung versetzt und erfährt einen Luftwiderstand, der für jedes Flächenelement proportional dem Quadrate seiner Geschwindigkeit ist. Nach welcher

Zeit T ist die Winkelgeschwindigkeit auf ·den halben anfänglichen Wert gesunken?

6. Eine homogene Platte von der Form eines gleichschenkligen Dreieckes hat das Gewicht G und die Höhe h und ist um die waagrechte Achse AB reibungsfrei drehbar (Abb. 34). In ihrer lotrechten Ruhelage erhält die Platte in Höhenmitte durch einen Stoß die Ge-

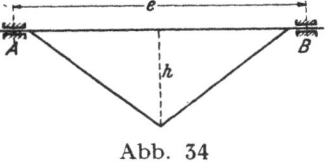

Abb. 34

schwindigkeit v_0. Wie groß muß v_0 sein, damit die Platte eine halbe Umdrehung um AB mache? Welche Lagerdrücke treten auf, wenn sich die Platte während ihrer Bewegung gerade in waagrechter Lage befindet?

7. Eine Kurbel rotiert in waagrechter Ebene unter der Wirkung eines konstanten Drehmomentes M_d um einen festen geschmierten Zapfen, dessen Reibungsmoment proportional der Winkelgeschwindigkeit der Kurbel ist. Die anfänglich ruhende Kurbel habe nach Ablauf der Zeit t_1 die Winkelgeschwindigkeit ω_1 erreicht; wie groß ist sie nach der Zeit $\beta\, t_1$? (J_0 ist das Trägheitsmoment der Kurbel für die Zapfenmitte und c das Reibungsmoment für $\omega = 1$.)

Wie groß ist die Reibungsarbeit vom Beginn der Bewegung bis zur Zeit t_1?

8. Eine dünne rechteckige Platte mit den Abmessungen a, h und dem Gewichte G ist an einer lotrechten Welle $O_1\,O_2$ (Abb. 35) befestigt und anfangs in Ruhe. Auf der Welle ist eine kleine Scheibe (r) aufgekeilt, die durch ein mit Q belastetes Seil in Drehung versetzt wird. Der Drehung widersetzt sich der Luftwiderstand, der für ein Plattenteilchen proportional dem Quadrate der dort herrschenden Geschwindigkeit anzunehmen ist. Wie groß ist die bei Eintritt gleichförmiger Drehung der Platte erreichte

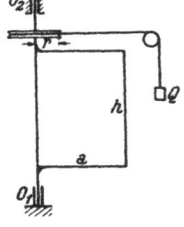

Abb. 35

Grenze ω_g der Winkelgeschwindigkeit? Berechne die Anlaufzeit τ, nach deren Ablauf die Winkelgeschwindigkeit nur mehr 1% von ω_g ist.

Um wieviel ist das Gewicht Q in der Anlaufzeit gesunken?

9. Um ein reibungsfrei in O drehbares Rad vom Halbmesser r und der Masse M ist ein undehnbarer Faden geschlungen, an dessen Enden die Gewichte G_1 und G_2 ($G_1 > G_2$) in gleicher Höhenlage angehängt werden (Abb. 36). Die aus der Ruhelage eintretende Bewegung erfolgt in einem Mittel, dessen Widerstand proportional der jeweiligen Geschwindigkeit ist. Um welches Maß ist das Gewicht G_1 nach der Zeit t gesunken?

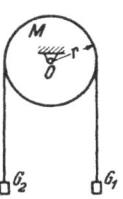

Abb. 36

Wie groß sind dann die Spannkräfte in den lotrechten Fadenstücken? (Es ist anzunehmen, daß der Faden nicht am Rade gleitet.)

10. Am oberen Ende·des um eine Seilscheibe geschlungenen Seiles hängt ein unbelasteter Förderkorb G_2, während an dem um h tieferen unteren Ende der belastete Förderkorb $G_1 = (1 + a) G_2$ auf dem Schacht-

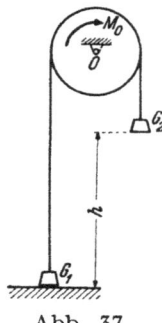

boden ruht (Abb. 37). Durch das auf die Seilscheibe übertragene konstante Antriebsmoment M_0 wird G_1 hochgezogen. Wann und mit welcher Geschwindigkeit erreichen beide Förderkörbe gleiche Höhenlage? Bei welchem Mindestwerte von M_0 ist mit dem Eintritte von Seilrutsch zu rechnen? (Die Seilscheibe vom Halbmesser r hat das Gewicht Q, f ist die Ziffer der Seilreibung; das Gewicht des Seiles ist zu vernachlässigen.)

Abb. 37

11. Eine sehr dünne ebene Platte von der Masse m drehe sich mit ω um eine in ihrer Ebene liegende Achse, die nicht den Schwerpunkt enthält. Man beweise, daß sich das System der Trägheitskräfte auf eine Einzelkraft zurückführen läßt, deren Wirkungslinie durch den Antipol der Drehachse bezüglich der Zentralellipse hindurchgeht und den Betrag $m\,u_s\,\sqrt{\omega^4 + \dot{\omega}^2}$ besitzt, wo u_s den senkrechten Schwerpunktsabstand von der Drehachse bedeutet.

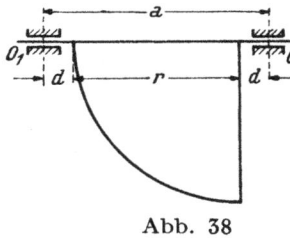

12. Eine dünne Platte von der Form eines Kreisquadranten (Abb. 38) mit dem Halbmesser r und dem Gewichte G sei um die waagrechte Achse $O_1 O_2$ reibungsfrei drehbar und beginne ihre Bewegung aus der waagrechten Ruhelage. Man ermittle mit Benutzung des in der vorstehenden Aufgabe angeführten Satzes den Angriffs-

Abb. 38

punkt e_g der resultierenden Trägheitskraft und die in O_1 und O_2 entstehenden Lagerdrücke nach Größe und Richtung beim Drehwinkel φ.

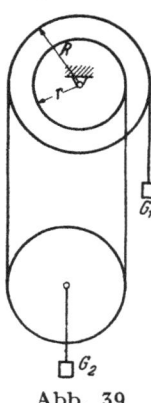

13. Der nebenstehend dargestellte Flaschenzug (Abb. 39) ist mit den Gewichten G_1 und G_2 belastet; man ermittle deren Beschleunigungen.

Die Massen der Rollen sind gegeben; von der Zapfenreibung und Seilsteifigkeit werde abgesehen und vorausgesetzt, daß die Seile nicht auf den Rollen gleiten und gewichtslos seien.

Wie groß sind die Spannkräfte in den einzelnen lotrechten Teilen der Seile?

Abb. 39

14. Bei dem Fliehkraftregler in Abb. 40 sind vier gleiche Stäbe von der Länge l und dem Gewichte G in den Gelenken $A A'$ an die lotrechte Spindel und in $C C'$ an eine entlang der Spindel

reibungsfrei gleitende Muffe vom Gewichte G_m angeschlossen. Die Stäbe
sind in BB' durch je ein Gelenk verbunden, in welchem die Schwunggewichte
Q sitzen. Bei federnder Aufhängung der
Muffe ist sie mit der Federkraft $K =$
$= c\,(h_0 - h)$ belastet, worin h und h_0 die
Längen der Feder im belasteten und
unbelasteten Zustande bedeuten. Welche
Beziehung besteht zwischen der Winkelgeschwindigkeit ω der Spindel und dem
Winkel φ im Beharrungszustande des
Reglers?

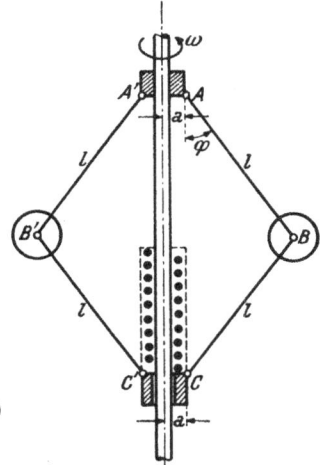

Abb. 40

b) Drehung um einen festen Punkt (Kreisel)

1. Man entwickle die Bewegungsgleichungen eines unter dem Einflusse eines Momentes $\mathfrak{M}$ um einen festen Punkt rotierenden starren
Körpers (Eulersche Kreiselgleichungen).

2. Ein gerader Kreiskegel (Abb. 41) von der Masse m, dem Öffnungswinkel 2α und Basishalbmesser r läuft auf waagrechter Ebene im
Kreise herum und benötigt zu einem Umlaufe die Zeit τ.

Wie groß ist die kinetische Energie des rollenden Kegels und sein
Drall um die Spitze?

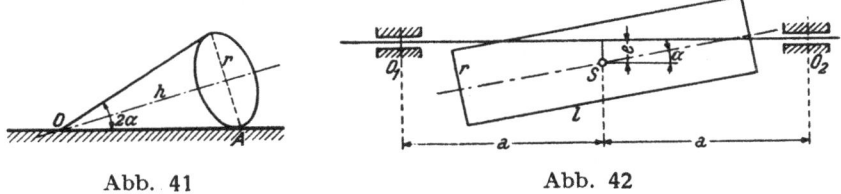

Abb. 41   Abb. 42

3. Ein um die Achse $O_1 O_2$ mit konstantem ω rotierender
Kreiszylinder vom Gewichte G, Basishalbmesser r und der
Länge l habe die Schwerpunktsexzentrizität e; Zylinder-
achse und Drehachse schneiden sich unter dem Winkel α
(Abb. 42).

Welche Massenwirkung wird auf die Lagerstellen O_1
und O_2 ausgeübt?

4. Ein starres Winkelkreuz (Abb. 43), an dessen Enden
zwei gleich schwere Kugeln vom Gewichte G sitzen, wird
aus der Ruhelage durch ein konstantes Drehmoment M_a

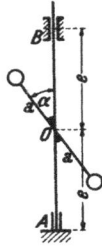

Abb. 43

um die lotrechte Achse AB in Drehung versetzt. Man ermittle mit Benutzung der Eulerschen Gleichungen die zur Zeit t im Spur- und Halslager entstehenden Lagerdrücke nach Größe und Richtung. (Die Masse des Winkelkreuzes bleibe unberücksichtigt.)

5. Man berechne für den Kollergang mit gelenkiger Achsenverbindung in O (Aufg. II 4) jenen Winkel ϑ der Mittelachse OS mit der Lotrechten durch O, bei welchem der Läufer auf das unterschobene Mahlgut die stärkste Preßwirkung ausübt. (R. Grammel.)

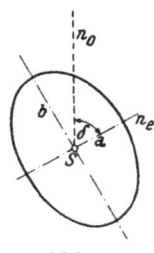

Abb. 44

6. Ein im Schwerpunkte S gelagertes schweres Rotationsellipsoid (Abb. 44) vom Gewichte $G = 0,5$ kg und dem Achsenverhältnisse $b/a = \sqrt{3}$ dreht sich mit $n_e = 1200$ Touren je Minute um die kleine Achse $a = 10$ cm. Der Kreisel soll zu einer langsamen regulären Präzession mit $n_0 = 20$ Touren je Minute um eine im Raume feste Achse gezwungen werden, die durch S geht und gegen die Figurenachse unter dem Winkel $\delta = 60^0$ geneigt ist. Welches Moment ist hiezu erforderlich?

7. Eine homogene rechteckige Platte vom Gewichte G rotiert mit konstanter Winkelgeschwindigkeit ω um die lotrechte Achse O_1O_2; man berechne die Lagerdrücke im Hals- und Spurlager $(\overline{O_1S} = \overline{SO_2} = h/2, \ \overline{AB} = e)$ (Abb. 45).

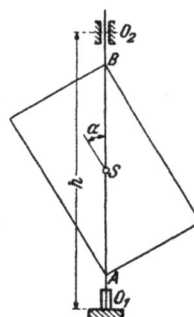

Abb. 45

8. Eine in ihrem festgehaltenen Schwerpunkte S drehbar gelagerte Platte (Abb. 46) wird um eine in der Plattenebene liegende Achse g in Drehung versetzt. Wenn die weitere Bewegung kräftefrei erfolgt, soll bewiesen werden, daß die den jeweiligen Drehvektor und die Plattennormale n enthaltende Ebene ε relativ zur Platte eine schwingende Bewegung ausführt, deren Schwingungsdauer übereinstimmt mit jener eines mathematischen Pendels von bestimmter Länge l, und daß deren Amplitude gleich ist dem halben Pendelausschlag. Wie groß ist l? (Newboult 1946).

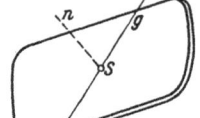

Abb. 46

9. In einem um die horizontale Achse AB (Abb. 47) drehbaren starren Rahmen ist ein Schwungrad K eingebaut, dessen Achse CD mit der Symmetralen von

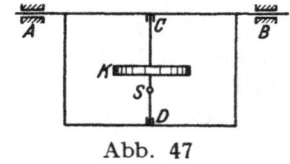

Abb. 47

$\overline{AB} = l$ zusammenfällt. Der gemeinsame Schwerpunkt S des Rahmens und Schwungrades (Kreiselpendel) sei von der Achse AB um s entfernt, das Gewicht des Verbandes sei Q.

In der Anfangslage des Rahmens sei seine Ebene unter α gegen die Lotrechte geneigt und das Schwungrad laufe mit n Touren/Minute. Welchen Einfluß hat das rotierende Schwungrad auf die Pendelbewegung des Rahmens und welche Wirkung übt das rotierende Schwungrad auf die Lagerstellen A und B aus?

10. Ein stampfendes Schiff führe harmonische Schwingungen um die horizontale Querachse mit der Schwingungsdauer T [sec] und einer Amplitude α aus. Welches Moment wird auf die Lager der G [ton] schweren Schiffsschraube übertragen, wenn sie sich relativ zum Schiffe mit n Touren je Minute um dessen Längsachse dreht und ihr Trägheitshalbmesser i [m] ist?

11. Das Laufräderpaar einer Lokomotive fahre mit der Geschwindigkeit v durch eine Kurve vom Halbmesser R; der äußere Schienenstrang sei um h überhöht, die Spurweite beträgt s. Welche Wirkung übt das rollende Räderpaar auf die Schienen aus? (Ein einzelnes Laufrad werde als einfacher Reifen vom Halbmesser r und vom Gewichte G betrachtet.)

12. Welche zusätzliche Kreiselwirkung entsteht bei dem rollenden Räderpaar der vorstehenden Aufgabe in jenem Fahrbereiche, in welchem der äußere Gleisstrang aus der waagrechten Lage in die überhöhte Schienenlage h übergeführt wird? Die Länge der Übergangsstrecke sei l.

13. Ein aus einer 1 cm dicken zylindrischen Stahlscheibe vom Halbmesser $a = 5$ cm bestehender Kreisel rotiere um die Symmetrieachse kräftefrei mit 1500 Touren je Minute. Welchen Betrag hat der Drallvektor?

Die Kreiselbewegung erfahre durch einen am Scheibenrande in der Richtung der Kreiselachse ausgeübten Stoß eine Störung und es betrage der dabei während einer sehr kurzen Zeit Δt wirkende Kraftantrieb 0,03 kgsec. Welche Bewegung macht der Kreisel nach dem Stoße? (Die Verlagerung der Kreiselachse in der Zeit Δt kann wegen der Kleinheit von Δt vernachlässigt werden.)

c) Ebene Bewegung

1. Um einen schweren Kreiszylinder mit horizontaler Achse vom Gewichte G und Halbmesser a ist ein in A befestigtes biegsames Band geschlungen (Abb. 48). Anfänglich befinde sich der Zylinder in Ruhe und der abgewickelte Teil AB des Bandes in lotrechter Lage. Der Zylinder wird sich selbst überlassen. Wie groß ist die Geschwindigkeit des Schwerpunktes des Zylinders, wenn dieser um s gesunken ist und wie stark ist dann das Band gespannt? (Die Masse des Bandes ist zu vernachlässigen.)

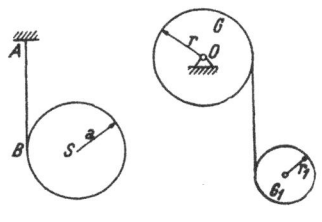

Abb. 48   Abb. 49

2. Zwei kreiszylindrische Walzen, von denen eine um eine waagrechte feste Achse drehbar gelagert ist, sind durch ein undehnbares Band verbunden, das jede der beiden Walzen mehrmals umschlingt (Abb. 49).

Sind G, r, G_1, r_1 die Gewichte und Halbmesser der Walzen, so soll die Geschwindigkeit von G_1 berechnet werden, wenn G_1 um s gesunken ist. Wie groß ist die Bandspannung?

3. Ein um O drehbarer Stab $\overline{OA} = l$ vom Gewichte G wird stoßlos an eine zylindrische Walze vom Gewichte Q und Halbmesser a gelegt, die auf rauhem Boden ruht (Abb. 50). Mit welcher Geschwindigkeit bewegt sich das Stabende A in der lotrechten Lage des Stabes, wenn die Bewegung der Walze eine rein rollende ist?

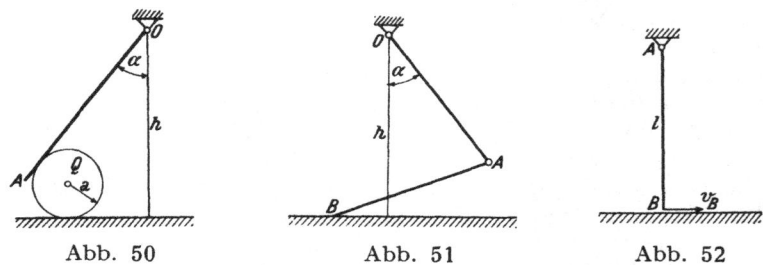

Abb. 50   Abb. 51   Abb. 52

4. Von zwei durch ein Gelenk A verbundenen gleich langen und gleich schweren Stäben $\overline{OA} = \overline{AB} = l$ ist der obere um O drehbar, der untere schleift auf glatter waagrechter Unterlage (Abb. 51). Wenn das Stäbepaar aus der anfänglichen Ruhelage a in lotrechter Ebene sich selbst überlassen wird, soll die Geschwindigkeit des Stützpunktes B in dem Augenblicke bestimmt werden, wo der obere Stab gerade durch die Lotrechte schwingt. Welche Drücke entstehen dann in O und B?

5. Ein lotrechter Stab $\overline{AB} = l$ ist am oberen Ende A um eine waagrechte Achse drehbar aufgehängt, das Ende B befindet sich dicht über einem waagrechten Boden (Abb. 52). Durch einen Stoß wird der Stab in Drehung versetzt und das Ende A in dem Augenblicke freigemacht, wo der Drehwinkel 90^0 beträgt. Welche Anfangsgeschwindigkeit muß der Endpunkt B erhalten, wenn der Stab den Boden in lotrechter Stellung erreichen soll?

6. An einen auf glattem, horizontalem Boden liegenden Kreiszylinder vom Gewichte G_1 und Halbmesser a (Abb. 53) wird ein homogener Stab

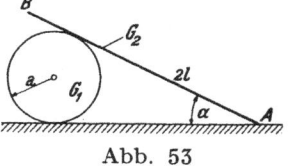

Abb. 53

$\overline{AB} = 2l$ vom Gewichte G_2 stoßlos unter der Neigung a gegen die Stützebene gelegt. Man bestimme die Winkelgeschwindigkeit der Bewegung des Stabes in Abhängigkeit vom jeweiligen Neigungswinkel φ gegen die Stützebene.

7. Eine Eisenbahnwagentüre, deren reibungsfrei angenommene Angeln nach der Lokomotive zu liegen, steht senkrecht zur Fahrtrichtung offen. Der Zug fahre mit der Beschleunigung b an. Mit welcher Winkelgeschwindigkeit und nach welcher Zeit schlägt die Türe zu?

(Die Türe nehme man als rechteckige homogene Platte vom Gewichte G und der Breite l an, der Luftwiderstand ist zu vernachlässigen.)

8. Eine Welle vom Halbmesser r und Gewichte G_1, an die seitlich zwei Scheiben vom Gewichte G und Halbmesser R konzentrisch angeschlossen sind, wird mit der Anfangsgeschwindigkeit v_0 auf rauher schiefer Ebene in Bewegung gesetzt (Abb. 54).

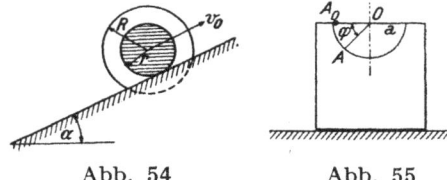

Welchen Weg legt sie bis zur Bewegungsumkehr bei rollender Bewegung zurück, wenn auf die Rollreibung (Ziffer q) Rücksicht genommen wird? Welchen Mindestwert muß die Haftreibungsziffer f des Bodens haben?

Abb. 54   Abb. 55

9. Ein Würfel mit halbkugelförmiger Ausnehmung vom Radius a ruht auf vollkommen glatter Unterlage (Abb. 55). Eine kleine Kugel von der Masse m gleitet aus A_0 ohne Anfangsgeschwindigkeit längs der glatten Aushöhlung. Wenn M die Masse des ausgehöhlten Würfels ist, sollen die Geschwindigkeit der Kugel an beliebiger Stelle A und der dort von ihr ausgeübte Druck berechnet werden.

10. Eine durch die glatten Führungen $F_1 F_2$ gesteckte Stange vom Gewichte G stützt sich mit ihrem Ende B auf einen Keil vom Gewichte Q, der auf einer glatten waagrechten Unterlage liegt (Abb. 56).

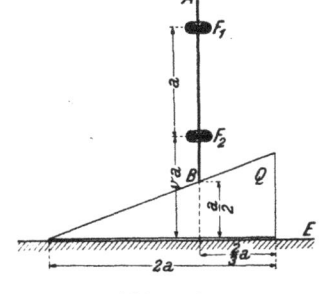

Nach welcher Zeit und mit welcher Geschwindigkeit erreicht das Stabende die Ebene E, von der es anfänglich um $a/2$ entfernt ist? Wie groß sind die Drücke in $F_1 F_2$ in dem Augenblicke, wo das Stabende sich bereits um $a/4$ gesenkt hat?

Abb. 56

11. Ein über eine bewegliche Rolle vom Gewichte G und Halbmesser r gelegtes undehnbares Seil wird durch die Gewichte G_1 und G_2 $(G_2 > G_1)$ gespannt (Abb. 57). Mit welcher Kraft P muß die Rolle nach aufwärts bewegt werden, damit das Gewicht G_2 eine gleichförmige Bewegung mit der Geschwindigkeit c ausführe?

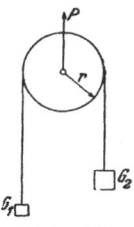

Wie groß sind dann die Seilspannungen und in welchem Verhältnisse stehen die von beiden Gewichten nach Ablauf der Zeit t zurückgelegten Wege?

Abb. 57

12. Zwei gleiche Rollen vom Gewichte G und Halbmesser r sind durch eine starre horizontale Achse O verbunden, um die sich ein homogener Stab vom Gewichte Q und der Länge l reibungsfrei drehen kann.

2*

Die beiden Rollen laufen auf waagrechten Trägern mit glatter Oberfläche; der Stab mit der anfänglichen Neigung α gegen die Lotrechte
wird sich selbst überlassen (Abb. 58). Welche größte Geschwindigkeit
erreichen die Rollen bei der Schwingung des Stabes? Wie groß ist die
Schwingungsdauer dieses Stabpendels?

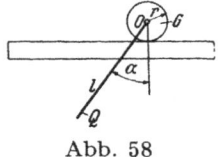

Beweise, daß das Verhältnis der Schwingungs-
dauer dieses Pendels zu jener des gleich langen
Pendels mit fester Aufhängung bei sehr kleinem
Winkel α gleich ist

Abb. 58

$$\sqrt{\frac{1 + Q/8\,G}{1 + Q/2\,G}}.$$

Welche Bahn beschreibt der untere Endpunkt des Stabes?

13. Ein Halbzylinder von der Masse M und dem Halbmesser a liegt
auf glatter horizontaler Ebene. An der höchsten Stelle seines glatten

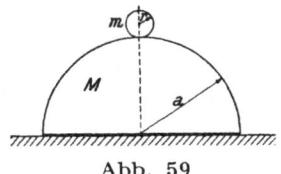

Mantels ruht eine Kugel von der Masse m
und dem Halbmesser r, die durch eine
kleine Erschütterung in Bewegung gerät
(Abb. 59).

Welche Bahn beschreibt der Mittelpunkt
der Kugel?

Abb. 59

An welcher Stelle verläßt die Kugel den
Halbzylinder?

Wie groß ist in diesem Augenblicke die Geschwindigkeit des Zylinders?

14. Ein um das feste Gelenk O drehbarer homogener Stab vom Gewichte G stütze sich an einen Block von gleichem Gewichte, der auf
glattem waagrechten Boden verschieblich ist

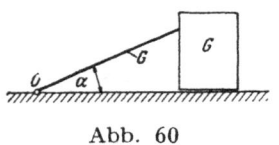

(Abb. 60). Zeige, daß sich Stab und Block
trennen, wenn der Neigungswinkel φ des
Stabes der Gleichung

Abb. 60

$$3 \sin \varphi \,(1 + 2 \sin^2 \varphi) = 2 \sin \alpha$$

genügt, wo α die Stabneigung zu Beginn der
Bewegung ist.

15. Zwei durch ein Gelenk verbundene Kreiszylinderhälften vom Gewichte G und Halbmesser a ruhen auf einer glatten waagrechten Ebene
und sind in der gezeichneten Stellung α durch das Band $A\,B$ gehalten

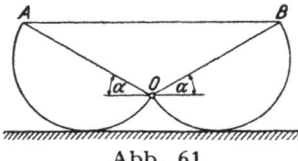

(Abb. 61). Nun werde das Band durchschnitten. Mit welcher Geschwindigkeit
hebt sich das Gelenk O, wenn die Durchmesser $O\,A$ und $O\,B$ die waagrechte Lage
erreicht haben?

Abb. 61

16. In der Mitte O eines homogenen
Stabes vom Gewichte Q, der auf glatter
horizontaler Unterlage ruht, ist ein Stab vom Gewichte G und der
Länge $\overline{O\,E} = l$ gelenkig befestigt, der in der Anfangsstellung α sich

selbst überlassen wird (Abb. 62). Um wieviel hat sich der untere Stab verschoben, wenn der zweite Stab die waagrechte Lage erreicht? Welche Geschwindigkeit hat er dann? Bestimme den Gelenkdruck in O nach Größe und Richtung unmittelbar vor dem Zusammenklappen der Stäbe. Welche Bahn beschreibt der Endpunkt E des Stabes?

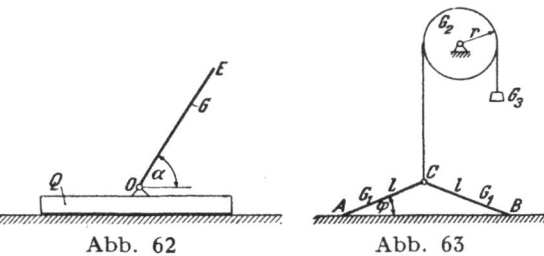

17. Zwei gleich lange und gleich schwere Stäbe CA und CB vom Gewichte G_1

Abb. 62   Abb. 63

und der Länge l sind in C durch ein reibungsfreies Gelenk verbunden. Dieses wird durch einen Faden, der über eine feste Rolle vom Gewichte G_2 und Halbmesser r läuft und mit G_3 belastet ist, lotrecht aus der Anfangslage $\varphi = 0$ hochgezogen (Abb. 63). Mit welcher Geschwindigkeit nähern sich die Stabenden AB auf der waagrechten glatten Stützebene? Wie groß ist die Fadenspannung und der Stützendruck in A bei beliebiger Stellung φ?

18. Vier in einer lotrechten Ebene liegende gleich lange und gleich schwere Stäbe von der Länge l sind miteinander durch Gelenke verbunden; jenes bei O ist fest, das oberste durch einen Faden gehalten, wobei die Gelenke in den Ecken eines Quadrates liegen (Abb. 64). Es soll die Geschwindigkeit berechnet werden, mit der das Gelenk A in O ankommt, wenn der Faden durchschnitten wird.

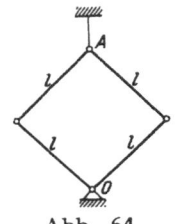

Abb. 64

19. Ein homogener Träger von der Länge l ist in A und B gelagert, wobei $a = l/3$ (Abb. 65). Wie groß wird der Stützendruck in A, wenn die Stütze B plötzlich versagt?

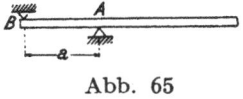

Abb. 65

20. Eine homogene dreieckige Platte vom Gewichte G ist in ihren Eckpunkten an gleich langen vertikalen Fäden in waagrechter Lage aufgehängt. Wenn einer der Fäden durchschnitten wird, sollen die Spannkräfte in den beiden anderen berechnet werden.

21. Eine Halbkugel vom Gewichte G und Halbmesser r stützt sich in B an einen glatten waagrechten Boden und wird in der Schräglage α durch die Schnur AC gehalten (Abb. 66). Wie groß ist im ersten Augenblicke der Druck in B, wenn die Schnur durchschnitten wird? In welcher Richtung beginnt sich der Punkt A zu bewegen?

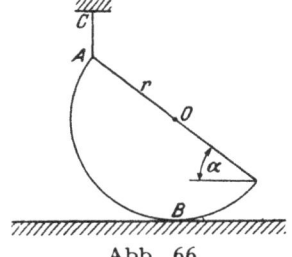

Abb. 66

22. Ein um O drehbarer homogener Stab $\overline{OA} = 2\,l$ vom Gewichte G stützt sich an einen Kreiszylinder vom Gewichte G_1 und Halbmesser a, der in B auf glatter horizontaler Ebene ruht und durch den Faden MO in der gezeichneten Lage erhalten wird (Abb. 67). Wenn der Faden durchschnitten wird, so vermindert sich im ersten Augenblicke der Druck des Stabes auf den Zylinder im Verhältnisse

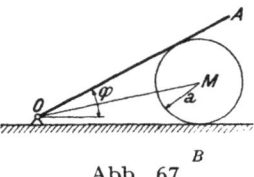

Abb. 67

$$1 : 1 + \frac{16}{3}\frac{G}{G_1}\frac{l^2}{a^2}\sin^4\frac{\varphi}{2}.$$

Man beweise dies und gebe die Beschleunigung des Punktes M an.

23. Welche Ergänzung ist der Gleichung für den Momentensatz $\dot{\mathfrak{D}}_0 = \mathfrak{M}_0$ hinzuzufügen, damit sie anstatt für einen unbeweglichen Bezugspunkt O für einen mit der gegebenen Geschwindigkeit v_P bewegten Bezugspunkt P Gültigkeit habe?

24. Eine starre ebene Scheibe von der Masse M drehe sich mit der Winkelgeschwindigkeit ω um den Momentanpol P unter dem Einflusse des Kraftmomentes M_P. Man bestimme die Winkelbeschleunigung.

25. Ein homogener Kreiszylinder vom Gewichte G und Halbmesser r bewege sich aus der durch $\varphi = \varphi_0$ gegebenen anfänglichen Ruhelage rein rollend in einem hohlen Kreiszylinder vom Halbmesser R (Abb. 68).

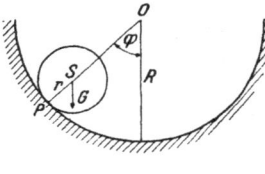

Abb. 68

Beweise, daß die Bewegung des Schwerpunktes S übereinstimmt mit der eines Punktpendels von der Länge $l =$ $= (R - r)(1 + i_s^2/r^2)$. Zeige, daß die Reibungsziffer f (mit i_s als Trägheitshalbmesser) der Bedingung $\operatorname{tg}\varphi_0 \leqq f(1 + r^2/i_s^2)$ genügen muß.

26. In der vorstehenden Aufgabe sei der Hohlzylinder um die waagrechte Achse O reibungsfrei drehbar, für die er das Trägheitsmoment J_0 besitze. Die Reibungsziffer f sei so groß, daß der kleinere Zylinder nicht gleiten kann. Beweise, daß auch hier die Bewegung des Schwerpunktes S mit der eines mathematischen Pendels übereinstimmt und bestimme dessen Länge.

27. Ein auf waagrechtem, rauhem Boden (Reibungsziffer f) verschieblicher Gleitbock vom Gewichte G_1 trägt eine reibungsfrei in O drehbare Welle vom Gewichte G_2 und Halbmesser r, um deren Umfang eine durch das Gewicht P gespannte Schnur gewickelt ist, die über eine kleine Rolle läuft, deren Masse vernachlässigt werden kann (Abb. 69).

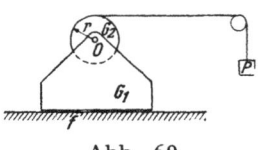

Abb. 69

Um wieviel hat sich der Gleitbock verschoben, wenn das Gewicht P um s gesunken ist?

Wie groß ist dann die Spannkraft der Schnur? Bei welcher Mindestgröße von f tritt eine Blockierung des Gleitbockes ein? (J. Nielsen 1935.)

28. Ein homogener Stab vom Gewichte G und der Länge $\overline{OA} = 2\,l$ drehe sich in einer horizontalen Ebene um das feste Ende O mit der Winkelgeschwindigkeit ω_0 (Abb. 70).
Der Stab breche plötzlich in seiner
Mitte entzwei. Man beschreibe die Be-
wegung der beiden Stabstücke nach dem
Bruche.

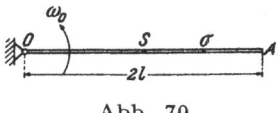

Abb. 70

d) Kinetostatik

1. Ein Kolben von der Masse m_1 ist mit einer zylindrischen Kolbenstange von der Länge l und der Masse m in fester Verbindung. Auf den
in einem Zylinder geführten Kolben
wirke die Kraft P und die Reibungskraft R_1 an seinem Mantel; im
Führungslager der Kolbenstange
wirkt die Reibung R (Abb. 71).
Wie groß ist die Spannkraft der
Kolbenstange an beliebiger Stelle?

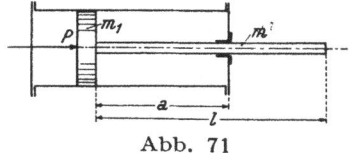

Abb. 71

2. Eine schwere Platte gleitet auf
rauher schiefer Ebene nach abwärts; bei
A ist ein Stab vom Gewichte G und der
Länge l in der Platte eingespannt (Abb. 72).
Wie groß ist das Einspannungsmoment
während der Bewegung? Nach welcher
Richtung biegt sich der Stab?

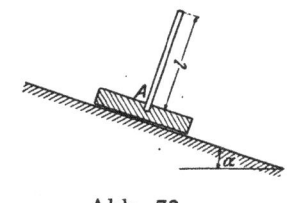

3. Am Boden eines Plateauwagens ist
eine lotrechte Säule von der Höhe h fest
eingespannt. Der Wagen fahre durch eine

Abb. 72

Kurve vom Halbmesser r mit der Geschwindigkeit v und Tangentialbeschleunigung b_t. Welches größte Biegungsmoment entsteht in der
Säule? Nach welcher Richtung biegt sich die Säule?

4. An dem waagrecht eingespannten Träger
$\overline{AO} = a$ (Abb. 73) ist in O ein Pendel von der
Länge l und dem Gewichte G angehängt, das
aus der durch α gegebenen Ruhelage ebene
Schwingungen ausführt. Man bestimme das
größte Einspannungsmoment des Trägers.

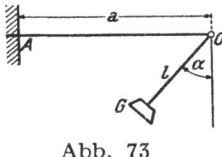

Abb. 73

5. Man bestimme in Aufg. (c, 19) Ort und Größe des größten Biegungsmomentes für den Beginn der Bewegung des Trägers.

6. Ein homogener Halbkreisbogen vom Gewichte G und Halbmesser r
drehe sich in einer glatten horizontalen Ebene um das Ende A mit konstanter Winkelgeschwindigkeit ω. An welcher Stelle entsteht das größte
Biegungsmoment? Welchen Wert hat es?

7. Ein starrer gleichschenkliger Winkelhebel vom Gewichte G dreht sich aus der Ruhelage, in welcher OA waagrecht ist, um die horizontale Achse O (Abb. 74).

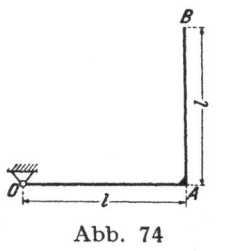

Wie groß ist das Einspannmoment bei A, wenn der Schenkel OA durch die lotrechte Lage schwingt?

8. Die dynamischen Eigenschaften einer eben bewegten Scheibe sind durch ihre Masse m, den Schwerpunkt S und den Trägheitshalbmesser i_s für den Schwerpunkt gegeben. Für

Abb. 74

den durch die Schwerpunktsbeschleunigung b_s und den Beschleunigungspol G bestimmten Beschleunigungszustand läßt sich das System der d'Alembertschen Trägheitskräfte der Scheibe zurückführen auf eine Einzelkraft $\mathfrak{T} = - m\,b_s$, deren Wirkungslinie durch den Schwingungsmittelpunkt der Scheibe bezüglich des Poles G geht. Man beweise diese Eigenschaft der resultierenden Trägheitskraft. (Schell, Mohr, Alt.)

9. Einem mit gegebener Winkelgeschwindigkeit ω zwangläufig geführten ebenen System entsprechen ∞^1 Beschleunigungszustände. Die

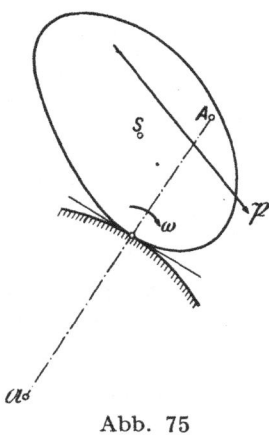

Wirkungslinien der ihnen nach Aufg. (d, 8) entsprechenden ∞^1 resultierenden Trägheitskräfte $\mathfrak{T}_r$ schneiden sich in einem Punkte T, dem von H. Winter gefundenen Trägheitspole der Scheibe und es bilden die im Punkte T angesetzten Vektoren $\mathfrak{T}_r$ ein geradlinig begrenztes Kraftbüschel mit einer zu v_s parallelen Begrenzungslinie. Man beweise diesen Satz.

10. Eine Scheibe mit dem Krümmungsmittelpunkte A rollt auf einer festliegenden Scheibe mit dem Krümmungsmittelpunkte $\mathfrak{A}$ mit bekannter Winkelgeschwindigkeit ω (Abb. 75). Sie wird von einer Kraft $\mathfrak{P}$ (Resultierende aller eingeprägten Kräfte) angegriffen.

Abb. 75

Man konstruiere die normale und tangentiale Komponente der an der Berührungsstelle beider Scheiben auftretenden Rollkraft sowie die Schwerpunktsbeschleunigung b_s. Der Schwerpunkt S und der Trägheitshalbmesser für diesen sind bekannt.

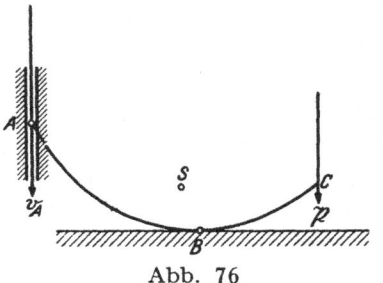

11. Der Wälzhebel ABC (Abb. 76) ist in A mit gegebener Geschwindigkeit v_A geradlinig geführt und schleift bei B auf glatter Bahn. Seine Masse m, der Schwerpunkt S und Trägheitshalbmesser i_s sind bekannt. Wenn in C die Kraft $\mathfrak{P}$

Abb. 76

wirkt, sollen die Führungsdrücke in A und B sowie die Beschleunigung $\mathfrak{b}_s$ des Schwerpunktes konstruiert werden.

12. Die Kurbel OA eines in seinen Abmessungen gegebenen zentrischen Schubkurbelgetriebes (Abb. 77) dreht sich mit *konstanter* Winkelgeschwindigkeit ω. Die Massen der Kurbel, der Pleuelstange und der mit dem Kreuzkopf B hin- und hergehenden Getriebeteile sind bekannt. Man ermittle zeichnerisch jene Kraft K, die in der Kolbenstange wirken muß, um

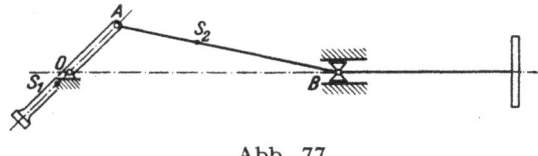

Abb. 77

den gegebenen Bewegungszustand des Getriebes mit gleichförmigem Kurbelantrieb herzustellen und konstruiere die Kräfte, mit denen die Zapfen O, A, B beansprucht werden.

13. Am Kreuzkopfzapfen B eines geschränkten Schubkurbeltriebes (Abb. 78) wirkt eine Kraft K, an der Kurbelwelle ein widerstehendes Moment M. Die Gewichte, die Abmessungen und Massenverteilung der Getriebeteile sind gegeben, ebenso die augenblickliche Geschwindigkeit v_A. Man bestimme den Beschleunigungszustand und die Zapfendrücke in O, A und B.

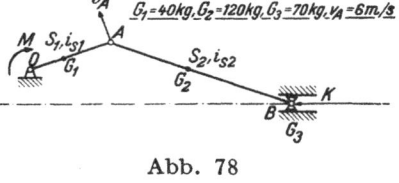

Abb. 78

14. Von einem zwangläufigen ebenen System seien die Geschwindigkeiten des Schwerpunktes S und eines Systempunktes A gegeben, ebenso die Beschleunigungen beider Punkte für irgend einen möglichen Beschleunigungszustand. Dann findet man den Trägheitspol T durch folgende lineare Konstruktion (Abb. 79) von G. Gerber (1940): Man zeichnet den Plan der gegebenen Geschwindigkeiten und der Beschleunigungen mit den Nullpunkten o und π, konstruiert den Antipol A_1 von A bezüglich S $(\overline{AS}\cdot\overline{SA_1} = i_s^2)$, sodann die Punkte D und C, wobei $SD \parallel \mathfrak{b}_A$,

$$A_1 D \parallel \mathfrak{b}_{SA}, \quad SC \parallel v_A, \quad A_1 C \parallel v_{SA}.$$

Die durch D gelegte Parallele zu $\mathfrak{b}_S$ schneidet jene durch C zu v_S im Trägheitspole T. Man beweise diese Konstruktion.

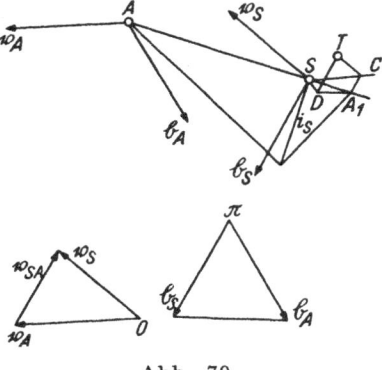

Abb. 79

15. Ein aus drei gleich langen und gleich schweren Stäben bestehendes gleichseitiges Dreieck OAB dreht sich in einer lotrechten Ebene um das feste Gelenk O aus der Ruhelage, in welcher AB lotrecht ist. Die Stäbe des Dreieckes sind gelenkig verbunden. Welches größte Biegemoment entsteht im Stabe AB, wenn die waagrechte Lage erreicht ist?

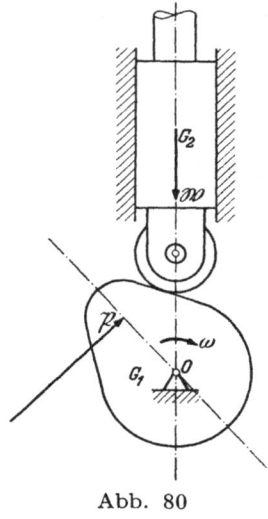

Abb. 80

16. Von einem Nockenantrieb (Abb. 80) sind gegeben die Massen m_1, m_2 der Nockenscheibe und des Stößels, die Antriebskraft $\mathfrak{P}$ und die Winkelgeschwindigkeit ω des Nockens sowie der Widerstand $\mathfrak{W}$ der Ventilstange; die Rolle des Stößels läuft auf geradem Flankenteil des Nockens.

Man bestimme den Beschleunigungszustand und die Gelenk- und Führungsdrücke bei Berücksichtigung der Reibung zwischen Stößel und seiner Führung (Reibungswinkel ϱ). Die Masse der Rolle ist zu vernachlässigen.

$$P = 12 \text{ kg}, \quad G_1 = m_1 g = 1{,}2 \text{ kg},$$
$$W = 6 \text{ kg}, \quad G_2 = m_2 g = 0{,}2 \text{ kg},$$
$$\omega = 100 \text{ sek}^{-1}.$$

e) Kleine Schwingungen

1. Ein homogener Stab von der Länge $\overline{AB} = 2\,l$ gleitet mit seinen Enden auf zwei glatten, geraden Drähten, die fest in einer lotrechten

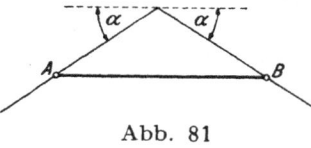

Abb. 81

Ebene liegen und gegen die Horizontale unter gleichen Winkeln a geneigt sind (Abb. 81). Man bestimme die Schwingungsdauer für die kleinen Schwingungen um die Gleichgewichtslage.

2. Eine Scheibe K mit beliebiger Umrißform ist mit einem Kreiszylinder C vom Halbmesser r starr verbunden, der auf einer waagrechten

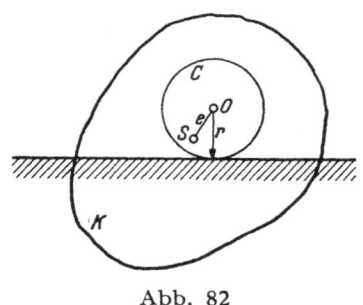

Abb. 82

Ebene eine rein rollende Bewegung ausführe (Abb. 82). Der Schwerpunkt S dieses Rollpendels habe vom Mittelpunkt O des Zylinders die Entfernung e. Man stelle die Bewegungsgleichung auf und gebe die Schwingungsdauer unter Voraussetzung sehr kleiner Ausschläge an.

3. Eine Halbkugel vom Gewichte G und Halbmesser r, die auf glatter waagrechter Unterlage ruht, wird durch einen Faden in der geneigten Lage a

erhalten (Abb. 83). Nun werde der Faden durchschnitten. Zeige, daß
während der nun einsetzenden Schwingung der Halbkugel ihr Mittel-
punkt eine größte Geschwindigkeit $\sqrt{\dfrac{135}{166} g\,r \sin \dfrac{\alpha}{2}}$ erreicht und daß
der größte Druck auf die Unterlage gleich

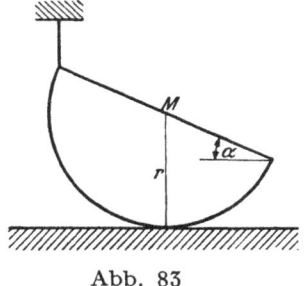

$G\left(1 + \dfrac{180}{83} \sin^2 \dfrac{\alpha}{2}\right)$ ist. Beweise, daß bei
Annahme eines sehr kleinen Winkels α die
Schwingung übereinstimmt mit jener eines
mathematischen Pendels von der Länge
$\dfrac{83}{120} r$.

Abb. 83

4. Ein mit dem festen Punkt A durch
eine elastische Feder verbundener pris-
matischer Körper m_1 gleitet auf waagrechter glatter Unterlage und führt unter dem
Einflusse einer Kraft $P = P_0 \sin \omega t$ erzwungene Schwingungen aus (Abb. 84).
In der zylindrischen Aushöhlung des
Gleitkörpers kann sich eine kleine Kugel
m_2 reibungsfrei bewegen. Man entwickle
die Bewegungsgleichungen dieses Systems

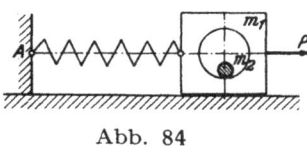

Abb. 84

und gebe deren Lösung an bei Beschränkung auf die erzwungenen
kleinen Schwingungen des Systems um seine Gleichgewichtslage.

5. Eine waagrechte Kreisscheibe vom Halbmesser r dreht sich mit
konstanter Winkelgeschwindigkeit ω um ihren Mittelpunkt O. Am
Umfange ist in A ein Pendel von der Länge l
und Masse m befestigt, das auf glatter waagrechter Unterlage liegt und bei konstantem ω
in der radialen Lage OA gespannt ist (Abb. 85).

Beweise, daß bei einer kleinen Störung das
rotierende Pendel harmonische Schwingungen
um die Lage OA ausführt mit der Kreisfrequenz

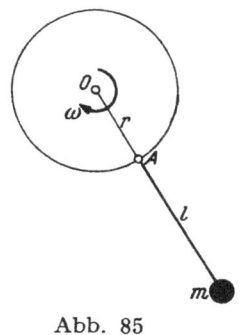

$\omega \sqrt{\dfrac{r}{l} \dfrac{J_0}{J}}$, wo J und J_0 die Trägheitsmomente
der Scheibe in O ohne und mit der Masse m
bedeuten.

6. Entwickle die Bewegungsgleichungen für
die ebenen Schwingungen eines Doppelpendels,
das aus dem undehnbaren, gewichtslosen Faden

Abb. 85

$\overline{OA} = l$ und einem darangehängten Körper besteht, der eine in die
Schwingungsebene fallende Hauptebene besitzt.

Löse die Bewegungsgleichungen für den Fall kleiner Schwingungen.

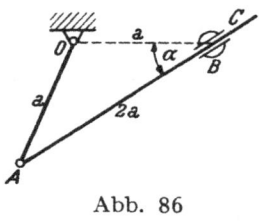

Abb. 86

7. Die in einer lotrechten Ebene hängende Kurbelschwinge OAC, bestehend aus der um O drehbaren Kurbel OA und der durch die Hülse B reibungsfrei gleitenden Schwinge AC führe um ihre Gleichgewichtslage kleine Schwingungen aus (Abb. 86). Man berechne deren Schwingungsdauer, wenn die Schwinge doppelt so lang und doppelt so schwer wie die Kurbel $\overline{OA} = a$ ist und wenn $\overline{OB} = a$ waagrecht liegt.

f) Bewegung veränderlicher Massen

1. Ein auf horizontaler Straße laufender Wagen von der Masse m_0 erhalte während eines Regens den gleichförmigen Massenzufluß k je Zeiteinheit. Wenn c die Widerstandszahl des Wagens und v_0 seine Anfangsgeschwindigkeit ist, soll die Zeit bis zu seinem Stillstande berechnet werden.

2. Auf waagrechtem Boden liegt eine lose aufgehäufte homogene Kette von der Länge l, die je Längeneinheit das Gewicht q hat; an einem ihrer Enden ist ein Gewicht G befestigt. Mit welcher Anfangsgeschwindigkeit v_0 muß dieses nach aufwärts geschleudert werden, damit seine Steighöhe gerade gleich sei der Kettenlänge l? (Vom Luftwiderstand ist abzusehen.)

3. An dem einen Ende eines Fadens, der über eine Rolle mit horizontaler Achse läuft, ist ein Gewicht $G = M g$ befestigt, an dem anderen Ende eine ebenso schwere homogene Kette, die zum Teil auf einer horizontalen Ebene aufgehäuft liegt (Abb. 87).

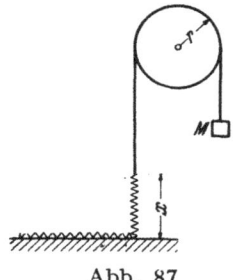

Abb. 87

Ist x die Länge des bereits emporgehobenen Stückes der Kette, so soll die Geschwindigkeit $v\,(x)$ berechnet werden, mit welcher das Gewicht G sich bewegt. (H. Resal.)

(Von der Masse der Rolle ist abzusehen; die Bewegung beginnt aus der Ruhelage.) Wie groß ist v in dem Augenblicke, wo das letzte Glied der Kette von der Länge l den Boden verläßt?

4. Eine Rakete vom Gewichte G_0 werde lotrecht von der Erdoberfläche (Halbmesser r) abgefeuert. Es sei angenommen, daß die Abgase des verbrennenden Treibmittels mit konstanter Geschwindigkeit w relativ zur Rakete abströmen und daß die Beschleunigung der Rakete während des Verbrennungsvorganges konstant gleich dem a-fachen der Erdbeschleunigung g gehalten werde.

Auf welchen Bruchteil hat sich nach Ablauf der Zeit t das Raketengewicht G_0 vermindert? (O. v. Eberhard.)

Der Luftwiderstand bleibe unberücksichtigt.

5. Ein zylindrisches Gefäß mit lotrechter Achse, das durch einen Arm AS mit der lotrechten Welle OA starr verbunden sei, rotiere um diese mit ω_0 (Abb. 88). Von dem Augenblicke an, da die Masse im Gefäße m_0 ist, erhalte es von außen her in lotrechter Richtung eine über den konstanten Querschnitt F des Gefäßes gleichförmige Zuströmung, die je Zeiteinheit eine konstante Massenzunahme α bewirkt. Welche Winkelgeschwindigkeit besitzt dann das Gefäß zur Zeit t?

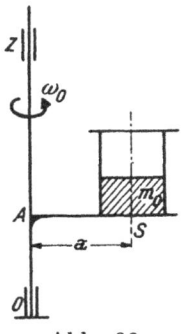

Abb. 88

6. In der vorstehenden Aufgabe verringere sich die im Gefäß enthaltene Masse m_0 infolge einer an der Stelle S befindlichen Bodenöffnung gleichmäßig um α je Zeiteinheit; mit welcher Winkelgeschwindigkeit dreht es sich dann zur Zeit t?

7. Um eine in O drehbar gelagerte Seiltrommel vom Halbmesser r ist ein absolut biegsames Seil von der Länge l gewickelt, dessen Ende B bei Beginn der Bewegung eine horizontale Ebene berührt; q ist das Gewicht der Längeneinheit des Seiles (Abb. 89).

Wie groß ist die Geschwindigkeit des Seiles, wenn es sich um die Länge h an der Trommel abgewickelt hat?

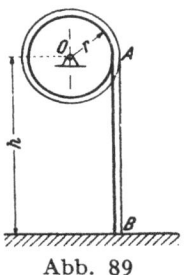

Abb. 89

g) Stoß und plötzliche Fixierungen

1. Ein an seinem oberen Ende um ein festes Gelenk drehbarer und lotrecht herabhängender homogener Stab von der Masse m_2 wird am unteren Ende durch eine Kugel von der Masse m_1 in waagrechter Richtung gestoßen. Wie groß muß bei vollkommen elastischem Stoße m_2/m_1 sein, damit die Kugel mit der halben Ankunftsgeschwindigkeit zurückpralle?

2. Zwei gleich lange und gleich schwere Stäbe (Länge l, Gewicht G_1) sind um die in gleicher Höhe liegenden festen Enden O_1 und O_2 drehbar. Der eine ist in Ruhe, der andere schwingt aus der horizontalen Lage und stößt an ein Gewicht $G_2 = G_1$, das auf waagrechter glatter Ebene fortgeschleudert wird (Abb. 90). Um welchen

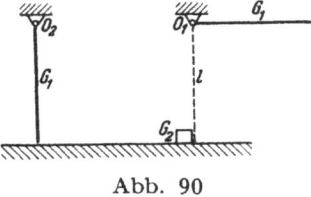

Abb. 90

Winkel schlägt der zweite Stab aus, wenn ε die Stoßzahl ist?

3. Der Massenpunkt m eines nicht gespannten Fadenpendels von der Länge l, das in O festgehalten wird, werde in der Anfangslage, die sich auf der Waagrechten O in der Entfernung $\overline{O\,m} = a = l/2$ befindet, fallen gelassen (Abb. 91). Welche Stoßreaktion entsteht im Gelenke O im

Augenblicke der vollkommenen Streckung des unelastischen Fadens?
Mit welcher Geschwindigkeit schwingt das Pendel durch die Lotrechte
und wie groß ist dann die Fadenspannung?

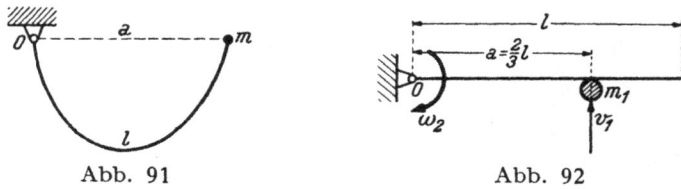

Abb. 91   Abb. 92

4. Eine Kugel von der Masse m_1 wird mit der Geschwindigkeit v_1
senkrecht gegen einen mit der Winkelgeschwindigkeit ω_2 um die lotrechte Achse O rotierenden Stab von der Masse m_2 und Länge l geworfen
(Abb. 92). Wenn ε die Stoßzahl ist, soll berechnet werden, mit welcher
Geschwindigkeit die Kugel zurückprallt und wie groß die Winkelgeschwindigkeit des Stabes nach dem Stoße ist.

Bei welchem Werte von $\dfrac{v_1}{a\,\omega_2}$ kommt der Stab bei vollkommen
elastischem Stoße zum Stillstande?

5. Ein Ball vom Halbmesser a und der Stoßziffer ε treffe auf einen
waagrechten Boden, dessen Rauhigkeit ein Gleiten verhindere (Abb. 93).

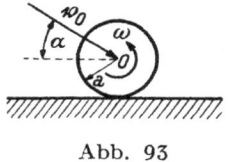

Abb. 93

Unmittelbar vor seinem Auftreffen drehe sich
der Ball um eine waagrechte Achse durch den
Mittelpunkt O mit ω und dieser habe die Geschwindigkeit v_0. Wie groß muß $\dfrac{a\,\omega}{v_0}$ sein, damit der Ball entgegengesetzt der Richtung
von v_0 zurückspringe? Welcher Bedingung
muß die Reibungsziffer f des Bodens genügen?

6. Berechne in der vorstehenden Aufgabe die Winkelgeschwindigkeit
und Schwerpunktsgeschwindigkeit des Balles nach dem Stoße, wenn die
Reibungsziffer des Bodens kleiner als $\operatorname{ctg}\alpha$ ist.

7. Zwei homogene Stäbe mit den Längen $\overline{AO} = 2\,l_1$, $\overline{OB} = 2\,l_2$
und den ihnen proportionalen Massen m_1, m_2 sind in O gelenkig verbunden und liegen in gestreck-
ter Lage auf einem glatten
Tische (Abb. 94).

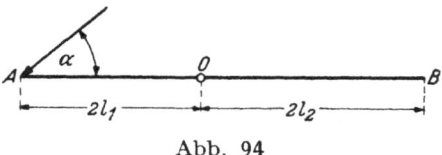

Abb. 94

Wenn das Ende A einen
Schrägstoß unter α erfährt,
sollen die Geschwindigkeiten
der Endpunkte A, B und des
Gelenkes O nach Größe und Richtung bestimmt werden.

8. Ein Stab von der Länge l und der Masse m bewege sich auf waagrechtem, glattem Tische mit der Geschwindigkeit v_0 parallel zu seiner

Achse. Er stößt an ein festes Hinder-
nis H, das vom Schwerpunkt S die Entfernung $a = l/4$ hat (Abb. 95). Man berechne für unelastischen Stoß die Winkelgeschwindigkeit und die Schwerpunktsgeschwindigkeit des Stabes und ermittle
die feste und bewegliche Polkurve der
darauffolgenden Stabbewegung.

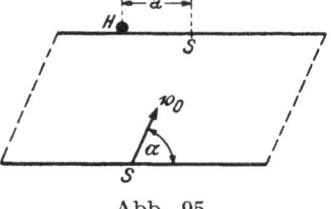

Abb. 95

9. Ein Würfel von der Kantenlänge a und der Masse
M ist durch einen dünnen Stiel von der Länge l und
Masse m in O drehbar aufgehängt. Es ist $a = l/4$ und
$M = 4\,m$ (Abb. 96). Wo muß das Pendel gestoßen werden, damit der Punkt O stoßfrei bleibe?

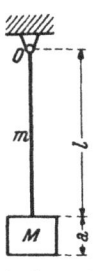

10. Eine dreiseitige Platte $A\,B\,C$ von der Masse m_2 ist
um ihre waagrechte Grundlinie $A\,B$ drehbar und hängt
mit der Spitze C nach unten. Sie wird in halber Höhe von
einer Kugel m_1 mit der Geschwindigkeit v_1 senkrecht zur
Plattenebene getroffen. Wie groß muß v_1 mindestens sein,
damit bei einer Stoßzahl ε die Platte eine volle Umdrehung um $A\,B$ mache?

Abb. 96

11. Eine beliebig umrandete Scheibe von der Masse m und dem
Schwerpunkte S drehe sich in ihrer Ebene mit ω_A um den festen Punkt A.
Plötzlich wird der Punkt A freigegeben und ein Umfangspunkt B des
über $\overline{A\,S}$ als Durchmesser beschriebenen Kreises festgehalten (Abb. 97).
Beweise, daß dann die Scheibe um B mit unveränderter Winkelge-
schwindigkeit rotiert. Welche Stoßreaktion entsteht in B?

12. Eine Scheibe von
der Masse m drehe sich
um die in ihrer Ebene
liegende feste Achse x
mit der Winkelge-
schwindigkeit ω_x (Abb.
98). Wenn diese plötz-
lich freigegeben und die
Scheibe in einer Achse

Abb. 97   Abb. 98

ξ festgehalten wird, welche mit der ersteren in der Scheibenebene unter
α geneigt liegt, soll die Winkelgeschwindigkeit der Drehung um die
neue Achse bestimmt werden.

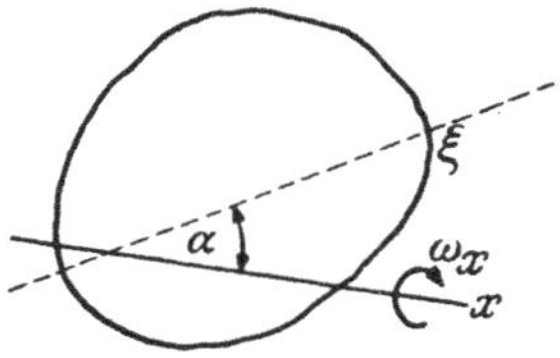

13. Eine Scheibe von der Form eines gleichseitigen Dreieckes drehe
sich um eine ihrer Seiten mit ω_x. Wenn sie plötzlich in einer der anderen
Seiten festgehalten wird, sinkt ihre Winkelgeschwindigkeit auf den
halben Wert. Man beweise dies.

14. Ein rechtwinkliges Parallelepiped mit der Masse m bewegt
sich mit der Geschwindigkeit v in Richtung der Kante $A\,O$

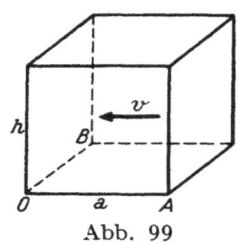

Abb. 99

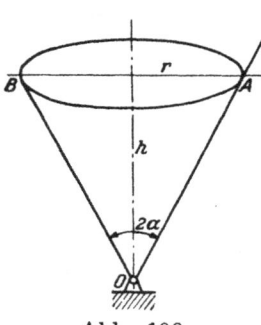

Abb. 100

(Abb. 99). Wie groß ist v mindestens, wenn der Block bei plötzlicher Festhaltung der Kante OB gerade noch um diese überzukippen vermag? Welche Stoßwirkung hat die Achse OB aufzunehmen?

15. Ein in seiner Spitze O gelagerter gerader Kreiskegel drehe sich um die feste Erzeugende OA und beginne seine Bewegung mit ω_0 aus der gezeichneten Anfangslage, in welcher $\overline{AB} = 2\,r$ horizontal ist (Abb. 100). Wenn dabei die Erzeugende OB ihre tiefste Lage $O\,(B)$ erreicht hat, werde die Festhaltung bei A plötzlich gelöst und die Achse $O\,(B)$ festgehalten. Mit welcher Winkelgeschwindigkeit setzt er seine Drehung um die neue Drehachse fort und welche Geschwindigkeit hat der Punkt A bei Eintreffen in seiner ursprünglichen Lage?

Für welchen Öffnungswinkel $2\,a$ steht der Kegel im Augenblicke der Festhaltung der Achse $O(B)$ still?

Lösungen

I. Kinematik der ebenen Systembewegung

a) Freies System

1. a) *Der Geschwindigkeitszustand.* Die freie ebene Systembewegung besitzt drei Freiheitsgrade: Schiebung des starren ebenen Systems E parallel zu einer Ebene E_0 und Drehung um eine zu E_0 senkrechte Achse.

Ist $\mathfrak{v}$ der allen Systempunkten gemeinsame Vektor der Schiebungsgeschwindigkeit, $\mathfrak{w}$ der Drehvektor für die durch den Punkt D gehende Drehachse, wobei D in bezug auf den festen Aufpunkt O durch $\overrightarrow{OD} = \mathfrak{r}_D$ festgelegt ist, so gilt für die Geschwindigkeit $\mathfrak{v}_A$ eines beliebigen Systempunktes A mit $\overrightarrow{OA} = \mathfrak{r}_A$

$$\mathfrak{v}_A = \mathfrak{v} + \mathfrak{w} \times (\mathfrak{r}_A - \mathfrak{r}_D). \tag{a}$$

Der durch $\mathfrak{v}_P = 0$ ausgezeichnete Systempunkt P ist daher wegen

$$0 = \mathfrak{v} + \mathfrak{w} \times (\mathfrak{r}_P - \mathfrak{r}_D) \tag{b}$$

bestimmt durch den Ortsvektor $\overrightarrow{OP} = \mathfrak{r}_P = \mathfrak{r}_D + \dfrac{\mathfrak{w} \times \mathfrak{v}}{\omega^2}$ mit $\omega = |\mathfrak{w}|$.

Durch Elimination von $\mathfrak{v}$ aus (a) und (b) entsteht

$$\mathfrak{v}_A = \mathfrak{w} \times (\mathfrak{r}_A - \mathfrak{r}_P), \tag{c}$$

das heißt das System führt als Ergebnis der gleichzeitigen Schiebung und Drehung um D eine augenblickliche Drehung um die durch den Drehpol P (Momentanzentrum) gelegte Drehachse $\mathfrak{w}$ aus. Die Aufeinanderfolge der Drehpole P in der festen Ebene E_0 bildet die feste Polbahn (Rastpolbahn k_r), während der Ort aller in der bewegten Ebene E liegenden Punkte, die im Laufe der Bewegung zu Drehpolen werden, die bewegliche Polbahn k_g (Gangpolbahn) ist.

Die ebene Bewegung besteht daher in dem gleitungslosen Abrollen von k_g auf k_r; der jeweilige Berührungspunkt ist der momentane Drehpol P.

Nennt man $\mathfrak{e}$ den Einheitsvektor in der Richtung $\mathfrak{w}$, so daß $\mathfrak{w} = \mathfrak{e}\,\omega$, so wird nach (c) die als reine Strecke dargestellte („reduzierte") Geschwindigkeit

$$\frac{\mathfrak{v}_A}{\omega} = \mathfrak{e} \times (\mathfrak{r}_A - \mathfrak{r}_P);$$

mit $\mathfrak{a} = \mathfrak{r}_A - \mathfrak{r}_P$ bedeutet $\mathfrak{e} \times \mathfrak{a} = \hat{\mathfrak{a}}$ den Quervektor von $\mathfrak{a}$ (um $\pi/2$ im Sinne von ω gedrehter Vektor $\mathfrak{a}$), so daß

$$\frac{\mathfrak{v}_A}{\omega} = \hat{\mathfrak{a}}$$

und analog $\mathfrak{v}_B/\omega = \hat{\mathfrak{b}}$, woraus

$$v_B = v_A + \omega\,(\hat{\mathfrak{b}} - \hat{\mathfrak{a}}) = v_A + v_{BA},$$

wo $v_{BA} \perp \overline{BA}$ die Geschwindigkeit der relativen Drehung von B um die in A angesetzte Drehachse $\mathfrak{w}$ angibt. Trägt man von einem beliebigen Nullpunkt o die reduzierten Geschwindigkeiten der Systempunkte auf

$$\left(\frac{v_A}{\omega} = \overrightarrow{o\,a}, \quad \frac{v_B}{\omega} = \overrightarrow{o\,b} \ldots \right),$$

so ist daher der so entstehende Geschwindigkeitsplan $a, b, \ldots$ ähnlich der Figur der Systempunkte $A, B, \ldots$ und gegenüber dieser um $\pi/2$ im Sinne von ω gedreht.

Ebenso ist die Figur der Endpunkte der in den Systempunkten A, $B, \ldots$ angesetzten und um $\pi/2$ gedrehten Geschwindigkeiten (der „senkrechten" Geschwindigkeiten) ähnlich zur Figur der Systempunkte; das Ähnlichkeitszentrum beider Figuren liegt im Drehpole P.

b) *Der Beschleunigungszustand.* Aus (c) ergibt sich die Beschleunigung $\mathfrak{b}_A$ eines beliebigen Systempunktes A zu

$$\mathfrak{b}_A = \dot{v}_A = \mathfrak{w} \times (\dot{\mathfrak{r}}_A - \dot{\mathfrak{r}}_P) + \dot{\mathfrak{w}} \times (\mathfrak{r}_A - \mathfrak{r}_P);$$

mit

$$\dot{\mathfrak{r}}_A = v_A = \omega\,\hat{\mathfrak{a}}, \qquad \dot{\mathfrak{w}} = \mathfrak{e}\,\dot{\omega},$$

wo $\dot{\omega}$ die Winkelbeschleunigung angibt und mit $\mathfrak{w} = \mathfrak{e}\,\omega$ wird

$$\mathfrak{b}_A = \omega^2\,\mathfrak{e} \times \hat{\mathfrak{a}} + \dot{\omega}\,\mathfrak{e} \times \mathfrak{a} - \omega\,\mathfrak{e} \times \dot{\mathfrak{r}}_P.$$

Da aber $\mathfrak{e} \times \mathfrak{a} = \hat{\mathfrak{a}}$ und $\mathfrak{e} \times \hat{\mathfrak{a}} = -\,\mathfrak{a}$, so kommt schließlich

$$\mathfrak{b}_A = -\omega^2\,\mathfrak{a} + \dot{\omega}\,\hat{\mathfrak{a}} - \omega\,\mathfrak{e} \times \dot{\mathfrak{r}}_P. \tag{d}$$

Hierin bedeutet $\dot{\mathfrak{r}}_P$ die Änderung des Vektors $\mathfrak{r}_P$ im zweiten Zeitelemente, in welchem der im ersten Zeitelemente ruhende Drehpol P in die unendlich benachbarte Lage P' übergeht.

Hiebei gibt der Punkt P seine Rolle als Drehpol an P' ab und es ist daher $\dot{\mathfrak{r}}_P$ die Geschwindigkeit dieses Rollenwechsels, die sogenannte „Wechselgeschwindigkeit", welche die Richtung der Tangente an die feste Polbahn k_r hat.

Die Beschleunigung $\mathfrak{b}_P$ des Drehpoles wird aus (d) mit $\mathfrak{a} = 0$

$$\mathfrak{b}_P = -\omega\,\mathfrak{e} \times \dot{\mathfrak{r}}_P,$$

daher wird die Wechselgeschwindigkeit

$$\dot{\mathfrak{r}}_P = \frac{\mathfrak{e} \times \mathfrak{b}_P}{\omega} = \frac{\hat{\mathfrak{b}}_P}{\omega} \tag{e}$$

und steht somit senkrecht auf $\mathfrak{b}_P$; ferner ist

$$\mathfrak{b}_A = \mathfrak{b}_P - \omega^2\,\mathfrak{a} + \dot{\omega}\,\hat{\mathfrak{a}}\,. \tag{f}$$

Ebenso gilt für die Beschleunigung eines anderen Systempunktes B

$$\mathfrak{b}_B = \mathfrak{b}_P - \omega^2\,\mathfrak{b} + \dot{\omega}\,\hat{\mathfrak{b}}$$

und es besteht daher zwischen den Beschleunigungen zweier Systempunkte die Beziehung

$$\mathfrak{b}_B = \mathfrak{b}_A - \omega^2\,(\mathfrak{b} - \mathfrak{a}) + \dot{\omega}\,(\hat{\mathfrak{b}} - \hat{\mathfrak{a}}). \tag{g}$$

Der Beschleunigungszustand der ebenen Systembewegung ist demnach durch ω, $\dot{\omega}$ und durch die Beschleunigung eines beliebigen Systempunktes bestimmt.

Aus (g) folgt $\qquad \mathfrak{b}_B = \mathfrak{b}_A + \mathfrak{b}_{BA}$,

wo $\mathfrak{b}_{BA}$ die Beschleunigung der relativen Bewegung von B gegen A angibt, die nach (g) in die Zentripetalbeschleunigung und Tangentialbeschleunigung zerlegt erscheint und mit $\overrightarrow{AB}$ den Winkel $\pi - \beta$ einschließt, der durch tg $\beta = \dot{\omega}/\omega^2$ bestimmt ist.

Der Beschleunigungspol G ist jener Systempunkt, dessen Beschleunigung verschwindet; ist $\mathfrak{r}_G$ sein Ortsvektor bezüglich O, so gilt mit $\overrightarrow{PG} = \mathfrak{g} = \mathfrak{r}_G - \mathfrak{r}_P$ gemäß (f):

$$\mathfrak{b}_G = 0 = \mathfrak{b}_P - \omega^2\,\mathfrak{g} + \dot{\omega}\,\hat{\mathfrak{g}}$$

und daher im Vereine mit (f)

$$\mathfrak{b}_A = -\omega^2\,(\mathfrak{a} - \mathfrak{g}) + \dot{\omega}\,(\,\hat{\mathfrak{a}} - \hat{\mathfrak{g}}). \tag{h}$$

Hienach verteilen sich die Beschleunigungen um den Pol G so, als wenn sich das System um diesen festgehalten gedachten Punkt mit ω und $\dot{\omega}$ drehen würde.

Mit $\overrightarrow{GA} = \mathfrak{a} - \mathfrak{g} = \mathfrak{s}_A$ und $|\mathfrak{s}_A| = s_A$ wird

$$|\mathfrak{b}_A| = b_A = s_A\,\sqrt{\omega^4 + \dot{\omega}^2}$$

und es ist $\mathfrak{b}_A$ gegen $\mathfrak{s}_A$ unter $\pi - \beta$ geneigt.

Um die Beschleunigungen als reine Strecken darzustellen, verwendet man die durch ω^2 dividierten „reduzierten" Beschleunigungen; hiemit wird

$$\frac{\mathfrak{b}_A}{\omega^2} = -\,\mathfrak{s}_A + \text{tg}\,\beta\,\hat{\mathfrak{s}}_A. \tag{i}$$

Setzt man in einem beliebigen Nullpunkt π die Beschleunigungen der Systempunkte nach Größe und Richtung an

$$(\overrightarrow{\pi\,a} = \mathfrak{b}_A, \quad \overrightarrow{\pi\,\beta} = \mathfrak{b}_B, \ldots),$$

so ist der so entstehende Beschleunigungsplan a, β ... ähnlich der Figur der Systempunkte $A\,B$ .. und gegenüber dieser um $\pi - \beta$ im Sinne von ω gedreht. Dem Nullpunkt π entspricht im bewegten System der Beschleunigungspol G.

Mit $A \equiv P$ wird die reduzierte Polbeschleunigung $\dfrac{\mathfrak{b}_P}{\omega^2} = -\,\mathfrak{s}_P + \text{tg}\,\beta\,\hat{\mathfrak{s}}_P$

und wegen $\mathfrak{s}_P = -\,\mathfrak{g}$:

$$\frac{\mathfrak{b}_P}{\omega^2} = \mathfrak{g} - \text{tg}\,\beta\,\hat{\mathfrak{g}}. \tag{j}$$

In der Spitze des reduzierten Beschleunigungsvektors $\mathfrak{b}_P/\omega^2$ liegt der Wendepol J; alle Systempunkte ohne Normalbeschleunigung liegen auf dem über $\overline{PJ}$ als Durchmesser geschlagenen Wendekreise, der die Polbahntangente in P berührt.

(Beweis in Aufg. 4.)

2. Zeichnet man das zu $\mathfrak{b}_B = \mathfrak{b}_A + \mathfrak{b}_{BA}$ gehörige Beschleunigungsdreieck (Abb. 101), so schließt $\mathfrak{b}_{BA}$ mit BA den Beschleunigungswinkel β ein; ebenso bilden die Vektoren $\mathfrak{b}_A$ und $\mathfrak{b}_B$ mit den von A und B zum Beschleunigungspol G gezogenen Strahlen AG und BG den Winkel β. Hienach können diese Strahlen durch Winkelübertragung gezeichnet werden, in derem Schnitte der Beschleunigungspol G liegt. Da die Beschleunigung eines Systempunktes proportional mit der Entfernung vom Pole G ist, so hat der Fußpunkt C des Lotes von G auf AB die kleinste Beschleunigung, deren Vektorspitze auf der Verbindungslinie der Vektorspitzen $\mathfrak{b}_A$ und $\mathfrak{b}_B$ liegt. Da $\dfrac{b_C}{b_{BA}} = \dfrac{\overline{GC}}{\overline{BA}}$, so kann b_C auch gefunden werden, indem auf AB ein Punkt C_1 durch $\overline{AC_1} = \overline{GC}$ bestimmt und die Parallele C_1C_2 zu B (B) bis zum Schnitte mit (B) A gezogen wird; dann ist $\overline{C_1C_2} = b_C$, wie aus der Ähnlichkeit der Dreiecke AB (B) und AC_1C_2 hervorgeht.

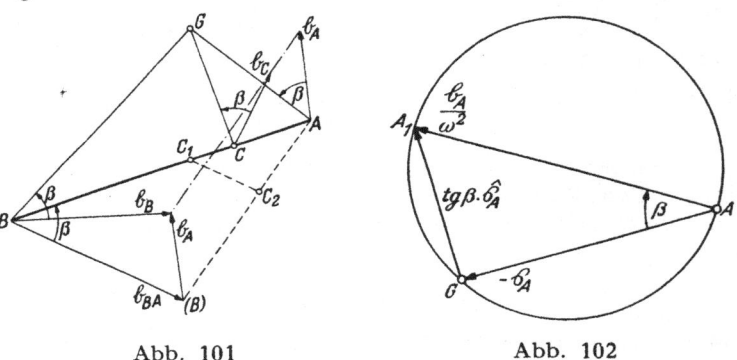

Abb. 101   Abb. 102

3. a) Der Beweis folgt unmittelbar aus Gl. (i) der Aufg. 1, durch welche die reduzierte Beschleunigung in die zueinander senkrechten Komponenten $-\mathfrak{s}_A$ und $\operatorname{tg}\beta\,\hat{\mathfrak{s}}_A$ zerlegt ist (Abb. 102).

b) Bezeichnen A_1B_1 die Vektorspitzen von $\mathfrak{b}_A/\omega^2$ und $\mathfrak{b}_B/\omega^2$, so ist

$$\overrightarrow{A_1B_1} = (\hat{\mathfrak{s}}_B - \hat{\mathfrak{s}}_A)\operatorname{tg}\beta;$$

und da $\overrightarrow{AB} = \mathfrak{s}_B - \mathfrak{s}_A$, so folgt, daß die Gerade A_1B_1 des Beschleunigungsplanes und die entsprechende Gerade AB des Systems zueinander orthogonal sind und daß die Beschleunigungsfigur zur Systemfigur ähnlich ist. Die bei Verwendung der reduzierten Beschleunigungen erzielte Orthogonalität der beiden Figuren vereinfacht die Konstruktion der ähnlichen Beschleunigungsfigur, da das Übertragen von Winkeln überflüssig wird.

4. Da die Normale der Bahn des Systempunktes A mit PA zusammenfällt, so ist dessen Normalbeschleunigung gleich $\mathfrak{b}_A \cdot \mathfrak{a}/a$.

Mit $\mathfrak{b}_A/\omega^2 = -\mathfrak{s}_A + \hat{\mathfrak{s}}_A \operatorname{tg} \beta$ und wegen $\mathfrak{a} = \mathfrak{g} + \mathfrak{s}_A$ wird

$$\mathfrak{b}_A \cdot \frac{\mathfrak{a}}{a} = \frac{\omega^2}{a}\,[(\mathfrak{g} - \mathfrak{a}) \cdot \mathfrak{a} + (\hat{\mathfrak{a}} - \hat{\mathfrak{g}}) \cdot \mathfrak{a} \operatorname{tg} \beta].$$

Da $\mathfrak{a} \cdot \hat{\mathfrak{a}} = 0$ und $\mathfrak{g} - \hat{\mathfrak{g}} \operatorname{tg} \beta = \overrightarrow{PJ}$ ($J =$ Wendepol), so entsteht

$$\mathfrak{b}_A \cdot \frac{\mathfrak{a}}{a} = \frac{\omega^2}{a}\,(\overrightarrow{PJ} \cdot \mathfrak{a} - a^2).$$

Bezeichnet in Abb. 103 W den Fußpunkt der Normalen aus J auf den Polstrahl PA (den Wendepunkt), so wird $\overrightarrow{PJ} \cdot \mathfrak{a}/a = \overline{PW}$ und es ergibt sich die reduzierte Normalbeschleunigung n_A/ω^2 des Punktes A zu

$$\frac{n_A}{\omega^2} = \frac{\mathfrak{b}_A}{\omega^2} \cdot \frac{\mathfrak{a}}{a} = \overline{PW} - a = \overline{AW}.$$

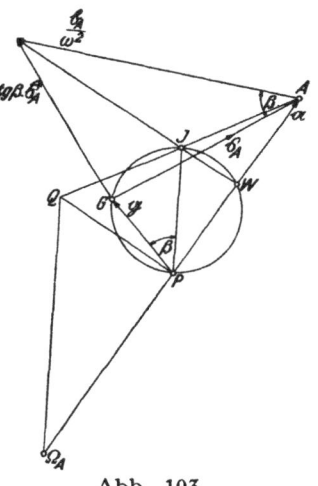

Die Gerade WJ geht daher durch die Spitze des reduzierten Beschleunigungs- vektors von A.

Für alle Systempunkte mit konstan- ter Normalbeschleunigung c müssen daher die Entfernungen von den zugehörigen Wendepunkten W den konstanten Wert c/ω^2 haben; da aber die Punkte W auf dem Wendekreis liegen, so ist der ge- suchte Ort eine Konchoide mit Kreis- basis (Pascalsche Schnecke) mit dem Doppelpunkte P, die im Sonderfalle $c = 0$ in den Wendekreis übergeht, wel- cher daher der Ort der Systempunkte mit verschwindender Normalbeschleuni- gung ist.

Abb. 103

Bezeichnet ϱ den Krümmungshalbmesser $\overline{A\varOmega_A}$ der Bahn des Punktes A, so ist $\omega^2 \overline{AW} = v_A{}^2/\varrho$ oder wegen $v_A = a\,\omega$

$$\overline{AW} \cdot \overline{A\varOmega_A} = a^2.$$

Hienach kann $\varOmega_A$ nach W. Schell in folgender Art konstruiert werden: Errichte in P die Senkrechte zu PA bis zum Schnitte Q mit AJ und ziehe die Par- allele $Q\varOmega_A$ zu PJ; sie schneidet AP im Punkte $\varOmega_A$.

5. Da die Tangentialbeschleunigung des Punktes A in die Richtung $\hat{\mathfrak{a}}$ fällt, so ist sie bestimmt durch $\mathfrak{b}_A \cdot \hat{\mathfrak{a}}/a$.

Mit $\mathfrak{b}_A/\omega^2 = -\mathfrak{s}_A + \hat{\mathfrak{s}}_A \operatorname{tg} \beta$ und wegen $\mathfrak{a} \cdot \hat{\mathfrak{a}} = 0$ ergibt sich für die redu- zierte Tangentialbeschleunigung von A (Abb. 104)

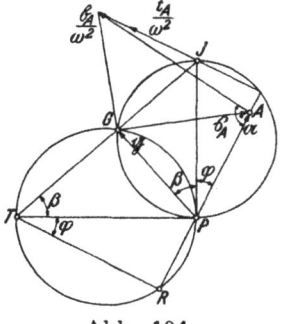

Abb. 104

$$\frac{t_A}{\omega^2} = \frac{b_A}{\omega^2} \cdot \frac{\hat{a}}{a} = \overrightarrow{P\,J} \cdot \frac{\hat{a}}{a} + a\,\mathrm{tg}\,\beta$$

oder wegen $\overline{P\,J} = \overline{P\,T}\,\mathrm{tg}\,\beta$ ($T = $ Tangentialpol)

$$\frac{t_A}{\omega^2} = a\,\mathrm{tg}\,\beta + \overline{P\,T}\,\mathrm{tg}\,\beta\,\sin\varphi, \quad \text{wo} \quad \varphi = \sphericalangle\, J\,P\,A.$$

Aus dem Tangentialkreise entnimmt man aber $\overline{P\,R} = \overline{P\,T}\,\sin\varphi$, so daß schließlich

$$\frac{t_A}{\omega^2} = \overline{A\,R}\,\mathrm{tg}\,\beta \quad \text{oder mit} \quad \mathrm{tg}\,\beta = \frac{\dot{\omega}}{\omega^2}$$

$t_A = \overline{A\,R}\,\dot{\omega}$ wird.

Da R auf dem Tangentialkreise liegt, so liegen die Systempunkte mit gleicher Tangentialbeschleunigung c wie in der vorhergehenden Aufgabe auf einer Konchoide mit Kreisbasis und dem Doppelpunkte P; hiebei hat das konstant bleibende Zwischenstück $\overline{R\,A}$ zwischen Kreis und Konchoide die Länge $c/\dot{\omega}$.

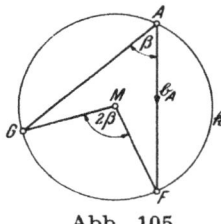

Abb. 105

6. Da die Beschleunigung eines Systempunktes A mit dem zum Beschleunigungspole G gezogenen Strahle $G\,A$ den für alle Systempunkte gleichen Beschleunigungswinkel β einschließt, so liegen die gesuchten Punkte auf dem die Punkte G und F enthaltenden Kreise k mit dem Mittelpunkte M, wo nach Abb. 105

$$\overline{M\,G} = \overline{M\,F} = \frac{\overline{G\,F}}{2\sin\beta} \quad \text{und} \quad \sphericalangle\,G\,M\,F = 2\,\beta.$$

7. Da $\overline{G\,M} = \dfrac{1}{2\sin\beta}\,\overline{G\,F}$ und Winkel $F\,G\,M$ konstant gleich $\pi/2 - \beta$ bleibt, so ist der Ort der Mittelpunkte M eine zu k_F ähnliche Kurve (Ähnlichkeitszentrum G), die gegenüber k_F um $\pi/2 - \beta$ im Sinne von ω gedreht ist, also ein Kreis k_M; sein Mittelpunkt Ω_M liegt im Schnitte der Symmetralen von $\overline{G\,\Omega}$ mit dem freien Schenkel des an $G\,\Omega$ gelegten Winkels $\pi/2 - \beta$ (Abb. 106).

8. Mit $\overline{G\,M_1} = 2\,a$ ist $\overline{G\,M} = 2\,a\cos\varphi$ (Abb. 106).

Die Polargleichung des Kreises k in bezug auf den Pol G und die Polarachse $G\,M_1$ lautet mit dem Polwinkel $M_1\,G\,A = \psi$

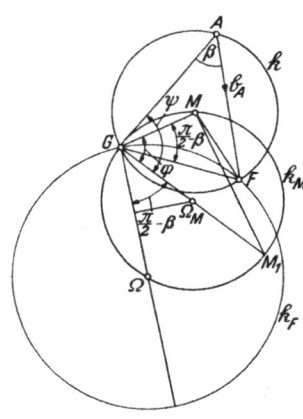

Abb. 106

$$\overline{G\,A} = r = 2\,\overline{G\,M}\cos(\psi - \varphi) = 4\,a\cos\varphi\cos(\psi - \varphi). \qquad \text{(a)}$$

Somit ist
$$f(r, \psi, \varphi) = r - 4\,a \cos\varphi \cos(\psi - \varphi) = 0$$
mit veränderlichem Parameter φ die Polargleichung des Büschels der Kreise k.

Setzt man $\partial f/\partial\varphi = 0$, so folgt $\sin(\psi - 2\varphi) = 0$, daher
$$\varphi = \frac{\psi - n\pi}{2} \quad (n \text{ ganze Zahl}).$$
Damit liefert (a):
$$r = 4\,a \cos\frac{\psi - n\pi}{2} \cos\frac{\psi + n\pi}{2} \quad \text{oder} \quad r = 2\,a\,(\cos\psi \pm 1),$$
das ist die Polargleichung einer Kardioide mit k_M als Basiskreis und dem Beschleunigungspole G als Spitze.

9. Sind $\mathfrak{s}_A$, $\mathfrak{s}_M$, $\mathfrak{s}_N$ die Ortsvektoren von A, M, N bezüglich des Beschleunigungspoles G, so daß $\overrightarrow{AM} = \mathfrak{s}_M - \mathfrak{s}_A$ und $\overrightarrow{NA} = \mathfrak{s}_A - \mathfrak{s}_N$, so soll der Angabe gemäß folgende Zerlegung von $\mathfrak{b}_A$ gelten
$$\frac{\mathfrak{b}_A}{\omega^2} = (\mathfrak{s}_M - \mathfrak{s}_A) + \operatorname{tg}\beta\,(\hat{\mathfrak{s}}_A - \hat{\mathfrak{s}}_N).$$

Andererseits ist
$$\frac{\mathfrak{b}_A}{\omega^2} = -\mathfrak{s}_A + \operatorname{tg}\beta\,\hat{\mathfrak{s}}_A,$$

so daß folgt
$$\mathfrak{s}_M - \operatorname{tg}\beta\,\hat{\mathfrak{s}}_N = 0;$$
die vektorielle Produktbildung mit $\mathfrak{e}$ liefert wegen
$$\mathfrak{e} \times \mathfrak{s}_M = \hat{\mathfrak{s}}_M \quad \text{und} \quad \mathfrak{e} \times \hat{\mathfrak{s}}_N = -\mathfrak{s}_N$$
folgende lineare Zuordnung des Punktes N zu M:
$$\mathfrak{s}_N = -\operatorname{ctg}\beta\,\hat{\mathfrak{s}}_M, \qquad (a)$$
wo $\operatorname{tg}\beta = \dot\omega/\omega^2$ den Beschleunigungswinkel β bestimmt.

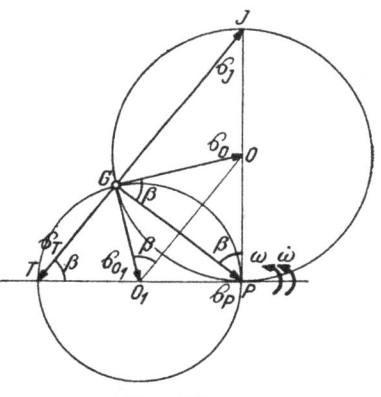

Abb. 107

Sonderlagen.

1. Liegt M im Drehpol P, so wird nach (a) $\mathfrak{s}_N = \overrightarrow{GT}$, daher der Punkt N im Tangentialpole T. (Zerlegung nach A. Schell 1871.)

2. Liegt M im Wendepol J, so wird $\mathfrak{s}_N = \overrightarrow{GP}$, das heißt Punkt N fällt in den Drehpol P (Zerlegung nach M. Grübler 1917).

3. Liegt M im Mittelpunkte O des Wendekreises, für den $\overrightarrow{GO} = \mathfrak{s}_0$, so wird — wie Abb. 107 zeigt — $\mathfrak{s}_N = \overrightarrow{GO_1}$, das heißt Punkt N fällt in den Mittelpunkt O_1 des Tangentialkreises (K. Karas, Z. angew. Math. u. Mech. (24) 1944).

10. Da allen Systempunkten der gleiche Beschleunigungswinkel β zugehört, so wird die gesuchte Kurve e kinematisch dadurch erzeugt, daß ein starrer Winkel $GAE = \beta$ (Abb. 108) mit dem Scheitel A auf der Systemkurve a geführt wird und der Schenkel GA durch den Beschleunigungspol G schleift; der Schenkel AE, in den die Beschleunigung b_A fällt, umhüllt dann die gesuchte Kurve e. Der Drehpol dieser

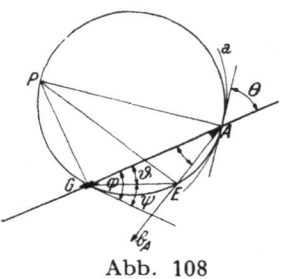

ebenen Bewegung liegt im Schnitte P der Normalen der Kurve a in A mit der Normalen zum Fahrstrahle GA.

Da b_A die Tangente an die Hüllbahn e ist, so fällt der Punkt E der Hüllbahn mit dem Fußpunkte des Lotes aus P auf b_A zusammen. Hienach kann die Hüllbahn e entweder gezeichnet oder berechnet werden. Ist $r = \overline{GA} = r(\varphi)$ die Polargleichung der gegebenen Systemkurve a,

Abb. 108

$\varrho = \overline{GE} = \varrho(\psi)$ jene der zu suchenden Hüllkurve e, wobei die Polarwinkel φ und ψ auf einen willkürlichen Nullstrahl bezogen sind, so folgt aus der angegebenen Konstruktion

$$\varrho = r\,\frac{\sin\beta}{\sin\theta}, \tag{1}$$

wo θ den Winkel des Fahrstrahles GA mit der Tangente in A an die Systemkurve a bedeutet. Da

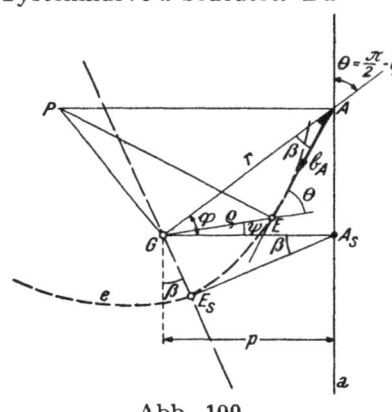

$$\sphericalangle\,GAP = \sphericalangle\,GEP = \frac{\pi}{2} - \theta,$$

so schließen Tangente und Fahrstrahl in beiden Kurven a und e den gleichen Winkel θ ein. Der Polarwinkelunterschied $\vartheta = \varphi - \psi$ beträgt daher

$$\vartheta = \theta - \beta. \tag{2}$$

Da $r(\varphi)$ und damit auch

$\sin\theta = \dfrac{r}{\sqrt{r^2 + r'^2}}$ bekannt sind, so

ist mit den Gln. (1) und (2) die Polargleichung der Hüllbahn e bestimmt.

Abb. 109

1. Ist a eine *Gerade* mit dem Normalabstande p von G, so ist aus der Konstruktion unmittelbar abzulesen oder mit $r = \dfrac{p}{\cos\varphi}$ aus (1) und (2) zu bestätigen, daß

$$\varrho = \frac{2\,p\,\sin\beta}{1 - \sin(\psi - \beta)}\,;$$

hienach ist e eine Parabel mit dem Brennpunkte G, deren Achse mit der Geraden a den Winkel β einschließt (Abb. 109); ihr Parameter ist gleich $p\,\sin\beta$.

2. Ist die Systemkurve a ein Kreis vom Halbmesser a und der Mittelpunktsentfernung $\overline{OG} = m$ von G (Abb. 110), so ist seine Polargleichung mit dem Pole G und dem Polarwinkel $OGA = \varphi$:

$$r = a \sin \theta + m \cos \varphi, \quad \text{(a)}$$

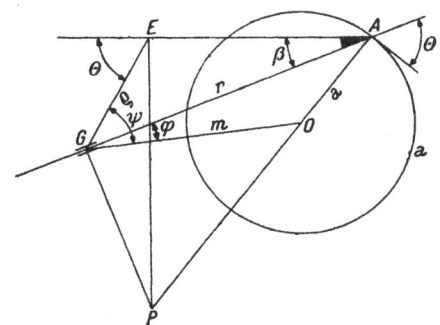

wobei θ und φ im Zusammenhange

$$m \sin \varphi = a \cos \theta \quad \text{(b)}$$

stehen. Hiemit liefert Gl. (1)

$$\varrho = a \sin \beta \left(1 + \lambda \frac{\cos \varphi}{\sin \theta} \right), \quad \text{(c)}$$

worin $\lambda = m/a$.

Aus $\psi - \varphi = \theta - \beta$ folgt mit der Abkürzung $\psi + \beta = \gamma$: $\theta = \gamma - \varphi$, so daß wegen (b)

Abb. 110

$$\cos \theta = \cos (\gamma - \varphi) = \lambda \sin \varphi$$

oder

$$(\lambda - \sin \gamma) \sin \varphi = \cos \varphi \cos \gamma,$$

woraus

$$\sin \varphi = \frac{\cos \gamma}{N}, \qquad \cos \varphi = \frac{\lambda - \sin \gamma}{N},$$

wo

$$N^2 = 1 + \lambda^2 - 2 \lambda \sin \gamma.$$

Daher wird

$$\sin \theta = \sin (\gamma - \varphi) = \sin \gamma \cos \varphi - \cos \gamma \sin \varphi$$

oder

$$\sin \theta = \frac{\lambda \sin \gamma - 1}{N}.$$

Damit ergibt sich aus (c) als Polargleichung der Hüllkurve e

$$\varrho (\gamma) = \frac{a (1 - \lambda^2) \sin \beta}{1 - \lambda \sin \gamma};$$

sie ist demnach eine Ellipse oder Hyperbel mit der Exzentrizität λ, je nachdem $\lambda \lessgtr 1$, das heißt je nachdem der Pol G innerhalb oder außerhalb der Systemkurve a liegt.

3. Ist die Systemkurve a eine logarithmische Spirale, so gilt $r = a \, e^{m\varphi}$, womit

$$\sin \theta = \frac{1}{\sqrt{1 + m^2}}, \quad \text{das heißt} \quad \theta = \text{arc ctg } m = \text{konst};$$

Gl. (1) liefert für die zugeordnete Hüllkurve e: $\varrho = r \sqrt{1 + m^2} \sin \beta$.

Hienach ist auch die Hüllkurve eine logarithmische Spirale, die aus der Systemkurve a durch eine einfache Drehstreckung mit dem Streckungsverhältnis $\sqrt{1 + m^2}\sin\beta$ und dem Drehwinkel $\vartheta = \theta - \beta$ hervorgeht.

11. Nach der angegebenen Konstruktion ist

$$\mathfrak{b}_A = \overrightarrow{A\,i} + \overrightarrow{i\,a} \quad \text{und} \quad \mathfrak{b}_A = \overrightarrow{A\,p} + \overrightarrow{p\,a}.$$

Diese Zerlegungen von $\mathfrak{b}_A$ entsprechen den in der vorhergehenden Aufgabe bewiesenen Zerlegungen nach Schell und Grübler. Da nach diesen

$$\overline{A\,i} = \overline{A\,J}\,\omega^2, \qquad \overline{A\,p} = \overline{A\,P}\,\omega^2$$

sein muß, so ist $\Delta\,i\,p\,A \sim \Delta\,J\,P\,A$, somit muß $i\,p\,\|\,J\,P$ sein. Aus $\overrightarrow{p\,a} = \dot\omega\,\widehat{T\,A}$ folgt schließlich $T\,A \perp p\,a$.

b) Zwangläufiges ebenes System

1. Die ruhende Polbahn k_r ist der Führungskreis des Punktes A (Abb. 111), weil der Drehpol der ebenen Bewegung der Geraden mit dem Eckpunkt P des bei H rechtwinkligen Dreieckes $A\,H\,P$ zusammenfällt, so daß $\overline{A\,P} = 2\,a$. Da im bewegten System $\overline{A\,P} = 2\,a$, so ist die bewegliche Polbahn k_g ein Kreis vom Halbmesser $2\,a$; beide Kreise berühren sich im jeweiligen Drehpol P. Die Gleitgeschwindigkeit v_g der Geraden ist nach Größe und Richtung gleich der Projektion von v_A auf die Gerade g. Der Hodograph für v_g ist ein Kreis vom Durchmesser v_{A0}, der die Gerade $H\,P_0$ berührt.

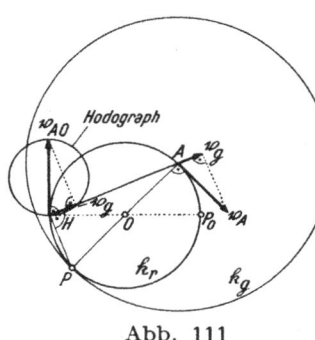

Abb. 111

2. Die Normale zur Gleitbahn des Punktes A und die Bahnnormale des Punktes B schneiden sich im Drehpol P (Abb. 112). Da $\sphericalangle A\,P\,O = \pi - a = $ konstant, so ist die Polkurve k_r der Kreis durch die Punkte $A\,P\,O$ mit dem Mittelpunkte M und Halbmesser

$$r = \overline{A\,M} = \frac{a}{2\sin a}.$$

Die bewegliche Polkurve k_g bezieht man auf das die Bewegung des Winkels mitmachende Koordinatensystem ξ, η mit dem Ursprung in C. Für dieses ist aus dem rechtwinkligen Dreiecke $A\,P\,E$

$$\eta = \overline{A\,P} = \overline{P\,E}\sin(a - \varphi) = a\,\frac{\sin(a - \varphi)}{\sin a}, \tag{a}$$

ferner ist

$$\xi = \overline{C\,A} = \overline{P\,B}\sin a + \overline{B\,C}\cos a. \tag{b}$$

Aus

$$\overline{PB} = a\left(1 + \frac{\sin\varphi}{\sin\alpha}\right) \quad \text{und} \quad \overline{BC}\sin\alpha = \overline{AP} + \overline{PB}\cos\alpha$$

$$= a\frac{\sin(\alpha - \varphi)}{\sin\alpha} + a\left(1 + \frac{\sin\varphi}{\sin\alpha}\right)\cos\alpha$$

ergibt sich

$$\overline{BC} = \frac{a}{\sin\alpha}(\cos\alpha + \cos\varphi).$$

Damit liefert (b):

$$\xi = \frac{a}{\sin\alpha}[1 + \cos(\alpha - \varphi)]. \quad \text{(c)}$$

Durch Beseitigung von φ aus (a)

und (c) folgt mit $R = \dfrac{a}{\sin\alpha} = 2\,r$:

$$(\xi - R)^2 + \eta^2 = R^2$$

als Gleichung der beweglichen Polkurve k_g; sie ist ein Kreis vom Radius R mit dem Mittelpunkte in E.

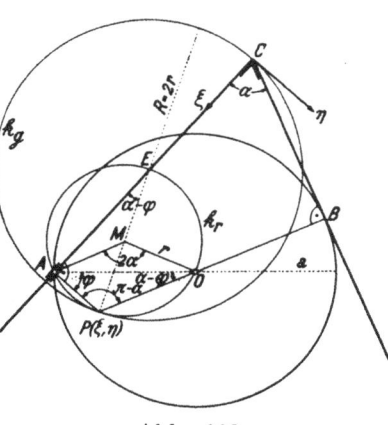

Abb. 112

Die Bahn des Scheitels C ist eine Kardioide mit dem Pole A, denn
sie ergibt sich dadurch, daß in jeder Lage des bewegten Winkels α die
Sehne AE der ruhenden Polbahn k_r um das konstante Stück $\overline{EC} = R$
verlängert wird.

3. Die Koordinaten x, y des Drehpoles P (Abb. 113) in bezug auf
das durch S_0 gelegte Koordinatensystem sind zur Zeit t

$$x = \frac{g\,t}{\omega}, \qquad y = \frac{g}{2}\,t^2,$$

so daß sich

$$x^2 = \frac{2\,g}{\omega^2}\,y$$

als Gleichung der festen Pol-
bahn k_r ergibt (Parabel mit
Scheitel S_0 und lotrechter
Achse).

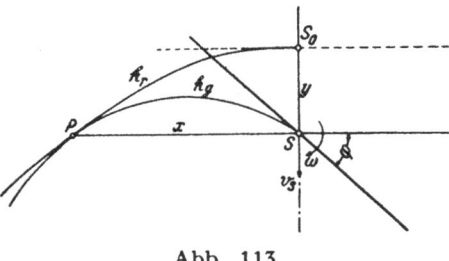

Abb. 113

Mit dem Drehwinkel $\varphi = \omega t$ entsteht $r = \overline{SP} = (g/\omega^2)\,\varphi$ als Polargleichung der beweglichen Polkurve k_g (Archimedische Spirale mit
dem Pole in S).

4. Nach Aufg. I 3 liegt der Beschleunigungspol G im Schnittpunkt
der über b_0/ω^2 und $\overline{PO}$ als Durchmesser geschlagene Kreise (Abb. 114).
Die Schnittpunkte A_1, A_2 der Geraden GO mit dem rollenden Kreise
ergeben die Orte größter und kleinster Beschleunigung am Kreisumfange.

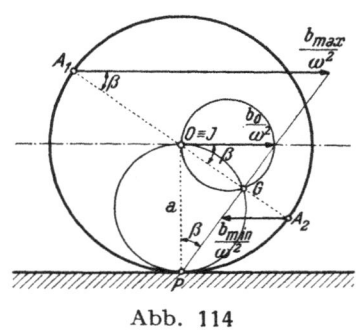

Abb. 114

Es ist

$$\overline{OG} = a \sin \beta = \frac{b_0}{\omega^2} \cos \beta,$$

somit

$$\operatorname{tg} \beta = \frac{b_0}{a\,\omega^2}.$$

Hiemit wird in A_1:

$$b_{max} = \frac{\overline{A_1 G}}{\cos \beta} = \frac{b_0}{\omega^2}\left(\sqrt{1 + \frac{a^2\,\omega^4}{b_0{}^2}} + 1\right)$$

und in A_2:

$$b_{min} = \frac{\overline{A_2 G}}{\cos \beta} = \frac{b_0}{\omega^2}\left(\sqrt{1 + \frac{a^2\,\omega^4}{b_0{}^2}} - 1\right);$$

b_{max} ist gleichsinnig, b_{min} gegensinnig parallel zu b_0.

5. Ist T die Zeit für eine volle Umdrehung des Kreises k_1 (Abb. 115), so wurde der Weg $2\,R\,\pi = v_0\,T$ abgewickelt, während der Rollweg von k_2 nur $2\,r\,\pi$ beträgt; da aber auch k_2 in der Zeit T um $2\,R\,\pi$ vorwärts gekommen ist, so muß der Differenzweg $2\,(R - r)\,\pi$ infolge einer Gleitbewegung mit der Geschwindigkeit $v_A = \dfrac{2\,(R - r)\,\pi}{T}$ zurückgelegt worden sein. Hienach ist $\dfrac{v_A}{v_0} = \dfrac{R - r}{R}$, wie auch unmittelbar aus dem Geschwindigkeitsplan hervorgeht.

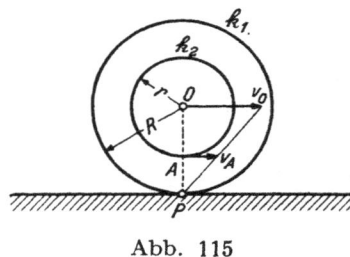

Abb. 115

6. Der Zapfen B beschreibt bei der Rollbewegung der Walze eine verkürzte Zykloide.

Ist ω_1 die Winkelgeschwindigkeit der Walze, φ der Wälzungswinkel, P_1 der augenblickliche Drehpol, ferner ω die Winkelgeschwindigkeit des Stabes um den Drehpol P_2 (Abb. 116), so gilt mit $\overline{P_1 B} = r$ und $\overline{P_2 B} = \varrho$:

$$v_B = r\,\omega_1 = \varrho\,\omega \;(\perp P_1 B)$$

und wegen $v_0 = a\,\omega_1$:

$$\omega = \frac{v_0}{a}\frac{r}{\varrho}.$$

Bezeichnet ψ den Winkel des Stabes gegen die Waagrechte, so ist

$$\frac{r}{\varrho} = \frac{b \sin \varphi}{l \cos \psi},$$

wobei ψ bestimmt ist durch $a - b \cos \varphi = l \sin \psi$.

Hiemit wird

$$\omega = \frac{v_0}{a} \cdot \frac{b \sin \varphi}{\sqrt{l^2 - (a - b \cos \varphi)^2}} \ ;$$

hienach verschwindet ω für $\varphi = 0$ und $\varphi = 2\pi$ und es ergibt sich ω_{max} für $\varphi = \varphi^*$, wo φ^*, wie aus $d\omega/d\varphi = 0$ nachzurechnen ist, der Gleichung

$$\sin^2 \varphi^* - 2\,k \sin \varphi^* +$$
$$+ 1 = 0$$

zu genügen hat mit

$$k = \frac{l^2 - (a^2 + b^2)}{2\,a\,b}.$$

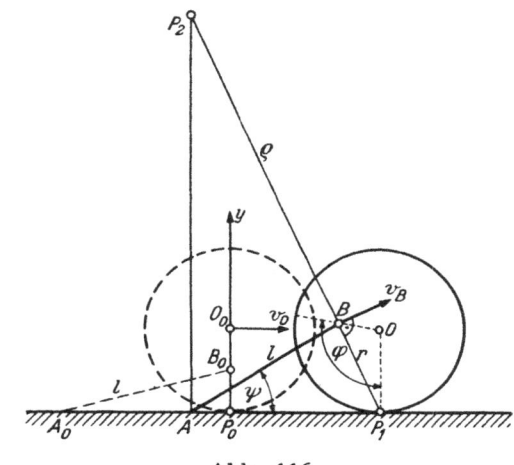

Hienach wird
$\sin \varphi^* = k - \sqrt{k^2 - 1}$;
die zweite Wurzel $k +$
$+ \sqrt{k^2 - 1}$ kommt wegen $\sin \varphi^* \leqq 1$ nicht in
Betracht.

Sind x, y die Koor-
dinaten des Zapfenmit-
tels B in bezug auf das
durch P_0 gelegte x-,
y-System mit $P_0\,P_1$ als
x-Achse, so ist

$$x = a\,\varphi - b \sin \varphi,$$

Abb. 116

$$y = a - b \cos \varphi;$$

man versuche mit Benutzung dieser Parametergleichungen der ver-
kürzten Zykloide das obige Ergebnis für ω zu bestätigen.

7. $v = 0{,}35 \cdot 2\pi \dfrac{46}{18}\left[\dfrac{\mathrm{m}}{\mathrm{s}}\right]$, somit

$$v = 20{,}23 \ \frac{\mathrm{km}}{\mathrm{h}}.$$

8. Als Punkt der
Kurbel hat O_2 (Abb. 117)
die Geschwindigkeit

$$v_{02} = (r_1 + r_2')\,\omega_0,$$

als Punkt des um den
Drehpol P sich drehen-
den Rades 2:

$$v_{02} = r_2\,\omega_{2,3},$$

somit ist

$$(r_1 + r_2')\,\omega_0 = r_2\,\omega_{2,3}.$$

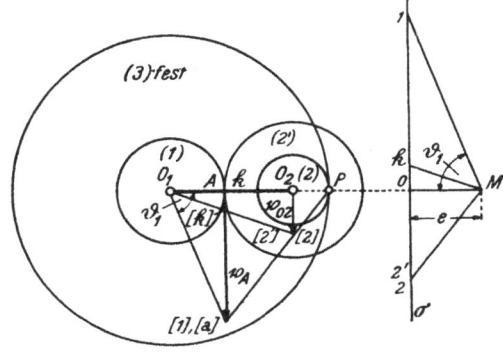

Abb. 117

Für den Berührungspunkt A der Räder 1 und $2'$ gilt

$$v_A = r_1 \omega_1 = (r_2 + r_2') \omega_{2,3},$$

woraus durch Elimination von $\omega_{2,3}$ folgt:

$$\omega_1 = \omega_0 \frac{(r_2 + r_2')(r_1 + r_2')}{r_1 r_2}$$

oder wegen $r_3 = r_1 + r_2' + r_2$:

$$\omega_1 = \omega_0 \left(1 + \frac{r_3 r_2'}{r_1 r_2} \right);$$

die gleiche Beziehung gilt auch für die Drehzahlen n_1 und n_0.

Drehzahlplan nach Kutzbach:

Durch den beliebigen Punkt M zieht man Parallele zu $P[a]$, $O_1[2]$, $O_1[a]$; diese schneiden auf der Normalen σ zu $O_1 O_2$ die Strecken $\overline{O2}$, $\overline{Ok}$, $\overline{O1}$ ab, welche den Drehzahlen von (2), (k), (1) proportional sind. Mit dem Längenmaßstab   1 cm Zeichnung $= \mu_l$ [m], Geschwindigkeitsmaßstab   1 cm Zeichnung $= \mu_v$ [ms^{-1}], und mit $\overline{OM} = e$ [cm] wird z. B. $\overline{O1} = e \, \mathrm{tg} \, \vartheta_1$ oder wegen $\mathrm{tg} \, \vartheta_1 = (\mu_l/\mu_v) \, \omega_1$:

$$\overline{O1} = e \, \frac{\mu_l}{\mu_v} \omega_1, \quad \text{daher} \quad n_1 = \left(\frac{30 \mu_v}{e \pi \mu_l} \right) \overline{O1},$$

wobei $\overline{O1}$ in cm gemessen wird.

9.   Aus der Normalbeschleunigung $n_A = \overline{AN} = \dfrac{v_A{}^2}{\overline{OA}}$ konstruiert

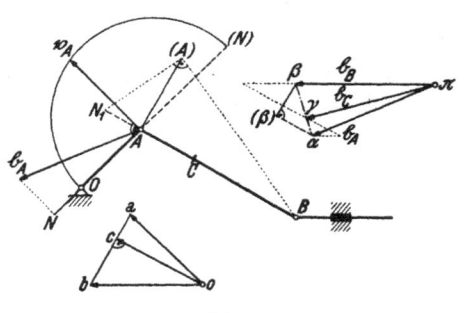

man die Geschwindigkeit v_A (Abb. 118); mache $\overline{A(N)} = \overline{AN}$ und schlage über $\overline{O(N)}$ einen Halbkreis, der von der Bahntangente des Kurbelzapfens in der Vektorspitze v_A geschnitten wird.

Im Geschwindigkeitsplan ist $\overrightarrow{oa} = v_A$, $ab \perp AB$ und $\overrightarrow{ob} = v_B$ parallel zur Führung des Kreuzkopfes B. Die Geschwindigkeit des Gleit-

Abb. 118

punktes C der Stange AB ist gegeben durch $v_C = \overrightarrow{oc}$, wobei $oc \perp ab$. Der Beschleunigungsplan mit dem Nullpunkt π ist gemäß

$$\mathfrak{b}_B = \mathfrak{b}_A + \mathfrak{b}_{BA} = \mathfrak{b}_A + \mathfrak{n}_{BA} + \mathfrak{t}_{BA}$$

zu konstruieren.

Hierin ist $n_{BA} = \dfrac{v_{BA}{}^2}{\overline{AB}} = \dfrac{\overline{ab}^2}{\overline{AB}}$. Macht man $\overline{A(A)} = v_{BA} = \overline{ab}$,

zieht $(A) N_1 \perp B(A)$, so ist $\overline{AN_1} = n_{BA}$ mit der Richtung $\overrightarrow{BA}$. An

$\overrightarrow{\pi\,a} = \mathfrak{b}_A$ setze man $a\,(\beta) = n_{BA}$, errichte in (β) hiezu die Senkrechte und schneide sie mit der durch π gezogenen Parallelen zur Führung von B in β; dann ist nach obiger Beschleunigungsgleichung $\overrightarrow{\pi\,\beta} = \mathfrak{b}_B$. Die Beschleunigung des Gleitpunktes C ergibt sich aus $a\,\gamma\,\beta \sim A\,C\,B$ mit $\mathfrak{b}_C = \overrightarrow{\pi\,\gamma}$.

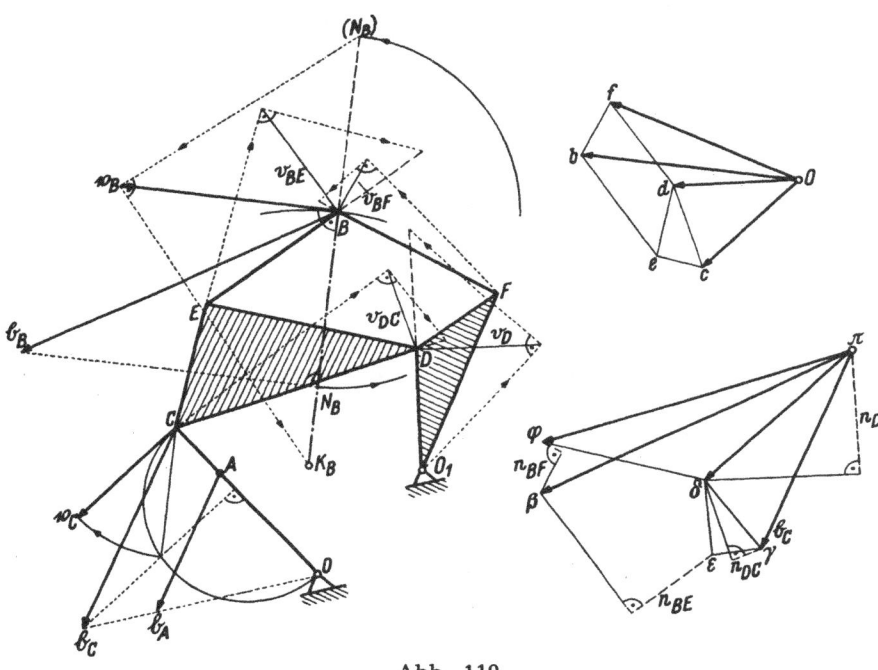

Abb. 119

Bezüglich der Maßstäbe beachte man folgendes:

Ist der Längenmaßstab der Zeichnung 1 cm Zeichnung $= \mu_l$ [m], jener der Beschleunigung, in dem b_A aufgetragen wurde,

$$1 \text{ cm Zeichnung} = \mu_b \text{ [m/s}^2\text{] Beschleunigung,}$$

dann ist der Geschwindigkeitsmaßstab bereits festgelegt, nämlich

$$1 \text{ cm Zeichnung} = \sqrt{\mu_l \mu_b} \text{ [m/s] Geschwindigkeit.}$$

Ist z. B. der Längenmaßstab 1 : 10, der Beschleunigungsmaßstab 1 cm Zeichnung $= 90$ m/sek^2, so ist $\mu_l = 1/10$, $\mu_b = 90$ und $\mu_v = \sqrt{9} = 3$, also der Geschwindigkeitsmaßstab
1 cm Zeichnung $= 3$ m/sek Geschwindigkeit.

10. Lösung in Abb. 119.

11. Da $\overline{OM} = l/2$, so beschreibt M einen Kreis um O.

Aus der Normalbeschleunigung $n_M = \dfrac{v_M{}^2}{\overline{OM}}$ konstruiert man v_M,

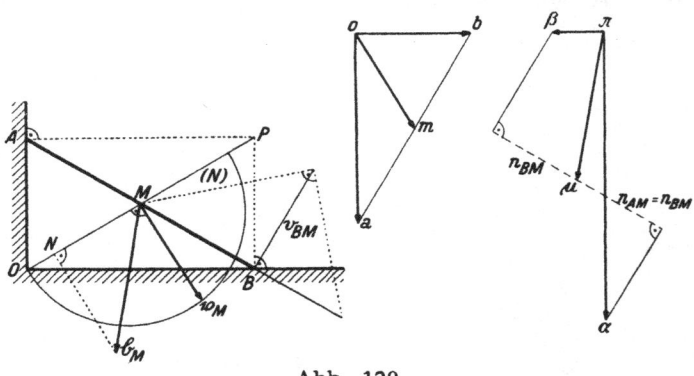

Abb. 120

womit der Plan der Geschwindigkeiten und Beschleunigungen von AB gezeichnet werden kann (Abb. 120).

12. Lösung in Abb. 121.

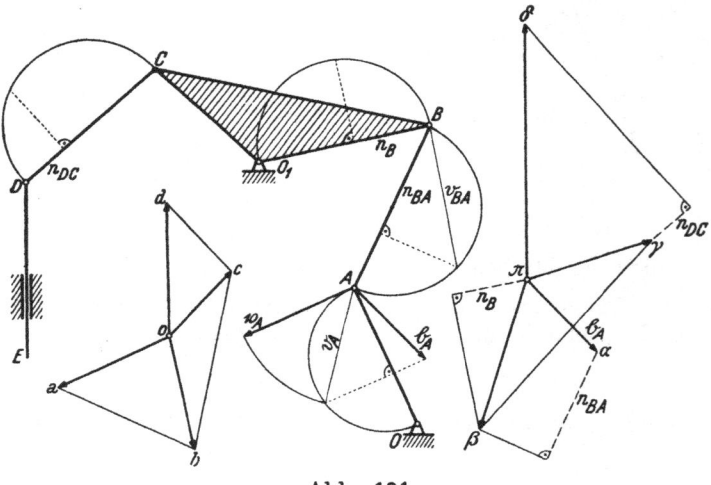

Abb. 121

13. Konstruiere zunächst aus der Normalbeschleunigung $n_A = \overline{AN} = \dfrac{v_A{}^2}{\overline{OA}}$ die Geschwindigkeit $v_A = \overline{A\,a}$ des Kurbelzapfens mit Hilfe des über $O(N)$ geschlagenen Halbkreises, wobei $\overline{AN} = \overline{A(N)}$ (Abb. 122).

Ist v_r die Geschwindigkeit der relativen Bewegung von A beim Gleiten der Stange in der Hülse, v_s die Geschwindigkeit jenes augenblicklich mit A sich deckenden Punktes, der die Drehbewegung des Systems „Hülse" mitmacht, so ist der Zusammenhang $v_A = v_r + v_s$ dargestellt durch den Geschwindigkeitsplan $A\,a\,(a)$, in welchem $v_r = \overrightarrow{(a)\,a}$ parallel $A\,E$, $v_s = \overrightarrow{A\,(a)} \perp A\,E$.   Die Winkelgeschwindigkeit ω des Stabes $A\,E$ um H beträgt

$$\omega = \frac{v_s}{\overline{A\,H}} = \frac{\overline{A\,(a)}}{\overline{A\,H}} = \operatorname{tg}\vartheta \; [\mathrm{s}^{-1}].$$

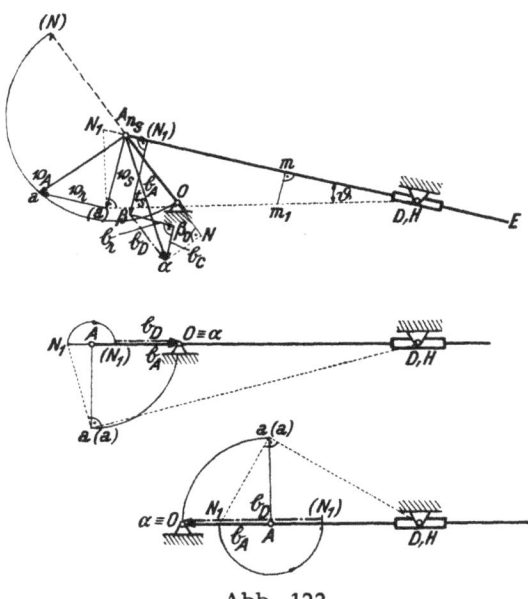

Abb. 122

In der Beschleunigungsgleichung $\mathfrak{b}_A = \mathfrak{b}_s + \mathfrak{b}_r + \mathfrak{b}_c$, worin $\mathfrak{b}_s = \mathfrak{n}_s + \mathfrak{t}_s$ kennt man $\mathfrak{b}_A = \overrightarrow{A\,a}$, $\mathfrak{n}_s = \dfrac{v_s^{\,2}}{\overline{A\,D}} = \overline{N_1 A} = A\,(N_1)$, ferner $\mathfrak{b}_c = 2\,\mathfrak{w} \times v_r$ und die Richtungen von $\mathfrak{b}_r$ und $\mathfrak{t}_s$; damit sind die beiden letzten Teile durch den Beschleunigungsplan $A\,a\,\beta_0\,\beta\,(N_1)\,A$ bestimmt.

Da $|\mathfrak{b}_c| = 2\,\omega\,v_r = 2\,v_r\operatorname{tg}\vartheta$, so macht man $\overline{H\,m} = 2\,v_r = 2\,\overline{(a)\,a}$ und zieht $m\,m_1$ senkrecht hiezu bis zum Schnittpunkte m_1 mit $(a)\,H$; dann ist $\mathfrak{b}_c = \overrightarrow{m\,m_1}$.

Der augenblicklich mit dem Hülsenmittel H zusammenfallende Punkt D der Stange $A\,E$ hat die Systembeschleunigung Null; seine Beschleunigung ist daher $\mathfrak{b}_D = \mathfrak{b}_r + \mathfrak{b}_c = \overrightarrow{\beta\,a}$.

Für den Normalfall (das ist der Fall reiner Normalbeschleunigung des Kurbelzapfens A) wählt man den Beschleunigungsmaßstab so, daß $\mathfrak{b}_A \equiv \mathfrak{n}_A = \overrightarrow{AO}$ wird, womit a mit O zusammenfällt.

Die dann in den beiden Totlagen des Getriebes entstehenden Vereinfachungen der obigen allgemein gültigen Konstruktion sind in Abb. 122 dargestellt.

14. a) Denkt man sich die Nockenscheibe ruhend und die Ventilstange gleichförmig um die Achse O mit $-\omega$ gedreht, wie dies Abb. 123 zeigt, so ergibt sich der Hub x der Ventilstange für die *geradlinige* Nockenflanke beim Drehwinkel φ zu $x = \overline{OM_1} - (r + \varrho)$ oder wegen $\overline{OM_1} = \dfrac{r+\varrho}{\cos\varphi}$

$$x = (r + \varrho)\left(\frac{1}{\cos\varphi} - 1\right).$$

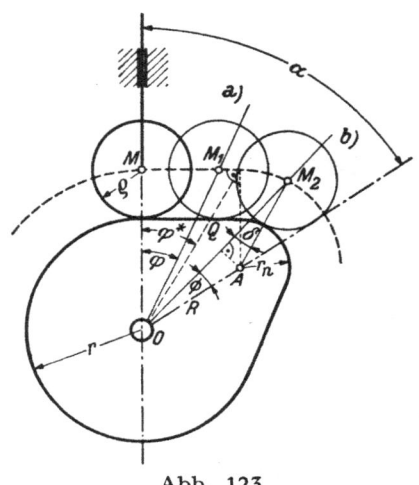

Abb. 123

Daraus folgt mit $\dot\varphi = \omega$:

$$v_M = \dot x = (r+\varrho)\,\omega\,\frac{\operatorname{tg}\varphi}{\cos\varphi} \qquad (a)$$

und

$$b_M = \ddot x = (r+\varrho)\,\omega^2\,\frac{1 + 2\operatorname{tg}^2\varphi}{\cos\varphi}. \qquad (b)$$

Da $\operatorname{tg}\varphi$ mit wachsendem Winkel φ zunimmt und $\cos\varphi$ abnimmt, so entsteht nach (b) der Größtwert von b_M beim Übergange vom geradlinigen Profil von der Länge l zur kreisförmigen Nase, wobei $\operatorname{tg}\varphi^* =$

$$= \frac{l}{r+\varrho}.$$

b) Läuft die Rolle auf der Nockennase, so ist der Hub x für die durch den Winkel $\Phi = \sphericalangle AOM_2$ gekennzeichnete Stellung der Ventilstange

$$x = \overline{OM_2} - (r + \varrho).$$

Mit $\overline{OA} = R$ und dem Winkel $AM_2O = \delta$ ist

$$\overline{OM_2} = R\cos\Phi + (r_n + \varrho)\cos\delta$$

oder wegen

$$(r_n + \varrho)\cos\delta = \overline{QM_2} = \sqrt{(r_n+\varrho)^2 - R^2\sin^2\Phi}:$$

$$\overline{OM_2} = R\cos\Phi + \sqrt{(r_n+\varrho)^2 - R^2\sin^2\Phi}.$$

Da $\varphi + \Phi = \alpha$, demnach $\dot\Phi = -\dot\varphi = -\omega$, so wird

$$v_M = \dot x = -\omega\,\frac{dx}{d\Phi} = R\omega\sin\Phi\left\{1 + \frac{R\cos\Phi}{[(r_n+\varrho)^2 - R^2\sin^2\Phi]^{1/2}}\right\}. \qquad (c)$$

und $b_M = \ddot x = -\omega\,\dfrac{dv_M}{d\Phi}$ mit der Abkürzung $\lambda = \dfrac{R}{r_n + \varrho}$

$$b_M = - R\,\omega^2 \left[\cos\varPhi + \frac{\lambda \cos 2\varPhi}{(1 - \lambda^2 \sin^2 \varPhi)^{1/2}} + \frac{\lambda^3 \sin^2 2\varPhi}{4\,(1 - \lambda^2 \sin^2 \varPhi)^{3/2}} \right]. \quad (d)$$

Die Differenz der nach (b) und (d) bestimmten Beschleunigungen b_M an der Übergangsstelle, wo $\varphi = \varphi^*$ und $\varPhi = a - \varphi^*$, ergibt den infolge der unstetigen Krümmungsänderung des Profils entstehenden Beschleunigungssprung von einem positiven zu einem negativen Wert.

15. a) Ist die *gerade* Nockenflanke im Eingriff, so kann die zeichnerische Ermittlung der Geschwindigkeit und Beschleunigung der Ventilstange auf jene eines „Ersatzgetriebes" zurückgeführt werden. Da sich der Punkt M auf gerader Bahn $M_0 M_1$ bewegt und die Ventilstange um O mit $\omega = $ konst. gedreht wird, so besteht das Ersatzgetriebe aus einer Kurbelschleife mit unendlich langer Kurbel, wobei die Ventilstange in einer um O drehbaren Hülse gleitet und der Punkt M der Stange geradlinig geführt wird (Abb. 124).

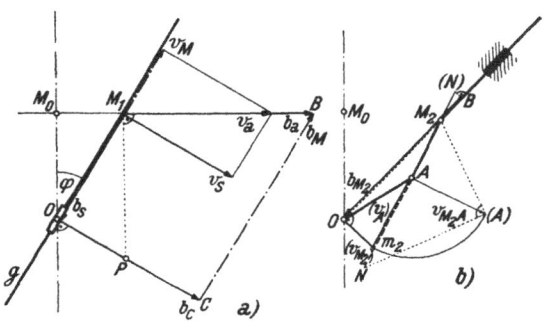

Abb. 124

Dabei ist die Bewegung von M auf der um O rotierenden Geraden g als die relative, jene von M auf $M_0 M_1$ als die absolute zu betrachten. Der augenblickliche Drehpol P liegt im Schnitte von $M_1 P \perp M_0 M_1$ mit $OP \perp g$ und es ist

$$v_M = v_r = \overline{PO}.\omega, \text{ woraus sich mit } \overline{PO} = \overline{OM_1}.\text{tg}\,\varphi \text{ und } \overline{OM_1} = \frac{r+\varrho}{\cos\varphi}$$

wieder Gl. (a) ergibt.

Der zur Gleichung $\mathfrak{b}_a = \mathfrak{b}_r + \mathfrak{b}_s + \mathfrak{b}_c$ gehörige Beschleunigungsplan $M_1 O C B$ kann gezeichnet werden, da mit $\mathfrak{r} = \overrightarrow{OM_1} : \mathfrak{b}_s = -\mathfrak{r}\,\omega^2$ und $\mathfrak{b}_c = 2\,\mathfrak{w} \times \mathfrak{v}_r = 2\,\omega^2\,\overrightarrow{OP}$ ist und die Richtungen von $\mathfrak{b}_a$ und $\mathfrak{b}_r$ bekannt sind; hienach ist

$$\mathfrak{b}_M \equiv \mathfrak{b}_r = \omega^2\,\overrightarrow{CB}.$$

Mit $\overline{OM_1} = \dfrac{r+\varrho}{\cos\varphi}$ liefert diese Konstruktion unmittelbar

$$b_M = (r + \varrho)\,\omega^2\,\frac{1 + 2\,\text{tg}^2\varphi}{\cos\varphi},$$

übereinstimmend mit Gl. (b) der Aufg. 14.

b) Läuft die Rolle auf der Nockennase, so besteht das Ersatzgetriebe aus der mit der Nockenscheibe verbundenen Kurbel $\overline{OA} = R$, der Schubstange $A M_2$ und der in M_2 anschließenden Kolbenstange mit der Richtung $M_2 O$.

Von der Bewegung dieses zentrischen Schubkurbeltriebes ist die Geschwindigkeit $v_A = R\,\omega$ und die Beschleunigung $b_A = -\,R\,\omega^2$ des Kurbelzapfens A bekannt, so daß in bekannter Art graphisch die Geschwindigkeit und Beschleunigung des Kreuzkopfes M_2 ermittelt werden kann.   Hier erweist sich die zeichnerische Lösung der rechnerischen (vgl. die Formeln c und d der vorstehenden Aufgabe) erheblich überlegen.

Setzt man $\omega = 1$, so ist durch die Kurbellänge $\overline{OA}$ die gedrehte Geschwindigkeit (v_A) gegeben; zieht man $O\,m_2 \perp O\,M_2$ bis zum Schnitte m_2 mit der Schubstange, dann liefert $O\,A\,m_2$ den gedrehten Geschwindigkeitsplan mit $\overline{O\,m_2}.\omega = (v_{M_2})$ als gedrehter Geschwindigkeit von M_2. Aus $v_{M_2\,A}$ konstruiert man mit dem rechten Winkel $M_2\,(A)\,N$ den Punkt N auf $M_2\,A$, macht $\overline{A\,(N)} = \overline{A\,N}$ und schneidet M_2O mit der hiezu durch (N) gezogenen Normalen in B; dann ist $\overrightarrow{BO}\,\omega^2 = b_{M_2}$.

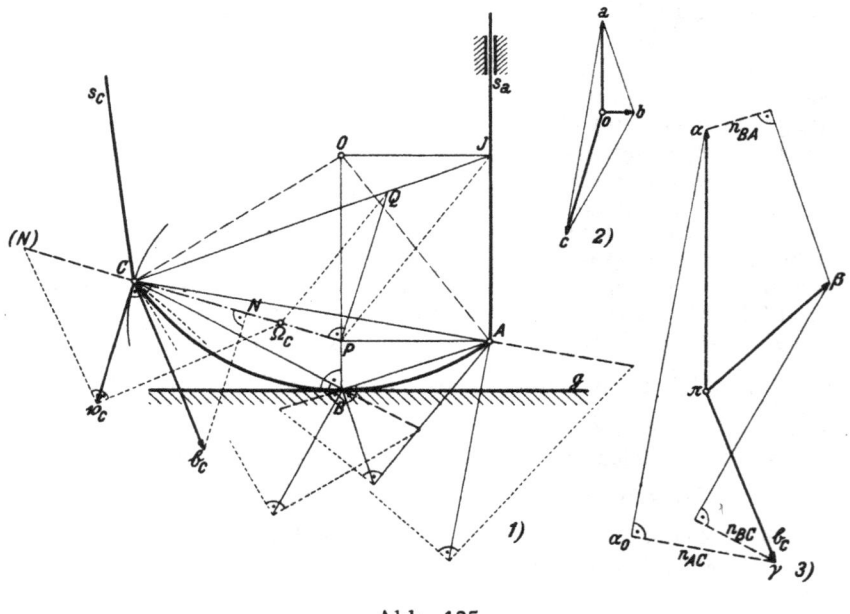

Abb. 125

16. Der augenblickliche Drehpol P liegt im Schnitte der in A und B gezogenen Normalen zu den bekannten Bewegungsrichtungen dieser beiden Punkte (Abb. 125).

Da der Punkt A und der Kreismittelpunkt O gerade Linien beschreiben, so liegt in derem Schnitte nach Aufg. I 4 der Wendepol J. Mit der Kenntnis von J und P läßt sich nach der Konstruktion von S c h e l l (Aufg. I 4) der Krümmungsmittelpunkt Ω_C der Bahn des Systempunktes C konstruieren; man zieht $PQ \perp CP$ und $Q\Omega_C \parallel PJ$.

Aus der bekannten Normalbeschleunigung $n_C = \overline{CN} = \dfrac{v_C{}^2}{\overline{C\,\Omega_C}}$ konstruiert man v_C, womit der Geschwindigkeitsplan gezeichnet werden kann, in welchem $v_A = \overline{o\,a}$ und $v_B = \overline{o\,b}$.

Im Beschleunigungsplan (Abb. 125) beginnt man mit $\overrightarrow{\pi\,\gamma} \equiv \mathfrak{b}_C$, zeichnet

$n_{AC} \equiv \dfrac{v_{AC}{}^2}{\overline{AC}} = \dfrac{\overline{c\,a}\,^2}{\overline{AC}} = \overline{\gamma\alpha_0}$ in Richtung $A\,C$, zieht hiezu die Normale,

deren Schnitt mit der durch π zur Ventilstange gezogenen Parallelen den Beschleunigungspunkt α liefert; es ist dann $\overrightarrow{\pi\,a} = \mathfrak{b}_A$. Aus den in bekannter Art zu konstruierenden relativen Normalbeschleunigungen n_{BC} und n_{BA}, die in γ, bzw. α angesetzt werden, findet man im Schnitte der dazu gezogenen Normalen den Beschleunigungspunkt β, womit $\overrightarrow{\pi\,\beta} = \mathfrak{b}_B$ gefunden ist.

Zur Kontrolle dient, daß $\alpha\,\beta\,\gamma \sim A\,B\,C$ sein muß.

Ohne Zeichnung eines Beschleunigungsplanes läßt sich die gestellte Aufgabe durch Konstruktion des Beschleunigungspoles G lösen, die aus den Angaben P, J und $\mathfrak{b}_c$ nach der in Aufg. I 11 bewiesenen linearen Methode erfolgen kann.

Mit $\mathfrak{b}_c$ und G ist sodann auch $\mathfrak{b}_A$ und $\mathfrak{b}_B$ bestimmt.

17. Bei den angegebenen Gliederabmessungen ist $ABEF$ eine gleichschenklige Kurbelschwinge, deren Diagonalen aufeinander senkrecht stehen (Abb. 126).

Da $\sqrt{2}\sin\varphi = \cos\varepsilon$, sonach $\sin\varepsilon = \sqrt{\cos 2\varphi}$, so bestehen zwischen den Kurbelwinkeln φ und ψ wegen $\varepsilon = \pi/2 - (\psi - \varphi)$ die Beziehungen

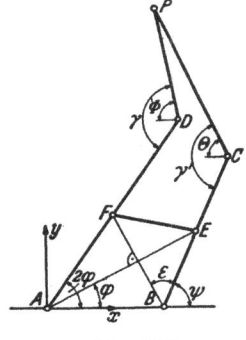

$$\left.\begin{aligned}\cos\psi &= \cos\varphi\,\sqrt{\cos 2\varphi} - \sqrt{2}\sin^2\varphi,\\[4pt]\sin\psi &= \sin\varphi\,(\sqrt{2}\cos\varphi + \sqrt{\cos 2\varphi}).\end{aligned}\right\}\ \text{(a)}$$

Sind $\varPhi$ und θ die Winkel der Glieder DP und CP mit der Stegachse Ab, so liefert die Projektion des geschlossenen Polygones $ADPCBA$ auf die Stegachse und senkrecht hiezu

Abb. 126

$$2\sqrt{2}\cos 2\varphi - \sqrt{2}\cos\varPhi = \sqrt{2} + 2\cos\psi - 2\cos\theta$$

und

$$2\sqrt{2}\sin 2\varphi + \sqrt{2}\sin\varPhi = 2\sin\psi + 2\sin\theta,$$

oder nach Beseitigung von $\cos\psi$ und $\sin\psi$ mit Benutzung von (a)

$$\sqrt{2\cos 2\varphi}\,(\sqrt{\cos 2\varphi} - \sqrt{2}\cos\varphi) - \sqrt{2}\cos\varPhi = -2\cos\theta$$

und

$$-2\sin\varphi\,(\sqrt{\cos 2\varphi} - \sqrt{2}\cos\varphi) + \sqrt{2}\sin\varPhi = 2\sin\theta.$$

Durch Quadrieren und Addieren dieser beiden Gleichungen entsteht zwischen φ und $\varPhi$ der Zusammenhang

woraus
$$\sqrt{\cos 2\varphi}\,(1 - \cos\Phi) = \sqrt{2}\,\sin\varphi\,\sin\Phi,$$

$$\left.\begin{array}{l} \sin\Phi = 2\sqrt{2}\,\sin\varphi\,\sqrt{\cos 2\varphi}, \\ \cos\Phi = 2\cos 2\varphi - 1. \end{array}\right\} \qquad \text{(b)}$$

Mit x_P, y_P als Koordinaten des Gelenkpunktes P bezüglich des durch A gelegten Koordinatensystems wird

$$x_P = 2\,l\,\sqrt{2}\left(\cos 2\varphi - \frac{1}{2}\cos\Phi\right).$$

und

$$y_P = l\,\sqrt{2}\,(2\sin 2\varphi + \sin\Phi)$$

oder wegen (b):

$$x_P = l\,\sqrt{2} = \overline{A\,B},$$
$$y_P = 4\,l\,\sin\varphi\,(\sqrt{2}\cos\varphi + \sqrt{\cos 2\varphi}).$$

Hienach beschreibt der Punkt P die Gerade $PB \perp AB$ (genaue Geradführung).

Da $\triangle BCP$ gleichschenklig mit der Grundlinie $BP \perp AB$, so ist $\theta = \psi$, daher $\gamma' = \theta + \psi = 2\psi$ und $\sin\gamma' = 2\sin\psi\cos\psi$ oder wegen (a)

$$\sin\gamma' = 2\sin\varphi\,[\sqrt{2}\,(\cos 2\varphi)^{3/2} + \cos\varphi\,(2\cos 2\varphi - 1)]. \qquad \text{(c)}$$

Anderseits ist im $\triangle ADP$: $\gamma = \Phi + 2\varphi$, somit
$$\sin\gamma = \sin\Phi\cos 2\varphi + \cos\Phi\sin 2\varphi$$

oder wegen (b)

$$\sin\gamma = 2\sqrt{2}\,\sin\varphi\,(\cos 2\varphi)^{3/2} + (2\cos 2\varphi - 1)\sin 2\varphi, \qquad \text{(d)}$$

demnach

$$\sin\gamma = \sin\gamma' \quad \text{und} \quad \gamma = \gamma'.$$

18. Sind v_P und v_F die Geschwindigkeiten der Punkte P und F bei Drehung der Kurbel AD mit der Winkelgeschwindigkeit $2\,\dot\varphi$, so ist nach dem Prinzip der virtuellen Leistungen

$$R\,v_F - Q\,v_P = 0,$$

wobei R die Richtung der Geschwindigkeit v_F hat.

Aus

$$y_P = 4\,l\,\sin\varphi\,(\sqrt{2}\cos\varphi + \sqrt{\cos 2\varphi})$$

folgt

$$v_P = \dot y_P = 4\,l\,\dot\varphi\left(\sqrt{2}\cos 2\varphi + \frac{\cos 3\varphi}{\sqrt{\cos 2\varphi}}\right).$$

Da $v_F = 2\,l\,\sqrt{2}\,\dot\varphi$, so ergibt sich die Gleichgewichtskraft R in F zu

$$R = Q\left(2\cos 2\varphi + \sqrt{2}\,\frac{\cos 3\varphi}{\sqrt{\cos 2\varphi}}\right).$$

In der Sonderlage $2\varphi = 60^0$ wird hienach $R = Q$.

19. Wenn die Kräfte $\mathfrak{P}_1, \mathfrak{P}_2, \ldots \mathfrak{P}_n$ an der zwangläufigen Kette im Gleichgewichte sind, so muß nach dem Prinzipe der virtuellen Geschwindigkeiten

$$\sum_{1}^{n} \mathfrak{P}_k \cdot \mathfrak{v}_k = 0$$

sein.

Mit $\mathfrak{e}$ als Einheitsvektor senkrecht zur Ebene der Kette ist aber

$$\mathfrak{v}_k = \mathfrak{e} \times \hat{\mathfrak{v}}_k,$$

wo $\hat{\mathfrak{v}}_k$ die senkrechte Geschwindigkeit von $\mathfrak{v}_k$ angibt; demnach wird

$$\sum_{1}^{n} \mathfrak{P}_k \cdot (\mathfrak{e} \times \hat{\mathfrak{v}}_k) = \mathfrak{e} \cdot \sum_{1}^{n} \hat{\mathfrak{v}}_k \times \mathfrak{P}_k = 0, \quad \text{somit} \quad \sum_{1}^{n} \hat{\mathfrak{v}}_k \times \mathfrak{P}_k = 0.$$

Hiemit ist aber das Drehgleichgewicht des mit den Kräften $\mathfrak{P}_1, \mathfrak{P}_2, \ldots \mathfrak{P}_n$ belasteten Joukowsky-Hebels um den festen Nullpunkt O ausgedrückt. Der zweite Teil des zu beweisenden Satzes folgt unmittelbar daraus, daß jeder Stab $\overline{ik}$ des Joukowsky-Hebels parallel ist zum entsprechenden Gliede $\overline{IK}$ der kinematischen Kette.

20. Zeichne den zugehörigen Joukowsky-Hebel $o\,a\,c\,b\,d$ mit dem beliebig gewählten Drehpunkt o und lasse in c die Kraft P, in d die Kraft H wirken (Abb. 127). Die Wirkungslinie der Mittelkraft muß in $o\,s$ fallen, da der Hebel im Gleichgewicht ist. Hiedurch ist die Größe H bestimmt, so daß der Kraftplan gezeichnet werden kann.

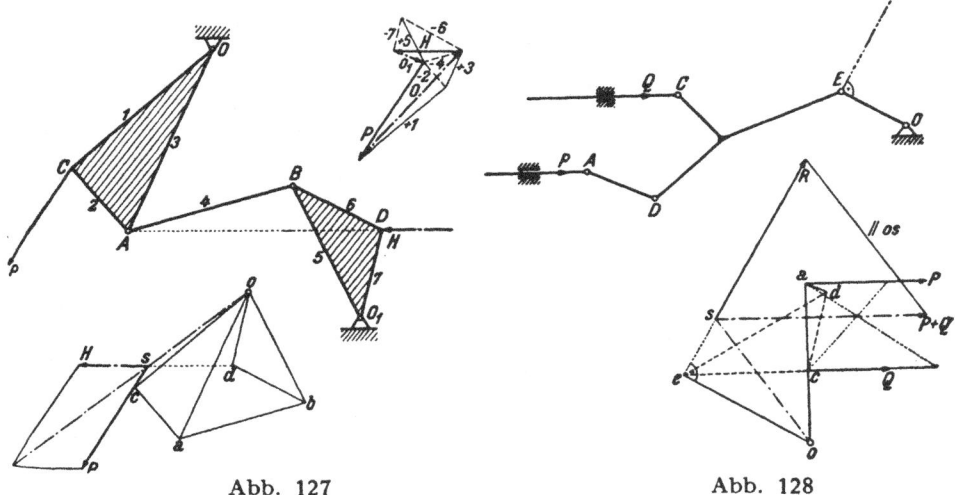

Abb. 127   Abb. 128

21. Zeichne für das Getriebe mit beliebig gewählter senkrechter Geschwindigkeit $o\,e$ des Reduktionspunktes E (Abb. 128) den Plan $o\,e\,c\,d\,a$ der gedrehten Geschwindigkeiten und lasse in a die Kraft P, in c die Kraft Q und in e die nur der Richtung nach bekannte reduzierte Kraft R wirken.

Da $P + Q$ und $-R$ den Hebel im Drehgleichgewicht um o halten müssen, so ist $o\,s$ die Wirkungslinie ihrer Resultierenden, womit R bestimmt ist.

22. Zeichne den Plan der senkrechten Geschwindigkeiten für das durch Wegnahme des Gleitlagers C zwangläufige Stabsystem, lasse im Punkte p die Kraft P, in q die Kraft Q wirken und bringe den um o drehbaren Joukowsky-Hebel durch die in c angreifende Lagerkraft C ins Gleichgewicht. Wenn die Gleitrichtung des Lagers $C \perp o\,c$, dann ist das Stabsystem beweglich (Abb. 129).

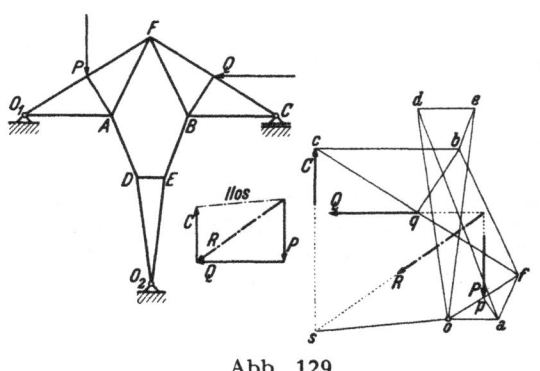

Abb. 129

23. Mit $\overline{O_2 A} = r$ (Abb. 130) folgt aus $v_s = a\,\omega_0 \sin\theta = -r\,\dot{\psi}$:

$$\dot{\psi} = -\omega_0 \frac{a}{r}\sin\theta$$

und da $\theta = \varphi + \psi - \pi/2$:

$$\dot{\psi} = \omega_0 \frac{a}{r}\cos(\varphi + \psi)$$

oder wegen

$$r\sin\psi = a\sin\varphi,$$
$$r\cos\psi + a\cos\varphi = b:$$

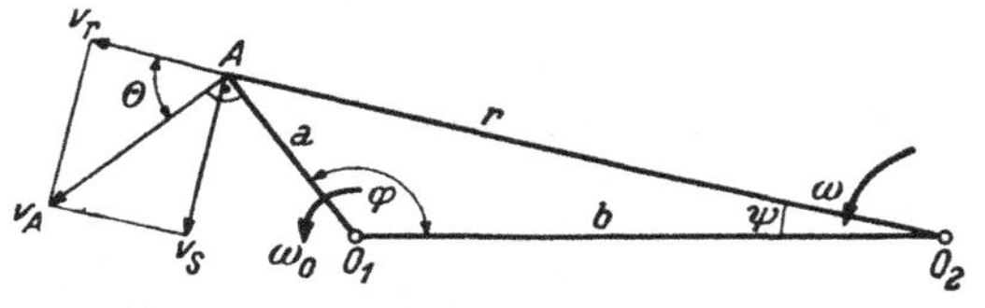

Abb. 130

$$\dot{\psi} = \frac{a\,(b\cos\varphi - a)}{a^2 + b^2 - 2\,a\,b\cos\varphi}\,\omega_0$$

und

$$\ddot{\psi} = -\frac{a\,b\,(b^2 - a^2)\sin\varphi}{(a^2 + b^2 - 2\,a\,b\cos\varphi)^2}\,\omega_0{}^2.$$

Da $\ddot{\psi}$ für $\varphi = 0$ und $\varphi = \pi$ verschwindet, so entstehen in diesen Kurbellagen

$$\dot{\psi}_{max} = \frac{a\,\omega_0}{b - a}$$

und

$$\dot{\psi}_{min} = -\frac{a\,\omega_0}{b + a}.$$

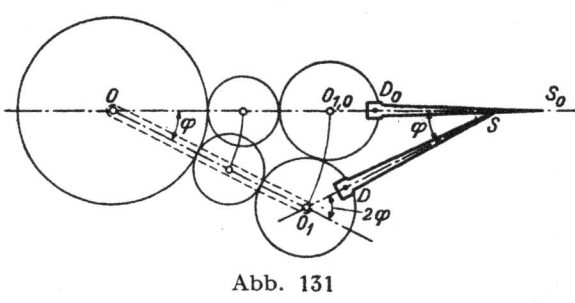

Abb. 131

24. Bei festgehaltenem Steg (Abb. 131) und angetriebenem Rade 1 ist

$$\frac{\omega_1}{\omega_3} = \frac{z_3}{z_1} = \frac{1}{2}, \quad \text{somit} \quad \omega_3 = 2\,\omega_1.$$

Die Größe und Zähnezahl des Zwischenrades 2 ist für das Übersetzungsverhältnis ohne Bedeutung, weil die Umfangsgeschwindigkeiten in den beiden Berührungspunkten mit 1 und 3 gleich groß sind; der Abtrieb erfolgt im gleichen Sinne wie der Antrieb. Überlagert man nun die Drehung des Steges s mit $-\omega_1 \,(= \varphi/t)$, so kommt das Rad 1 zur Ruhe, $O_1 S$ hat sich gegenüber OO_1 um $2\,\varphi$ gedreht, daher ist $OO_1 S$ ein gleichschenkliges Dreieck, dessen Eckpunkt sich auf OS_0 bewegt, wobei

$$\overline{OS} = 2\,l\cos(\omega\,t).$$

25. Ist P der augenblickliche Drehpol und J der durch den Zwanglauf gegebene Wendepol, so kann $\mathfrak{b}_A$ nach Grübler (Aufg. I 9) zerlegt werden in die Wende- und Triebbeschleunigung: $\mathfrak{b}_A = \overrightarrow{A\,J}\,\omega^2 + \overset{\frown}{PA}\,\dot\omega$ mit $\overset{\frown}{PA}$ als Quervektor von $\overrightarrow{PA}$. Da $\mathfrak{v}_A = \omega\,\overset{\frown}{PA}$, so wird

$$\mathfrak{b}_A = \overrightarrow{A\,J}\,\omega^2 + \frac{\dot\omega}{\omega}\,\mathfrak{v}_A,$$

woraus folgt

$$\mathfrak{b}_A{}^1 = \mathfrak{b}_A{}^0 + \frac{\mathfrak{v}_A}{\omega}\,(\dot\omega_1 - \dot\omega_0).$$

Hienach hat der Proportionalitätsfaktor λ die Bedeutung $\dfrac{\dot\omega_1 - \dot\omega_0}{\omega}$.

Ist $\mathfrak{b}_A{}^0$ eine reine Normalbeschleunigung, also $\dot\omega_0 = 0$, so wird $\lambda = \dfrac{\dot\omega_1}{\omega}$.

II. Kinematik des räumlichen Systems

1. Ist (x, y, z) ein raumfestes und (ξ, η, ζ) ein körperfestes Achsensystem mit dem festen Drehpunkt O des Kreisels als Ursprung (Abb. 132), so wird die Lage des Kreisels in bezug auf das raumfeste Achsensystem festgelegt durch die Eulerschen Winkel $\varphi,\ \psi,\ \vartheta$.

Sind k_1 und k_2 die Schnittlinien der Ebene (z, ζ) mit der (x, y)-, bzw. (ξ, η)-Ebene, so stehen beide normal auf der in der (x, y)-Ebene liegenden Knotenlinie k und es ist

$\vartheta =$ Polwinkel (z, ζ),
$\varphi =$ Azimutwinkel (x, k),
$\psi =$ Eigendrehwinkel (k, ξ).

Es bedeutet daher $\dot\vartheta$ die Winkelgeschwindigkeit der

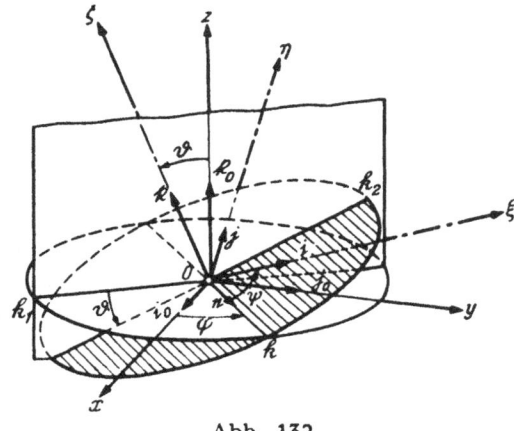

Abb. 132

Drehung um die im System (k_1, k, z) ruhende Knotenlinie (Nutation des Kreisels),

$\dot{\varphi}$ die Winkelgeschwindigkeit der Drehung um die raumfeste z-Achse (Präzession des Kreisels),

$\dot{\psi}$ die Winkelgeschwindigkeit der Drehung des Kreisels um die ζ-Achse (Eigendrehung des Kreisels).

Sind i, j, t die Einheitsvektoren der bewegten (ξ, η, ζ)-Achsen, ferner e und t_0 Einheitsvektoren der Knotenlinie und der z-Achse, so ergibt sich der Drehvektor w des Kreisels durch Zusammensetzung der obenbezeichneten drei voneinander unabhängigen Drehungen zu

$$w = e\,\dot{\vartheta} + t_0\,\dot{\varphi} + t\,\dot{\psi}.$$

Seine Zerlegung nach den körperfesten (ξ, η, ζ)-Achsen ergibt bei Beachtung von

$$e = i\cos\psi - j\sin\psi,$$
$$t_0 = t\cos\vartheta + (i\sin\psi + j\cos\psi)\sin\vartheta$$

die Komponenten

$$\left.\begin{aligned}
\omega_\xi &= \dot{\varphi}\sin\vartheta\sin\psi + \dot{\vartheta}\cos\psi,\\
\omega_\eta &= \dot{\varphi}\sin\vartheta\cos\psi - \dot{\vartheta}\sin\psi,\\
\omega_\zeta &= \dot{\varphi}\cos\vartheta + \dot{\psi}.
\end{aligned}\right\} \quad (a)$$

Diese werden im Schrifttum häufig mit p, q, r bezeichnet.

Zerlegt man w nach den raumfesten (x, y, z)-Achsen, deren Einheitsvektoren i_0, j_0, t_0 sind, so ergeben sich wegen

$$t = t_0\cos\vartheta + (i_0\sin\varphi - j_0\cos\varphi)\sin\vartheta,$$
$$e = i_0\cos\varphi + j_0\sin\varphi,$$

die Komponenten

$$\left.\begin{aligned}
\omega_x &= \dot{\psi}\sin\vartheta\sin\varphi + \dot{\vartheta}\cos\varphi,\\
\omega_y &= -\dot{\psi}\sin\vartheta\cos\varphi + \dot{\vartheta}\sin\varphi,\\
\omega_z &= \dot{\psi}\cos\vartheta + \dot{\varphi}.
\end{aligned}\right\} \quad (b)$$

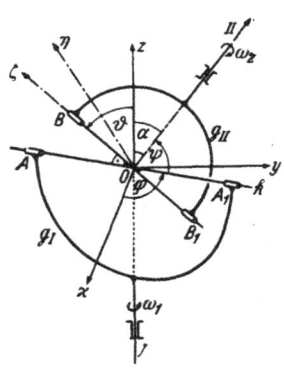

Abb. 133

2. Mit w_1 als z-Achse des raumfesten Koordinatensystems kann man den unter α gegen die z-Achse geneigten Drehvektor w_2 in die (y, z)-Ebene legen (Abb. 133).

Die Welle *II* mit der zugehörigen Gabel g_{II} läßt sich als Kreisel mit dem festen Drehvektor w_2 auffassen; legt man die körperfeste ζ-Achse in den Kreuzarm BB_1, dann fällt der zweite Kreuzarm AA_1 mit der Knotenlinie k zusammen.

Der Kreisel präzessiert dann um die Achse *I* mit $\dot{\varphi} = \omega_1$, führt eine Nutation mit $\dot{\vartheta}$ um den Kreuzarm AA_1 und eine Eigendrehung $\dot{\psi}$ um den dazu senkrechten anderen Kreuzarm aus.

Für diesen Kreisel sind die Komponenten

des Drehvektors $\mathfrak{w}_2$ bezüglich des raumfesten $(x,\ y,\ z)$-Systems nach vorstehender Aufgabe

$$\omega_x = \dot{\psi}\sin\vartheta\sin\varphi + \dot{\vartheta}\cos\varphi = 0, \tag{1}$$

$$\omega_y = -\dot{\psi}\sin\vartheta\cos\varphi + \dot{\vartheta}\sin\varphi = \omega_2\sin\alpha, \tag{2}$$

$$\omega_z = \dot{\psi}\cos\vartheta + \dot{\varphi} = \omega_2\cos\alpha. \tag{3}$$

Die Komponente ω_ζ bezüglich der zu $\mathfrak{w}_2$ senkrechten körperfesten ζ-Achse verschwindet, so daß

$$\omega_1\cos\vartheta + \dot{\psi} = 0. \tag{4}$$

Durch Beseitigung von $\dot{\vartheta}$ aus (1) und (2) folgt

$$\dot{\psi}\sin\vartheta = -\omega_2\sin\alpha\cos\varphi$$

und daher wegen (3) mit Einführung von $\omega_2/\omega_1 = v$:

$$\operatorname{tg}\vartheta = \frac{v\sin\alpha\cos\varphi}{1 - v\cos\alpha}. \tag{5}$$

Anderseits liefern (3) und (4) nach Beseitigung von $\dot{\psi}$:

$$\cos^2\vartheta = 1 - v\cos\alpha, \tag{6}$$

demnach $\sin^2\vartheta = v\cos\alpha$ und

$$\operatorname{tg}^2\vartheta = \frac{v\cos\alpha}{1 - v\cos\alpha}$$

so daß mit Beachtung von (5) sich ergibt

$$v = \frac{\omega_2}{\omega_1} = \frac{\cos\alpha}{1 - \sin^2\alpha\sin^2\varphi}.$$

Bei gegebenem α ist v vom Drehwinkel φ der Welle I abhängig, es wird demnach eine gleichförmige Drehung von I ungleichförmig auf II übertragen. Die Ungleichförmigkeit von v schwankt zwischen

$$v_{min} = \cos\alpha \quad (\text{für } \varphi = 0)$$

und

$$v_{max} = \frac{1}{\cos\alpha}\left(\text{für } \varphi = \frac{\pi}{2}\right);$$

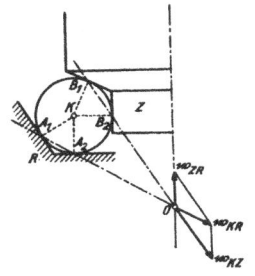

Abb. 134

sie macht sich daher bei schwach geneigten Wellen (α klein) wenig bemerkbar und läßt sich übrigens durch Hintereinanderschalten zweier Kardankupplungen beheben.

3. Soll die Kugel K rollen, so muß sie sich gegen den Spurzapfen Z um die Gerade $B_1 B_2$ mit $\mathfrak{w}_{KZ}$ und gegen den Laufring R um die Gerade $A_1 A_2$ mit $\mathfrak{w}_{KR}$ drehen (Abb. 134). Die Zapfenachse muß daher durch den Schnittpunkt O dieser Geraden gehen und es ergibt sich der Drehvektor $\mathfrak{w}_{KR}$ aus

$$\mathfrak{w}_{KR} = \mathfrak{w}_{KZ} + \mathfrak{w}_{ZR}.$$

4. Denkt man sich den Läufer durch seine Mittelscheibe vom Halbmesser r ersetzt, welche die Mahlplatte in B berührt, so dreht sich der Läufer bei seiner Rollbewegung momentan um die Achse BO mit dem Drehvektor $\mathfrak{w}$, der in die Triebachse 1 und in die Mittelachse 2 die Komponenten $\mathfrak{w}_1$, $\mathfrak{w}_2$ abgibt (Drehvektoren der Präzession und der Eigendrehung); sie hängen nach Abb. 135 vermöge $\omega_2 \sin \alpha = \omega_1 \sin (\vartheta - \alpha)$ zusammen.

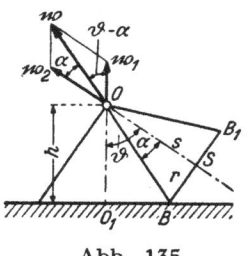

Abb. 135

Wegen

$$\overline{OB} = \frac{r}{\sin \alpha} = \frac{h}{\cos (\vartheta - \alpha)}$$

wird

$$\omega_2 = \omega_1 \sqrt{1 - \frac{h^2}{r^2} + \operatorname{ctg}^2 \alpha}$$

oder wegen $\operatorname{ctg} \alpha = s/r$:

$$\omega_2 = \omega_1 \sqrt{1 + \frac{s^2 - h^2}{r^2}}.$$

Da $T = 2\pi/\omega_1$, so beträgt die sekundliche Eigendrehzahl des Läufers

$$n_s = \frac{\omega_2}{2\pi} = \frac{1}{T} \sqrt{1 + \frac{s^2 - h^2}{r^2}}.$$

Das feste Axoid ist der Kreiskegel mit der Achse OO_1 und dem Öffnungswinkel $2\,(\vartheta - \alpha)$, auf welchem der Kreiskegel BOB_1 abrollt.

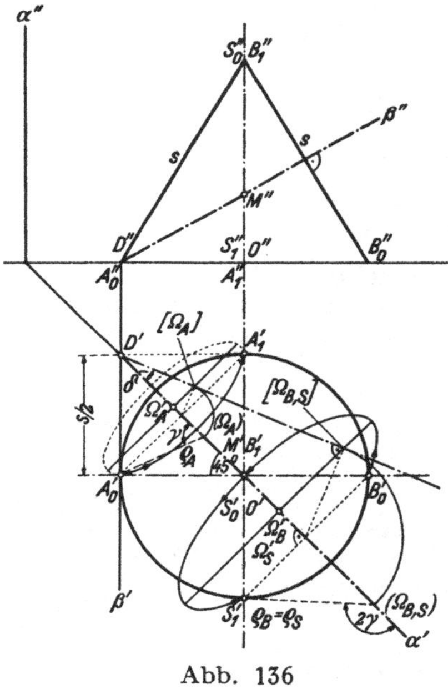

5. Da die Punkte SAB in der Anfangs- und Endlage auf dem gleichseitigen Kegel umschriebenen Kugel liegen, so besteht die Bewegung in einer Drehung um den Kugelmittelpunkt M. Die Drehachse DM (Abb. 136) fällt in die Schnittlinie der Symmetrieebene von $\overline{A_0 A_1}$ und $\overline{B_0 B_1}$, sie durchstößt die Basisebene im Eckpunkt D des Quadrates $A_0 O A_1 D$, ihr Neigungswinkel δ gegen die Basisebene ist daher bestimmt durch $\operatorname{tg} \delta = 1/\sqrt{6}$.

Abb. 136

Ist Ω_A der auf DM liegende Mittelpunkt der Bahn des Punktes A bei seiner Drehung um die Achse DM, so ist deren Halbmesser $\varrho_A = \overline{\Omega_A A_0} = (s/4) \sqrt{2} \sqrt{1 + \sin^2 \delta} = s/\sqrt{7}$, der Drehwinkel 2γ ergibt sich aus $\sin \gamma = \dfrac{(s/4)\sqrt{2}}{\varrho_A} = \dfrac{\sqrt{7}}{2\sqrt{2}}$ zu $2\gamma = 138^0 36'$.

6. Man zeichne den Grund- und Aufriß des Getriebes, wobei die Kreisbahn von A parallel zur Aufrißebene, die von B und B_1 in der Grundrißebene angenommen werde (Abb. 137); diese sei gleichzeitig die Bildebene und der Kreis vom Durchmesser $\overline{BB_1} = 2c$ sei auch der Abbildungskreis. Der Punkt C' wird durch Umlegen des rechtwinkligen Dreieckes $AO'C$ nach $[A]\,O'\,[C]$ gewonnen, wobei $[C]\,O' \perp [A]\,O'$.

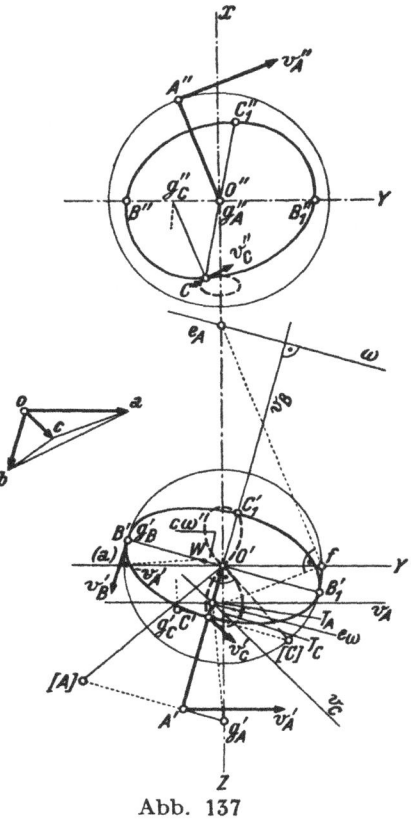

Da es sich um eine Bewegung um den festen Punkt O (sphärische Bewegung) handelt, so sind die Geschwindigkeiten aller Punkte zum Drehvektor $\mathfrak{w}$ senkrecht; daher ergibt sich dessen Antipol e_ω als Schnitt der Bilder der Geschwindigkeiten zweier Systempunkte. Die Geschwindigkeit $\mathfrak{v}_A$ von A erscheint im Aufriß v_A'' in wahrer Länge, ihr Grundriß v_A' ist parallel der y-Achse. Das Bild v_A von $\mathfrak{v}_A$ ergibt sich durch Ziehen der Linien $f\,T_A \parallel v_A''$, $v_A \parallel v_A'$ durch T_A. Das Bild v_B von $\mathfrak{v}_B$ geht durch O'. Beide schneiden sich im Antipol e_ω von ω. Das Bild ω selbst geht durch den Antipol e_A von v_A ($e_A\,f \perp f\,T_A$) und steht auf v_B senkrecht, da der Antipol von v_B senkrecht zu v_B im Unendlichen liegt. ω ist die Antipolare von e_ω bezüglich des Abbildungskreises.

Weiter ist

$$\mathfrak{v}_B = \mathfrak{v}_A + \mathfrak{v}_{BA};$$

die Relativgeschwindigkeit $\mathfrak{v}_{BA}$ steht senkrecht auf der Ebene, die durch A und B parallel zu $\mathfrak{w}$ gelegt wird; daher ist ihr Bild senkrecht zur Spur dieser Ebene, die als Verbindungslinie der Spurpunkte g_A und g_B

Abb. 137

der durch A und B zu $\mathfrak{w}$ gelegten Parallelen erhalten wird.

Zieht man daher im Geschwindigkeitsplane der Bilder, in dem $v_A = v_A'$ als gegeben zu betrachten ist, $a\,b \perp g_A\,g_B$, so ist durch b das Bild der Geschwindigkeit v_B von B bestimmt und wegen

$$\Delta\,a\,b\,c \perp \Delta\,g_A\,g_B\,g_C$$

auch das Bild v_C. Die Bilder aller Geschwindigkeiten müssen durch den Antipol e_ω gehen und $f\,T_C$ gibt die Richtung des Aufrisses v_C''. Durch v_C ist die Tangente an die Bahnkurve von C (eine sphärische Kurve) bestimmt.

Da $v_A = \mathfrak{w} \times \overrightarrow{OA}$ gleich dem Moment von $\mathfrak{w}$ und $\overrightarrow{OA}$ ist, so kann — v_A als die (relative) Geschwindigkeit gedeutet werden, die O durch $\mathfrak{w}$ um eine durch A gehende Achse erhält. Trägt man daher in O die Strecke $\overline{O\,(a)} = -v_A'$ auf, zieht durch den Endpunkt eine Senkrechte zu $e_\omega\,g_A$, so trifft diese die Gerade $B'B_1'$ im gesuchten Endpunkt w der Grundrißprojektion $c\,\omega'$.

Nebst der obigen graphischen Darstellung des Geschwindigkeitszustandes des Taumelscheibentriebes findet man auch jene für den Beschleunigungszustand bei K. Federhofer, Zeitschr. f. angew. Math. u. Mech. 2, (1929), S. 312—318.

7. Zur graphischen Lösung wird zweckmäßig das Abbildungsverfahren von B. Mayor und R. v. Mises benutzt (vgl. K. Federhofer, Graph. Kinematik und Kinetostatik des starren räumlichen Systems, Wien 1928). Mit $\omega = 1$ ist $v_A = \overline{OA}$; dieses Maß wird auch als Abbildungskonstante c und die Führungsebene ε als Bildebene gewählt. Jener Punkt B der Stange, der sich augenblicklich mit dem festen Drehpunkt O_1 der Hülse deckt, hat die Geschwindigkeit $v_B \parallel A\,B$.

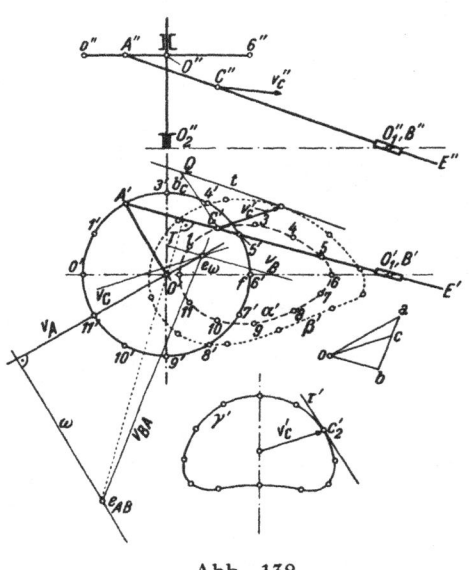

Abb. 138

Konstruiere die Bilder von v_A und v_B (v_A geht durch $O' \perp O'A'$, v_B ist durch den Punkt $T \parallel A'B'$ zu legen, wobei $T\,f \parallel A''B''$); der Schnittpunkt beider Bilder gibt den Antipol e_ω der momentanen Drehachse des Stabes $A\,B$, denn letztere steht senkrecht auf den Geschwindigkeiten aller Punkte des Systems $A\,B$. Die Antipolare von e_ω liefert das Bild ω der momentanen Drehachse. Konstruiert man den auf ω gelegenen Antipol e_{AB} des Bildes der Geraden $A\,B$, so erhält man in $e_\omega\,e_{AB}$ das Bild der relativen Geschwindigkeit v_{BA} des Punktes B gegen A.

Im Geschwindigkeitsplan $o\,a\,b$ macht man $\overrightarrow{o\,a} = v_A$, $a\,b \parallel v_{BA}$, $o\,b \parallel v_B$; dann ist $o\,b$ gleich der Bildlänge v_B' und es ergibt sich jene des Punktes C aus der Ähnlichkeit der Punktreihen $A\,C\,B$ und $a\,c\,b$; $\overline{o\,c} = v_c'$. Die Bilder der Geschwindigkeiten aller Systempunkte schneiden sich, da sie auf der momentanen Drehachse senkrecht stehen, im Punkte e_ω; dadurch ist auch das Bild v_c und hiemit der Aufriß v_c'' festgelegt. In

Abb. 138 sind für zwölf Stellungen der Kurbel OA die entsprechenden Lagen des Punktes C eingetragen, womit sich die Punktbahn α' dieses Punktes zeichnen läßt. Die nach dem beschriebenen Verfahren ermittelten Geschwindigkeiten ermöglichen die Zeichnung des lokalen und polaren Hodographen β' und γ', aus denen für jede Getriebestellung auch die Beschleunigung b_c des Punktes C entnommen werden kann. Denn die Tangente τ' im Punkte c_2' an den polaren Hodographen γ' gibt die Richtung b_c'; zieht man hiezu durch C' die Parallele bis zum Schnitte Q mit der Tangente t an die Kurve β', so ist die Bildlänge $b_c' = \overrightarrow{Q\,C'}$. (Beweis im Bd. 2 : II. Aufg. 16.)

8. Mit a, 0, h als Koordinaten des festen Kurbeldrehpunktes O bezüglich der in den Mittelpunkt O_1 der Hülse gelegten rechtwinkligen (x, y, z)-Achsen (Abb. 139) hat der durch $\overline{A\,C} = c$ festgelegte Punkt C der Stange $A\,E$ die Koordinaten

$$x = (a + r \cos\varphi)\left(1 - \frac{c}{W}\right),$$

$$y = r \sin\varphi\left(1 - \frac{c}{W}\right),$$

$$z = h\left(1 - \frac{c}{W}\right),$$

worin

$$W = \sqrt{a^2 + h^2 + r^2 + 2\,a\,r\cos\varphi}.$$

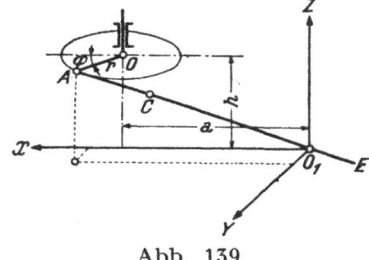

Abb. 139

Die Ableitung dieser Koordinaten nach der Zeit t liefert die Komponenten der Geschwindigkeit v_C nach den drei Achsrichtungen, wobei $d\varphi/dt = \omega = $ konst. zu setzen ist; eine nochmalige Ableitung ergibt die drei Komponenten der Beschleunigung b_c.

9. Wegen $v_B = v_A + v_{BA}$ sind die drei Vektoren komplanar, so daß ihre Bilder sich in einem Punkte schneiden, außerdem geht v_{BA} durch den Antipol e_{BA} von BA, denn es ist $v_{BA} \perp A\,B$; mit der Richtung von v_{BA} und der gegebenen Richtung von v_B' erhält man im Geschwindigkeitsplan, von $v_A' = \overline{o\,a}$ ausgehend, die Größe von $v_B' = \overline{o\,b}$ (Geschwindigkeitsmaßstab wurde in Abb. 140 der Deutlichkeit wegen verdoppelt). Die Führungsebene ε ist durch ihre Normale N_ε im Punkte C gegeben. Das Bild v_C der Geschwindigkeit v_C geht durch den Antipol e_N und trifft auf v_A mit dem durch e_{CA} gelegten Bildstab v_{CA} in einem Punkt (c_A) zusammen, entsprechend der Beziehung $v_C = v_A + v_{CA}$. Eine willkürliche Annahme $(c_A)^*$ dieses Punktes auf v_A ergibt mit den dadurch bestimmten Richtungen v_C^* und v_{CA}^* den Punkt c_A im Geschwindigkeitsplan und die Gerade $G_A \parallel e_N\,e_{CA}$ als geometrischen Ort für den Geschwindigkeitspunkt c, wobei $\overline{o\,c} = v_C'$.

Ebenso erhält man, ausgehend von der Beziehung $v_C = v_B + v_{CB}$ durch die beschriebene Konstruktion die Gerade $G_B \parallel e_N\,e_{CB}$ als Ort für c, so daß der gesuchte Punkt c durch den Schnitt von G_A und G_B festgelegt ist.

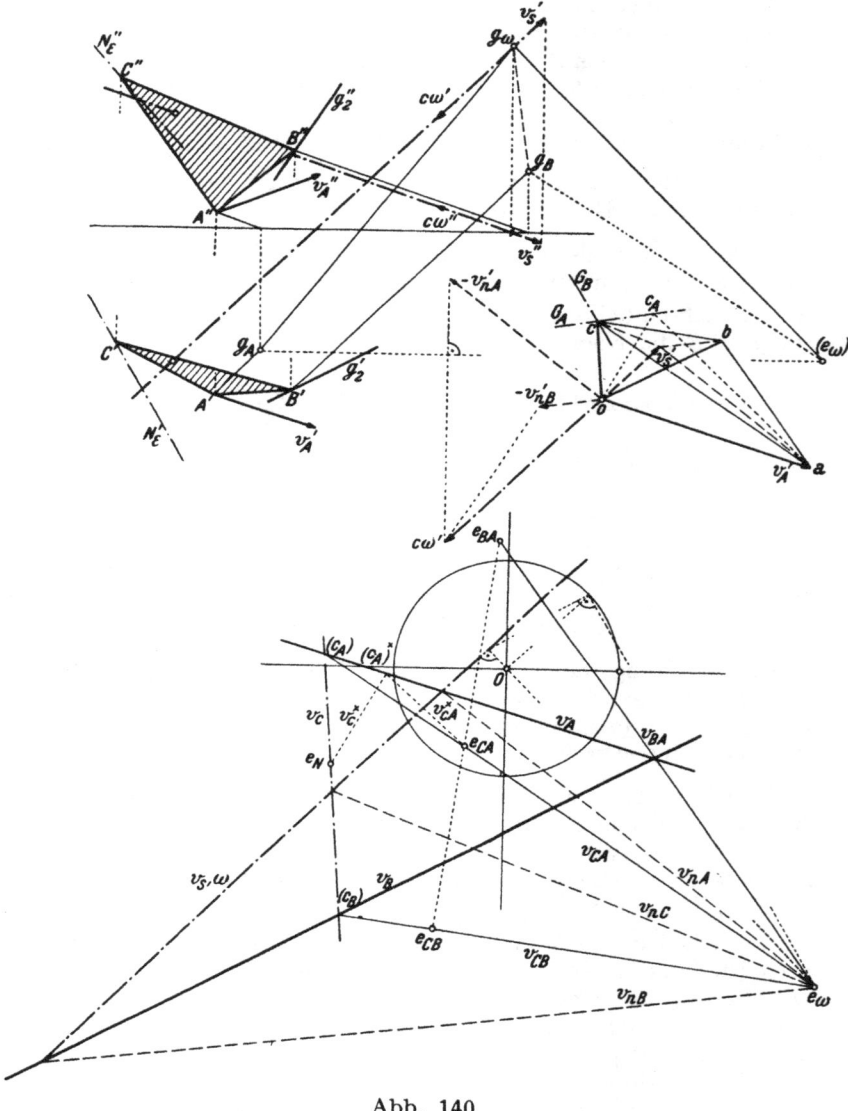

Abb. 140

Die relativen Geschwindigkeiten v_{BA}, v_{CA} und v_{CB} stehen senkrecht auf dem Drehvektor $\mathfrak{w}$, ihre Bilder schneiden sich daher in einem Punkt e_ω; somit ist das Bild von $\mathfrak{w}$ die Antipolare ω von e_ω. Die Zerlegung von v_A, v_B und v_C in Komponenten parallel und senkrecht zu $\mathfrak{w}$ liefert die gemeinsame Schiebungsgeschwindigkeit v_s — deren Bild v_s mit ω zusammenfällt — und die Drehgeschwindigkeiten v_{nA}, v_{nB} und v_{nC}, deren Bilder durch e_ω und die jeweiligen Schnittpunkte von v_A, v_B, v_C mit dem Bilde ω gehen.

Legt man durch A und B Parallele zu $\mathfrak{w}$ und zieht durch ihre Spurpunkte g_A und g_B Normale auf v_{nA}, bzw. v_{nB}, so schneiden sich diese im Spurpunkt g_ω des Drehvektors $\mathfrak{w}$, denn die Drehgeschwindigkeit $- v_{nA} = \overrightarrow{g_\omega g_A} \times \mathfrak{w}$ entspricht dem Moment einer in g_A angreifenden Kraft $\mathfrak{w}$ um den nach g_ω verlegt gedachten Ursprung (O), wobei das Bild des Momentenvektors v_{nA} eben auf $(O) g_A$ senkrecht steht; dasselbe gilt für v_{nB}. Macht man $\overrightarrow{O\,e_\omega} = \overrightarrow{g_\omega\,(e_\omega)}$ und zieht im Geschwindigkeitsplan durch die Vektorspitze von $- v_{nA}'$ die Norn ale auf $g_A\,(e_\omega)$, so schneidet sie auf der durch O zu ω gezogenen Parallelen die Drehgeschwindigkeit $c\,\omega$ ab, wo c die Abbildungskonstante angibt. (Kontrollen ergeben sich durch Wiederholung dieser Konstruktion mit Benutzung von $- v_{nB}'$ und $- v_{nC}'$.)

10. Setzt man die Verschiebungswege der drei Punkte A, B, C mit Größe und Richtung in A an, so liegen die Endpunkte der Verschiebungsvektoren in der Seitenebene $A B B_1$ und bilden dort zusammen mit A ein Rhombus. Daher ist die gesuchte Bewegung eine reine Drehung. Die zur Ebene $A B B_1$ senkrechte Drehachse geht durch den Schnittpunkt der Oktaederdiagonalen, was auch daraus folgt, daß die Punkte $A B C$ in der Anfangs- und Endlage auf einer Kugeloberfläche liegen. Ist F der Durchstoßpunkt der Drehachse mit der Seitenfläche $A B B_1$ und M die Mitte von $\overline{A B} = s$, so wird $\overline{F M} = \dfrac{s}{2\sqrt{3}}$ und es berechnet sich der Drehwinkel $\varphi = \widehat{A F A_1}$ aus $\operatorname{tg} \dfrac{\varphi}{2} = \dfrac{\overline{A M}}{\overline{M F}} = \sqrt{3}$ zu $\varphi = 120^0$.

11. Setzt man die Verschiebungsvektoren der Punkte $A B C$ von irgend einem Punkte o (z. B. in der Abb. 141 : $o \equiv A$) an, so ergibt sich das Tetraeder $o\,a\,b\,c$. Ist f der Fußpunkt des Lotes aus o auf die Ebene $a\,b\,c$, so gibt $\overline{o\,f} = \hat{\tau}$ den allen Verschiebungen gemeinsamen Translationsvektor und damit auch die Richtung der Schraubenachse, während $\overrightarrow{f\,a}$, $\overrightarrow{f\,b}$, $\overrightarrow{f\,c}$ die Verschiebungsanteile infolge Drehung um die Schraubenachse darstellen. Mit s als Kantenlänge des Oktaeders ist in dem bei o rechtwinkligen Dreiecke $M\,o\,c$: $\operatorname{tg} \alpha = \dfrac{\overline{M\,o}}{\overline{o\,c}} = \dfrac{1}{2}$, womit

$$\tau = \overline{o\,f} = \overline{o\,c}\,\sin \alpha = s\,\sqrt{\frac{2}{5}}.$$

Ferner ist

$$\overline{M\,f} = \tau\,\operatorname{tg} \alpha = \frac{s}{\sqrt{10}} \qquad \text{und} \qquad \overline{M\,c} = \frac{s}{\sqrt{2}\,\sin \alpha} = s\,\sqrt{\frac{5}{2}},$$

daher

$$\overline{M f} = \frac{1}{5}\,\overline{M c}.$$

Legt man durch die Punkte ABC Parallele zur Schraubenachse, welche die Ebene abc in den Punkten α, β, γ durchstoßen und setzt in diesen Punkten die Verschiebungsvektoren $\overrightarrow{f\,a},\ \overrightarrow{f\,b},\ \overrightarrow{f\,c}$ an, so daß

$$\overrightarrow{\alpha\,(\alpha)} = \overrightarrow{f\,a}, \qquad \overrightarrow{\beta\,(\beta)} = \overrightarrow{f\,b}, \qquad \overrightarrow{\gamma\,(\gamma)} = \overrightarrow{f\,c},$$

dann müssen sich deren Mittelsenkrechten in einem Punkte Ω schneiden, nämlich im Durchstoßpunkt der Schraubenachse mit der Ebene abc.

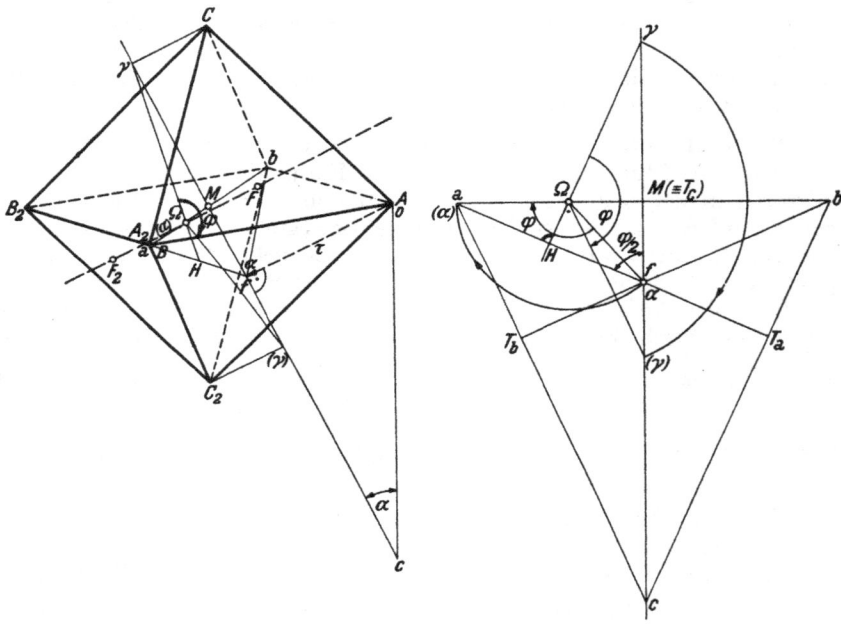

Abb. 141

Bei diesem Vorgange fällt α nach f und (α) nach a, während γ und (γ) in die Symmetrale Mc des gleichschenkligen Dreieckes abc zu liegen kommen, wobei ersichtlich $\overline{M\,\gamma} = \frac{1}{2}\,\overline{c\,f}$; M halbiert somit die Strecke $\overline{\gamma\,(\gamma)}$ und es schneidet die Symmetrale von $\alpha\,(\alpha)$ jene von $\gamma\,(\gamma)$ im Punkte Ω der Schraubenachse, der auf ab liegt.

Als Drehwinkel φ ergibt sich $\sphericalangle\,\gamma\,\Omega\,(\gamma) = \alpha\,\Omega\,(\alpha)$, wonach

$$\operatorname{tg}\frac{\varphi}{2} = \frac{\overline{M\,(\alpha)}}{\overline{M\,a}} = \frac{s/\sqrt{2}}{s/\sqrt{10}} = \sqrt{5}, \qquad \text{somit} \qquad \varphi = 131^{0}\,48'.$$

In allgemeinen Fällen wird die Lage der Schraubenachse am einfachsten nach einer Konstruktion von R. M e h m k e (1883) gefunden, die darauf beruht, zur ebenen Figur $a\,b\,c\,f$ den in der Affinität $A\,B\,C\,F$ dem Punkte f entsprechenden Punkt F zu konstruieren, der ein Punkt der Schraubenachse sein muß.

Man zieht durch die Ecken des Dreieckes $A\,B\,C$ Transversalen, welche die gegenüberliegenden Seiten in denselben Verhältnissen teilen, in denen die entsprechenden Seiten des Dreieckes $a\,b\,c$ durch die nach f gezogenen Ecktransversalen geteilt werden. Die erstgenannten Transversalen schneiden sich dann im Punkte F der Schraubenachse.

(Ein gleiches gilt übrigens auch für das Dreieck $A_2B_2C_2$; der in obiger Art bestimmte, zu f affine Punkt F_2 gehört der Schraubenachse an, so daß die angegebene Konstruktion zu Kontrollzwecken dienen kann.)

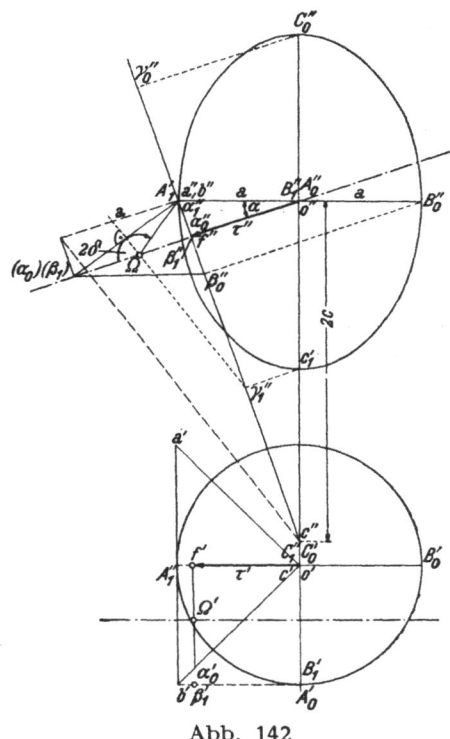

Bei Anwendung dieser Konstruktion auf die vorliegende Aufgabe findet man leicht, daß die Transversalenschnittpunkte $T_A\,T_B\,T_C$ des Dreieckes $a\,b\,c$ in die Fußpunkte der Höhen dieses Dreieckes fallen und daß durch T_A und T_B die zugehörigen Seiten $b\,c$ und $a\,c$ im Verhältnisse $1:2$ geteilt werden; hiedurch sind die Punkte F und F_2 in den Dreiecken $A\,B\,C$ und $A_2\,B_2\,C_2$ bestimmt.

12. In Aufg. 11 ergibt sich eine sphärische Bewegung, weil die Dreiecke $A\,B\,C$ und $A_1\,B_1\,C_1$ *direkt* kongruent, demnach die drei Verschiebungsvektoren komplanar sind.

In Aufg. 12 sind die Dreiecke $A\,B\,C$ und $A_2\,B_2\,C_2$ *invers* kongruent, demnach die Verschiebungsvektoren nicht komplanar; das Tetraeder $o\,a\,b\,c$ artet daher nicht in eine Ebene

Abb. 142

aus $(\tau \neq 0)$, somit liegt eine Schraubenbewegung vor.

13. Durch Ansetzen der drei Verschiebungsvektoren $\overrightarrow{A_0 A_1}$, $\overrightarrow{B_0 B_1}$, $\overrightarrow{C_0 C_1}$ in o (Abb. 142) ergibt sich das Tetraeder $o\,a\,b\,c$; das Lot aus o auf die Basis $a\,b\,c$ gibt den Translationsvektor $\overrightarrow{o\,f} = \overrightarrow{\tau}$ mit $\tau = a \cos a =$

$= 2c \sin \alpha$, wo $\operatorname{tg} \alpha = \dfrac{a}{2c}$. Die durch $A_0 B_0 C_0$ und $A_1 B_1 C_1$ gelegten Parallelen zu τ schneiden die Ebene abc in den Punkten $\alpha_0 \beta_0 \gamma_0$ und $\alpha_1 \beta_1 \gamma_1$; hiebei wird

$$\alpha_0 \equiv \beta_1, \quad \alpha_1 \equiv A_1, \quad \overline{f\,\beta_0} = \overline{f\,\alpha_1}, \quad \overline{f\gamma_0} = \overline{f\gamma_1} = \frac{1}{2}\overline{f\,c}.$$

Die Symmetralen von $\overline{\alpha_0\,\alpha_1}$, $\overline{\beta_0\,\beta_1}$ und $\overline{\gamma_0\,\gamma_1}$ schneiden sich in dem Punkte Ω der Schraubenachse, die parallel zu $\overrightarrow{\tau}$ läuft. Die Schraubung erfolgt um den Winkel $2\,\delta$, wo

$$\operatorname{tg}\delta = \frac{1}{\sin\alpha} = \sqrt{1 + \frac{4c^2}{a^2}}\,;$$

denn es ist

$$\operatorname{tg}\delta = \frac{\overline{\alpha_0\,f}}{\overline{A_1\,f}} \quad \text{und} \quad \overline{\alpha_0\,f} = a, \quad \overline{A_1\,f} = a\sin\alpha.$$

Der Punkt Ω ist bestimmt durch

$$\overline{f\,\Omega} = \overline{f\gamma_1}\,\operatorname{ctg}\delta = c\sin\alpha\cos\alpha.$$

Der Punkt f teilt die Höhe $\overline{A\,c}$ des gleichschenkligen Dreieckes abc im Verhältnisse $\overline{A_1\,f} : \overline{f\,c} = a^2 : 4\,c^2$. Der dem Punkte f affin entsprechende Punkt F_0 des gleichschenkligen Dreieckes $A_0\,B_0\,C_0$, in welchem dieses von der Schraubenachse durchstoßen wird, teilt nach dem Satze von M e h m k e (Aufg. 11) die von C gezogene Höhe im gleichen Verhältnisse.

III. Kinetik starrer Systeme

a) Drehung um eine feste Achse

1.
$$\omega^2{}_{min} = \frac{g}{l}\sqrt{3}\,; \qquad S = \frac{G}{2}\sqrt{3}.$$

2. $l = \dfrac{g}{\omega^2}\dfrac{\cos\alpha}{\sin^2\alpha}$. Bei Steigerung der Drehzahl um ihre Hälfte wird $\omega_1 = 3/2\,\omega$ und es übt der Gleitkörper auf den Stellring die Kraft

$$D = \frac{G}{g}\omega_1{}^2 l \sin^2\alpha - G\cos\alpha = \frac{5}{4}G\cos\alpha$$

aus.

3. Wegen $\dot\omega = c$ ist $\omega = c\,t$. Sind $D_x\,D_y\,D_z$ die Komponenten des Gelenkdruckes D in O in den Richtungen $\mathfrak{i}$, $\mathfrak{j}$, $\mathfrak{k}$ (Abb. 143), so wird

$$D_x = \frac{m\,l}{2}\,\dot\omega\sin\alpha = \frac{G\,l}{2\,g}\,c\sin\alpha,$$

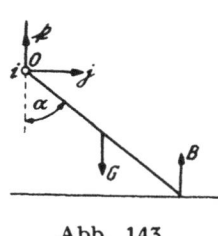

Abb. 143

$$D_y = \frac{m\,l}{2}\,\omega^2\sin\alpha = \frac{G\,l}{2\,g}\,c^2\,t^2\sin\alpha,$$

$$D_z = G - B.$$

Die Momentengleichung für die x-Achse lautet

$$B\,l\sin\alpha - \frac{G\,l}{2}\sin\alpha + \frac{m\,l^2}{3}\,\omega^2\sin\alpha\cos\alpha = 0,$$

woraus

$$B = \frac{G}{6}\left(3 - \frac{2\,l}{g}\,c^2\,t^2\cos\alpha\right),$$

so daß

$$D_z = \frac{G}{6}\left(3 + \frac{2\,l}{g}\,c^2\,t^2\cos\alpha\right)$$

wird.

Abheben vom Boden tritt ein, wenn $B = 0$, das heißt zur Zeit

$$t_1 = \frac{1}{c}\sqrt{\frac{3\,g}{2\,l\cos\alpha}}.$$

Für diesen Augenblick betragen die Komponenten des Gelenkdruckes D:

$$D_x = \frac{G\,l\,c}{2\,g}\sin\alpha, \qquad D_y = \frac{3}{4}\,G\,\mathrm{tg}\,\alpha, \qquad D_z = G.$$

Aus dem Arbeitsprinzip $T - T_0 = A$ errechnet sich die bis zum Eintritte des Abhebens des Stabes vom Boden zur Aufrechterhaltung der Bewegung geleistete Arbeit wegen $T_0 = 0$ und $T = \frac{1}{2}\,J_z\,\omega^2$, wo $J_z = \frac{m\,l^2}{3}\sin^2\alpha$ ist, zu

$$A = \frac{m\,l^2\,\omega^2}{6}\sin^2\alpha = \frac{m\,l^2\,c^2\,t_1^{\,2}}{6}\sin^2\alpha,$$

demnach mit Eintragung von t_1 zu $A = \frac{G\,l}{4}\sin\alpha\,\mathrm{tg}\,\alpha$.

4. Nach der vorstehenden Aufgabe ist

$$B = \frac{G}{6}\left(3 - 2\frac{l\,\omega^2}{g}\cos\alpha\right)$$

und da in der Ruhelage $B = G/2$, so ergibt sich ω aus der Forderung

$$\frac{G}{4} = \frac{G}{6}\left(3 - 2\frac{l\,\omega^2}{g}\cos\alpha\right) \quad \text{mit} \quad \omega^2 = \frac{3}{4}\frac{g}{l\cos\alpha}.$$

Die Komponenten von D sind nach Aufg. 3

$$D_x = 0, \qquad D_y = \frac{G\,l\,\omega^2}{2\,g}\sin\alpha = \frac{3}{8}\,G\,\mathrm{tg}\,\alpha, \qquad D_z = G - B = \frac{3}{4}\,G.$$

Der Gelenkdruck $D = \dfrac{3G}{4}\sqrt{1+\dfrac{1}{4}\text{tg}^2\,\alpha}$ schließt mit der nach oben positiven Lotrechten den Winkel ψ ein, für den $\text{tg}\,\psi = D_y/D_z = \frac{1}{2}\text{tg}\,\alpha$.

5. Das Flächenelement $dF = y\,dx = 2\sqrt{a^2-x^2}\,dx$ erfährt den Luftwiderstand $c\,(x\,\omega)^2\,dF$, wenn c den Widerstand für die Einheit der Fläche und der Geschwindigkeit bezeichnet (Abb. 144); daher ergibt sich ein die Bewegung abbremsendes Drehmoment

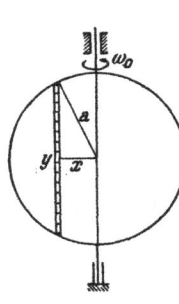

$$M = 2\,c\,\omega^2\int_{-a}^{+a} x^3\sqrt{a^2-x^2}\,dx = \frac{8}{15}\,c\,a^5\,\omega^2.$$

Aus $\dot\omega = -\dfrac{M}{J}$ folgt mit $J = \dfrac{G}{g}\dfrac{a^2}{4}$

$$\dot\omega = -\frac{32}{15}\frac{g\,c\,a^3}{G}\,\omega^2$$

und daher die Zeit T:

Abb. 144

$$T = -\frac{15\,G}{32\,g\,c\,a^3}\int_{\omega_0}^{\omega_0/2}\frac{d\omega}{\omega^2} = \frac{15}{32}\frac{G}{g}\frac{1}{\omega_0\,c\,a^3}.$$

6. Das Trägheitsmoment der Platte um die Achse AB beträgt $J = \dfrac{m\,h^2}{6}$.

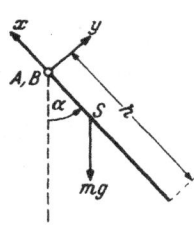

Aus

$$\dot\omega = \ddot\varphi = -\frac{m\,g\,(h/3)\sin\varphi}{J}$$

folgt

$$\dot\omega = -\frac{2\,g}{h}\sin\varphi$$

Abb. 145

und wegen $\omega\,d\omega = \dot\omega\,d\varphi$:

$$\omega^2 = \omega_0^2 - \frac{4\,g}{h}(1-\cos\varphi).$$

Da $\omega = 0$ sein soll für $\varphi = \pi$, so folgt $\omega_0^2 = 8\,g/h$ und hiemit

$$v_0 = \frac{h}{2}\omega_0 = \sqrt{2\,g\,h}.$$

Die Lagerdrücke in A und B sind einander gleich und geben nach den Richtungen x, y (Abb. 145) die Komponenten

$$2\,A_x = G\cos\varphi + \frac{m\,h}{3}\omega^2 = \frac{G}{3}(4 + 7\cos\varphi),$$

$$2\,A_y = G\sin\varphi + \frac{m\,h}{3}\dot\omega = \frac{G}{3}\sin\varphi.$$

Für die waagrechte Lage $\varphi = \pi/2$ folgen hieraus die Lagerdrücke $A = B = \left(\dfrac{G}{6}\right)\sqrt{17}$, deren Wirkungslinien gegen die x-Achse unter θ geneigt sind, wo $\operatorname{tg}\theta = \frac{1}{4}$.

7. Mit c als Reibungsmoment für die Winkelgeschwindigkeit „1", lautet die Bewegungsgleichung der Kurbel $J_0\,\dot\omega = M_d - c\,\omega$ oder

$$\ddot\varphi + b\,\dot\varphi - a = 0, \tag{a}$$

worin

$$b = \frac{c}{J_0}, \qquad a = \frac{M_d}{J_0}.$$

Bei Beachtung der Anfangsbedingungen $\varphi = 0$, $\dot\varphi = 0$ für $t = 0$ besitzt (a) die Lösung

$$\varphi = \frac{a}{b}\left[t - \frac{1}{b}\left(1 - e^{-bt}\right)\right].$$

Hienach ist zur Zeit t_1:

$$\omega_1 = \frac{a}{b}\left(1 - e^{-bt_1}\right)$$

und zur Zeit $t_2 = \beta\,t_1$:

$$\omega_2 = \frac{a}{b}\left(1 - e^{-b\beta t_1}\right),$$

es besteht daher der Zusammenhang:

$$1 - \frac{\omega_2\,c}{M_d} = \left(1 - \frac{\omega_1\,c}{M_d}\right)^{\beta},$$

wodurch ω_2 bestimmt ist.

Die Reibungsarbeit A_r ergibt sich entweder aus dem Arbeitsprinzip $T - T_0 = A$, worin $T_0 = 0$, $T = \frac{1}{2}J_0\,\omega^2$, $A = M_d\varphi + A_r$, mit Beachtung der für φ und ω erhaltenen Lösung zu

$$A_r = -\frac{M_d{}^2}{c}\left[t_1 - \frac{J_0}{2c}\left(3 - 4e^{-\frac{ct_1}{J_0}} + e^{-\frac{2ct_1}{J_0}}\right)\right] \tag{b}$$

oder definitionsgemäß aus

$$A_r = -\int_0^{\varphi_1} c\,\omega\,d\varphi = -c\int_0^{t_1}\omega^2\,dt,$$

womit bei Benutzung der obigen Lösung für $\omega = \omega(t)$ wieder das Ergebnis Gl. (b) folgt.

8. Mit b als Beschleunigung des sinkenden Gewichtes Q zur Zeit t beträgt die Spannkraft des Seiles $S = Q(1 - b/g)$, die an der Welle das Antriebsmoment $S \cdot r$ liefert.

Ein Flächenelement $dF = h\,dx$ in der Entfernung x von der Drehachse hat die Geschwindigkeit $v = x\,\omega$ und erfährt den Luftwiderstand $c\,dF\,v^2$, wo c den Widerstand je Einheit der Fläche und Geschwindigkeit angibt.

Das die Drehung verzögernde Moment M_L des Luftwiderstandes ergibt sich daher zu

$$M_L = -c\,h\,\omega^2 \int_0^a x^3\,dx = -\frac{c\,h\,a^4}{4}\,\omega^2.$$

Mit $J = \dfrac{G}{g}\dfrac{a^2}{3}$ als Trägheitsmoment der dünnen Platte um die Drehachse lautet ihre Bewegungsgleichung

$$J\,\dot\omega = S\,r + M_L.$$

Die Eintragung der obigen Werte von S und M_L, wobei $b = r\,\dot\omega$ ist, liefert daher

$$\dot\omega\left(1 + \frac{Q\,r^2}{g\,J}\right) = \frac{Q\,r}{J} - \frac{c\,h\,a^4}{4\,J}\,\omega^2. \qquad (a)$$

Bei Eintritt gleichförmiger Drehung ist $\dot\omega = 0$, demnach ist der Grenzwert ω_g der Winkelgeschwindigkeit bestimmt durch

$$\omega_g{}^2 = \frac{4\,Q\,r}{c\,h\,a^4}. \qquad (b)$$

Hiemit geht (a) über in

$$\left(\frac{\omega}{\omega_g}\right)^{\!\cdot}\left(1 + \frac{Q\,r^2}{g\,J}\right) = \frac{Q\,r}{J\,\omega_g}\left[1 - \left(\frac{\omega}{\omega_g}\right)^2\right]$$

oder mit $\zeta = \omega/\omega_g$ und

$$\frac{1}{1 + \dfrac{Q\,r^2}{g\,J}}\,\frac{Q\,r}{J\,\omega_g} = k \qquad (c)$$

in

$$\frac{d\zeta}{1 - \zeta^2} = k\,dt,$$

woraus mit der Anfangsbedingung $\omega\,(o) = \zeta\,(o) = 0$ folgt

$$\zeta = \frac{\omega}{\omega_g} = \mathrm{Tg}\,(k\,t).$$

Die Anlaufzeit τ ist durch die Forderung $\omega/\omega_g = 0{,}99$, also durch $\mathrm{Tg}\,(k\,\tau) = 0{,}99$ bestimmt; hieraus wird

$$\tau = \frac{2{,}65}{k} = 2{,}65\,\frac{J\,\omega_g}{Q\,r}\left(1 + \frac{Q\,r^2}{g\,J}\right).$$

Die zeitfreie Gleichung $\omega\,d\omega = \dot\omega\,d\varphi$ geht wegen (a) über in

$$d\left(\frac{\omega^2}{2}\right) = \frac{1}{1 + \dfrac{Q\,r^2}{g\,J}}\,\frac{Q\,r}{J}\left(1 - \frac{\omega^2}{\omega_g{}^2}\right)d\varphi,$$

oder mit $\zeta = \omega/\omega_g$ und dem Hilfswert k (Gl. c) nach Trennung der Veränderlichen in

$$\frac{d(\zeta^2)}{1-\zeta^2} = \frac{2\,k}{\omega_g}\,d\varphi.$$

Die Integration liefert mit der Anfangsbedingung $\varphi = 0$, $\zeta = 0$

$$\varphi = \frac{\omega_g}{2\,k}\ln\frac{1}{1-\zeta^2}.$$

Das Gewicht Q senkt sich um $r\,\varphi$ und daher nach Ablauf der Anlaufzeit, also für $\zeta = 0{,}99$ um

$$s = \frac{r\,\omega_g}{2\,k}\ln 50{,}25 = 1{,}959\,\frac{r\,\omega_g}{k}.$$

9. Bezeichnet M_{red} die auf den Radumfang reduzierte Radmasse, x den Weg der Gewichte G_1 und G_2 aus der Ruhelage, c den Widerstand des Mittels für die Einheit der Geschwindigkeit, so lautet die Bewegungsgleichung

$$(m_1 + m_2 + M_{red})\,\ddot{x} = G_1 - G_2 - 2\,c\,\dot{x}.$$

Bei Beachtung der Anfangsbedingungen $t = 0$, $x = 0$, $\dot{x} = 0$ ergibt sich die Lösung

$$x = \frac{G_1 - G_2}{2\,c}\left[t + \frac{m}{2\,c}\left(e^{-\frac{2c}{m}t} - 1\right)\right],$$

worin $m = m_1 + m_2 + M_{red}$ gesetzt ist.

Aus $S_1 = G_1 - m_1\,\ddot{x} - c\,\dot{x}$ und $S_2 = G_2 + m_2\,\ddot{x} + c\,x$ berechnen sich die Seilkräfte zu

$$S_1 = \frac{G_1 + G_2}{2} + (G_1 - G_2)\left(\frac{1}{2} - \frac{m_1}{m}\right)e^{-\frac{2c}{m}t},$$

$$S_2 = \frac{G_1 + G_2}{2} - (G_1 - G_2)\left(\frac{1}{2} - \frac{m_2}{m}\right)e^{-\frac{2c}{m}t}.$$

10. Mit S_1 und S_2 als Seilspannungen in den lotrechten Seilen und mit x als Weg der Förderkörbe aus der Ruhelage lauten die Bewegungsgleichungen

$$M_0 + (S_2 - S_1)\,r = J_0\,\dot{\omega},$$

$$G_1 + \frac{G_1}{g}\,\ddot{x} = S_1,$$

$$G_2 - \frac{G_2}{g}\,\ddot{x} = S_2,$$

woraus wegen $r\,\dot{\omega} = \ddot{x}$ folgt

$$\ddot{x} = \frac{\dfrac{M_0}{r} + G_2 - G_1}{\dfrac{J_0}{r^2} + \dfrac{G_2 + G_1}{g}}$$

oder mit $G_1 = (1 + a)G_2$ und $J_0 = \frac{1}{2}(Q/g)\,r^2$:

$$b = \ddot{x} = g\;\frac{\dfrac{M_0}{r^2} - a\,G_2}{(2 + a)\,G_2 + \dfrac{Q}{2}} = \text{konst.} \qquad (a)$$

Die beiden gleichmäßig mit b beschleunigten Förderkörbe begegnen sich daher nach der Zeit $t_1 = \sqrt{h/b}$ mit der Geschwindigkeit $v_1 = \sqrt{b\,h}$. Seilrutsch tritt ein, wenn $S_1 = S_2\,e^{f\,\pi}$.

Da $S_1 = G_1\,(1 + b/g)$ und $S_2 = G_2\,(1 - b/g)$, so ergibt sich die Bedingung

$$(1 + a)\,\frac{g + b}{g - b} = e^{f\,\pi},$$

aus der sich nach Eintragung des Wertes b aus Gl. (a) das Antriebsmoment M_0 bei Eintritt des Seilrutsches berechnet mit

$$\frac{M_0}{r} = \frac{2\,G_1\,(e^{f\,\pi} - 1) + Q/2\,(e^{f\,\pi} - a - 1)}{e^{f\,\pi} + a + 1}.$$

Bei Vernachlässigung des Gewichtes der Seilscheibe vereinfacht sich dies zu

$$M_0 = \frac{2\,G_1\,r\,(e^{f\,\pi} - 1)}{e^{f\,\pi} + a + 1}.$$

11. Sei g die Drehachse der ebenen Platte mit dem Schwerpunkte S, deren Zentralellipsoid die Halbachsen i_1, i_2, $i_3 = 0$ besitze (Abb. 146). Für ein Massenelement $\mu\,dF$ in der Entfernung u von der Drehachse ist die Zentrifugalkraft

$$dC = \mu\,dF\,u\,\omega^2. \qquad (a)$$

Schließt die Drehachse g mit der Hauptachse SB den Winkel θ ein, so ist

$$u = u_s - x\sin\theta - y\cos\theta. \qquad (b)$$

Für die Koordinaten ξ, η des Mittelpunktes e_g des Parallelkraftsystems aller dC gilt

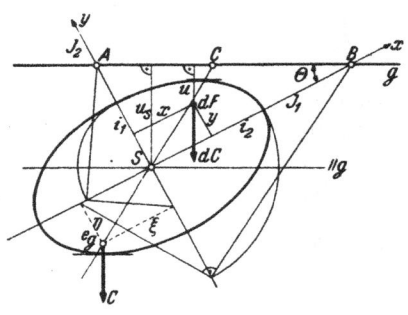

Abb. 146

$$\xi = \frac{\displaystyle\int_F x\,dC}{\displaystyle\int_F dC}, \qquad \eta = \frac{\displaystyle\int_F y\,dC}{\displaystyle\int_F dC}. \qquad (c)$$

Mit Rücksicht auf

$$\int_F x\,dF = 0 = \int_F y\,dF, \qquad \int_F x^2\,dF = F\,i_2{}^2,$$

$$\int_F y^2 \, dF = F\, i_1{}^2, \qquad \int_F x\, y\, dF = 0$$

gehen die Gleichungen (c) wegen (a), (b) über in

$$\xi = -\sin\theta\, \frac{i_2{}^2}{u_s},$$

$$\eta = -\cos\theta\, \frac{i_1{}^2}{u_s},$$

dies sind die Koordinaten des Antipoles e_g der Zentralellipse für die Gerade g, der nach Abb. 146 zu konstruieren ist. Die Linie $e_g\,S\,C$ ist konjugiert der Geraden g.

Für die resultierende Zentrifugalkraft C ergibt sich

$$C = \mu\, F\, u_s\, \omega^2,$$

ihre Wirkungslinie geht aber nur dann durch den Schwerpunkt S, wenn die Drehachse g parallel zu einer der Hauptachsen des Querschnittes ist. Die der Winkelbeschleunigung $\dot\omega$ entsprechende elementare Trägheitskraft dN ist gleich $\mu\, dF\, u\, \dot\omega$; sie ist ebenso wie dC proportional u, wirkt aber senkrecht zur Plattenebene; der Mittelpunkt des Parallelkraftsystems aller dN fällt daher mit e_g zusammen. Die resultierende Trägheitskraft hat den Betrag

$$\sqrt{C^2 + N^2} = m\, u_s\, \sqrt{\omega^4 + \dot\omega^2}.$$

12. Für die in die Winkelhalbierende des Viertelkreises (Abb. 147) fallende Haupträgheitsachse x ist $i_1{}^2 = \left(\dfrac{r^2}{4}\right)(1 - 2/\pi)$, für die dazu senkrechte Schwerpunktshauptachse y:

$$i_2{}^2 = \frac{r^2}{4}\left(1 + \frac{2}{\pi} - 8\, \frac{u_s{}^2}{r^2}\right), \qquad \text{wo} \qquad u_s = \frac{4}{3}\frac{r}{\pi}.$$

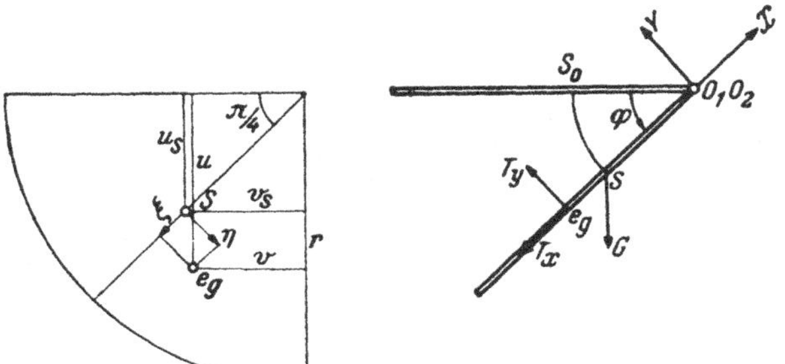

Abb. 147

Demnach sind die Koordinaten des Angriffspunktes e_g der resultierenden Trägheitskraft bezüglich der Zentralachsen

$$\xi = \frac{i_2{}^2}{u_s}\sin\theta = \frac{r^2}{4\sqrt{2}\, u_s}\left(1 + \frac{2}{\pi} - 8\, \frac{u_s{}^2}{r^2}\right),$$

$$\eta = \frac{i_1^2}{u_s} \cos\theta = \frac{r^2}{4\sqrt{2}\,u_s}\left(1 - \frac{2}{\pi}\right),$$

oder bezogen auf den waagrechten und lotrechten Kreisdurchmesser

$$u = u_s + \xi \sin\theta + \eta \cos\theta = \frac{r^2}{4\,u_s} = \frac{3\,\pi}{16}\,r,$$

$v = v_s + \xi \cos\theta - \eta \sin\theta$, somit wegen $v_s = u_s$: $v = 3\,r/8$.

Die Zentrifugalkraft ist $C = m\,u_s\,\omega^2$, die dazu normale Trägheitskraft $N = -\,m\,u_s\,\dot\omega$.

Die Momentengleichung um die Drehachse $O_1 O_2$ für das Gleichgewicht der Kräfte G, C, N und der beiden Lagerdrücke liefert

$$G\,u_s \cos\varphi = N\,u = m\,u_s\,\dot\omega\,u,$$

daher

$$\dot\omega = \frac{g \cos\varphi}{u} = \frac{16\,g}{3\,r\,\pi}\cos\varphi;$$

hiemit folgt aus $\omega\,d\omega = \dot\omega\,d\varphi$:

$$\omega^2 = \frac{32\,g}{3\,r\,\pi}\sin\varphi.$$

Die Komponenten der Lagerdrücke $O_1 O_2$ in Richtung der x-, y-Achsen berechnen sich hiemit zu

$$O_{1,x} = G \sin\varphi \left[\frac{4}{3\,\pi}\frac{r}{a}\left(1 + \frac{4}{\pi}\right) + \frac{d}{a}\left(1 + \frac{128}{9\,\pi^2}\right)\right],$$

$$O_{2,x} = G \sin\varphi + C - O_{1,x} = G \sin\varphi \left[\left(1 - \frac{d}{a}\right)\left(1 + \frac{128}{9\,\pi^2}\right) - \frac{4}{3\,\pi}\frac{r}{a}\left(1 + \frac{4}{\pi}\right)\right],$$

$$O_{1,y} = G \cos\varphi \left[\frac{4}{3\,\pi}\frac{r}{a}\left(1 - \frac{2}{\pi}\right) + \frac{d}{a}\left(1 - \frac{64}{9\,\pi^2}\right)\right],$$

$$O_{2,y} = G \cos\varphi + N - O_{1,y} = G \cos\varphi \left[\left(1 - \frac{d}{a}\right)\left(1 - \frac{64}{9\,\pi^2}\right) - \frac{4}{3\,\pi}\frac{r}{a}\left(1 - \frac{2}{\pi}\right)\right].$$

13. Senkt sich das Gewicht G_1 um x_1, wobei G_2 um x_2 gehoben wird, so liefert das Arbeitsprinzip mit den Bezeichnungen der Abbildung 148

$$G_1 x_1 - (G_2 + m\,g)\,x_2 =$$

$$= \frac{1}{2}\left[m_1 v_1^2 + (m_2 + m)\,v_2^2 + \frac{1}{2}(m'\,R^2 + m''\,r^2)\,\Omega^2 + \frac{1}{2}\,m\left(\frac{R+r}{2}\right)^2 \omega^2\right].$$
$$\text{(a)}$$

Ist $\varphi = \dfrac{x_1}{R}$ der Drehwinkel der festen Rolle, so ist $x_2 = \dfrac{R-r}{2}\,\varphi$,

demnach $v_1 = R\,\dot\varphi = R\,\Omega$ und $v_2 = \dfrac{R-r}{2}\,\Omega$.

Die absolute Geschwindigkeit des Punktes B der mit v_2 nach aufwärts bewegten und mit ω sich drehenden Rolle ist

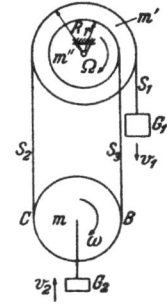

$$r\,\Omega = \omega\,\frac{R+r}{2} - v_2$$

und jene des Punktes C:

$$R\,\Omega = \omega\,\frac{R+r}{2} + v_2,$$

hienach ist $\omega = \Omega$.

Gl. (a) ergibt daher mit $\varrho = r/R$

$$\omega^2 = \varphi\,\frac{g}{R}\,k,$$

worin die Konstante k durch   Abb. 148

$$k = \frac{m_1 - 1/2\,(1-\varrho)\,(m_2+m)}{m_1 + 1/4\,(m_2+m)\,(1-\varrho^2) + 1/2\,(m' + m''\,\varrho^2) + 1/8\,m\,(1+\varrho)^2}$$

bestimmt ist.

Da hienach die Winkelbeschleunigung $\dot\omega = (g/R)\,k$, so bewegt sich G_1 mit der konstanten Beschleunigung $b_1 = R\,\dot\omega = g\,k$ und G_2 mit

$$b_2 = \frac{R-r}{2}\,\dot\omega = g\,(1-\varrho)\,\frac{k}{2}.$$

Für die Seilkraft S_1 gilt $S_1 = G_1 - m_1\,b_1 = G_1\,(1-k)$.

Die Seilkräfte S_2 und S_3 ergeben sich aus

$$S_2 + S_3 = G_2 - (m_2+m)\,b_2 = G_2 - \frac{k}{2}\,(1-\varrho)\,(G_2+G)$$

und

$$S_2 - S_3 = \frac{m}{2}\,\frac{R+r}{2}\,\dot\omega = \frac{G}{4}\,(1+\varrho)\,k$$

mit

$$S_2 = \frac{1}{2}\left[G_2\left(1 + k\,\frac{1-\varrho}{2}\right) + G\,\frac{k}{4}\,(3-\varrho)\right],$$

$$S_3 = \frac{1}{2}\left[G_2\left(1 + k\,\frac{1-\varrho}{2}\right) + G\,\frac{k}{4}\,(1-3\,\varrho)\right].$$

14. Werden den Kräften G, Q, G_m, K die Fliehkräfte des Schwunggewichtes und der vier Stangen hinzugefügt, so entsteht ein Gleichgewichtssystem. Für eine virtuelle Winkeländerung $\delta\varphi$ muß die virtuelle Arbeit der angegebenen Kräfte verschwinden; demnach ist

$$-2\,(Q + 2\,G + G_m + K)\,l\sin\varphi\,\delta\varphi + 2\,\frac{Q}{g}\,(a + l\sin\varphi)\,\omega^2\,l\cos\varphi\,\delta\varphi +$$

$$+ 4\,\omega^2\cos\varphi\,\delta\varphi\int_{u=0}^{l} u\,(a + u\sin\varphi)\,dm = 0,$$

wo dm das Massenelement eines Stabes in der Entfernung u von A (oder C) bedeutet. Da

$$\int_{u=0}^{l} u\,(a + u\sin\varphi)\,dm = a\,m\,\frac{l}{2} + \sin\varphi\,\frac{m\,l^2}{3}$$

und

$$K = c\,(h_0 - 2\,l\cos\varphi),$$

so ergibt sich

$$\frac{\omega^2}{g} = \operatorname{tg}\varphi\,\frac{Q + 2\,G + G_m + c\,(h_0 - 2\,l\cos\varphi)}{Q\,(a + l\sin\varphi) + G\,(a + 2/3\,l\sin\varphi)}.$$

b) Drehung um einen festen Punkt (Kreisel)

1. Drehbewegungen um einen festen Punkt (Kreiselbewegungen) werden beherrscht durch den Satz vom Drall

$$\frac{d\mathfrak{D}}{dt} = \mathfrak{M}, \tag{1}$$

worin die Änderungsgeschwindigkeit des Dralles $\mathfrak{D}$ des Kreisels für den festen Drehpunkt auf ein raumfestes, also ruhendes System bezogen ist. Für ein solches System sind dann die Trägheits- und Deviationsmomente variabel.

Es ist daher zweckmäßig, die Momentengleichung (1) so umzuformen, daß darin die Änderungsgeschwindigkeit des Dralles bezüglich eines *körperfesten* Systems steht, weil dann die angegebenen Massenmomente zweiter Ordnung konstant sind.

Die absolute und die relative Änderungsgeschwindigkeit ein und desselben Vektors (also auch des Drallvektors $\mathfrak{D}$) stehen aber bei Drehung des Bezugssystems mit $\mathfrak{w}$ in der Beziehung

$$\frac{d\mathfrak{D}}{dt} = \left(\frac{d\mathfrak{D}}{dt}\right)_{rel} + \mathfrak{w} \times \mathfrak{D},$$

so daß sich die mit (1) gleichwertige aber bequemere Gleichung

$$\left(\frac{d\mathfrak{D}}{dt}\right)_{rel} + \mathfrak{w} \times \mathfrak{D} = \mathfrak{M} \tag{2}$$

ergibt.

Wählt man im Besonderen die *Hauptachsen* $(x\,y\,z)$ des Kreisels als körperfeste Achsen, für welche die Deviationsmomente verschwinden, so zerfällt Gl. (2) zufolge

$$
\begin{aligned}
D_x &= J_1\,\omega_x, \\
D_y &= J_2\,\omega_y, \\
D_z &= J_3\,\omega_z,
\end{aligned}
\qquad
\mathfrak{w} \times \mathfrak{D} =
\begin{vmatrix}
\mathfrak{i} & \mathfrak{j} & \mathfrak{k} \\
\omega_x & \omega_y & \omega_z \\
D_x & D_y & D_z
\end{vmatrix}
$$

in die folgenden drei **Eulerschen** Gleichungen:

$$\left.
\begin{aligned}
J_1\,\dot{\omega}_x + (J_3 - J_2)\,\omega_y\,\omega_z &= M_x, \\
J_2\,\dot{\omega}_y + (J_1 - J_3)\,\omega_x\,\omega_z &= M_y, \\
J_3\,\dot{\omega}_z + (J_2 - J_1)\,\omega_x\,\omega_y &= M_z.
\end{aligned}
\right\} \tag{3}$$

2. In bezug auf das durch O gelegte Hauptachsenkreuz $x\,y\,z$ (Abb. 149) hat der Kegel die Trägheitsmomente

$$J_1 = \frac{3}{10}\,m\,r^2, \qquad J_2 = J_3 = \frac{3}{5}\,m\left(h^2 + \frac{r^2}{4}\right),$$

womit sich jenes für die momentane Drehachse OA aus

$$J = J_1 \cos^2\alpha + J_2 \cos^2\left(\frac{\pi}{2} + \alpha\right) + J_3 \cos^2\frac{\pi}{2}$$

zu

$$J = \frac{3}{20}\,m\,r^2\,\frac{r^2 + 6\,h^2}{r^2 + h^2}$$

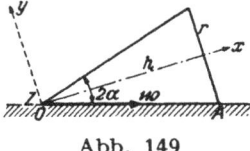

Abb. 149

ergibt.

Der Kegel dreht sich um OA mit $\omega = (2\,\pi/\tau)\,\operatorname{ctg}\alpha$ und besitzt daher die kinetische Energie

$$T = \frac{1}{2}\,J\,\omega^2 = \frac{3\,\pi^2}{10\,\tau^2}\,m\,h^2\,\frac{r^2 + 6\,h^2}{r^2 + h^2}.$$

Wegen $\omega_z = 0$ liegt der Drallvektor $\mathfrak{D}_0$ in der x-, y-Ebene und hat die Komponenten

$$D_x = J_1\,\omega_x = \frac{3}{10}\,m\,r^2\,\omega\,\cos\alpha,$$

$$D_y = J_2\,\omega_y = -\frac{3}{5}\,m\left(h^2 + \frac{r^2}{4}\right)\omega\,\sin\alpha,$$

somit ist

$$|\mathfrak{D}_0| = \frac{3\,\pi}{5\,\tau}\,m\,r^2\,\frac{\cos^2\alpha}{\sin\alpha}\sqrt{3 + \frac{1}{4}\operatorname{tg}^2\alpha + 4\operatorname{ctg}^2\alpha}.$$

Der Winkel θ des Vektors $\mathfrak{D}_0$ mit der x-Achse ist durch

$$\operatorname{tg}\theta = \frac{D_y}{D_x} = -\left(2\operatorname{ctg}\alpha + \frac{1}{2}\operatorname{tg}\alpha\right)$$

bestimmt.

$\mathfrak{D}_0$ wirft in die Drehachse die Komponente $D_0 \cos(\theta + \alpha)$, die auch gleich sein muß

$$J\,\omega = \frac{3\,\pi}{10\,\tau}\,m\,r^2\,\operatorname{ctg}\alpha\,(1 + 5\cos^2\alpha),$$

was als Kontrolle der Rechnung dient.

3. Der Zylinder führt um die Drehachse O_1O_2 eine Präzessionsbewegung mit dem Drehvektor $\mathfrak{w}$ aus (Abb. 150). In bezug auf das durch den Punkt O (Schnittpunkt der

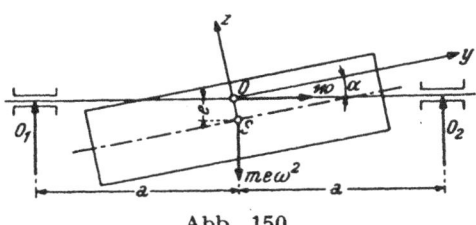

Abb. 150

Hauptträgheitsachse z mit der Drehachse) gelegte körperfeste Koordinatensystem $x\,y\,z$, für welches $\omega_x = 0$, $\omega_y = \omega \cos \alpha$, $\omega_z = -\omega \sin \alpha$, liefern die Eulerschen Gleichungen

$$M_x = -\omega^2 \sin \alpha \cos \alpha \,(J_z - J_y),$$
$$M_y = M_z = 0.$$

Es ist

$$J_z = m\left(\frac{r^2}{4} + \frac{l^2}{12}\right), \quad J_y = \frac{m\,r^2}{2} + \frac{m\,e^2}{\cos^2 \alpha},$$

womit

$$M_x = m\,\omega^2\,\frac{\sin 2\alpha}{8}\left(r^2 - \frac{l^2}{3}\right) + m\,e^2\,\omega^2\,\mathrm{tg}\,\alpha.$$

Aus

$$M_x = O_2\,(a + e\,\mathrm{tg}\,\alpha) - O_1\,(a - e\,\mathrm{tg}\,\alpha)$$

und $O_1 + O_2 = $ Fliehkraft $= m\,e\,\omega^2$ folgen die Lagerdrücke

$$O_1 = \frac{G}{g}\,\omega^2\left[\frac{e}{2} + \frac{\sin 2\alpha}{16\,a}\left(\frac{l^2}{3} - r^2\right)\right],$$
$$O_2 = \frac{G}{g}\,\omega^2\left[\frac{e}{2} - \frac{\sin 2\alpha}{16\,a}\left(\frac{l^2}{3} - r^2\right)\right].$$

4. Für die körperfesten xyz-Achsen (Abb. 151) sind die Hauptträgheitsmomente

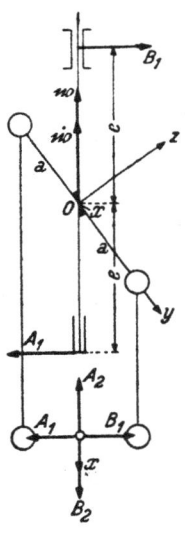

Abb. 151

$$J_1 = J_3 = 2\,m\,a^2, \quad J_2 = 0, \quad \left(m = \frac{G}{g}\right)$$

der Drehvektor $\mathfrak{w}$ und der Vektor der Winkelbeschleunigung $\dot{\mathfrak{w}}$ haben die Komponenten

$$\omega \cdot \begin{cases} 0 \\ -\cos \alpha, \\ \sin \alpha \end{cases} \quad \dot{\omega} \cdot \begin{cases} 0 \\ -\cos \alpha. \\ \sin \alpha \end{cases}$$

Hiemit liefern die Eulerschen Gleichungen

$$M_x = -m\,a^2\,\omega^2 \sin 2\alpha,$$
$$M_y = 0,$$
$$M_z = 2\,m\,a^2\,\dot{\omega}\,\sin \alpha.$$

Der Lagerdruck $\mathfrak{A}$ des Spurlagers wird zerlegt

in $\begin{cases} A_1 \\ A_2, \\ A_3 \end{cases}$ jener $\mathfrak{B}$ des Halslagers in $\begin{cases} B_1 \\ B_2. \\ 0 \end{cases}$

Es ist

$$M_x = -e\,(A_1 + B_1), \tag{a}$$
$$M_y = -M_a \cos \alpha + e \sin \alpha\,(A_2 + B_2), \tag{b}$$
$$M_z = M_a \sin \alpha + e \cos \alpha\,(A_2 + B_2). \tag{c}$$

Da $A_1 = B_1$ sein muß, so liefert (a):

$$A_1 = B_1 = \frac{m\,a^2\,\omega^2}{2\,e}\,\sin 2\,\alpha; \qquad\qquad \text{(d)}$$

aus (b) und (c) folgt

$$\dot\omega = \frac{M_a}{2\,m\,a^2\,\sin^2\alpha} = \text{konst.} = c \qquad\qquad \text{(e)}$$

(was sich auch unmittelbar aus der Grundgleichung für Drehung um eine feste Achse ergibt) und

$$A_2 + B_2 = \frac{M_a}{e}\,\text{ctg}\,\alpha.$$

Wegen $A_2 = B_2$ wird $A_2 = B_2 = \dfrac{M_a}{2\,e}\,\text{ctg}\,\alpha$ (Betrag konstant, Richtung entsprechend der Drehung der Ebene $x\,A\,B$ zeitlich veränderlich) und zufolge $\omega = c\,t$:

$$A_1 = B_1 = \frac{m\,a^2\,c^2}{2\,e}\,t^2 \sin 2\,\alpha,$$

(Betrag und Richtung ändern sich mit t); schließlich $A_3 = 2\,G$.

5. Das Gewicht G des Läufers hat bezüglich des Gelenkes O das Moment

$$M_0 = G\,s\,\sin\vartheta.$$

Sind J_2 und J_1 die Trägheitsmomente des Läufers für seine Figurenachse SO und für eine in O darauf senkrechtstehende Achse, so besteht die Kreiselwirkung in dem Momente

$$K = [J_2\,\omega_2 + (J_2 - J_1)\,\omega_1\cos\vartheta]\,\omega_1\sin\vartheta,$$

welches sich mit dem Schweremoment M_0 zum gesamten Pressungsmomente $M = M_0 + K$ vereinigt, wofür sich wegen

$$\omega_2\sin\alpha = \omega_1\sin(\vartheta - \alpha)$$

ergibt

$$M = G\,s\,\sin\vartheta + \omega_1{}^2\,(J_2\,\text{ctg}\,\alpha\,\sin\vartheta - J_1\cos\vartheta)\,\sin\vartheta.$$

Aus $\partial M/\partial\vartheta = 0$ folgt

$$0 = G\,s\,\cos\vartheta + \omega_1{}^2\,(J_2\,\text{ctg}\,\alpha\,\sin 2\,\vartheta - J_1\cos 2\,\vartheta), \qquad\qquad \text{(a)}$$

woraus der Winkel ϑ für stärkste Preßwirkung zu berechnen ist. Setzt man hiezu

$$\omega_1{}^2\,J_2\,\text{ctg}\,\alpha = 2\,H\sin\beta,$$
$$\omega_1{}^2\,J_1 = 2\,H\cos\beta,$$

so daß

$$\text{tg}\,\beta = \frac{J_2}{J_1}\,\text{ctg}\,\alpha, \qquad 2\,H = \omega_1{}^2\,\sqrt{J_2{}^2\,\text{ctg}^2\,\alpha + J_1{}^2},$$

so geht (a) über in

$$\cos\vartheta = \frac{2\,H}{G\,s}\cos(2\,\vartheta + \beta).$$

Da hienach der dem Größtwert von M entsprechende Winkel ϑ^* jedenfalls größer als 90^0 und kleiner als $135^0 - \beta/2$ ist, insoferne H als positiv und β als spitzer Winkel vorauszusetzen ist, so ist der günstigste Winkel ϑ^* ein stumpfer Winkel mit gehobener Mittelachse.

6. Sind ω_e und ω_0 die Winkelgeschwindigkeiten der Eigendrehung des Kreisels und seiner Präzessionsbewegung und J_3, J_1 die Hauptträgheitsmomente um die Figurenachse und die dazu senkrechte Schwerachse, so ist allgemein

$$M = \omega_0 \sin \delta \left[J_3 \omega_e + (J_3 - J_1) \omega_0 \cos \delta \right].$$

Für das Rotationsellipsoid ist $J_3 = m/5 \, (a^2 + b^2)$ und $J_1 = 2/5 \, m \, a^2$, somit wegen $b = a \sqrt{3}$: $J_3 = 2 \, J_1$, womit für das Moment folgt

$$M = \frac{2}{5} \frac{G}{g} a^2 \left(\frac{\pi}{30} \right)^2 n_0 \sin \delta \, (2 \, n_e + n_0 \cos \delta) = 9{,}33 \text{ kg cm}.$$

Der Momentenvektor steht senkrecht auf der Präzessionsebene (Ebene der Präzessionsachse und Figurenachse); sein Drehsinn stimmt überein mit dem Sinne der Drehung, durch welche die Präzessionsachse auf kürzestem Wege in die Figurenachse gebracht wird.

7. Die beiden einander entgegengesetzt gleichen Lagerreaktionen H in O_1 und O_2 bilden ein in der Ebene der Platte drehendes Kraftpaar vom Betrage

$$H \cdot h = \frac{G \, e^2 \omega^2}{g \quad h} \sin 4 \, a.$$

(Benutze die Eulerschen Gleichungen in bezug auf das durch S gelegte körperfeste Hauptachsensystem und beachte, daß $\dot{\mathbf{w}} = 0$.)

8. Sind $J_1 J_2 J_3$ die Hauptträgheitsmomente der Platte bezüglich der Schwerpunktsachsen $x \, y \, z$ (z = Plattennormale n), so ist für die beliebig umrandete Platte $J_3 = J_1 + J_2$ und es lauten die Eulerschen Gleichungen mit $J_1 < J_2$:

$$\dot{\omega}_x + \omega_y \omega_z = 0, \qquad\qquad\qquad \text{(a)}$$
$$\dot{\omega}_y - \omega_x \omega_z = 0, \qquad\qquad\qquad \text{(b)}$$
$$(J_1 + J_2) \, \dot{\omega}_z + (J_2 - J_1) \, \omega_x \omega_y = 0. \qquad \text{(c)}$$

Aus (a) und (b) folgt

$$\omega_x \dot{\omega}_x + \omega_y \dot{\omega}_y = 0,$$

demnach

$$\omega_x{}^2 + \omega_y{}^2 = \text{konst.} = \Omega^2$$

und man kann daher setzen

$$\omega_x = \Omega \cos \theta, \qquad \omega_y = \Omega \sin \theta.$$

Hiemit liefern (a) oder (b): $\omega_z = \dot{\theta}$, so daß Gl. (c) übergeht in

$$\ddot{\theta} + \frac{J_2 - J_1}{2 \, (J_2 + J_1)} \Omega^2 \sin 2 \, \theta = 0. \qquad \text{(d)}$$

Ist für den Beginn der Bewegung θ_0 der Winkel der Drehachse g mit der x-Achse (Abb. 152), so lautet das erste Integral von (d), da für den Anfang $\omega_z = \dot\theta = 0$ ist:

$$\dot\theta^2 = \frac{J_2 - J_1}{2(J_2 + J_1)}\,\Omega^2\,(\cos 2\theta - \cos 2\theta_0) = \frac{J_2 - J_1}{J_2 + J_1}\,\Omega^2\,(\sin^2\theta_0 - \sin^2\theta);$$

die Ebene ε schwingt hienach zwischen den Lagen $\theta = \pm\,\theta_0$ mit der Schwingungsdauer

$$T = \frac{4}{\Omega}\sqrt{\frac{J_2 + J_1}{J_2 - J_1}}\int_0^{\theta_0}\frac{d\theta}{\sqrt{\sin^2\theta_0 - \sin^2\theta}}. \qquad (e)$$

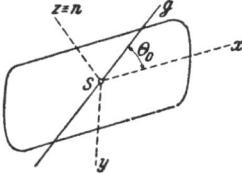

Abb. 152

Mit φ als Schwingungsausschlag eines mathematischen Pendels von der Länge l ist dessen Bewegungsgleichung

$$\ddot\varphi + \frac{g}{l}\sin\varphi = 0$$

und diese geht mit $\varphi = 2\,\theta$, $l = \dfrac{J_2 + J_1}{J_2 - J_1}\dfrac{g}{\Omega^2}$ über in die Gl. (d).

Das Pendel schwingt dann zwischen den Lagen $\pm\,2\,\theta_0$ und besitzt die Schwingungsdauer

$$2\sqrt{\frac{l}{g}}\int_0^{\varphi_0}\frac{d\varphi}{\sqrt{\sin^2\varphi_0/2 - \sin^2\varphi/2}}.$$

Mit $\varphi = 2\,\theta$ und dem obigen Wert für die Pendellänge l ergibt sich hieraus für die Schwingungsdauer das Ergebnis (e).

9. Sei J_1 das Trägheitsmoment des Rahmens samt Schwungrad für die Achse AB, J_2 jene des Schwungrades für seine Achse CD. Dann besitzt das Schwungrad einen mit CD zusammenfallenden Drallvektor $\mathfrak{D}_2$ vom Betrage $D_2 = J_2\dfrac{n\,\pi}{30}$. Da $\mathfrak{D}_2 \perp AB$, so liefert $\mathfrak{D}_2$ zu der auf die Achse AB bezogenen Momentengleichung für den Gesamtverband

$$\frac{d}{dt}(J_1\,\dot\varphi) = -\,Q\,s\sin\varphi \qquad (1)$$

keinen Beitrag; demnach schwingt das Kreiselpendel genau so, als wenn das Schwungrad nicht rotierte.

Die Kreiselwirkung äußert sich nur in der Übertragung eines in der Rahmenebene wirkenden Kraftpaares vom Betrage $P\,l = J_2\dfrac{n\,\pi}{30}\dot\varphi$, wobei die Winkelgeschwindigkeit $\dot\varphi = |\mathfrak{w}|$ aus Gl. (1) durch

$$\dot\varphi = \sqrt{\frac{2\,Q\,s}{J_1}(\cos\varphi - \cos\alpha)}$$

bestimmt ist. Der Drehsinn des Kraftpaares $P\,l$ ist durch jenen des Kreiselmomentes $-(\mathfrak{w}_2 \times \mathfrak{D}_2)$ bestimmt.

Außer den Kräften $\pm P$ hat jedes Lager noch die auch bei nicht rotierendem Schwungrade vorhandenen Kräfte

$$\frac{Q}{2}\left(\cos\varphi + \frac{s\,\dot{\varphi}^2}{g}\right) \perp A\,B \quad \text{in der Rahmenebene und}$$

$$\frac{Q}{2}\sin\varphi\left(1 - \frac{Q\,s^2}{g\,J_1}\right) \perp A\,B \quad \text{und} \perp \text{Rahmenebene}$$

aufzunehmen.

10. Mit dem Stampfwinkel

$$\theta = a\sin\left(\frac{2\,\pi}{T}\,t\right)$$

ergibt sich das Kreiselmoment der rotierenden Schraube zu

$$M = \frac{G}{g}\,i^2\,\frac{n\,\pi}{30}\,\dot{\theta};$$

sein Größtwert ist

$$M_{max} = \frac{G\,i^2\,a\,n\,\pi^2}{15\,g\,T}\;[\text{tm}].$$

Das Kreiselmoment dreht um eine im Schiff feste Achse, die normalerweise vertikal steht. Außerdem haben die Lager das auch bei ruhender Schraube entstehende, um die Querachse des Schiffes drehende Moment $\ddot{J}_q\,\theta = -J_q\,a\,v^2\sin\nu\,t$ aufzunehmen, wo J_q das Trägheitsmoment des Schiffes um die Querachse und $\nu = 2\,\pi/T$ bedeutet.

11. Die Winkelgeschwindigkeit des Radsatzes um seine Achse ist $\omega_1 = v/r$, womit sich in der Radachse der Drallvektor $\mathfrak{D}$ mit dem Betrage $D = J\,\omega_1 = 2\,(G/g)\,r\,v$ ergibt.

Bei Drehung der Achse um $d\varphi$ erfährt $\mathfrak{D}$ einen in der Drehebene gelegenen Zuwachs $d\mathfrak{D}$, der durch ein von den Schienen ausgeübtes Kraftpaar $P\,s = M$ erzeugt wird.

Es ist $dD = D\,d\varphi = M\,dt$, somit $M = P\,s = D\,\dot{\varphi}$ oder wegen $\dot{\varphi} = v/R$:

$$P = G\,\frac{2\,v^2\,r}{g\,s\,R}.$$

Die vom Räderpaare ausgeübte Gegenwirkung $-M$ wirkt daher mit $-P$ entlastend auf die Innenschiene und mit $+P$ belastend auf die äußere Schiene; $-M$ wirkt im gleichen Sinne auf Kippen des Radsatzes wie die Zentrifugalkraft (Abb. 153).

12. In dem Übergangsbereiche, in welchem der äußere Gleisstrang aus der waagrechten Lage mit gleichförmiger Neigungszunahme in die überhöhte Lage h übergeführt wird, dreht sich das Räderpaar in *lotrechter* Ebene um den Winkel θ mit der Winkelgeschwindigkeit

$$\omega = \dot{\theta} = \frac{d}{dt}\left(\frac{y}{s}\right),$$

wo y die Überhöhung an beliebiger Zwischenlage σ des Übergangsbogens von der Länge l bedeutet (Abb. 153).

Bei gleichförmiger Neigungszunahme ist $y/h = \sigma/l$ und es wird damit wegen $\dot\sigma = v$:

$$\omega = \frac{h\,v}{s\,l}.$$

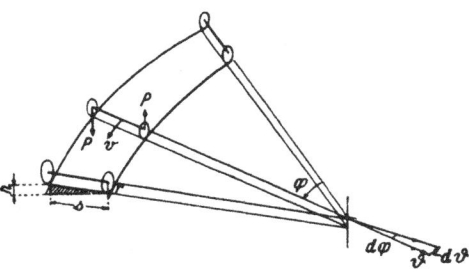

Dieser Drehung des Radsatzes in lotrechter Ebene entspricht ein Zuwachs des Drallvektors $\mathfrak{D}$ in lotrechter Richtung um den Betrag $dD = D\,\omega\,dt$, der durch ein Moment M hervorgerufen wird, wobei

$$M = \frac{dD}{dt} = G\,\frac{2\,v^2\,r\,h}{g\,s\,l}.$$

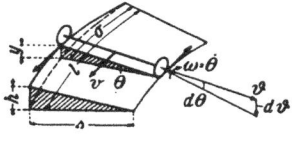

Demnach muß in der Ebene der beiden Gleissträgen auf die Laufräder ein von Reibungskräften geliefertes Kraftpaar M übertragen werden, auf welches letztere mit $-M$ reagieren.

Abb. 153

13. Mit G als Gewicht des Kreisels ist der Betrag des Drallvektors $D = \dfrac{G}{g}\,\dfrac{a^2\,n\,\pi}{60}$. Entsprechend dem Einheitsgewicht $7{,}8 \cdot 10^{-3}$ kg/cm³ wird $G = 0{,}613$ kg und $D = 1{,}226$ kg cm sek.

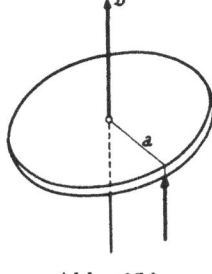

Das Moment des Kraftantriebes um die Figurenachse beträgt $M\,\varDelta\,t = 0{,}15$ kg cm sek. Da $\varDelta \overline{D} = \overline{M}\,\varDelta t$, so reagiert der Kreisel auf das Moment $\overline{M}$ mit einem Ausweichen der Spitze des Drallvektors $\mathfrak{D}$ in der Richtung $\overline{M}$ (also senkrecht zur Momentenebene) um das Maß $\varDelta D$; der Drallvektor ist daher nach dem Stoße gegen die Figurenachse um einen Winkel δ geneigt, für den

Abb. 154

$$\operatorname{tg}\delta = \frac{\varDelta D}{D} = 0{,}12233, \quad \text{also} \quad \delta = 6^0\,58'\,27''.$$

Die Figurenachse rotiert dann um diese neue Richtung von $\mathfrak{D}$ auf einem Kreiskegel vom Öffnungswinkel $2\,\delta$.

c) Ebene Bewegung

1. Nach dem Schwerpunktssatze bewegt sich der Schwerpunkt S geradlinig in lotrechter Richtung und das Band bleibt lotrecht. Der Zylinder rollt auf der durch B gelegten vertikalen Ebene nach abwärts. Aus

$$G\,s = \frac{1}{2}\,J_B\,\omega^2 = \frac{1}{2}\,\frac{3}{2}\,\frac{G}{g}\,a^2\,\omega^2$$

folgt

$$v_S = a\,\omega = 2\,\sqrt{\frac{g\,s}{3}}.$$

Da $\;b_S = \dfrac{1}{2}\dfrac{d\,(v_S{}^2)}{ds} = \dfrac{2}{3}\,g = $ konst., so ist die Drehung des Zylinders und die Bewegung des Schwerpunktes gleichmäßig beschleunigt.

Die Spannkraft S des Bandes ergibt sich aus $S = G - (G/g)\,b_S$ mit $S = G/3$.

2. Sind $\ddot{\varphi}$, $\ddot{\varphi}_1$ die Winkelbeschleunigungen der beiden Walzen und S die Bandspannung, so gilt $J_0\,\ddot{\varphi} = S\,r$, $J_1\,\ddot{\varphi}_1 = S\,r_1$, ferner $(G_1/g)\,b_1 = G_1 - S$ und $b_1 = r\,\ddot{\varphi} + r_1\,\ddot{\varphi}_1$.

Hiemit ergibt sich wegen $J_0 = \dfrac{1}{2}\dfrac{G}{g}\,r^2$, $J_1 = \dfrac{1}{2}\dfrac{G_1}{g}\,r_1{}^2$:

$$S = \frac{G\,G_1}{3\,G + 2\,G_1} = \text{konst.}, \qquad b_1 = 2\,g\,\frac{G + G_1}{3\,G + 2\,G_1} = \text{konst.}$$

und $v_1{}^2 = 2\,b_1\,s$, wenn die Walze G_1 aus der Ruhelage um s gesunken ist.

3. Mit ω und ω_1 als Winkelgeschwindigkeiten des Stabes und der Walze liefert das Energieprinzip:

$$\frac{1}{2}\frac{G}{g}\frac{l^2}{3}\,\omega^2 + \frac{1}{2}\frac{3}{2}\frac{Q}{g}\,a^2\,\omega_1{}^2 = G\,\frac{l}{2}\,(1 - \cos\alpha);$$

da

$$a\,\omega_1 = (h - a)\,\omega,$$

so folgt

$$v_A{}^2 = l^2\,\omega^2 = 6\,g\,l\,\frac{1 - \cos\alpha}{2 + 9\,\dfrac{Q}{G}\left(\dfrac{a}{l}\right)^2\left(\dfrac{h}{a} - 1\right)^2}.$$

4. Das Energieprinzip $T - T_0 = A$ liefert mit $T_0 = 0$ und ω als Winkelgeschwindigkeit des Stabes OA:

$$\frac{1}{2}\left[\frac{m\,l^2}{3}\,\omega^2 + m\,l^2\,\omega^2\right] = G\,\frac{l}{2}\,(1 - \cos\alpha) + G\,\frac{l}{2}\,(\sin\beta - \sin\beta_1). \qquad \text{(a)}$$

Befindet sich der obere Stab in lotrechter Lage, so führt der untere eine momentane Schiebungsbewegung mit der Geschwindigkeit $l\,\omega$ aus. Da nach Abb. 155:

$$h = l\,(\cos\alpha + \sin\beta) = l\,(1 + \sin\beta_1),$$

so folgt
$$\sin \beta - \sin \beta_1 = 1 - \cos \alpha,$$
daher aus (a)
$$v_B = l\omega = \sqrt{3\,g\,l}\,\sin\frac{\alpha}{2}\,.$$

Die Trägheitskräfte des mit ω und $\dot{\omega}$ rotierenden Stabes OA bestehen aus der Fliehkraft $m\,(l/2)\,\omega^2$ und der dazu senkrechten Kraft $m\,(l/2)\,\dot{\omega}$, deren Wirkungslinie den Abstand $2/3\,l$ von O hat.

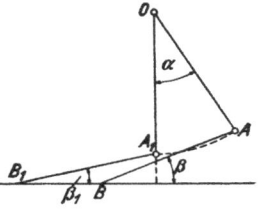

Abb. 155

Der Schiebungsbewegung des unteren Stabes entspricht die waagrechte Trägheitskraft $m\,l\,\dot{\omega}$. Nach dem d'Alembertschen Prinzipe ist

$$-m\frac{l}{2}\,\dot{\omega}\cdot\frac{2}{3}\,l - m\,l\,\dot{\omega}\cdot l\left(1+\frac{1}{2}\sin\beta_1\right) - G\frac{l}{2}\cos\beta_1 + B\,l\cos\beta_1 = 0$$

(Momente der am Stäbepaar wirkenden Kräfte um O gleich Null) und

$$-m\,l\,\dot{\omega}\cdot\frac{l}{2}\sin\beta_1 - G\frac{l}{2}\cos\beta_1 + B\,l\cos\beta_1 = 0$$

(Momente des unteren Stabes um A gleich Null), woraus folgt

$$\dot{\omega} = 0 \quad \text{und} \quad B = \frac{G}{2}\,.$$

Der Gelenkdruck in O wirkt daher lotrecht nach aufwärts mit dem Betrage

$$D_0 = G + \frac{G}{2} + \frac{G}{g}\frac{l}{2}\omega^2 = \frac{3}{2}\,G\left(1+\sin^2\frac{\alpha}{2}\right)\,.$$

5. Im Augenblicke des Freimachens der Drehachse hat der Stabschwerpunkt S die Geschwindigkeit $(l/2)\,\omega$ nach oben. Da auf den nun freien Stab nur sein Gewicht wirkt, so bewegt sich S auf einer Lotrechten. Ist t die Zeit zwischen Freimachen und Auftreffen am Boden und ω die Winkelgeschwindigkeit in der waagrechten Stablage, so gilt

$$\frac{l}{2} = \frac{g}{2}\,t^2 - \left(\frac{l}{2}\,\omega\right)t$$

und

$$\omega\,t = \frac{\pi}{2} + n\,\pi = \nu \quad (n\dots \text{ganze Zahl}),$$

woraus

$$\omega^2 = \frac{g\,\nu^2}{l\,(1+\nu)}\,. \tag{1}$$

Mit ω_0 als anfänglicher Winkelgeschwindigkeit liefert das Arbeitsprinzip

$$\frac{1}{2}\,J_A\,(\omega^2 - \omega_0{}^2) = -G\frac{l}{2}\,,$$

woraus mit $J_A = \dfrac{1}{3}\dfrac{G}{g}l^2$ und wegen (1) folgt

$$v_B = l\,\omega_0 = \sqrt{g\,l\left[3 + \frac{\pi^2\,(0,5+n)^2}{1+\pi\,(0,5+n)}\right]}.$$

6. War das ganze System am Anfang in Ruhe, so bewegt sich dessen Schwerpunkt in einer Vertikalen, da keine horizontalen Kräfte wirken. Sind x_1, x_2 die waagrechten Entfernungen des Schwerpunktes des Zylinders und des Stabes von dieser Vertikalen zur Zeit t, so ist

$$G_1 x_1 = G_2 x_2; \tag{1}$$

außerdem besteht die Berührungsbedingung

$$x_1 + x_2 = a\,\operatorname{ctg}\frac{\varphi}{2} - l\cos\varphi. \tag{2}$$

Aus (1) und (2) folgt

$$\dot{x}_1 = \frac{G_2\,\dot{\varphi}}{G_1 + G_2}\,\Gamma, \qquad \dot{x}_2 = \frac{G_1\,\dot{\varphi}}{G_1 + G_2}\,\Gamma, \qquad \text{wo} \qquad \Gamma(\varphi) = l\sin\varphi - \frac{a}{1-\cos\varphi}.$$

Der Energiesatz liefert

$$\frac{1}{2}\frac{G_1}{g}\dot{x}_1{}^2 + \frac{1}{2}\frac{G_2}{g}v_{S,2}{}^2 + \frac{1}{2}\frac{G_2}{g}\frac{(2\,l)^2}{12}\dot{\varphi}^2 = G_2\,l\,(\sin\alpha - \sin\varphi), \tag{3}$$

mit $v_{S,2}$ als Geschwindigkeit des Stabschwerpunktes S_2.
Da $y_2 = l\sin\varphi$, demnach $\dot{y}_2 = l\,\dot{\varphi}\cos\varphi$, so wird

$$v_{S,2}{}^2 = \dot{x}_2{}^2 + \dot{y}_2{}^2 = \dot{\varphi}^2\left[\left(\frac{G_1}{G_1+G_2}\right)^2\Gamma^2 + l^2\cos^2\varphi\right]$$

und hiemit aus (3)

$$\dot{\varphi}^2 = \frac{2\,g\,l\,(\sin\alpha - \sin\varphi)}{\left(l\sin\varphi - \dfrac{a}{1-\cos\varphi}\right)^2\dfrac{G_1}{G_1+G_2} + l^2\left(\dfrac{1}{3} + \cos^2\varphi\right)}.$$

7. Sei φ der Drehwinkel zur Zeit t. Um die für eine feste Drehachse gültige Gleichung $J_A\,\ddot{\varphi} = M_A$ anwenden zu können, füge man der bewegten Achse A die Beschleunigung $-b$ hinzu; dann muß auch jedem Massenteilchen der Türe die Beschleunigung $-b$ zusätzlich erteilt werden, das heißt es wirkt im Schwerpunkte der Tür die Kraft $-m\,b$ mit dem Drehmomente

$$M_A = m\,b\,\frac{l}{2}\cos\varphi.$$

Da $J_A = \dfrac{m\,l^2}{3}$, so ergibt sich die Bewegungsgleichung $\ddot{\varphi} = \dfrac{3\,b}{2\,l}\cos\varphi$, woraus $\dot{\varphi}^2 = \dfrac{3\,b}{l}\sin\varphi.$

Die Türe schlägt hienach mit der Winkelgeschwindigkeit $\sqrt{3\,b/l}$ zu.

Aus

$$\dot{\varphi} = \sqrt{\frac{3\,b}{l}}\,\sqrt{\sin\varphi} \qquad \text{folgt} \qquad t = \sqrt{\frac{l}{3\,b}}\int\limits_{0}^{\varphi}\frac{d\varphi}{\sqrt{\sin\varphi}}$$

oder mit der Substitution $\operatorname{tg}\varphi/2 = \tau$:

$$t = \sqrt{\frac{2\,l}{3\,b}}\int\limits_{0}^{\tau}\frac{d\tau}{\sqrt{\tau\,(\tau^2+1)}}.$$

wonach für $\tau = 1$:

$$T = 1{,}85407\,\sqrt{\frac{2\,l}{3\,b}}.$$

8. Die anfängliche kinetische Energie ist $T_0 = \dfrac{1}{2}\,J\,\dfrac{v_0{}^2}{r^2}$, wo

$$J = \frac{3}{2}\,m_1\,r^2 + m\,(R^2 + 2\,r^2).$$

Sei s_1 der bis zur Bewegungsumkehr zurückgelegte Weg, so beträgt die Arbeit der Gewichte und des Rollreibungsmomentes

$$A = -\,(G_1 + 2\,G)\left(s_1\sin\alpha + \frac{q}{r}\,s_1\cos\alpha\right).$$

Aus $T - T_0 = A$ folgt daher mit $T = 0$:

$$s_1 = \frac{v_0{}^2}{4\,g}\,\frac{3\,G_1 + 2\,G\,(2 + R^2/r^2)}{(G_1 + 2\,G)\,[\sin\alpha + (q/r)\cos\alpha]}.$$

Aus $\dfrac{J}{2\,r^2}\,(v^2 - v_0{}^2) = A$ ergibt sich die Schwerpunktsgeschwindigkeit v bei einem Wege $s < s_1$:

$$v^2 = v_0{}^2 - \frac{2\,r^2}{J}\,(G_1 + 2\,G)\,s\left(\sin\alpha + \frac{q}{r}\cos\alpha\right),$$

woraus für die Beschleunigung

$$\dot{v} = -\frac{r^2}{J}\,(G_1 + 2\,G)\left(\sin\alpha + \frac{q}{r}\cos\alpha\right)$$

folgt. Bezeichnet R die Reibung der schiefen Ebene, so ist

$$R = (G_1 + 2\,G)\left(\sin\alpha + \frac{\dot{v}}{g}\right).$$

Sind i und i_S die Trägheitshalbmesser für die momentane Drehachse und die dazu parallele Schwerachse, also

$$J = i^2\,\frac{G_1 + 2\,G}{g} \qquad \text{und} \qquad J_S = \frac{1}{2}\,m_1\,r^2 + m\,R^2 = i_S{}^2\,\frac{G_1 + 2\,G}{g},$$

so ergibt sich

$$R = (G_1 + 2\,G)\left(\frac{i_S{}^2}{i^2}\sin a - \frac{q\,r}{i^2}\cos a\right).$$

Der Normaldruck auf die schiefe Ebene beträgt $D = (G_1 + 2\,G)\cos a$, somit die Haftreibung $f\,D$. Aus der Bedingung $f\,D \gtrless R$ folgt

$$f \gtrless \frac{i_S{}^2}{i^2}\,\mathrm{tg}\,a - \frac{q\,r}{i^2}.$$

9. Der Schwerpunkt des Gesamtsystems kann sich nach dem Schwerpunktprinzipe nur in einer Lotrechten bewegen.

Befindet sich die Kugel an der Stelle φ, wo $\varphi = \sphericalangle A_0 O A$, dann hat sich m in der Waagrechten um $a\,(1 - \cos\varphi)$ nach rechts relativ zum Würfel bewegt, daher bewegt sich letzterer um ξ nach links, wobei $m\,[a\,(1 - \cos\varphi) - \xi] = M\,\xi$ sein muß.

Hienach ist

$$\xi = \frac{m}{M + m}\,a\,(1 - \cos\varphi). \tag{a}$$

Mit $v_r = a\,\dot\varphi$ als Relativgeschwindigkeit der Kugel mit den Komponenten $v_{r,x} = v_r \sin\varphi$, $v_{r,y} = v_r \cos\varphi$ liefert (a)

$$\dot\xi = \frac{m}{m + M}\,v_{r,x};$$

aus

$$v_{a,x} = v_{r,x} - \dot\xi, \qquad v_{a,y} = v_{r,y}$$

ergibt sich die Absolutgeschwindigkeit v_a der Kugel mit

$$v_a{}^2 = v_r{}^2\left[\left(\frac{M}{M + m}\right)^2 \sin^2\varphi + \cos^2\varphi\right]. \tag{b}$$

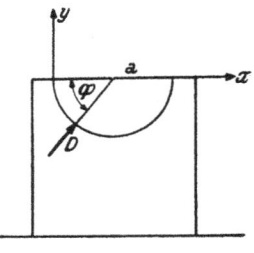

Abb. 156

Nach dem Arbeitsprinzipe ist

$$\frac{1}{2}\,m\,v_a{}^2 + \frac{1}{2}\,M\,\dot\xi^2 = m\,g\,a\,\sin\varphi$$

und daraus wegen (b):

$$v_r{}^2 = 2\,g\,a\,\sin\varphi\,\frac{M + m}{M + m\cos^2\varphi},$$

womit auch v_a bestimmt ist.

Aus $\mathfrak{b}_a = \mathfrak{b}_r + \mathfrak{b}_s$ ergeben sich mit D als Druck an der Stelle φ (Abb. 156) die skalaren Gleichungen:

$$-g + \frac{D}{m}\sin\varphi = \frac{v_r{}^2}{a}\sin\varphi - b_{r,t}\cos\varphi \quad (x\text{-Richtung}),$$

$$\frac{D}{m}\cos\varphi = \frac{v_r{}^2}{a}\cos\varphi + b_{r,t}\sin\varphi - \frac{D}{M}\cos\varphi \quad (y\text{-Richtung}),$$

woraus durch Beseitigung von $b_{r,t}$ folgt

— 92 —

$$D = \frac{M\,m}{M + m\cos^2\varphi}\left(\frac{v_r{}^2}{a} + g\sin\varphi\right)$$

oder

$$D = m\,g\sin\varphi\,\frac{M}{M + m\cos^2\varphi}\left[1 + \frac{2\,(M + m)}{M + m\cos^2\varphi}\right].$$

10. Der Keil gleitet auf der Ebene E gleichmäßig beschleunigt mit der Beschleunigung

$$b = g\,\frac{24}{9 + 64\,Q/G}.$$

Das Stabende B erreicht die Ebene E nach Ablauf der Zeit $t_1 = \sqrt{\dfrac{8\,a}{3\,b}}$

mit der Geschwindigkeit $\sqrt{\dfrac{3}{8}\,a\,b}$.

Die Lage $\dfrac{a}{4}$ wird erreicht zur Zeit $\sqrt{\dfrac{4}{3}\dfrac{a}{b}}$ und es sind dann die Drücke

$$\text{in } F_1: \quad D_1 = Q\,\frac{b}{g}\left(\nu - \frac{1}{4}\right),$$

$$\text{in } F_2: \quad D_2 = Q\,\frac{b}{g}\left(\frac{3}{4} + \nu\right).$$

11. Sind S_1 und S_2 die Spannkräfte in den lotrechten Seilstücken, so gilt für die Beschleunigung b der Aufwärtsbewegung der Rolle

$$\frac{G}{g}\,b = P - (S_1 + S_2) \tag{a}$$

und für ihre Winkelbeschleunigung $\dot\omega$

$$\frac{G}{2\,g}\,r^2\,\dot\omega = (S_2 - S_1)\,r. \tag{b}$$

Die Beschleunigung b_2 des Gewichtes G_2 ist einerseits gleich $b - r\,\dot\omega$, andererseits gleich Null, denn die Bewegung ist als eine gleichförmige gefordert, somit ist $b = r\,\dot\omega$; für die Bewegung von G_1 gilt

$$b_1 = b + r\,\dot\omega = 2\,r\,\omega.$$

Aus

$$S_1 = G_1\left(1 + \frac{b_1}{g}\right) = G_1\left(1 + \frac{2\,r\,\dot\omega}{g}\right) \quad \text{und} \quad S_2 = G_2$$

folgt wegen (b):

$$r\,\dot\omega = b = 2\,g\,\frac{G_2 - G_1}{G + 4\,G_1}, \quad \text{daher} \quad S_1 = G_1\,\frac{G + 4\,G_2}{G + 4\,G_1}$$

und hiemit aus (a) die gesuchte Kraft

$$P = G_1 + G_2 + 2\,(G_2 - G_1)\,\frac{G + 2\,G_1}{G + 4\,G_1}.$$

Nach Ablauf der Zeit t ist das Gewicht G_2 um $s_2 = c\,t$ gesunken, das Gewicht G_1 wurde um $s_1 = c\,t + (b_1/2)\,t^2$ gehoben, somit ist

$$\frac{s_1}{s_2} = 1 + \frac{b_1}{2\,c}\,t = 1 + \frac{b}{c}\,t.$$

12. Da auf das Gesamtsystem nur lotrechte Kräfte wirken, so bewegt sich sein Schwerpunkt S auf einer Lotrechten (Abb. 157).
Es ist mit $\xi = \overline{SO}$:

$$2\,G\,\xi = Q\left(\frac{l}{2} - \xi\right), \quad \text{somit} \quad \xi = \frac{l}{2\,(1+\nu)}, \quad \text{wo} \quad \nu = \frac{2\,G}{Q}.$$

Das Stabpendel dreht sich momentan um den Drehpol P mit $\dot\varphi$.
Das Arbeitsprinzip liefert

$$\frac{1}{2}\,J_P\,\dot\varphi^2 + \frac{1}{2}\,\frac{2\,G}{g}\,v_0{}^2 = Q\,\frac{l}{2}\,(\cos\varphi - \cos\alpha). \tag{a}$$

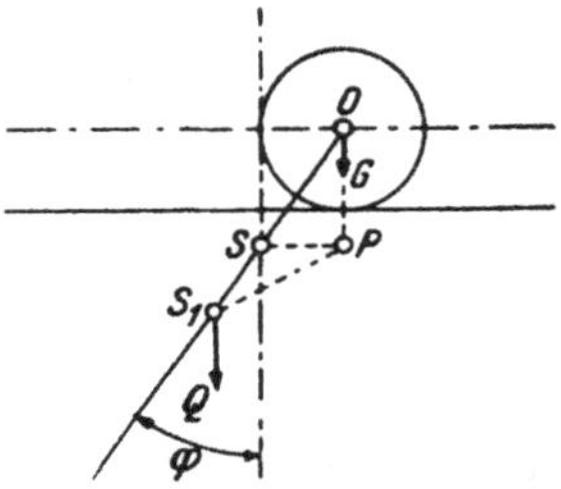

Hierin ist

$$J_P = \frac{Q}{g}\left(\frac{l^2}{12} + \overline{P\,S_1}{}^2\right),$$

oder wegen

$$\overline{P\,S_1}{}^2 = \overline{P\,S}{}^2 + \overline{S\,S_1}{}^2 -$$

$$- 2\,\overline{P\,S}\cdot\overline{S\,S_1}\cos\left(\frac{\pi}{2} + \varphi\right)$$

Abb. 157

und $\overline{P\,S} = \xi\sin\varphi, \quad \overline{S\,S_1} = \frac{l}{2} - \xi$:

$$J_P = \frac{Q\,l^2}{g}\left[\frac{1}{12} + \frac{3}{(1+\nu)^2}\,\{\nu^2 + (1+2\,\nu)\sin^2\varphi\}\right].$$

Da $v_0 = \overline{PO}\cdot\dot\varphi = \xi\cos\varphi\,\dot\varphi$, so folgt aus (a)

$$\dot\varphi^2 = 12\,(1+\nu)\,\frac{g}{l}\,\frac{\cos\varphi - \cos\alpha}{1 + 4\,\nu + 3\sin^2\varphi}. \tag{b}$$

Die größte Geschwindigkeit $v_{0,max}$ der Rollen ergibt sich hienach für $\varphi = 0$ mit

$$v_{0,max}{}^2 = 3\,g\,l\,\frac{1 - \cos\alpha}{(1+\nu)\,(1+4\,\nu)}.$$

Mit $\dfrac{1 + 4\,\nu}{3} = k^2$ ist nach (b):

$$\dot\varphi = -2\,\sqrt{\frac{g}{l}\,(1+\nu)}\,\sqrt{\frac{\cos\varphi - \cos\alpha}{k^2 + \sin^2\varphi}}$$

und daher die Schwingungsdauer

$$T = 2\,\sqrt{\frac{l}{g\,(1+\nu)}}\int_0^a\sqrt{\frac{k^2 + \sin^2\varphi}{\cos\varphi - \cos\alpha}}\,d\varphi \quad \text{(Hyperelliptisches Integral)}.$$

Durch Differentiation von (b) ergibt sich

$$\ddot{\varphi}\,(1 + 4\,\nu + 3\,\varphi^2) + 3 \sin\varphi \cos\varphi\,\dot{\varphi}^2 = -\,6\,(1 + \nu)\,\frac{g}{l}\,\varphi,$$

somit bei Annahme sehr kleiner Schwingungsausschläge φ

$$\ddot{\varphi} + \frac{6\,(1 + \nu)}{1 + 4\,\nu}\,\frac{g}{l}\,\varphi = 0$$

mit einer Schwingungsdauer

$$T = 2\,\pi\,\sqrt{\frac{l}{g}\,\frac{1 + 4\,\nu}{6\,(1 + \nu)}}\,.$$

Für $\nu \to \infty$ folgt hieraus die Schwingungsdauer des gleichen Stabpendels mit *fester* Aufhängung, nämlich

$$T_1 = 2\,\pi\,\sqrt{\frac{2\,l}{3\,g}}\,,$$

somit ist

$$\frac{T}{T_1} = \sqrt{\frac{1 + 1/4\,\nu}{1 + 1/\nu}} = \sqrt{\frac{1 + Q/8\,G}{1 + Q/2\,G}}\,.$$

Da der Rollenmittelpunkt O und der Gesamtschwerpunkt S gerade Linien beschreiben und $\overline{OS} = $ konst. bleibt, so ist die Bahn des unteren Endpunktes des Stabes eine Ellipse. (Kreuzschieberbewegung.)

13. Nach dem Schwerpunktsprinzipe ist $M\,x_1 = m\,x_2$ und der Gesamtschwerpunkt S bewegt sich auf einer Lotrechten.
Sei $m/M = \mu$ gesetzt, so ist $x_1 = \mu\,x_2$.

Da $(x_1 + x_2)^2 + y_2^2 = (a + r)^2$,
so gilt hienach für die Koordinaten $x_2\,y_2$ des Kugelmittelpunktes S_2:
$x_2^2\,(1 + \mu)^2 + y_2^2 = (a + r)^2$.
Die Bahn von S_2 ist daher eine Ellipse.
Ist D der Druck des Zylinders auf die Kugel in der durch φ gekennzeichneten Lage, so ist die krummlinige Schiebung der Kugel beschrieben durch

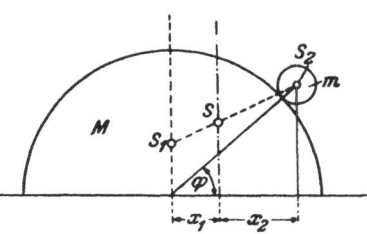

Abb. 158

$$D \cos\varphi = m\,\ddot{x}_2, \qquad D \sin\varphi - m\,g = m\,\ddot{y}_2, \tag{a}$$

wonach

$$\sin\varphi\,\ddot{x}_2 - \cos\varphi\,\ddot{y}_2 = g \cos\varphi. \tag{b}$$

Aus $x_2\,(1 + \mu) = (a + r) \cos\varphi$ und $y_2 = (a + r) \sin\varphi$ folgt

$$\left.\begin{array}{l} \ddot{x}_2\,(1 + \mu) = -\,(a + r)\,(\dot{\varphi}^2 \cos\varphi + \ddot{\varphi} \sin\varphi), \\ \ddot{y}_2 \quad\;\; = (a + r)\,(-\,\dot{\varphi}^2 \sin\varphi + \ddot{\varphi} \cos\varphi). \end{array}\right\} \tag{c}$$

Hiemit geht (b) über in

$$\ddot{\varphi}\,(1 + \mu \cos^2\varphi) - \mu \sin\varphi \cos\varphi\,\dot{\varphi}^2 + C \cos\varphi = 0, \tag{d}$$

wo

$$C = g\frac{1+\mu}{a+r}.$$

Setzt man $1 + \mu \cos^2 \varphi = u\,(\varphi)$, $\dot\varphi^2 = z$, so läßt sich (d) überführen in

$$\frac{1}{2}\frac{d\,(u\,z)}{d\varphi} + C\cos\varphi = 0.$$

Die Integration liefert mit der Anfangsbedingung $\varphi = \pi/2$, $u = 1$, $\dot\varphi = 0$:

$$\dot\varphi^2 = 2\,C\,\frac{1-\sin\varphi}{1+\mu\cos^2\varphi}. \qquad (e)$$

Hiemit ergibt die Gl. (d)

$$\ddot\varphi = \frac{C\cos\varphi}{(1+\mu\cos^2\varphi)^2}\,[-(1+\mu)+2\mu\sin\varphi-\mu\sin^2\varphi].$$

Mit $\dot\varphi^2$ und $\ddot\varphi$ ist aus der ersten der Gln. (c) auch $\ddot x_2$ bestimmt und damit erhält man für den Druck

$$D = \frac{m\,\ddot x_2}{\cos\varphi} = \frac{m\,g}{(1+\mu\cos^2\varphi)^2}\,[(1+\mu)\,(3\sin\varphi-2)-\mu\sin^3\varphi].$$

Die Kugel verläßt den Halbzylinder an jener Stelle φ_1, wo $D = 0$; somit

$$\mu\sin^3\varphi_1 = (1+\mu)\,(3\sin\varphi_1-2). \qquad (f)$$

An dieser Stelle φ_1 ergibt sich die Geschwindigkeit des Halbzylinders aus

$$v_{zyl} = \dot x_1 = \mu\,\dot x_2 \quad\text{zu}\quad v_{zyl} = -\,(a+r)\sin\varphi_1\,\dot\varphi_1$$

oder mit Benutzung von (e):

$$v_{zyl} = \mu\,\sqrt{2\,g\,(a+r)}\,\sin\varphi_1\,\sqrt{\frac{1-\sin\varphi_1}{(1+\mu)\,(1+\mu\cos^2\varphi_1)}}.$$

Für einige Verhältnisse $\mu = m/M$ sind die numerischen Lösungen im Folgenden angegeben.

μ	$\sin\varphi_1$	φ_1	$\dfrac{v_{zyl}}{\sqrt{2\,g\,(a+r)}}$
0	$2/3 = 0{,}6$	$38^0\,11'$	0
1/2	0,706	$44^0\,53'$	0,14
1	0,732	$47^0\,3'$	0,22
3/2	0,752	$48^0\,44'$	0,28

14. Stab und Block trennen sich, wenn der Druck zwischen beiden und damit auch die Beschleunigung $\ddot x$ des Blockes verschwindet. Aus $x = l\cos\varphi$ folgt

$$\ddot x = -\,l\,(\cos\varphi\,\dot\varphi^2 + \sin\varphi\,\ddot\varphi) = 0. \qquad (a)$$

Das Arbeitsprinzip liefert

$$\frac{G}{2g}\left(\dot x^2 + \frac{l^2}{3}\,\dot\varphi^2\right) = G\,\frac{l}{2}\,(\sin\alpha - \sin\varphi),$$

woraus

$$\frac{\dot{\varphi}^2}{2} = \frac{g}{2l} \frac{\sin\alpha - \sin\varphi}{\frac{1}{3} + \sin^2\varphi}.$$

Bildet man

$$\ddot{\varphi} = \frac{d}{d\varphi}\left(\frac{\dot{\varphi}^2}{2}\right) = -\frac{g}{2l}\frac{\cos\varphi}{[(1/3)+\sin^2\varphi]^2}\left(\frac{1}{3} + 2\sin\alpha\sin\varphi - \sin^2\varphi\right)$$

und geht hiemit in Gl. (a), so ergibt sich die behauptete Beziehung.

15. Bei waagrechter Lage der Durchmesser OA und OB fällt der Drehpol der ebenen Bewegung jeder Zylinderhälfte in ihren Mittelpunkt M. Das Arbeitsprinzip ergibt

$$G\frac{4}{3}\frac{a}{\pi}(1-\cos\alpha) = \frac{1}{2}\frac{G}{g}\frac{a^2}{2}\omega^2.$$

Daraus folgt

$$v_0 = a\,\omega = 4\sqrt{\frac{g}{3\pi}\frac{a}{}(1-\cos\alpha)}.$$

Der Druck auf die Unterlage ist $D = G(1 - b_{S,y}/g)$, wo $b_{S,y}$ die Beschleunigung des Schwerpunktes S einer Zylinderhälfte in lotrechter Richtung bedeutet.

Da sich der Mittelpunkt M auf einer Waagrechten bewegt, demnach $b_{M,y}=0$, so ergibt sich aus $b_{S,y}=b_{M,y}+\overline{MS}\,\omega^2$: $b_{S,y} = \frac{4}{3}\frac{a}{\pi}\omega^2$ und hiemit

$$D = G\left[1 - \frac{64}{9\pi^2}(1-\cos\alpha)\right].$$

16. Der Schwerpunkt S des gesamten Systems bewegt sich auf einer Lotrechten; es ist

$$s_1 = \overline{S_1 S} = \frac{G}{G+Q}\frac{l}{2}, \qquad s_2 = \overline{S_2 S} = \frac{Q}{G+Q}\frac{l}{2}.$$

Das Arbeitsprinzip liefert mit den Bezeichnungen der Abbildung 159

$$G\frac{l}{2}(\sin\alpha - \sin\varphi) = \frac{1}{2}\frac{Q}{g}\dot{x}_1^{\,2} + \frac{1}{2}\frac{G}{g}\left[\frac{l^2}{12}\dot{\varphi}^2 + \dot{x}_2^{\,2} + \dot{y}_2^{\,2}\right]. \qquad \text{(a)}$$

Aus $x_1 = -s_1\cos\varphi$, $x_2 = s_2\cos\varphi$, $y_2 = (l/2)\sin\varphi$ folgt

$$\dot{x}_1 = s_1\sin\varphi\,\dot{\varphi}, \qquad \dot{x}_2 = -s_2\sin\varphi\,\dot{\varphi}, \qquad \dot{y}_2 = \frac{l}{2}\cos\varphi\,\dot{\varphi}$$

und hiemit aus (a)

$$\dot{\varphi}^2 = \frac{4g}{l}\frac{\sin\alpha - \sin\varphi}{\frac{4}{3} - \frac{G}{G+Q}\sin^2\varphi}. \qquad \text{(b)}$$

Für die waagrechte Endlage ($\varphi = 0$) des Stabes wird $\dot{x}_1 = \dot{x}_2 = 0$; dabei hat sich der untere Stab nach links hin um die Strecke s_1 ($1 - \cos \alpha$) verschoben. Die Komponenten des Gelenkdruckes O in den Richtungen x, y sind zu berechnen aus

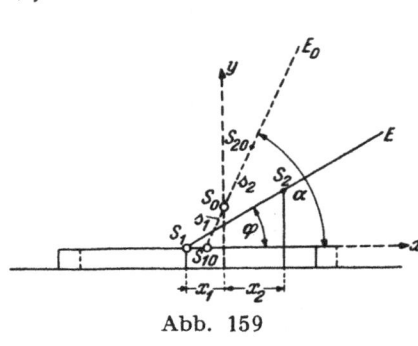

Abb. 159

$$O_x = \frac{G}{g}\,\ddot{x}_2, \qquad O_y - G = \frac{G}{g}\,\ddot{y}_2,$$

wo

$$\ddot{x}_2 = -\,s_2\,(\sin\varphi\,\ddot{\varphi} + \cos\varphi\,\dot{\varphi}^2),$$

$$\ddot{y}_2 = \frac{l}{2}\,(\cos\varphi\,\ddot{\varphi} - \sin\varphi\,\dot{\varphi}^2);$$

unmittelbar vor dem Aufschlagen eines Stabes auf den anderen, also mit $\varphi = 0$ ergibt sich

$$O_x = -\,\frac{G}{g}\,s_2\,\dot{\varphi}^2, \qquad O_y = G + \frac{G}{g}\frac{l}{2}\,\ddot{\varphi},$$

oder wegen (b)

$$O_x = -\,\frac{G\,Q}{G + Q}\,\frac{3}{2}\sin\alpha \quad \text{und} \quad O_y = \frac{G}{4}.$$

Der Endpunkt E des Stabes hat die Koordinaten

$$x_E = \left(s_2 + \frac{l}{2}\right)\cos\varphi, \qquad y_E = l\sin\varphi,$$

er beschreibt daher eine Ellipse.

17. Bedeutet $z = l\sin\varphi$ die Hebung des Gelenkes C aus der Lage $\varphi = 0$, ω_2 die Winkelgeschwindigkeit der Rolle, $\omega_1 = \dot{\varphi}$ jene des Stabes, so ergibt das Arbeitsprinzip:

$$\frac{1}{2}\frac{G_3}{g}\,\dot{z}^2 + \frac{1}{2}\left(\frac{1}{2}\frac{G_2}{g}r^2\right)\omega_2{}^2 + \frac{G_1}{g}\frac{l^2\,\omega_1{}^2}{3} = (G_3 - G_1)\,z.$$

Im Vereine mit den kinematischen Gleichungen $\dot{z} = l\cos\varphi\,\omega_1 = r\,\omega_2$ folgt bei Benutzung der Abkürzungen

$$c_1 = \frac{2\,g\,l\,(G_3 - G_1)}{2\,G_3 + G_2}, \qquad c_2 = \frac{4\,G_1}{3\,(2\,G_3 + G_2)} :$$

$$\dot{z}^2 = 2\,c_1\,\frac{\sin\varphi\cos^2\varphi}{c_2 + \cos^2\varphi} \tag{a}$$

und hiemit die Geschwindigkeit der Stützpunkte A und B

$$v_A = v_B = l\sin\varphi\,\omega_1 = \dot{z}\,\operatorname{tg}\varphi.$$

Das Gewicht G_3 sinkt mit der Beschleunigung

$$\ddot{z} = \frac{c_1\,c_2\,(1 - 3\sin^2\varphi) + \cos^4\varphi}{(c_2 + \cos^2\varphi)^2} \tag{b}$$

und spannt den Faden mit

$$S_1 = G_3 \left(1 - \frac{\ddot{z}}{g}\right).$$

Bedeutet S die Fadenspannung in dem an das Gelenk C anschließenden Fadenstück, so ist

$$(S_1 - S)\, r = \frac{1}{2} \frac{G_2}{g}\, r^2\, \dot{\omega}_2,$$

woraus wegen $\dot{\omega}_2 = \ddot{z}/r$:

$$S = G_3 - \frac{\ddot{z}}{2\,g}\, (2\,G_3 + G_2).$$

Da $\ddot{z}$ die Beschleunigung des Gelenkes C ist, so hat der Schwerpunkt jedes Stabes in lotrechter Richtung die Beschleunigungskomponente $\frac{1}{2}\ddot{z}$, wonach sich der Stützdruck bei A aus $\dfrac{G_1}{g}\dfrac{\ddot{z}}{2} = D_A + \dfrac{S}{2} - G_1$ berechnet zu

$$D_A = \frac{\ddot{z}}{4\,g}\, (2\,G_1 + G_2 + 2\,G_3) + G_1 - \frac{G_3}{2}.$$

Aus $D_A = 0$ läßt sich mit Benutzung der Gl. (b) die Stellung φ^* berechnen, bei welcher die Stäbe den Boden verlassen.

18. Die kinetische Energie eines unteren Stabes ist $\frac{1}{2} J_0\, \dot{\varphi}^2$, jene eines oberen Stabes, der sich um den Pol P (Abb. 160) mit $\dot{\varphi}$ dreht, ist $\frac{1}{2} J_P\, \dot{\varphi}^2$.

Hiebei ist $J_P = m\left(\dfrac{l^2}{12} + \overline{PS}^2\right)$ oder wegen $\overline{PS}^2 = l^2\left(\dfrac{5}{4} - \cos 2\varphi\right)$:

$$J_P = \frac{m\,l^2}{3}\, (4 - 3\cos 2\,\varphi).$$

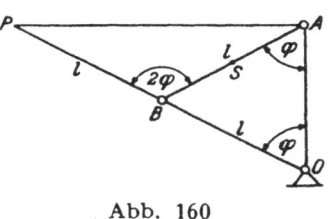

Das Arbeitsprinzip liefert daher

$$\frac{\dot{\varphi}^2}{2}\left[\frac{m\,l^2}{3} + \frac{m\,l^2}{3}\,(4 - 3\cos 2\,\varphi)\right] =$$
$$= 2\,m\,g\,l\left(\frac{1}{\sqrt{2}} - \cos\varphi\right),$$

Abb. 160

woraus

$$\dot{\varphi}^2 = 3\,\frac{g}{l}\,\frac{\sqrt{2} - 2\cos\varphi}{1 + 3\sin^2\varphi} \quad \text{und} \quad v_A = 2\,l\sin\varphi\,\dot{\varphi}.$$

Mit $\varphi = \pi/2$ ergibt sich die Ankunftsgeschwindigkeit von A in O zu

$$v_A{}^2 = 3\sqrt{2}\,g\,l.$$

19. Ist G das Gewicht des Trägers und D der anfängliche Auflagerdruck in A bei Versagen der Stütze B, so ist die Beschleunigung des Schwerpunktes

$$b_S = \frac{G - D}{M}.$$

Der Stab beginnt sich um A zu drehen mit der Winkelbeschleunigung

$$\lambda = \frac{G}{J_A}\left(\frac{l}{2} - a\right) = \frac{G}{J_A}\frac{l}{6}, \quad \text{worin} \quad J_A = M\left(\frac{l^2}{12} + \frac{l^2}{36}\right) = \frac{M\,l^2}{9},$$

so daß $\lambda = \dfrac{3}{2}\dfrac{g}{l}$ ist.

Da $b_S = \left(\dfrac{l}{2} - a\right)\lambda = \dfrac{l}{6}\lambda$, so entsteht $\dfrac{l}{6}\dfrac{3}{2}\dfrac{g}{l} = \dfrac{G - D}{M}$,

woraus sich ergibt $D = (3/4)\,G$, während bei Vorhandensein beider Stützen $D = (3/2)\,G$ ist.

20. Ursprünglich ist jeder der drei Fäden mit $G/3$ gespannt. Wird der Faden C (Abb. 161) durchschnitten und ist dann F die Spannkraft in jedem der beiden anderen Fäden, so ist $b_S =$

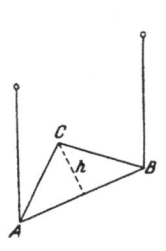

$$= \frac{G - 2F}{M} = e\,\lambda, \quad \text{wo} \quad \lambda = \frac{G\,e}{J}.$$ Da $e = h/3$ und das Trägheitsmoment J der Platte um die Drehachse $A\,B$ gleich $\dfrac{M\,h^2}{6}$, so folgt

$$F = \frac{G}{2}\left(1 - \frac{e^2}{J/M}\right) = \frac{G}{6}.$$

Abb. 161

21. Ist D der anfängliche Druck an der Stelle B nach Durchschneiden der Schnur, so ist die Beschleunigung des Schwerpunktes $b_S = \dfrac{G - D}{M}$. Die Halbkugel (Abb. 162) dreht sich im ersten Augenblicke um den Drehpol P (Schnittpunkt von $O\,B$ und der Waagrechten durch den Schwerpunkt S) mit der Winkelbeschleunigung $\lambda = \dfrac{G\,e}{J_P}$, wo

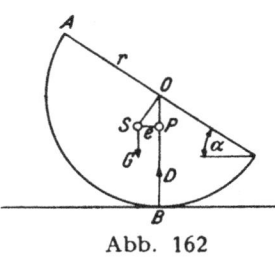

Abb. 162

$$e = \overline{SP} = \frac{3}{8}\,r\sin\alpha \quad \text{und} \quad J_P = J_S + M\,e^2,$$

$$J_S = \frac{83}{320}\,M\,r^2.$$

Da $b_S = e\,\lambda$, so ergibt sich $\dfrac{G - D}{M} = \dfrac{G\,e^2}{J_P}$ und hieraus

$$D = \frac{G}{1 + (45/83)\sin^2\alpha}.$$

Der Punkt A beginnt seine Bewegung in der Senkrechten zu $A\,P$.

22. Mit D als Druck des Zylinders auf den Stab gilt für die Drehung um O

$$J_0\,\ddot\varphi = D\,a\,\mathrm{ctg}\,\frac{\varphi}{2} - G\,l\cos\varphi, \qquad \text{(a)} \qquad \text{wo}\;\; J_0 = \frac{4}{3}\,m\,l^2.$$

Für die Translation des Zylinders gilt

$$\frac{G_1}{g}\,\ddot x_M = D\sin\varphi. \tag{b}$$

Aus $x_M = \overline{OB} = a\,\mathrm{ctg}\,\varphi/2$ ergibt sich für $\ddot x_M$, da zu Beginn $\dot\varphi = 0$ ist,

$$\ddot x_M = -\frac{a}{2\sin^2\varphi/2}\,\ddot\varphi.$$

Damit wird

$$D\sin\varphi = -\frac{G_1\,a}{2\,g\,\sin^2\varphi/2}\,\ddot\varphi$$

und mit Benutzung von (a)

$$D = \frac{G\,(l/a)\cos\varphi\,\mathrm{tg}\,(\varphi/2)}{1 + \dfrac{16}{3}\,\dfrac{G}{G_1}\,\dfrac{l^2}{a^2}\,\sin^4\dfrac{\varphi}{2}}. \tag{c}$$

Bei ruhendem Zylinder folgt aus (a) mit $\ddot\varphi = 0$:

$$D_0 = G\,\frac{l}{a}\cos\varphi\,\mathrm{tg}\,\frac{\varphi}{2}.$$

Demnach tritt eine Druckverminderung im angegebenen Verhältnisse ein.

Die Beschleunigung des Punktes M ist durch (c) und (b) bestimmt.

23. Hat der Massenpunkt m, auf den die Kraft $\mathfrak{K}$ wirkt, die Geschwindigkeit $\mathfrak{v}$ und sind $\mathfrak{r}$, $\mathfrak{p}$ die Ortsvektoren von m und P in bezug auf den festen Punkt O (Abb. 163), so ist der Drall $\mathfrak{D}_P = (\mathfrak{r} - \mathfrak{p}) \times m\,\mathfrak{v}$ und das Kraftmoment $\mathfrak{M}_P = (\mathfrak{r} - \mathfrak{p}) \times \mathfrak{K}$.

Somit ist

$$\dot{\mathfrak{D}}_P = (\mathfrak{r} - \mathfrak{p}) \times \frac{d}{dt}\,(m\,\mathfrak{v}) + (\dot{\mathfrak{r}} - \dot{\mathfrak{p}}) \times m\,\mathfrak{v}.$$

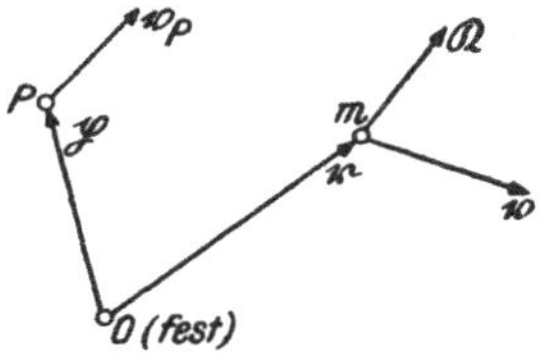

Da aber $\mathfrak{K} = \dfrac{d\,(m\,\mathfrak{v})}{dt}$, so entsteht mit $\dot{\mathfrak{r}} = \mathfrak{v}$, $\dot{\mathfrak{p}} = \mathfrak{v}_P$ und wegen $\dot{\mathfrak{r}} \times m\,\mathfrak{v} = 0$:

$$\dot{\mathfrak{D}}_P = \mathfrak{M}_P - \mathfrak{v}_P \times (m\,\mathfrak{v}). \tag{a}$$

Abb. 163

Für die Bewegung eines Punkthaufens von der Gesamtmasse $M = \Sigma\,m$ liefert die Addition der für die einzelnen Punkte des Haufens angeschriebenen Gl. (a) die Formel

$$\dot{\mathfrak{D}}_P = \mathfrak{M}_P - \mathfrak{v}_P \times M\,\mathfrak{v}_S, \tag{b}$$

denn zufolge des Wechselwirkungsgesetzes fallen die zwischen den Massenpunkten wirkenden inneren Kräfte heraus und $\Sigma\,m\,\mathfrak{v}$ ist gleichwertig mit dem im Massenmittelpunkt S angesetzten Vektor $M\,\mathfrak{v}_S$ der gesamten Bewegungsgröße.

Das in (b) stehende zusätzliche Moment verschwindet nur dann, wenn entweder der Bezugspunkt P fest ist oder wenn seine Geschwindigkeit parallel ist zu jener des Massenmittelpunktes S.

24. Die Lösung ergibt sich durch Benutzung der Gl. (b) von Aufg. 23. Mit $\mathfrak{e}$ als Einheitsvektor normal zur Scheibenebene und J_P als Trägheitsmoment der Scheibenmasse M bezüglich des Drehpoles ist der Drehvektor $\mathfrak{w} = \mathfrak{e}\,\omega$ und $\mathfrak{D}_P = \mathfrak{e}\,(J_P\,\omega)$, ferner $\mathfrak{M}_P = \mathfrak{e}\,M_P$, so daß aus Gl. (b) folgt

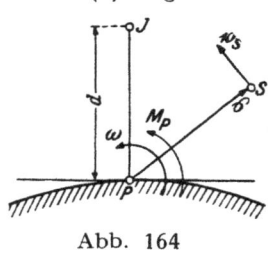

$$\mathfrak{e}\,\frac{d}{dt}\,(J_P\,\omega) = \mathfrak{e}\,M_P - \mathfrak{v}_P \times M\,\mathfrak{v}_S,$$

worin $\mathfrak{v}_P$ die Geschwindigkeit der Verschiebung des Bezugspunktes P (Wechselgeschwindigkeit des Drehpoles) bedeutet, die in die Polbahntangente fällt und den Betrag $v_P = d\,\omega$ hat mit $d = \overline{PJ}$ als Durchmesser des Wendekreises (Abb. 164).

Abb. 164

Mit $\overrightarrow{PS} = \mathfrak{s}$ ist $\mathfrak{v}_S = \mathfrak{w} \times \mathfrak{s}$, daher

$$\mathfrak{v}_P \times \mathfrak{v}_S = \mathfrak{v}_P \times (\mathfrak{w} \times \mathfrak{s}) = \mathfrak{w}\,(\mathfrak{v}_P \cdot \mathfrak{s}) - \mathfrak{s}\,(\mathfrak{v}_P \cdot \mathfrak{w})$$

oder wegen $\mathfrak{v}_P \perp \mathfrak{w}$:

$$\mathfrak{v}_P \times \mathfrak{v}_S = \mathfrak{e}\,\omega\,(\mathfrak{v}_P \cdot \mathfrak{s});$$

hiemit entsteht die skalare Gleichung

$$\frac{d}{dt}\,(J_P\,\omega) = M_P - M\,\omega\,(\mathfrak{v}_P \cdot \mathfrak{s}), \tag{1}$$

woraus — da J_P im allgemeinen vom Drehwinkel φ abhängig ist — für die Berechnung der Winkelbeschleunigung $\dot\omega$ die Gleichung folgt

$$J_P\,\dot\omega = M_P - \omega\left(\frac{dJ_P}{dt} + \mathfrak{v}_P \cdot \mathfrak{s}\,M\right) = M_P - \omega\left(\omega\,\frac{dJ_P}{d\varphi} + M\,\mathfrak{v}_P \cdot \mathfrak{s}\right). \tag{2}$$

Hienach darf die bei Drehung um eine feste Achse gültige Formel

$$J_P\,\dot\omega = M_P$$

bei der ebenen Systembewegung für den Drehpol als Bezugspunkt nur dann verwendet werden, wenn J_P von φ unabhängig (also konstant) ist und der Schwerpunkt der Scheibe auf der Polbahnnormalen liegt (womit $\mathfrak{v}_P \cdot \mathfrak{s} = 0$ wird).

25. Mit ω als Winkelgeschwindigkeit des rollenden Zylinders ist dessen kinetische Energie

$$T = \frac{1}{2}\,J_P\,\omega^2 = \frac{M\,g}{2}\,(r^2 + i_S{}^2)\,\omega^2.$$

Das Arbeitsprinzip $T = A$ liefert sodann mit

$$A = M\,g\,(R - r)\,(\cos\varphi - \cos\varphi_0)$$

und wegen $r\omega = -(R-r)\,\dot\varphi$:

$$\dot\varphi^2 = \frac{2\,g\,r^2\,(\cos\varphi - \cos\varphi_0)}{(R-r)\,(r^2 + i_S{}^2)},$$

woraus die Bewegungsgleichung folgt

$$\ddot\varphi = -\frac{g\sin\varphi}{l}, \qquad \text{wo} \qquad l = (R-r)\left(1 + \frac{i_S{}^2}{r^2}\right).$$

Die Strecke $\overline{OS}$ schwingt demnach aus der Anfangslage $\varphi = \varphi_0$ wie ein mathematisches Pendel von der Länge l.

Da die Schwerpunktsbeschleunigung b_S die Komponenten

$$b_{S,n} = (R-r)\,\dot\varphi^2, \qquad b_{S,t} = -(R-r)\,\ddot\varphi,$$

besitzt, so ergibt das d'Alembertsche Prinzip für den Normaldruck in P:

$$D = G\left[2\,(\cos\varphi - \cos\varphi_0)\,\frac{r^2}{r^2 + i_S{}^2} + \cos\varphi\right]$$

und für die Reibungskraft:

$$F = G\sin\varphi\,\frac{i_S{}^2}{r^2 + i_S{}^2}. \tag{a}$$

Es darf F die durch den Druck D gelieferte Reibungskraft $f\,D$ nicht überschreiten, somit muß f der Bedingung $F \leqq f\,D$ genügen.

Nach (a) entsteht F_{max} für $\varphi = \varphi_0$; in dieser Lage hat der Druck D sein D_{min}. Daher ist obige Bedingung für f während der ganzen Bewegung erfüllt, sobald sie für den Anfang zutrifft, wenn demnach

$$G\sin\varphi_0\,\frac{i_S{}^2}{r^2 + i_S{}^2} \leqq f\,G\cos\varphi_0 \qquad \text{oder} \qquad \operatorname{tg}\varphi_0 \leqq f\left(1 + \frac{r^2}{i_S{}^2}\right).$$

26. Durch die von der Lotrechten aus gemessenen Winkel φ, ψ (Abb. 165) sei die Lage des rollenden Zylinders und jene des Hohlzylinders zur Zeit t festgelegt.

Für die Winkelgeschwindigkeit ω des kleineren Zylinders gilt dann

$$r\omega = R\,\dot\psi - (R-r)\,\dot\varphi.$$

Sind D und F die Reaktionskräfte zwischen beiden Zylindern in Richtung der Normalen und Tangente, so bestehen für die Drehungen beider Zylinder die Gleichungen

$$J_0\,\ddot\psi = -F\,R,$$
$$m\,i_S{}^2\,\dot\omega = +F\,r,$$

woraus durch Beseitigung der Reibungskraft F entsteht

$$\ddot\psi\,(J_0\,r^2 + m\,i_S{}^2\,R^2) = m\,i_S{}^2\,R\,(R-r)\,\ddot\varphi. \tag{a}$$

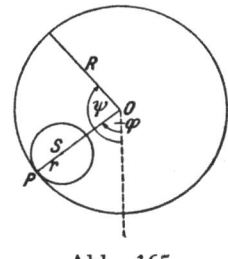

Abb. 165

Das Arbeitsprinzip $\dot T = \dot A$ liefert die zweite Beziehung zwischen $\ddot\psi$ und $\ddot\varphi$. Es ist

$$T = \frac{1}{2} J_0 \dot{\psi}^2 + \frac{1}{2} m \, i_S{}^2 \, \omega^2 + \frac{1}{2} m \, (R-r)^2 \, \dot{\varphi}^2,$$

$$A = m \, g \, (R-r) \, (\cos \varphi - \cos \varphi_0),$$

womit entsteht

$$\dot{\psi} \left[(J_0 \, r^2 + m \, i_S{}^2 \, R^2) \, \ddot{\psi} - m \, i_S{}^2 \, R \, (R-r) \, \ddot{\varphi} \right] -$$
$$- m \, (R-r) \, \dot{\varphi} \left[R \, i_S{}^2 \, \ddot{\psi} - (R-r) \, (i_S{}^2 + r^2) \, \ddot{\varphi} \right] = - m \, g \, r^2 \, (R-r) \, \sin \varphi \, \dot{\varphi}.$$

Da hierin der Faktor von $\dot{\psi}$ zufolge (a) verschwindet, so verbleibt

$$R \, i_S{}^2 \, \ddot{\psi} = (R-r) \, (i_S{}^2 + r^2) \, \ddot{\varphi} + g \, r^2 \sin \varphi. \qquad \text{(b)}$$

Wird $\ddot{\psi}$ aus (a), (b) eliminiert, so entsteht $\ddot{\varphi} = -\,(g/l) \sin \varphi$, wo

$$l = (R-r) \left(1 + \frac{J_0 \, i_S{}^2}{J_0 \, r^2 + m \, i_S{}^2 \, R^2} \right).$$

27. Mit x als Verschiebungsmaß von G_1, ω als Winkelgeschwindigkeit der Welle und S als Spannkraft des Seiles lauten die Bewegungsgleichungen der einzelnen Teile des bewegten Verbandes

$$\ddot{x} \, \frac{G+Q}{g} = S - f \, (G+Q),$$

$$\ddot{s} \, \frac{P}{g} = P - S,$$

$$\dot{\omega} = \frac{S \, r}{(1/2) \, (Q/g) \, r^2} = \frac{2 \, g \, S}{Q \, r}.$$

Hiezu tritt noch die kinematische Bedingung $\ddot{s} = \ddot{x} + r \, \dot{\omega}$.

Die Gleichungen für die Unbekannten $\ddot{x}$, $\ddot{s}$, S und $\dot{\omega}$ sind linear, diese Größen sind demnach konstant, somit auch das Verhältnis s/x. Man erhält durch Auflösung

$$S = P \, \frac{1+f}{1 + \dfrac{P}{Q} \dfrac{2G+3Q}{G+Q}},$$

$$\frac{s}{x} = \frac{\ddot{s}}{\ddot{x}} = 1 + 2 \frac{P}{Q} \, \frac{(1+f) \, (G+Q)}{P \, (1+f) - f \, [G+Q + (P/Q) \, (2G+3Q)]}.$$

Blockierung tritt ein, wenn $\ddot{x} < 0$; dann nimmt die Geschwindigkeit des Gleitbockes bis zum Werte Null ab, danach bleibt er stehen und die Welle dreht sich um die dann feste Achse O mit

$$\dot{\omega} = \frac{g}{1 + (Q/2P)} \qquad \text{und es ist} \qquad S = \frac{PQ}{2P+Q}.$$

$\ddot{x} < 0$ ergibt als notwendige Reibungsziffer

$$f > \frac{P}{(G+Q) \, (1 + 2\,P/Q)}.$$

28. Da beim Bruche keine eingeprägten Kräfte hinzutreten, so bleiben der Drall D_0 um O und die kinetische Energie T unverändert.

Nennt man ω_1, ω_2 die Winkelgeschwindigkeiten der beiden Stabstücke und m die Masse des ganzen Stabes, so ist vor dem Bruche $D_0 = (4/3)\, m\, l^2\, \omega_0$ und nach dem Bruche

$$D_0 = \frac{1}{3}\frac{m}{2}l^2\omega_1 + \left(\frac{1}{12}\frac{m}{2}l^2\omega_2 + \frac{m}{2}\frac{3}{2}l\,v_\sigma\right),$$

wo $v_\sigma = (3/2)\, l\, \omega_0$ (denn wegen $b_\sigma = 0$ bleibt v_σ konstant). Damit wird

$$5\,\omega_0 = 4\,\omega_1 + \omega_2. \tag{a}$$

Aus $T = \dfrac{1}{2}\dfrac{m\,(2\,l)^2}{3}\omega_0{}^2$ vor dem Bruche

und $T = \dfrac{1}{2}\dfrac{m\,l^2}{2\,3}\omega_1{}^2 + \dfrac{1}{2}\left(\dfrac{m}{2}v_\sigma{}^2 + \dfrac{m}{2}\dfrac{l^2}{12}\omega_2{}^2\right)$ nach dem Bruche ergibt sich

$$5\,\omega_0{}^2 = 4\,\omega_1{}^2 + \omega_2{}^2, \tag{b}$$

so daß wegen (a) folgt: $\omega_1 = \omega_2 = \omega_0$.

Die Stabhälfte SA dreht sich mit ω_2 um ihren Schwerpunkt σ und letzterer beschreibt eine Gerade senkrecht zu SA.

d) Kinetostatik

1. Die Beschleunigung b ist gleich $\dfrac{P - R_1 - R}{m + m_1}$.

Mit S als Spannkraft der Stange an der vom linken Stangenende gemessenen Stelle x und mit $T = -(m_1 + m\,x/l)\,b$ als Trägheitskraft gilt nach dem d'Alembertschen Prinzipe im Bereiche $0 < x < a$:

$$P - R_1 + T + S = 0,$$

woraus

$$S = -\frac{1}{m + m_1}\left[m\,(P - R_1) + m_1\,R\right] + \frac{x}{l}\frac{m}{m + m_1}(P - R_1 - R),$$

im Bereiche $a < x < l$:

$$P - R_1 - R + T + S = 0,$$

woraus

$$S = -\frac{m}{m + m_1}\left(1 - \frac{x}{l}\right)(P - R_1 - R).$$

An der Stelle $x = a$ entsteht ein Spannkraftsprung von der Größe $-R$.

2. Mit f als Ziffer der Gleitreibung ist die Beschleunigung

$$b = g\,(\sin \alpha - f \cos \alpha). \qquad (\operatorname{tg} \alpha > f).$$

Einspannungsmoment

$$M_A = \frac{G\,l}{2}\left(\sin \alpha - \frac{b}{g}\right) = \frac{f\,G\,l}{2}\cos \alpha.$$

Die Biegung des Stabes erfolgt in Richtung der Abwärtsbewegung der Platte.

3.
$$M_{max} = \frac{G\,h}{2\,g}\sqrt{\frac{v^4}{r^2} + b_t^2}$$

entsteht an der Einspannstelle.

Die Säule biegt sich nach außen in Richtung der resultierenden Trägheitskraft, die gegen den Halbmesser r unter β geneigt ist, wo $\operatorname{tg}\beta = \dfrac{r\,b_t}{v^2}$.

4. Für einen beliebigen Pendelausschlag φ aus der Lotrechten beträgt die Spannkraft S im Pendelfaden

$$S = G\left(\cos\varphi + \frac{v^2}{g\,l}\right),$$

wo nach dem Arbeitsprinzip $v^2/2\,g = l\,(\cos\varphi - \cos\alpha)$.
Hienach wird
$$M_A = S\,a\cos\varphi = G\,a\cos\varphi\,(3\cos\varphi - 2\cos\alpha).$$
$M_{A\,max}$ ergibt sich für $\varphi = 0$ mit $M_{A\,max} = G\,a\,(3 - 2\cos\alpha)$.

5. Die Belastung des Trägers besteht aus dem über die Länge l gleichmäßig verteilten Eigengewicht $G = q\,l$ und den mit der Entfernung vom Stützpunkte A linear zunehmenden Trägheitskräften.

Für einen Querschnitt in der Entfernung x vom rechten Ende ist daher das Biegungsmoment

$$M_x = \frac{q\,x^2}{2} - \frac{q}{g}\,\lambda\int_{\xi=0}^{x}\left(\frac{2\,l}{3} - x + \xi\right)\xi\,d\xi = \frac{q\,x^2}{2} - \frac{q}{g}\,\lambda\,\frac{x^2}{6}\,(2\,l - x).$$

Da die anfängliche Winkelbeschleunigung nach Aufg. (C 19) $\lambda = (3/2)\,g/l$ ist, so wird

$$M_x = \frac{q\,x^3}{4\,l} \tag{1}$$

(gültig bis zur Stützstelle A, also von $x = 0$ bis $2\,l/3$).

Für eine Trägerstelle in der Entfernung x vom linken Ende ergibt sich

$$M_x = \frac{q\,x^2}{2} + \frac{q}{g}\,\lambda\int_{\xi=0}^{x}\left(\frac{l}{3} - x + \xi\right)\xi\,d\xi = \frac{q\,x^2}{2} + \frac{q}{g}\,\lambda\,\frac{x^2}{6}\,(l - x),$$

daher mit $\lambda = (3/2)\,g/l$:

$$M_x = \frac{q\,x^2}{4\,l}\,(3\,l - x) \tag{2}$$

(gültig für $x = 0$ bis $l/3$).

Das größte Biegungsmoment entsteht an der Stützstelle A; es ist $M_{max} = (2/27)\,G\,l$. Mit den aus (1) und (2) zu berechnenden Querkräften ergibt sich der Stützendruck $D = 3/4\,G$ wie in Aufg. (C 19).

6. Auf das Massenelement $dm = 2\,\mu\,r\,d\psi$ an der Stelle ψ wirkt die Fliehkraft $dC = \varrho\,\omega^2\,dm$, die an der Querschnittsstelle φ (Abb. 166) das Biegungsmoment $dM_\varphi = \overline{P\,N}\,.\,dC$ liefert.

Es ist
$$\overline{P\,N} = 2\,r\cos\varphi\sin(\varphi - \psi),$$
womit sich ergibt
$$M_\varphi = 8\,\mu\,r^3\cos\varphi\int\limits_{\psi=0}^{\varphi}\sin(\varphi - \psi)\cos\psi\,d\psi = 2\,\mu\,r^3\,\omega^2\,\varphi\sin 2\,\varphi.$$

Aus $\partial M_\varphi/\partial\varphi = 0$ folgt $\operatorname{tg} 2\,\varphi + 2\,\varphi = 0$.
Hienach ergibt sich M_{max} für $\varphi = 58^0\,8'$ mit dem Werte

$$M_{max} = 0{,}579\,\frac{G}{g}\,r^2\,\omega^2.$$

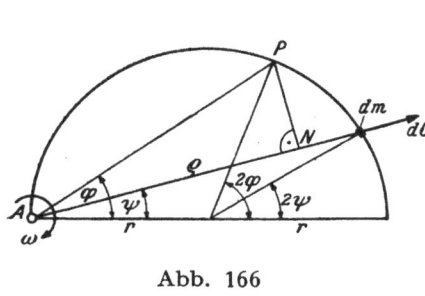

Abb. 166   Abb. 167

7. Ist ω die Winkelgeschwindigkeit der Drehung des Hebels bei lotrechter Lage von OA, so folgt aus dem Arbeitsprinzip

$$\frac{J_0\,\omega^2}{2} = \frac{G}{2}\left(\frac{l}{2} + \frac{3\,l}{2}\right) = G\,l,$$

worin

$$J_0 = \frac{G\,l^2}{2\,g}\left[\frac{1}{3} + \frac{1}{12} + \left(1 + \frac{1}{4}\right)\right] = \frac{5}{6}\,\frac{G}{g}\,l^2.$$

Hiemit wird

$$\omega^2 = \frac{12}{5}\,\frac{g}{l},$$

während sich die Winkelbeschleunigung λ in dieser Stellung aus $\lambda = G\,l/4\,J_0$ mit $\lambda = 0{,}3\,g/l$ ergibt.

Die am Massenelemente dm an der Stelle x des Schenkels $A\,B$ anzubringenden Trägheitskräfte $\varrho\,\omega^2\,dm$, $\varrho\,\lambda\,dm$ (Abb. 167) geben in lotrechter Richtung die Komponenten

$$\varrho\,\omega^2\cos\theta\,dm = l\,\omega^2\,dm$$

und

$$-\varrho\,\lambda\sin\theta\,dm = -\,x\,\lambda\,dm,$$

so daß sich das Einspannmoment bei A berechnet zu

$$M_A = \frac{G\,l}{4} + \frac{G\,l^2\,\omega^2}{4\,g} - \frac{G\,l^2\,\lambda}{6\,g} = 0{,}8\,G\,l.$$

8. Nach dem Schwerpunkts- und Drallsatze besteht das System der Trägheitskräfte aus einer im Schwerpunkte angreifenden Kraft $\mathfrak{X}_S = -m\,\mathfrak{b}_S$ (Abb. 168) und einem im Gegensinne der Winkelbeschleunigung $\bar{\omega}$ um S drehenden Moment $\mathfrak{M}_S = -m\,i_S^2\,\bar{\omega}$.

Da $\mathfrak{X}_S \perp \mathfrak{M}_S$, so wird $\mathfrak{X}_S$ aus S um das Maß $a = \dfrac{i_S^2\,\dot\omega}{b_S}$ parallel verschoben nach $\mathfrak{X}$. Ist G^* der Schnittpunkt der Wirkungslinie von $\mathfrak{X}$ mit GS, dann ist $a = e\sin\beta$; mit $s = \overline{SG}$ ist aber $\sin\beta = \dfrac{s\,\dot\omega}{b_S}$, so daß

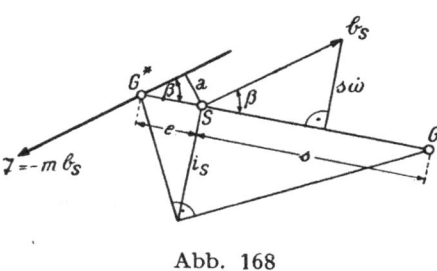

$$a = \frac{e\,s\,\dot\omega}{b_S} = \frac{i_S^2\,\dot\omega}{b_S},$$

woraus folgt

$$e \cdot s = i_S^2;$$

hienach liegen die Punkte G^* und G invers bezüglich des Schwerpunktes S, das heißt G^* ist der Schwingungsmittelpunkt der Scheibe bezüglich des Poles G.

Abb. 168

9. Mit dem Zwanglauf der Scheibe sind der Drehpol P und der Wendepol J als gegeben anzunehmen. Den ∞^1 Beschleunigungspolen G auf dem Wendekreise entsprechen die ∞^1 möglichen Beschleunigungszustände der Scheibe. Mit einem beliebigen Beschleunigungspol ergibt sich die reduzierte Schwerpunktsbeschleunigung $\dfrac{\mathfrak{b}_S}{\omega^2} = \overrightarrow{S\gamma} \parallel KJ$, wo K den Schnittpunkt von GS mit dem Wendekreise bedeutet (Abb. 169). Für alle Lagen von G auf dem Wendekreise erfüllen die Vektorspitzen von $\mathfrak{b}_S/\omega^2$ die Normale n durch J zu PS, denn es ist $\dfrac{\mathfrak{b}_S}{\omega^2} = \overrightarrow{SJ} + \overrightarrow{J\gamma}$, worin nach Grübler (vgl. Aufg. I A 9) $\overrightarrow{SJ}$ die reduzierte Wendebeschleunigung

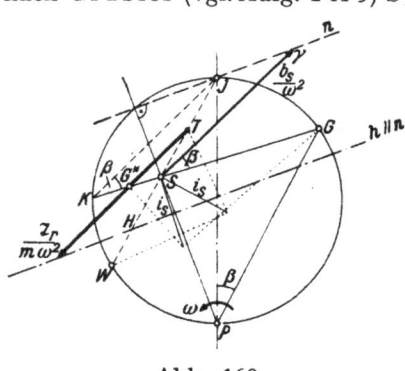

und $\overrightarrow{J\gamma}$ die reduzierte Triebbeschleunigung angibt. Erstere bleibt aber für alle Lagen von G konstant und letztere steht immer senkrecht auf SP. Hienach ist die Gesamtheit der in S angesetzten reduzierten Beschleunigungsdrücke $\dfrac{\mathfrak{B}}{m\,\omega^2}$ durch die Normale $n \parallel v_S$ begrenzt. Hiemit ist der zweite Teil des Satzes bewiesen.

Die Existenz des Trägheitspoles T läßt sich unter anderem wie folgt

Abb. 169

beweisen: Nach Aufg. (D 8) geht die Wirkungslinie der resultierenden Trägheitskraft $\mathfrak{T}_r$, welche dem Beschleunigungspole G entspricht, durch den Schwingungsmittelpunkt G^* der in G drehbar gedachten Scheibe, so daß

$$\overline{SG} \cdot \overline{SG^*} = i_S{}^2. \tag{a}$$

Mit W als dem auf dem Wendekreise liegenden Wendepunkt des durch S gelegten Wendestrahles SJ gilt

$$\overline{SK} \cdot \overline{SG} = \overline{SW} \cdot \overline{SJ},$$

so daß wegen (a) folgt

$$\frac{\overline{SG^*}}{\overline{SK}} = \frac{i_S{}^2}{\overline{SW} \cdot \overline{SJ}} = \text{konstant},$$

das heißt der Ort aller Punkte G^* ist ein zum Wendekreis bezüglich S ähnlich liegender Kreis, es entsprechen sich in dieser Ähnlichkeit die Punkte K und G^*. Die durch G^* gehende Wirkungslinie $\mathfrak{T}_r$ und die zu ihr parallele Gerade KJ liegen ähnlich und da alle Geraden KJ sich im festen Punkte J schneiden, so schneiden sich auch die dazu durch die Punkte G^* gezogenen Parallelen in einem Punkte T, welcher in der Ähnlichkeit dem Wendepole J entspricht, so daß

$$\frac{\overline{ST}}{\overline{SJ}} = \frac{\overline{SG^*}}{\overline{SK}} = \frac{i_S{}^2}{\overline{SW} \cdot \overline{SJ}},$$

wonach

$$\overline{ST} \cdot \overline{SW} = i_S{}^2. \tag{b}$$

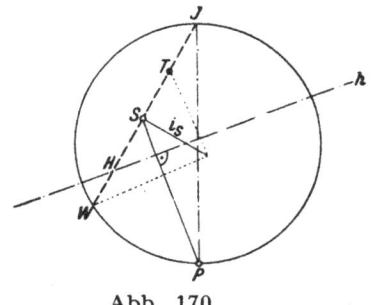

Abb. 170

Hiemit ist die Lage des Trägheitspoles auf SJ bestimmt und es gilt der Satz: „Der Trägheitspol einer zwangläufigen Scheibe ist identisch mit dem Schwingungsmittelpunkt der um den Wendepunkt des Strahles SJ drehbar gedachten Scheibe."

Die Spitzen der in T angesetzten reduzierten resultierenden Trägheitskräfte $\dfrac{\mathfrak{T}_r}{m\,\omega^2}$ erfüllen die Gerade $h \perp PS$ (also $h \parallel v_S$), deren Schnittpunkt H mit SJ bestimmt ist durch $\overline{SJ} = \overline{TH}$ (Abb. 170).

10. Da bei rollender Scheibe kein Gleiten stattfindet, ist ihr Berührungspunkt mit der festen Scheibe der Drehpol P. Man bestimmt zunächst den Wendepol J mit Benutzung der Konstruktion von Schell (Aufg. I A 4). Nimmt man den Punkt Q willkürlich auf der Polbahntangente an, zieht $PJ' \parallel \mathfrak{A}Q$, so ist die durch J' gezogene Parallele zu PQ ein Ort für den Wendepol J und da dieser auch auf der Polbahnnormalen liegen muß, so ist er hiemit bestimmt (Abb. 171).

Der Fußpunkt der Senkrechten vom Drehpole P auf SJ gibt den Wendepunkt W; sein Antipol ist der Trägheitspol T. Macht man $\overline{SJ} = \overline{TH}$, so begrenzt die durch H gezogene Gerade $h \perp PS$ das Büschel der in T angesetzten resultierenden Trägheitskräfte $\mathfrak{T}_r$. Nach dem

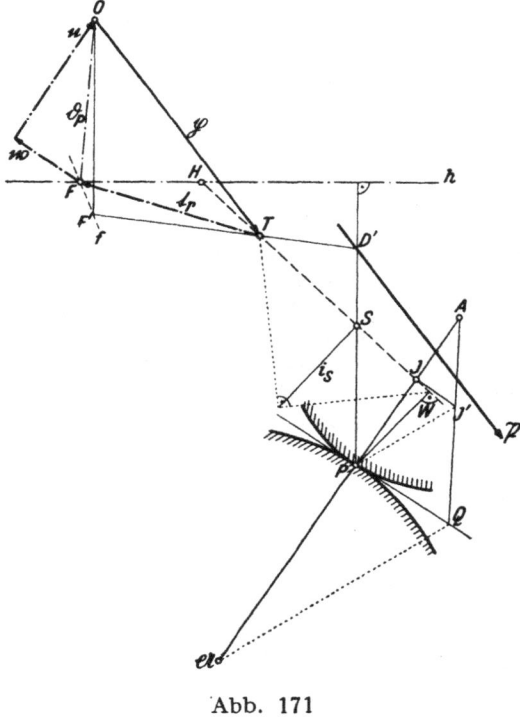

Abb. 171

d'Alembertschen Prinzip bilden die Kräfte $\mathfrak{T}_r$, $\mathfrak{P}$ und der Gesamtwiderstand $\mathfrak{D}_P$ in P ein Gleichgewichtssystem. Die Wirkungslinie von $\mathfrak{D}_P$ muß durch P, jene von $\mathfrak{T}_r$ durch T gehen. Hiedurch sind beide Kräfte bestimmt.

Um die Kräfte in der Zeichnung durch Strecken darzustellen, arbeitet man zweckmäßig mit „reduzierten" Kräften, indem man sie durch $m\,\omega^2$ dividiert. Zeichnet man das zugehörige Kraftdreieck so, daß die Vektorspitze von $\mathfrak{p} = \dfrac{\mathfrak{P}}{m\,\omega^2}$ nach T zu liegen kommt und wählt den Schnittpunkt der drei Wirkungslinien zunächst willkürlich in D' auf $\mathfrak{P}$, wobei sich im Kraftdreieck der Eckpunkt F' ergibt, so wandert dieser auf einer zu PT parallelen Geraden f für alle Lagen von D' auf $\mathfrak{P}$. Der Schnittpunkt von h und f liefert daher die endgültige Lage von F und es ist

$$\mathfrak{t}_r = \overrightarrow{TF} = \frac{\mathfrak{T}_r}{m\,\omega^2} \quad \text{und} \quad \mathfrak{d}_P = \overrightarrow{FO} = \frac{\mathfrak{D}_P}{m\,\omega^2}.$$

Die Zerlegung von $\mathfrak{d}_P$ in Richtung der Polbahnnormalen und -Tangente ergibt die reduzierten Komponenten $\mathfrak{n}$ und $\mathfrak{w}$ des Gesamtwiderstandes. Die reduzierte Schwerpunktsbeschleunigung $\mathfrak{b}_S/\omega^2$ ist gleich der gerichteten Strecke $\overrightarrow{FT}$.

11. Da die Punkte O und A gerade Bahnen beschreiben, so liegt der Wendepol J in derem Schnittpunkte (Abb. 172). Der Fußpunkt des Lotes aus dem Drehpol P auf JS gibt den Wendepunkt W des Wendestrahles JS, so daß der Trägheitspol T als Antipol von W bezüglich S konstruiert werden kann. Nach dem d'Alembertschen Prinzipe ist

$$\mathfrak{P} + \mathfrak{D}_A + \mathfrak{D}_B + \mathfrak{X}_r = 0;$$

die Wirkungslinie von $\mathfrak{D}_A + \mathfrak{D}_B$ geht durch P, jene von $\mathfrak{X}_r$ durch T. Die Konstruktion dieser Kräfte erfolgt analog wie in Aufg. 10. Die reduzierte Schwerpunktsbeschleunigung $\mathfrak{b}_S/\omega^2$ ist gleich $\overrightarrow{FT}$; hierin ist $\omega = \dfrac{v_A}{\overline{AP}}$.

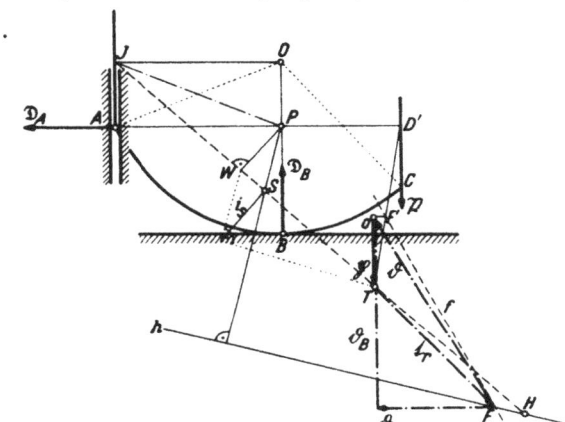

Abb. 172

12. Da ω konstant ist, so hat die Kurbelwarze A nur Normalbeschleunigung $\mathfrak{b}_A = \overrightarrow{AO} \cdot \omega^2$; man wählt den Beschleunigungsmaßstab so, daß $\mathfrak{b}_A = \overline{AO}$ wird. Damit wird in bekannter Art der Beschleunigungsplan $OA\beta$ gezeichnet, welcher in $\overrightarrow{\beta O} = \mathfrak{b}_B$ die Kreuzkopfbeschleunigung liefert (Abb. 173).

Aus $AS_2B \sim A\sigma\beta$ ergibt sich $\mathfrak{b}_{S,2} = \overrightarrow{\sigma O}$ und aus $A\beta O \sim ABG$ der Beschleunigungspol G.

Durch $\overline{GS_2} \cdot \overline{S_2 G^*} = i_{S,2}{}^2$ ist der Antipol G^* bestimmt, in welchem die Trägheitskraft $\mathfrak{X}_2 = -m_2 \mathfrak{b}_{S,2}$ der Pleuelstange angreift.

Die Kurbel AO ist belastet mit den bekannten

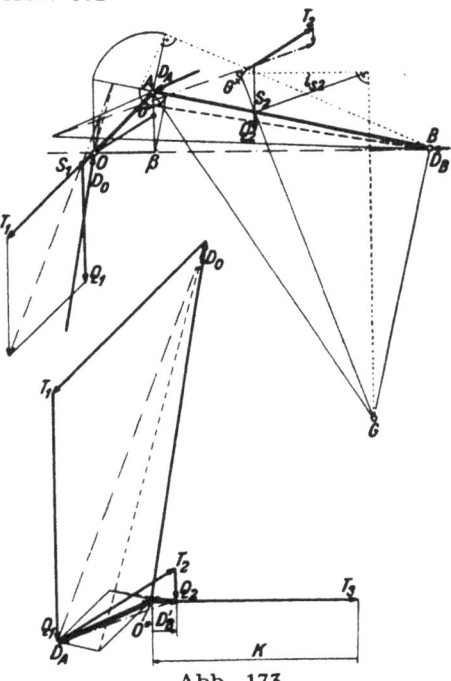

Abb. 173

Kräften: Gewicht Q_1 und $\mathfrak{T}_1 = -m_1 \overrightarrow{S_1 O} \cdot \omega^2$, die Pleuelstange mit Q_2 und $\mathfrak{T}_2$.

Um die Zapfenkräfte in O, A, B zu ermitteln, zeichnet man zu den bekannten Kräften dasjenige Seileck mit dem Pole O^*, von dem die drei entsprechenden Seiten durch die Gelenkpunkte $O\,A\,B$ gehen. Dies liefert im Kräfteplan die Zapfenkräfte $\mathfrak{D}_0$, $\mathfrak{D}_A$ und $\mathfrak{D}_B$ nach Größe und Richtung. Bezeichnet $D_B{}'$ die Komponente von $\mathfrak{D}_B$ in der Schubrichtung des Kreuzkopfes und $T_3 = -m_3\,b_B$ seine Trägheitskraft, so ist die Kolbenkraft $K = T_3 + D_B{}'$.

13. Es bezeichnen $S_1\,S_2\,S_3$ die Schwerpunkte, $m_1\,m_2\,m_3$ die Massen der Kurbel, Pleuelstange und der geradlinig bewegten Teile des Getriebes. Das an der Kurbelwelle wirkende widerstehende Moment M wird ersetzt durch das Kraftpaar $P \cdot \overline{OA}$, dessen Kräfte in O und A senkrecht zur Kurbel wirken. Das System der Trägheitskräfte jedes Getriebegliedes läßt sich gemäß der Beziehung $\mathfrak{b}_S{}^1 = \mathfrak{b}_S{}^0 + \lambda\, v_S$ (vgl. Aufg. I B 25) zurückführen auf zwei Einzelkräfte, und zwar auf eine Kraft $\mathfrak{T}^0 = -m\,\mathfrak{b}_S{}^0$, die einem mit dem Zwanglauf verträglichen, sonst beliebig gewählten Beschleunigungszustand entspricht und deren Wirkungslinie nach Aufg. 8 zu konstruieren ist, und auf eine Zusatzkraft $\mathfrak{T}' = -m\,\lambda\,v_S$ mit einem für alle Getriebeglieder gleichen, vorläufig unbekannten Ähnlichkeitsparameter λ. Es bedeutet v_S den Vektor der Geschwindigkeit, $\mathfrak{b}_S{}^0$ jenen der Beschleunigung des Schwerpunktes dieses Getriebegliedes. Die Zusatzkraft $\mathfrak{T}'$ ist also nur abhängig vom gegebenen Geschwindigkeitszustande, ihre zu v_S parallele Wirkungslinie g geht, da $\mathfrak{T}'$ die Resultierende der elementaren Bewegungsgrößen des Getriebegliedes darstellt, durch den Schwingungsmittelpunkt des im augenblicklichen Drehpol drehbar gedachten Gliedes.

Der noch unbekannte Parameter λ, mit dessen Kenntnis der Beschleunigungszustand und die Gelenkkräfte bestimmt sind, bestimmt sich aus der Forderung, daß nach dem d'Alembertschen Prinzipe die Trägheitskräfte der drei Getriebeglieder und die eingeprägten Kräfte (bestehend aus $\mathfrak{K}$ in B, $\mathfrak{P}$ in A und den Gewichten der drei Glieder) mit dem Lagerdruck $\mathfrak{D}_0$ und dem Führungsdruck $\mathfrak{D}_B$ ein Gleichgewichtssystem bilden; P in O ist ohne Einfluß auf den Beschleunigungszustand und auf die übrigen Gelenkdrücke und braucht erst bei der Bestimmung des resultierenden Zapfendruckes $\mathfrak{Q}_0$ in O berücksichtigt zu werden.

Bei einer mit dem Zwanglauf verträglichen virtuellen Bewegung des Getriebes leisten die Kräfte $\mathfrak{D}_0$, $\mathfrak{D}_B$ keine Arbeit und es ergibt sich daher durch Nullsetzen der virtuellen Leistungen der angeführten Gleichgewichtskräfte folgende Bestimmungsgleichung für λ:

$$\mathfrak{K} \cdot v_B + \mathfrak{P} \cdot v_A + \sum_1^3 \mathfrak{G}_i \cdot v_{Si} + \sum_1^3 \mathfrak{T}_i \cdot v_{Ti} - \lambda \sum_1^3 m_i\, v_{Si} \cdot v_{Ti} = 0.$$

Es bedeutet hierin v_{Ti} die Geschwindigkeit des **Trägheitspoles** T_i des i-ten Gliedes.

Zeichnet man einen Plan der gedrehten Geschwindigkeiten mit dem Pole o, dann drückt obige Gleichung einfach das Momentengleichgewicht der in den Knoten dieses Joukowsky-Hebels in gleicher Größe und Richtung wie im Getriebe wirkenden Kräfte des obgenannten Kraftsystems aus. Hienach kann λ unmittelbar konstruiert werden, womit auch $\mathfrak{D}_0$, $\mathfrak{D}_B$ und der Gelenkdruck $\mathfrak{Q}_A$ bestimmt sind.

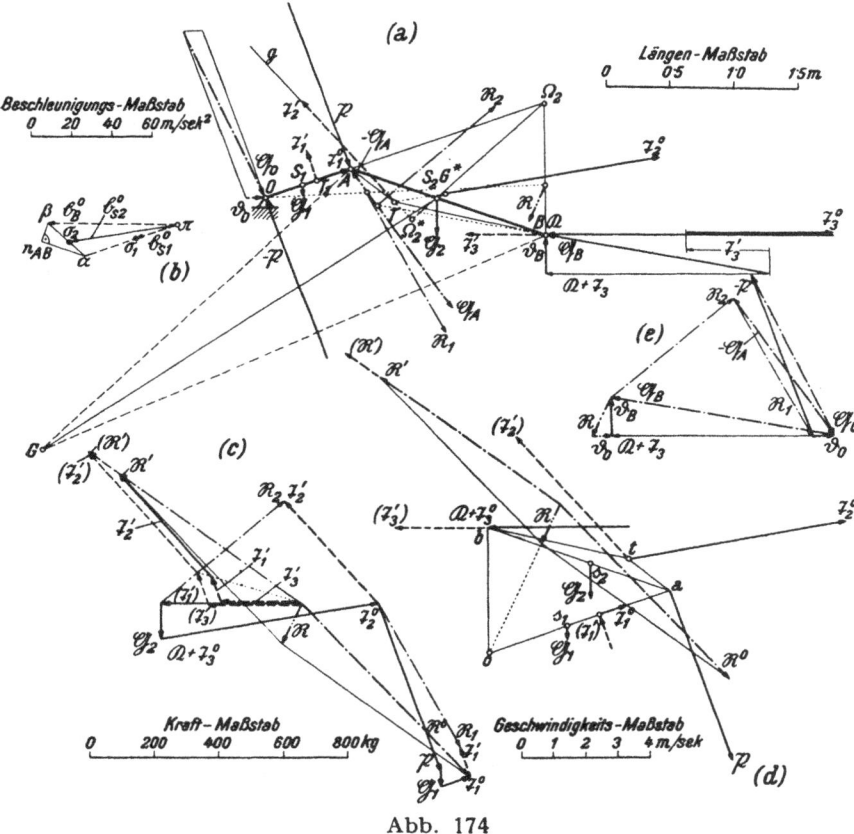

Abb. 174

Die Beschleunigungen $\mathfrak{b}_S{}^0$ für die drei Getriebeglieder werden zweckmäßig aus einem für $v_A = $ konst. gezeichneten Beschleunigungsplan (Abb. 174, b) entnommen, der auch die Ermittlung des Beschleunigungspoles G der Pleuelstange (nach Aufg. I A 2) gestattet.

Bestimmt man mit Kraft- und Seileck die Resultierende $\mathfrak{R}^0$ der am Joukowsky-Hebel wirkenden eingeprägten Kräfte und der Kräfte $\mathfrak{T}^0$ (Abb. c), sodann mit einer vorläufigen Annahme (λ) für λ die Resultierende $(\mathfrak{R})'$ aller zusätzlichen Trägheitskräfte $\mathfrak{T}'$, so erhält man die wahre Größe von $\mathfrak{R}'$ und damit auch den Ähnlichkeitsparameter λ aus der Bedingung, daß die Mittelkraft $\Re = \Re^0 + \Re'$ wegen des Momentengleichgewichtes durch den Nullpunkt o des Hebels (Abb. d) gehen muß. Damit ist ihre Wirkungslinie bekannt und auch die wahre Größe $\Re'$, da $\Re'$ und $(\Re)'$ gleiche Richtung haben.

Da mit $\Re'$ auch die resultierenden Trägheitskräfte $\mathfrak{T}^* = \mathfrak{T}^0 + \mathfrak{T}'$ der einzelnen Getriebeglieder bestimmt sind, so läßt sich ein dynamischer Kraftplan entwerfen (Abb. e), der durch geschlossene Kräftepolygone das Gleichgewicht der folgenden Kräftegruppen zum Ausdruck bringt:

a) Gesamtsystem der eingeprägten Kräfte (mit Ausschluß von P in O), der Trägheitskräfte und der Auflagerdrücke $\mathfrak{D}_0$, $\mathfrak{D}_B$;

b) Kräftesystem jedes Getriebegliedes, bestehend aus den eingeprägten Kräften, seiner resultierenden Trägheitskraft $\mathfrak{T}^*$ und den Gelenkdrücken $\mathfrak{Q}$ der Nachbarglieder.

Aus (a) ergeben sich die Auflagerdrücke, aus (b) die Zapfendrücke $\mathfrak{Q}$.

14. Es ist $\mathfrak{b}_S = \mathfrak{b}_A + \mathfrak{b}_{SA}$. Die Bewegung des ebenen Systems kann zerlegt werden in eine Translation mit $\mathfrak{b}_A$ und in eine Drehung um A mit $\mathfrak{b}_{SA}$. Zur ersten Teilbewegung gehört eine in S angreifende Trägheitskraft $-m\,\mathfrak{b}_A$, zur zweiten eine Trägheitskraft $-m\,\mathfrak{b}_{SA}$, angreifend im Schwingungsmittelpunkt A_1 von S bei festgedachtem Punkt A. Durch den Schnittpunkt D ihrer beiden Wirkungslinien geht daher die Wirkungslinie der Trägheitskraft $-m\,\mathfrak{b}_S$ parallel zu $\mathfrak{b}_S$. Für einen von $\mathfrak{b}_S$ verschiedenen, aber mit dem Zwanglauf verträglichen Beschleunigungszustand $\mathfrak{b}_S{}^1$ gilt nach Aufg. (I B 25) $\mathfrak{b}_S{}^1 = \mathfrak{b}_S + \lambda\,\mathfrak{v}_S$. Da aber $\lambda\,\mathfrak{v}_S = \lambda\,\mathfrak{v}_A + \lambda\,\mathfrak{v}_{SA}$, so ergibt sich die zusätzliche Trägheitskraft $-m\,\lambda\,\mathfrak{v}_S$ nach dem eben beschriebenen Verfahren, wenn $\mathfrak{b}_A$ und $\mathfrak{b}_{SA}$ ersetzt werden durch $\mathfrak{v}_A$ und $\mathfrak{v}_{SA}$, wodurch C als Punkt der Wirkungslinie der Kraft $-m\,\lambda\,\mathfrak{v}_S$ gewonnen wird, die parallel zu $\mathfrak{v}_S$ sein muß.

15. Mit G als Gewicht eines Stabes ist $M_{max} = (3/8)\,G\,a$.

16. Der Rollenmittelpunkt M bewegt sich relativ zum Nocken auf der Äquidistanten der Nockenflanke durch M. Für die Absolutbeschleunigung des Ventilstößels gilt $\mathfrak{b}_{Ma} = \mathfrak{b}_{Ms} + \mathfrak{b}_r + 2\,\mathfrak{w} \times \mathfrak{v}_r$ mit $\mathfrak{b}_{Ms}$ als Beschleunigung des mit M zusammenfallenden System(Nocken-)punktes, $\mathfrak{v}_r$ und $\mathfrak{b}_r$ als Geschwindigkeit und Beschleunigung der geradlinigen Relativbewegung auf der Flanke.

Für den Zustand reiner Normalbeschleunigung des Nockens ist

$$b_{Ms} = \overline{MO}\cdot\omega^2 = 240\ \text{m/s}^2.$$

Hiemit liefert der mit dem Nullpunkte π gezeichnete Beschleunigungsplan (Abb. 175 b), in welchem $b_{Ms}{}'' = \overline{\pi\,\mu_s}$ ist, $b_{Ma}{}^0 = \overline{\pi\,\mu_a{}^0}$. Diesem Beschleunigungszustande entspricht die Trägheitskraft des Nockens

$$\mathfrak{T}_1{}^0 = m_1\,\omega^2\,\overrightarrow{O\,S} = -\,m_1\,\overrightarrow{\pi\,\sigma^0}$$

und jene des Stößels:

$$\mathfrak{T}_2{}^0 = -\,m_2\,\mathfrak{b}_{Ma}{}^0 = -\,m_2\,\overrightarrow{\pi\,\mu_a{}^0}.$$

Nach dem d'Alembertschen Prinzipe sind sowohl der Stößel als auch der Nocken für sich allein im Gleichgewicht, wenn folgende Kräftegruppen wirken (Abb. a):

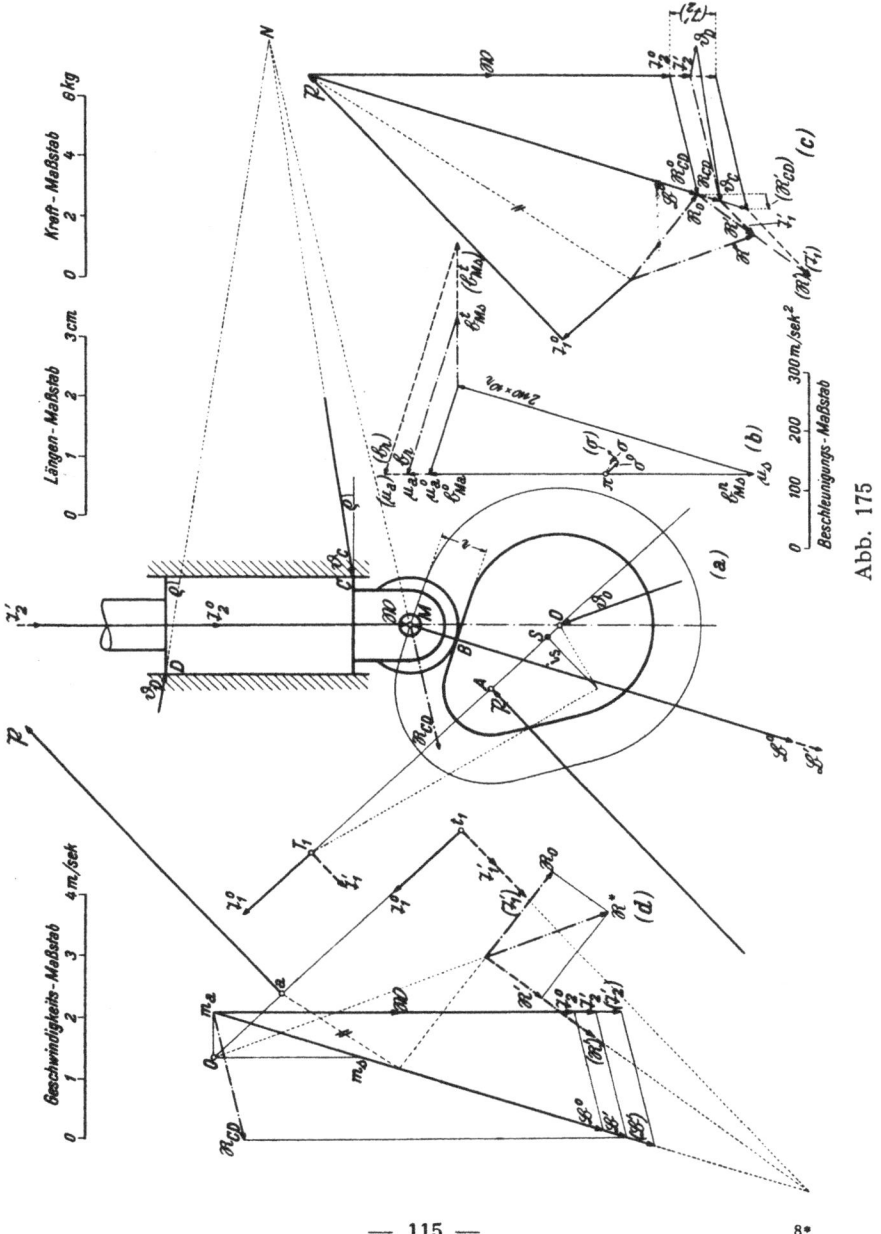

Abb. 175

Nocken (Scheibe 1): $\mathfrak{P}$, $\mathfrak{T}_1{}^0$, die zusätzliche Trägheitskraft $\mathfrak{T}_1{}'$ infolge der Winkelbeschleunigung des Nockens (angreifend im Trägheitspole T_1 und $\perp OS$), der Druck $\mathfrak{D}_0$ im Zapfen O und der senkrecht zur Flanke gerichtete Rollenanpressungsdruck $\mathfrak{B}$;

Stößel (Scheibe 2): $\mathfrak{W}$, $\mathfrak{T}_2{}^0$ in Stößelachse, die Reaktionskräfte $\mathfrak{D}_C$ und $\mathfrak{D}_D$ der Stößelführung, die in den Punkten C und D unter dem Reibungswinkel ϱ gegen die Führungsrichtung wirkend angenommen werden und durch die in M wirkende Resultierende $\mathfrak{R}_{CD}$ mit demnach bekannter Wirkungslinie MN ersetzt werden können, die zusätzliche Trägheitskraft $\mathfrak{T}_2{}'$ infolge der beschleunigten Drehung des Nockens und $-\mathfrak{B}$.

Da die Wirkungslinien der Kräfte $\mathfrak{B}$ und $\mathfrak{R}_{CD}$ bekannt sind, so sind auch ihre durch eine Längskraft in der Stößelachse erzeugten Beträge zwangläufig bestimmt; der Längskraft $\mathfrak{W} + \mathfrak{T}_2{}^0$ entsprechen dann die Kräfte $\mathfrak{R}_{CD}{}^0$ und $\mathfrak{B}^0$ (Abb. c).

Mit einer willkürlichen Annahme der Tangentialbeschleunigung $(b_{Ms}{}^t)$ liefert der Beschleunigungsplan (Abb. b) die zusätzliche Stößelbeschleunigung $(b_{Ma}{}') = \overline{\mu_a{}^0 (\mu_a)}$ und hiemit $(T_2{}') = -m_2 (b_{Ma}{}')$; durch $(b_S{}^t) = \dfrac{\overline{OS}}{\overline{OM}} (b_{Ma}{}^t)$ ist auch die zusätzliche tangentiale Trägheitskraft der Scheibe 1: $(T_1{}') = -m_1 (b_S{}^t)$ gegeben.

Am Getriebe (Scheibe 1 + 2) wirkt folgendes Kräftesystem: Die bekannten Kräfte $\mathfrak{P}$, $\mathfrak{W}$, $\mathfrak{T}_1{}^0$, $\mathfrak{T}_2{}^0$, $\mathfrak{R}_{CD}{}^0$ mit der Mittelkraft $\mathfrak{R}^0$ (Kraftplan c); die mit einer willkürlich angenommenen Tangentialbeschleunigung von M erhaltenen Kräfte $(\mathfrak{T}_1{}')$, $(\mathfrak{T}_2{}')$ und die Kraft $(\mathfrak{R}_{CD}{}')$, die durch die zusätzliche Längskraft $(\mathfrak{T}_2{}')$ des Stößels in der Wirkungslinie MN geweckt wird; diese drei Kräfte werden zu $(\mathfrak{R}')$ zusammengefaßt; schließlich der Lagerdruck $(\mathfrak{D}_0)$.

Läßt man die Kräfte dieses Systems am Joukowsky-Hebel [Plan der senkrechten Geschwindigkeiten, Abb. (d)] wirken, so dürfen sie, da sie ein Gleichgewichtssystem bilden, keine Drehung um den Nullpunkt o erzeugen. Hienach muß die Wirkungslinie $\mathfrak{R}^0 + (\mathfrak{R}')$ durch den Drehpunkt o des Hebels gehen, womit $\mathfrak{R}^0 + \mathfrak{R}' = \mathfrak{R}^*$ und daher auch $\mathfrak{R}'$ endgültig bestimmt ist.

Mit $\mathfrak{R}'$ kennt man auch $\mathfrak{T}_1{}'$ und $\mathfrak{T}_2{}'$ und mit diesen die Beschleunigungen des Stößels $b_{Ma} = \overrightarrow{\pi \, \mu_a}$ und des Nockenschwerpunktes $b_S = \overrightarrow{\pi \, \sigma}$. Der Lagerdruck $\mathfrak{D}_0$ an der Nockenwelle ist gleich $-\mathfrak{R}^*$.

e) Kleine Schwingungen

1. In der Gleichgewichtslage $A_0 B_0$ ist der Stab waagrecht, sein Schwerpunkt S_0 liegt auf der Lotrechten durch O. Für die Nachbarlage $A_1 B_1$ ist φ der sehr kleine Drehwinkel und P_1 der momentane Drehpol. Da P_1 im Schnittpunkt der Normalen in A_1 und B_1 zu den Führungen liegt, so bleibt $\overline{OP_1}$ für alle Lagen von AB konstant $= \dfrac{2l}{\sin 2a}$.

Die Bewegungsgleichung des Stabes für seine Drehung um den Drehpol P lautet nach Aufg. (C 24) mit m als Masse des Stabes
$$J_P \ddot{\varphi} = M_P - |\mathfrak{v}_P \times m \, \mathfrak{v}_S|$$
und da für sehr kleinen Drehwinkel $\mathfrak{v}_P \parallel \mathfrak{v}_S \; (\perp O P_0)$, so gilt
$$J_P \ddot{\varphi} = M_P. \qquad (a)$$

Es ist $J_P = m \left[\dfrac{(2\,l)^2}{12} + \overline{P_1 S_1}^2 \right]$

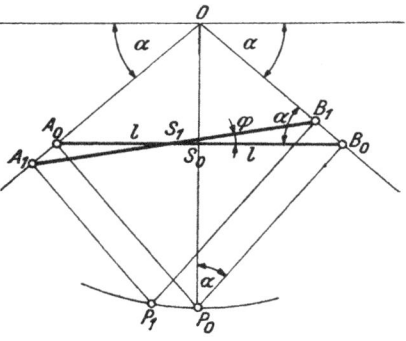

oder wegen $\overline{P_1 S_1} \sim \overline{P_0 S_0} = l \operatorname{ctg} \alpha$
$$J_P = m \, l^2 \left(\frac{1}{3} + \operatorname{ctg}^2 \alpha \right),$$

ferner $M_P = - m g \, (\overline{P_1 P_0} - \overline{S_1 S_0})$,

worin $\overline{P_1 P_0} \doteq \dfrac{\overline{B_0 B_1}}{\cos \alpha} = \dfrac{l}{\sin \alpha} \dfrac{\varphi}{\cos \alpha}$,

$$\overline{S_1 S_0} \doteq l \, \varphi \operatorname{ctg} \alpha,$$
so daß $M_P = - m g \varphi \, l \operatorname{tg} \alpha$.

Abb. 176

Hiemit lautet Gl. (a) $J_P \ddot{\varphi} + m g \varphi \, l \operatorname{tg} \alpha = 0$ oder
$$\ddot{\varphi} + \frac{g \operatorname{tg} \alpha}{l \, (1/3 + \operatorname{ctg}^2 \alpha)} \, \varphi = 0.$$

Die kleinen Schwingungen des zwangläufig geführten Stabes sind hienach identisch mit denen eines mathematischen Pendels von der Länge $l_{red} = l \operatorname{ctg} \alpha \, [(1/3) + \operatorname{ctg}^2 \alpha]$ und der Schwingungsdauer $2 \pi \sqrt{l_{red}/g}$.

2. Ist φ der Schwingungsausschlag zur Zeit t, α jener zu Beginn der Bewegung, ist ferner J_P das Trägheitsmoment des Pendels um die momentane Drehachse durch den Drehpol P, so liefert das Energieprinzip als erstes Integral der Bewegungsgleichung

$$\frac{1}{2} J_P \dot{\varphi}^2 = m g e \, (\cos \varphi - \cos \alpha). \qquad (a)$$

Hierin ist
$$J_P = m \, (i_S^2 + \overline{P S}^2) =$$
$$= m \, (i_S^2 + e^2 + r^2 - 2 \, e \, r \cos \varphi). \qquad (b)$$

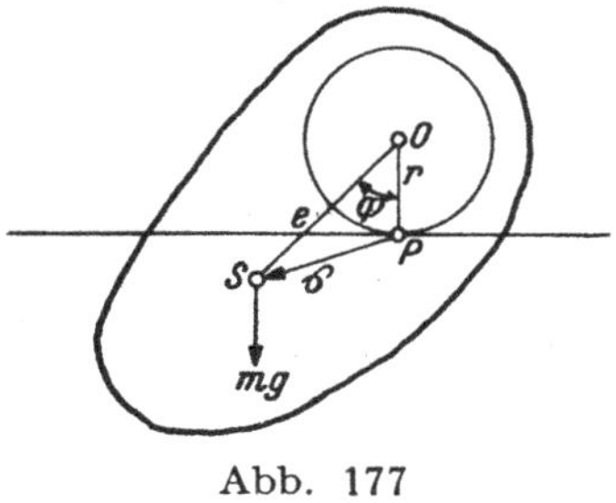

Die Bewegungsgleichung des Pendels ergibt sich unmittelbar bei Anwendung des Drallsatzes für den Drehpol P, wobei zu beachten ist, daß P ein beweglicher Bezugspunkt ist; nach Gl. (1), Aufg. (C **24**) ist

Abb. 177

$$\frac{d}{dt} (J_P \dot{\varphi}) = - m g e \sin \varphi - m \dot{\varphi} \, (\mathfrak{v}_P \cdot \mathfrak{s})$$

oder wegen $v_P = r \dot{\varphi}$:
$$\frac{d}{dt} (J_P \dot{\varphi}) = - m g e \sin \varphi + m e r \dot{\varphi}^2 \sin \varphi.$$

Hieraus entsteht bei Beachtung von (b) die Bewegungsgleichung

$$J_P \, \ddot{\varphi} + m \, e \, r \sin\varphi \, \dot{\varphi}^2 = -\, m \, g \, e \sin\varphi \qquad \text{(c)}$$

und dieselbe Gleichung liefert auch die Differentiation des Integrals (a). Da sich J_P bei größerem e und *kleinen* Ausschlägen φ nur wenig ändert, so kann man J_P genähert als konstant mit einem Mittelwert

$$J_P = m \left[i_S{}^2 + (e - r)^2 + 4 \, e \, r \sin^2 \frac{\varphi_m}{2} \right]$$

ansehen, wo φ_m etwa gleich $a/2$ gesetzt werden darf.

Das Glied $m \, e \, r \sin\varphi \, \dot{\varphi}^2$ kann dann als klein höherer Ordnung vernachlässigt werden und es bleibt

$$\ddot{\varphi} + \frac{m \, g \, e}{J_P} \sin\varphi = 0.$$

Hienach schwingt das Rollpendel bei sehr kleinen Ausschlägen wie ein mathematisches Pendel von der Länge $l = \dfrac{J_P}{m \, e}$ und es ist $T = 2\pi \sqrt{\dfrac{l}{g}}$.
Hat man T durch einen Schwingungsversuch bestimmt, so besteht hienach die Möglichkeit der Ermittlung von J_P und daher auch von J_S.

3. Nach Durchschneiden des Fadens wirken auf die Halbkugel das Gewicht G und der Druck D. Der Schwerpunkt S bewegt sich daher auf der Lotrechten durch die Anfangslage S_0. Der Mittelpunkt M bewegt sich auf der Waagrechten durch M, demnach dreht sich die Halbkugel in der Lage φ um den Drehpol P (Abb. 178).

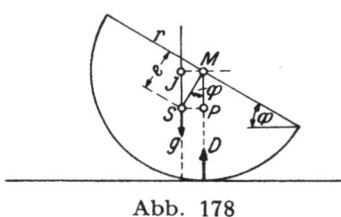

Abb. 178

Der Energiesatz liefert

$$\frac{1}{2} J_P \, \dot{\varphi}^2 = m \, g \, e \, (\cos\varphi - \cos a), \qquad \text{(a)}$$

wo $J_P = J_S + m \, e^2 \sin^2\varphi$.

Aus $J_S = (2/5) \, m \, r^2 - m \, e^2$ wird wegen $e = \dfrac{3}{8} \, r$:

$$J_S = \frac{83}{320} \, m \, r^2 \quad \text{und hiemit} \quad J_P = m \, e^2 (k^2 + \sin^2\varphi), \quad \text{wo} \quad k^2 = \frac{83}{45}$$

gesetzt ist.

Demnach lautet (a)

$$\dot{\varphi}^2 = \frac{2 \, g}{e} \, \frac{\cos\varphi - \cos a}{k^2 + \sin^2\varphi} \qquad \text{(b)}$$

und es ist

$$v_M = e \cos\varphi \, \dot{\varphi} = \frac{1}{2} \sqrt{3 \, g \, r} \cos\varphi \sqrt{\frac{\cos\varphi - \cos a}{k^2 + \sin^2\varphi}}.$$

Der Größtwert von v_M ergibt sich für $\varphi = 0$ mit

$$v_{max} = \frac{1}{2}\sqrt{3\,g\,r}\sqrt{\frac{1-\cos\alpha}{k^2}} = \sqrt{\frac{135}{166}\,g\,r}\sin\frac{\alpha}{2}.$$

Mit $y = r - e\cos\varphi$ als Höhenlage des Schwerpunktes S über dem Boden besteht für die Y-Richtung die Bewegungsgleichung

$$m\,\ddot{y} = D - G,$$

woraus sich wegen

$$\ddot{y} = e\,(\cos\varphi\,\dot{\varphi}^2 + \sin\varphi\,\ddot{\varphi})$$

mit Benutzung der Gl. (b) ergibt

$$D = G\frac{J_S}{J_P{}^2}\,[J_S + m\,e^2\,(1 + \cos^2\varphi - 2\cos\varphi\cos\alpha)]. \qquad (c)$$

Für $\varphi = 0$ ergibt sich hieraus

$$D_{max} = G\left(1 + \frac{4\,m\,e^2}{J_S}\sin^2\frac{\alpha}{2}\right) = G\left(1 + \frac{180}{83}\sin^2\frac{\alpha}{2}\right).$$

Bei Beginn der Bewegung (für $\varphi = \alpha$) ist nach (c):

$$D_\alpha = G\frac{J_S}{J_P} = \frac{G}{1 + \dfrac{45}{83}\sin^2\alpha}.$$

Durch Differentiation von (a) folgt die Schwingungsgleichung

$$J_P\,\ddot{\varphi} + \frac{1}{2}\,\dot{\varphi}\,\frac{dJ_P}{dt} = -m\,g\,e\sin\varphi,$$

oder

$$J_P\,\ddot{\varphi} + m\,e^2\sin\varphi\cos\varphi\,\dot{\varphi}^2 = -m\,g\,e\sin\varphi, \qquad (d)$$

die für sehr kleine Schwingungen übergeht in

$$J_P\,\ddot{\varphi} + m\,g\,e\sin\varphi = 0,$$

woraus sich die reduzierte Pendellänge ergibt zu $l_{red} = \dfrac{J_P}{m\,e}$ oder mit

$$J_P \doteq m\,e^2\,k^2 \quad \text{zu} \quad l_{red} = e\,k^2 = \frac{83}{120}\,r.$$

Die Schwingungsgleichung (d) folgt auch unmittelbar bei Anwendung des Drallsatzes für den Drehpol P bei Bedachtnahme darauf, daß P ein beweglicher Bezugspunkt ist (vgl. Aufg. C 24). Hienach ist

$$\frac{d}{dt}\,(J_P\,\dot{\varphi}) = M_P - |\mathfrak{v}_P \times m\,\mathfrak{v}_S|.$$

Die Polwechselgeschwindigkeit $\mathfrak{v}_P$ steht senkrecht auf $\overline{JP}$, wo J den Wendepol der ebenen Systembewegung bedeutet; da M und S gerade Bahnen beschreiben, so liegt J in deren Schnittpunkt und es ist $|\mathfrak{v}_P| = \overline{JP}\cdot\dot{\varphi} = e\,\dot{\varphi}$, während $|\mathfrak{v}_S| = \overline{PS}\cdot\dot{\varphi} = e\sin\varphi\,\dot{\varphi}$. Hiemit wird

$$\frac{d}{dt}\,(J_P\,\dot{\varphi}) = -m\,g\,e\sin\varphi + m\,e^2\,\dot{\varphi}^2\sin\varphi\cos\varphi$$

oder
$$J_P \ddot{\varphi} + 2\, m\, e^2 \sin \varphi \cos \varphi\, \dot{\varphi}^2 = -\, m\, g\, e \sin \varphi + m\, e^2 \dot{\varphi}^2 \sin \varphi \cos \varphi,$$
übereinstimmend mit Gl. (d).

4. Sei x die Verlängerung der Feder zur Zeit t und φ der Neigungs-winkel von $\overline{O\, m_2} = r$ gegen die Lotrechte, ferner D die zur zylindrischen Führung senkrechte Druckkraft (Abb. 179), so lautet mit c als Federkonstanten die Bewegungsgleichung für die Masse m_1:

$$m_1 \ddot{x} = P_0 \sin \omega t - c\, x + D \sin \varphi \tag{a}$$

und jene für m_2:

$$m_2 (r\, \ddot{\varphi} + \ddot{x} \cos \varphi) = -\, m_2\, g \sin \varphi \quad \text{(tangential)}, \tag{b}$$

$$m_2 (r\, \dot{\varphi}^2 - \ddot{x} \sin \varphi) = D - m_2\, g \cos \varphi \quad \text{(radial)}. \tag{c}$$

Demnach müssen die Koordinaten x, φ den beiden simultanen Differentialgleichungen

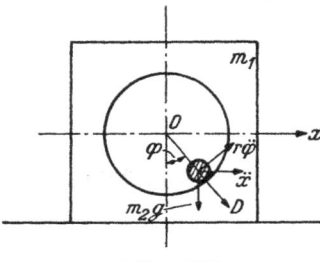

$$(m_1 + m_2 \sin^2 \varphi)\, \ddot{x} + c\, x - m_2\, r\, \dot{\varphi}^2 \sin \varphi - {} \\ - m_2\, g \sin \varphi \cos \varphi = P_0 \sin \omega t,$$

$$r\, \ddot{\varphi} + \ddot{x} \cos \varphi + g \sin \varphi = 0$$

genügen. Für kleine Schwingungen vereinfachen sie sich wegen $\sin \varphi \sim \varphi$, $\cos \varphi \sim 1$ bei Unterdrückung jener Glieder, die klein von höherer als erster Ordnung sind, in

Abb. 179

$$m_1 \ddot{x} + c\, x - m_2\, g\, \varphi = P_0 \sin \omega t,$$

$$\ddot{x} + r\, \ddot{\varphi} + g\, \varphi = 0$$

oder mit den Abkürzungen $c/m_1 = \Omega^2$, $m_2/m_1 = \mu$, $P_0/m_1 = p_0$:

$$\ddot{x} + \Omega^2 x - \mu\, g\, \varphi = p_0 \sin \omega t,$$

$$\ddot{x} + r\, \ddot{\varphi} + g\, \varphi = 0.$$

Die Ansätze

$$x = a \sin \omega t, \qquad \varphi = b \sin \omega t, \tag{a}$$

befriedigen beide Gleichungen, wenn

$$a\, (\Omega^2 - \omega^2) - b\, \mu\, g = p_0,$$

$$a\, \omega^2 + b\, (r\, \omega^2 - g) = 0,$$

woraus

$$a = \frac{p_0\, (g - r\, \omega^2)}{(\Omega^2 - \omega^2)\, (g - r\, \omega^2) - \mu\, g\, \omega^2}, \tag{b}$$

$$b = \frac{p_0\, \omega^2}{(\Omega^2 - \omega^2)\, (g - r\, \omega^2) - \mu\, g\, \omega^2}.$$

Hienach sind die kritischen Kreisfrequenzen ω der erregenden Kraft gegeben durch die Gleichung

$$(\Omega^2 - \omega^2)\, (g - r\, \omega^2) - \mu\, g\, \omega^2 = 0.$$

Gemäß (a) schwingt der Gleitkörper m_1 in gleicher Phase mit der erregenden Kraft, die Schwingungsamplitude ist im Verhältnisse a/p_0 abgemindert gegenüber der Kraftamplitude p_0.

Für $\omega^2 = g/r$ wird nach (b): $a = 0$, der Gleitkörper bleibt in Ruhe und es schwingt nur mehr die Kugel m_2.

5. Da das Moment der eingeprägten Kräfte um die lotrechte Drehachse durch O gleich Null ist, so bleibt der Drall D um die Achse konstant.

Vor Eintritt der Störung ist $D = J_0\,\omega$, wo

$$J_0 = J + m\,(l + r)^2. \qquad (a)$$

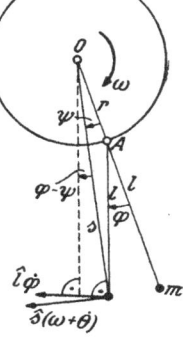

Bei Eintritt einer durch die kleinen Winkel φ und ψ gekennzeichneten Störung erfährt auch die Winkelgeschwindigkeit ω eine kleine Änderung $\dot\theta$ und es setzt sich die Geschwindigkeit des Punktes m aus den Komponenten $\hat{l}\,\dot\varphi$ und $\hat{s}\,(\omega + \dot\theta)$ vektorisch zusammen, wobei $s = \overline{O\,m}$ (Abb. 180).

Hienach ist

$$D = J\,(\omega + \dot\theta) + m\,s^2\,(\omega + \dot\theta) + m\,l\,\dot\varphi\,s \cos(\varphi - \psi)$$

oder mit Unterdrückung der kleinen Glieder von höherer als erster Ordnung

$$D = J\,(\omega + \dot\theta) + m\,(l + r)^2\,(\omega + \dot\theta) + m\,l\,(l + r)\,\dot\varphi. \qquad (b)$$

Abb. 180

Gleichsetzung mit (a) ergibt

$$[J + m\,(l + r)^2]\,\dot\theta + m\,l\,(l + r)\,\dot\varphi = 0,$$

oder

$$\dot\theta + \frac{m\,l\,(l + r)}{J_0}\,\dot\varphi = 0. \qquad (c)$$

Die zweite Gleichung zwischen θ und φ erhält man durch Anwendung des Drallsatzes für das Pendel allein in bezug auf den Punkt A.

Hiebei ist zu beachten, daß dieser Bezugspunkt nicht fest ist, sondern sich mit der Geschwindigkeit $v_A = \hat{r}\,(\omega + \dot\theta)$ bewegt. Nach Gl. (1) der Aufg. (C 24) ergibt sich, da $M_A = 0$:

$$\dot{D}_A = -\,v_A \times m\,v_m = -\,m\,v_A \times [\hat{l}\,\dot\varphi + \hat{s}\,(\omega + \dot\theta)],$$

oder wegen $D_A = m\,[l^2\,\dot\varphi + l\,(l + r)\,(\omega + \dot\theta)]$ und bei Beschränkung auf die Glieder klein erster Ordnung

$$l^2\,\ddot\varphi + l\,(l + r)\,\ddot\theta + \omega^2\,r\,(r + l)\,\psi = 0.$$

Da $(l + r)\,\psi = l\,\varphi$, so folgt

$$l\,\ddot\varphi + (l + r)\,\ddot\theta + \omega^2\,r\,\varphi = 0 \qquad (d)$$

und mit Benutzung von (c):

$$\ddot\varphi\,\frac{J}{J_0} + \frac{\omega^2\,r}{l}\,\varphi = 0,$$

wonach das Pendel harmonische Schwingungen um die Lage $O\,A$ mit der Kreisfrequenz $\Omega = \omega\sqrt{\dfrac{r}{l}\,\dfrac{J_0}{J}}$ ausführt.

6. Sei $\overline{OA} = l$, $\overline{AS} = a$; zur Zeit t sei die Stellung des Systems durch die Winkel φ, θ gekennzeichnet, die positiv gezählt werden, wenn die Drehung in dem aus der Abbildung 181 zu entnehmenden Sinne erfolgt. Bei Aufstellung der Bewegungsgleichungen nach dem d'Alembertschen

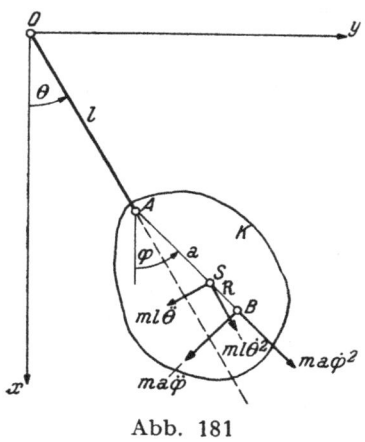

Prinzipe sind die am losgelöst gedachten Körper von der Masse m angreifenden eingeprägten Kräfte (Gewicht G und Fadenspannung F) mit den Trägheitskräften ins Gleichgewicht zu setzen. Die Bewegung des Körpers kann zerlegt werden in eine krummlinige Translation (Kreisschiebung) mit der dem Aufhängepunkte A zukommenden Geschwindigkeit $l\,\dot\theta$ und in eine Drehung mit $\dot\varphi$ um A. Punkt A hat die Beschleunigungsteile $l\,\dot\theta^2$ in Richtung $\overrightarrow{AO}$, $l\,\ddot\theta \perp AO$ in Richtung zunehmenden Winkels θ, so daß dieser Translationsbewegung die im Schwerpunkte S angreifenden Trägheitskräfte $-m\,l\,\dot\theta^2$ und $-m\,l\,\ddot\theta$ entsprechen.

Abb. 181

Für die Drehung um A besteht das System der Trägheitskräfte aus der in $\overrightarrow{AS}$ wirkenden Zentrifugalkraft $m\,a\,\dot\varphi^2$ und aus der tangentialen Kraft $-m\,a\,\ddot\varphi$, deren Moment für den Punkt A gleich ist $J_A\,\ddot\varphi$, so daß ihre Wirkungslinie von A die Entfernung $\overline{AB} = \dfrac{J_A\,\ddot\varphi}{m\,a\,\ddot\varphi} = \dfrac{J_A}{m\,a}$ besitzt, wo B den Schwingungsmittelpunkt bedeutet.

Da $J_A = J_S + m\,a^2$, so wird $\overline{AB} = a + i_S{}^2/a$ und daher $\overline{SB} = k = i_S{}^2/a$.

Das Gleichgewicht aller angegebenen Kräfte verlangt das Verschwinden der Summe der Kräfte normal und parallel zum Faden, wonach

$$m\,l\,\ddot\theta + m\,a\,\ddot\varphi \cos(\varphi - \theta) - m\,a\,\dot\varphi^2 \sin(\varphi - \theta) + m\,g \sin\theta = 0, \qquad (1)$$

(die gleich Null gesetzte Summe der Kräfte in Richtung des Fadens liefert die Fadenspannung F); das Nullwerden der Momentensumme um A ergibt

$$m\,l\,a\,\ddot\theta \cos(\varphi - \theta) + m\,l\,a\,\dot\theta^2 \sin(\varphi - \theta) + m\,a\,(a + k)\,\ddot\varphi + m\,g\,a \sin\varphi = 0. \qquad (2)$$

Diese simultanen Differentialgleichungen für φ, θ beschreiben die Bewegung des vereinfachten Doppelpendels.

Unter der Voraussetzung *kleiner* Schwingungsausschläge erhält man die linearen Gleichungen zweiter Ordnung.

$$l\,\ddot\theta + a\,\ddot\varphi + g\,\theta = 0, \qquad (3)$$

$$l\,\ddot\theta + (a + k)\,\ddot\varphi + g\,\varphi = 0. \qquad (4)$$

Wird Gl. (4) zweimal differentiiert und sodann θ mit Hilfe von Gl. (3) eliminiert, so kommt

$$\ddddot{\varphi} + \frac{g}{k\,l}\,(l + a + k)\,\ddot{\varphi} + \frac{g^2}{k\,l}\,\varphi = 0\,;$$

derselben Differentialgleichung vierter Ordnung genügt auch θ.

Es läßt sich zeigen, daß mit dem Ansatze

$$\frac{\theta}{\varphi} = \frac{\theta_0}{\varphi_0} = \vartheta \tag{5}$$

zwei partikuläre Integrale gewonnen werden, die jene Bewegung bestimmen, bei welcher Faden und angehängter Körper gleichzeitig durch die lotrechte Lage gehen, womit sich dann die allgemeine Lösung des Systems (3, 4) als Linearkombination der beiden Sonderlösungen ergibt. Mit (5) gehen (3, 4) über in die beiden homogenen Gleichungen für φ und $\ddot{\varphi}$:

$$(\vartheta\,l + a)\,\ddot{\varphi} + \vartheta\,g\,\varphi = 0, \tag{6}$$
$$(\vartheta\,l + a + k)\,\ddot{\varphi} + g\,\varphi = 0, \tag{7}$$

die offenbar nur dann gleichzeitig bestehen können, wenn deren Koeffizientendeterminante verschwindet; das Wertepaar für ϑ entspricht daher den Wurzeln der Gleichung

$$(\vartheta\,l + a)\,g - (\vartheta\,l + a + k)\,\vartheta\,g = 0$$

oder

$$\vartheta^2 - \vartheta\left(1 - \frac{a + k}{l}\right) - \frac{a}{l} = 0,$$

woraus

$$\vartheta_{1,2} = \frac{1}{2\,l}\,[l - a - k \pm \sqrt{(l - a - k)^2 + 4\,a\,l}\,]\,; \tag{8}$$

hiebei ist

$$\dot{\vartheta_1} > 0 > \vartheta_2.$$

Mit (8) berechnet sich der Koeffizient von $\ddot{\varphi}$ in (7) zu

$$\vartheta_{1,2}\,l + a + k = \frac{1}{2}\,[l + a + k \pm \sqrt{(l + a + k)^2 - 4\,k\,l}\,] = l_{1,2}, \tag{9}$$

somit erhält die Schwingungsgleichung (7) für φ die einfache Gestalt

$$l_{1,2}\,\ddot{\varphi} + g\,\varphi = 0, \tag{10}$$

sie stimmt überein mit der Gleichung eines mathematischen Pendels von der Länge l_1 bzw. l_2.

Aus ihren Lösungen

$$\varphi_1 = C_1 \cos(\omega_1 t + a_1),$$
$$\varphi_2 = C_2 \cos(\omega_2 t + a_2),$$

worin $\omega_{1,2}^2 = g/l_{1,2}$ gesetzt ist und C_1, C_2, a_1, a_2 die vier Integrationskonstanten bedeuten, ergibt sich das allgemeine Integral für φ mit $\varphi = \varphi_1 + \varphi_2$ und jenes von θ mit

$$\theta = \theta_1 + \theta_2 = \vartheta_1\,C_1 \cos(\omega_1 t + a_1) + \vartheta_2\,C_2 \cos(\omega_2 t + a_2).$$

Um *reine* Schwingungen zu bekommen, hat man C_1 oder C_2 gleich Null zu setzen; dann ist aber die Anfangslage φ_0, θ_0 an die Bedingung (5) geknüpft, das heißt es muß θ_0/φ_0 gleich ϑ_1 oder ϑ_2 sein.

Diese Forderung ist gleichwertig mit $\theta_0/\varphi_0 = 1 - l_2/l$, bzw. $1 - l_1/l$. Dies folgt unmittelbar aus (8), wenn beachtet wird, daß nach (9) die Beziehungen

$$l_1 + l_2 = l + a + k,$$
$$l_1 - l_2 = \sqrt{(l + a + k)^2 - 4\,k\,l},$$
$$l_1\,l_2 = k\,l$$

(a)

bestehen. Da ferner zufolge der ersten und dritten der Gln. (a)

$$a\,l = (l_1 + l_2)\,l - k\,l = (l_1 - l)\,(l - l_2),$$

so gelten für die Schwerpunktslage $a\ (= \overline{A\,S})$ und für jene des Punktes B $(k = \overline{S\,B})$ die Beziehungen

$$a = \frac{1}{l}\,(l_1 - l)\,(l - l_2),$$

$$k = \frac{l_1\,l_2}{l}.$$

Diese Formeln bieten die Möglichkeit, a und k durch einen Schwingungsversuch zu messen und hiemit Schwerpunkt und Trägheitsmoment des Körpers K zu bestimmen. (Methode von W. P. Wetschinkin und N. G. Tschenzof.)

Sind T, T_1, T_2 die Schwingungsdauern von mathematischen Pendeln der Längen l, l_1, l_2, so wird mit $\tau_1 = T_1/T$ und $\tau_2 = T_2/T$

$$\frac{a}{l} = (\tau_1^2 - 1)\,(1 - \tau_2^2)$$

und aus $k = \dfrac{i_S^2}{a}$ wegen $k = \dfrac{l_1\,l_2}{l}$

$$J_S = m\,i_S^2 = m\,a\,l\,\tau_1^2\,\tau_2^2.$$

7. Sind $z_1\,z_2$ die Tiefenlagen der Stabschwerpunkte $S_1\,S_2$ unter der Waagrechten $O\,B$, so ist die Neigung a der Schwinge $A\,C$ gegen die Waagrechte in der Gleichgewichtslage bestimmt durch

$$G_1\,dz_1 + G_2\,dz_2 = 0.$$

Da

$$z_1 = \frac{a}{2}\sin 2\,a, \qquad z_2 = a\,(\sin 2\,a - \sin a),$$

so ergibt sich mit $G_2 = 2\,G_1$:

$$5\cos 2\,a - 2\cos a = 0$$

(a)

oder

$$10\cos^2 a - 2\cos a - 5 = 0,$$

womit die Gleichgewichtslage a festgelegt ist.

Bezeichnet $\varphi = \alpha + \theta$ die benachbarte Schwingungslage, wo θ den kleinen Schwingungsausschlag aus der Gleichgewichtslage angibt, so beträgt die kinetische Energie des Systems

$$T = \frac{1}{2} J_1 (2\,\dot{\varphi})^2 + \frac{1}{2} J_P\,\dot{\varphi}^2, \qquad (b)$$

worin $J_1 = \frac{1}{3}\dfrac{G_1}{g} a^2$ und $J_P = \dfrac{G_2}{g}\left[\dfrac{(2\,a)^2}{12} + \overline{P\,S_2}^2\right].$ (P momentaner Drehpol.)

Da $\overline{OP} = \overline{OA} = a$, mithin $\overline{AP} = 2\,a$ (Abb. 182), so liefert das Dreieck $P\,A\,S_2$:

$$\overline{P\,S_2}^2 = a^2\,(5 - 4\cos\varphi),$$

so daß

$$J_P = \frac{4\,G_2\,a^2}{g}\left(\frac{4}{3} - \cos\varphi\right).$$

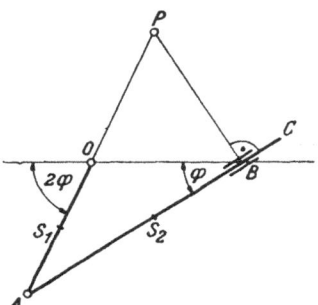

Abb. 182

Hiemit ergibt sich aus (b):

$$T = \left[\frac{2}{3}\frac{G_1}{g} a^2 + \frac{2\,G_2\,a^2}{g}\left(\frac{4}{3} - \cos\varphi\right)\right]\dot{\varphi}^2. \qquad (b')$$

Nach dem Arbeitsprinzip ist

$$\dot{T} = G_1\,\dot{z}_1 + G_2\,\dot{z}_2, \qquad (c)$$

somit wegen (b'):

$$2\,\ddot{\varphi}\,\frac{2\,G_1\,a^2}{g}\,(3 - 2\cos\varphi) + \dot{\varphi}^2\,\frac{4\,G_1\,a^2}{g}\sin\varphi =$$
$$= [G_1\,a\cos 2\,\varphi + G_2\,a\,(2\cos 2\,\varphi - \cos\varphi)]. \qquad (d)$$

Da $\dot{\varphi} = \dot{\theta}$ und zufolge der Kleinheit von θ:

$$\cos\varphi \doteq \cos\alpha - \theta\sin\alpha,$$
$$\sin\varphi \doteq \sin\alpha + \theta\cos\alpha,$$

so folgt aus (d)

$$4\,\ddot{\theta}\,\frac{a}{g}\,[3 - 2\cos\alpha + 2\,\theta\sin\alpha] + \dot{\theta}^2\,\frac{4\,a}{g}\,(\sin\alpha + \theta\cos\alpha) =$$
$$= (5\cos 2\,\alpha - 2\cos\alpha) - 2\,\theta\,(5\sin 2\,\alpha - \sin\alpha)$$

oder mit Vernachlässigung der kleinen Glieder höherer als erster Ordnung und Beachtung von (a)

$$\ddot{\theta} + \frac{g}{2\,a}\,\frac{\sin\alpha\,(10\cos\alpha - 1)}{3 - 2\cos\alpha}\,\theta = 0.$$

Die Schwingungsdauer der kleinen Schwingungen beträgt hienach

$$T = 2\,\pi\,\sqrt{\frac{2\,a}{g}\,\frac{3 - 2\cos\alpha}{\sin\alpha\,(10\cos\alpha - 1)}}.$$

Eine andere Herleitung der Schwingungsgleichung dieses Getriebes besteht in der Aufstellung zweier Momentengleichungen, und zwar für die Kurbel in bezug auf den Drehpunkt O und für die Schwinge in bezug auf den Drehpol P. Sie lauten mit A_n als der zu AO normalen Komponente des Gelenkdruckes in A:

$$\frac{d}{dt}(J_1\, 2\, \dot{\varphi}) = G_1\frac{a}{2}\cos 2\varphi - A_n\, a$$

und

$$\frac{d}{dt}(J_P\, \dot{\varphi}) = G_2\,(2\,a\cos 2\varphi - a\cos\varphi) + A_n\, 2\, a + \frac{G_2}{g}\,2\,a^2\,\dot{\varphi}^2\sin\varphi.$$

(e)

Das letzte Glied in der zweiten Gleichung gibt den infolge der Geschwindigkeit v_P des Bezugspunktes P zu berücksichtigenden Beitrag $|v_P \times m_2\, v_{S,2}|$ an; es ist $|v_P \times v_{S,2}| = v_P\, v_{S,2}\sin\psi$ (mit $\psi = \sphericalangle A\, P\, S_2$), worin $v_P = a\, 2\,\dot{\varphi}$, $v_{S,2} = \overline{P\, S_2}\,\dot{\varphi}$, somit

$$|v_P \times v_{S,2}| = 2\,a^2\,\dot{\varphi}^2\,\overline{P\, S_2}\sin\psi$$

oder wegen $\overline{P\, S_2}\sin\psi = \overline{A\, S_2}\sin\varphi = a\sin\varphi$:

$$|v_P \times v_{S,2}| = 2\,a^2\,\dot{\varphi}^2\sin\varphi.$$

Die Beseitigung von A_n aus den Gln. (e) liefert

$$\frac{d}{dt}\left[(J_P + 4\, J_1)\,\dot{\varphi}\right] - \frac{G_2}{g}\,2\,a^2\,\dot{\varphi}^2\sin\varphi = G_2\,(2\,a\cos 2\varphi - a\cos\varphi) + G_1\,a\cos 2\varphi$$

oder wegen

$$\frac{dJ_P}{dt} = \frac{4\,G_2\,a^2}{g}\sin\varphi\,\dot{\varphi}:$$

$$(J_P + 4\, J_1)\,\ddot{\varphi} + \dot{\varphi}\,\frac{1}{2}\frac{dJ_P}{dt} = G_2\,(2\,a\cos 2\varphi - a\cos\varphi) + G_1\,a\cos 2\varphi;$$

mit den früher angegebenen Werten von J_1 und J_P geht diese Gleichung über in die aus dem Arbeitsprinzipe erhaltene Gl. (d).

f) Bewegung veränderlicher Massen

1. Infolge des gleichförmigen Massenzuflusses beträgt die bewegte Masse zur Zeit t: $m = m_0 + k\, t$.

Strömt der Regen lotrecht herab, so ist v' in Richtung der Bewegung gleich Null, so daß Gl. (a) der Aufg. (F 3) lautet

$$d\,(m\, v) = -\, c\, m\, g\, dt,$$

woraus

$$v = \frac{m_0\, v_0 - \dfrac{c\, g}{2}\,(2\, m_0 + k\, t)\, t}{m_0 + k\, t}.$$

Bis zum Stillstand des Wagens vergeht daher die Zeit

$$T = \frac{m_0}{k}\left[\sqrt{1 + \frac{2\, k\, v_0}{c\, g\, m_0}} - 1\right].$$

Ohne Vermehrung der Masse (also für $k = 0$) ist $T = \dfrac{v_0}{c\, g}$.

2. Ist x der Weg zur Zeit t, so befindet sich die Masse $m = \dfrac{G + q\,x}{g}$ in Bewegung; da $v' = 0$, so lautet nach Gl. (a) der Aufg. (F 3) die Bewegungsgleichung

$$d\,(m\,v) = -\,m\,g\,dt.$$

Wird beidseits mit $m\,v$ multipliziert, so entsteht

$$m\,v\,d\,(m\,v) = -\frac{1}{g}\,(G + q\,x)^2\,dx,$$

daher nach Integration mit der Anfangsbedingung $x = 0$, $v = v_0$:

$$(m\,v)^2 - (m_0\,v_0)^2 = \frac{2}{3\,q\,g}\,[G^3 - (G + q\,x)^3].$$

Da die Geschwindigkeit v für $x = l$ gleich Null werden soll, so folgt

$$v_0{}^2 = \frac{2}{3}\,\frac{g\,G}{q}\left[\left(1 + \frac{q\,l}{G}\right)^3 - 1\right].$$

3. Tritt zu einer in Translation v begriffenen Masse m, auf welche die Kraft P wirkt, im Zeitelement dt eine kleine Masse dm mit einer Geschwindigkeit hinzu, die in Richtung von v die Komponente v' hat, so ist die Änderung der Bewegungsgröße $m\,v$

$$d\,(m\,v) = P\,dt + v'\,dm. \tag{a}$$

In der Lage x besitzt die mit v bewegte Masse $m = M + \mu\,x$ die Bewegungsgröße $(M + \mu\,x)\,v$, zu deren zeitlichen Änderung die Kraft $P = (M - \mu\,x)\,g$ zur Verfügung steht.

Da die Geschwindigkeit v' der neuhinzukommenden Kettenglieder in Richtung der Lotrechten Null ist, so folgt aus (a) die Bewegungsgleichung

$$\frac{d}{dt}\,[(M + \mu\,x)\,v] = (M - \mu\,x)\,g.$$

Dies ergibt

$$(M + \mu\,x)\,\frac{dv}{dt} + \mu\,v\,\frac{dx}{dt} = (M - \mu\,x)\,g$$

oder wegen $v = dx/dt$:

$$(M + \mu\,x)\,v\,dv + \mu\,v^2\,dx = (M - \mu\,x)\,g\,dx.$$

Die Lösung dieser Differentialgleichung erster Ordnung für v^2 lautet mit der Anfangsbedingung $x = 0$, $v = 0$:

$$v^2 = \frac{2\,g\,x}{(M + \mu\,x)^2}\left(M^2 - \frac{\mu^2\,x^2}{3}\right). \tag{b}$$

Wenn das letzte Glied der Kette den Boden verläßt, ist $x = l$, und da $M = \mu\,l$ sein soll, so ist in diesem Augenblicke die Geschwindigkeit von M nach (b)

$$v = \sqrt{\frac{g\,l}{3}}.$$

4. Mit v als Raketengeschwindigkeit zur Zeit t ist die absolute Austrittsgeschwindigkeit v' der Abgase gleich $w - v$, und zwar in entgegengesetzter Richtung von v. Da in der Entfernung x der Rakete von der Erdoberfläche bei Vernachlässigung des Luftwiderstandes $P = -\dfrac{G r^2}{(r + x)^2}$, so lautet mit m als Raketenmasse zur Zeit t die Bewegungsgleichung nach Gl. (a), Aufg. (F 3)

$$d\,(m\,v) = -\frac{m\,g\,r^2}{(r + x)^2}\,dt - dm\,(w - v)$$

oder

$$\frac{dv}{dt} = -\frac{g\,r^2}{(r + x)^2} - \frac{w}{m}\frac{dm}{dt}.$$

Für die vorausgesetzte gleichmäßig beschleunigte Bewegung der Rakete mit $\dfrac{dv}{dt} = a\,g$ ist $x = \dfrac{a\,g\,t^2}{2}$, so daß die Integration der vorstehenden Gleichung mit der Anfangsbedingung $t = 0$, $m = m_0$ zum Ergebnis führt

$$-w \ln \frac{G}{G_0} = a\,g\,t + g\,r^2 \left[\frac{t}{2\,r\left(r + \dfrac{a\,g}{2}\,t^2\right)} + \frac{1}{2\,r^2}\sqrt{\frac{2\,r}{a\,g}}\;\text{arc tg}\left(\sqrt{\frac{a\,g}{2\,r}}\,t\right) \right],$$

wodurch der Bruchteil G/G_0 des ursprünglichen Raketengewichtes G_0 zur Zeit t bestimmt ist.

5. Da die Zuströmung mit lotrechter Geschwindigkeit v' erfolgt, so liefert die in der Zeiteinheit hinzutretende Bewegungsgröße $a\,v'$ kein Moment um die Drehachse, demnach bleibt der Drall $J\,\omega$ des Systems für die Achse $O\,A$ konstant.

Also ist $J\,\omega = J_0\,\omega_0$; mit (J_0) als Trägheitsmoment des leeren Gefäßes samt Arm und Welle für die Drehachse $O\,A$ ist $J_0 = (J_0) + m_0\,(k^2 + a^2)$, wo k den polaren Trägheitshalbmesser von F bezüglich seines Schwerpunktes S und $a = \overline{A\,S}$ bedeutet.

Da $m = m_0 + a\,t$, so ist zur Zeit t:

$$J = J_0 + a\,(k^2 + a^2)\,t$$

und daher die Winkelgeschwindigkeit

$$\omega = \omega_0 \frac{J_0}{J_0 + a\,(k^2 + a^2)\,t}.$$

6. Das im Zeitelement dt austretende Massenelement $dm = a\,dt$ nimmt die Bewegungsgröße $a\,a\,\omega\,dt$ mit sich, die in bezug auf die Drehachse das Moment $-a\,a^2\,\omega\,dt$ besitzt; demnach lautet die Bewegungsgleichung

$$d\,(J\,\omega) = -a\,a^2\,\omega\,dt,$$

oder mit $m = m_0 - a\,t$ und $J = J_0 - a\,(k^2 + a^2)\,t$:

$$[J_0 - a\,(k^2 + a^2)\,t]\,\frac{d\omega}{dt} = a\,k^2\,\omega,$$

woraus folgt

$$\omega = \omega_0 \left[\frac{J_0}{J_0 - a\,(k^2 + a^2)\,t} \right]^{\frac{a\,k^2}{a\,(k^2 + a^2)}}.$$

Das Ergebnis ändert sich natürlich, wenn der Massenaustritt an anderer Stelle des Gefäßes erfolgt.

7. Ist S die Spannkraft des Seiles an der Ablaufstelle A der Trommel und habe sich das Seil zur Zeit t um die Länge z abgewickelt, so gilt für das lotrechte Seiltrum die Bewegungsgleichung

$$d\left(\frac{q}{g}\,h\,v\right) = (q\,h - S)\,dt; \tag{a}$$

die Masse des lotrechten Seilstückes bleibt konstant und die im Zeitelemente bei B verschwindende Bewegungsgröße $v\,dm$ wird durch die bei A hinzukommende von gleicher Größe ersetzt.

Die Bewegung der Seiltrommel mit dem aufgewickelten Seil ist eine solche mit veränderlicher Masse, denn hier vermindert sich die rotierende Masse im Zeitelement um dm und die Bewegungsgröße um $v\,dm$.

Der Drallsatz liefert die Bewegungsgleichung

$$d\,(J\,\omega) = S\,r\,dt - r\,v\,dm, \tag{b}$$

sie trägt dem Umstande Rechnung, daß der Drall $J\,\omega$ der Trommel im Zeitelement eine Verminderung um $r\,v\,dm$ erfährt.

Ist l_1 die Länge des aufgewickelten Seiles bei Beginn der Bewegung, also $l_1 = l - h$ und J_0 das Trägheitsmoment der Trommelmasse um O, so ist

$$J = J_0 + \frac{q}{g}\,r^2\,(l_1 - z).$$

Ferner ist $dm = (q/g)\,dz$ und $dz = v\,dt$; hiemit ergibt sich aus (a) und (b) durch Beseitigung von S:

$$\frac{d\,(J\,\omega)}{dt} = q\,h\,r - \frac{q}{g}\,h\,r\,\frac{dv}{dt} - \frac{q}{g}\,r\,v^2$$

oder wegen $\omega = \dfrac{v}{r}$ und $\dfrac{dJ}{dt} = -\dfrac{q}{g}\,r^2\,\dfrac{dz}{dt} = -\dfrac{q}{g}\,r^2\,v$:

$$\frac{1}{r}\left(J + \frac{q}{g}\,h\,r^2\right)\frac{dv}{dt} = q\,h\,r. \tag{c}$$

Demnach ist

$$\frac{dv}{dt} = \ddot{z} = \frac{q\,h\,r^2}{J_0 + (q/g)\,r^2\,(l - z)} = \frac{1}{2}\,\frac{d\,(v^2)}{dz}. \tag{d}$$

Setzt man

$$\frac{J_0}{(q/g)\,r^2} + l = L,$$

so liefert die Integration von (d) mit der Anfangsbedingung $z = 0$, $v = 0$:

$$v^2 = 2\,g\,h \ln \frac{L}{L-z}.$$

In dem Augenblicke, wo sich das Seil an der Trommel um h abgewickelt hat, ist $z = h$ und daher die Seilgeschwindigkeit

$$v_1{}^2 = 2\,g\,h \ln \frac{L}{L-h}.$$

Andere Lösung mit Hilfe des Arbeitsprinzips:
Kinetische Energie der Trommel und des Seiles + Stoßverlust bei B = geleistete Arbeit, demnach

$$\frac{1}{2}\,J\,\omega^2 + \frac{1}{2}\frac{q}{g}\,h\,v^2 + \frac{1}{2}\int_0^z dm\,v^2 = q\,h\,z.$$

Das bei B mit v ankommende Seilelement dm kommt plötzlich zur Ruhe, es entsteht ein unelastischer Stoß mit dem Energieverluste $\frac{1}{2}\,dm\,v^2$, daher bis zur Zeit t der Stoßverlust

$$\frac{1}{2}\int_0^z dm\,v^2 = \frac{1}{2}\frac{q}{g}\int_0^z v^2\,dz.$$

Das gesamte Seilgewicht hat zu Beginn der Bewegung in bezug auf die waagrechte Ebene in B die Lagenenergie $q\,l_1\,h + q\,h\,(h/2)$ und nach Abwicklung der Seillänge z: $q\,(l_1 - z)\,h + q\,h\,(h/2)$; die Differenz $q\,h\,z$ beider Beträge ist gleich der geleisteten Arbeit. Somit liefert das Arbeitsprinzip mit $r\,\omega = v$:

$$\frac{v^2}{2}\left(\frac{J}{r^2} + \frac{q}{g}\,h\right) + \frac{1}{2}\frac{q}{g}\int_0^z v^2\,dz = q\,h\,z.$$

Durch Differentiation nach t folgt wegen $\dfrac{dJ}{dt} = -\dfrac{q}{g}\,r^2\,v$:

$$\left(\frac{J}{r^2} + \frac{q}{g}\,h\right)\frac{dv}{dt} = q\,h,$$

übereinstimmend mit der Bewegungsgleichung (c).

g) Stoß und plötzliche Fixierungen

1. Bedeuten v_1, v_2 und v_1', v_2' die Geschwindigkeiten der beiden Massen m_1, m_2 vor und nach dem Stoß, so ist mit $\varepsilon = \dfrac{v_1' - v_2'}{v_2 - v_1}$ als Stoßzahl und mit $\mu_1 = \dfrac{m_1}{m_1 + m_2}$, $\mu_2 = \dfrac{m_2}{m_1 + m_2}$ beim zentralen Stoße

$$v_1' = v_1 - \mu_2\,(v_1 - v_2)\,(1 + \varepsilon), \tag{a}$$
$$v_2' = v_2 + \mu_1\,(v_1 - v_2)\,(1 + \varepsilon). \tag{b}$$

Die an das Stabende reduzierte Masse des Stabes von der Länge l beträgt $m_2{}^* = J_0/l^2 = (1/3)\,m_2$.

Da $\varepsilon = 1$ und $v_2 = 0$, so liefert Gl. (a)

$$v_1{}' = v_1 - \frac{m_2{}^*}{m_1 + m_2{}^*}\,2\,v_1 = v_1\,\frac{3\,m_1 - m_2}{3\,m_1 + m_2}.$$

Mit $v_1{}' = -\dfrac{v_1}{2}$ folgt hieraus $\dfrac{m_2}{m_1} = 9$.

2. Das Stabende des in die Lotrechte schwingenden Stabes stößt das Gewicht G_2 mit der Geschwindigkeit $v_1 = \sqrt{3\,g\,l}$. Die an die Stoßstelle reduzierte Masse dieses Stabes beträgt $m_1{}^* = m_1/3$; nach Gl. (b), Aufg. 1 bewegt sich G_2 nach dem Stoße mit

$$v_2{}' = v_2 + \frac{m_1{}^*}{m_1{}^* + m_2}\,(v_1 - v_2)\,(1 + \varepsilon),$$

worin $v_2 = 0$, $m_2 = m_1$; dies gibt

$$v_2{}' = \frac{1 + \varepsilon}{4}\,\sqrt{3\,g\,l}.$$

Mit $v_2{}'$ stößt G_2 die reduzierte Masse $m/3$ des lotrecht herabhängenden Stabes, dessen Stoßpunkt hiedurch die Geschwindigkeit

$$V' = V + \frac{m_2}{m_2 + (m_1/3)}\,(v_2{}' - V)\,(1 + \varepsilon)$$

erhält.

Da $V = 0$ und $m_2 = m_1$, wird

$$V' = \frac{3}{16}\,(1 + \varepsilon)^2\,\sqrt{3\,g\,l}.$$

Der Stab schlägt um einen Winkel α aus, für den nach dem Arbeitsprinzipe gilt

$$m_1\,g\,\frac{l}{2}\,(1 - \cos \alpha) = \frac{m_1}{3}\,\frac{1}{2}\,V'^2;$$

hieraus folgt

$$\cos \alpha = 1 - 9\left(\frac{1 + \varepsilon}{4}\right)^4.$$

3. Im Augenblicke der vollkommenen Streckung des Fadens hat m entsprechend der Falltiefe $\sqrt{l^2 - a^2}$ die Fallgeschwindigkeit $v = \sqrt{g\,l}\,\sqrt{3}$ erlangt.

Zur Tilgung der in die Fadenrichtung fallenden Komponente $v \cos \alpha$ hat der Faden eine Stoßkraft

$$N = m\,v \cos \alpha = \frac{m}{2}\,\sqrt{3\,g\,l}\,\sqrt{3}$$

aufzunehmen, die als Stoßreaktion in O auftritt.

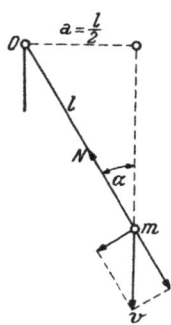

Abb. 183

Die Pendelschwingung beginnt mit der Anfangsgeschwindigkeit

$$v_0 = v \sin \alpha = \frac{1}{2}\sqrt{g\,l\,\sqrt{3}}\;.$$

Die Geschwindigkeit v_1 von m bei lotrechtem Faden berechnet sich aus

$$\frac{m\,v_1{}^2}{2} - \frac{m\,v_0{}^2}{2} = m\,g\,l\,(1 - \cos\alpha)$$

zu

$$v_1{}^2 = g\,l\left(2 - \frac{3\sqrt{3}}{4}\right).$$

Die Fadenspannung S beträgt

$$S = m\left(g + \frac{v_1{}^2}{l}\right) = 3\,m\,g\left(1 - \frac{\sqrt{3}}{4}\right).$$

4. Die an die Stoßstelle reduzierte Masse des Stabes beträgt

$$m_2{}^* = \frac{J_0}{a^2} = \frac{3}{4}\,m_2.$$

Aus den Gln. (a), (b) der Aufg. 1 ergibt sich

$$v_1' = v_1 - \frac{m_2{}^*}{m_1 + m_2{}^*}\,(v_1 + a\,\omega_2)\,(1 + \varepsilon),$$

oder

$$v_1' = \frac{1}{m_1 + (3/4)\,m_2}\left[v_1\left(m_1 - \frac{3}{4}\,m_2\,\varepsilon\right) - a\,\omega_2\,(1 + \varepsilon)\,\frac{3}{4}\,m_2\right],$$

sowie

$$-a\,\omega_2' = -a\,\omega_2 + \frac{m_1}{m_1 + m_2{}^*}\,(v_1 + a\,\omega_2)\,(1 + \varepsilon),$$

woraus

$$\omega_2' = \frac{1}{m_1 + (3/4)\,m_2}\left[\omega_2\left(\frac{3}{4}\,m_2 - m_1\,\varepsilon\right) - \frac{v_1}{a}\,(1 + \varepsilon)\,m_1\right].$$

Die Forderung $\omega_2' = 0$ ergibt mit $\varepsilon = 1$:

$$\frac{v_1}{a\,\omega_2} = \frac{1}{2}\left(\frac{3}{4}\,\frac{m_2}{m_1} - 1\right).$$

5. Sind v_x, v_y die Komponenten der Geschwindigkeit des Mittelpunktes O nach dem Stoße, ω_1 die Winkelgeschwindigkeit, m die Masse des Balles, so gilt

$$m\,(v_x - v_0\cos\alpha) = N_x, \tag{a}$$

$$m\,(v_y + v_0\sin\alpha) = N_y, \tag{b}$$

$$\frac{2}{5}\,m\,a^2\,(\omega_1 - \omega) = N_x\,a, \tag{c}$$

mit N_x, N_y als Komponenten des Stoßantriebes. Wenn kein Gleiten eintreten soll, dreht sich der Ball um P und es ist

$$v_x + a\,\omega_1 = 0, \qquad (d)$$

ferner

$$v_y = \varepsilon\,v_0 \sin a, \qquad (e)$$

so daß aus (b) folgt:

$$N_y = m\,(1 + \varepsilon)\,v_0 \sin a.$$

Aus (a), (c), (d) entsteht

$$\omega_1 = \frac{2}{7}\,\omega - \frac{5}{7}\,\frac{v_0}{a}\cos a,$$

$$v_x = \frac{5}{7}\,v_0 \cos a - \frac{2}{7}\,a\,\omega,$$

$$N_x = -\frac{2}{7}\,m\,(v_0 \cos a + a\,\omega).$$

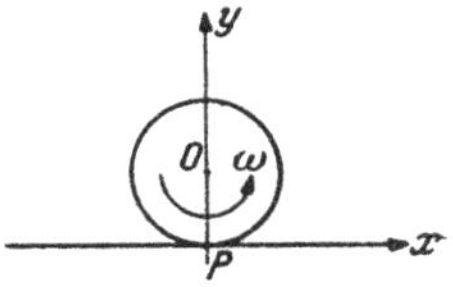

Abb. 184

Damit der Ball entgegengesetzt der Richtung von v_0 zurückspringe, muß $v_x/v_y = -\,\operatorname{ctg} a$ sein, demnach

$$\frac{1}{7}\,(5\,v_0 \cos a - 2\,a\,\omega) = -\,\varepsilon\,v_0 \sin a \operatorname{ctg} a,$$

woraus sich ergibt

$$\frac{a\,\omega}{v_0} = \frac{1}{2}\,(5 + 7\,\varepsilon)\cos a. \qquad (f)$$

Zur Verhinderung des Gleitens muß die Reibungsziffer f der Bedingung genügen $f > |N_x/N_y|$; daher mit obigen Werten

$$f > \frac{2}{7\,(1 + \varepsilon)}\left(\operatorname{ctg} a + \frac{a\,\omega}{v_0 \sin a}\right)$$

oder wegen (f): $f > \operatorname{ctg} a$.

6. Für $f < \operatorname{ctg} a$ tritt nach der vorstehenden Lösung Gleiten des Balles ein und es ist

$$N_x = -f\,N_y = -m\,f\,(1 + \varepsilon)\,v_0 \sin a.$$

Damit liefern die Gln. (a) und (c) nach dem Stoße

$$v_x = v_0\,[\cos a - f\,(1 + \varepsilon)\sin a], \qquad v_y = \varepsilon\,v_0 \sin a,$$

$$\omega_1 = \omega - \frac{5}{2}\,\frac{v_0}{a}\,f\,(1 + \varepsilon)\sin a.$$

7. Sei $\mathfrak{R}$ der Stoß bei A und $\mathfrak{D}$ die Stoßreaktion in O, dann gelten mit den Bezeichnungen der Abbildung 185 die Bewegungsgleichungen

für Stab $\overline{AO}$ $\begin{cases} m_1\,\mathfrak{v}_1 = \mathfrak{R} + \mathfrak{D}, \\[2mm] \mathfrak{k}\,\dfrac{m_1\,l_1{}^2}{3}\,\omega_1 = l_1\,\mathfrak{j} \times (\mathfrak{D} - \mathfrak{R}), \end{cases}$

für Stab $\overline{OB}$ $\begin{cases} m_2\,\mathfrak{v}_2 = -\,\mathfrak{D}, \\[2mm] \mathfrak{k}\,\dfrac{m_2\,l_2{}^2}{3}\,\omega_2 = -l_2\,\mathfrak{j} \times (-\,\mathfrak{D}) = l_2\,\mathfrak{j} \times \mathfrak{D}. \end{cases}$

Ferner gilt für das Gelenk O:

$$v_0 = v_1 + \mathfrak{k}\omega_1 \times l_1\mathfrak{j} = v_1 - l_1\omega_1\mathfrak{i}$$

und

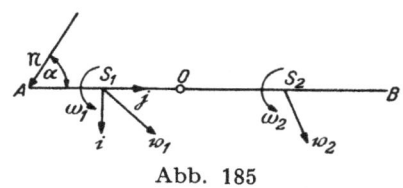

Abb. 185

$$v_0 = v_2 + \mathfrak{k}\omega_2 \times (l_2\mathfrak{j}) = v_2 + l_2\omega_2\mathfrak{i},$$

wonach

$$v_1 - v_2 = \mathfrak{i}(l_1\omega_1 + l_2\omega_2). \quad (2)$$

Setzt man

$$\frac{m_2}{m_1} = \mu = \frac{l_2}{l_1}, \quad \frac{\mathfrak{N}}{m_1} = \mathfrak{N}_1, \quad \frac{\mathfrak{D}}{m_1} = \mathfrak{D}_1,$$

so lauten die Gln. (1)

$$\text{Stab } \overline{AO} \begin{cases} v_1 = \mathfrak{N}_1 + \mathfrak{D}_1, \\ \dfrac{l_1\omega_1}{3} = \mathfrak{i} \cdot (\mathfrak{N}_1 - \mathfrak{D}_1), \end{cases} \qquad \text{Stab } \overline{OB} \begin{cases} \mu\, v_2 = -\mathfrak{D}_1, \\ \dfrac{l_2\omega_2}{3} = -\dfrac{\mathfrak{i} \cdot \mathfrak{D}_1}{\mu}. \end{cases} \quad (3)$$

Mit $\mathfrak{i} \cdot N_1 = N_x$ ergibt sich aus diesen vier Gleichungen im Vereine mit (2)

$$l_1\omega_1 = \frac{3}{2}\frac{2+\mu}{1+\mu}N_x, \quad v_1 = \frac{1}{1+\mu}\left(\mathfrak{N}_1 + \frac{3}{2}\mu N_x\mathfrak{i}\right), \quad \mathfrak{D}_1 = \frac{\mu}{1+\mu}\left(\frac{3}{2}N_x\mathfrak{i} - \mathfrak{N}_1\right).$$

$$l_2\omega_2 = -\frac{3}{2}\frac{N_x}{1+\mu}, \quad v_2 = \frac{1}{1+\mu}\left(\mathfrak{N}_1 - \frac{3}{2}N_x\mathfrak{i}\right).$$

Aus

$$v_A = v_1 + \mathfrak{k}\omega_1 \times l_1(-\mathfrak{j}) = v_1 + l_1\omega_1\mathfrak{i}$$

folgt daher mit vorstehenden Werten

$$v_A = \frac{\mathfrak{N}_1}{1+\mu} + 3N_x\mathfrak{i},$$

aus

$$v_0 = v_1 - l_1\omega_1\mathfrak{i} \quad \text{folgt} \quad v_0 = \frac{1}{1+\mu}(\mathfrak{N}_1 - 3N_x\mathfrak{i})$$

und aus

$$v_B = v_2 + \mathfrak{k}\omega_2 \times l_2\mathfrak{j} = v_2 - l_2\omega_2\mathfrak{i}: \qquad v_B = \frac{\mathfrak{N}_1}{1+\mu}.$$

8. Ist $\mathfrak{N}$ die an der Stelle H (Abb. 186) entstehende Stoßkraft, so gelten die Gleichungen

$$m(v_S - v_0) = \mathfrak{N}, \qquad (a)$$

$$J_S\,\omega = N\,a. \qquad (b)$$

Ferner ist $v_H = v_S - \mathfrak{j}\,(l/4)\,\omega$; bei festem Hindernisse muß $v_H \cdot \mathfrak{j} = 0$ sein, so daß

$$v_S \cdot \mathfrak{j} = \frac{l\,\omega}{4}. \qquad (c)$$

Da $\mathfrak{N} = -\mathfrak{j}\,N$, so liefert (a):

$$v_S = v_0 - \mathfrak{j}\,\frac{N}{m},$$

oder wegen (b):

$$v_S = v_0 - \mathfrak{j}\,\frac{J_S}{m}\,\frac{\omega}{a} = v_0 - \mathfrak{j}\,\frac{l\,\omega}{3}.$$

Hiemit ergibt (c):

$$v_0 \cdot \mathfrak{j} - \frac{l\,\omega}{3} = \frac{l\,\omega}{4},$$

woraus $\quad \omega = \dfrac{12}{7}\dfrac{v_0}{l}\sin\alpha.$

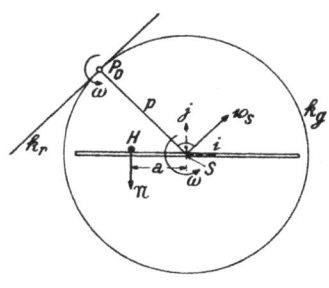

Abb. 186

Aus (b) und (a) folgt schließlich

$$N = \frac{4}{7}\,m\,v_0\sin\alpha \quad \text{und} \quad v_S = v_0\left(\mathfrak{i}\cos\alpha + \mathfrak{j}\,\frac{3}{7}\sin\alpha.\right)$$

Der Stab führt nach dem Stoße eine ebene Bewegung aus; die Entfernung p des Drehpoles von S beträgt $p = \overline{SP_0} = |v_S|/\omega$ oder mit obigen Werten

$$p = \frac{l}{4}\sqrt{1 + \left(\frac{7}{3}\operatorname{ctg}\alpha\right)^2}.$$

Da v_S und ω konstant bleiben, so bewegt sich S geradlinig und es ist $p = $ konstant.

Demnach ist die ruhende Polbahn k_r die durch P_0 gelegte Parallele zu v_S und die bewegliche Polbahn k_g der Kreis um S mit dem Halbmesser p.

9. Mit S als Schwerpunkt des Pendels ergibt sich aus

$$\overline{OS} = \frac{1}{m + M}\left[m\,\frac{l}{2} + M\left(l + \frac{a}{2}\right)\right]$$

wegen $M = 4\,m$ und $a = l/4$: $\overline{OS} = l$.

Demnach wird

$$J_S = m\,\frac{l^2}{3} + M\,a^2\left(\frac{1}{6} + \frac{1}{4}\right) = \frac{7}{16}\,m\,l^2,$$

daher

$$i_S{}^2 = \frac{J_S}{m + M} = \frac{7}{80}\,l^2.$$

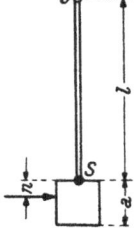

Abb. 187

Die Entfernung der gesuchten Stoßstelle von S beträgt

$$n = \frac{i_S{}^2}{\overline{OS}} = \frac{7}{80}\,l = \frac{7}{20}\,a.$$

10. Die an die Stoßstelle reduzierte Plattenmasse beträgt $m_2{}^* = J/(h/2)^2$, wo h das Lot von C auf $A\,B$ und $J = m_2\,h^2/6$ das Trägheitsmoment um $A\,B$ bedeutet. Hiemit wird $m_2{}^* = (2/3)\,m_2$.

Nach (Gl. b) der Aufg. 1 ist die Geschwindigkeit $v_2{}'$ des Stoßpunktes nach dem Stoße:

$$v_2{}' = v_2 + \mu_1\,(v_1 - v_2)\,(1 + \varepsilon),$$

wo $\mu_1 = \dfrac{m_1}{m_1 + m_2{}^*}$ und $v_2 = 0$, so daß

$$v_2{}' = \frac{m_1}{m_1 + m_2{}^*}\,v_1\,(1 + \varepsilon).$$

Bei einem Winkelausschlag φ ergibt sich die Winkelgeschwindigkeit ω der Platte aus dem Energiesatze:

$$\frac{1}{2}\,J\,(\omega^2 - \omega_0{}^2) = -\,m_2\,g\,\frac{h}{3}(1 - \cos\varphi)$$

zu $\omega^2 = \omega_0{}^2 - \dfrac{4\,g}{h}\,(1 - \cos\varphi)$, wo $\omega_0 = \dfrac{v_2{}'}{h/2}$ ist; somit für $\varphi = \pi$:

$$\omega_\pi{}^2 = \omega_0{}^2 - 8\,\frac{g}{h}.$$

Daraus folgt mit $\omega_\pi = 0$:

$$\omega_0 = \frac{v_2{}'}{h/2} \geqq \sqrt{\frac{8\,g}{h}},$$

oder nach Einsetzung von $v_2{}'$:

$$v_1 \geqq \frac{1}{1 + \varepsilon}\left(1 + \frac{2}{3}\,\frac{m_2}{m_1}\right)\sqrt{2\,g\,h}\;.$$

11. Da das Moment der bei plötzlicher Festhaltung von B auftretenden Stoßkraft um B verschwindet, so erfährt der Drall um B durch den Stoß keine Änderung. Er beträgt vor dem Stoße

$$D_B = D_S + m\,v_{SA}\,r\cos\alpha$$

oder mit $D_S = J_S\,\omega_A$ und $v_{SA} = e\,\omega_A$:

$$D_B = \omega_A\,(J_S + m\,e\,r\cos\alpha).$$

Nach dem Stoße ist

$$D_B = J_B\,\omega_B = \omega_B\,(J_S + m\,r^2).$$

Aus der Gleichsetzung folgt

$$\omega_B = \omega_A\,\frac{J_S + m\,e\,r\cos\alpha}{J_S + m\,r^2}.$$

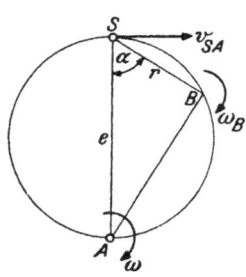

Abb. 188

Da B am Kreisumfang liegt, ist $r = e\cos\alpha$, so daß $\omega_B = \omega_A$ wird. Die Stoßkraft $\Re$ ergibt sich aus der Änderung der Bewegungsgrößen der im Schwerpunkte vereinigten Masse m: $\Re = m\,(v_{SB} - v_{SA})$.

Wegen $v_{SB} = \widehat{B\,S} \cdot \omega_B$, $v_{SA} = \widehat{A\,S} \cdot \omega_A$ entsteht mit $\omega_B = \omega_A$:

$$\mathfrak{R} = m\,\omega_A\,(\widehat{B\,S} - \widehat{A\,S}) = m\,\omega_A\,\widehat{B\,A}.$$

Hienach hat die Stoßkraft den Betrag $|\mathfrak{R}| = m\,\omega_A\,e\sin\alpha$ und die Wirkungslinie $\overrightarrow{B\,S}$.

12. Die bei plötzlicher Festhaltung der Achse ξ entlang dieser Achse entstehenden Stoßkräfte geben kein Moment um diese Achse, daher erfährt der Drall um ξ durch den Stoß keine Änderung.

Ein Scheibenelement $dm = \mu\,dF$ hat vor dem Stoße die Geschwindigkeit $y\,\omega_x$, daher beträgt der Drall um die Achse ξ:

$$D_\xi = \mu\,\omega_x \int\limits^{F} y\,\eta\,dF,$$

woraus mit $\eta = y\cos\alpha - x\sin\alpha$ und

$$J_x = \int\limits^{F} y^2\,dF, \qquad J_{xy} = \int\limits^{F} x\,y\,dF$$

folgt

$$D_\xi = \mu\,\omega_x\,(J_x\cos\alpha - J_{xy}\sin\alpha).$$

Nach dem Stoße hat das Scheibenelement die Geschwindigkeit $\eta\,\omega_\xi$, daher wird

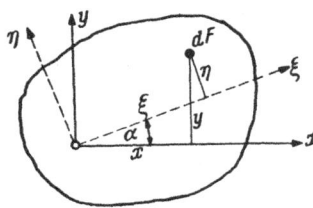

Abb. 189

$$D_\xi = \mu\,\omega_\xi \int\limits^{F} \eta^2\,dF,$$

worin

$$\int\limits^{F} \eta^2\,dF = J_\xi = J_x\cos^2\alpha + J_y\sin^2\alpha - J_{xy}\sin 2\alpha.$$

Die Gleichsetzung liefert

$$\omega_\xi = \omega_x\,\frac{J_x\cos\alpha - J_{xy}\sin\alpha}{J_x\cos^2\alpha + J_y\sin^2\alpha - J_{xy}\sin 2\alpha}.$$

13. Mit a als Seitenlänge und h als Höhe des gleichseitigen Dreieckes ist

$$J_x = \frac{a\,h^3}{12}, \qquad J_{xy} = F\,\frac{a}{2}\,\frac{h}{3} = \frac{a^2\,h^2}{12},$$

somit nach der vorstehenden Aufgabe mit $\cos\alpha = 1/2$ und $\sin\alpha = h/a$

$$\omega_\xi = \omega_x\,\frac{a\,h^3}{24\,J_\xi} \quad \text{und da} \quad J_\xi = J_x = \frac{a\,h^3}{12},$$

$$\text{so folgt} \quad \omega_\xi = -\frac{\omega_x}{2}.$$

14. Der Drall um $O\,B$ vor dem Stoße ist $m\,v\,h/2$, jener nach dem Stoße $J\,\omega$, somit $\omega = \dfrac{m\,v\,h}{2\,J}$. Das Trägheitsmoment J für die Achse $O\,B$ ergibt sich aus

$$J = J_S + m\,\frac{h^2 + a^2}{4} \quad \text{wegen} \quad J_S = m\,\frac{h^2 + a^2}{12} \quad \text{zu} \quad J = m\,\frac{h^2 + a^2}{3},$$

womit

$$\omega = \frac{3}{2}\frac{v\,h}{h^2 + a^2} \qquad (a)$$

wird.

Umkippen tritt ein, wenn die Drehungsenergie $\lessgtr$ Hebungsarbeit des Gewichtes $m\,g$ ist; demnach

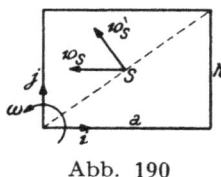

Abb. 190

$$\frac{1}{2}\,J\,\omega^2 \lessgtr \frac{m\,g}{2}\,(\sqrt{h^2 + a^2} - h),$$

woraus mit Benutzung von (a) folgt

$$v^2 \lessgtr \frac{4\,g}{3}\,(\sqrt{h^2 + a^2} - h)\left(1 + \frac{a^2}{h^2}\right).$$

Die Achse OB erfährt die Stoßwirkung $\mathfrak{R} = m\,(v_S' - v_S)$, worin die Schwerpunktsgeschwindigkeit vor dem Stoße $v_S = -\mathfrak{i}\,v$, jene nach dem Stoße $v_S' = \omega/2\,(a\,\mathfrak{j} - h\,\mathfrak{i})$.

Bei Beachtung von (a) folgt

$$\mathfrak{R} = m\,v\left[\mathfrak{i}\left(1 - \frac{3}{4}\frac{h^2}{a^2 + h^2}\right) + \mathfrak{j}\,\frac{3}{4}\frac{a\,h}{a^2 + h^2}\right].$$

15. Ist ω die Winkelgeschwindigkeit der Drehung um OA im Augenblicke, da die Erzeugende OB ihre tiefste Lage erreicht hat, so gilt

$$\frac{1}{2}\,J\,(\omega^2 - \omega_0^2) = G\,\frac{3}{4}\,h\,(1 - \cos 2\,\alpha).$$

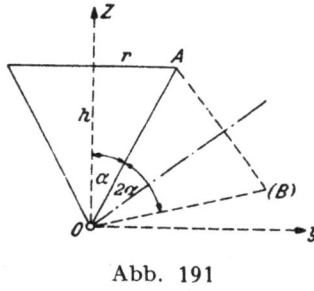

Abb. 191

Das Trägheitsmoment J um die Drehachse OA ist zu berechnen aus

$$J = J_x\,a^2 + J_y\,b^2 + J_z\,c^2, \qquad (a)$$

wo $J_x,\ J_y,\ J_z$ die Trägheitsmomente des Kegels für die Hauptachsen $x,\ y,\ z$ und $a,\ b,\ c$ die Richtungskosinusse von OA bezüglich der durch O gehenden xyz-Achsen sind (Abb. 191).

Da

$$J_z = \frac{3}{10}\,m\,r^2, \qquad J_y = J_x = \frac{3}{5}\,m\,r^2\left(\frac{1}{4} + \operatorname{ctg}^2 \alpha\right),$$

ferner $a = 0$, $b = \cos(\pi/2 - \alpha) = \sin\alpha$, $c = \cos\alpha$, so liefert (a):

$$J = \frac{3}{20}\,m\,r^2\,(1 + 5\cos^2\alpha).$$

Hiemit wird

$$\omega^2 = \omega_0^2 + \frac{20\,g\,h\,\sin^2\alpha}{r^2\,(1 + 5\cos^2\alpha)}.$$

Der Drallvektor $\mathfrak{D}_0$ des Kegels in bezug auf seine Spitze O hat die Komponenten

$$D_x = 0, \qquad D_y = J_y\,\omega\sin\alpha, \qquad D_z = J_z\,\omega\cos\alpha.$$

Ist $\mathfrak{e}$ der Einheitsvektor der Achse $O\,(B)$, so ist der Drall für diese Achse *vor* deren Festhaltung:

$$D = \mathfrak{D}_0 \cdot \mathfrak{e} = D_y\cos\left(\frac{\pi}{2} - 3\,\alpha\right) + D_z\cos 3\,\alpha$$

oder nach Einsetzung von D_y, D_z und J_y, J_z und nach einiger Vereinfachung

$$D = \frac{3}{20}\,m\,r^2\,\omega\,[2\cos 2\,\alpha + (4\operatorname{ctg}^2\alpha - 1)\sin\alpha\sin 3\,\alpha].$$

Wird die Festhaltung bei A plötzlich gelöst und (B) festgehalten, so ist der Drall um $O\,(B)$ mit ω_1 als Winkelgeschwindigkeit um diese Achse: $D = J\,\omega_1$. Damit ergibt sich

$$\omega_1 = \omega\,\frac{14 - 35\sin^2\alpha + 20\sin^4\alpha}{1 + 5\cos^2\alpha}. \tag{b}$$

Der Punkt A trifft in seiner ursprünglichen Lage mit der Geschwindigkeit $v_A = p\,\omega_1$ ein, wo p das Lot von A auf $O\,(B)$ angibt. Nach (b) verschwindet ω_1, wenn $14 - 35\sin^2\alpha + 20\sin^4\alpha = 0$; hieraus ergibt sich

$$\sin^2\alpha = \frac{1}{8}\left(7 - \sqrt{4{,}2}\right)$$

und $\alpha = 29^0\,35'$.

Made in United States
Orlando, FL
22 March 2026

79592970R00214